生き物と音の事典

Encyclopedia of Bioacoustics

（一社）生物音響学会 編集

朝倉書店

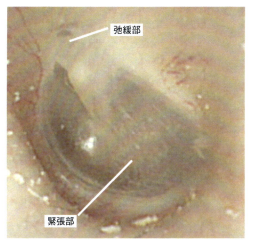

口絵1 ヒトの鼓膜（左耳）[2-12, 図2]

口絵2 デグー（手前は母親と仔，奥は父親）[2-40, 図1]

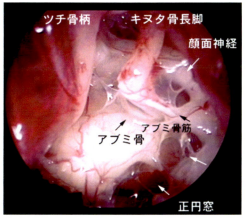

口絵3 耳小骨の構造（ヒトの左耳）[3-5, 図2]

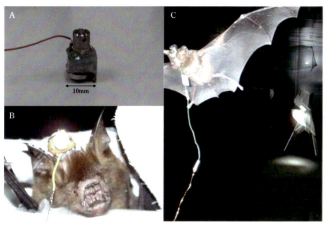

口絵4 テレマイク1号機による音響計測 [3-13, 図1]

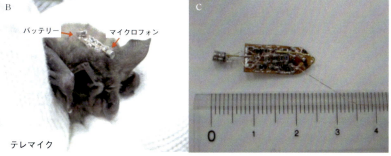

口絵5 小型軽量テレマイクによる音響計測 [3-13, 図2]

口絵6 スナメリの皮膚に装着された音響バイオロギング装置 [4-17, 図1]

口絵7 ザトウクジラに取り付けられたバイオロギング装置（撮影：Maria Iversen）[4-17, 図2下]

口絵8 ジュウシマツ（中央）とコシジロキンパラ（両端）[5-1, 図1]

口絵9 「驚く」カラス [5-16, 図2]

口絵10 両生爬虫類の頭側部 [6-1, 図1]

口絵 11 体外摘出したツメガエルの脳 [6-2, 図 5]

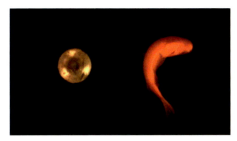

口絵 12 水面に落ちたボールから逃げるキンギョの C 型逃避 [7-8, 図 1B]

口絵 13 表層魚（上）と洞窟魚（下）[7-17, 図 1]

口絵 14 テナガショウジョウバエの脚の振動 (leg vibration) [8-14, 図 2]

口絵 15 アカメアマガエルの孵化を誘導するヘビの振動（左），フタボシツチカメムシの孵化を誘導するメス親（右）[8-26, 図 1]

口絵 16 マツノマダラカミキリ [8-29]

口絵 17 木の機械刺激応答 [8-34, 図1]

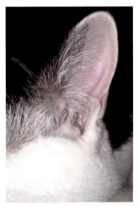
口絵 18 耳介の形状（ネコ（左）とコウモリ（右））
[9-3, 図2, 3]

口絵 19 ウェタ（キリギリス）の鼓膜器官（矢印）
[9-15, 図1]

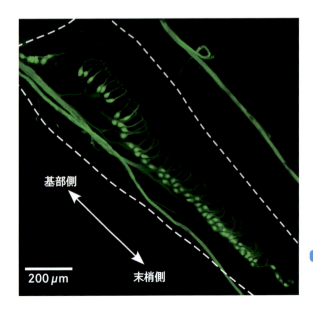
口絵 20 ウェタの鼓膜器官の
感覚細胞
[9-15, 図2B 関連]

序

　水中から陸上にいたるあらゆる環境の中で，様々な生物が音を利用している．音が生物にとって重要な伝達手段になる例として，ヒトの会話から，鳥やカエル，魚，昆虫の音によるコミュニケーション，そしてコウモリやイルカのエコーロケーション（反響定位）などがあげられる．生物と音のかかわりに関する研究は，生物学および工学の範疇である音響学として異なる学問分野で成熟してきたが，生物学と音響学の融合領域として生物音響学（Bioacoustics）が新たに発展してきた．生物音響学は，音による生物の行動と感覚を対象とした基礎研究から生物の機能に学ぶバイオミメティクスなどの応用研究までを含む（詳細は項目 1-1, 9-24 を参照されたい）．これらの成果は，音と生物の科学・技術を通じた社会貢献につながる．生物音響学に関する欧米の学協会が 20 世紀半ばから活動を進めているのに対して，我が国では一般社団法人生物音響学会が 2014 年に設立され，生物音響学の研究推進そして啓蒙活動を展開している．

　『生き物と音の事典』は，生物音響学を網羅的に解説した初の百科事典である．本書は，生物音響学の発展と普及のために，生物音響学会内の編集委員会において企画，編集を鋭意おこなってきた．そして，総勢 134 名の第一線で活躍されている研究者から，本書の趣旨に沿って執筆いただいた．本書は，生物音響学の基礎的な項目からなる 1 章からはじまり，生物音響学が網羅する研究対象ごとに 7 章（霊長類，コウモリ，海洋動物，鳥類，両生爬虫類，魚類，昆虫類）に分けて，異なる生物種の比較アプローチを最終章とした．読みやすくかつ充実した生物音響学の知識が手に入りやすいよう，1 ～ 4 頁で完結する 225 項目を，興味のある項目から読める形式とした．またウェブ付録として音のファイルへのアクセスを可能とした．

　本書の編集にご助力いただいた執筆者の方々，企画から出版までご尽力いただいた朝倉書店の方々，装幀のために生物の切画を製作いただいた福井利佐氏，資料編にご協力いただいた企業の方々に心から感謝申し上げる．

　本書によって，研究者，技術者，学生その他の興味を持っていただいた多くの方々にとって，生物音響学の現状と将来性から面白さが伝わり，さらに理解が深まる一助となれば本望である．

2019 年 9 月

編集委員を代表して

高梨琢磨　松尾行雄

編 集 者

高 梨 琢 磨	森林研究・整備機構森林総合研究所
松 尾 行 雄	東北学院大学教養学部
力 丸 　 裕	南方科技大学，同志社大学名誉教授
宋 　 文 杰	熊本大学大学院生命科学研究部
小 池 卓 二	電気通信大学大学院情報理工学研究科
小 田 洋 一	名古屋大学名誉教授
市 川 光 太 郎	京都大学フィールド科学教育研究センター
相 馬 雅 代	北海道大学大学院理学研究院
関 　 義 正	愛知大学文学部

執 筆 者 (五十音順)

藍 　 浩 之	福岡大学理学部	上 田 和 夫	九州大学大学院芸術工学研究院
饗 庭 絵 里 子	電気通信大学情報理工学研究科	上 地 奈 美	農業・食品産業技術総合研究機構果樹茶業研究部門
合 原 一 究	筑波大学 システム情報系	枝 松 秀 雄	東邦大学耳鼻咽喉科・大森病院
青 木 か が り	東京大学大気海洋研究所	大 泉 　 宏	東海大学海洋学部
赤 松 友 成	水産研究・教育機構中央水産研究所	太 田 菜 央	Max Planck Institute for Ornithology
芦 田 　 剛	University of Oldenburg, Department of Neuroscience	大 谷 　 真	京都大学大学院工学研究科
荒 井 隆 行	上智大学理工学部	大 村 和 香 子	森林研究・整備機構森林総合研究所
飯 田 秀 利	東京学芸大学教育学部	大 谷 英 児	前森林研究・整備機構森林総合研究所
石 川 由 希	名古屋大学大学院理学研究科	岡 田 龍 一	神戸大学大学院理学研究科
市 川 光 太 郎	京都大学フィールド科学教育研究センター	岡 本 秀 彦	国際医療福祉大学医学部
一 方 井 祐 子	東京大学国際高等研究所カブリ数物連携宇宙研究機構	小 川 賢 一	ノートルダム清心女子大学人間生活学部
伊 藤 哲 史	金沢医科大学医学部	小 川 宏 人	北海道大学大学院理学研究院
伊 藤 　 真	京都大学大学院地球環境学堂	小 島 久 幸	東京医科歯科大学
上 北 朋 子	京都橘大学健康科学部	小 田 洋 一	名古屋大学名誉教授

小野宗範	金沢医科大学医学部	
香川紘子	帝京大学文学部	
蔭山健介	埼玉大学大学院理工学研究科	
加藤陽子	日本医科大学先端医学研究所	
鎌田勉	前北海道大学	
上川内あづさ	名古屋大学大学院理学研究科	
亀山紗穂	株式会社カンム	
川崎雅司	University of Virginia, Department of Biology	
上宮健吉	久留米大学比較文化研究所	
菊池夢美	(一社) マナティー研究所	
木村里子	京都大学国際高等教育院	
工藤基	滋賀医科大学名誉教授	
黒田実加	北海道大学北方圏フィールド科学センター	
軍司敦子	横浜国立大学教育学部	
小池明	前徳島県果樹研究所	
小池卓二	電気通信大学大学院情報理工学研究科	
小泉憲裕	電気通信大学大学院情報理工学研究科	
香田啓貴	京都大学霊長類研究所	
小島渉	山口大学大学院創成科学研究科	
小橋常彦	名古屋大学大学院理学研究科	
近藤紀子	NPO法人バードリサーチ	
税所康正	広島大学工学研究科	
坂本修一	東北大学電気通信研究所	
坂本洋典	国立環境研究所 生物・生態系環境研究センター	
笹原和俊	名古屋大学大学院情報学研究科	
佐藤亮平	北里大学医学部	
澤村晴志朗	新潟大学大学院医歯学総合研究科	

城野哲平	琉球大学熱帯生物圏研究センター	
白松(磯口)知世	東京大学大学院情報理工学系研究科	
杉原泉	東京医科歯科大学大学院医歯学総合研究科	
鈴木俊貴	京都大学白眉センター	
角(本田)恵理	前東京大学大学院総合文化研究科	
関喜一	産業技術総合研究所 情報・人間工学領域	
関義正	愛知大学文学部	
宋文杰	熊本大学大学院生命科学研究部	
相馬雅代	北海道大学大学院理学研究院	
宗宮弘明	中部大学国際ESD・SDGsセンター	
染谷真琴	理化学研究所 脳神経科学研究センター	
鷹合秀輝	国立障害者リハビリテーションセンター研究所	
高梨琢磨	森林研究・整備機構 森林総合研究所	
高橋宏知	東京大学大学院情報理工学系研究科	
高橋美樹	理化学研究所 脳神経科学研究センター	
髙橋竜三	水産研究・教育機構 水産工学研究所	
武智正樹	東京医科歯科大学大学院医歯学総合研究科	
竹本誠	熊本大学大学院生命科学研究部	
立田晴記	琉球大学農学部	
舘野高	北海道大学大学院情報科学研究院	
田中啓太	株式会社 野生動物保護管理事務所 計画策定支援室	
田中雅史	東北大学生命科学研究科	
田中龍聖	宮崎大学医学部	
谷本昌志	名古屋大学大学院理学研究科	
地本宗平	山梨大学大学院総合研究部医学域	
塚野浩明	The University of North Carolina at Chapel Hill	
津崎実	京都市立芸術大学音楽学部	

土 原 和 子	東北学院大学教養学部
寺 本 　 渉	熊本大学大学院 人文社会研究部
時 本 楠 緒 子	尚美学園大学総合政策学部
戸 張 靖 子	麻布大学獣医学部
中 野 　 亮	農業・食品産業技術総合研究機構 果樹茶業研究部門
中 原 史 生	常磐大学総合政策学部
西 川 　 淳	北海道大学大学院 情報科学研究院
西 野 浩 史	北海道大学電子科学研究所
西 村 　 剛	京都大学霊長類研究所
西 村 方 孝	熊本大学大学院生命科学研究部
任 　 書 晃	新潟大学大学院医歯学総合研究科
入 江 尚 子	立教大学
野 間 口 眞 太 郎	佐賀大学名誉教授
濱 尾 章 二	国立科学博物館動物研究部
原 田 竜 彦	国際医療福祉大学医学部
日 比 野 　 浩	新潟大学大学院医歯学総合研究科
深 谷 　 緑	日本大学生物資源科学部
福 井 　 大	東京大学大学院 農学生命科学研究科
福 井 昌 夫	前京都大学農学研究科
藤 岡 慧 明	同志社大学研究開発推進機構
藤 原 宏 子	人間総合科学大学大学院 人間総合科学研究科
古 川 茂 人	日本電信電話株式会社 コミュニケーション科学基礎研究所
穂 積 　 訓	茨城キリスト教大学文学部
堀 川 順 生	豊橋科学技術大学 名誉教授
蒔 苗 久 則	警察庁科学警察研究所
松 井 利 仁	北海道大学工学研究院
松 井 正 文	京都大学名誉教授

松 石 　 隆	北海道大学国際連携研究教育局・ 大学院水産科学研究院
松 尾 行 雄	東北学院大学教養学部
松 尾 隆 嗣	東京大学大学院 農学生命科学研究科
松 岡 理 奈	順天堂大学医学部耳鼻咽喉科学講座
松 島 純 一	まつしま耳鼻咽喉科 耳鳴・めまいクリニック
松 村 澄 子	前山口大学理工学研究科
水 口 大 輔	韓国脳研究院
水 原 誠 子	東京大学大学院総合文化研究科
蓑 田 涼 生	熊本総合病院 耳鼻咽喉科・頭頸部外科
宮 武 頼 夫	前大阪市立自然史博物館
三 輪 　 徹	熊本総合病院 耳鼻咽喉科・頭頸部外科
向 井 裕 美	森林研究・整備機構 森林総合研究所
村 山 　 司	東海大学海洋学部
森 　 千 紘	東京大学大学院総合文化研究科
森 阪 匡 通	三重大学大学院生物資源学研究科
安 間 洋 樹	北海道大学大学院 水産科学研究院
山 尾 　 僚	弘前大学農学生命科学部
山 口 文 子	University of Utah, School of Biological Sciences
山 﨑 由 美 子	理化学研究所 生命機能科学研究センター
山 田 裕 子	東京海洋大学学術研究院 海洋環境科学部門
山 本 直 之	名古屋大学大学院 生命農学研究科
吉 澤 匡 人	University of Hawai‘i at Manoa
力 丸 　 裕	南方科技大学 同志社大学名誉教授
和 田 　 仁	東北文化学園大学科学技術学部 東北大学名誉教授
和 田 浩 則	北里大学一般教育部

（所属は 2019 年 3 月現在）

目　次

第1章　生物音響一般

1-1 生物音響学とは ……………………………… 2
〔高梨琢磨・松尾行雄・関　義正〕

1-2 音の発生と伝播 ……………………………… 4
〔舘野　高〕

1-3 音の速さと波長 ……………………………… 6
〔蒔苗久則〕

1-4 超音波の性質 ………………………………… 7
〔小泉憲裕〕

1-5 純音と複合音 ………………………………… 8
〔舘野　高〕

1-6 ノ　イ　ズ …………………………………… 9
〔松井利仁〕

1-7 音　の　形 …………………………………… 10
〔西川　淳〕

1-8 周波数分析と波形合成 ……………………… 12
〔小池卓二〕

1-9 音の減衰と吸音 ……………………………… 14
〔西村方孝〕

1-10 音の反射と音のインピーダンス ………… 16
〔蒔苗久則〕

1-11 音　の　干　渉 …………………………… 17
〔西村方孝〕

1-12 共振・共鳴 ………………………………… 18
〔小池卓二〕

1-13 音の回折と屈折 …………………………… 20
〔西村方孝〕

1-14 ドップラー効果 …………………………… 21
〔坂本修一〕

1-15 音の方向知覚 ……………………………… 22
〔堀川順生〕

1-16 インパルス応答とその応用 ……………… 25
〔坂本修一〕

1-17 マスキング・カクテルパーティ効果 ……… 26
〔小野宗範〕

1-18 協和音と不協和音 ………………………… 27
〔小野宗範〕

1-19 フィルター ………………………………… 28
〔上田和夫〕

第2章　哺乳類1　霊長類ほか

2-1 ヒトの発声 …………………………………… 30
〔軍司敦子〕

2-2 ヒトの聴覚 …………………………………… 32
〔岡本秀彦〕

2-3 ヒトの周波数感度と可聴帯域 ……………… 34
〔和田　仁〕

2-4 音楽・ピッチ感覚 …………………………… 36
〔古川茂人〕

2-5 絶　対　音　感 ……………………………… 38
〔津崎　実〕

2-6 ヒト言語の進化 ……………………………… 40
〔香田啓貴〕

2-7 日本語と英語の音響学的特徴 ……………… 42
〔荒井隆行〕

2-8 言語の理解に必要な音声情報 ……………… 44
〔上田和夫〕

2-9 視聴覚情報統合 ……………………………… 46
〔寺本　渉〕

2-10 音声による話者認識 ……………………… 48
〔西村方孝〕

2-11 外耳の形と働き（ヒト） ………………… 50
〔大谷　真〕

2-12 中耳の形と働き（ヒト） ………………… 52
〔小池卓二〕

2-13	内耳の形と働き（ヒト） 54	2-28	臨 界 帯 域 83
	〔澤村晴志朗・日比野 浩〕		〔上田和夫〕
2-14	内有毛細胞 56	2-29	難 聴 84
	〔工藤 基〕		〔鷹合秀輝〕
2-15	外有毛細胞 58	2-30	耳鳴とは — 人と動物からの知見 86
	〔任 書晃〕		〔松島純一〕
2-16	骨 導 60	2-31	人 工 中 耳 88
	〔鷹合秀輝〕		〔小池卓二〕
2-17	耳音響放射 62	2-32	人 工 内 耳 90
	〔原田竜彦〕		〔三輪 徹・蓑田涼生〕
2-18	耳小骨筋反射と内耳の保護 64	2-33	精神疾患と聴覚 92
	〔小池卓二〕		〔竹本 誠〕
2-19	聴覚求心路と遠心路 66	2-34	主 観 音 94
	〔伊藤哲史〕		〔岡本秀彦〕
2-20	聴神経における音声の符号化 68	2-35	聴覚神経回路の可塑性 96
	〔宋 文杰〕		〔塚野浩明〕
2-21	音の3要素関連情報の符号化 70	2-36	動物の可聴帯域 98
	〔地本宗平〕		〔塚野浩明〕
2-22	一次聴覚野細胞の持続性応答 72	2-37	動物の歌，ヒトの歌 100
	〔地本宗平〕		〔白松（磯口）知世・高橋宏知〕
2-23	音源定位の仕組み 74	2-38	ネズミの声，ゾウの声 102
	〔古川茂人〕		〔入江尚子〕
2-24	大脳における音の分析 76	2-39	サルの音声コミュニケーション 104
	〔宋 文杰〕		〔香田啓貴〕
2-25	言 語 野 78	2-40	デグーの音声コミュニケーション 106
	〔宋 文杰〕		〔上北朋子・時本楠緒子〕
2-26	聴 力 検 査 80	2-41	モグラの聴覚 108
	〔鷹合秀輝〕		〔工藤 基〕
2-27	胎児の聴力 82		
	〔松岡理奈〕		

第3章　哺乳類2 コウモリ

3-1	コウモリの発声 112	3-7	コウモリの脳幹の構造と働き 122
	〔松村澄子〕		〔鎌田 勉〕
3-2	コウモリのエコーロケーション 114	3-8	コウモリの大脳における音の分析 124
	〔力丸 裕〕		〔堀川順生〕
3-3	コウモリの可聴帯域と周波数感度 116	3-9	コウモリのコミュニケーション音 126
	〔堀川順生〕		〔松村澄子〕
3-4	外耳の形と働き 118	3-10	コウモリの運動と音声 128
	〔松尾行雄〕		〔鎌田 勉〕
3-5	中耳の形と働き 120	3-11	CF コウモリと FM コウモリ 130
	〔枝松秀雄〕		〔堀川順生〕
3-6	内耳の形と働き 121	3-12	ドップラー・シフト補償とエコー振幅補償 132
	〔枝松秀雄〕		〔力丸 裕〕

3-13 テレマイクによる音響計測 ……………… 134
〔力丸　裕〕

3-14 マイクロフォンアレイを用いた
屋内でのコウモリの行動計測 ………… 136
〔藤岡慧明〕

3-15 マイクロフォンアレイを用いた
屋内でのコウモリの行動計測 ………… 138
〔松尾行雄〕

3-16 超音波を用いたコウモリの種同定 …… 140
〔福井　大〕

第4章　哺乳類3 海洋生物

4-1 イルカの発声 …………………………… 144
〔松石　隆・黒田実加〕

4-2 イルカの聴覚 …………………………… 146
〔松石　隆・黒田実加〕

4-3 イルカのエコーロケーション ………… 148
〔赤松友成〕

4-4 イルカのコミュニケーション ………… 150
〔森阪匡通〕

4-5 エコーロケーション音の種間差異 …… 152
〔亀山紗穂〕

4-6 イルカの奥行き知覚 …………………… 154
〔松尾行雄〕

4-7 イルカにおける視覚と聴覚の密な関係 … 156
〔村山　司〕

4-8 イルカの行動と生態 …………………… 158
〔中原史生〕

4-9 イルカのホイッスル …………………… 160
〔森阪匡通〕

4-10 イルカの音進化 ………………………… 162
〔森阪匡通〕

4-11 クジラの生態 …………………………… 164
〔大泉　宏・青木かがり〕

4-12 ヒゲクジラのソング …………………… 166
〔山田裕子〕

4-13 ジュゴンの鳴音 ………………………… 168
〔市川光太郎・菊池夢美〕

4-14 マナティーの鳴音 ……………………… 170
〔菊池夢美・市川光太郎〕

4-15 鰭脚類の鳴音 …………………………… 172
〔水口大輔〕

4-16 受動的音響探査とは …………………… 174
〔木村里子〕

4-17 音響バイオロギング …………………… 176
〔赤松友成〕

第5章　鳥　　　類

5-1 鳴禽類の発声と発声学習 ……………… 180
〔高橋美樹〕

5-2 発声学習しない鳥類の発声 …………… 182
〔戸張靖子〕

5-3 鳥類の聴覚神経系 ……………………… 184
〔加藤陽子〕

5-4 フクロウの音源定位 …………………… 186
〔芦田　剛〕

5-5 鳥類の聴覚域（オージオグラム）…… 188
〔加藤陽子〕

5-6 歌学習と分子生物学 …………………… 190
〔森　千紘〕

5-7 歌発達とその社会的側面 ……………… 192
〔森　千紘・太田菜央〕

5-8 耳の形と働き …………………………… 194
〔森　千紘〕

5-9 歌の認知と生成の神経機構 …………… 196
〔田中雅史〕

5-10 聴覚刺激の識別と選好性 ……………… 198
〔加藤陽子〕

5-11 性淘汰と歌 ……………………………… 200
〔相馬雅代〕

5-12 歌の地域差・方言・種分化 …………… 202
〔濱尾章二〕

5-13 都市騒音と歌 …………………………… 204
〔香川紘子〕

5-14 鳥類の非発声による発音 ……………… 206
〔太田菜央・相馬雅代〕

目　次　ix

5-15 年齢による歌の変化 ⋯⋯⋯⋯ 208
〔太田菜央〕

5-16 音声による個体認知 ⋯⋯⋯⋯ 210
〔近藤紀子〕

5-17 警戒声による情報伝達 ⋯⋯⋯ 212
〔鈴木俊貴〕

5-18 親子間コミュニケーション ⋯⋯ 214
〔相馬雅代〕

5-19 メスの歌と雌雄間コミュニケーション ⋯ 216
〔太田菜央・相馬雅代〕

5-20 托卵鳥における音声コミュニケーション ⋯ 218
〔田中啓太〕

5-21 歌学習の多様性 ⋯⋯⋯⋯⋯ 220
〔藤原宏子〕

5-22 鳴禽類と音楽 ⋯⋯⋯⋯⋯⋯ 222
〔一方井祐子〕

5-23 オウム・インコの発声機構 ⋯⋯ 224
〔佐藤亮平〕

5-24 鳥類発声の刺激性制御 ⋯⋯⋯ 226
〔関 義正〕

5-25 ヨウムのアレックス ⋯⋯⋯⋯ 228
〔山﨑由美子〕

5-26 生物の音の分析に使われるソフトウェア ⋯ 229
〔笹原和俊〕

5-27 オウム・インコのコール学習 ⋯ 230
〔藤原宏子・佐藤亮平〕

5-28 鳴禽類の発声学習によるコールの獲得 ⋯ 232
〔相馬雅代〕

5-29 さえずりと人間の文化 ⋯⋯⋯ 233
〔濱尾章二〕

第6章 両生爬虫類

6-1 両生爬虫類の聴覚 ⋯⋯⋯⋯⋯ 236
〔城野哲平〕

6-2 カエルの発声と運動神経 ⋯⋯⋯ 240
〔山口文子〕

6-3 カエルの音響コミュニケーションと進化 ⋯ 244
〔松井正文〕

6-4 コーラス ⋯⋯⋯⋯⋯⋯⋯⋯ 246
〔合原一究〕

6-5 カエルの超音波コミュニケーション ⋯ 248
〔中野 亮〕

6-6 カエルのメスの発声 ⋯⋯⋯⋯ 250
〔伊藤 真〕

6-7 ヤモリの音響コミュニケーション ⋯ 252
〔城野哲平〕

6-8 恐竜の音声 ⋯⋯⋯⋯⋯⋯⋯ 254
〔西村 剛〕

第7章 魚 類ほか

7-1 魚の聴覚 ⋯⋯⋯⋯⋯⋯⋯⋯ 258
〔小田洋一〕

7-2 内耳の形 ⋯⋯⋯⋯⋯⋯⋯⋯ 260
〔谷本昌志〕

7-3 魚の耳石 ⋯⋯⋯⋯⋯⋯⋯⋯ 262
〔小田洋一〕

7-4 求心路と遠心路 ⋯⋯⋯⋯⋯⋯ 264
〔杉原 泉・山本直之〕

7-5 内耳の形成過程 ⋯⋯⋯⋯⋯⋯ 266
〔谷本昌志〕

7-6 有毛細胞の構造と働く仕組み ⋯ 268
〔谷本昌志〕

7-7 魚の可聴帯域と周波数感度 ⋯⋯ 270
〔杉原 泉〕

7-8 聴覚性逃避運動 ⋯⋯⋯⋯⋯⋯ 272
〔小田洋一〕

7-9 魚の音源定位 ⋯⋯⋯⋯⋯⋯⋯ 274
〔小田洋一〕

7-10 魚の発音 ⋯⋯⋯⋯⋯⋯⋯⋯ 276
〔宗宮弘明〕

7-11 鰾を用いた発音と音響特性 ⋯⋯ 278
〔髙橋竜三〕

7-12 摩擦を用いた発音と音響特性 ⋯ 280
〔安間洋樹〕

7-13	イセエビの発音器官と音響特性 …… 282	7-16	側線器官の働きと形づくりの仕組み …… 288

7-13 イセエビの発音器官と音響特性 …… 282
〔安間洋樹〕

7-14 魚の鳴音モニタリング …… 284
〔髙橋竜三〕

7-15 魚の鳴音コミュニケーション …… 286
〔宗宮弘明〕

7-16 側線器官の働きと形づくりの仕組み …… 288
〔和田浩則〕

7-17 側線感覚による行動 …… 290
〔吉澤匡人〕

第**8**章　昆虫類ほか

8-1 昆虫の発音 …… 294
〔高梨琢磨〕

8-2 昆虫の音と振動の受容器 …… 296
〔高梨琢磨〕

8-3 鳴く虫と文化 …… 298
〔宮武頼夫〕

8-4 音響測定法と行動実験法 …… 300
〔高梨琢磨〕

8-5 中枢の働き …… 302
〔染谷真琴・小川宏人・上川内あづさ〕

8-6 中枢による発音の制御 …… 304
〔岡田龍一〕

8-7 音源定位 …… 306
〔中野　亮〕

8-8 音と振動に対する行動と神経による制御 … 308
〔西野浩史〕

8-9 機械感覚子 …… 310
〔土原和子〕

8-10 機械受容体の仕組み …… 312
〔土原和子〕

8-11 振動コミュニケーション …… 314
〔上宮健吉〕

8-12 超音波コミュニケーション …… 318
〔中野　亮〕

8-13 ショウジョウバエの音コミュニケーション … 320
〔石川由希・上川内あづさ〕

8-14 テナガショウジョウバエの交尾と音 …… 322
〔松尾隆嗣〕

8-15 ミツバチの音コミュニケーション …… 324
〔藍　浩之〕

8-16 カメムシの振動コミュニケーション …… 326
〔上地奈美〕

8-17 ベニツチカメムシの給餌振動 …… 328
〔野間口眞太郎〕

8-18 クロスジツマグロヨコバイの
振動コミュニケーション …… 330
〔福井昌夫〕

8-19 アリとチョウの共生 …… 332
〔坂本洋典〕

8-20 カブトムシのだましの振動 …… 334
〔小島　渉〕

8-21 線虫の振動受容 …… 336
〔田中龍聖〕

8-22 甲虫の摩擦音 …… 338
〔大谷英児〕

8-23 イモゾウムシの発音の変異 …… 340
〔立田晴記〕

8-24 コオロギの音コミュニケーションと
種分化 …… 342
〔角（本田）恵理〕

8-25 セミの発音 …… 344
〔税所康正〕

8-26 音や振動がかかわる孵化 …… 346
〔向井裕美〕

8-27 感覚情報の統合利用 …… 348
〔深谷　緑〕

8-28 音と振動によるコミュニケーションと
多種感覚情報 …… 350
〔向井裕美〕

8-29 振動による害虫防除 …… 352
〔高梨琢磨〕

8-30 超音波による害虫防除 …… 354
〔小池　明〕

8-31 シロアリの振動と音による防除 …… 356
〔大村和香子〕

8-32 カの音響トラップ …… 358
〔小川賢一〕

目　次　xi

8-33 植物と動物の音や振動による相互作用 …… 360
〔山尾　僚〕

8-34 植物の機械感覚 ……………………………… 362
〔飯田秀利〕

8-35 植物のアコースティック・エミッション … 364
〔蔭山健介〕

第9章　比較アプローチ

9-1 発声器官の比較 ……………………………… 368
〔原田竜彦〕

9-2 聴覚域（オージオグラム）の比較 ………… 370
〔堀川順生〕

9-3 外耳の形状と位置の多様性 ………………… 372
〔大谷　真〕

9-4 音声帯域の違いによる中耳の構造的な違い … 374
〔原田竜彦〕

9-5 蝸牛の構造：渦巻き型か否か ……………… 376
〔任　書晃，日比野　浩〕

9-6 鼓膜と中耳の多様性（脊椎動物） ………… 378
〔任　書晃〕

9-7 音をとらえる機械受容チャネル …………… 380
〔谷本昌志〕

9-8 聴覚器官の発生と進化 ……………………… 382
〔武智正樹〕

9-9 大脳皮質の多様性：聴覚野の違い ………… 384
〔小島久幸〕

9-10 比較の視点からの音源定位 ……………… 388
〔芦田　剛〕

9-11 健常者と盲人の音情報処理の違い ……… 390
〔力丸　裕・関　喜一〕

9-12 盲人のエコーロケーション ……………… 392
〔力丸　裕・関　喜一〕

9-13 コウモリとイルカのエコーロケーション … 394
〔力丸　裕・赤松友成・松尾行雄〕

9-14 昆虫とコウモリの相互作用 ……………… 396
〔中野　亮〕

9-15 昆虫と動物の聴覚器の収斂進化 ………… 398
〔西野浩史〕

9-16 ヒトの感性と昆虫の発音 ………………… 400
〔穂積　訓〕

9-17 動物の絶対音感 …………………………… 402
〔饗庭絵里子〕

9-18 鳴禽の歌とヒト言語 ……………………… 404
〔水原誠子〕

9-19 鳥の発声学習と音楽・リズム …………… 406
〔関　義正〕

9-20 発声学習の収斂進化のあり得るシナリオ … 408
〔関　義正〕

9-21 電気魚の発電 ……………………………… 410
〔小橋常彦〕

9-22 魚の電気感覚 ……………………………… 412
〔小橋常彦〕

9-23 電気コミュニケーション ………………… 414
〔小橋常彦・川崎雅司〕

9-24 バイオミメティクス ……………………… 416
〔高梨琢磨・松尾行雄〕

事 項 索 引 …………………………………… 419

学 名 索 引 …………………………………… 437

資 料 編 …………………………………………… 443

第1章

生物音響一般

1-1 生物音響学とは

1-2 音の発生と伝播

1-3 音の速さと波長

1-4 超音波の性質

1-5 純音と複合音

1-6 ノ イ ズ

1-7 音 の 形

1-8 周波数分析と波形合成

1-9 音の減衰と吸音

1-10 音の反射と音のインピーダンス

1-11 音 の 干 渉

1-12 共振・共鳴

1-13 音の回折と屈折

1-14 ドップラー効果

1-15 音の方向知覚

1-16 インパルス応答とその応用

1-17 マスキング・カクテルパーティ効果

1-18 協和音と不協和音

1-19 フィルター

1-1

生物音響学とは

生物音響学(Bioacoustics)とは，生物学(Biology)と音響学(Acoustics)の融合領域であり，音響情報とコミュニケーション，感覚などの生理学，さらに音や振動に関する物理学と工学からなる．研究対象となる生物は，陸上動物である哺乳類，鳥類，両生爬虫類，昆虫などから，水棲動物の哺乳類，魚類，そして植物と広範囲にわたる[1]．

生物音響学の歴史

生物音響学は個々の領域が発展し成熟してきた20世紀後半から研究が盛んに行われるようになったが，その起源は古い．18世紀後半において，イタリアの生物学者スパランツァーニ(Spallanzani, L.)は，耳を覆われたコウモリが障害物を回避できなくなることから，コウモリが特殊な感覚によって定位する可能性を示した[2]．当時，ヒトには聞こえない超音波そのものの存在が不明であったが，19世紀に入り計測機器類が開発されて，超音波によるコウモリのエコーロケーションが証明された[2]．

一方，昆虫では，19世紀前半においてスロベニアのレーガン(Regan, I.)によって，コオロギの発音によるコミュニケーションや，肢に存在する聴覚器の存在が示された[3]．なお日本において，鳴く虫に親しむ風習についての歴史的記述は古く，万葉集にまで遡る(▶5-8参照)．

水中においては，1950年代にイルカがエコーロケーションを行っている可能性を[4]，それより古く19世紀後半にレチウス(Retzius, G.)によって魚の聴覚器官の存在が報告された[5]．

鳥類についても，その音声にかかわる歴史的記述は古くから数多く存在する．例えばギリシアの歴史家アッリアノスは，アレクサンダー大王の時代には既に，オウムがヒトの声を発することがよく知られていた旨を述べている[6]．

鳥類の発声研究に現代的な手法が用いられるようになったのは，ソープ(Thorpe, W.)がサウンドスペクトログラムを用いてその歌を分析した1950年代からである．その後，鳥類は行動生態・神経科学の両面から生物音響学の優れた研究対象として確立され，例えばメンフクロウの音源定位と聴覚については日本人研究者の小西正一により先駆的研究が進められた[7]．

生物音響学に関する初めての学会として，International Bioacoustics Council(IBAC)が，1969年にデンマークにおいて動物，鳥，昆虫等の研究者により設立された．そのあと，IBACより "Bioacoustics Journal" という学術雑誌が出版された．また，アメリカでは，アメリカ音響学会の生物音響学委員会が活発に活動している．一方，日本においては，2014年に(一般社団法人)生物音響学会(The Society for Bioacoustics)が設立され，国内外の研究者による研究発表会を通じての情報交換や，教育・啓蒙を目的とした活動を進めている[8]．

生物音響学に関連する新分野として，振動によるコミュニケーションや感覚に関するバイオトレモロジー(Biotremology)[9]やサウンドスケープ(▶4-16参照)に関する生態音響学(Ecoacoustics)が知られている．

生物音響学の課題と意義

生物音響学のおもしろさは，個々の生物種における発声や聴覚のメカニズムなどのミクロスケールの現象から，生物種の生態や進化的背景などのマクロスケールな現象までを，解き明かすことである．例として，渓流に生息するフウハヤセガエルは，川の雑音に紛れにくい超音波を発声し，その超音波を特殊化した鼓膜器官で検知し，種内でコミュニケーションを行っている(▶6-1, 6-5参照)．またヤガは，コウモリのエコーロケーションにより捕食されるが，その超音波を検知すると回避したり，自ら超音波を出してエコーロケーションを妨害している(▶9-14参照)．このように，生息環境や種間の相互作用に応じて，生物は生存のために様々な音を利用している．

そのほか，生物音響学の重要な課題は，異なる生物種における共通性や相違性であり，それらを説明するメカニズムや進化についての研究がすすめられている．

発声については，陸上哺乳類（コウモリを除く）や鳥類の体サイズと優位周波数との間に，負の相関関係があることが知られている[1]．例えばゾウでは低周波の音声によりコミュニケーションを行うが，鳥類の多くは比較的高周波の音声を用いる（▶9-2 参照）．

一方，聴覚について，可聴域は生物種によって異なるが，哺乳類と鳥類を比較すると，多くの種において，最も感度のよい周波数帯域（最適周波数）は類似している（▶2-36，5-5，9-2参照）．しかし，両者で内耳における蝸牛の構造には明瞭な違いがあり，聴覚器の進化的起源が異なっていることがわかっている（▶9-8 参照）．また，音を受容する器官も種による多様性があり，脊椎動物では鼓膜となる．しかし，イルカなどは音の伝搬の違いにより，下顎窓で音を受容している（▶4-2 参照）．このような変化も陸生動物が海の中で音を効果的に受信できる仕組みに進化したと考えられる．

さらに鳴禽類やオウム目の鳥類は，ヒト以外の動物には珍しく優れた発声学習能力を有している（▶5-9，5-25 参照）．そして，その能力の神経基盤および機能と発達の研究が，ヒトの言語獲得の仕組み，さらには言語の進化的起源の解明に役立つものと期待されている（▶8-16，9-18 参照）．今後も，生物の発声や感覚についての新たな課題が，融合領域である生物音響学の研究手法によって，解明されるであろう．

近年，生物音響学は基礎研究だけでなく，応用分野にも研究が広がりつつある．例えば，ヒト以外の哺乳類を対象にした聴覚研究の結果が，ヒトの聴覚のモデルになり，医療応用において有用となっている．加えて，哺乳類とは異なり，成鳥になっても蝸牛の有毛細胞が再生することで知られる鳥類の内耳については，有毛細胞の損傷を原因とするヒトの難聴治療の手掛かりにつながるものとして研究が進められてきた（▶5-8 参照）．

また，生物の機能や構造を模倣するバイオミメティクスの分野において，生物ソナーや聴覚器がモデルとなり，高精度なソナーや人工センサーなどの工学的応用が可能となるだろう（▶9-24 参照）．そのほか，生物の音響情報に基づいて，特定種の検知や多様性の調査なども行われている．特にカメラなどの視覚情報が使いにくい海洋において，イルカやクジラの生態調査に多く応用されている（▶4 章参照）．このようにして，生物音響学の研究成果が，将来，社会貢献につながると期待される．

〔高梨琢磨・松尾行雄・関　義正〕

文　献

[1] N. H. Fletcher, *Springer Handbook of Acoustics* (Springer, 2007), pp. 473-490.

[2] D. R. Griffin, *Listening in the Dark: the Acoustic Orientation of Bats and Men* (Yale Univ. Press, 1958), 413pp.

[3] M. Gogala, *Studying Vibrational Communication* (Springer, 2007), pp. 473-490.

[4] W. W. L. Au, *Sonar of Dolphin* (Springer, 1993), pp. 2-4.

[5] W. N. Tavolga, A. N. Popper, and R. R. Fay, *Hearing and Sound Communication in Fishes* (Springer, 1981), pp. 3-5.

[6] アッリアノス著，大牟田章訳，アレクサンドロス大王東征記（下）（岩波文庫，2001），pp. 260-261.

[7] P. R. Marler and H. Slabbekoorn, *Nature's music : the science of birdsong* (Elsevier, 2004).

[8] 一般社団法人生物音響学会 ウェブサイト http://bacoust.org/

[9] P. S. M. Hill and H. Wessel, *Curr. Biol.*, 26, R187-191 (2016).

1-2

音の発生と伝播

　物理的な音の発生には，音を生成する源となる「音源」とその音源から音が伝播する担い手の「媒質」の2つの要素が必要である．ここでは，空気のような媒質の乱流やその収縮・膨張などで発生する，音源と媒質を明確に分離できない場合を除き，固体などの物体の振動に伴う音の発生を考える．例えば，「音叉」は，U字型の金属の棒（枝）に支柱のついた構造をしている．音さの枝をハンマーで叩くと，その枝が振動して音を発生させ，時間とともにその音が振動として媒質である空気中を伝播する．このように，音の発生とは，音源の振動が媒質の振動を介して伝播する現象である．したがって，音源と媒質には振動する特徴が共通に不可欠である．また，振動する物体には，「質量」と「弾性」の2つの物理的特性がある．一般に，どのような物質の構造体も質量と弾性があるために媒質と音源の両者になり得るが，おのおのには，一方により適した特徴がある．このように媒質と音源の特性は本質的には同じであるが，以下では媒質と音源を分けて，おのおのの特性を順に述べる．

　まず，媒質には，質量と呼ばれる物質の量が存在する．媒質の例として空気を考えよう．空気は窒素や酸素などの数種類の分子の粒子から構成されており，通常，その粒子はランダムに運動している．各粒子は，平均してある距離を保って分布しており，媒質に圧力が加えられると，それらの粒子間の分布に偏りが生じて，粒子の並びに疎密ができる．密な部分では，粒子が圧縮されており，単位体積あたりの質量（密度）が高い．一方，疎な部分では，粒子の密度は低い．例えば，底の閉じられた円筒管に上からピストンを挿入し，下方に押し込むことを考えよう．ピストンを下方へ押すと，管全体に存在する空気の粒子が，最初より小さな空間に詰め込まれ，密度が増加する．一方，ピストンを

離すと空気の粒子はもとの位置付近に戻る．このように形状や体積のある空間が，歪みからもとに戻ろうとする特性を弾性という．ピストンの例では，空気の体積は，再び圧縮前の状態の密度を取り戻す．このとき，空気は復元したといい，その弾性力を復元力と呼ぶ．

　媒質と同様に，音源も質量と弾性をもつ．例えば，音さの枝は，弾性があるために，力が枝に加わり，枝がもとの位置から，ある別の位置に移動しても，もとの位置に戻る復元力をもつ．力が加わる前の音さの枝の位置は，平衡位置と呼ばれる．平衡位置からの変動分を変位という．変位が最大の点に到達すると，枝の動きは一瞬静止して，その後逆向きに向かって動き，再び平衡位置に戻る．平衡位置に戻ったあとも枝は静止せずに動き続け，同様にして振動を繰り返す．音さの枝が平衡位置を通り越して最大変位に到達するまで動き続ける特性は，慣性と呼ばれる．慣性とは，あらゆる物体は，ほかの力が加えられない限り，止まったままか，あるいは，同じ動きのままでいるという特性と言い換えられる．音さは，慣性と弾性の2つの特性によって振動する．

　空気などの媒質の中に音源をおき，音源を振動させた際の媒質粒子の変動を考えよう．音波が空気中を伝播するとき，空気の分子は音波の進行方向と平行な方向に振動している．この方向の波は，縦波と呼ばれる．ただし，粒子に含まれるすべての分子が一様に同じ方向に振動しているのではなく，個々の分子はある範囲でランダムに動き回っている．しかし，その範囲にある体積中の粒子の動きを平均化すると，ある振幅をもつ振動になる．図1の最上段は，媒質粒子の初期位置を表しており，その下段はある時刻の粒子位置を表している．また，図1では粒子の疎密も粒子間の間隔で表している．次に，図1の3段目では，振動する粒子のある瞬間の位置と初期位置との差を矢印の長さで表している．この位置の差を変位と呼ぶ．さらに，波の進行後方（左側）への変位を負とし，前方方向（右側）を正と定義し，矢印を回転させて垂直方向に描くと，最下段の図となる．た

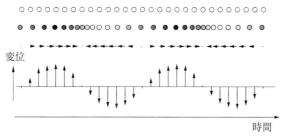

図1 媒質粒子の変位

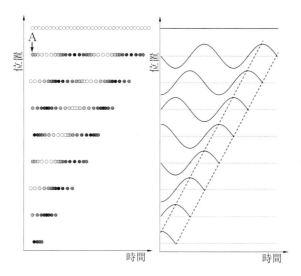

図2 粒子の変位と波
（左）第1行と第2行における白黒の濃淡で描かれた多数の円は，図1のそれぞれに対応する．ただし，正負の向きが逆転している．同様に第2行から第8行までの各行は，互いに隣接しているが空間的に異なる位置における空気粒子の状態を表している．（右）左の図の各行に対して，図1の4段目に相当する振動波形（矢印の先端を結んだ曲線）を描いている．

だし，矢印の長さは伸張している．これらの矢印の頂点を結んだ曲線が振動の波形となる．

また，図2の最上段（左図，右図）には，空気の粒子が振動する前のある状態（平衡状態）を示しており，粒子は等間隔に並んでいる．その下の各行は，ある空間の連続した位置における粒子の振動の状態を表している．最下行から最上行への順番で平衡状態から同じ時間間隔で，最左端（矢印A）の位置で音源から順次媒質に振動を加えると，その後，各粒子は左右に振動する．例えば，最左端（A列）の各行の粒子は，時間の経過に伴って，左右に振動するが右側のある最大変位まで移動したのちに，弾性から逆方向に振動して左側の最大変位まで達し，以後，同様の移動を繰り返す．各行の粒子の状態をみると，密度が低い（疎）部分と高い（密）部分とが交互に繰り返されている．上段ほど右側に振動が長い距離にわたって伝播しているために，疎密の繰り返しの数も多い．図2右の破線は粒子振動の疎密が同じ状態の部分を結んで描いており，時間の経過とともに振動が右方向に伝播していく様子がわかる．このように，粒子の振動は，平衡位置を中心とした左右の限られた範囲での振動からなり，媒質における粒子の振動は，粒子自体が大きく移動しているのではない．一方，音波の伝播では，媒質を介して音源から遠ざかる方向に高い密度の領域（密の部分）と低い密度の領域（疎の部分）の繰り返しが時間とともに遷移していく．このように音の伝播とは，疎密の状態の繰り返しが時間ともに空間上を推移していく現象である． 〔舘野 高〕

文 献

[1] C. E. Speaks, *Introduction to Sound：Acoustics for the Hearing and Speech Sciences Cengage Learning*, 3rd ed (Singular Publishing Group, Inc., San Diego, 1999).

1-3 音の速さと波長

音のような波動の伝搬の様子を表現する基本的な量が「速さ」と「波長」である．本項では，これらについて，完全流体とみなした空気を媒質として伝搬する音を想定し，基礎的な解説を行う[1]．

音の速さ

体積弾性率が K，密度が ρ である媒質を伝搬する音の速さ c は，次の式で与えられる．

$$c = \sqrt{K/\rho} \qquad (1)$$

体積弾性率とは，物体に圧力が加わった際に生じる体積変化の程度を示す量である．バネを例にとれば，圧力はバネに加えた力，体積変化はバネの変位に対応し，体積弾性率はバネ定数に相当する．そのため，K が大きいほど同じ圧力であっても生じる体積変化は小さく，いわば「硬い」ことに対応する．したがって定性的には「硬くて軽い」媒質であるほど音の速さは速くなる．このことは，様々な物質中の音（縦波）の速さを示した表1から，定性的には成立していることがわかる．

よく知られているように，大気中の音の速さには温度依存性がある．式(1)に，音の伝搬が断熱的であるため成立する $K=\gamma P$（γ：比熱比，P：圧力）と，状態方程式 $P/\rho=\mathrm{R}T/M$（R：気体定数，T：絶対温度，M：空気の分子量）を代入すると，次の式が得られる．

$$c = \sqrt{\gamma P/\rho} = \sqrt{\gamma \mathrm{R}T/M} \qquad (2)$$

そして，各種物理定数を代入し，絶対温度 T[K] をセルシウス温度 θ[℃] に変換すれば，

表1　様々な物質の密度と音の速さ[2]

	密度[kg m^{-3}]	速さ[m s^{-1}]
乾燥空気	1.2929	331.45
水蒸気	0.5980	473
蒸留水	1.00×10^3	1500
氷	0.917×10^3	3230
ポリスチレン	1.056×10^3	2350
アルミニウム	2.69×10^3	6420
鉄	7.86×10^3	5950

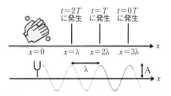

図1　パルス状の音や正弦波の伝搬

$$c = 331.5 + 0.61\,\theta \ [\mathrm{m/s}] \qquad (3)$$

となり，よく知られた関係式が得られる．

波長

音叉や楽器では，金属や弦等の周期的な振動が音源となるため，発生する音も周期的な挙動を示す．簡単のため，$x=0$ の位置で時間 T 毎に行う拍手を音源とし，これにより生じた周期的なパルス状の音が伝搬する様子を考える．時刻 t がゼロの時点で発生したパルスは，時間 T が経過すると，

$$\lambda = cT \qquad (4)$$

の距離だけ伝搬する．同時に音源では，時刻ゼロと同一のパルスが新たに発生し，伝搬を開始する．さらに時間 T が経過した時刻 $2T$ では，時刻 T で発生したパルスは λ の位置に，時刻ゼロで発生したパルスは 2λ の位置に到達している．図1は，時刻 $3T$ での様子を表現しており，λ を間隔とした繰り返し構造が生じていることがわかる．このような空間的な繰り返しの単位 λ が波長である．

実際に発生する音はパルス的ではなく連続的なことが多く，また，ほとんどの周期関数は，様々な正弦波の重ね合わせとして表現できるため，音の表現には正弦波を用いることが一般的である．x の正の向きに伝搬する振幅（の最大値）が A である正弦波は，$k = 2\pi/\lambda$，$\omega = 2\pi/T$ として，次のように表現できる．

$$A\cos(\omega t - kx) \qquad (5)$$

また，振動現象の記述で広く用いられる複素数を用いるならば，

$$Ae^{i(\omega t - kx)} \qquad (6)$$

とも表現され，これと(5)を対応させる際は，実部をとると約束する．　　〔蒔苗久則〕

文献
[1] 小橋 豊, 音と音波（裳華房, 東京, 1969）．
[2] 国立天文台編, 理科年表平成29年（丸善, 東京, 2016）．

1-4 超音波の性質

　超音波の最大の特徴は周波数が高く（一般に20 kHz以上），波長が短いことであり（十数cm以下），ランジュバン（Langevin, Paul）により水中音信機へ応用されて以来，様々な分野に展開されている．例えば波長が短いことにより，高い空間分解能で媒質の密度変化を捉えることが可能であり，医療用超音波診断装置や魚群探知機等に応用されている．

　超音波は可聴音と比較して減衰しやすく，同じ超音波においても周波数が高いほど減衰しやすい．超音波の減衰は主に媒質の粘度，比熱，熱伝導率，音速に影響され，固体や液体よりも気体中のほうが減衰しやすい．

　通常の音波と同様に液体や気体においては超音波の縦波のみ伝わるが，固体においては縦波のみならず進行方向に対して垂直方向の横波も伝わる．この性質を利用して生体組織の硬さが計測できる．

　音速は周波数に依存しないが，媒質に依存するのも通常の音波と同様である．生体中の音速は筋肉など軟組織の1540 m/s（水は1480 m/s）で代表されることが多く，骨などの硬組織は軟組織に比べて著しく音速が大きく，他方，軟組織の中でも脂肪組織は音速が小さい．

　均質な媒質中では直進するが，音速が異なる媒質の境界面で反射するのも通常の音波と同様であるが，超音波は波長が短いため，直進性が高く回折しにくい．このため，光の場合と同様に陰影を生じやすい（図1）．また，反射や屈折も光学の場合と同様に扱える．

　超音波は高い指向性をもたせることも可能である．球面状のトランスデューサを用いたり，複数のトランスデューサをアレイ状に配置（パラメトリック・スピーカー），2つの超音波の周波数差のうなりを特定の領域にいる人のみに可聴音として聞かせたりすることができ，観光名所の案内等で利用されている．パラメトリッ

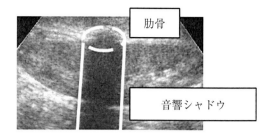

図1　肋骨によって生じる音響シャドウ

ク・スピーカーでは単体で通常60～70°しか得られない超音波の指向性を高めて数度の角度範囲に抑えることができる[3]．

　超音波は，マイクロ・キャビテーション（微小気泡）を発生し，その崩壊力で物理的作用を生じさせたり，媒質が音波を吸収することで発熱を生じさせたりすることができる．このような物理的あるいは熱的作用と，超音波の指向性を利用して，体表を傷つけることなく腫瘍や結石のみをピンポイントに治療する強力集束超音波治療と呼ばれる治療法が近年急速に発達している[4]．このほか，超音波には水溶液中の酸化・還元反応，タンパク質の変性反応をはじめ，化学反応を促進する作用もある．

　自然界における超音波の発生は空中でのコウモリの鳴き声，水中でのイルカやクジラの鳴き声が有名である．いずれも，障害物を検知するために利用されている．昆虫にも超音波を出すものが多くみられる．

　人工的に超音波を発生させる場合，空気中ではコンデンサスピーカーがよく利用される．水中では，セラミックス圧電素子等の固有振動を利用して発生させることが多い．いずれの発生法においても人工物を用いて連続的に振動数を変化させることは一般に難しい．　〔小泉憲裕〕

文献
[1] 小橋 豊, 音と音波（裳華房, 東京, 1969）, pp. 209-213.
[2] 中村僖良, 超音波（コロナ社, 東京, 2001）.
[3] https://www.xmos.com/the-worlds-first-personal-assistant-that-beams-sound-only-to-you/
[4] J. M. Escoffre and A. Bouakaz, *Therapeutic Ultrasound*（Springer International Publishing, 東京, 2016）, pp.113-129.

1-5 純音と複合音

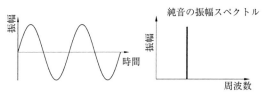
図1　純音

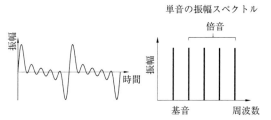
図2　複合音

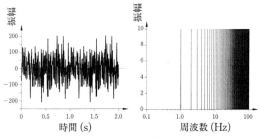
図3　振幅スペクトルが一様な雑音

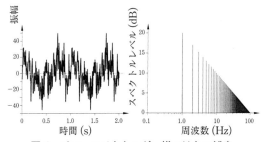
図4　パワースペクトルが一様ではない雑音

　正弦波は，単一の三角関数で表現され，一定の周波数で時間とともに変動する波である．一般に，音信号は複数の周波数成分をもつが，単一の周波数と一定の振幅をもつ正弦波の音を純音という．純音の波形(**図1左**)とその振幅スペクトル(**図1右**)の一例を示す．一方，2つ以上の異なる周波数の純音から構成される音を複合音という．5つの周波数成分から構成される複合音の波形(**図2左**)とその振幅スペクトル(**図2右**)の一例を示す．複合音を構成する周波数の中で，最も低い周波数成分をもつ音を基音と呼び(**図2右**)，基音の周波数を基本周波数という．また，基音以上の周波数成分をもつ音を上音と呼ぶ．ある音の上音の周波数が，基本周波数の整数倍になっているとき，その上音を倍音と呼ぶ(**図2右**)．特に，基本周波数の2倍，3倍の周波数をもつ波を，それぞれ2次高調波(第2高調波)，3次高調波(第3高調波)という．さらに，n倍の周波数をもつ波をn次高調波(第n高調波)という．基音とその基本周波数(f_1)の高調波(周波数$2f_1, 3f_1, \cdots$)から構成される複合音は，調波複合音と呼ばれる．ただし，各周波数成分の高調波の振幅は一般には異なる．調波複合音は単音と呼ばれることもある．調波複合音の振幅スペクトルは，基本周波数の整数倍の線スペクトルとして表現される．周波数が2倍の音を1オクターブ高い音といい，周波数が半分の音を1オクターブ低い音ということがある．また，一般に周期的に変動する波を周期波と呼ぶ．周期波であっても，単純な正弦波でない波を周期複合波と呼ぶ．一方，複合音の中で，周波数の成分やその振幅が不規則に変動する音を雑音と呼ぶ．雑音の波形と振幅スペクトルの一例を**図3**に示す．この雑音は，初期位相を0から2πまでの一様乱数として設定して，同振幅の1から100 Hzの等間隔の周波数成分をもつ正弦波を加算した合成波形である．また，**図4**では，同様に初期位相を乱数で設定して，パワースペクトルが周波数に反比例する振幅をもつ正弦波を加算した合成波形である．なお，このグラフでは，パワースペクトルの縦軸は，dB値で表現されており，振幅の対数を20倍した値である．一般に音波のエネルギーは，音圧の2乗に比例するので，このグラフは，各周波数成分のパワーの対数をとり10倍してdB表示した値と同じグラフになる．

〔舘野　高〕

1-6

ノイズ

音響学において「ノイズ（noise）」という用語は，様々な意味，様々な場面で用いられており，生物音響学の分野でもそれは同様である．「ノイズ」という用語は，人を対象とした調査研究では，しばしば「望ましくない音」である「騒音」の意味で使われており，信号処理においては，「不要な信号」である「雑音」という意味で用いられることが多い．

ここで注意すべきは，何が望ましいか，何が不要であるかの判断が，調査者や研究者によって行われている点である．「望ましい」「不要」という判断を行うには，何らかの判断規準が必要であり，これは調査研究の目的によって異なる．

例えば，神経細胞の電位を計測する際に，音刺激をトリガーとした同期加算によって神経細胞の自発放電信号を取り除く方法は広く行われているが，これは音刺激による誘発電位の計測を目的としているからである．自発放電自体を計測することが目的なら，逆に誘発電位を取り除くことになる．何が「ノイズ」であるかを決めているのは，調査研究目的であり，調査研究者の判断である．

フィールドでの音の採録においても，これは同様である．マイクロフォンの構造によって生じる風雑音は，「不要」な音／信号と判断されることが多いであろう．また，採録する音の周波数範囲を決める（「不要」な周波数範囲を決める）には，対象とする生物の可聴周波数範囲が考慮されるであろう．マイクロフォンから生じる風雑音や，生物が聴取できない音を不要（ノイズ）と判断しているのは，ここでも調査研究者である．

なお，可聴周波数範囲に関する上記の判断は，生物の聴覚器官の仕組みに基づけば，必ずしも正しくはない．一般に，対象生物の可聴周波数範囲は純音による実験結果に基づいている．生物の聴覚器官はフーリエ変換器ではないので，複合音では純音の可聴周波数範囲外の音刺激にも反応し得る．例えば，ヒトの可聴範囲は20～2万Hzとされているが，複合音では，より高周波帯域まで知覚できることや，最小可聴値以下の音圧レベルでも知覚できることが明らかにされている．生物のこのような聴覚特性を考慮するかどうかの判断も調査研究者が行っていることになる．

上記の例はいずれも調査研究者が「ノイズ」の判断を行っているが，ヒトを対象とした「騒音」の社会調査の多くは，調査対象者による「騒音」かどうかの判断を調査することが目的となっている．調査研究者は判断の個人差に注目していることになる．

これをさらに掘り下げたものとして，「サウンドスケープ」概念[1]に基づいた調査がある．音が個人あるいは社会によってどのように知覚され理解されているかという点が重視され，音を知覚している個人の社会的背景，その音の歴史的・地域的背景など，個人による音の認識に影響する要因が注目される．また，サウンドスケープの考え方では，「ノイズ」と「ノイズ以外」という二元論的な区分は排除されることが多い．

このような「サウンドスケープ」概念は，ヒトに限らず，すべての（音を認識する）生物に応用できる．生物種の違いだけでなく，個体によって音の認識は異なるであろう．ヒトの場合と同様，個体差やその要因に注目した調査研究の必要性，「ノイズ」と「ノイズ以外」という区分の是非など，「サウンドスケープ」概念は新たな視点を与える．

音響学においては，古くから，音や信号を「ノイズ」と「ノイズ以外」に区別して扱っており，その判断は調査研究者に委ねられている．「ノイズ」の絶対的な定義が困難であることに鑑みれば，調査研究者は判断の妥当性について常に注意を払う必要がある．　　　〔松井利仁〕

文　献
[1] マリー・シェーファー著，鳥越けい子他訳，世界の調律―サウンドスケープとはなにか（平凡社，東京，1986）.

1-7 音の形

　音は空気等の媒質の振動であり,音の様々な属性は,その振動波形(音の形)により特徴づけられる.我々ヒトを含め,多くの動物において空気の振動である音は耳を通して電気信号に変換され,聴覚神経系においてそれを音として知覚する.音には様々な種類があるが,音感覚の基本的属性を決める3つの要素として,「音の大きさ(ラウドネス)」「音の高さ(ピッチ)」「音色」がよく用いられる.これらは,音の三要素と呼ばれ,物理量としてはそれぞれ,振動波形の振幅,基本周波数,それ以外の特徴におおよそ対応している.音の大きさと音の高さは振幅と基本周波数に対応しているため理解しやすいが,音色は「音の大きさと音の高さが同じであっても異なった印象を与える音の属性すべて」と定義されていることから,音色と音波形との関係を明確に表現するのは難しい.音色の定義から,音波形の属性の中で振幅と基本周波数以外の属性が音色と関係していることがわかる.振幅と基本周波数以外の音波形の属性には様々なものがあるが,その中でも音波形のスペクトル特性と時間エンベロープが重要な要素であることが知られている.

　音波形のスペクトル特性は,複合音の音色を決める最も重要な要素である.例えば,ピアノの「ド」の音とバイオリンの「ド」の音がまったく同じ大きさであったとしてもまったく異なる印象を与えるが,これはそれぞれの音波形のスペクトル特性が大きく異なるためである.ヒトの発話でも,例え同じ音の大きさと同じ音の高さであっても,「あ」と「え」とは異なる音声として知覚される.図1は,母音「あ」/a/の音波形および振幅スペクトルと,「え」/e/の音波形および振幅スペクトルの一例を示したものである.純音とは異なり,複合音(特に自然音)では様々な周波数成分が含まれるため,スペクトルはいくつかの特徴的なピークをもった複雑な形状をしていることが多い.スペクトルに現れるいくつかのピークをつなぎ合わせた概形をスペクトル包絡と呼んでいる.ヒトの発声の場合,スペクトル包絡のピークはフォルマントと呼ばれ,フォルマント周波数によって各母音を識別することができる.この例に限らず,スペクトル包絡は様々な複合音や自然音の音色の大部分を決めているといっても過言ではない.

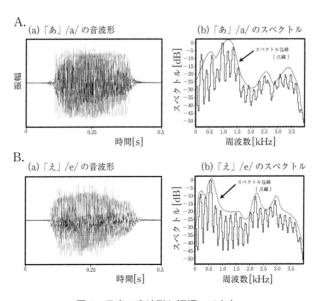

図1　母音の音波形と振幅スペクトル

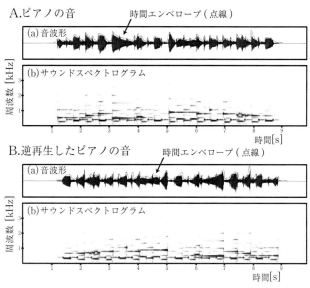

図2　ピアノの音の順再生と逆再生

　音色を決めるもう1つの重要な要素は，音の時間変動特性である．時間エンベロープは，音の強さの時間的な変化の概形のことであり，音の波形における包絡線と考えて差し支えない．**図2A**は，モーツァルトのソナタハ長調K.545第1楽章の一節をピアノで演奏したときの音波形およびサウンドスペクトログラムである．サウンドスペクトログラムは，短い時間窓に区切って計算された音のスペクトルの時間変化を，横軸を時間，縦軸を周波数として，色の濃淡で表したグラフであり，音の周波数および時間特性を一度に表現できることから広く使われる分析法である．**図2A**(a)の音波形の時間エンベロープをみると，ピアノの一音一音では最初に音が鋭く立ち上がり，その後減衰していく形状となっており，時間反転に対して非対称な時間エンベロープとなっている．**図2B**は，同じピアノ演奏を時間反転させて逆再生した場合の音波形およびサウンドスペクトログラムである．音波形(**図2B**(a))をみると，順再生の場合とは逆に，一音一音では最初ゆっくりと立ち上がっていき，最後に急激に減衰する形状になっている．これを実際に聴いてみると，順再生では一音一音が明瞭な音でメロディーも明瞭に認識できるのに対し，逆再生では一音一音がぼんやりとした印象でメロディーは認識しにくく，全体としてまったく異なる音色を感じる(朝倉書店web付録)．このように，時間エンベロープの違いが大きな音色の違いを生む．順再生と逆再生における音色の違いの認識は，聴覚神経系によって処理されていると考えられるが，様々な動物の種特異的な発声を順再生した場合と逆再生した場合で，その動物の聴覚神経系における神経細胞の応答が大きく異なることが示されている[1, 2]．

　サウンドスペクトログラムは，音の周波数特性も時間変動も可視化できることから，自然音などの複雑な音を分析する際に欠かすことのできないツールとなっている．しかしながら，**図2**の例でもわかる通り，時間エンベロープの違いについてはサウンドスペクトログラムのみからすぐに判別することは難しい．特に音の時間変化特性について議論する際には，もとの波形(音の形)に立ち戻って考えることが必要である．

〔西川　淳〕

文　献
[1] A. J. Doupe and M. Konishi, *Proc. Natl. Acad. Sci. USA*, **88**, 11339-11343(1991).
[2] X. Wang *et al.*, *J. Neurophysiol.*, **74**, 2685-2706(1995).

1-8 周波数分析と波形合成

生体から得られる信号は一般的に微小なものが多く，注目したい信号に加え，そのほかの信号（ノイズ）が多く含まれる場合がしばしばある．時間によって変化する信号を，信号処理により周波数成分に分解すると，ノイズから注目信号を容易に分離できることが多い．また逆に，周波数成分を用いて時間信号を再現することもできる．ここでは，時間軸と周波数軸との信号変換について，例を示しつつ簡単に解説する．

周期関数のフーリエ級数展開

一定の時間ごとに同じ波形が繰り返される関数を周期関数という．この一定の時間のことを周期（T）という．その最も単純かつ基本的な関数が正弦関数（または余弦関数）である．任意の周期関数は正弦関数および余弦関数を用いて次式のフーリエ級数で表せる[1]．

$$f(t) = \frac{a_0}{2} + \sum_{n=1}^{\infty}(a_n\cos(n\omega_0 t) + b_n\sin(n\omega_0 t))$$
$$= \frac{a_0}{2} + \sum_{n=1}^{\infty} A_n\sin(n\omega_0 t + \theta_n)$$

ここで，

$$a_n = \frac{2}{T}\int_{-T/2}^{T/2} f(t)\cos(n\omega_0 t)dt$$
$$b_n = \frac{2}{T}\int_{-T/2}^{T/2} f(t)\sin(n\omega_0 t)dt$$

はフーリエ係数，$\omega_0 = 2\pi/T$ は基本角周波数，$A_n = \sqrt{a_n^2 + b_n^2}$，$\theta_n = \tan^{-1} a_n/b_n$ である．**図1，2**は $f_0 = \omega_0/2\pi$ を周波数にもつ基本波と，基本波の整数 n 倍の周波数をもつ高調波（n 次高調波）を足し合わせたものである．このように，周期関数の時間波形は基本波と高調波の重ね合わせで表現でき，それぞれの波の振幅 A_n（角周波数 $n\omega_0$ である波の成分）と位相 θ_n で表すことができる．ここで，たとえ周波数成分が等しくても，位相が異なれば，時間波形はまったく異なったものとなることに注意する．

(a)

	f_1	f_2	f_3
周波数 (Hz)	50	100	150
初期位相 (°)	0	0	0
振幅	1	0.5	0.25

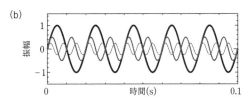
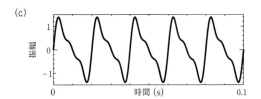

図1 3波の重ね合わせ（初期位相0°）
(a)，(b)に示すような，初期位相がすべて0°の基本波（$f_0 = \omega_0/2\pi = 50$ Hz）と，2次（100 Hz），3次（150 Hz）高調波を重ね合わせた波形が(c)である．基本波に高調波を加え合わせることで，様々な波形を合成できる．

(a)

	f_1	f_2	f_3
周波数 (Hz)	50	100	150
初期位相 (°)	0	90	0
振幅	1	0.5	0.25

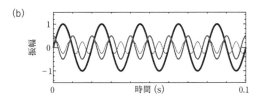
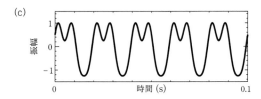

図2 3波の重ね合わせ（異なる初期位相）
(a)，(b)に示すように，2次高調波の初期位相のみ90°進めた場合，3波の重ね合わせ波形は，図1(c)とは異なるものとなる．このように，時間波形が異なっても，含まれる周波数成分は等しいことがある．

フーリエ級数は複素数を用いて，次式のようにも表現できる．これを複素フーリエ級数という[2]．

$$f(t) = \sum_{n=-\infty}^{\infty} c_n e^{jn\omega_0 t}$$

ここで，$c_0 = a_0/2$, $c_n = (a_n - jb_n)/2$, $c_{-n} = (a_n + jb_n)/2$であり，jは虚数単位である．

フーリエ級数とフーリエ変換

周期関数はフーリエ級数に展開できるが，非周期関数にも同様な考え方を適用できる．すなわち，非周期関数を周期が無限に長い周期関数と考える．複素フーリエ級数において，$T \to \infty$の極限を考えると，次式のフーリエ変換が得られる[2]．

$$F(\omega) = \int_{-\infty}^{\infty} f(t) e^{-j\omega t} dt$$

フーリエ変換は非周期関数にも適用でき，時間の関数 $f(t)$ が各周波数の関数 $F(\omega)$ に変換される．$F(\omega)$ を周波数スペクトル，$|F(\omega)|^2$ をパワースペクトルという．

実際に周波数スペクトルを求める場合には，連続時間の関数（信号）を A/D コンバータにより離散時間の信号に変換し，離散フーリエ変換 (discrete Fourier transform: DFT) を適用して $F(\omega)$ の近似値をコンピューターを用いて計算することが多い．DFT の高速計算アルゴリズムとして FFT (fast Fourier transform) がある[2]．

周波数ビン (bin)

DFT で解析できる周波数スペクトルは幅をもったものとなる．この幅をもった区間を周波数ビンと言い，周波数分解能に相当する．この幅は，連続時間信号の離散化方法によって決まる．離散化するためのサンプリング周波数を f_s，サンプリング間隔を $t_d = 1/f_s$，サンプリング点数を N，データ長（時間信号の切り取り時間）を $T = N \times t_d$ とすると，周波数分解能 f_d は次式で与えられる．

$$f_d = 1/T = 1/Nt_d = f_s/N$$

ここで，周波数分析可能な最大周波数はサンプリング定理より理論的には $f_s/2$ となる．この周波数をナイキスト周波数と呼ぶ．したがって，周波数スペクトルは $N/2$ のビンに分けられる．周波数ビンの幅は，解析対象とする信号によって，適切に選ぶ必要がある．例えば，分析周波数レンジを 10 kHz とし，サンプリング点数を 2048 点とすると，f_s は 20 kHz，周波数分解能は約 9.8 Hz となる．実際には誤差を小さくするために，f_s はナイキスト周波数よりも高くすることが多く，その分サンプリング点数を多くしなければ，十分な周波数分解能が得られない場合がある．周波数分析をする際には，計測機器の性能を十分把握し，適切な計測パラメータを設定する必要がある．

調和振動の合成

2つの同じ振動数の調和振動
$$x_1 = a_1 \cos(\omega t + \varphi_1), \ x_2 = a_2 \cos(\omega t + \varphi_2)$$
の合成振動は
$$x = x_1 + x_2 = c \cos(\omega t + \varphi)$$
となる．ここで，
$$c^2 = a_1^2 + a_2^2 + 2a_1 a_2 \cos(\varphi_1 - \varphi_2)$$
$$\tan \varphi = \frac{a_1 \sin \varphi_1 + a_2 \sin \varphi_2}{a_1 \cos \varphi_1 + a_2 \cos \varphi_2}$$
である．つまり，同じ振動数を持つ調和振動となる．3つ以上の調和振動を合成した場合も同様に同じ振動数の調和振動となる．一方，異なる振動数の調和振動
$$x_1 = a_1 \cos(\omega_1 t + \varphi_1), \ x_2 = a_2 \cos(\omega_2 t + \varphi_2)$$
の場合，その振幅 c は時間と共に最大値 $|a_1 + a_2|$，最小値 $|a_1 - a_2|$ の間で変化する．簡単のため，$a_1 = a_2 = a$，$\varphi_1 = \varphi_2 = 0$ とすると，
$$x_1 = a(\cos \omega_1 t + \cos \omega_2 t)$$
$$= \left(2a \cos \frac{\omega_2 - \omega_1}{2} t \right) \cos \frac{\omega_2 + \omega_1}{2} t$$
となる．$\omega_2 - \omega_1$ が小さい場合は，角振動数 $\frac{\omega_2 + \omega_1}{2}$ の調和振動に近い振動となるが，その振幅は周期的に変化する．この現象をうなりという．　　　　　　　　〔小池卓二〕

文 献
[1] 佐藤俊輔, 吉川 昭, 木竜 徹, 生体信号処理の基礎(コロナ社, 東京, 2012).
[2] 福岡 豊, 内山孝憲, 野村泰伸, 生体システム工学の基礎(コロナ社, 東京, 2015).

1-9 音の減衰と吸音

音の減衰と吸音

音は，単位時間あたりにあるエネルギーを伝える仕事率（パワー[J/s]）を有している．自然界における音の減衰の要因として，①音の空間的拡散によるパワー密度の減少，②空気や水などの媒体における損失（熱への変換＝吸音）による正味のパワーの減少，および，③媒質中や境界面での散乱・反射による到達パワーの減少の3つがある．現実の音の減衰では，これら3つの要因が組み合わさって実際の減衰量が決まっているが，一般的なパワーの範囲内であればこれらの機構は独立しているため，本項では個別にそれら要因の説明を行う．

拡散による音の減衰

損失や反射・散乱が一切発生しない均質な媒質をもった媒体のある1点に音源があり，その音の広がりに指向性がまったくない場合，同心球表面における音のパワー密度 Sp とその面積 S の積は，音源から発せられている音のパワー P と等しくなるはずである（$P \equiv Sp \cdot S$）．同心球の表面積は，音源からの距離を r とすると $4\pi r^2$ で与えられるため，パワー密度は $Sp = P/4\pi r^2$ となる．これにより，音源からの距離 R_1 における音圧を L_1 [dB] としたとき，音源からの距離 R_2 における音圧 L_2 [dB] は，$L_2 - L_1 = 20\log_{10}(R_1/R_2)$ の関係にあることが導出され，音源からの距離が基準の距離に対して10倍長くなると，20 dB の減衰が生じると期待される．この減衰は，パワー密度が距離の2乗に反比例して減少することによるものなので，音の広がりがある範囲の角度に制限されていた（＝同心球で音が広がっていない）としても，同様の距離と減衰の関係になる（**図1**；逆2乗の法則）．具体的な耳打ちの状況で説明すると，騒音レベルが 30 dB SPL というかなり静粛な環境で，隣の人の耳元（距離 10 cm）で発した 34 dB SPL の囁き声は，その隣の人の耳（距離 50 cm）には騒音レベルより 10 dB 小さい 20 dB SPL の音として届く（**図2**）．結果として，耳打ちした相手以外は，その音を聴き取ることができない．

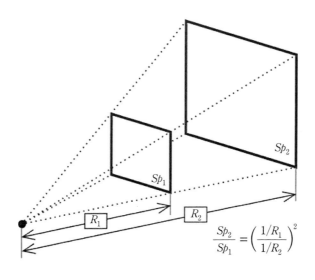

図1　距離とパワー密度の関係

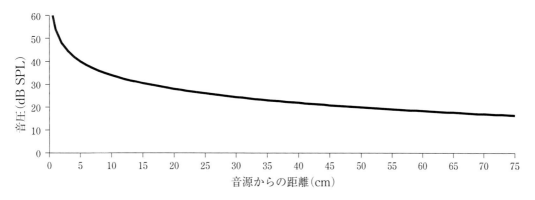

図2 距離と音圧の関係の具体例

損失による音の減衰

音波が媒質中を伝わるとき，その媒質における振動は時間的，空間的に分布している．その振動は一様ではなく，近傍の媒質との間で異なる動き（変位）をしているため，それら近傍の媒質間で摩擦が生じる．結果的に，音波が媒質中を伝わるときには，幾分の損失が生じる．どの程度の損失が生じるかは媒質によって異なっているものの，最も単純な線形モデルではその減衰は距離に対して指数関数的であり，振動の振幅 v と伝導距離 x の関係は，以下の式で与えられる．

$$v = v_0 10^{-\frac{\alpha}{20}x}$$

ここでは，$x=0$ における振幅を v_0，減衰係数を α [dB/m] とした．この式より，距離 x における音圧 L [dB] は以下の式で与えられる．

$$L = 20\log_{10}v_0 - \alpha x$$

距離と比例して dB で表現した音圧が直線的に減少する．実際の媒質における減衰係数は周波数に依存しており，一般的には周波数が高くなるほど減衰が大きくなる．

損失による音の減衰の応用例としては，防音室やコンクリート壁面へ設置する吸音ボードがあげられる．これら吸音のための材料として，残響室法吸音率（JIS A 1409 による）の高いグラスウールや石膏ボードが広く用いられている．なお，グラスウールの厚さを 2 倍にしても，防音室の防音性能は 2 倍にならない．これは，防音性能は音の透過率によって決まるものであり，音の透過率は音の反射率と吸音率の積で与えられることによるものと考えられる．

散乱・反射による音の減衰

散乱による音の減衰は，不均一な媒質中で発生する複雑な音の反射や，壁等の境界面における音の反射によって到達すべき音のパワーが減少することに起因する．損失による減衰と散乱による減衰は，実際の音の計測では区別が容易ではないが，インパルス状の短い音を用いることにより，積極的に散乱の程度を観測することは可能である（超音波画像診断装置）[1]．

〔西村方孝〕

文 献

[1] J. J. Wild and J. M. Reid, *Science*, **115**(2983), 226-230 (1952).

1–10

音の反射と音のインピーダンス

音声のような音は疎密波であり，微視的には，媒質の圧力や媒質粒子の変位が振動的に変化し，巨視的に伝搬する波動現象である．伝搬に伴って媒質が変化すると，同じ波動現象である光と同様に反射や屈折といった現象が，媒質の境界で生じる．これらの現象の記述のため，光では屈折率が重要であったのと類似し，音の場合ではインピーダンスと呼ばれる量が重要となる．本項では，屈折については他項で解説されているため，反射について基礎的な解説を行う．なお，以下では断りなしに，エネルギー損失がないことなどを仮定しているため，詳細については文献[1, 2] などを参照されたい．

音のインピーダンス

波長がλであり周期がTである（複素）正弦波としてx方向に伝搬する一次元的な音について，その圧力変化pと媒質粒子の速度vは，虚数単位をjとして次の式で表現できる．

$$p = p_+ e^{j(\omega t - kx)} + p_- e^{j(\omega t + kx)} \quad (1)$$
$$v = v_+ e^{j(\omega t - kx)} + v_- e^{j(\omega t + kx)} \quad (2)$$

ここで，$k = 2\pi/\lambda$, $\omega = 2\pi/T$である．これらの式の第一項は振幅がp_+やv_+でxの正方向に進む波に，第二項は振幅がp_-やv_-で負方向に進む波に対応する．ここで正方向もしくは，負方向のみに進む波（平面進行波）を考え，媒質の密度をρ，音の速さをcとすると，次の関係が成り立つことが知られている．

$$p_+ = \rho c v_+, \quad p_- = -\rho c v_- \quad (3)$$

これらの式において，圧力と粒子速度を結びつけているρcは，媒質によってのみ定まる定数であり，特性インピーダンス（固有音響インピーダンス）という．水は$1.50 \times 10^6 [\mathrm{Nsm}^{-3}]$程度，空気は$4.29 \times 10^2 [\mathrm{Nsm}^{-3}]$程度である．

特性インピーダンスは，音が平面進行波であることを仮定して定義されているが，これを仮定せず，一般にpとvの比p/vで定義される

値を比音響インピーダンス（音響インピーダンス密度）と呼ぶ．また，媒質中に面積Sの平面を考え，この平面を単位時間に通過する媒質体積に相当する体積速度$U = Sv$を用いてp/Uと定義された値を音響インピーダンスという．

反 射

特性インピーダンスが$\rho_1 c_1$である媒質から$\rho_2 c_2$である媒質に音が垂直に入射した際，圧力について，反射波の入射波に対する比（反射率）は，

$$\frac{\rho_2 c_2 - \rho_1 c_1}{\rho_1 c_1 + \rho_2 c_2} \quad (4)$$

となる．

空気から水に音が入射する場合，それぞれの特性インピーダンスの値から得られる反射率は0.9994 程度となり，ほとんどの音は水に進入せずに反射される．これは，水中に潜ると外の音が聞こえにくいことに対応する．

反射を抑えるには，特性インピーダンスの変化を避ける必要がある．医療で用いられる超音波診断装置を使用する際は，皮膚にジェルを塗るのが一般的である．ジェルを塗らずに診断装置のプローブを皮膚に接触させると，空気層の形成が避けられず，水と類似した特性インピーダンスを示す身体に，ほとんどの超音波は進入できない．また，無響室に広く見られる楔状の壁面は，空気から吸音材に徐々に変化させることにより，急激な特性インピーダンスの変化を避けるための構造である．

ここまでは媒質の変化により生じる反射を考えてきたが，媒質が変化しなくとも反射が生じる場合がある．例えば，音声生成時の声道モデルとして代表的な，断面積が異なる複数の管を接続して構成した音響管を伝搬する音があげられる．媒質は常に空気であるものの，その接続部では反射が生じ，反射率は，式(4)で用いられる特性インピーダンスのかわりに，音響インピーダンスや断面積を用いて表現される．

〔蒔苗久則〕

文 献
[1] 小橋 豊，音と音波（裳華房，東京，1969）.
[2] P.M. Morse, *Vibration and Sound*（McGraw-Hill, New York, 1948）.

1-11 音の干渉

音の本質は波であるため,海岸に打ち寄せる波のように,音と音は時として打ち消し合ったり強め合ったりする.それを干渉という.この干渉を理解するため,2つの点の音源(S_1, S_2)から発せられた音が,拡散を含む音の減衰が一切ない媒質で生じる干渉を考える.S_1から発せられた音とS_2から発せられた音の振幅と周波数は等しく(A, f),2つの音の位相は音源の地点において等しい(θ)とする(**図1**).媒質における音の伝搬速度をvとすると,S_1からd_1,S_2からd_2の距離にある点で観測される音S_mは,以下の2音の和になる.

$$S_m(t) = A\sin\left(2\pi f\left(t - \frac{d1}{v}\right) + \theta\right) + A\sin\left(2\pi f\left(t - \frac{d2}{v}\right) + \theta\right)$$

nを整数とすると,
$\sin(x) + \sin(x + (2n-1)\pi) \equiv 0$
であるから,

$$\frac{2\pi f(d_2 - d_1)}{v} = (2n-1)\pi$$

上の条件が整う観測点においては,常に無音になる.空気中を伝わる2音で考えると,音が1 kHzの場合,d_2とd_1の差の絶対値が17 cm,50 cm,83 cm,…のときに,聴こえる音は小さくなる.逆に,

$$\frac{2\pi f(d_2 - d_1)}{v} = 2n\pi$$

となる点では,$\sin(x) \equiv \sin(x + 2n\pi)$より,互いに音を強め合うことになる.さらに,$n = 0$の条件を満たす$d_1 = d_2$(2つの音源を結ぶ線分の垂直二等分線上で音を聴いた場合)では,音源の周波数や位相に依存せずに常に2つの音が強め合い,振幅が2倍になる.音の不要な干渉を防ぐという意味では,ステレオのスピーカーは聴取する人からみて左右対称に配置しなくてはならないといえる.

音の干渉を積極的に活用して,より良い音場を実現することも可能である.その良い例がノイズ・キャンセリング(騒音の打ち消し)である[1].マイクロフォンで観測した騒音の位相(符号)を反転させ,それを適切な振幅でスピーカー(ヘッドフォンなど)から出力することで騒音を打ち消すことができる.しかし実際にはフィードバックにかかる時間(打ち消しの遅延)があるため,飛行機やヘリコプター内で大きな騒音源となっている低い周波数帯域の騒音に対しては打ち消しの効果が期待できるが,高い周波数帯域の騒音に対しては打ち消しの効果が期待できない.

〔西村方孝〕

文献
[1] B. Widrow *et al.*, *Proc. IEEE*, 63(12), 1692-1716 (1975).

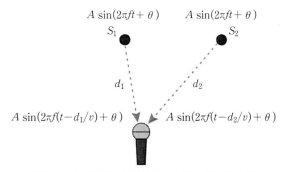

図1 2点の音源から発せられる音と観測点での音

1-12 共振・共鳴

共振・共鳴現象は自然界のいたるところに見られる。動物の鳴き声は共鳴現象の結果としてその特徴が決まり、聴覚器も共振・共鳴現象を利用して小さな音や周波数の違いを検出している。工業的にも共振・共鳴はエネルギー伝送、吸音、フィルターなど、多くの分野で利用されている。ここでは、共振・共鳴現象の基礎について簡単に解説する。

固有振動数と共振

図1のようなばねとおもりからなる振動系を考える。おもりに変位を与え、静かに離すと、おもりは与える変位によらず、ある一定の振動数で振動する。この振動数を固有振動数という。この振動系に外部から周期力を加えると、周期力の振動数によっておもりの振幅は変化し、周期力の振動数が固有振動数と等しくなったときに、おもりの振幅は最も大きくなる。この現象を共振という。

固有振動数 f_0 は、振動系の剛性（図1ではばね定数）と質量（おもりの重さ）の関数であり、剛性の増加と質量の低下により、固有振動数は

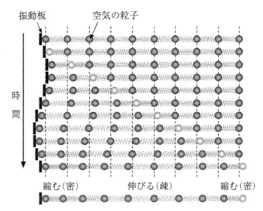

図2　振動板と媒質（空気）の動き（文献[1]を改変）
振動板が振動を開始すると、その前面の空気には密な部分と疎な部分が発生し、この変化は時間とともに音速で伝播していく（グレーの粒子が波頭を示す）。音速は媒質の密度と弾性率に依存する。

上昇する。

音響管内の音波と共鳴

音響に関する共振現象を共鳴という場合がある。図2は振動板の動きと、その前面の媒質（ここでは空気とする）の動きを示したものである。空気の動きを可視化するため、空気を粒子とばねで表現してある。振動板が振動すると、空気には密度が密な（圧力が高い）部分と疎な（圧力が低い）部分ができ、それが時間とともに伝播していく。これが音波である。粒子の密度（す

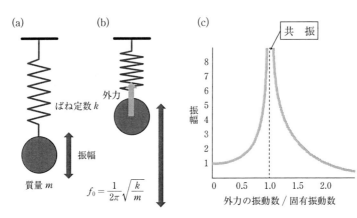

図1　ばねとおもりからなる振動系の共振
外力を受けない場合はおもりは一定の固有振動数で振動する(a)。周期外力の振動数が固有振動数に近づくと、おもりの振幅は大きくなる(b)。この現象を図示すると(c)のようになる。横軸は固有振動数に対する外力の振動数の比、縦軸は一定の外力を与えたときのおもりの変位を基準とした振幅の大きさを表す。

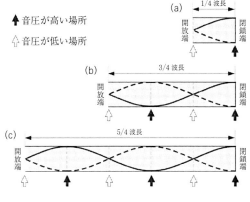

図3 音響管の共鳴
一方の端が閉ざされた管に音波が入射すると、閉鎖端で音が反射し入射波と重なり合い、管の長さが音波の波長の(a) 1/4の場合は、右端では波が強め合い音圧は高くなり、左端では打ち消し合って音圧は低くなる。この現象を共鳴という。同様に、管長を長く(または音の周波数を高く)し、管長が音波の波長の(b) 3/4, (c) 5/4となると、音圧が高くなる位置と低くなる位置が規則正しく分布することになる。

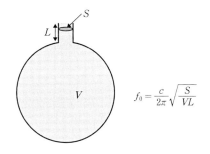

図4 ヘルムホルツ共鳴器
開口部分の体積 SL が容器の体積 V よりもはるかに小さい場合には、周波数 f_0 で共鳴する。

なわちばねの縮みの程度)の変化はその点の音圧変化に相当し、疎密の1パターン間の距離が波長である。この図の場合、音波は単純に左から右に進んでいるが、右端に壁があったり、異なる媒質に接していたりすると、その点で音波の反射が起こり、進む波と反射した波とが重なり合い、粒子は複雑な動きをする。

ここで、細くて長い音響管内を音波が伝わる場合を考える。この場合、管の端が閉じられていても開放されていても、端点で反射が起きる。管の端が閉鎖されている場合では、管の長さが音の波長の1/4, 3/4, 5/4,…であるときには、右へ進む波と右端で反射し左へ進む波とが重なり合った結果、管内には**図3**のような音圧の分布が生じる。このような現象を共鳴という。管が共鳴している場合には、管の場所により音圧が異なり、**図3**(a)の右端では音圧が高く、左端では低くなる。つまり、音圧は計測する場所で大きく異なることになる。

さらに音響管をヒトの外耳道に置き換えて考えると、空気中を伝播する2800 Hzの音波の波長は12 cm程度であるので、外耳道の長さが3 cm程度の場合、外耳道内は**図3**(a)のような音圧分布となり、鼓膜面(閉鎖端)の音圧は外耳道入り口(開放端)における音圧よりも高くなる。これらのことは、聴覚を定量化する際に、十分考慮すべきことの1つである。

ヘルムホルツ共鳴器

図4のように、比較的大きな気室に円筒状の小さな開口部が開いたものをヘルムホルツの共鳴器という。ヘルムホルツ共鳴器では、開口部の空気が質量、気室の空気がばねの役割をし、**図1**と等価な振動系を構成する。この場合の共振周波数 f_0 は音速 c、開口部の断面積 S、開口部円筒長さ L、気室体積 V の関数で表される。

ヘルムホルツ共鳴器は工業的には吸音装置として広く用いられているが、自然界でも同様な構造はしばしば見られる。例えば、モルモットの聴覚器の中耳骨胞は、ヘルムホルツ共鳴器に似た形状をしており、共鳴が聴覚に何らかの影響を与えていることが考えられる。〔小池卓二〕

文献
[1] 小池卓二, JOHNS, 24(5), 697-701(2008).
[2] 西巻正郎, 電気音響振動学(コロナ社, 東京, 1978).

1–13 音の回折と屈折

　音の回折とは，音の進行方向に遮蔽物があっても遮蔽物の裏側に音が回りこむことである．音の屈折とは，音の伝搬速度が媒質（例として空気）そのものや媒質の状態（例として空気の温度や密度）によって異なることから音の進行方向が曲がることである．これらの物理現象は，ホイヘンスの原理と呼ばれるホイヘンス（Huygens, Christiaan）が 1678 年に提唱した素元波の考え方を導入すればおおむね説明が可能である．しかし，ホイヘンスの原理では後進波が存在しないことを説明できないため，のちの 1836 年にフレネル（Fresnel, Augustin Jean）が修正を加えた素元波で回折や屈折を考える必要がある（ホイヘンス＝フレネルの原理）．

音の回折

　ホイヘンス＝フレネルの原理で考えると，壁等の障害物に向かって進行する音（進行波）では，障害物の淵で生じる素元波により，障害物の裏側に各素元波の包絡面が形成され，結果としてその進行波は障害物の裏側に回りこむと考えられる（図 1）．実際の回折では，音の周波数が高いときに回折が弱くなり，音の周波数が低いときに回折が強くなるが，これは，周波数が高くなるほど，近傍の素元波間での干渉（打ち消し合い）が生じやすくなることに起因する．

音の屈折

　同様にホイヘンス＝フレネルの原理で考えると，音の伝搬速度が異なる媒質間では音の進行方向が変化する．その具体例として，約 4.5 倍異なる空気（約 330 m/s）と水（約 1.5 km/s）で考えると，空気から伝わってきた音は水の中で水平方向に広がりやすいことがわかる（図 2）．どの程度屈折が起きるかは，スネルの法則に従う．なお，実際には空気と水の音響特性インピーダンスには 4 桁の差があるので（▶ 1–11 参照），陸上脊椎動物のもつ耳小骨のようなインピーダンス整合を行わない限り[1]，空気中の音は水面でほとんど反射される．

〔西村方孝〕

文　献
[1] J.O. Pickles, *An introduction of the Physiology of Hearing*, 4th edition (Brill Publishers, Nederland, 2012).

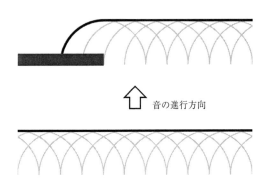

図 1　障害物で発生する回折

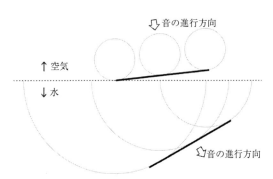

図 2　空気から水へ音が伝わるときの屈折

1-14
ドップラー効果

我々が日常生活で音を聞く際には，聴取者，音源ともに静止している場合だけでなく，いずれか，もしくは，両方が動いている場合も多い．このような場合に，例えば，走行している救急車のサイレン音を道ばたで聞く際に，救急車が近づいてくる場合と，通り過ぎて遠ざかる場合で，サイレン音の高さが変化するということは日常的に経験しているのではないだろうか．また，電車に乗っている際に，踏切を通り過ぎる前後で警報音の高さが異なって聞こえるという状況もよく体験されるものである．

このように，音源，観測点が移動している際には，観測される音の周波数はそれぞれの移動速度に応じて変化するということが知られている．これはドップラー効果（Doppler effect）と呼ばれる現象であり，音源と観測点の移動速度を変数として定式化することができる．以下，音源から観測点に向かう方向を正として各場面に応じて式に表す．

音源が移動し，観測点が静止している場合

周波数 f_s(Hz) の音を発する音源が観測点に向かって v_s(m/s) で移動しているとすると，音の伝わる速度 c(m/s) を用いて，観測点で観測される音の周波数 f は，以下の式で表される．

$$f = \frac{c}{c - v_s} f_s \,(\mathrm{Hz})$$

図1は，音源が右方向に移動している際に音源から出力される音の波面を表したものである．音源が動いていない場合を図1(a)に，音源が右に動いている場合を図1(b)に示す．両方の図をみるとわかる通り，図1(b)の音源から右側では図1(a)に比べて波面が密になっているのに対し，音源から左側では波面が疎になっている．したがって，音源が接近している場合（右側）では音の高さが高くなり，逆に音

(a) 音源が静止しているとき　　(b) 音源が移動しているとき

図1　音源が右方向に移動している際の音源からの波面の様子（図の中心が音源の位置）

源から遠ざかる場合（左側）では音の高さが低くなる．

なお，音源の速度が音の伝わる速度を超えると衝撃波が発生する．

音源が静止し，観測点が移動している場合

周波数 f_s(Hz) の音を発する音源に対して，観測点が音源から v_0(m/s) で遠ざかっているとすると，観測点で観測される音の周波数 f は，

$$f = \frac{c - v_0}{c} f_s \,(\mathrm{Hz})$$

で表される．式をみるとわかる通り，観測点が音源に向かって移動している場合には，音の高さは高く，逆に，音源から遠ざかる場合には低く観測されることになる．

音源，観測点がともに移動している場合

先に示した両者をまとめた形となる．周波数 f_s(Hz) の音を発する音源が v_s(m/s) で移動し，一方，観測点も v_0(m/s) で移動しているとすると，観測点で観測される音の周波数 f は，

$$f = \frac{c - v_0}{c - v_s} f_s \,(\mathrm{Hz})$$

で表される．

式をみるとわかるとおり，v_s, v_0 のそれぞれを0にした場合は，音源のみ，もしくは，観測点のみが移動する場合に対応する．したがって，この式ですべての状態において観測される周波数を表すことが可能である．　〔坂本修一〕

1-15 音の方向知覚

我々は音がどの方向からきているのかを瞬時に理解することができる．木の上から鳥の声が聞こえる，左から車がきている，後ろから誰かが歩いてくるなど，特に注意を払わなくても音の方向を知覚することができる．このように音の方向を知覚することを「音の方向知覚」という．音の方向知覚は左右の耳に入ってくる音のわずかな差を手がかりにして行われる．手がかりは3つあり，音の時間差，強度差，周波数成分の差である．音の方向知覚にはこれらの手がかりがすべて利用される．音の水平方向の検知閾（方向が違うことが分かる最小角度）は，ヒト，イルカ，コウモリ，ゾウで1〜2°[1〜4]．サル3〜5°[5]，ネコ5°[7]，イヌ8°[6]，ラット13°[8]である．

聴覚系における音の方向知覚に関しては70年前から現在に至るまで多くの研究が行われ，その神経機構が解明されてきた．フクロウの下丘（MLD）の外側核（ICx）には，音の空間が表示された聴覚空間地図が存在する[9, 10]（図1）．哺乳類では上丘の深部に聴覚空間地図が存在する[11, 12]．この地図はまた視覚空間の地図とも重なっている[13]．聴覚空間地図は2

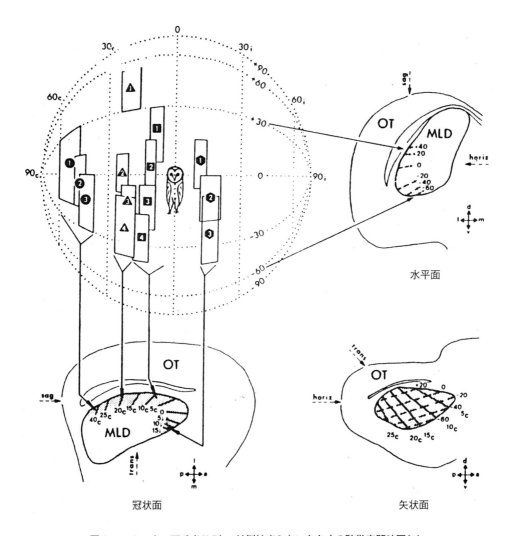

図1 フクロウの下丘（MLD）の外側核（ICx）に存在する聴覚空間地図[9]

つの耳でとらえた音を神経機構が処理して形成するものである．以下に神経系による音の方向の処理機構について述べる．

音は内耳で周波数分析されたのちに，それぞれの周波数チャネル毎に音の強度とその時間的変化が神経インパルスに符号化されて，脳幹の聴覚中継核である蝸牛神経核を介して次の中継核である上オリーブ核へと送られる．この上オリーブ核で最初に音の方向の処理が行われる．上オリーブ核は左右に一対あり，複数の神経核（神経細胞の集団）から構成される．内側上オリーブ核（medial superior olivary nucleus：MSO）が音の時間差（interaural time difference：ITD）を，外側上オリーブ核（lateral superior olivary nucleus：LSO）が音の強度差（interaural intensity difference：IID）を検出する．

ITDはヒトの耳の距離を20 cm，音速を340 m/sとして，前方0°のとき0 ms，45°のとき0.3 ms，90°のとき0.6 msである．小動物ではもっと短くなる．MSOにはこのようなミリ秒以下のITDを検出する神経機構がある．MSOニューロンは左右の蝸牛神経核から興奮性の入力を受け，入力が同時に入ると活動するという性質をもつ（同時性検出機構）．MSOニューロンへの左右蝸牛神経核からの入力線維は長さが異なり，遅延時間差が生じる（ただし，哺乳類のMSOでは異なる位相に同期した抑制入力が遅延を形づくるという説がある）．MSOニューロンは，音の左右時間差がちょうどこの遅延時間差を相殺するときに活動する[14, 15]（図2）．フクロウの層状核（nucleus laminaris，哺乳類のMSOに相当）には異なる時間差に対して活動するニューロンが並んでおり[9]，特定のニューロンは特定の方向から音がきたときにだけ反応する．また，MSOは全体として左右音の相互相関を求めるような働きをする[9, 15]．ITDは音の開始部では一意に決まるが，音の途中では前の反応に影響されて曖昧性が現れる．この曖昧性は，異なる周波数チャネルの活動を足し合わせることで解消される．下丘外側核ニューロンには異なる周波数チャネルからの収束があり，多くの周波数を含む雑音に対してITDの曖昧性が解消されていることが確認されている[16]．また行動学的に雑音のほうが純音よりも音の方向の検出が良い．

IIDは高い周波数の音（>2 kHz）で現れ，音のくる方向によってIIDの大きさが異なる．高い音は直進性が強いため頭部による音の影ができるが，低い音（<2 kHz）は回り込みにより影ができない．LSOにはIIDを検出・強調するニューロンが存在する．記録しているLSOと同じ側（同側）に音がくるときにだけ興奮するニューロンをEOニューロン，同側興奮で反対側（対側）抑制のニューロンをEIニューロンという．ネコのLSOにはEOニューロンが16％，EIニューロンが84％の割合で存在し，両側興奮のもの（EEニューロン）は存在しない[17]．左LSOは左側の音を，右LSOは右側の音の検出を行う．対側からの抑制は同側音の

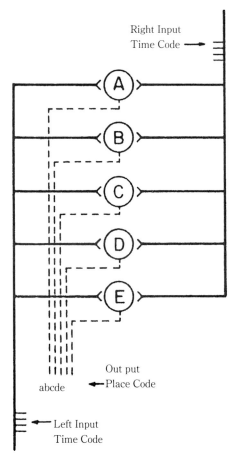

図2　Jeffressの相互相関モデル[9]

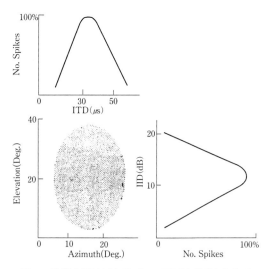

図3 聴覚空間地図を形づくる両耳性手がかり[19]

検出を強調する働きをもつ．さらに，IIDの大きさにより抑制の強さが異なるので，LSOニューロンの活動の大きさが音の方向を検出する働きをもつ．

音の上下方向の検知域はヒトやホウヒゲコウモリで3～3.5°[18, 19]，サルで4～10°[20]である．上下方向の検出には，ヒトの研究から，耳介や頭部および胸部の影響による音のスペクトル変化（ノッチ周波数の変化など）が用いられていることが確認されている[19, 21, 22]．前後方向の検出も同様である．哺乳類の神経系における上下方向の検出の機構については分かっていない．フクロウの場合は特殊で，IIDを上下方向の検出に用いている（図3）．フクロウのVLVp核（nucleus ventralis lamnisci lateralis pars posterior, 外側毛帯核の一部，機能的に哺乳類のLSOに相当）のニューロンはIIDに感受性があり（対側興奮／同側抑制），この核に入力する角状核（nucleus angularis, 哺乳類の蝸牛神経核に相当）を麻酔薬で抑制すると，特定の聴覚空間に同調するICxニューロンの上下方向の同調特性が変化する[23]．これはフクロウの耳が左右で上下に異なる方向を向いていることが関係する．

聴覚空間地図は大脳皮質聴覚野では見つかっていない．聴覚野には特定の方向に同調するものから同調しないものまで様々なニューロンが存在している[24]．聴覚野ではニューロンが集合体として音の方向を処理しているという説がある[24, 25]．

〔堀川順生〕

文献

[1] A. M. Mills, *J. Acoust. Soc. Am.*, **30**, 237-246(1958).
[2] J. A. Simmons, S. A. Kick, B. D. Lawrence, C. Hale, C. Bard and B. Escudie, *J. Comp. Physiol.*, A **153**, 321-330(1983).
[3] D. L. Renaud and A. N. Popper, *J. Exp. Biol.*, **63**, 569-585(1975).
[4] R. S. Heffner and H. E. Heffner, *J. Comp. Psychol.*, **96**, 926-944(1982).
[5] H. E. Heffner and B. Masterton, *J. Neurophysiol.*, **38**, 1340-1358(1975).
[6] R. S. Heffner and H. E. Heffner, *J. Comp. Psychol.*, **106**, 107-113(1992).
[7] J. H. Casseday and W. D. Neff, *J. Acoust. Soc. Am.*, **54**, 365-372(1973).
[8] H. E. Heffner and R. S. Heffner, *Hear. Res.*, **19**, 151-155(1985).
[9] M. Konishi, *Trend. Neurosci.*, **9**, 163-168(1986).
[10] E. I. Knudsen and M. Konishi, *J. Neurophysiol.*, **41**, 870-884(1978).
[11] A. R. Palmer and A. R. King, *Nature*, **299**, 248-249 (1982).
[12] J. C. Middlebrooks and E. I. Knudsen, *J. Neurosci.*, **4**, 2621-2634(1984).
[13] L. R. Harris, C. Blakemore and M. Donaghy, *Nature*, **288**, 56-57(1980).
[14] J. M. Goldberg and P. B. Brown, *J. Neurophysiol.*, **32**, 613-636, (1969).
[15] L. A. Jeffress, *J. Comp. Physiol. Psychol.*, **41**, 35-39 (1948).
[16] T. T. Takahashi, *J. Exp. Biol.*, **146**, 307-322, (1989).
[17] J. C. Boudreu and C. Tsuchitani, *J. Neurophysiol.*, **31**, 442-445(1968).
[18] B. D. Lawrence and J. A. Simmons, *Science*, **218**, 481-483(1982).
[19] J. C. Middlebrooks, *Annu. Rev. Psychol.*, **42**, 135-159 (1991).
[20] C. H. Brown *et al.*, *J. Acoust. Soc. Am*, **72**, 1804-1811 (1982).
[21] J. H. Hebrank and D. Wright, *J. Acoust. Soc. Am.*, 1974 **56**, 1829-1834(1974).
[22] E. A. Macpherson and A. T. Sabin, *Hear. Res.*, **306**, 76-92(2013).
[23] M. Konishi, W. E. Sullivan and T. Takahashi, *J. Acoust. Soc. Am.*, **78**, 360-364(1985).
[24] J. C. Middlebrooks, L. Xu, A. C. Eddins, and D. M. Green, *J. Neurophysiol.*, **80**, 863-881(1998).
[25] S. Furukawa, L. Xu and J. C. Middlebrooks, *J. Neurosci.*, **20**, 1216-1228(2000).

1-16 インパルス応答とその応用

インパルス応答とは，ある系に対して単位インパルスを入力したときの出力の時間特性を表すものである．概念図を図1に示す．線形システムにおいては，系のインパルス応答を用いることにより，その系に入力される信号と系のインパルス応答との畳み込み演算によって，出力を以下の式のように与えることができる．さらにこのインパルス応答のフーリエ変換は系の周波数応答となる．

$$y(t) = \int_0^\infty h(\tau)x(t-\tau)d\tau$$

したがって，系のインパルス応答はその系の時間特性，および，周波数特性を表す指標として重要であり，測定されたインパルス応答は様々な場面において活用されている．

インパルス応答の測定

上述した通り，インパルス応答は系の時間，周波数特性を表すものであり，測定時にはすべての周波数帯域に成分をもつ信号を入力として用いることになる．文字通り単位インパルスを入力として用い，弾着やスパークによって発生するパルス音によって測定する場合も多いが，周囲の暗騒音等に対する信号対雑音比（SN比）を十分に確保することが困難な場合もあるため，ホワイトノイズやM系列ノイズ，チャープ信号の一種で周波数を時間的に変化させる正弦波（swept-sine信号，Time-stretched-pulse：TSP）を用いることも多い．それに加

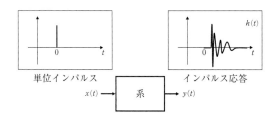

図1　インパルス応答の概念図

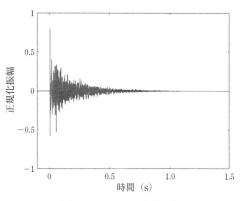

図2　インパルス応答の例

えて同期加算をすることによりSN比をさらに向上させるといったことも行われる．その一方で，インパルス応答自体は入出力信号さえ既知であれば，出力信号を入力信号で割ることで求めることが可能であるため，広帯域成分を含む入力信号を用いて相互相関関数を用いて算出するといったことも可能である．図2にインパルス応答の例を示す．

インパルス応答の応用

インパルス応答を用いることでその系に入力されるすべての入力信号に対する出力信号を得ることができることから，インパルス応答は様々な系を摸擬して再現する際に使用される．

例えば，聴取者の周囲に配置したスピーカーから聴取者の鼓膜面や外耳道入り口までのインパルス応答は頭部インパルス応答（head-related impulse response：HRIR）と呼ばれ，HRIRと聴かせたい信号を畳み込んでヘッドフォンから提示することにより，ヘッドフォンでありながらあたかも音がそのスピーカーの位置から出力されているかのように提示することができる．このことから，様々な頭部形状に対するインパルス応答のデータセットがWebなどで公開されている．また，コンサートホールにおいて測定されたステージから座席までのインパルス応答を用いることで，その座席で聴くことのできる演奏をコンピューター上で摸擬するといったことも可能となる．　〔坂本修一〕

文　献
[1] 日本音響学会編, 新版音響用語辞典（コロナ社, 東京, 2003）．

1-17 マスキング・カクテルパーティ効果

我々を取り巻く環境は，様々な音に満ち溢れている．音を情報として活用するとき，その中の特定の音を背景音から区別する必要があるが，しばしばそれは困難である（例・騒音中での会話）．このようにある音がほかの音の存在によって聞こえにくくなることをマスキングと呼ぶ．マスキングはある音に対する聞き取り可能な閾値が，ほかの音（マスカー）の存在によって上昇する現象，もしくは閾値の上昇量，と定義される．

マスキングに影響を与える物理的パラメータとしては信号とマスカーの a. 音圧，b. 周波数，c. 提示時間，d. 空間位置，がある[1]．一般的に，a. マスカーの音圧が高く，b. マスカーの周波数が信号周波数に近く，c. マスカーと信号の提示時間が近く，d. マスカーと信号の空間的位置が近いほど，マスキングは大きくなる（図1）．

マスキングは，マスカーの引き起こす神経活動によって信号の引き起こす神経活動が埋没もしくは抑制されることで生じると考えられる．音信号は内耳において周波数分解され，聴神経活動へと変換される（▶2-13参照）．その結果，近接した周波数の音は同じ聴神経の活動を引き起こすが，信号とマスカーの提示時間が近く，信号による神経活動がマスカーによる神経活動に比べ小さすぎる場合，信号による活動変化を聴覚神経系は検出することができなくなりマスキングが生じる．また，マスカーが信号の前に提示されたときに起こる非同時性順行性マスキングは（図1C），この埋没効果に加えて，マスカーによる抑制シナプスの賦活と信号音のシナプス伝達の減弱[2]が，聴覚路で起こることで生じると考えられている．さらに，信号とマスカーの音源の位置が離れている場合，マスキングは減弱するが，これは異なる空間位置にある音源からの音は異なる聴覚神経細胞群を活動させるため（▶2-23参照）と考えられる．加えて，耳への到達距離の差が生み出す信号とマスカーの時間位相のずれによって，信号による神経活動変化が強調されることが報告されている[3]．

以上はマスキングに影響する物理的要因だが，信号とマスカーの含む不確実性も信号の聴き取りに影響を与える（図1G）．この種のマスキングは末梢聴覚神経系よりも，大脳皮質レベルでの高次機能に依存すると考えられており，上述したマスキングと区別し情報マスキング（informational masking）と呼ばれる．情報マスキングは個人差が大きく，音楽教育等の聴覚上の訓練が影響を与えることが知られている[4]．

マスキングに関連して，複数の音声の中から特定の音声を選択的に聴き取ることをカクテルパーティ効果と呼ぶ．選択的な聴き取りのためには話者の空間位置や，音声と背景音声の倍音構造の時間的変化が手掛かりとされる[5]．これらの音声上の手がかりの検出に加えて，ターゲットとなる話者の音声の特徴や会話内容についての知識が聴き取りに重要な役割を果たすと考えられている[5]．

〔小野宗範〕

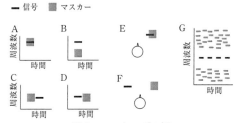

図1 マスキングの例

A,B,周波数の影響．マスカーの周波数帯域が信号の周波数を含む場合(A)は，含まない場合(B)に比べてマスキング効果が強くなる．C,D,非同時マスキング．信号とマスカーの提示時間が同時ではなく近接している場合も，マスキング効果が起こる．信号がマスカーに続く場合を順行性マスキング(C)，マスカーが信号に続く場合を逆行性マスキングと呼ぶ．E,F,音源の空間配置の影響．音源の位置が近い場合(E)は遠い場合(F)に比べマスキング効果が強くなる．G,刺激の不確実性がもたらすマスキング効果（情報マスキング）の例．信号の近傍の周波数を排除した周波数成分を含む音をマスカーとして使用する．周波数および時間軸上でランダムな音の集合体を背景雑音とし特定の周波数を持つ信号の繰り返しをターゲットとして検出する際，背景雑音が信号周波数近傍の周波数帯を含まないにもかかわらずマスキング効果が生まれる．

文献
[1] B.J.J Moore, 大串健吾監訳, 聴覚心理学概論 （誠信書房，東京，1994）．
[2] M. Wehr and A.M. Zador, *Neuron*, **47**, 437-445(2006).
[3] H.J. Gilbert *et al. J. Neurosci.*, **35**(1), 209-220(2015).
[4] A.J.Oxenham *et al, J. Acoust. Soc. Am.*, **114**(3), 1543-1549(2003).
[5] J.H. McDermott, *Current. Biol.*, **19**(22), 1024-1026(2009).

1-18 協和音と不協和音

協和音と不協和音の観念は古くピタゴラス(6 BC)に始まり，西洋音楽の発展の中で形成されてきた[1,2]．現在の西洋音楽では1度，8度，4度，5度が完全協和音，短長3度，短長6度が不完全協和音とされ，そのほかの音程(短長2度，短長7度，減5度あるいは増4度)は不協和音とされる(図1)．一般的に協和音は調和し安定した響きをもち心地よく感じられるもの，不協和音は不安定な響きで不快に感じられるもの，として定義される．協和音の特徴にはその周波数比が単純な整数比として表されることがある(図1B)．単純な整数比が調和をもたらすという思想はピタゴラスの神秘思想の中核をなすが，それはのちに西洋音楽理論の伝統に引き継がれ，西洋音楽の歴史を通して協和音が特別な地位を占める源流となったと考えられる[2]．

19世紀に至りヘルムホルツ(Helmholtz H. L. F.)は協和音と不協和音の感覚に生理学的基礎を与えることを試みた．ヘルムホルツは不協和音がもつ近接した周波数成分がもたらす振幅変調(図1C)が聴神経の活動をかき乱し不快感を与えるということを提唱した．振幅変調はその周波数によってbeat(うなり，20 Hz以下)やroughness(ざらついた聴感，20 Hz以上250 Hz以下)といった聴感上の不快な感覚を与えるとされた．振幅変調が和音の協和性を説明するという理論は，現在もなお強い影響力をもつ．加えて，和音の協和性の基礎的性質として和音が含む周波数構成の周期性がある[3]．音声や器楽音等の自然音は根音を基音としてその整数倍の倍音によって構成される(図1Dの1度に対応するスペクトルを参照)．和音内で倍音が足しあわされたときに，協和音では倍音構成が周期的になるのに対し，不協和音では倍音構成が非周期的になる(図1D)．倍音構成の周期性への感受性も音程の協和性を認識する基礎

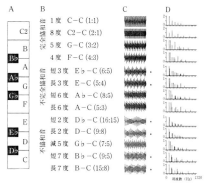

図1 協和音と不協和音の例

A．オクターブ中の12音階の模式図．B．完全協和音，不完全協和音，不協和音の音程．カッコ内の数字はそれぞれの音程の周波数比を表す．C．各和音の波形を表す．基本周波数は132Hz(C音に相当する)音長は200 ms．アスタリスクをつけた音程で低周波数の振幅変調が見られる．D．各和音のスペクトル．縦軸はパワースペクトル，横軸は周波数を表す．周波数軸の目盛りは基本周波数の1/2となる66Hz．協和音に比べて不協和音では目盛りから外れた位置にスペクトルのピークが多く見られる．

となることが報告されている[3]．神経生理学的所見は多くはないが，音の協和性が脳幹や大脳皮質における聴覚神経細胞の周期的活動に影響を与えることが報告されている[4,5]．

ただし，このように協和音／不協和音の生物学的な基礎を求める努力が続けられているものの，そもそも協和音／不協和音を快／不快と感じることは生得的なものなのか，それとも後天的なものなのかという問題はある．西洋文明と隔絶した生活を営むボリビアの部族を対象とした研究により，協和音に対する選好性は文化的なものであることが示唆されている[6]．また歴史的に協和音とされる音程が変遷してきた史実もこれを支持している[2]．一方で8度や5度といった音程は様々な文化圏において用いられているという事実からは，協和音に対する普遍的な選好性の存在の可能性が示唆される．

〔小野宗範〕

文献
[1] Olivier Alan 著, 永富 正之, 二宮 正之訳, 和声の歴史(白水社, 東京, 1969).
[2] James Tenney, *A History of 'Consonance' and 'Dissonance'* (Excelsior Music Publishing Company, NY, 1988).
[3] J. H. McDermott *et al.*, *Current Biol.*, 20, 1035-1041 (2010).
[4] G. M. Bidelman and A. Krishnan, *J. Neurosci.*, 29(42), 13165-13171(2009).
[5] Y. I. Fishman *et al.*, *J. Neurophysiol.*, 86, 2761-2788 (2001).
[6] J. H. McDermott *et al.*, *Nature*, 535, 548-550(2016).

1-19 フィルター

フィルターの種類と特性

フィルター(filter)には低域通過フィルター，高域通過フィルター，帯域通過フィルター，帯域阻止フィルターの4種類がある[1]（図1）。低域通過フィルターと高域通過フィルターとを直列に接続すれば帯域通過フィルターが，並列に接続すれば帯域阻止フィルターができる。

フィルターの利得が3dB低下する周波数を遮断周波数と呼ぶ。帯域通過および帯域阻止フィルターの帯域幅は，上下の遮断周波数から求める。なお，10dBの利得低下を遮断周波数の定義とする場合もある。減衰傾度（ロールオフ率，減衰率などともいう[2]）はフィルターの遮断特性の鋭さを表す。単位はdB/octaveである。周波数軸が対数目盛であることに注意する。

帯域通過／阻止フィルターの特性を記述するのに，減衰傾度に加えて中心周波数と帯域幅とを用いることが多い。**図1C**の例では中心周波数は1581 Hz，帯域幅は4500 Hz，**図1D**では中心周波数は1549 Hz，帯域幅は7700 Hzである。また，帯域幅をオクターブ(octave)単位で記述することもよく行われる。

時間と周波数のトレードオフ

帯域通過フィルターの周波数選択性を鋭くするためには，減衰傾度を急峻にし，帯域幅を狭くする必要がある。ところが，そのようにすると，出力波形は入力波形と比べて変化がゆるやかになって持続時間が長くなり，時間的な応答精度が低下する。ちょうど特定の周波数に鋭い共振特性を示す共鳴器に音を通したようになる。この現象はリンギング(ringing)と呼ばれる。減衰傾度を緩くし，帯域幅を拡げてフィルターの周波数選択性を低下させれば，時間的な応答はよりよくなるが，出力のスペクトルは広がることになる。このように時間と周波数の応答精度は，「あちら立てればこちらが立たぬ」という関係にある。この現象は不確定性原理によって支配されており，いかなる技術をもってしても避けることはできない。

〔上田和夫〕

文献
[1] 榊米一郎ほか，大学課程電気回路(1)（第2版，オーム社，東京，1980）．
[2] チャールズ・E・スピークス著，荒井隆行，菅原 勉監訳，音入門：聴覚・音声科学のための音響学（海文堂，東京，2002；原書，1999）．

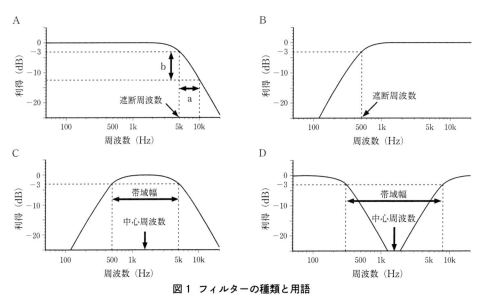

図1 フィルターの種類と用語
(A)低域通過，(B)高域通過，(C)帯域通過，(D)帯域阻止の各フィルターの周波数特性を示す．
(A)b/aを求めればフィルターの減衰傾度となる（この例では9.3 dB/octave）．

第 2 章

哺乳類 1 霊長類 ほか

2-1 ヒトの発声

2-2 ヒトの聴覚

2-3 ヒトの周波数感度と可聴帯域

2-4 音楽・ピッチ感覚

2-5 絶 対 音 感

2-6 ヒト言語の進化

2-7 日本語と英語の音響学的特徴

2-8 言語の理解に必要な音声情報

2-9 視聴覚情報統合

2-10 音声による話者認識

2-11 外耳の形と働き（ヒト）

2-12 中耳の形と働き（ヒト）

2-13 内耳の形と働き（ヒト）

2-14 内有毛細胞

2-15 外有毛細胞

2-16 骨 導

2-17 耳音響放射

2-18 耳小骨筋反射と内耳の保護

2-19 聴覚求心路と遠心路

2-20 聴神経における音声の符号化

2-21 音の 3 要素関連情報の符号化

2-22 一次聴覚野細胞の持続性応答

2-23 音源定位の仕組み

2-24 大脳における音の分析

2-25 言 語 野

2-26 聴 力 検 査

2-27 胎児の聴力

2-28 臨 界 帯 域

2-29 難 聴

2-30 耳鳴とは：人と動物からの知見

2-31 人 工 中 耳

2-32 人 工 内 耳

2-33 精神疾患と聴覚

2-34 主 観 音

2-35 聴覚神経回路の可塑性

2-36 動物の可聴帯域

2-37 動物の歌，ヒトの歌

2-38 ネズミの声，ゾウの声

2-39 サルの音声コミュニケーション

2-40 デグーの音声コミュニケーション

2-41 モグラの聴覚

2–1 ヒトの発声

発声器官の構造と働き

体幹の運動によって発声に適した圧に調節された呼気が喉頭を通過し，声門に振動が伝わると音声となる．この一連のプロセスを発声という．我々は，顔面や喉頭の筋を調節し声道の形状や呼気の圧を時間的・空間的に変化させることによって，様々な種類の音声をつくり出している（図1）．それらの連続したものがフレーズであり，ひいては歌や文脈となる．

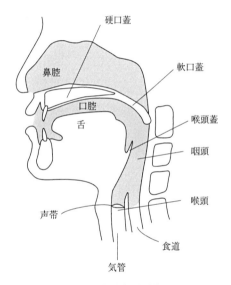

図1 声道（矢状断）

発声の呼吸とは，安静時と比べると呼気と吸気の時間的割合が異なっている．横隔膜神経を通じて横隔膜を収縮させると胸腔が広がり肺に空気が入る．これが吸気である．反対に呼気とは，横隔膜の弛緩と，吸気によって広がった肺や胸壁，腹壁筋の弾性復元力を利用して流出させる空気のことである．一般に，安静時呼吸における一定時間内の呼気と吸気の割合は3対2といわれているが，発声時には内容（時間や音量，語勢）に応じてそれらの圧調節や持続，遮断を随意的に行うため，一定時間内での呼気と吸気の割合は変動する．

呼気が喉頭を通過する際，声帯の筋緊張や弾性，内圧の変化によって声帯振動が生じ声門の開閉が調節される．このとき喉頭では，複数の筋収縮によって軟骨を動かし呼気の通り道となる腔の形状を調節することによって，声のピッチ（音高）や響き，強弱を変化させている．声のピッチを表す基本周波数（f_0）とは声帯振動数に関連し，声帯の緊張が高く振動部分の質量が小さいほど声帯振動数が上昇し高い声となる．すなわち，年齢や性別によって声のピッチに違いが生じるのは声帯振動数が声道の幅や長さに依存するためである（特に調音を必要としない通常発声における成人男性のf_0：100〜150 Hz，成人女性のf_0：200〜300 Hz）．なお，この声帯振動数の時間的変化（調音）を我々はイントネーションやストレスなどのプロソディとして知覚している．

声門を通過した呼気の音響特性は，咽頭や口腔の形状，容積によっても変化する．例えば，外舌筋によって口腔内の舌の位置を上下前後へと動かしたり内舌筋によって舌の形を変えたりすると，呼気の通り道の形状や容積が変化しそこを通過する呼気の音響特性が変わる．また，軟口蓋を下方へ動かし咽腔と鼻腔をつないで呼気を口腔と鼻腔との両方から出すと鼻音化した発声となる．なお，口腔の形や容積は顔面筋や下顎筋を動かすことによっても変わる．このような発声に伴う一連の運動を構音（articulation）といい，声帯の開閉調節とともに構音を行うと，呼気の音響が変化し様々な母音（vowel）や子音（consonant）の発声をつくり出すことができる．ただし，生後すぐに正確な構音や調音を行うことは難しい．徐々に発声器官の随意的な制御が上達し（喃語），生後1年くらいで我々は言語としての発声を行うことができるようになる．まず，母音や両唇音などの子音の構音を獲得し，後に歯茎音や硬口蓋音，軟口蓋音の構音を獲得する．歯音，歯茎音の摩擦音，破擦音，弾音の獲得には6〜7歳までかかる場合もある．

発声器官の神経生理

次に，発声器官の運動調節に関連する神経支

配について述べる．随意的な発声に伴う喉頭，舌，顔，顎の運動や呼吸の調節は，中枢神経系より末梢神経系を通じてそれぞれの筋へと情報が伝わって生じる．発声が企図されると大脳の前頭前野を通じて運動前野へと伝えられ発声に必要な運動が企画される．このプロセスはとりわけ前頭葉後下部が担っており，通常の発声では左半球の方（ブローカ野）が優位に働くことが多い．また，会話や歌唱といった連続する発声では，舌や顔などそれぞれの発声器官の協調運動を時間情報に沿って実行することとなるため，補足運動野（supplementary motor area：SMA）の活動も重要に関与する．それらの領域を経て運動指令が具体化されると，大脳の中心前回に位置する一次運動野より脳幹を通じて末梢器官へ伝達される（錐体路系の主に皮質核路）．また，一次運動野は，視床の腹外側核からの入力を受けている．視床は，大脳基底核および小脳からの入力を受けるため，企画された運動（フォーワード情報）と実施した運動やそれによってもたらされた固有覚（フィードバック情報）との照合のプロセスは最終的に一次運動野へと伝わることとなり，その結果として運動が調節されることがある．なお，一次運動野では体部位局在性がよく保たれ，発声に関連する顔面や舌などの制御は中心前回下部より投射される．

さらに会話や歌唱では，表出する内容の概念形成，統語，音韻，リズムなど言語や音楽的要素を処理するため聴覚野や聴覚連合野，ウェルニッケ野を含む大脳の側頭頭頂領域も賦活される．ここでは，自分の発した声や内容が企画した通りに表現されたかどうかを必要に応じて照合し，後続する発声の内容や運動を調節するための判断も行われている．このような聴覚フィードバックと発声器官の運動調節との密接な協調関係を示す現象にロンバード効果やDAF（delayed auditory feedback）効果がある．前者は，騒音下など自身の発声に対する聴覚フィードバックが遮断あるいは減じられたときに，つい大きなそして間延びした発声をしてしまうという現象である．後者は，自身の声が

わずかに遅れて聞こえる環境で話すと，ことばの引き伸ばしや繰り返しなど発話に混乱が生じる現象である．このように，発声器官の運動調節に柔軟に対応するためには，知覚と運動との間のモニタ機構が極めて重要な役割を担っているといえる．

発声の障害

最後に，発声器官や関連する神経系の器質的・機能的障害について紹介する．前述のように，呼気の通過する口腔や鼻腔の形態異常は，企画した音響情報を伴う発声の成立を妨げる．これは，口唇や舌，軟口蓋，顔面筋などの器質的・機能的異常によって引き起こされた構音障害といえ，発話明瞭度を低下させる原因の一つである．例えば，軟口蓋の裂や麻痺による鼻咽腔の閉鎖障害や咽頭扁桃の肥大による鼻咽腔閉鎖，喉頭の炎症や奇形による声帯の閉鎖障害や振動低下などが発声の障害となる．また，口腔内の感覚異常や歯の欠損による不正咬合も構音障害を助長することがある．これらの発声器官や視床，大脳基底核，小脳，構音に関連する大脳領域の障害によって引き起こされる現象を運動性構音障害（dysarthria）という．

一方，聴覚に関連する末梢器官や末梢・中枢神経系の器質的・機能的障害も，自己発声音に対するモニタ機構の妨げとなるため構音や発声のリズム，抑揚の調節を困難にする．この状態は，失聴や難聴のみならず，聴力の低下はないが言語音や非言語音として認知することが難しい純粋語聾や聴覚失認でも生じる．すなわち，言語音や非言語音，プロソディの認知に関連する上側頭回や縁上回を含む側頭頭頂領域や，そこと発声や構音の企画に関連するブローカ野を含む前頭後下部とをつなぐ弓状束における損傷や機能低下が，音響情報の認知や学習，復唱を妨げるため，失聴や難聴はなくても流暢性を含めた発声の障害が引き起こされるのである．

〔軍司敦子〕

文 献
[1] 廣瀬肇訳，新ことばの科学入門第2版（医学書院，東京，2008）.

2-2 ヒトの聴覚

聴覚とはある範囲の周波数を有する音波を音として認識することである．ヒトでは外耳・中耳・内耳の器官を通じて，機械的刺激である音波情報を神経活動に変換して脳に伝えることで音を知覚している（図1）．

音波の伝導

通常，音波は空気を媒質としており，耳介，外耳道を通って鼓膜を振動させる．耳介はアンテナのように空気中を伝わる音波を集める効果があるが，その形態は複雑であり集音効果は音源の方向により異なっている．この方向による集音効果の違いは音源の場所を特定することに貢献している．耳介で集音された音波は外耳道を経て鼓膜を振動させる．外耳道は約2～3cmの長さをもっており，外側1/3は軟骨で囲まれており残り2/3は骨で囲まれている．

鼓膜は外耳と中耳の境目にあり，長径が約1cmで厚さは約0.1mm程度の楕円形の薄い膜でできている．内面にはツチ骨が付着しており振動を伝えている．中耳は，中耳腔，3つの耳小骨（ツチ骨，キヌタ骨，アブミ骨）および中耳腔と咽頭をつなぐ耳管よりなる．鼓膜の振動を内耳へ伝える経路に3つの耳小骨が存在することで，鼓膜とアブミ骨底面の面積比および「てこ」の原理により振動圧が増幅され内耳に伝えられる．このように外耳・中耳は音による振動を内耳に伝える役目があるが，例えば外耳道閉鎖や耳小骨の離断等，外耳・中耳のどこかで障害が発生すると伝音難聴になり音の聞こえが悪くなってしまう．伝音難聴を有する患者に対しては，音の経路を再建する手術を行うことで聴力を回復させることが可能である．

神経活動への変換

内耳は側頭骨の中に位置しており，大きく蝸牛，前庭，半規管の3つの部分に分けることができる．この中で聴覚に関与する器官は蝸牛であり，カタツムリの殻のように蝸牛軸を中心に2回半巻いたらせん状の構造を有している．蝸牛の断面は内部が3層構造（前庭階，中心階，鼓室階）になっており，それぞれリンパ液などで満たされている．前庭階と鼓室階は蝸牛先端にあたる頂部で連絡しており，通常の細胞外液と類似のイオン組成をもつ外リンパ液で満たされている．それに対して，中心階は独立しておりカリウムイオンに富んでナトリウムイオンが乏しい内リンパ液で満たされている．この特殊な電解質構成により，中心階は外リンパよりも

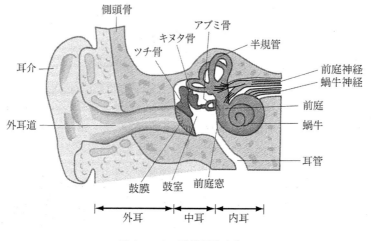

図1　ヒトの聴覚経路 [1]

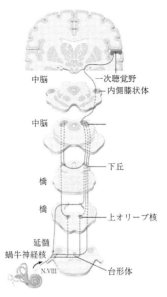

図2 聴覚神経伝導路 [2]

80 mV 程度高い電位を保持している．

　アブミ骨底板は蝸牛への入り口である卵円窓に固着しており，アブミ骨の振動により蝸牛内部のリンパ液を振動させ，音の受容器であるコルチ器を載せた基底膜を振動させる．このとき最も強く振動する基底膜の位置が音の周波数により異なっており，高い音の場合は入口に近い蝸牛底付近，低い音の場合は入り口から遠い蝸牛頂付近の基底膜を強く振動させる．ヒトにおいてはこの基底膜を振動させることができる音波の周波数帯域は 20～2万 Hz とされている．しかしながら加齢とともに入口に近い蝸牛底に近いところに対応している高周波数の音は徐々に聞こえなくなってしまう．

内有毛細胞と外有毛細胞

　基底膜の振動がコルチ器に存在する内有毛細胞の不動毛を変形させることで，イオンチャネルが開き脱分極が発生して内耳神経へと神経信号が伝えられる．コルチ器には脳に情報を送る1列に並んだ内有毛細胞に加えて，主に3列に並んだ外有毛細胞が存在している．外有毛細胞は脳から遠心性神経がつながっており，収縮運動を行っている．これにより，微小な基底膜の振動を増幅させたり，逆に過大な基底膜振動を抑制したりすることができる．また雑音下で聞きたい音を強調するように働くことで，脳に音情報を伝える内有毛細胞の働きを助けていると考えられている．このように蝸牛では音波の物理的な周波数情報をフーリエ変換して蝸牛での神経活動の位置情報（トノトピー）に変換して脳に伝えていると考えられる．内有毛細胞の神経活動はその後，内耳神経に伝達され背側・腹側の蝸牛神経核を経て，上オリーブ核に中継され，外側毛帯，下丘，内側膝状体を経て大脳の一次聴覚野に伝達される（図2）．

人工内耳

　内耳に障害があると音による振動を神経活動に変換できないため感音難聴になる．伝音難聴とは異なり，手術によって振動の通り道を再建するだけでは聴力は回復しない．そこで高度感音難聴の患者に対しては，人工内耳を埋め込む手術がなされることがある．これは体外に装着したマイクロフォンを用いて音波を受信し，それを小型コンピューターで電気信号に変換し，手術によって内耳に挿入した電極から音の高さに応じた電気刺激パターンを与えることで内耳神経を刺激し聴覚を引き起こす方法である．2018 年現在では 20 数個の刺激部位をもつ電極が主に用いられているが，これは 3500 個とされる内有毛細胞の数に比べてはるかに少なく，また外有毛細胞による増幅・抑制効果も得られないため，脳に伝える情報量としては通常の蝸牛機能と比べると著しく劣っていると考えられる．しかしながら，子どものときに人工内耳手術を受け，適切なリハビリテーションを行うことで，成長に伴い言葉を覚えるようになり，電話での会話もできるほどの言語能力を獲得できる例も多い．高度感音難聴の患者，特に小児にとっては非常に有効な治療手段であり，我が国においては健康保険も適用されている．

〔岡本秀彦〕

文　献
[1] 有田秀穂, 原田玲子, コア・スタディ人体の構造と機能 (朝倉書店, 東京, 2005), p.210.
[2] J. E. Hall, *Guyton and Hall Textbook of Medical Physiology*, 13th Ed. (Elsevier, 2016).

2-3
ヒトの周波数感度と可聴帯域

周波数感度

我々が聞くことができる音の音圧は 10^{-5} Pa から 10^2 Pa 程度までで，極めて広い範囲である．また，我々の感覚上の音の大きさの大小は，音圧の対数に近いことが知られている．そこで，音圧をデシベル (decibel : dB) 単位を用いた音圧レベル (sound pressure level : SPL) で表記している．すなわち，

$$X = 20 \log_{10} (P/P_{REF})$$

ここに X は音圧レベル，単位は dB SPL，P は計測する音の音圧，単位は Pa，P_{REF} は基準となる音圧で 2×10^{-5} Pa と設定されている．

我々が聞くことができる最小の音圧は 2×10^{-5} Pa 程度であり，音圧レベルで表記すると

$20 \log_{10} (2 \times 10^{-5}/2 \times 10^{-5})$
$= 20 \log_{10} 1 = 0$ dB SPL

ささやき声の音圧は 2×10^{-4} Pa 程度であり，音圧レベルで表記すると

$20 \log_{10} (2 \times 10^{-4}/2 \times 10^{-5})$
$= 20 \log_{10} 10 = 20$ dB SPL

通常の会話の音圧は 2×10^{-2} Pa 程度であり，音圧レベルで表記すると

$20 \log_{10} (2 \times 10^{-2}/2 \times 10^{-5})$
$= 20 \log_{10} 10^3 = 60$ dB SPL

聴力正常者の聴野を図1に示す．ヒトが知覚できる音の周波数は約 20 Hz から約 2 万 Hz までである．ヒトが聞くことのできる最も弱い音の音圧，すなわち聴覚閾値 (threshold of hearing) は，防音室内でスピーカーから音を出し被験者が知覚できる最低の音圧として求められる．聴覚閾値は 20 Hz で 80 dB SPL ほどであるが，周波数の増大とともに急激に低下し，1000 Hz 付近で凹となり，その後やや凸となり，3000〜4000 Hz で凹となり 0 dB SPL 以下となる．ここで聴覚閾値は最も小さい．そののち，8000〜9000 Hz で凸となる．

250 Hz から 8000 Hz にかけて聴覚閾値が低いが，その理由として，この周波数領域で中耳の伝達効率のよいことが考えられる[2]．1000 Hz 付近で凹となるが，その理由として中耳の共振が考えられる[3]．図2に鼓膜面における音圧と外耳道入口における音圧の差の周波数特性を示す[4]．4000 Hz 付近で鼓膜面における音圧が外耳道入口おける音圧より 10 dB ほど大きくなり，8000 Hz 付近で 2 dB ほど大きくなる．そのため，聴覚閾値は 3000〜4000 Hz で凹となり，8000〜9000 Hz で凸となると考えるこ

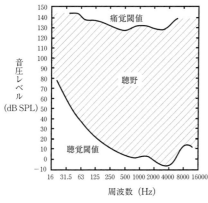

図1 聴力正常者の聴野

ヒトはハッチング領域内の音を聞くことができ，下側の実線が最小可聴限，すなわち聴覚閾値で，これ以下の弱い音は聞こえない．また，上側の実線が最大可聴限，すなわち痛覚閾値で，これ以上の強い音を聞くと痛みや不快を感じる．聴覚閾値には ISO226: 2003 のデータを，また痛覚閾値には Wegel，1932 [1] のデータを用いている．

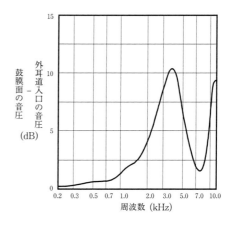

図2 鼓膜面における音圧と外耳道入口における音圧の差の周波数特性 [4]

音圧の差は周波数の増大とともにに大きくなり 4000 Hz 付近で最大 10 dB ほどになり，その後減少し 8000 Hz 付近で 2 dB ほどになる．

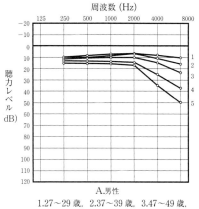
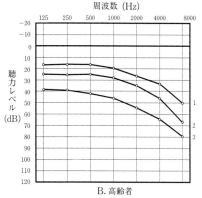

A. 男性
1. 27〜29歳, 2. 37〜39歳, 3. 47〜49歳,
4. 57〜59歳, 5. 67〜69歳

B. 高齢者
1. 前期高齢者(65〜74歳), 2. 後期高齢者(75〜84歳),
3. 超高齢者(85歳以上)

図3　純音聴力閾値の年齢的変化（オージオグラム表記）[5]

縦軸の聴力レベルは，計測するヒトの聴覚閾値から基準聴覚閾値（図1の聴覚閾値に相当する）を差し引いた値のデシベル表示で定義され，dB HL で表記される．純音聴力検査結果を表示するときに，この単位が用いられる．図1の聴野では閾値の上昇は上側に表記されるが，オージオグラムでは閾値の上昇は下側に表記される．

とができる．

音を大きくしていくと，我々は痛みや不快を感じるようになる．ヒトが痛みや不快を感じる最も強い音を痛覚閾値（threshold of pain）と定義し，その値を**図1**に示す[1]．痛覚閾値は周波数に依存せず 130〜140 dB SPL である．我々が聞くことのできる音の大きさは聴覚閾値から痛覚閾値までで，両者の差，すなわちダイナミックレンジは 130 dB 以上にもなる．

我々は加齢とともに，特に高周波数領域で聞こえが悪くなってくる[5, 6]．**図3**に健康人の年齢別純音聴力閾値を示す．加齢とともに，2000 Hz まではさほど閾値は上昇しないが，2000 Hz 以上では急激に閾値が上昇する．また，70歳台からは，全周波数領域で加齢とともに閾値が上昇する．

可聴帯域

我々の可聴帯域は 20 Hz から 2 万 Hz とされている．低周波数の音を我々は聞くことができるが，ピッチ感を伴っておらず，16 Hz あたりからピッチ感を有するという報告がある[7]．また，高周波数の音に関しては，**図4**に示すように，聴覚閾値は 100 dB SPL を超えるものの 28 kHz の音が聴取可能であるとの報告もある[8]．

〔和田　仁〕

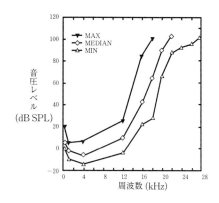

図4　聴覚閾値の周波数特性[8]

19歳から25歳の男女16人32耳の計測結果．12 kHz から聴覚閾値は急激に大きくなった．3耳で，聴覚閾値が 100 dB SPL を超えるが，28 kHz でも聴取可能であった．

文　献

[1] R. L. Wegel, *Ann. Otol. Rhino. Laryngol.*, **41**, 740-779 (1932).
[2] J. J. Rosowski, *J. Acoust. Soc. Am.*, **90**, 124-135 (1991).
[3] H. Wada, *Ear & Hearing*, **19**, 240-249 (1998).
[4] A. R. Moller, *Hearing Its Physiology and Pathophysiology* (Academic Press, San Diego, 2000), pp. 31.
[5] 切替一郎ほか，新耳鼻咽喉科学（南山堂，東京，2004），pp.70.
[6] A. R. Moller, *Hearing Its Physiology and Pathophysiology* (Academic Press, San Diego, 2000), pp. 400-401.
[7] B. C. J. Moore, *An Introduction to the Psychology of Hearing* (Academic Press, London, 1997), pp. 53.
[8] K. Ashihara, *J. Acoust. Soc. Am.*, **122**, EL52-57 (2007).

2-4
音楽・ピッチ感覚

音楽の主要な要素であるメロディ（旋律）は，ピッチ（pitch）の時間的な変化によって生ずる．ピッチは，高低の印象を与える音の属性としての主観量で，メロディを知覚させるだけでなく，言語の韻律的な情報や，話者の性別など情報を与える．さらに，ピッチ知覚は複数の音源を知覚的に分離する機構とも関連があると考えられている[1]．ピッチは聴覚一般においても，最も重要な属性の1つであるといえる．

概して，ピッチの知覚は周期的な刺激音に対して生じ，ピッチの高低は刺激音の周期（基本周波数，fundamental frequency）とよく対応する．ピッチの知覚とは，周期的信号から基本周波数を抽出するプロセスと考えることができる．一般的な周期音に対するピッチは，これに対応するピッチをもつ純音刺激の周波数として記述される．

音の物理的周波数は，オクターブを単位とする周波数の対数スケール（基本周波数が2倍になるごとに，1オクターブ上昇する）と対応づけて表されることが多い．知覚的なピッチを表現するスケールの1つとしては，メル・スケール（単位：mel）がある．メル・スケールは，純音刺激におけるピッチと周波数をマグニチュード推定法によって対応付けたものである[2]．メル・スケールでは，1000 Hz の純音のピッチを，任意に 1000 mel として基準ピッチ値に定め，その2倍の高さに聞こえる音のピッチを 2000 mel，半分の高さに聞こえる音については 500 mel といったように，ピッチが数値化される．一般に，メル値は周波数とは一致しない（つまり 2000 Hz が 2000 mel とはならない）．オクターブ・スケールといった対数スケールとも単純には対応していない．メル・スケールは，純音周波数と基底膜上の振動ピーク位置とのトノトピックな関係性を反映する尺度としての性格が強く，伝統的に，音声情報処理の分野におい

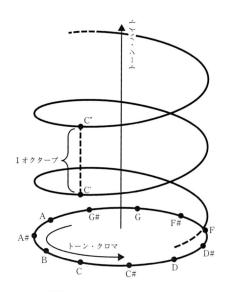

図1　音楽的ピッチのスケールを表現するらせん
（文献 [3] の概念を模式化したもの）

てよく用いられる．

西洋音楽においては，1オクターブ離れた音同士は，音楽のスケール（音階）上では，同等に扱われ，メロディを構成する上で同様な機能をもつとされる．音楽におけるピッチのもつこの特性は，らせん状に変化するスケールで表現されることがある（図1）[3]．このらせんの高さ方向（y軸方向）が心理物理学的な高さ（トーン・ハイト）に対応し，円環状の軸上に音楽の機能的な高さ（トーン・クロマ）が表現される．前述のように，オクターブを跨って円環上の同じ位置にある音同士は，音楽的機能としては等価で，同じ「ピッチ・クラス」に属する．

ピッチの抽出がどのような（刺激音の基底膜表現としての）情報に基づいているのか．それは，長らく聴覚研究の主要なトピックである．周期音のスペクトルは，基本周波数の整数倍の周波数にのみ成分（倍音成分，harmonic component）をもつ．このような特性をもつ刺激は，調波複合音（harmonic complex）とも呼ばれる．基本周波数に成分をもたない（ミッシングファンダメンタル，missing fundamental）刺激に対しても，ピッチの知覚が生ずる．蝸牛の非線形性により，基本周波数に相当する歪成分が基底膜上で生ずることがあるが，この歪成

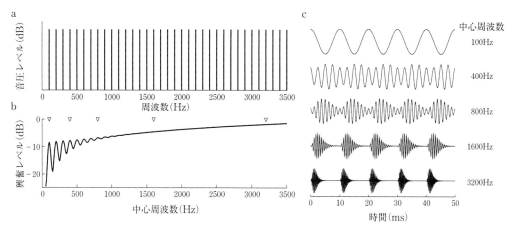

図2 a. 調波複合音(基本周波数 100 Hz のパルス列)の振幅スペクトル，
b. 基底膜振動の興奮パターン，c. フィルター出力の時間波形の例

分はピッチ知覚を本質的に説明するものではない[4]．図2aに調波複合音のスペクトルの例(基本周波数 100 Hz のパルス列)を示す．聴覚末梢は，互いに重なりあう帯域通過フィルター群によってモデル化されており，その中心周波数は基底膜に沿って規則正しく配列している．そのフィルターの出力分布(基底膜上の「場所情報」)によって，刺激音のスペクトルが表現されると考えられている．図2bは，上記の刺激音に対する(モデル化された)フィルターの出力を，中心周波数の関数として示している(興奮パターン)．周波数成分は，線形周波数軸上では等間隔に分布するが，聴覚末梢における周波数分解能は周波数が高くなるほど低くなる．このため，低次(低周波数)の倍音成分は，基底膜上ではよく分解され，場所情報としてよく表現されているが，高次の倍音になるほど，その成分は分解されにくい(図2b)．各フィルターからの出力波形をみてみると(図2c)，成分が分解されている低周波数領域(この例ではおおよそ 400 Hz 以下)においては，出力波形は対応する成分の波形に近い．一方，高周波数領域では，同一フィルター通過帯域内で複数の成分が干渉するため，出力波形は，基本周波数に対応する周期(この例では，10 ms)で振幅包絡が変化する．この周波数領域では，聴神経は出力波形の時間微細構造(搬送波)よりも，振幅包絡の波形に強く同期して発火する(位相同期)．

聴神経発火の時間間隔(「時間情報」)によって，基本周波数が表現されているといえる．

場所情報と時間情報(あるいは分解された成分と，されていない成分)のいずれか一方のみが有効な条件でも，ピッチ知覚が生ずる．場所情報のみ，時間情報のみに特化したメカニズムが並列して存在するのかもしれない[4]．しかし一方で，2種類の情報を統一的に処理するモデルも提案され，ピッチに関する種々の現象を説明している(例えば[5])．独立メカニズム，共通メカニズムのそれぞれを支持する心理物理学的なデータはある．しかし，それぞれの提案されたメカニズムにおける情報抽出過程を裏付ける具体的な神経生理学的なデータは乏しい．

〔古川茂人〕

文　献
[1] C. J. Darwin, "Pitch and auditory grouping", in *Pitch: Neural coding and perception*, C.J. Plack, A. J. Oxenham, R.R. Fay and A. N. Popper, Eds. (Springer, New York, 2005), pp. 278-305.
[2] S. S. Stevens *et al.*, *J. Acoust. Soc. Am.*, 8, 185-190 (1937).
[3] R. N. Shepard, "Approximation to uniform gradients of generalization by monotone transformations of scale", in *Stimulus generalization*, D. I. Mostofsky, Ed. (Stanford University Press, 1965), pp. 94-110.
[4] C. J. Plack and A. J. Oxenham, "The Psychophysics of pitch," in *Pitch: Neural coding and perception*, C.J. Plack, A. J. Oxenham, R.R. Fay and A. N. Popper, Eds. (Springer, New York, 2005), pp. 8-55.
[5] R. Meddis and L. O' Mard, *J. Acoust. Soc. Am.*, 102, 1811-1820 (1997).

2−5

絶対音感

　絶対音感（absolute pitch：AP）とは，何の参照もなしに提示された1つの音のピッチに対する絶対判断ができる能力を指す．ここで注意が必要なのは「音感」という用語は一般用語であり，感覚・知覚の主観的内容を取り扱う心理学上でも学術用語とはなっていないことである．本来の原語で「音感」の部分に相当するのはピッチ（pitch）である．ピッチという概念は知覚された内容を指すものであるのに対して，音感という語感にはむしろ音への感受性というニュアンスがある．APは絶対的に判断されたピッチの意味として使えるが，絶対音感という用語はそのように使えない．本項ではAPに対する学術研究の紹介を通して絶対音感を解説する．

　APに対して，2音間のピッチの違いに対する判断能力は広義の相対音感である．改めてピッチの絶対判断とは何かを考えると，それは例えば1音だけを聞いて，「高い音」に範疇化するか「低い音」に範疇化するかというレベルもありえる．これを広義のAPと呼ぶことも可能であるものの，通常APと言う場合は音楽的なピッチ・クロマに対する絶対判断能力を指す．

　ピッチ・クロマは音階を構成する基本周波数の離散的な集合である．APが議論されてきている先行研究の大半は西洋の音階体系に準拠しており，音律によって若干の違いはあるものの平均律に従うと1オクターブを対数周波数軸上で12等分割した周波数比 $2^{1/12}$ が半音となる．一般的にAP保有者といわれるのは，この半音単位の精度でピッチの範疇的な判断ができる能力を所有しているものを指すと考えられる．

　Bachemは，真性APと仮性APの区別をするべきとしている[1]．例えば習得の早期には半音よりも荒い精度に留まる判断が習得が進むにつれて半音の精度に向上していくようなものは仮性APとすべきとの主張をしている．これは真性APを先天的な能力とみなす立場とも取

れるものである．しかし，APとは，連続的な周波数を半音単位の恣意的な音名や，ピアノの鍵盤の位置に対応づけることであり，何らかの学習過程が必要なことは自明である．仮性APでは白鍵に対する正答率の方が黒鍵を上回ることも知られており[2]，APの習得過程にそれぞれの音へ接する頻度などが影響していることをうかがわせる．APと自閉症傾向との対応[3]など，何らかの遺伝的な要因を探る研究例も存在するが，これらはむしろ学習過程の違いとして考えられる．

　真性AP保有者の非学習性が強調されるのは，欧州を中心とする音楽教育の中では狭義の相対音感，すなわち短3度や長3度などといった音程の範疇的判断能力の育成が重要視されており，AP能力を習得することは必ずしも奨励されないにもかかわらず，それを形成してしまうという事例が生じてきたからであろう．これに対して日本ではAP保有者の数的割合は欧米諸国に比べて多いという調査結果が出ている[2]．

　欧米では横断的な工業規格などが存在する以前から音階体系が存在し，いまでも古い楽器によっては絶対的な基本周波数が現在の工業規格とは違っているものも存在しうる．これに対して，規格が成立したのちに音楽教育が整備されてきた日本の環境は，APに対する過剰学習が可能な環境要因が存在しているともいえる．特に音楽（中でもクラシック音楽）を専門的に学ぶための各段階の評価においてAP保有が有利に働くことも多く，学習に対する動機付けも高いと思われる．

　同じ日本人であっても音楽を専門としない者にとってAP保有は特殊な能力としての印象を与える．しかし，日本人にとって英語の母音の範疇的な判断が時として難しいのに対して，英語母国語者にとっては難なく可能であることを想起すると，このような範疇化の精度の違いは学習の切迫度によって変わると考えられる．半音の違いはウェーバー比にして約6%となり，これはピッチの弁別閾（約1%以下のオーダー）に対して十分大きく，その違いは健聴者にとっては明確にわかる．ヒトという柔軟な学習能力

38 │ 2章　哺乳類1 霊長類ほか

を有する存在にとって，このような刺激セット
と音名ラベルとの連合形成は必要となれば問題
なくできるであろう．

AP保有に関して聴覚的視点からより重要な
ことは，その学習の手掛かりが何であるかであ
る．AP保有者に対して，実際のピアノ・サン
プル音，サンプリングではないFM合成ピア
ノ音，純音を使用した実験結果では，ピアノ・
サンプル音に対する正答率がどの音域でもほか
の2つを上回る一方で，合成音と純音の正答率
は音域に依存して上下関係が変わり，低域では
合成音，高域では純音の正答率が上回ることが
報告されている[4]．AP保有者の学習過程で
は実際のピアノ音にふれる機会が多いことと，
実際のピアノ音では音域に依存してスペクトル
包絡が異なることなどが補足的な手掛かりに
なっていることが推察される．

一方で，日常では滅多に耳にすることのない
純音でもAP判断は保たれ，さらに基本周波数
欠落音や反復リプル雑音などの刺激に対しても
AP判断は可能であることもわかっている[5]．
これらを総合すると，一般的な音楽的ピッチ判
断の手掛かりとされる基底膜で分解可能な成分
間に共通する時間的符号の時間間隔情報が主た
る手掛かりとなると考えられる．

音の高さという主観的な印象の物理的な因子
は周波数である．哺乳類では蝸牛という構造が
物理的な振動の周波数を基底膜の機械的な共振
特性として符号化でき，その整然とした配置は
聴覚系の各神経核，そして中枢に至るまで保存
されており，これをトノトピーという．聴覚理
論の中ではトノトピーに由来してピッチが知覚
されるとする場所説が存在した．APについて
もこのトノトピー対応によって説明しようとい
う立場も存在している．しかし，多くの心理物
理的な実験研究により，基本周波数欠落音に対
するピッチ，オクターブの等価性などは，聴神
経の位相固定発火の時間間隔に基づくものであ
るという時間説的な理解が共有されてきている．

ただし，聴神経発火の時間間隔というレベル
では，物理的な現象に過ぎない．これをピッチと
いう知覚表現へマッピングする過程については

依然として解明されていない．ピッチ知覚に関す
る多くの現象が，聴神経発火の時間間隔や，そ
の劣化などによって説明可能であるのに対して，
APについて加齢によって判断が上方へシフトす
るという興味深い現象があることがわかってきて
いる[5]．なぜそのようなシフトが生じるかにつ
いての正確な機序は未だに解明されていないが，
この現象は時間間隔から内部表現への変換モデ
ルを構成する上で貴重な糸口を与える．

AP自体はその精度の良さがゆえに優れた音
楽的才能であるという印象を与えがちである
が，生物の情報処理過程を考えると絶対判断的，
すなわち単独の刺激に対するS-S結合もしく
はS-R結合をするための連合学習神経ネット
ワークの方がより単純に構成できる．両棲類な
どでは周波数が違うと両棲類乳頭と基底乳頭な
どの異なる箇所で処理がなされ，そのAM変
調に対する応答特性も異なっていることがわ
かっている[6]．またキンカチョウとヒトを用
いたピッチに対する学習実験ではキンカチョウ
がヒトよりも精度の高いAP判断が可能である
ことなども示されている[7]．

AP保有の傾向が高いほど相対音感の判断に
干渉するという報告もある[8]．ヒトのAP保
有が少数であることは，学習が不可能であるこ
とを示すものではなく，むしろヒトにとっては
ピッチの相対関係を捉えることの方が重要であ
るためと考えるべきであろう．　　〔津崎　実〕

文　献
[1] A. Bachem, *J. Acoust. Soc. Am.*, 9, 146-151(1937).
[2] K. Miyazaki, *Percep. & Psychophy.*, 44, 501-512(1988).
[3] P. Heaton, *J. Child Psychol. & Psychiatry.*, 44, 543-551 (2003).
[4] K. Miyazaki, *Music Percept.*, 7, 1-14(1989).
[5] 津崎　実, 田中里弥, 園田順子.（日本音響学会春季研究発表会. 横浜(2016)）.
[6] T.B. Alder and G.J. Rose, *J. Comp. Physiol. A*, 186, 923-937(2000).
[7] R. Weisman, *et al.*, "The comparative psychology of absolute pitch", in *Comparative cognition: Experimental explorations of animal intelligence*, E.A. Wasserman and T.R. Zentall, Eds. (Oxford University Press, N. Y., 2006).
[8] K. Miyazaki, *et al.*, *Music Perception*, 36(2), 135-155 (2018).

2-6

ヒト言語の進化

　生物進化の研究を進める場合，進化という問題は実験的な検証が難しいため，化石などの古生物の資料に基づいて，その進化の過程を推定することが基本となる．それに加えて，現生生物（近年では化石資料からも）のゲノム情報を解読し，ゲノム情報の変化の過程を計算機科学の手法によって明らかにする手法を併用し，より妥当な進化史を探索する．言語はチンパンジーとヒトの系統が枝分かれし，ヒトが独自の進化史を歩む中で獲得された認知能力であるが，行動形質や脳機能は化石資料には残らないため，その成立過程を推定することが極めて困難である．進化を探る際は，現生のヒト以外の認知能力や行動から，ヒトの言語能力に類似した現象を比較し，妥当な進化モデルを検討する方法が主流である．

　はじめに，いくつか単純な問いを投げかけよう．「ヒト以外の動物に言語はあるだろうか？」この問いについては，「ない」という答えで異論はないはずだ．では，「ヒト以外の動物に言語がなぜないといえるのか？」という問題については，注意深く考えなければならないことに気が付くだろう．例えば，「ヒトのような発話がない」という事実は，その根拠として不十分である．たしかにヒト以外の霊長類では，ヒトのような流暢に操る発話に該当するものは見あたらないが，オウムなどの音声学習能力をもつ鳥類はヒトの発話能力を凌駕するような音声産出能力をもっているだろう．そもそも，ヒトの聾者の事例もあるように，発話能力が制約されたとしても，言語を介したコミュニケーションが十分に成立することからも，発話能力を言語能力ととらえることには問題があるだろう．読者がいままさに行っている，この文章を読解する思考過程自体，言語能力に支えられた行為であり，言語能力とは大変広範な高次認知機能を可能とするような能力群の総称ともいえる．

　2002 年 に は，Hauser，Chomsky，Fitch らが論文の中で，言語能力を様々な能力群の統合された結果であると解釈し，言語を支える様々な下位能力を定義した[1]．そのうえで，ヒトとそれ以外の動物とで連続性が認められる能力を「広義な言語能力」とし，それらの広義の言語能力を統合し階層性構造を創出する心的過程をヒト固有の「狭義の言語能力」と定義した．それ以降，言語の進化を論じる際は，こうした能力群の動物での発現状況や相同性が強く意識されるようになっている．冒頭に取り上げた発話能力は，言語を支える能力群の一側面にすぎない．発話能力自体もさらに音声操作能力や音声学習能力などに分割できる．発声に関係するような感覚運動系の能力群に加え，それらの発声の情報を解釈する語彙的な認知能力や数や順序などの系列的な情報について理解する能力，他者の意図を理解する社会的な認知能力などの概念意図系の認知能力群など，様々な研究領域の立場から多岐にわたった下位能力が仮定され，その相同性と進化について研究が進展している．

　生物音響学だけの立場では理解が進まない難しい問題であるが，言語進化の研究を進めるうえで重要な概念を理解するために，下位能力の1つとしてのヒトの発話の進化史に関する近年の研究進展を例にあげよう．ヒトの発話は，高度な発声運動であり，発話に必要な呼吸の制御（肺などの呼吸器が関連），声帯振動の制御（主に喉頭が関連），さらに共鳴運動の制御（舌など共鳴空間である声道が関連）といった複数の運動制御の協調によって実現されている[2]．ヒトが，意図して母音や子音が産出できることから，これらの発話関連運動には高い随意制御性が確認できる．こうした随意制御を成立させる脳基盤として，皮質運動野から喉頭運動を制御する運動神経核への神経連絡として直接投射経路が重要であることが知られているが，サルではこうした神経基盤が知られておらず，発声の随意制御に制約を受けている．近年，アカゲサルの声道空間を CT により精密に立体計測し，声道空間変化のシミュレーションを行いな

40 ┃ 2 章　哺乳類 1 霊長類ほか

がら，人工的にサルの声道共鳴を操作して産出
できる音声の範囲を検討した研究によれば，ヒ
トの母音に該当するすべての音響特徴をサルの
声道によっても再現することができた[3]．こ
のことから，ヒトの発話能力は，身体設計（声
道空間など音響特徴を決定する外部器官）とし
てはヒトと相同でありながら，それを制御する
神経基盤の獲得の差異で決定されていると結論
し，身体設計の獲得の進化と音声随意制御能力
の進化とに分割して考察することの重要性が指
摘されている．同様な立場として，発話のリズ
ムを表情のリズムと相同であると位置付けて，
あらたな進化史を提案する仮説も登場してい
る．Ghazanfar らは，発声とは本来無関係であ
りそうなサルの表情に着目をした[4]．多くの
サルで，リップスマッキングと呼ばれる唇を突
き出し高速に振動させる表情を行うが，その振
動のリズムを計測したところ，5 ～ 6 Hz で周
期していた．これらは，ヒトのあらゆる言語圏
でみられる発話の唇のリズムと極めて類似して
いた．X 線ビデオカメラによる，リップスマッ
キング時の内部運動（舌骨が発話同様に発振運
動する）やリズム発達の類似性，さらには咀嚼
運動などとは異なる発振運動と運動神経基盤が
ある点などから，ヒトとサルの共通祖先時に，
発話に不可欠となる唇や舌骨の発振運動が表情
という形式で獲得されており，ヒトの系統では
音声と統合されて発話に進化し，サルの系統で
は表情として運用されリップスマッキングとし
て進化したという進化史が主張されている．

　こうした研究の根底にある考え方は，様々な
要素が先行して存在しており，それらが統合さ
れるような過程で，新たな能力が獲得されると
いう考え方である．発話を例にすれば，発声器
官の外部形態としての基盤や顔面動作のリズム
運動を生み出す基盤はサルとヒトの共通祖先で
成立した一方で，発声器官を随意的に運動制御
しリズム動作と音声を統合するような運動制御
にかかわる神経基盤はヒトの系統で発生したも

のであると推察する考え方である．このような
先行して存在した要素や能力のことを，前駆体
能力（あるいは前駆体，precursor）と呼ぶ．そ
して，その前駆体能力は現在の機能とは無関係
に出現してきたかもしれないという前適応的な
立場をとることが極めて重要である．

　さらに発話の例を掘り下げてみよう．ヒトの
発話の根底にあるのは，喉頭内部の声帯による
音声の産出であるが，喉頭は系統発生的には発
声が第一次的な機能ではない．脊椎動物が水中
から陸上に進出し肺呼吸能力を獲得した際に，
食べ物の気道への混入を避けるために成立した
「異物混入防止装置」としての役割を起源とし
ている．喉頭への呼気を利用して副産物である
声帯振動を利用し音声が成立した進化史が正し
い理解である．このように，発話には直接的に
は適応無関係な原因が発端となり，様々な前駆
体能力を進化させる生物進化のプロセスを検討
することが，正しい行動進化研究の方法であろ
う．生物音響学とかかわりが深く，近年急速な
進展のあった発話進化を事例としたが，当然
様々な下位能力に支えられ成立した言語も同じ
議論のうえで考察されなければならないだろ
う．とりわけ，能力間を統合し，階層的な思考
を可能とするような能力はヒトにしか確認され
ていないが，それを実現する脳基盤自体も進化
の産物であることは間違いがないだろう．どの
ような進化イベントが，ヒトのこのような統合
化・階層化能力を（おそらく副産物として）実
現させ，言語が突如として成立したかを探る試
みが盛んであり，今後急速な進展をみせると期
待されている． 〔香田啓貴〕

文　献
[1] M. D. Hauser, N. Chomsky, and W. T. Fitch, *Science.*,
298 (5598), 1569-1579, (2002).
[2] W. T. Fitch, *The Evolution of Language* (Cambridge
University Press, 2010).
[3] W. T. Fitch, B. de Boer, N. Mathur, and A. A.
Ghazanfar, *Sci. Adv.*, **2** (12), e1606723(2016).
[4] A. A. Ghazanfar, D. Y. Takahashi, N. Mathur and W. T.
Fitch, *Curr. Biol.*, **22** (13), 1176-1182 (2012).

2–7

日本語と英語の音響学的特徴

　日本語や英語をはじめ，地球上では何千という多くの種類の言語が話されている[1]．それらは言語ごとに独自の進化を遂げ現在に至っているが，日本語と英語の場合まったく違う語族に属しており，母音や子音の体系が異なるほか，言語のリズムも違う．一方，どの言語であれ，いずれもヒトが発話しヒトが聴いていることを考えると，そこにはヒトの言語としての共通点も多いことも明らかである．そこで，ここではその相違点と共通点について焦点を当てる．

日本語音声の特徴

　例えば，日本語の場合は5母音があり，それらは[a]，[i]，[ɯ]，[e]，[o]などと表される．ここで，[ ]の中は国際音声記号に準じた記述法である．一方，子音には[p]，[b]，[t]，[d]，[k]，[g]，[m]，[n]，[ŋ]，[ɴ]，[s]，[z]，[ɕ]，[ʑ]，[h]，[ç]，[ɸ]，[ts]，[dz]，[tɕ]，[dʑ]，[ɾ]，[j]，[w]などの音がある．これらの音の中には「ある音素の異音」として実現されるものも含まれている．つまり，例えば日本語で「ジ（ヂ）」といった場合，その最初の子音が[z]で発音されるか[dz]で発音されるかはいずれの可能性もあり，どちらであっても意味の違いは生じない．

　ヒトが話す実際の音声では，母音や子音が連続して発話される．そこには，「どの音素の次にどの音素がくることがあっても，どの音素はこない」などといった配列規則がある．さらに，日本語では仮名に対応した「モーラ」という単位があり，モーラごとに拍を数えながら発話することもできる．ここで1モーラは，母音または子音＋母音が基本であるが，特殊拍と呼ばれる撥音「ン」，促音「ッ」，長音も1モーラとしてカウントされる．例えば俳句や短歌に代表される五・七・五などの数え方がモーラ（拍）に基づくものだが，そのため日本語はモーラ等時

性を有するモーラリズム言語に分類される．

英語音声の特徴

　一方，英語の場合は日本語に比べ，母音も子音もその数が多い．英語の場合，母音はまず単母音と二重母音に分類される．アメリカ英語の場合，単母音には[i]，[ɪ]，[ɛ]，[æ]，[ɑ]，[ʊ]，[u]，[ʌ]，[ə]などがある．一方，二重母音には[eɪ]，[aɪ]，[aʊ]，[ɔɪ]，[oʊ]がある．子音には，[p]，[b]，[t]，[d]，[k]，[g]，[m]，[n]，[ŋ]，[f]，[v]，[θ]，[ð]，[s]，[z]，[ʃ]，[ʒ]，[h]，[tʃ]，[dʒ]，[ɹ]，[l]，[j]，[w]などがある．英語には英語の音素配列規則があるが，その規則にのっとった上で子音が連続することも多い．さらに英語では音節という単位をベースに言語リズムが実現される．例えば，"I give a book to my brother." という文があった場合，この文には7語から構成されていて，brother以外の語は1語が1音節からなっている．一方，brotherは2音節であり，最初の音節の冒頭 "br" では子音連続が見られる．またこの第1音節に強勢（ストレス）がある．結局，文全体では "I" と "book" と "bro" の3つの音節に強勢が置かれ，さらにその3音節を時間的に等間隔になるように配置する傾向にある．そのため，英語は強勢リズム言語に分類される．

日本語と英語の自然発話の比較

　以上のような違いがある日本語と英語について，2言語の音声を比較した研究例[2]があるので，ここではそれを紹介する．対象とした日本語音声は多言語の電話音声を集めたOGI-TSコーパスの中の30人の話者によるもので，50秒間，自分が選んだトピックを自由に話している自然発話を用いた．各発話は音声ラベルのほか，モーラと音節単位でのラベル付けが行われている．音声中のフィラーやポーズなどを分析対象からは除外した結果，各話者の発話は約30秒であった．一方，英語音声は同様に電話音声の自然発話を集めたSwitchboardコーパスを用いた．2人の話者があるトピックについて自由に話す数分間の自然発話を用いた．

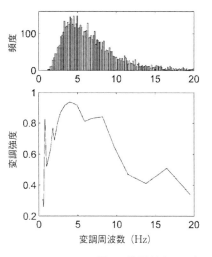
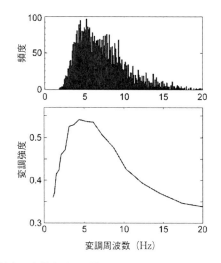

図1 英語(左)と日本語(右)の自然発話の比較 [2]
上段:音節長の逆数に対するヒストグラム. 下段:音声信号に対する変調スペクトル.

　集計の結果,英語音声の音節長の平均は190 msであった.一方,日本語音声の音節長は平均166 msと英語に迫る値であった.

　ここで,日本語の音節については少し説明が必要である.日本語でも言語学的に「音節」が定義されているが,この分析ではいわゆる言語学的な定義に基づく音節ではなく,いわば「音響的な定義に基づく音節」を用いている.その理由は,自然発話では音の置換や脱落など,様々な現象が入り混じっている.特に日本語では母音が無声化する現象も知られている.例えば,文末の「ます」では,「す」が無声摩擦子音[s]で終わることも珍しくない.さらに例えば,無声子音に挟まれた「した」の[i]を例にとると,自然発話においてこのような母音はしばしば無声化し,音響的には直前の子音が引き延ばされるだけであることも多い.この場合,さらには後続子音である[t]と連続として実現されたりする.そのような場合は音節の核となる母音がもはや存在しないため,英語の子音連続のようなものも認めた上で「音響的な定義に基づく音節」を用いた.その結果として,日本語自然発話の音節長は英語にも迫る長さを有することがわかった.

　図1の上段には,日本語と英語の音節長の逆数に対するヒストグラムを示す.この図をみると,両者にはそれほどの差がないことがわかる.むしろ,ヒトが発する自然発話には,音声器官や聴覚器官に基づくヒト共通の制約が反映されていると言えよう.つまり,ヒトの音声生成機構を考えると,例えば顎の開閉にはある程度の時間が必要であり,1秒間に10回以上の開閉はなかなか難しい.一方,同じ音を1秒間も持続させながら音声を発した場合,音声は効率的に伝達されないことが容易にわかる.以上のことを考えると,音声中には1 Hzから20 Hz以下の範囲で音節に対応した音響変化が存在していると考えられる.そのため,[2]では音声周波数の中でも1～2 kHzの帯域における音のエネルギーの時間包絡に注目し,その時間包絡をさらにスペクトル分析した結果である「変調スペクトル」を比較している(図1の下段).その結果,日本語と英語で似たようなパターンになることが示されている.大変興味深いのは,ヒトの聴覚器官に着目すると,ちょうど同じような1～10 Hzの変調周波数において,最も時間変化に敏感であることも様々な研究からわかっている.これは,ヒトの音声生成と音声知覚の特性が表裏一体の関係になっている一例と言える.　　　　　　　　　〔荒井隆行〕

文　献
[1] B. Comrie, *The World's Major Languages* (Oxford University Press, New York, 1990).
[2] T. Arai and S. Greenberg, *Proc. Eurospeech*, 2, 1011-1014 (1997).

2-8

言語の理解に必要な音声情報

言語と音声との関係

「言語とは何か」という問題に正面から取り組んだ言語学者, de Saussure[1] は, 「言語とは, 異なる記号が異なる概念と対応している体系である」と述べた. さらに, 「音声は不均質であるが, 言語は均質である. 言語は記号の体系であり, その中で唯一, 本質的なことは音の聴覚イメージと概念とが結びついているということ」であると述べた. de Saussure が別に述べていることもつけ加えていい直せば, 「言語の本質は, 聴覚イメージと概念とが結びついている点にある. 音声は連続的に変化する動きであるのに対して, 言語記号としての聴覚イメージはカテゴリー化された均質なものとなり, 特定の聴覚イメージと, 特定の概念とが結びついた, 心理上の記号体系ができあがる. 特定の社会で共有されるこのような記号体系が, 言語である」といえる. de Saussure の枠組みに従うならば, 本項目は, 言語記号としての聴覚イメージに影響を与える音声情報は何か, と問うていることになる.

音源フィルター理論

ヒトが音声を生成する過程は, 音源フィルター理論 [2-4] によって説明される. 母音を例にとれば, 声帯の周期的な運動によって生成される音圧変化を「音源」とみなし, 声道を「フィルター」とみなして, 音源のスペクトルがフィルターによって変形され, 音声が生成されると考える. 音声波形 (口唇から放射された音圧の時間変化) を, ① 比較的速く, 細かい時間微細構造 (声帯の周期的運動に由来する) と, ② 比較的ゆるやかな変動である包絡 (声帯音源のパワー変化と声道の形状変化とに由来する) とに分離する考え方も, これに基づいている.

時間微細構造と包絡

一般に, 「音の高さ」の知覚は, 刺激波形の周期に基づいてなされる[5]. 音声の場合, 音の高さは, 時間微細構造に含まれる周期性情報をもとに知覚される. 音の高さの知覚は, 発話者の性別などの個人性を伝える, イントネーションなどの韻律情報を担う, ほかの音が同時に存在する場合に音を互いに区別する, といった役割を音声知覚において果たしていると考えられる (声調言語では声調も伝えている). これらは重要ではあるものの, 一般に言語理解に不可欠というわけではない.

一方, 言語的な意味は, 包絡の変化に基づいて知覚されると考えてよい. ただし, 包絡とは言っても, 周波数分析をまったく行わずに, 音声波形の全体的な包絡のみを与えられても, ヒトは言語を理解することはできない. このことは, 音声波形の包絡を抽出し, 音源を雑音で置き換えて駆動した, 雑音駆動音声を用いた研究により明らかにされている. しかし, 音声波形を 4 帯域の帯域フィルターで帯域分割してから帯域ごとに包絡を求め, 雑音駆動音声を合成すると, 有意味文の場合, 80 % 以上の正答率で音声を聴きとることができる [6, 7, 12].

音声のパワー変動の因子分析

Plomp ら [8] は, オランダ語定常母音の 1/3 オクターブ帯域スペクトルを主成分分析にかけ, 最初の 2 主成分のみですべての母音を区別できることを明らかにした.

上田, 中島[9] は, 10 人 (男女各 5 人) または 20 人 (男女各 10 人) の話者が発話した 8 言語または方言 (英, 米, 独, 仏, 西, 北京, 広東, 日) の 58～200 文について, 臨界帯域フィルターを通過させ, 各帯域の出力からパワー変動を求めた. パワー変動間の相関係数をもとに主成分分析を行い, 得られた主成分にヴァリマックス回転をかけることにより, 因子分析を行った. その結果, 言語間に共通する 3 因子が見い出され, これらの因子によって音声の周波数帯域をおよそ 540, 1700, 3300 Hz を境界とする 4 帯域に分割することができた (図 1). 得られた 4 帯

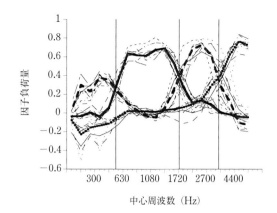

図1 言語に共通する3因子：臨界帯域の中心周波数に対する因子負荷量([9]のFig. 1aを改変)
太い折れ線は8言語／方言をまとめて分析した結果で，線種で因子を区別している．細い折れ線は各言語／方言の結果で，線種は言語／方言を表す（因子は区別していない）．縦線は4帯域の境界を示す．

域で雑音駆動音声を合成すると，日本語でもドイツ語でも90％以上の高い正答率で文を聴きとることができる[7, 12]．日本語音声の知覚にはこれらの因子が必要不可欠であることも示された[10]．因子得点によって英語の音素を配列すると，これまでに音韻論で述べられてきた音素の序列と一致した[11]．さらに，これら4帯域の包絡のうち1組（2帯域）だけを入れかえて雑音駆動音声を合成したところ，ほとんどの場合，著しい正答率の低下が見られた[12]．すなわち，言語の意味を伝えるためには，これらの因子，あるいは4帯域のパワー変動を用いることが必要と考えられる．

局部時間反転音声

上記のパワー変動の分析では，変動の時間的順序や変化の方向はまったく考慮されていない．しかし，このような時間的変化の情報は音声知覚には大変重要である．例えば，逆再生音声は聴きとれない．ところが，音声を一定の間隔で区切り，各区間内で時間方向を逆転させた局部時間反転音声では，区間長が40～50 msと短ければ，（母語話者が有意味文を聴く場合）支障なく音声知覚がなり立つ．逆転する区間長を長くすると，急激に明瞭度が低下する．4言語（米，独，北京，日）の音声を用いた知覚実験により，話速を正規化すれば，言語によらず明瞭度曲線の形が一致し，明瞭度が50％となる点が区間長63～71 msという狭い範囲に収まることがわかった[13]．局部時間反転音声から言語を理解する過程には，言語間に共通する処理過程（辞書の検索など）が含まれていると示唆される．

近年，周波数領域と時間領域の分解精度を同時に操作できるモザイク音声[14]も開発され，今後の研究に役立つと考えられる．

〔上田和夫〕

文　献

[1] F. de Saussure, *Course in General Linguistics*, W. Baskin (Trans.) (McGraw-Hill Paperbacks, New York, 1959; original, 1916).
[2] 千葉勉，梶山正登．母音：その性質と構造．杉藤美代子，本多清志（訳）(岩波書店，東京，2003; 原書 1942).
[3] 藤村靖，音声科学原論：言語の本質を考える（岩波書店，東京，2007）．
[4] K. Johnson, *Acoustic and Auditory Phonetics* (3rd ed., Wiley-Blackwell, Chichester, 2012).
[5] C. J. Plack, *The Sense of Hearing* (3rd ed., Routledge, Oxon, 2018).
[6] R. V. Shannon et al., *Science*, **270**, 303-304 (1995).
[7] W. Ellermeier et al., *J. Acoust. Soc. Am.*, **138**, 1561-1569 (2015).
[8] R. Plomp, *The Intelligent Ear: On the Nature of Sound Perception* (Lawrence Erlbaum, NJ, 2002).
[9] K. Ueda, and Y. Nakajima, *Sci. Rep.*, **7** (42468), (2017).
[10] T. Kishida et al., *Front. Psychol.*, **7** (517), (2016).
[11] Y. Nakajima et al., *Sci. Rep.*, **7** (46049), (2017).
[12] K. Ueda et al., *Hear. Res.*, **367**, 169-181 (2018).
[13] K. Ueda et al., *Sci. Rep.*, **7** (1782), (2017).
[14] Y. Nakajima et al., *Front. Human Neurosci.*, **12**, (149), (2018).

2-9

視聴覚情報統合

　我々は周囲の環境を眼や耳，皮膚など様々な感覚器官を通してとらえる．色や音色など単一感覚情報に基づき知覚される刺激属性もある一方で，多くの場合，複数の感覚情報が統合され1つの事象として知覚される．例えば，通りを走る車の位置や動きは，車の見た目の変化（視覚情報）だけではなく，エンジン音の変化（聴覚情報）も使って把握される．特に，ある事象が視覚情報と聴覚情報を結びつけることで把握されることを視聴覚情報統合（audio-visual integration）と呼ぶ．

腹話術効果とマガーク効果

　視聴覚情報統合を端的に示す現象の1つに腹話術効果（ventriloquism effect）がある．腹話術師が手元の人形の口を開閉させながら自分の口をほとんど動かさずに喋ると，人形自体が話しているように感じるように，ある感覚の示す空間位置が異なる感覚からの情報によって実際とは異なって感じられる現象を指す．LED光と純音のような無関連刺激を用いた場合には8度離れるとこの効果は生じにくくなるが[1]，顔と音声など意味関連刺激を用いた場合には位置が大きく離れていても生じる[2]．腹話術効果には，このように空間的近接性のほかに，意味的な一致性や先行経験も影響を与える．テレビや劇場ではスピーカー位置は必ずしも話者位置に一致していないが，話者の口元から声が発せられているように感じるのはこれらの効果によるものである．また，音と映像の位置が離れた状態をしばらく経験すると，音を単独で提示しても前にあった映像位置方向に音位置がずれて感じられるようになる（腹話術残効，ventriloquism aftereffect）[3]．これは感覚情報間にずれが発生して知覚空間が不安定にならないようにするための脳の再較正の仕組みの1つと考えられる[4]．通常の腹話術効果では，映像位置に音位置がずれて知覚されるが，映像をぼかして視覚位置情報の信頼性を低下させると，音位置のほうに映像位置がずれて感じられるようになる[5]．位置知覚における視覚と聴覚の関係性はこのように固定したものではなく，情報の精度に応じて変化する．

　古くから知られているもう1つの現象にマガーク効果（McGurk effect）がある[6]．例えば，/ba/という音声に/ga/と発話している顔の映像をつけて提示すると，/da/（もしくは/ga/）と聞こえ，音声知覚に対しても視覚情報は強く影響を与える．ただし，この効果の生起率は，知覚者の年齢（子ども＜大人），母語（日本語＜英語），性別（男性＜女性）などによって差がみられる．これは音韻体系，読唇の情報価の高さ，注意傾向などいくつかの要因によるものと考えられる[7]．また，残効現象も存在し，/aba/と/ada/の中間的な音声に，/ada/と発話している顔映像をつけて何度か提示した後，同じ音声を単独で提示すると高確率で/ada/と聞こえるようになる（マガーク残効，McGurk aftereffect）[8]．このように音韻知覚は視覚情報によって再較正されうる．

時間的知覚・判断に関する視聴覚情報統合

　時間次元においても様々な視聴覚情報統合が見られる．高速で明滅するフラッシュ光とともにそれよりも多い／少ない回数のクリック音を聞かせると，光の明滅数が多く／少なく感じられる[9]．また，1回のフラッシュ光とともに音を2回提示すると，フラッシュ光が2回明滅したように知覚される（ダブルフラッシュ錯覚）[10]．ほかにも，2つのフラッシュ光を順序がわからないくらい短い時間間隔で提示する際，それらを音とともに（あるいは，2音によって挟みこむように）提示すると，順番がわかるようになる（時間的腹話術効果）．このように聴覚情報は視覚情報の時間的分節化や生起タイミングに強く影響する．

　異なる感覚情報を結びつけるうえで，同時性（同期）は非常に重要な手がかりである．しかし，それは固定されたものではなく，環境や刺激に

よって適応的に変化する．例えば，数百ミリ秒ずれた映像と音に順応する（慣れる）と，少しずれた状態を同時と感じるようになる（時間的再較正）[11]．これは環境に応じて感覚間のずれを最小化する脳の仕組みによるものと考えられる．また，映像の観察距離が1～20mの間では，距離に比例して音を遅れて提示すると同時と知覚されやすい[12]．これは脳が光速（3×108 m/s）と音速（約330 m/s）の差を考慮して，同時を決めていることを示している．

運動知覚に関する視聴覚情報統合

物体の運動知覚は，危機回避や環境への働きかけにとって極めて重要であり，様々な側面で視聴覚情報統合が見られる．例えば，視覚運動情報は聴覚的な運動方向知覚に対して強く影響する（動的視覚捕捉）[13]．また，接近する映像をしばらく見たあとでは，定常的な音が後退していくように感じる[14]．空間次元の知覚判断では運動知覚においても視覚情報優位であるが，視覚情報の信頼性を低下させた場合には，聴覚情報によって視覚運動知覚が駆動されることもある[15]．一方，視覚運動刺激の提示や消失タイミングなど時間次元の知覚には聴覚情報の影響が強い．ほかにも，2つの物体が接近し，重なり，離れるとき，重なった瞬間には，交差知覚と反発知覚のいずれかが生じるが，重なる瞬間に音を提示すると，反発知覚が生起しやすくなる（交差反発錯覚）[16]など，脳は視聴覚情報を駆使して，より妥当な運動知覚を生み出している．

視聴覚情報統合モデル

古典的には，最も正確な情報を提供する感覚情報が優位になる（空間課題では視覚情報，時間課題では聴覚情報）というモダリティ適切性（modality appropriateness）仮説[17]が感覚間情報統合を説明するモデルであった．しかし，現在では，統合様式は固定されてはおらず，信頼性が高い感覚情報により大きな重みづけがされるという最適重みづけ（optimal integration）仮説[18]が支持されている．また，最適重み

づけ仮説は複数の感覚情報を結びつける前提で示されたものであるが，そもそも同一の事象に由来するものとして結びつけるかどうかは，時空間一致性のほか先行経験等による部分が大きい．この感覚間の結びつきの強さを表す変数は，多感覚のベイズ統合理論における coupling prior としてモデル化され，最適重みづけ仮説の推定値と掛け合わされることによって最終的な知覚確率が決定されると考えられている[19]．coupling prior は大人であっても比較的素早く獲得され，例えば，視覚的な運動と音色の変化という本来関係のない情報どうしであっても，短時間随伴して提示するだけでその結びつきが学習され，長期にわたってその音色の変化を聞くだけで視覚的な運動が知覚されるようになる[20]．　　　　　　　〔寺本　渉〕

文　献

[1]　D. Slutsky and G. H. Recanzone, *Neuroreport*, **12**, 7-10 (2001).

[2]　C. E. Jack and W. R. Thurlow, *Percept Mot Skills*, **37**, 967-979 (1973).

[3]　L. K. Canon, *J Exp Psychol*, **84**, 141-147 (1970)

[4]　L. Chen and J. Vroomen, *Atten Percept Psychophys*, 790-811 (2013).

[5]　D. Alais and D. Burr, *Curr Biol*, **14**, 257-262 (2004).

[6]　H. McGurk and J. MacDonald, *Nature*, **264**, 746-748 (1976).

[7]　積山 薫, 認知科学, **18**, 387-401 (2011).

[8]　P. Bertelson, J. Vroomen, and B. de Gelder, *Psychological Science*, 592-597 (2003).

[9]　T. Shipley, *Science*, **145**, 1328-1330 (1964).

[10]　L. Shams, Y. Kamitani and S. Shimojo, *Nature*, **408**, 788 (2000)

[11]　W. Fujisaki, S. Shimojo, M. Kashino *et al.*, *Nature Neurosci*, **7**, 773-778, (2004).

[12]　Y. Sugita and Y. Suzuki, *Nature*, **421**, 911 (2003)

[13]　S. Soto-Faraco, J. Lyons, M. Gazzaniga *et al.*, *Brain Res. Cogn. Brain Res.*, **14**, 139-146 (2002)

[14]　N. Kitagawa and S. Ichihara, *Nature*, **416**, 172-174 (2002).

[15]　S. Hidaka, Y. Manaka, W. Teramoto *et al.*, *PLoS ONE*, **4**, e8188 (2009).

[16]　R. Sekuler, A. B. Sekuler and R. Lau, *Nature*, **385**, 308 (1997).

[17]　R. B. Welch and D. H. Warren, *Psychol Bull*, **88**, 638-667 (1980).

[18]　M. O. Ernst and M. S. Banks, *Nature*, **415**, 429-433 (2002).

[19]　M. O. Ernst, "Optimal multisensory integration: Assumptions and limits," in The new handbook of multisensory processes, B. E. Stein Ed. (MIT Press, Cambridge, MA, 2012), pp. 1084-1124.

[20]　W. Teramoto, S. Hidaka and Y. Sugita, *PLoS ONE*, **5**, e12255 (2010).

2-10
音声による話者認識

音声による話者認識の意義と原理

音声による話者認識の結果のみから個体認証を行うシステムは本質的に，認証対象者の音声を悪意のある第三者が録音し，その音声を再生すれば悪意のある第三者でも認証されるという脆弱性があるため，話者認識だけに頼って認証を行うことは現実的ではない．しかし，音声は我々にとって身近なコミュニケーション手段の1つであるため，人と機械の間で心地よく自然なコミュニケーションを実現するためには，誰が何を話しているのかを機械が判断する必要がある[1]．この項では，話者非依存的な音声認識が解くべき問題である『何を話しているのか』ではなく，『誰が話しているのか』という話者認識が解くべき問題に焦点を絞り，それに求められる普遍的な要素の説明を行う．

話者認識を1つのシステムとすると，まずはそのシステムに特定の話者が発する音声を複数入力し，①音声の平均的な特徴を学習させる必要がある．具体的な手法の一例としては，まずは入力された音声を短時間フーリエ変換（時間周波数解析）し，各時間における周波数とエネルギーの関係を調べる．それを可視化したものがソノグラム（声紋）と呼ばれる（図1）．さらに解析結果から，話者の識別に有効であると期待される特徴（フォルマントの中心周波数や，その中心周波数の変化速度等）を数値化し，その話者の平均的な音声特徴量ベクトルを得る．学習後，実際に話者認識を行うときには，未知の話者（ターゲット）が発した音声から，②ターゲットの音声特徴量ベクトルを計算し，③事前に学習した音声特徴量ベクトルとの合致度を算出する．その合致度を使って，④入力された音声が，事前に学習した音声と同一の話者によって発せられたのか否かを最終的に判断する．

以上の話者認識システムの中で最も重要な要素の1つが，時間と振幅情報しか含まれない音声信号から，その音声を特徴づける量を抽出する方法である．特徴づける量の集合体が，最終的に合致度の計算に必要となる音声特徴量ベクトルになる．ところが，それが重要な要素であることは明らかでも，最適な抽出方法を見出すことは容易ではない．なぜなら，実際の環境・状況で話者認識を行おうとすると，認識システムからみれば様々な制約が生じるからである．

実際の環境・状況での話者認識の難しさ

【制約1：同じ話者であっても，その話者が常に同じ言葉を同じ調子で話してくれるとは限らない】

音声の特徴量の1つとしては，音節の長さや周波数ごとの音の大きさの違い（相対音圧）も考えうるが，それらを過度に特徴量として用いると，話者認識の頑健性は低下すると期待される．なぜならそれらの量は，まったく同じ言葉（例えば「ごめん」）であっても，感情等の影響を受けて変化する声の調子（例えば「ごめん！」）によって変わり得るからである．その一例とし

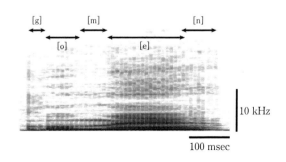

図1 ある話者の「ごめん．」のソノグラム
（神戸市立工業高等専門学校・中村佳敬先生のご厚意により提供）

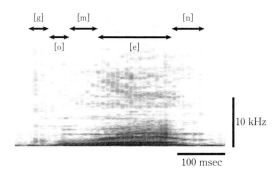

図2 図1の話者の「ごめん！」のソノグラム
（神戸市立工業高等専門学校・中村佳敬先生のご厚意により提供）

て，図1と同じ話者が異なる調子で同じ言葉を発したときのソノグラムを図2に示す．

図1と図2のソノグラムでは白黒の濃淡で音の強さを表しているが，図1と図2を比較すると，濃淡のパターン（どこが濃くてどこが薄いか）が変化していることと，特に[o]の音節で長さが変化していることがわかる．話者が話す言葉が変わると音声認識（音節の識別）が必要になるので，さらに問題は複雑になる．

【制約2：その話者だけの音声が含まれているとは限らない】

図1や図2で示したソノグラムのもとになった音声は，反響音を抑えた防音室で集録された音声なので，主な雑音は集録装置の内部から生じる雑音しかないが，認識システムを運用する実際の状況では，話者が発した音声以外の音声が少なからず含まれることが期待される．話者が発した音声以外の音声は特徴量ベクトルにおいては外乱項にしかならないため，その後の合致度の算出結果に誤差を与えるだけである．この問題を解決するためには，マイクロフォンを複数設置して信号分離を行い，話者が発したと思われる音声を推定した上で音声特徴量ベクトルを計算する必要があるものの，完璧な信号分離も話者認識と同様に容易ではない．

音声による話者認識の展望

音声による話者認識システムを理解すればするほど，我々は機械を使った話者認識システムの実現性に悲観的になるかもしれない．しかしその必要はないかもしれない．我々ヒトの話者認識能力も完璧ではなく，例えば，電話越しに自宅にいる誰かと話をするときに，場合によっては家族の誰かと誰かを間違って認識することはヒトでも起こりうる．音声のみからある程度の話者の絞り込みを行い，さらに会話を通じて話者を特定すれば，我々のコミュニケーションとしては十分なことが多い．

心地よく自然なコミュニケーション[1]という観点から言えば，おそらく重要なのは「あなたは～さんですか？」などと機械から何度も尋ねられないことではないだろうか．純粋な音声の特徴のみならず，会話の内容やそのほかの表情等の別の感覚からの話者認識を組み合わせれば，音声による話者認識の精度に限界があったとしても，我々に心地よく自然なコミュニケーションを提供するための方法の1つとして音声による話者認識が活躍してくれるかもしれない．

〔西村方孝〕

文　献
[1] R.D. Peacocke and D.H. Graf, *Computer*, 23(8), 26-33, (1990).

2–11
外耳の形と働き（ヒト）

ヒトが音を聴く際，聴覚末梢系，聴神経，脳幹，中脳，聴覚野といった聴覚系器官が用いられる．このうち，聴覚末梢系は外耳・中耳・内耳（図1）に分類され，空気の静圧（大気圧）からの微小な圧力変動である音圧を検出するために，それぞれが重要な役割を果たしている．このうち，外耳と中耳は，音圧を機械的に集音・増幅して内耳に振動情報を伝える役目を果たすため伝音系とも呼ばれ，振動を電気信号に変換する内耳は感音系とも呼ばれる．

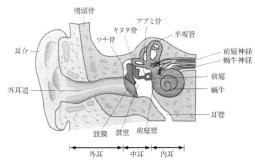

図1 聴覚末梢系の全体図 [1]

外耳は耳介と外耳道により構成されるが，外耳全体としては，外界の音を集め，空気の圧力変動である音圧によって鼓膜の機械振動に変換し，中耳の耳小骨（ツチ骨，キヌタ骨，アブミ骨）に伝える，という働きをする．このようにして中耳に伝えられた振動はさらに内耳に伝えられ，聴神経の神経発火に変換され，最終的に音の情報は脳へと伝えられることになる．つまり，外耳は，脳が音の情報を検出し処理するための最初の準備を行う器官であると言える．ここでは，外耳の各部位の形状と働きについて解説する．

耳 介

耳介（耳殻）は，図2に示すように，外耳道入口を囲むように広がっているが，顔の前方に向けては比較的小さな部位である耳珠（tragus）

があるのみで，ほかの大きな部位は主に上方・下方・後方に位置する．つまり，耳介は前方に向けて開いたホーン型の形状を有しており，これによって基本的には前方から到来する音波を効率よく集音するように働く．音波の到来方向によるが，耳介の働きによって，5 kHzの音波が10倍程度増幅される．

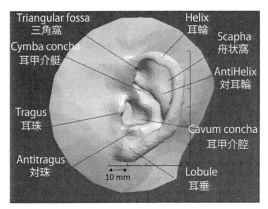

図2 耳介の各部位の形状と名称

耳介の細部の名称は図2に示す通りであり，全体として複雑な形状を有している．耳介の形状には個体によらずある程度共通の形状的特徴がみられるが，図3に示すように，形状および寸法の個体間のばらつきは小さくない．

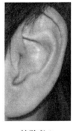

図3 耳介形状と寸法の個人差

このような形状をもつ耳介によって反射・回折・干渉といった複雑な現象が生じ，結果として，外耳道・鼓膜を経て中耳・内耳へと伝えられる音波は複雑な周波数特性を有することになる．これは，耳介が音波に与える影響が音波の波長によって変化するためである．また，このような耳介の影響は音波が入射してくる方向によって異なる．例えば，前方と後方から入射す

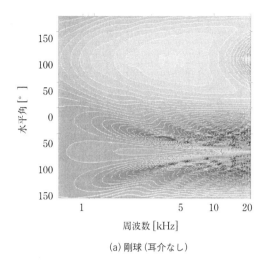

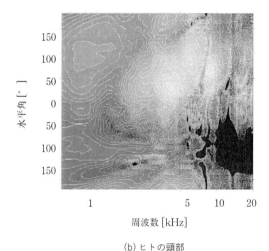

図4 頭部伝達関数の振幅周波数特性

ル)を表す．図中の灰色の濃淡は振幅の大きさをdBで表し，色が薄いほど振幅が大きいことを表す．これらの図を比較すれば明らかなように，耳介が存在することによって，特に5 kHz以上の高帯域において複雑な振幅周波数特性が生じている．

また，高域における周波数特性は音波の到来方向によって変化する．ヒトの脳は音源方向によるHRTFの周波数特性の変化を学習し，それを聴き分けることで，音源が到来する方向を計算して推定していることがわかっている[2]．このように，耳介がもつ複雑な形状は，単に音を集めて増幅するだけでなく，聴覚を用いて空間情報を得るためにも利用されている．

外耳道

耳介によって「集音」された音波は，外耳道内の空気を介して鼓膜へと伝えられる．外耳道はクランク状の筒であり，個体によってその形状と寸法にはばらつきがみられるが，長さは約3 cm，直径は約6 mmとされている[3]．筒状の外耳道は共鳴管として機能し，特に2～3 kHzの周波数帯域の音波を10倍程度増幅する．この2～3 kHzという周波数帯域はヒトの音声信号に含まれており，外耳道による共鳴によってヒトは音声情報を検出しやすくなっていると言える．

まとめ

上述のように，ヒトが音の検出および音波の到来方向を推定するうえで外耳の存在およびその形が貢献しており，捕食者の存在や何らかの危険を察知するだけでなく，音声によるコミュニケーションや音楽の聴取などにおいて重要な役割を果たしている． 〔大谷 真〕

文 献
[1] 有田秀穂，原田玲子，コア・スタディ人体の構造と機能(朝倉書店，東京，2005)，p.210.
[2] J. Blauert, *Spatial Hearing*, rev. ed. (MIT Press, Cambridge, MA, 1997)
[3] 谷口郁雄，ピクルス 聴覚生理学(二瓶社，大阪，1995)

る音をヒトが聴く際には，耳介による周波数特性が異なるため，同じ音が到来したとしても，異なった音が聴こえることになる．耳介が音波に与えるこのような影響は，音源位置から両耳までの音響伝達関数を表す頭部伝達関数(head related transfer function：HRTF)によって物理的に表現される．

図4(a) は，頭部を音響的に剛な球体とみなした場合，すなわち耳介が存在しない場合のHRTFの振幅周波数特性を表したものである．**図4(b)** は，実際のヒトの頭部の結果である．縦軸が音源の水平角，横軸は周波数(対数スケー

2-12
中耳の形と働き(ヒト)

中耳は鼓膜，耳小骨，中耳腔(鼓室)，耳管からなり，外界の音波を蝸牛に伝える器官である(図1).蝸牛内はリンパ液で満たされており，空気中を伝播してくる音波は，リンパ液の振動に変換された後に知覚される．空気は小さな圧力変化でも振動しやすいが，水(リンパ液)に空気と同じ振動振幅を生じさせるためには，空気よりも大きな圧力変化が必要である．すなわち，空気とリンパ液とではその音響インピーダンスが大きく異なっており，両者の境界では音波はほとんどが反射されてしまう．外界の音波を効率よく蝸牛内のリンパ液に伝えるためには，振動の振幅を低下させ，かつ音圧を上昇させるインピーダンス整合を行う必要がある．すなわち，中耳は外界の空気と蝸牛リンパ液間のインピーダンス整合器としての働きをもっている．その働きを担う主な要素は，鼓膜と耳小骨である．生物の鼓膜や耳小骨の形状は様々であり，爬虫類や鳥類はコルメラタイプの耳小骨をもち，哺乳類は複雑な形状と連鎖を形成する3つの耳小骨をもっている．ここでは，ヒトの中耳の形状や機能について紹介する．

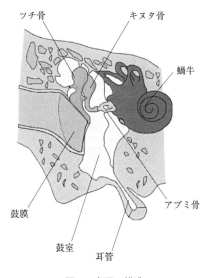

図1　中耳の構造

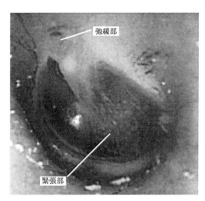

図2　ヒトの鼓膜(左耳)(口絵1)

中耳の形状

鼓膜は直径10 mm程度の中央部が1.5～2 mm程度窪んだ円錐形の膜であり[1, 2]，半透明で面積の大部分を占める緊張部と，上部のやや白濁した弛緩部からなる(図2).厚さは60～90 µm程度で，ツチ(槌)骨が鼓膜に付着している部分の周辺および鼓膜外輪部では，ほかの緊張部に比べて厚くなっている[1]．鼓膜は皮膚層，固有層，粘膜層の3層からなっており，固有層には放射状および輪状に繊維が走行している[3]．

耳小骨は3つの小骨からなり，それぞれツチ骨，キヌタ(砧)骨，アブミ(鐙)骨と呼ばれる(図3)．これらの小骨は，振動しやすいように筋腱・靱帯により，頭蓋内の空間である鼓室内に保持されている[4]．ツチ骨の一部は鼓膜に付着しており，アブミ骨はその底板部分が蝸牛にはまり込んでいる．3つの耳小骨は関節でつながって耳小骨連鎖を形成し，鼓膜の振動は蝸牛に伝達される．キヌタ－アブミ関節の可動性は高く，これに対して，ツチ－キヌタ関節は動きにくい．

鼓室と咽頭は耳管と呼ばれる細い管により接続している．通常，耳管は周囲の軟骨や筋に押され，つぶれた形状で閉じており，自声が鼓室に伝わるのを防いでいる．しかし，唾を飲み込むなどすると一時的に開放する．咽頭部は常に大気に開放されているため，耳管は鼓室内の換気を行いつつ圧力を大気圧に保ち，鼓膜が振動しやすい状態に保つ働きを有している．また同時に，鼓室内の内分泌物を咽頭に排出する役割も担っている．

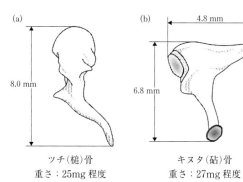
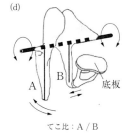

図3 耳小骨の形状と回転運動
(a) ツチ骨, (b) キヌタ骨, (c) アブミ骨, (d) 耳小骨連鎖の回転振動の様子

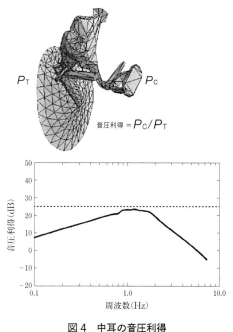

図4 中耳の音圧利得
(上段) 中耳有限要素モデル. P_T: 鼓膜面音圧, P_C: 蝸牛内音圧. (下段) 中耳の音圧利得 (計算値). 破線: 形状のみを考慮した場合の音圧利得. 実線: 中耳有限要素振動解析モデル[5]を用いた, 周波数による耳小骨回転軸の変化を考慮した結果.

中耳の音圧増幅機構

上述のように, 空気中の音波を蝸牛内のリンパ液に伝達するには, 空気中の音波の振幅を減少させつつ圧力を増幅させる必要がある. その音圧増幅機構の1つは, 鼓膜とアブミ骨底板の面積が大きく異なることである. 広い鼓膜で受けた音圧を, 狭い面積のアブミ骨底板に集中させれば, その面積比の分だけ圧力を増加させることができる. 単純に考えると, ヒトの場合, 鼓膜の有効振動面積とアブミ骨底板面積との面積比は17:1程度[1]なので, 約25 dBの利得が得られる. 一方, 耳小骨連鎖は低周波数域では図3(d)に示すような軸の周りで回転運動をすることが知られており, この場合の耳小骨連鎖の形状によるてこ比はA/Bで表され, その音圧利得は2.3 dB程度となる.

これらの値は中耳の形状のみを考慮した場合の音圧利得であるが, 実際の振動時では耳小骨の回転軸は周波数によって変化するため, 実際の利得はこれとは異なる. 図4は鼓膜面に音波を入射した場合の音圧利得を, 中耳有限要素モデル[5]を用いて解析した結果である. 音圧利得は周波数により変化し, 1 kHz周辺で最も高い値を取ることがわかる. これは, 低周波数域では中耳の剛性成分により, また高音域では質量成分により, 音圧利得が低下するためである.

〔小池卓二〕

文献

[1] I. Kirikae, *The Structure and Function of the Middle Ear* (Tokyo University Press, Tokyo, 1960).
[2] W.F. Decraemer, J.J.J Dirckx and W.R.J. Funnell, *Hear. Res.*, 51, pp. 107-121, (1991).
[3] 大和田一郎, 日耳鼻, 62, pp. 28-43, (1959).
[4] Y. Nomura, F. Hiraide, T. Harada, *New Atlas of Otology* (Springer-Verlag Tokyo, 1992).
[5] T. Koike, *J. Acoust. Soc. Am.*, 111, 1306-1616 (2002).

2-13
内耳の形と働き（ヒト）

内耳は，聴覚を司る蝸牛と，平衡覚を担う前庭（耳石器および半規管）によって構成される器官であり，蝸牛窓（正円窓）および前庭窓（卵円窓）を介して中耳の鼓室に面する（図1）．内耳の全体構造は複雑に入り組んでおり，骨で囲まれた空間を骨迷路，その内側の膜で囲まれた空間を膜迷路と呼ぶ．骨迷路と膜迷路の間は外リンパ液，膜迷路の内側は内リンパ液という細胞外液で満たされている[1]．外リンパ液は髄液と交通しており，通常の細胞外液と似た組成を有するが，内リンパ液は細胞外液であるにもかかわらず，通常の細胞内液と同様の低Na^+，高K^+を呈する．内耳では，感覚細胞である有毛細胞が，感覚毛を内リンパ液に浸している．そして，この体液の特殊な電気・イオン特性を活用し，聴覚や平衡覚の情報を神経シグナルに変換して脳に伝えている[2]．

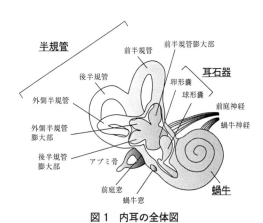

図1　内耳の全体図

蝸牛

蝸牛は，ヒトでは2回転半の渦巻き状の骨に形つくられる聴覚の末梢受容器である．その内部は，内リンパ液に満たされる中央階（蝸牛管）と，外リンパ液に満たされた前庭階および鼓室階の2つの管腔構造からなる．前庭階と鼓室階は，蝸牛の頂上で連絡しており，前庭階と中央階はライスネル膜，鼓室階と中央階は基底板で

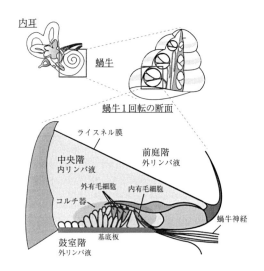

図2　内耳蝸牛の構造と断面図

それぞれ区切られている．聴覚受容器であるコルチ器は，膜状組織である基底板の上に分布する（図2）[3]．

前庭窓と蝸牛窓は，それぞれ音の入口と出口である．鼓膜を揺らした音は，アブミ骨を介して前庭窓膜を振動させる．この圧力波は，前庭階から鼓室階へと蝸牛の外リンパ液を伝播し，基底板を上下に振動させる．基底板上のコルチ器には有毛細胞が含まれる[1,3]．

蝸牛の有毛細胞には，内有毛細胞と外有毛細胞の2種が存在する．どちらの有毛細胞の感覚毛にも，その頂部に機械刺激感受性イオンチャネルが発現している．基底板の振動によって感覚毛が揺れると，その機械的な力でチャネルが開口し，内リンパ液からK^+が流入して有毛細胞の電位上昇（脱分極）が起こる．特に外有毛細胞は，脱分極に応じて細胞体を収縮させ，基底板の振動を増幅して高感度な聴覚に役立っている．これに対して内有毛細胞は，蝸牛神経を介して中枢とつながっており，音情報を脳へと伝える直接的な役割を果たす[2,3]．

蝸牛は音の周波数弁別において鍵となる[3]．基底板は，蝸牛入口側の基底部では幅が狭く硬いが，頂上部へ向かって徐々に幅広で柔らかくなっている．また，ヒトでは基底部から頂上部へ向かって1組の内有毛細胞と3組の外有毛細胞が，約4000列並んでいるが，その感覚毛は

基底部側では短く硬く，頂上部側では長く柔らかくなっている．これらの性質により，基底部では高周波数の音に，頂上部では低周波数の音に共鳴して基底板が振動し，かつ特定の位置の有毛細胞が最大限に刺激されるようになっている．

耳石器

頭部の直線加速度や傾きを感知する器官である耳石器は，それぞれ直交する2つの膜迷路，すなわち，卵形嚢と球形嚢からなる（図1）．前者は水平方向，後者は垂直方向の直線加速度・傾きを感知する．ともに，有毛細胞が分布する平衡斑を有する（図3上）．平衡斑の有毛細胞の感覚毛は，ゼラチン様物質でできた耳石膜に埋まっている．この膜の上には炭酸カルシウムを主成分とする結晶でできた耳石が散在しており，慣性力や重力で耳石膜が動くようになっている．

頭部が加速・減速した際は，慣性力によって動きの方向と逆方向に耳石膜が動き，感覚毛を屈曲させる．また頭部が傾くと，耳石膜は重力の影響を受けて傾きの方向へ移動し，感覚毛を屈曲させる（図3下）．感覚毛が屈曲する方向に応じて，有毛細胞は脱分極あるいは過分極（電

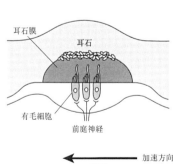

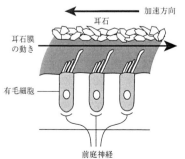

図3 耳石器平衡斑の構造（上）と加速度感知（下）

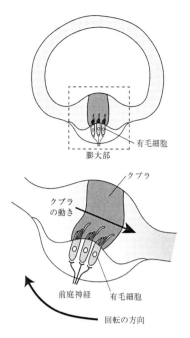

図4 半規管の構造（上）と回転加速度の感知（下）

位低下）し，前庭神経を介した神経伝達を変化させる．この変化が，頭の直線加速や傾きに関する情報として中枢へと伝えられる[1, 3]．

半規管

半規管は，頭部の回転を感知する器官である．外側半規管，前半規管，後半規管という3本の半円状の管から構成され，それぞれは直交している（図1）．耳石器の卵形嚢と接続している部分は膨大部と呼ばれ，ここには有毛細胞が分布する（図4上）．半規管の有毛細胞の感覚毛は，クプラというゼラチン状の物質に包まれている．半規管内には内リンパ液が満たされており，頭部が回転すると慣性力によって液はその場に留まろうとするため，回転方向と逆向きにクプラが引っ張られて，感覚毛が屈曲する（図4下）．耳石器と同様に，有毛細胞の電位変化が回転加速度の情報として脳に伝えられる[1, 3]．

〔澤村晴志朗・日比野 浩〕

文 献
[1] 八木聰明ほか，新図説耳鼻咽喉科・頭頸部外科講座 第1巻（メジカルビュー，東京, 2000）．
[2] A.J. Hudspeth *et al*, *Nature*, 341, 397-404, (1989).
[3] R.A. Harvey *et al*編，鯉淵典之ほか監訳，イラストレイテッド生理学（丸善出版，東京, 2014）．

2-14

内有毛細胞

聴器は，哺乳類で最も進化した結果，巻貝状の蝸牛（cochlea）となって機能している．蝸牛は側頭骨内にあって気導音と骨導音の両者を神経情報に変換する．内有毛細胞は，蝸牛コルチ器の基底膜上にあり，物理的刺激である音振動を聴神経の電気的興奮に変換する．外有毛細胞が中枢からの遠心線維を受けて音の感受性を調節するのに対し，内有毛細胞はらせん神経節を介して音情報を脳に送る（**表1**）．

蝸牛管は，蝸牛内を2回半巻いて盲端に終わる．蝸牛は起立したヒトでは軸を水平にして横たわるが，便宜上，蝸牛底を下にし，軸を垂直にして立つものとして説明される．上壁は前庭階壁で，ライスナー（Reissner）膜と呼ばれ，単層扁平上皮で被われる．外壁は骨膜で，その特に厚くなった所をらせん靱帯といい重層扁平上皮で被われる．ここにある血管条は上皮内に毛細血管網をもち，特殊なイオン組成をもつ内リンパ液を分泌する．下壁は鼓室階壁で，広義の基底膜にあたる．蝸牛軸から骨らせん板に続くらせん膜になりらせん靱帯に連なる．らせん膜は3層からなり，その中層が強靱な結合組織性の基底板（狭義の基底膜）である．その上層に複雑な構造をもつコルチ器がある．

内有毛細胞は，1個が約50本の不動毛をもち，蝸牛軸側に1列に並ぶ（**表1**）．ヒトで，内有毛細胞（inner hair cell：IHC）は3500個で外有毛細胞（outer hair cell：OHC）は1万5000個あると言われている[1, 2]．外有毛細胞との対比を**表1**に示す．ちなみに，ネコで2500個[3]，キンギョ小囊（球形囊）で7500個[4]と言われている．

単孔類では，蝸牛管は短く，カモノハシで4.4 mm，ハリモグラで7.6 mmである．内有毛細胞数は，それぞれ1600個，2700個あるが，内有毛細胞の並びは1列ではなく4～5列ある．ちなみに，外有毛細胞数は，それぞれ3350個，

5050個で，真獣類と大差ない[5]．有毛細胞の1列の並びは，哺乳類最後の進化の結果と推察できる．

脳に音刺激を送る機能をもっているのはわずか数千個の細胞であることは注目に値する．視覚では，網膜の視細胞は1億2000万個ある．体性感覚では，感覚上皮が皮膚や粘膜のいたるところにあるので，数兆に及ぶ．このように，感覚系全体からみれば，聴覚感覚受容細胞数の少なさは異例であると言えよう．

聴神経支配：求心系

内有毛細胞には，蝸牛神経の求心性と遠心性の両方が終止している．ネコでは求心聴神経の数が5万本あるが，内有毛細胞の数は2500個である．つまり，1個の内有毛細胞に20本の求心線維が接続している[3]．古河によると，キンギョの聴神経では1本の聴神経は多数の有毛細胞から入力を受けるため，求心シナプスでのランダムな作用が平均化されるという[6]．哺乳類では音刺激に対する聴神経の発火は確率的である．有毛細胞の刺激変換が半波整流的であるため，複合波では一方向きの振れだけが刺激となり，反対方向への振れは感受されない[7]．その結果，音の減圧期だけ発火するという仕組みが変換効率をよくしている．

蝸牛の中心軸に多数のらせん神経節細胞が集合している．個々のらせん神経節細胞は，純双極性で有毛細胞への末梢枝と中枢枝を一直線に伸ばしている．脊髄神経節や三叉神経節と同様，らせん神経節は，単なる末梢神経ではなく，感覚神経根を形成する神経ユニットである．このらせん神経節細胞から出る中枢枝が求心聴神経である．内有毛細胞と外有毛細胞に向かうらせん神経節細胞は異なる細胞集団とされている．

表1　ヒト蝸牛の有毛細胞の比較

	内有毛細胞	外有毛細胞
列数	1列	3列
細胞数	3500	1万2000～2万
神経分布	求心（感覚）繊維が主	遠心（運動）繊維が主
機能	音刺激を脳に送る	音の感受性を調節

これは Spoendlin のネコでの研究によるもの[3]で，内有毛細胞に向かう type1 細胞は93％を占め有髄であるのに対し，外有毛細胞に向かう type2 細胞は無髄で7％にすぎない．前者が1個の内有毛細胞に20本の求心線維が集中接続しているのに対し，後者は多数個の外有毛細胞に蝸牛管伸展軸方向の0.6 mm にわたって分散接続する．ヒトでも同様かは不明だが，両者に機能的な違いが存在することは間違いない．

聴神経支配：遠心系

いわゆるオリーブ蝸牛束(olivocochlear bundle)といわれるものである．起始ニューロンは両側の上オリーブ核にある．上オリーブ核のどの亜核にあるかは，動物によって様々である．神経伝達物質がアセチルコリンであることから，その所在は免疫組織化学で容易に判定できる．

オリーブ蝸牛束線維は，外有毛細胞に終止するだけでなく，かなり多くが内有毛細胞にも終止する．その形式は，内有毛細胞を取り巻く求心線維終末ボタンにシナプスするものと，内有毛細胞体に直接シナプスするものがある．

メカニズム：木琴様構造の聴覚フィルター

ベケシー(G. Békésy)は，蝸牛のらせんにそって異なった周波数の音が基底膜を波打つようにして神経情報に変換されることを示して1961年ノーベル賞を受けた．感覚受容器レベルで，外部刺激が周波数に経時変換されることが聴覚系の最大の特徴である．蝸牛の基部(base)では3 kHz 程度の高周波，尖部(apex)では300 Hz 程度の低周波によく反応する．基部から尖部になるにつれ，基底膜の幅が大きくなり，外有毛細胞の細胞長が増大する．しかし，内有毛細胞の細胞長には変化がない．Pujol らはこれを蝸牛の木琴様構造と呼び，哺乳類に見られる最も顕著な所見とした[8]．従来の生理学で考えられていたように，Point-to-point で周波数が聴神経に割り振られるのではなく，ひと

まとまりの音を蝸牛全体で感受することに進化させたのが哺乳類であることを示している．

網膜の中心窩(fovea)には，視細胞が密集して，高精細な中心視力を実現しているように，一部の動物において蝸牛の基底膜上の有毛細胞の分布にも密度が高い部分があり，聴覚中心窩(auditory fovea)と呼ばれている．メンフクロウの場合，特に解像力を上げたい周波数領域での有毛細胞の密度を高めることによって，夜間に動くネズミなどの微かな音を鋭く検知して捕食することができる．その反面，限られた基底膜のほかの領域が狭い．

カエルの内耳の特殊化は特記すべきものがある．通常の聴器では，球形嚢(sacculus)と壺(lagena)が迷路本体から蝸牛の原器として分化してくる．カエルでは球形嚢と壺との間に両生類乳頭(amphibian papilla)と呼ばれる特有の構造が形成される．基底乳頭(basilar papilla)がコルチ器の原型となることを示すかのような有毛細胞の並びが，この両生類乳頭にある．有毛細胞の数は不定だが聴神経軸を中心に周波数検知ユニットを形成している．ある種のカエルでは，球形嚢，両生類乳頭，壺の3つが，それぞれ1200〜1600 Hz，100〜1000 Hz，および振動音を検知する．このカエルの同種間コールは2種類の周波数の組み合わせなので，哺乳類のように連続した周波数を聞く必要はない．

〔工藤 基〕

文 献

[1] S.R. Guild, *Acta Oto-Laryngologica.* **17**, 207-249 (1932).
[2] G. Bredberg, *Acta Otolaryngol.*, Suppl. 236, 1-135 (1932).
[3] H. Spoendlin, In *Evoked electrical activity in the auditory system* R.F. Naunton and C. Fernandez Eds. (Academic Press, New York, 1978), pp. 21-411.
[4] C. Platt, *J. Comp. Neurol.*, **172**: 283-297 (1977).
[5] A. Ladhans and J. O. Pickles, *J. Comp. Neurol.*, **366**, 335-341(1977).
[6] 古河太郎, 日本音響学会誌, **49**, 421-428 (1993).
[7] J.F. Brugge *et al.*, *J. Neurophysiol.*, **32**, 386-401 (1969).
[8] R.Pujol *et al.*, Physiology and Perception, "*Advances in the Biological Sciences*", *Auditory Physiology and Perception* Vol.83 (1992)Pergamon, NewYork, pp.45-52.

2-15
外有毛細胞

哺乳類に特徴的な外有毛細胞

哺乳類では，中耳を経た音は，蝸牛の前庭窓膜を振動させる．この圧力波は，前庭階から鼓室階へと外リンパ液を伝播し，基底板を上下動させる．基底板上のコルチ器には，2種の感覚細胞，すなわち内有毛細胞と外有毛細胞が存在する．前者は，変換した音の電気信号を中枢へと伝達する．一方で，哺乳類にのみ観察される外有毛細胞は，基底板の振動を調節しているとされている．

基底板振動の2つの特徴：
「周波数フィルタリング」と「非線形増幅」

基底板に観察される振動には，2つの特徴がある．1つは，音にどのような周波数が含まれているかを解析する「周波数フィルタリング」，もう1つは小さな音ほど効率的に捉える「非線形増幅」である．これらは，外有毛細胞の働きを理解する上で重要であるため，ここで説明する．

周波数フィルタリングとは，周波数（至適周波数）を分析する機構であり，物理的フィルターと生物的フィルターによって実現される（図1）．物理的フィルターには「基底板進行波」が役立っている．この波は，蝸牛の入り口（耳小骨側）から基底板上を進みながら，特定の部位において急激にその振幅が大きくなり，その後すぐに減衰して消失する特殊な波である（図1）．また，入力する音が高いほど，蝸牛の入り口近くにピークを示す（図1）．したがって，音は周波数別に基底板上の異なる場所に生ずるピークへと分離される．有毛細胞は，この基底板振動に呼応する．物理的フィルターを通った振動は，後述する有毛細胞の生物的フィルターをさらに通ることで，より鋭く分析される．

次に非線形増幅について記述する．哺乳類の蝸牛では，基底板進行波の包絡線を揺れ幅（振動振幅）として記録し（図2左），そのピークの揺れ幅を音圧に対しプロットすると（図2右），両者の関係は非線形となる．すなわち，小さな音ほど基底板の揺れ幅が大きく増幅される．この非線形の増幅により，哺乳類では100万倍の音圧差を，わずか100倍の振動振幅に圧縮することで，感知できる音の強さのダイナミックレンジを拡張させている．

物理的フィルター以外の基底板振動の特徴は，生きた動物でのみ観察される（図2）．ここに，外有毛細胞が深く関与する．

基底板振動と外有毛細胞のelectromotility

1980年代，単離外有毛細胞を用いた実験により，細胞膜の電位が変化すると細胞体が長軸方向に伸縮することが見出された[1]（図3下）．圧電素子（ピエゾ素子）に類似したこの電位依存性の動作は，外有毛細胞のelectromotilityと呼ばれる．近年，その責任タンパク質としてプレスチンが同定された[2]．このモータータンパク質は，Cl^-輸送体ファミリーに属するが，イオンは運搬しない．しかし，その動作が細胞内のCl^-に依存する[3]．また，プレ

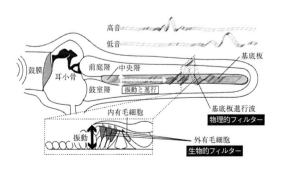

図1　内耳蝸牛の基底板進行波と周波数フィルター

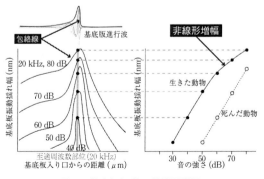

図2　基底板振動と非線形増幅

スチンの遺伝子異常や欠損はヒトや動物で難聴を誘引する[4,5].

electromotilityが生み出す伸縮力が基底板に伝わることで，その振動が上下に大きく増幅されることが容易に予測される．実際，プレスチンの機能を選択的に阻害する薬理学的実験においても，先述した基底板振動の2つの特徴は消失した．以上より，外有毛細胞のelectromotilityが基底板振動の主たる制御機構と考えられるようになった．

蝸牛の「周波数フィルタリング」と「非線形増幅」にかかわる他の仕組み

ところで，哺乳類以外の脊椎動物には，外有毛細胞が備わっていないが，「周波数フィルタリング」と「非線形増幅」が認められる．それでは，どのようにこれら2つが達成されているのであろうか．

有毛細胞の感覚毛には，その頂部に機械刺激感受性イオンチャネルが発現している．音入力によって感覚毛が揺れると，その機械的な力でチャネルが開口し，電流が流入して有毛細胞の電位上昇（脱分極）が起こる．有毛細胞の感覚毛は，その長さやチャネルのイオン透過性の違いにより，特定の周波数にのみ反応する．これが，前頁で述べた生物的フィルターに相当する（図3上）．さらに，小さな振動刺激を効果的に電流へ変換する「非線形」の増幅機能も備わっていることが明らかとなった．感覚毛のこれら2つの機構は，エネルギーを利用して駆動されることから，「感覚毛能動運動」と呼ばれる（図3上）．外有毛細胞をもたない動物種では，「周波数フィルタリング」と「非線形増幅」の主役は，この「感覚毛能動運動」であることに疑いの余地はない．しかし，感覚毛が能動運動により生み出せる力はごくわずかであるため，感覚毛に比べて大きく重い基底板を有する哺乳類では，感覚毛能動運動は機能していないと考えられていた．

外有毛細胞機能：感覚毛と細胞体の機能の共役

哺乳類の外有毛細胞には，「感覚毛能動運動」

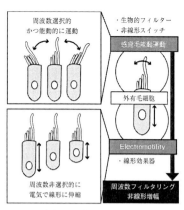

図3 外有毛細胞のもつ2つの機能

に加え，細胞体の「electromotility」が備わっている．しかし，後者には「周波数フィルター」がないこと，さらに，細胞膜の電位に対する細胞体全長の変化を計測すると，その応答がほぼ線形であることが明らかになってきた．すなわち，基底板の増幅には十分な伸縮力があっても，その動きはすべての周波数に追随してしまう線形の応答なのである．

現在理解されている外有毛細胞の動作を以下に示す[6]（図3）．外界からの音により基底板が振動すると，まず感覚毛がこれを振動として受容する．このとき「感覚毛能動運動」が有する「周波数フィルタリング」と「非線形増幅」によって，周波数が分析されると同時に，有毛細胞に流入する「電流」が非線形に増幅される．この電流は，外有毛細胞の膜電位を非線形に変化させる．これにより，もともとは線形にしか応答できないelectromotilityが非線形性を獲得する．以上のように，感覚毛能動運動は，「特定の周波数の音でのみオンとなる非線形のスイッチ」として働き，このスイッチによって作動するelectromotilityが，効果器として大きな伸縮力を示すことで哺乳類の特徴的な基底板振動が達成されるようである． 〔任 書晃〕

文 献
[1] W.E. Brownell *et al.*, *Science*, **227**, 194-196 (1985).
[2] J. Zhang *et al.*, *Nature*, **405**, 149-155 (2000).
[3] D. Oliver *et al.*, *Science*, **292**, 2340-2343 (2001).
[4] P.A. Dawson *et al.*, *Curr Med Chem*, **12**, 385-396 (2005).
[5] P. Dallos, *et al.*, *Neuron*, **58**, 333-339 (2008).
[6] A.W. Peng and A.J. Ricci, *Hear Res*, **273**, 109-122 (2011).

2-16 骨導

骨導とは？

音はいわゆる縦波で，媒質中を伝播していく疎密波である．音が聴覚系を伝わる経路には気導と骨導の2種類がある．気導では，音波が空気中を伝わって外耳から入り鼓膜を振動させたのち，中耳の耳小骨を介して，内耳の蝸牛内にある基底膜を振動させる．蝸牛基底膜の振動は，内有毛細胞の感覚毛の振動となり，感覚毛に存在する機械電気変換チャネルの働きにより，電気信号へと変えられる．一方，骨導では，頭蓋骨への音刺激が側頭骨を経由して直接蝸牛基底膜を振動させる．蝸牛基底膜の振動以降は，気導と骨導で共通の経路（蝸牛，蝸牛神経，聴覚伝導路，聴皮質）を辿る．

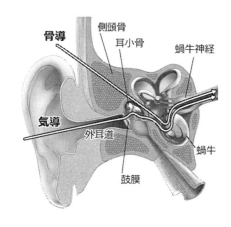

図1 音波の伝播経路
音波は，気導では外耳，中耳，内耳（蝸牛）と伝わるが，骨導では側頭骨を経由して直接蝸牛に到達する（作図：東山祥子）．

さて，自分の声を録音して聴いてみると，ふだん発している声の聴こえ方とずいぶんと違うことに驚かされる．これは，自ら発した声は気導と骨導と両方の経路を辿り知覚されることによる．実際，2000 Hzより低周波域では骨導が主となり，2000 Hzより高周波域では気導が主となる[1]．こうして，録音した自分の声はふだん自ら聴いている声より高いピッチで聴こえることになる．

18世紀の音楽家ベートーヴェン（Beethoven, L. van）が耳硬化症という疾患になり（内耳梅毒や鉛中毒という説もある），難聴の進行とともに作曲に不自由が生じたため，タクト（指揮棒）を口にくわえてタクトの先をピアノに当てて骨導により音を聴いていたというエピソードはよく知られている．

骨導のメカニズム

気導と同じく骨導においても蝸牛基底膜の振動が鍵となるが，von Békésyは健聴者において音刺激を気導と骨導で位相を180°ずらして同時に行うとキャンセル効果が生じることにより，気導と骨導が蝸牛および蝸牛以降で共通の経路を伝わることを証明した[2]．そして，近年になってレーザドップラ法による直接観察で，気導と骨導で蝸牛基底膜において同質の振動が生じていることが再確認された[3]．さらに，外有毛細胞の能動的な伸縮による蝸牛基底膜振動の増幅を検出する耳音響放射検査においても，気導と骨導で同等の効果が得られている[4]．

また，von Békésyだけでなく Herzog[5]，Krainz[6]，Bárány[7]，Tonndorf[8] によっても骨導聴覚のメカニズムが提唱されたが，現在では整理されて主に5種類あると考えられている[9]．

① 外耳道への放射

音刺激が側頭骨に加わると，外耳道骨壁が変形して外耳道内の気圧が変化して音波が生じる．そして，外耳道が遮蔽されていると，この効果は増幅される．これは，耳を塞ぐと自分の声が大きく聴こえることで実感できる．

② 中耳・耳小骨の慣性振動

耳小骨は鼓膜，靱帯，腱に支えられながら鼓室に懸垂する形で存在する．このため，側頭骨が振動すると，慣性力により耳小骨も振動する．この振動が気導と同様にして蝸牛の卵円窓に伝えられる．

③ 蝸牛内部のリンパの慣性振動

蝸牛が振動すると，蝸牛内部の内・外リンパは慣性力を受ける．このエネルギーは，外リンパの両端と鼓室との境界を形成する卵円窓（前庭階の端）と正円窓（鼓室階の端）によって代償されるが，一部は基底膜の振動エネルギーに転じる．

④ 蝸牛壁の圧縮

側頭骨への音刺激により，蝸牛骨壁が圧縮と拡張を繰り返す．前庭階の外リンパは鼓室階に比し1.5倍の体積を占め，また卵円窓は正円窓よりも硬いため，蝸牛骨壁が収縮した際には前庭階から鼓室階に向かって基底膜を押し出す力が生じる．

⑤ 脳脊髄液圧

頭蓋骨に加わった音刺激が脳脊髄液圧を変化させ，さらに脳脊髄液に連なる外リンパの圧力も変化させて蝸牛基底膜の振動を生じる．

（参考）軟骨伝導

近年になって，従来の気導と骨導に加えて軟骨伝導という第3の経路が存在することが唱えられている．これは，外耳道軟骨が振動すると外耳道内への放射により気導音が生じて鼓膜を振動させるものである．このように，軟骨伝導は音によって蝸牛が直接振動している訳ではないという点で骨導と異なる[10]．

骨導の応用

① 骨導補聴器

伝音難聴の患者の一部（外耳道が閉鎖している例や，慢性中耳炎で耳漏が続く例）に対して，骨導による補聴器が用いられる．成人用にメガネ型，小児用にカチューシャ型が使われるが，いずれの場合でも骨導振動端子が耳後部の乳突部に接触するように設計されている．

② 埋め込み型骨導補聴器

上記の骨導補聴器は皮膚を介して側頭骨に振動を伝えるため，エネルギーのロスが生じる欠点がある．これを補うため，振動子を側頭骨に埋め込むタイプの骨導補聴器が開発された．こ

の埋め込み型骨導補聴器は1970年代にスウェーデンで開発され，現在はオーストラリア製とオーストリア製の2種類が利用可能である．

③ 骨導超音波補聴器

近年，重度難聴者においても骨導超音波（2万Hz以上の周波数をもつ音波）による補聴が可能であることが示され[11]，骨導超音波補聴器の開発が進められている[12]．骨導超音波補聴器は，これまで観血的手術を要する人工内耳しか選択肢のなかった重度難聴者に対して，新たな選択肢をもたらす可能性がある．

④ 骨導ヘッドフォン

骨導を利用したヘッドフォンで，通常の気導を利用したヘッドフォンとの最大の違いは，鼓膜を塞がないため外界からの音が遮断されないという点である．骨導で音楽を聴きながらランニングなどをしていても，気導で自動車など周囲の音に気付くことができるため，レクリエーション用途に適する．また，騒音下で耳栓をしていてもスピーカーからの聴き取りが可能であるため，軍事用途などにも利用される．

⑤ 骨導マイクロフォン

頭蓋骨を伝わる音声振動を拾い上げるマイクロフォン．騒音環境下でも通信が可能である．また，水中での利用を可能とした機種もある．

〔鷹合秀輝〕

文献

[1] S. Reinfeldt et al., J. Acoust. Soc. Am., 128, 751-762 (2010).
[2] G. von Békésy, Ann. Physik., 13, 111-136 (1932).
[3] S. Stenfelt et al., Hear. Res., 181, 131-143 (2003).
[4] D. Purcell et al., Ear Hear., 19, 362-370 (1998).
[5] H. Herzog, Z. Hals. Nas. Ohrnh., 15, 300-306 (1926).
[6] W. Krainz, Z. Hals. Nas. Ohrnh., 15, 306-313 (1926).
[7] E. Bárány, Acta Otolaryngol. Suppl., 26, 1-223 (1938).
[8] J. Tonndorf, Acta Otolaryngologica. Suppl., 213, 1-132 (1966).
[9] S. Stenfelt, Adv. Otorhinolaryngol., 71, 10-21 (2011).
[10] R. Shimokura et al., J. Acoust. Soc. Am., 135, 1959-1966 (2014).
[11] M. L. Lenhardt et al., Science, 253, 82-85 (1991).
[12] 中川誠司, 今泉 敏, 日本音響学会誌, 59(8), 464-468 (2003).

2-17

耳音響放射

耳音響放射とは

耳音響放射は，1978年より英国のKempが報告した[1]正常な聴力を有する耳において，蝸牛内で発生した振動が外耳道内で音響として記録される一連の現象である．外部からの刺激音なしで音が記録される自発耳音響放射（spontaneous otoacoustic emission：SOAE），クリックなどの短時間の音刺激ののちに一定の潜時をもって（おおむね20 ms以内）音が記録される誘発耳音響放射（transient evoked otoacoustic emission：TEOAE），2つ以上の純音で同時刺激した際に歪周波数成分が同時記録される歪成分耳音響放射（distortion product otoacoustic emission：DPOAE）がある[2, 3]．この他特殊な測定方法として，単一周波数の刺激音の周波数ごとの変化や近傍周波数の刺激音の同時刺激による変化をとらえることで変動した成分を蝸牛内で発生した成分として評価するstimulus frequency otoacoustic emission（SFOAE）[2, 3]，蝸牛に対して交流電気刺激を行い外耳道において電気刺激と同一の周波数の音響を測定するelectrically evoked otoacoustic emissionもある．

耳音響放射の発生起源

1970年代前半より蝸牛基底板が生存中の個体では，ベーケーシ（von Békésy, G.）により明らかにされた蝸牛基底板の振動特性に比べ強い非線形性があり，刺激音の周波数に対するチューニングもより鋭いものであることが明らかにされていた[4]．Kempはこの振動の非線形性が蝸牛基底板が能動運動性をもつことによるもので，その結果とらえられた音響現象が耳音響放射であるとした．そののち，能動運動性の起源に対する探索が行われ，単離された外有毛細胞に能動運動性があることが確認されたことからこのことが裏付けられた[5]．

耳音響放射の測定方法とヒトや実験動物における活用の現状

小型マイクロフォンと2つのスピーカーを備え外耳道内を密閉できるプローブを用いて測定は行われる．SOAEの場合は，そのまま外耳道内の音響を記録した上で周波数解析することで単一の周波数成分の音響持続的に発生しているかを測定する．TEOAEではクリックもしくは数 ms程度のトーンバーストによる音響刺激を繰り返し，刺激後20 ms程度の音響記録を加算平均し誘発波形の有無を観察する．DPOAEは2つのスピーカーから異なる周波数の純音で同時刺激しその際の音響波形を周波数解析する．このとき，2つの刺激音の周波数f_1とf_2に対して歪成分（$mf_1 \pm nf_2$：mとnは整数）の大きさや位相を測定するが，$2f_1 - f_2$周波数成分が通常最も大きいためこの周波数成分をDPOAEのレベルとすることが多い．ヒトでは$f_1 : f_2 = 1.22$前後の比とした場合に$2f_1 - f_2$成分が最大となることが知られている．

臨床検査としては，通常の聴力検査の施行が困難な新生児や乳幼児の聴覚評価や難聴が確定している場合に原因が蝸牛障害であるかの評価に用いられている．また，DPOAEを中心にマウスなど実験動物の聴覚評価にも活用されている．

様々な動物における耳音響放射

耳音響放射はヒトにおいて初めて報告されたが，その後様々の動物においても検出できることが明らかになっている．

動物の種類により検出できる耳音響放射は異なり，SOAEはヒトでは正常聴力のうち80％で検出され[6]，同じ霊長類であるサルでも検出されるがヒトよりも頻度は少ない[7]．モルモットやチンチラおよびイヌなど霊長類以外の哺乳類でもSOAEは検出されそのレベルはヒトよりも大きい．TEOAEはヒトを含む霊長類ではほぼ100％検出できるが，それ以外の哺乳類では検出されにくい．この理由としてAvanらは，齧歯類などの小動物では，TEOAEの発生潜時・持続時間ともヒトに比べ短いため検出されにくいとしている[8]．こ

表1 耳音響放射測定報告のある動物種

			SOAE	TEOAE	DPOAE	SFOAE
哺乳類	霊長類	ヒト	○		○	○
		サル（マカク）	○	○	○	○
	ウサギ類	アナウサギ			○	○
	齧歯類	スナネズミ			○	○
		モルモット	○	○		○
		マウス			○	
		チンチラ	○			○
	ネコ類	イヌ	○			
		ネコ			○	
爬虫類	トカゲ類	ヤモリ	○			
	（有鱗目）	トカゲモドキ	○			
		アノールトカゲ	○			
		オオトカゲ	○			
		アシナシトカゲ			○	
		トカゲ（アオジタトカゲ）	○		○	
		プレートトカゲ	○			
		テユー	○			
	ワニ類	カイマン（アリゲータ科）				○
鳥類	キジ類	ニワトリ	○		○	
	スズメ類	ホシムクドリ			○	○
	フクロウ類	メンフクロウ	○		○	
両生類	カエル類	アカガエル	○			
	（無尾目）	アマガエル	○			
		アフリカツメガエル（ピパ科）			○	

れに対し DPOAE は哺乳類全般で検出されているが，刺激音に対する DPOAE の大きさが最大となるのは，それぞれの動物種で音の聴取能が最も高い周波数領域である[9].

両生類・爬虫類・鳥類でも耳音響放射の測定が行われており（**表1**），カエルではアカガエルとアマガエルで SOAE および DPOAE の検出が報告されているが，種により検出率が異なり検出できない種もある．爬虫類ではトカゲで多くの測定がなされ SOAE の検出が確認されているほか，一部の種では DPOAE も検出され，カイマンで SFOAE，トカゲ以外では鳥類ではニワトリとメンフクロウ，ホシムクドリで測定が行われており，いずれも DPOAE が検出され，ニワトリとメンフクロウでは SOAE，ホシムクドリでは SFOAE が測定されている.

〔原田竜彦〕

文 献

[1] D. T. Kemp, *J. Acoust. Soc. Am.*, **64**, 1386-1391(1978).
[2] R. Probst *et al.*, *J. Acoust. Soc. Am.*, **89**(5), 2027-2067 (1991).
[3] 原田竜彦, *JOHNS*, **27**(5), 703-706(2011).
[4] W.S. Rhode and L. Robles, *J. Acoust. Soc. Am.*, **55**(3), 588-596(1974).
[5] W.E. Brownell *et al.*, *Science*, **227**, 194-196(1985).
[6] M.J. Penner and T. Zhang, *Hear. Res.*, **103**, 28-34 (1997).
[7] B.L. Lonsbury-Martin *et al.*, *Hear. Res.* **33**, 69-93 (1988).
[8] P. Avan *et al.*, *Hear. Res.*, **44**, 151-160(1990).
[9] A.M. Brown, *Hear. Res.*, **31**, 25-38(1987).
[10] A. Geoffrey *et al.*, in *Active Processes and Otoacoustic Emissions in Hearing*, G.A. Manley, R.R. Fay, A.N. Popper Eds.（Springer International Publishing, Switzerland, 2016）. pp.211-260.

2–18 耳小骨筋反射と内耳の保護

耳小骨筋は耳小骨につながる横紋筋で，鼓膜張筋とアブミ骨筋がある（図1）．耳小骨は，音刺激，発声，触覚刺激，咀嚼・嚥下などにより収縮することが知られているが，ここでは音響性の耳小骨筋反射を取り上げる．耳小骨筋反射のメカニズムやその生理学的意義については諸説あるが，音刺激に対する鼓膜張筋，アブミ骨筋それぞれの役割について，代表的な説を基に解説する．

鼓膜張筋とアブミ骨筋

鼓膜張筋は鼓室内耳管軟骨部にある長さ約25 mm程度の紡錘型の筋である．その腱はツチ骨頸部に付着している．アブミ骨筋は鼓室の骨窩内にある長さ約6 mm程度の筋で，その腱はアブミ骨頭に付着している[1]．鼓膜張筋が収縮すると，鼓膜が内陥する．アブミ骨筋が収縮するとアブミ骨は後外方に変位する．

アブミ骨筋は音響刺激により収縮し，アブミ骨を引っ張ることにより耳小骨連鎖のインピーダンスを増加させ，それにより主に2000 Hz以下の低周波数音の内耳への伝達を抑制し，内耳を保護する機能があるとされている[2, 3]．一方，鼓膜張筋は，音刺激によって収縮するものの，この反応は恒常的に見られるものではなく，その反応閾値はアブミ骨筋に比べて高く，潜時も長いとされている．また，鼓膜内陥による中耳のインピーダンス変化も少ないことから，鼓膜張筋の収縮による内耳の保護機能は小さく，むしろ発声時の自声成分を減少させ感受性を保つ働きや，駆け足などの際に鼓膜の安定性を保つ働きを有しているという考えがある[4]．

アブミ骨筋反射による内耳の保護

強大音入力時にアブミ骨筋が収縮することは古くから知られており，このことから強大音から内耳を保護する働きについては種々の検討がなされてきた．その一例として，顔面神経麻痺を有する被験者の一過性閾値上昇に関する報告がある[5]．アブミ骨筋は顔面神経により支配されているため，顔面神経麻痺側はアブミ骨筋の収縮が起こりにくい．この被験者に対する雑音負荷による一過性の閾値上昇を調べたところ，顔面神経麻痺側のほうが健側よりも，より顕著に閾値の上昇が見られたとの報告がなされている．これは，アブミ骨筋が収縮することにより，耳小骨の可動性が制限され，その結果として内耳が保護されることを示しているものと考えられる．

アブミ骨筋反射による内耳保護メカニズム

アブミ骨筋による，内耳保護メカニズムは十分に解明されているわけではないが，アブミ骨の大変位に伴う，アブミ骨輪状靱帯（図1のアブミ骨底板と内耳前庭窓とを連結しているリング状の靱帯）の剛性上昇がその主な原因と思われる．過大音によるアブミ骨変位量は明確になっていないが，鼓膜に小孔を開け内視鏡によりアブミ骨筋反射の様子を観察した結果[6]では，その動きは目視で明らかに確認できるほど大きく，動画像から推定すると100 μm程度と考えられる．一方，アブミ骨輪状靱帯はその変位と剛性との間には強い非線形性があることが

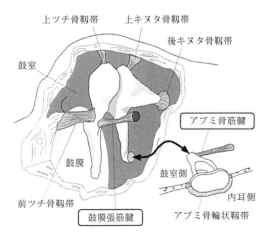

図1　耳小骨を支持する靱帯・筋腱（右耳）
キヌタ骨とアブミ骨は便宜上切り離して描かれている．鼓膜張筋，アブミ骨筋本体は軟骨および骨内にあるので，ここでは筋腱のみ示す．靱帯は一部省略しているものがある．アブミ骨輪状靱帯については，下部半分のみを示した．

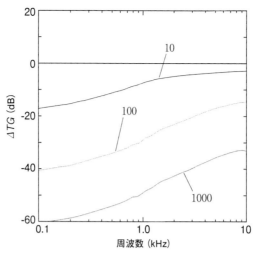

図2 アブミ骨輪状靱帯の硬化による
中耳伝音効率の変化

図中の数字は正常耳に対するアブミ骨輪状靱帯の
硬化倍率を，縦軸は伝音効率低下の大きさを示す．

報告されており[7]，アブミ骨の変位が100 μm程度より大きくなると，アブミ骨輪状靱帯の剛性は大きく増加することが示されている．アブミ骨輪状靱帯の剛性増加は，**図2**に示すように特に低周波数における中耳の伝音効率（外耳道音圧に対する内耳の音圧比）を大きく低下させるため[8]，これらがアブミ骨筋反射による，内耳保護のメカニズムと推察できる．

耳小骨筋のその他の役割

耳小骨筋反射（特にアブミ骨筋反射）には，内耳の保護機能があるとされる一方，刺激音によりアブミ骨筋が収縮するまでの潜時は約10 msecと比較的長く，衝撃音に対しては保護機能が期待できない．また，持続的な刺激音に対しては，アブミ骨筋の収縮は減弱することなどから，外界の強大音からの内耳保護がアブミ骨筋反射の本来の目的とは考えにくいとする意見もある[3]．

耳小骨筋は自声の発声に先んじて収縮することが知られており，鼓膜張筋の活動は，発声開始40～300 msec前から始まり，発声終了後も約300 msec続くことが報告されている．また，アブミ骨筋活動は発声開始前約100 msecから見られ，発声終了後は速やかにもとの状態に戻ることが報告されている．これらのことから，耳小骨筋は外界からの強大音からの内耳保護というよりも，発声時の自声成分を減じ，外界からの音声に対する感受性を高める機能があるという考え方もある[4]．

このほかにも，鼓膜の安定化，"耳すまし"の際の効果，上向性マスキングの軽減効果，耳小骨振動調節効果（強大音入力時の歪防止）など，多くの報告がなされているが，統一的な見解が得られていないものも多い[3, 4].

〔小池卓二〕

文　献

[1] 野村恭也，原田勇彦，平出文久，耳科学アトラス第3版（シュプリンガー・ジャパン，東京, 2008）．
[2] A.R. Møller, *Acta Oto-Laryngologica*, **60**, 129-149 (1965).
[3] 川瀬哲明, *J. Otolaryngol., Head N.*, **26**, 991-993 (2010).
[4] 五島史行, *J. Otolaryngol., Head N*, **26**, 985-989 (2010).
[5] J.E. Zakrisson, E. Borg, G. Lidén, R. Nilsson, *Audiol. Suppl.*, **12**, 326-334 (1980).
[6] S. Kakehata, *Clin. North Am.*, **46**, 227-232 (2013).
[7] R.Z. Gan, F. Yang, X. Zhang, D. Nakmali, *Med. Eng. Phys.*, **33**, 330-339 (2011).
[8] T. Koike, M. Shinozaki, S. Murakami, K. Homma, T. Kobayashi, H. Wada, *JSME Int. J. C*, **48**, 521-528 (2005).

2-19
聴覚求心路と遠心路

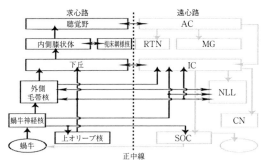

図1 聴覚求心路と遠心路の主経路

聴覚を処理する主な脳領域として，蝸牛神経核群（cochlear (nuclei)：CN），上オリーブ核（superior olivary complex：SOC），外側毛帯核（nuclei of lateral lemniscus：NLL），下丘（inferior colliculus：IC），内側膝状体（medial geniculate body：MG），大脳皮質聴覚野（auditory cortex：AC）がある（図1）．蝸牛で神経活動に変換された音情報を，より上位の聴覚神経核を介して最終的にACへ送る伝導路を聴覚求心路と呼ぶ．これに対し，ACなどの上位領域からより下位の聴覚神経核や蝸牛へとつながる伝導路を聴覚遠心路と呼ぶ．

聴覚求心路

機械的振動はコルチ器で周波数分解され，有毛細胞（hair cell：HC）の膜電位変動に変換される．内有毛細胞（inner HC：IHC）の脱分極は興奮性シナプスを介して蝸牛内に存在するらせん神経節のI型神経節細胞の発火を引き起こす．

神経節細胞の中枢側軸索（聴神経線維，auditory nerve fiber：ANF）はCNに入ると2分し，腹側核（ventral CN：VCN）と背側核（dorsal CN：DCN）にトノトピーを保って終末する．VCNの主な出力細胞は，球形細胞，蛸細胞，T型多極細胞であり，DCNの主な出力細胞は巨大細胞と紡錘細胞である．細胞の種類によって音に対する応答性が異なり，特定の音情報の抽出に関与する．球形細胞は両側のSOCに，蛸細胞は両側上傍オリーブ核（superior paraolivary nucleus：SPN）や対側NLL腹側核（ventral NLL：VNLL）に，T型多極細胞は両側オリーブ周囲核群（periolivary nuclei：PO）と対側NLLや下丘中心核（central nucleus of inferior colliculus：ICC）に興奮性結合する．巨大細胞や紡錘細胞は対側ICCに興奮性結合する．

SOCは両耳入力を受け，音源定位に寄与する．SOCは，音源定位への関与の明確な内側核（medial SO：MSO），外側核（lateral SO：LSO），台形体内側核（medial nucleus of trapezoid body：MNTB），SPNと，その周囲のPOを含む．MSOは両側球形細胞から位相同調した興奮性入力を受け，両耳間時間差を表現する．MNTBは対側からの球形細胞の興奮性入力を抑制性出力に変換する．LSOは同側球形細胞からの興奮性入力と，対側球形細胞からのMNTBを介した抑制性入力を比較し，両耳間音圧差を表現する．MSOは同側ICCに興奮性結合する．LSOは同側ICCに抑制性，対側ICCに興奮性の結合をする．POの投射様式は複雑であるが，内側の核は同側ICに抑制性結合を，外側の核は同側ICに抑制性結合，対側ICに興奮性結合をする傾向がある．SPNは齧歯類で大きく，MSOの内側上方に存在する．SPNは同側ICに抑制性結合する．

NLLはVNLLと背側核（dorsal NLL：DNLL）に区分される．VNLL神経細胞の過半は抑制性であるが，VNLLの背側部には興奮性細胞が集合しており，これを中間核（intermediate NLL：INLL）と呼ぶこともある．VNLLは対側耳の情報を対側VCNから興奮性入力，同側MNTBから抑制性入力として受け，同側ICCに出力する．VNLLにはらせん状のトノトピーが存在する．入出力や発火様式から，VNLLは音の時間情報分析に関与すると考えられる．DNLLへの入力はICへの入力線維の側枝が主である．DNLLは両側ICCに投射する．DNLLには同心円状のトノトピーが存在する．入出力様式からDNLLは両耳処理に関与すると考えられる．

ICはICCとその周囲の皮質に区分される．

ICC は AC コア領域に至るコア経路に，皮質は AC 帯状領域に至る多感覚性のシェル経路に属する．ほぼすべての聴覚核が ICC に入力し，IC 皮質には ICC からの聴覚入力と聴覚以外の感覚入力が収束する．個々の脳幹神経核は IC の特定領域に入力する傾向があり，IC 内には様々な音情報に関する機能ドメインがあると考えられる．一方，IC の個々の細胞は軸索側枝を展開し相互結合するので，機能ドメイン間の情報統合が行われうる．このことから IC は下位の聴覚神経核で並列に抽出された音情報が統合される最初の脳領域であると考えられる．実際 IC には複雑音に選好性をもつ細胞が多く観察される．IC の抑制性細胞のうち細胞体が大型のものは IC，DCN，SOC，INLL の多数の神経細胞からの興奮性入力を細胞体上に集め，情報統合を行うことが示唆される[1]．IC からの上行投射は興奮性のものに加え大型抑制性細胞からの抑制性のものも含んでいて，これらは MG を標的としている．ICC は MG 腹側部（ventral division：MGV）に入力し，IC 皮質はその周囲の領域に入力する．

MG は視床の聴覚領域であり，MGV と背側部（dorsal）および内側部（medial：MGM）に分けられる．周囲の膝上核（suprageniculate nucleus），後髄板内核（posterior intralaminar nucleus：PIN）なども聴覚情報処理に関係する．MGV はコア経路に属し，トノトピーが存在する．ほかの領域はシェル経路に属する．MGV には機能ドメインが存在する．MG 細胞は軸索側枝をもたない．齧歯類では MG への抑制性入力は IC からの上行性のものと視床や AC からの帰還信号が入る視床網様核（reticular thalamic nucleus：RTN）からのものが主である[2]．RTN で多感覚統合が行われるため，MGV もある程度多感覚性である．

AC は MGV から第 4 層に強い上行性入力を受けるコア領域と，MG シェル領域から主に上行性入力を受け，コア領域周囲を取り巻く帯状領域に大別される．AC の構築は種差が大きいが，コア領域，帯状領域の両方が複数の領野に細分され，領野毎にトノトピーが存在する点が共通する．同側の AC 領野は相互結合しており，さらに左右の同じ領野も強く相互結合する．

聴覚遠心路

AC，IC，SOC の 3 領域が遠心性投射細胞を多く有する．AC の遠心性投射は第 5 層と第 6 層の一部に存在する興奮性細胞から起こり，その最大の標的は同側視床と両側 IC である．視床との結合は相互的であり，例えば MGV は一次聴覚野 AI と強い相互結合をしている．AC から IC への投射は領野特異性があり，コア領域の AI は ICC にトノトピックな投射をする一方，帯状領域には IC 皮質第 1 層に投射する領域と第 2，3 層に投射する領域が区別される．AC 第 5 層の細胞の一部は両側の SOC や CN にも投射する．SOC への投射は PO 腹内側核（medioventral PO：MVPO），LSO とその背側であり，これらは後述するオリーブ蝸牛束（olivocochlear bundle：OC）の起始核である．視床の遠心性投射はわずかで，MGM や PIN などのシェル領域が同側 IC に投射する．IC の遠心性投射は同側 DNLL，SOC，CN を標的とする．DNLL への投射は ICC から起こり，トノトピーを保持する．IC 皮質はその周囲に軸索を送る．SOC への投射はトノトピーを保持していて，MVPO の OC 起始細胞を支配していると考えられている．CN への投射は AC からの投射様式と類似しているが，その機能は不明である．

コルチ器を直接支配する遠心性線維が OC であり，MVPO 近辺から起こり外有毛細胞を直接支配する内側束（medial OC：MOC）と，LSO やその背側から起こり同側蝸牛で I 型 ANF の IHC 上終末にシナプスする外側束（lateral OC：LOC）に区分される．MOC はコリン作動性で，主に対側蝸牛を支配する．その終末は蝸牛の周波数軸上に幅広く展開し，粗いトノトピーが存在する．LOC の半数は GABA 作動性，残りはコリン作動性である．MOC の活動は ANF の閾値を上げる．LOC は ANF の活動を修飾すると考えられる． 〔伊藤哲史〕

文 献

[1] M. Ono and T. Ito, *J. Physiol. Sci.*, 65(6), 499-506 (2015).
[2] T. Ito *et al.*, *Anat. Sci. Int.*, 91(1), 22-34 (2016).

2-20
聴神経における音声の符号化

内耳と脳をつなげる神経は内耳神経と呼ばれ，第 VIII 脳神経である．内耳神経は蝸牛神経と前庭神経を含み，音に応答するのは蝸牛神経である．聴神経は第 VIII 脳神経の意味として用いられる場合もあるが，ここでは蝸牛神経を意味する（図 1）．聴神経線維はらせん神経節細胞の軸索で，タイプ I とタイプ II に分けられ，これまでのほとんどの知見はタイプ I に関するものである．聴神経における音声の符号化とは，外耳から聴神経までのすべての構造を 1 つのシステムとして捉え，そのシステムによる音声符号化のことを意味する．またこのシステムに対する上位中枢からの制御も除外できない．しかし，簡便のために聴神経の活動から推定する音声符号化を聴神経による符号化と称する．

線形解析

外耳から聴神経までのシステムが時不変線形システムであれば，そのモデルはインパルス応答から得ることができる．インパルス応答が得られれば，任意の音声に対する聴神経の活動を予測することが可能となる．実際，聴覚系の各部位に非線形要素が多く存在し，線形的に記述することはできない上，時不変の性質も備わっていない．それでも，線形的なモデルで聴神経の活動をどこまで説明できるか，興味深い問題である．

図 2a に模式的に示しているように，これまでの研究によって，聴神経のインパルス応答が実験的に得られている．微小電極を用いて，聴神経線維の活動電位を記録しながら，クリック音に対する応答を調べる．膨張性クリック音と圧縮性クリック音に対する応答から，Goblick & Pfeiffer が最初に聴神経線維のインパルス応答を示した [1]．Carney & Yin はノイズに対する聴神経線維の応答を記録し，逆相関法によって多数の聴神経線維のインパルス応答を示

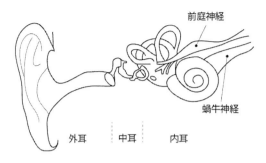

図 1　聴神経（蝸牛神経）

した [2]．図 2a からわかるように，各線維のインパルス応答は，ある中心周波数をもった一過性応答である．この中心周波数はその線維の最適周波数（best frequency：BF）となる．聴神経全体の最適周波数が可聴周波数帯域全体をカバーすると考えられている．聴神経線維のインパルス応答は，サイン関数（音でいえば純音）とガンマ関数の掛け算で近似できるため，一本の聴神経線維は 1 つのガンマトン・フィルターとも言われている．すなわち，聴神経は中心周波数の異なるガンマトン・フィルターから構成されるフィルター・バンクで近似できる．このようなモデルで複雑音に対する聴神経応答の大部分を説明できることが示されている．図 2a から，中心周波数が高い場合は持続時間が短く，中心周波数が低い場合は持続時間が長い特徴もみて取れる．これらの特徴は時間・周波数平面における解像度を高めるのに好ましいことが直観的に理解できる．事実，Lewicki は情報論的な角度から，聴神経線維のインパルス応答が音声情報を効率的に表現するのに適していることを示した [3]．

周波数領域

聴神経をガンマトン・フィルター・バンクとするモデルが複雑音に対する応答の大部分を説明できるのは，聴神経線維は周波数選択性をもっていることと，音圧の変化に対して反応の変化が単調であるためである．

聴神経線維の周波数選択性は近似的にそのインパルス応答から求めることができるが，実験的に詳細に調べられている．図 2b は，ある音

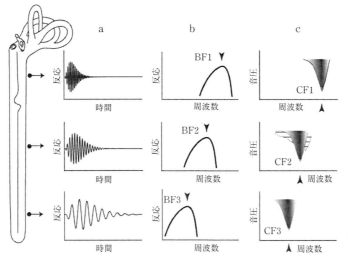

図2 蝸牛の各部位の有毛細胞から入力を受ける聴神経線維の応答特性
a) インパルス応答. b) 音圧を一定にした場合の周波数同調. c) 周波数・音圧に対する反応. 濃淡は反応の強弱を示す.

圧における各周波数の純音に対する聴神経線維反応を模式的に示したものである. ピークが対応する周波数はその線維が最もよく反応する周波数で, BFとなる（図2b矢印）. これはインパルス応答の中心周波数に相当する. 音圧を変化させた場合の聴神経線維の周波数同調性質を表す図が聴神経線維の受容野として最も一般的に利用されている. 図2cに模式的に示しているように, 横軸に周波数, 縦軸に音圧, 反応の強さを濃淡で表している. 線維が反応する最も低い音圧の周波数は特徴周波数（characteristic frequency：CF；図2c矢印）と呼ぶ. 最小反応を抽出して, 周波数・閾値音圧の平面上, V字型の受容野（図2c上段, 輪郭線）で聴神経線維の特徴づけを行うこともよく見られる.

聴神経線維活動に周波数間の非線形的な相互作用があることが知られている. 図2c中段の図の斜線部分は, 抑圧的な応答を示す部位で, 側抑制に似ているが, 抑制性細胞によるものではない. また, 蝸牛において, 2音 (f_1, f_2) 間の非線形作用により, $2f_1-f_2$ や f_2-f_1 などの歪成分が生じることが知られている.

同一周波数の音圧変化に対して, 聴神経線維はシグモイド状の応答曲線を示す. すなわち, 応答の閾値と応答の飽和が見られる.

時間領域

一定音圧の純音に対して, 聴神経線維は活動電位の時系列で応答するが, おのおのの活動電位のタイミングや単位時間あたりの活動電位の数（発火率）に特徴がある. 例えば, 1秒間続く音圧一定の純音に対して, 発火率は素早く上昇しピークに達したのち, ゆるやかに減少し, 一定値になる. 減少する現象はアダプテーションと呼ばれる. このことからも, 外耳から聴神経までのシステムは時不変ではないことが理解できる.

一方, おのおのの活動電位のタイミングに注目して解析すると, フェーズロック現象が見出されている. 低周波の純音に対して, 活動電位が必ず純音（サイン波）のある位相に見られる. このことは, 聴神経線維の活動が音刺激の時間を正確に保存する仕組みの1つである. 刺激の空間位置の同定は, 視覚と体性感覚と違って, 聴覚の場合は計算して割り出す必要がある. 音源定位に左右の音刺激の時間差が重要な手掛りであるため, 聴神経線維活動の時間的な性質は音源定位に重要である. 〔宋 文杰〕

文献
[1] T. J. Jr. Goblick and R. R. Pfeiffer, *J. Acoust. Soc. Am.*, 46, 924-938 (1969).
[2] L. H. Carney and T. C. Yin, *J. Neurophysiol.*, 60, 1653-1677 (1988).
[3] M. S. Lewicki, *Nature Neurosci.*, 5, 356-363 (2002).

2-21 音の3要素関連情報の符号化

音の3要素である，音の大きさ，音の高さ，音色は，音の物理的な情報が末梢聴覚系を経て，最終的に聴覚野において神経活動パターンに符号化されることにより知覚される聴覚的印象である．覚醒動物の一次聴覚野（A1）にある持続性応答を示す細胞（持続性細胞）は周波数分析に都合の良い特徴をもっている（▶2-22参照）．ここでは，持続性細胞が帯域雑音に対する応答特性により4つに分類されることを示し，それぞれの細胞タイプが音の3要素に関連した情報の符号化に寄与することを説明する．

持続性細胞の帯域雑音応答

持続性細胞の周波数分析能を，帯域雑音を系統的に変化させて調べた．ハイエッジ刺激では興奮性の周波数応答野（図1A, B上段の白）より低周波側に刺激音の最小周波数スペクトルを固定し，スペクトル上限（ハイエッジ周波数）を系統的に変化させる（図1A中段）．ロウエッジ刺激では応答野より高周波側に最大周波数スペクトルを固定し，スペクトル下限（ロウエッジ周波数）を系統的に変化させる（図1B中段）．応答パターンから，両刺激に応答（I型），ハイエッジ刺激にのみ応答（II型），ロウエッジ刺激にのみ応答（III型），両刺激に応答しない（IV型）細胞タイプに分類された[1]．

それぞれの細胞タイプは，2音同時刺激法により求めた抑制野の配置が異なっていた．2音同時刺激法とは第一のスペクトルを純音応答野の最適周波数（BF）に固定し，第二のスペクトルを系統的に変化させる方法で，2音反応が純音最大反応より有意に低下した範囲を抑制野とする．I型では抑制野がなく，II型では興奮野の高周波側に，III型では興奮野の低周波側に，IV型では興奮野の両側に抑制野が配置されている（図1A, B上段の黒）．各タイプの帯域雑音刺激に対する応答は，その細胞の抑制野の有

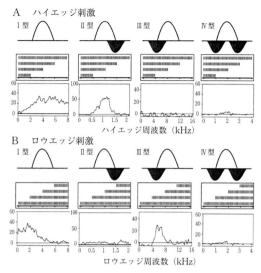

図1　持続性細胞の帯域雑音応答（発火頻度）

無およびその配置から説明が可能である．

音の大きさの関連情報に感受性を示す細胞

I型細胞では，抑制野がないため，ハイエッジ周波数が興奮野の低周波側にかかると反応が生じ，興奮野のBFに近づくと反応振幅は最大に達し，BFを超えたのちも反応振幅は維持される（図1A, I型）．同様に，ロウエッジ刺激応答はロウエッジ周波数が小さくなり興奮野に入ると増加し，BFに近づくと最大となり，超えたのちも反応が続く（図1B, I型）．このタイプの細胞は周波数スペクトルが興奮野に入りさえすれば発火頻度を増やし，その大きさは興奮野内の音エネルギーに依存する．つまり，I型細胞は音エネルギーの積分を行うことで音の大きさ情報の符号化に適した役割を果たすと考えられる．

音色の関連情報に感受性を示す細胞

II型細胞は，ハイエッジ周波数が増加すると，反応も増加していくが，BFを超えると高周波側に位置する抑制野のため発火頻度が減少し，特定のハイエッジ周波数に応答ピークを示す（図1A, II型）．一方，ロウエッジ刺激では常に抑制野にスペクトルが入るため，強い興奮反応は起きず，II型細胞はハイエッジのみに感受

性を示すことになる（図1B, II型）．

III型細胞では興奮野の低周波側に抑制野をもつため，II型細胞とは逆にロウエッジのみに感受性を示す（図1, III型）．II型とIII型の細胞はそれぞれスペクトル構造の上限，下限という音のスペクトルエッジ情報の検出に適した感受性をもつ．

周波数スペクトル構造の特徴が，音色知覚を規定することは，古くからヒトにおける音響心理学実験により確かめられている[2]．音色因子の1つであるsharpnessは，主要なエネルギーが含まれる周波数帯域と関連がある性質で，周波数スペクトル刺激音上限の上昇は音色を鋭くする[3]．したがって，スペクトルエッジ情報感受性を示すII型とIII型の細胞は，このような音色情報の符号化に寄与する可能性がある．

音の高さの関連情報に感受性を示す細胞

IV型細胞は興奮野の両側に抑制野があり，帯域雑音には応答しないため，次に楽音応答を系統的に調べることで最適な音情報を明らかにした[4]．図2Aに異なる基本周波数（F0）をもつ楽音刺激に対するスパイク活動のラスタープロット（上段），ハーモニック構造の模式図（中段），F0応答特性（下段）を示す．この細胞は，ある特定のF0とその半分のF0をもつ楽音のみに強く持続性に応答し，この楽音と同じ帯域雑音には応答を示さないことから，楽音のハーモニックに感受性を示すことが明らかになった．

この感受性の形成機構を図2Bで検討する．上段は，純音と2音応答から調べた興奮野と抑制野の配置と応答振幅を示す．両軸はそれぞれBF，最大振幅値を1として標準化している．F0が異なる楽音のハーモニック（中段）が興奮野と抑制野に相当するときの振幅を単純に線形加算して予想したF0応答特性を下段に示す．予想したF0応答特性はBFとその半分の周波

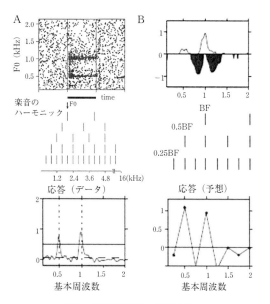

図2　持続性細胞の楽音応答

数のF0のみで強い興奮応答を示しており，図2A下段の実際に記録したF0応答特性とパターンが一致した．このことは，IV型細胞の興奮野と抑制野のスペクトル配置パターンが特異的なF0感受性をつくり出すことを意味する．

IV型細胞の楽音選択性は，楽音のF0とその倍音の周波数位置が抑制野を避けて興奮野に入ると強く興奮し，それ以外の倍音や雑音の場合は，スペクトルが興奮野に入らないか，仮に，あるスペクトルが興奮野に入ったとしてもほかのスペクトルが抑制野に入ることでスパイク活動が抑制されるために生じると考えられる．

F0は音の高さ知覚を規定する重要な手がかりであることはよく知られている．ハーモニックに感受性を示すIV型細胞は音の高さ情報の符号化に重要な役割を果たすと考えられる．

〔地本宗平〕

文　献
[1] L. Qin *et al.*, *Brain Res.*, **1014**, 1-13 (2004).
[2] 日本音響学会編，音色の感性学―音色・音質の評価と創造―（コロナ社，東京，2010），pp. 64-76.
[3] G. von Bismarck, *Acustica*, **30**, 146-159 (1972).
[4] L. Qin *et al.*, *Cereb. Cortex*, **15**, 1371-1383 (2005).

2-22
一次聴覚野細胞の持続性応答

2000年代初頭まで，大脳一次聴覚野（A1）のほとんどの神経細胞は音刺激に対して一過性の興奮応答を示すことから，音知覚にはA1細胞集団間の低頻度の同期発火パターンが重要であると考えられていた．しかし，これらの多くの聴覚野研究はバルビタール麻酔下動物で行われており，麻酔の影響がなく正常に機能している聴覚野細胞が音刺激に対してどのような応答の時間経過を示すかはよくわかっていなかった．その後，覚醒動物の聴覚野から単一神経細胞活動の記録が盛んに行われるようになると，A1細胞は音刺激応答の時間経過に多様性を示すことが明らかになった[1, 2]．つまり，一過性応答だけでなく，持続性応答が音の符号化や音知覚に重要な役割を果たすことがわかってきた．ここでは，覚醒ネコ（*Felis catus*）のA1細胞の純音刺激に対する持続性応答および一過性応答を例示し，それぞれがどのような音響パラメータを符号化しているかについて説明する．

様々な応答時間経過を示す A1 細胞

防音室内で覚醒動物のA1から微小電極を使って単一細胞記録を行い，純音呈示中のスパイク活動頻度を調べた（図1）．上段の細胞は0.5秒の純音刺激中（黒直線）に持続的なスパイク活動を示し，その活動頻度は順応することがない．このような時間経過をもつ応答を持続性応答と呼ぶ．一方，下段の細胞は，純音刺激の開始と終了に一致してスパイク活動を増加させており，刺激期間中にスパイク活動を増加させない．このような時間経過をもつ応答を一過性応答と呼ぶ．中段の細胞は，刺激開始に一致した急激なスパイク頻度の増加に引き続き，刺激期間中にスパイク活動が持続する．つまり，この細胞は一過性応答と持続性応答の両方の性質をもっている．持続性応答を示す細胞群について，それぞれの一過性応答を調べた結果，その大き

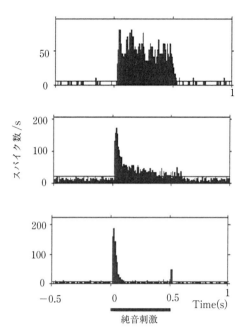

図1 A1細胞の様々な純音応答時間経過

さは細胞ごとに異なっており，持続性応答細胞集団内での分布は連続的であった．つまり，A1には，これまで麻酔下動物で知られていたような一過性応答を示す細胞群以外に，図1上段や中段に示す細胞や，その中間のような時間経過を示す持続性応答細胞が数多く存在していることが明らかになった[1]．

また，一過性応答と持続性応答の反応特性を比較すると，刺激開始から応答までの平均最短潜時は，持続性応答のほうが一過性応答に比べて有意に長く[1]，興奮性の周波数応答範囲は，持続性応答のほうが一過性応答に比べて有意に狭いことが明らかになっている[3]．これらの反応特性の違いから，異なる時間応答特性をもつA1細胞群がそれぞれ異なる音情報の処理に関与することが示唆される．

興奮および抑制性反応の時間・周波数特性

A1細胞は，ある特定の周波数範囲の純音刺激に対して興奮反応を示す応答特性（周波数応答野）をもっている．また，覚醒下動物のA1細胞は通常，無音状態でもスパイク発火活動を示すため，この自発活動レベルからの有意な活

動低下を純音応答に対する抑制性反応と定義できる．

図2に前項で示した3つの代表的な応答時間経過の異なる細胞タイプについて，周波数の異なる純音刺激に対する興奮性および抑制性反応を，横軸に時間，縦軸に刺激周波数を取って表示する[4]．スパイク活動頻度が純音刺激前0.5秒間の自発活動の平均発火頻度（灰色）より有意に増加した興奮性反応領域を白で，有意に減少した抑制性反応領域を黒で表示する．

上段に示すような順応がほとんどない持続性応答細胞の例では，抑制性反応が興奮性反応と同様に純音刺激期間にわたって持続的に生じていることがわかる．また，それぞれの反応は隣接した異なる周波数帯域に限定されている．つまり，興奮性と抑制性のそれぞれの反応領域は時間的には重なって存在し，周波数スペクトル的には交代して存在する．このような興奮・抑制の時間・周波数応答特性をもつことは，このタイプの持続性応答細胞が時間の制限を受けずに，刺激音の周波数分析を高い分解能をもって遂行するのに都合がよいと考えられる．

一方，下段の一過性応答細胞の例では，音刺激開始直後の短時間の興奮反応ののちに，抑制性反応が引き起こされ，それが音刺激終了直前まで続き，音刺激終了時に再び短時間の興奮性反応が生じている．また興奮性反応と抑制性反応の周波数応答野は上段の持続性応答細胞に比べてその帯域幅が広く，したがって，それぞれの反応領域は比較的同じような周波数帯域をカバーしている．つまり，このタイプの細胞では，持続性応答細胞とは反対に，興奮性と抑制性のそれぞれの反応領域は時間的には交代し，周波数スペクトル的には重なって存在している．このことは，一過性応答細胞が，周波数スペクトル的には制限なく，音刺激の時間分析を高い分解能をもって行うことに適していることを示している．

中段の一過性応答と持続性応答の両方をもつ細胞では，刺激開始直後から短期間は，下段の一過性応答細胞と同じような，刺激中期から後半にかけては，上段の持続性応答細胞と同じような興奮性反応と抑制性反応の時間・周波数特性を示すことがわかる．このタイプの細胞はそれら特性の組み合わせによって，時間的に変化する周波数スペクトル情報をもった音刺激の分析に重要な役割を果たしている可能性が考えられる．　　　　　　　　　　　　〔地本宗平〕

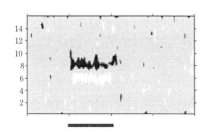

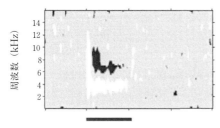

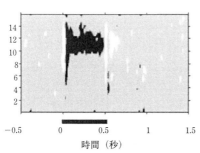

図2　純音応答の時間・周波数特性

文献
[1] S. Chimoto *et al.*, *Brain Res.*, 934, 34-42 (2002).
[2] DL. Barbour and X. Wang, *J. Neurosci.*, 23, 7194-7206 (2003).
[3] L. Qin *et al.*, *Neurosci. Res.*, 46, 145-152 (2003).
[4] L. Qin and Y. Sato, *Neurosci. Lett.*, 365, 190-194 (2004).

2-23 音源定位の仕組み

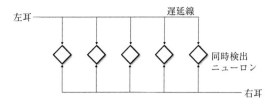

図1 Jeffress モデルの概念図

　音源の空間的位置の判断には，水平方向については，両耳に音が到達する時間の差（両耳間時間差，interaural time difference：ITD）とレベルの差（両耳間強度差，interaural level difference：ILD），上下・前後方向については，頭部・耳介の形状に由来するスペクトル情報が用いられる．ILDとITDの神経処理の第一段階は，それぞれ上オリーブ外側核，内側核（lateral/medial superior olive：LSO/MSO）においてそれぞれ行われる[1]．スペクトル情報の処理には，蝸牛神経核背側核（dorsal cochlear nucleus：DCN）がかかわっているようである[3]．

　ILDの処理機構として考えられるLSOには高周波数音に選択性をもつニューロンが比較的多く存在し，同側の腹側蝸牛神経核（ventral cochlear nucleus：VCN）より興奮性の入力を受け，同側の内側台形体（medial nucleus of trapezoidal body：MNTB）から抑制性の入力を受ける．MNTBは対側のVCNより興奮性の入力を受けているので，LSOニューロンは同側耳への入力によって興奮し，対側耳への入力によって活動が抑制されることになる．その結果，両耳刺激に対しては，LSOニューロンは刺激音のILDによって反応強度が決まる．上位機構である下丘や聴覚皮質のニューロンは，原則としてLSOのILD反応特性を反映する．ただし，対側のLSOからより強い投射を受けるため，対側耳刺激によって興奮し，同側耳刺激によって抑制されるものが多い[1]．

　ITDの神経情報処理メカニズムとしては，以下の仮定から構成されるJeffressモデルが有名である[2]（**図1**）．2つの経路から同時に到達する入力によって興奮する同時検出ニューロン（coincidence detector）が存在する．左右の耳から同時検出ニューロンへの経路はある種の遅延線であり，遅延量の両耳間差（特徴遅延，characteristic delay）はニューロンごとに異なる．特徴遅延を補償するような刺激ITDが提示されると，この同時検出ニューロンが興奮することなる．同時検出ニューロンは，特徴遅延に従って規則正しく配列している．ITDは，この配列上のどのニューロン群が最も活動しているかによって地図的に表現される（ITDマップ）．

　メンフクロウの層状核（nucleus laminaris：哺乳類のMSOに対応）には，Jeffressモデル的な神経回路が存在することが明らかになっている．しかし，哺乳類のMSOについては，Jeffress的機構の存在を示す証拠は限定的であり，ITDマップの存在を示す証拠も見つかっていない[1]．多数のニューロンについて最適ITD（ニューロンが最もよく反応するITD）の分布を調べてみると，そのほとんどが動物の頭の大きさから予想されるITDの最大値付近かその外側に分布している．このような結果を説明するモデルとして，「2半球チャネル・モデル」が提案されている[1]．2半球チャネル・モデルでは，同時検出ニューロンのITD選択性が，遅延線を経た興奮性入力によってもたらされるのではなく，左右からほぼ同時に到達する興奮性入力と，刺激に位相固定した抑制性入力の相互作用によってなり立つ．また，Jeffressモデルが鋭いITDチューニングをもつ多数のチャネルによって聴空間を表現する（**図2a**）のと対照的に，2半球チャネル・モデルでは，ゆるやかなITDチューニング特性をもったわずか2つのチャネルによって空間表現がなされるというものである（**図2b**）．2つのチャネルのスロープ部分が，動物の頭の大きさによって予測されるITD範囲の中に存在し，2つのチャネルの

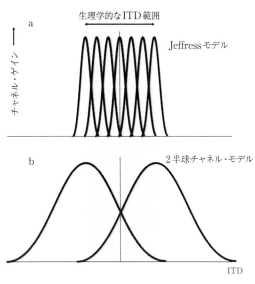

図2 ITDの脳内表現に関するモデル

活動「量」によってITDは表現される．Jeffressモデルと2半球チャネル・モデルのどちらが正解で，どちらが誤っているとは限らない．動物の頭の大きさや，実環境中で遭遇するITDの確率分布など，生態学的な制約条件によって，対象となる動物種のITD脳内表現が決定される可能性も示唆されている[1]．

上下・前後方向の音源定位は，主に頭部伝達関数(head related transfer function：HRTF)に含まれるスペクトル情報に基づく．頭部伝達関数とは，音源から外耳道入り口(または鼓膜前面)までの音響伝達関数のことで，頭部や耳介の影響を受ける．頭部伝達関数には鋭いスペクトルの谷(ノッチ)が見られるが，このノッチの周波数は音源の位置に依存して変化する．ネコのDCNには，ノッチの周波数に高い感度をもつニューロンがあることが知られている[3]．DCNからの出力は，VCNからの出力とは別の背側聴条(DAS)を通過して下丘に投射する．このDASに損傷が加えられると，ネコによる上下方向の定位精度が著しく低下する[3]．

LSO，MSO，DCNからの出力はすべて下丘中心核(central nucleus of inferior colliculus：ICC)に投射する．下位の神経核同様，下丘中心核ではトノトピック表現が保存されているため，ILD，ITD，スペクトル情報の追加的な処理が，周波数単位で行われていると推察できる．こののち，音源定位にかかわる情報処理経路は2つに分かれる．

1つの経路では下丘外側核において周波数間での情報統合が行われ，上丘(superior colliculus：SC)へと投射される．SCでは，音源の空間的位置が地図状に表現されている[4]．SCはマルチモーダルな神経核として知られ，聴空間地図は視空間地図と重なっている．SCは視・聴覚的対象へと目や顔を向ける反射的な行動にかかわっていると考えられている．

もう1つの経路は，ICCから内側膝状体を経て聴覚皮質へと至るものである[4]．この経路における情報処理過程の理解は十分ではない．聴覚皮質は正確な音源定位に必須な部位であり，左右・上下・前後方向を含む音響空間のほぼ全域にわたる音源位置情報が皮質では表現されているようではある．しかし，SCの聴空間マップのように，理解しやすい形での表現は見つかっていない．ニューロン集団の複雑な時間活動パターンによって音空間情報が表現されているのかもしれない[5]． 〔古川茂人〕

文　献
[1] B. Grothe *et al*., *Physiol. Rev*., 90, 983-1012 (2010).
[2] L.A. Jeffress, *J. Comp. Physiol. Psychol*., 41, 35-39 (1948).
[3] E.D. Young and K.A. Davis, In *Integrative Functions in the Mammalian Auditory Pathway*, D. Oertel, R.R. Fay and A.N. Popper, Eds. (Springer, New York, 2002), pp. 160-206.
[4] Y.E. Cohen and E.I. Knudsen, *Trends Neurosci*., 22, 128-135 (1999).
[5] J.C. Middlebrooks *et al*., In *Integrative Functions in the Mammalian Auditory Pathway*, D. Oertel, R.R. Fay and A.N. Popper, Eds. (Springer, New York, 2002), pp. 319-357.

2-24
大脳における音の分析

　大脳皮質において，音の分析を行うのは聴覚野である．言語処理は音分析の究極の機能であるが，それは主に聴覚野より高次の言語野で処理される．ここでは，言語野以外の音にかかわる大脳皮質（聴覚野）の構造と機能について説明する．なお，聴覚野における音の分析とは，外耳から聴覚野までのシステムによる音分析の結果を聴覚野でみたもので，便宜上，聴覚野における音の分析という．

聴覚野の構造

　音情報は，内耳で神経信号に変換されたのち，蝸牛神経核，上オリーブ核，下丘，視床を経て，大脳皮質に到達する．大脳皮質聴覚野は複数の領野より構成されている．その枠組みに関して，Kaas & Hackettがサルの聴覚皮質について，コア-ベルト-パラベルト構造の概念を提唱している[1]．霊長類の聴覚皮質に17の領野が同定されている[1, 2]．一次聴覚野（primary auditory cortex, A1）を含むコア領域，それを取り囲むベルト領域とその外側部に位置するパラベルトを図1に示した．コアとベルトの領野にトノトピーが見られるが，パラベルトに見られない．

　ヒトにおいても，聴覚野にコアとベルト，およびパラベルト領域が存在することが報告され，外側ベルトは上側頭回に位置し，パラベルトは上側頭溝内に位置する[3]．一方，コアとベルト領域は齧歯類にも存在するようであるが[4]，パラベルトに相当する領域は見られない．また，齧歯類の島皮質にも聴覚領野が見出されている[5]．

聴覚野の機能

　聴覚皮質の機能に関する大きな枠組みとして，Romanskiらが解剖学的なデータに基づいて，聴覚野ベルト領域から前頭葉へ背側を通る"where"（どこからの音か）経路と腹側を通る"what"（何の音か）経路の概念を，視覚系に習って提唱している[6]．しかし，音の分析における各領野の機能は，コウモリ以外では，あまり明らかになっていない（コウモリに関しては，第3章参照）．

①何の音かの分析

　意識に上る感覚情報の認識は一般的に大脳皮質の機能とされている．したがって，聴覚皮質の機能は純音の認識から複雑音の認識まで担うことになる．実際，大脳皮質のニューロンも周波数に鋭く同調されており，蝸牛の周波数局在

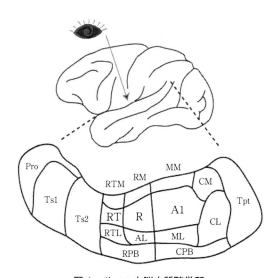

図1　サルの大脳皮質聴覚野

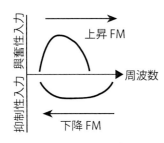

図2 FM方向選択性の獲得機構

は大脳皮質においても保存されているため[7]，純音の認識は理解できる．一方，自然界の複雑音の特徴を大脳皮質はどのように抽出しているか，十分解明されていない．

研究が進んでいる例の1つは周波数変調音（FM音）の抽出機構である．Zhangらはラットにおいて，トノトピックマップに，FM音同調のマップが重なることを示した[8]．すなわち，低周波に反応するニューロンは上昇FM音に感受性をもち，高周波に反応するニューロンは下降FM音に反応する．その主な仕組みとして，受容野に非対称な側抑制が存在するためである[9]．例えば，低周波に反応するニューロンの受容野の高周波側に側抑制が見られ，低い周波数から高い周波数に変化したときに抑制されないが，高い周波数から低い周波数に変化したときに，高い周波数による抑制が先行し，低い周波数に対する反応を抑えるため，FM音に対する選択性が生まれる（**図2**）．なお，FM選択性が最初につくられる部位は下丘である[9]．

大脳皮質の機能は音の細部の波形を反映するものより，それに依存しない性質が期待される．ピッチはその一例である．ピッチは音の高さとして，音楽や言語の受容に重要で，日常的に経験する音の要素である．周波数がつくるスペクトルピッチと，倍音複合音の時間的な周期性がつくる時間ピッチに分けられる．音の多くは倍音を伴うため，日常的に経験するピッチは時間ピッチである．基本周波数成分（f_0）をもたない倍音複合音（ミッシングファンダメンタル）に対しても，f_0が対応するピッチの知覚が生ずる．また，ピッチ受容に複合音の周期性が重要で，その他の波形などは重要でないため，一種

の特徴抽出である．

佐藤悠らはネコのA1内にピッチ受容ニューロンがあると報告しているが[10]，ニューロン応答とピッチ受容が必ずしも対応しない部分もある．すなわち，ミッシングファンダメンタルに反応するが，2倍音が必須だった．コモンマーモセットにおいては，よりピッチ受容の性質に近い反応を示すニューロンが同定された[11]．例えば，$3f_0 + 4f_0 + 5f_0$の複合音に対する反応は，$f_0 + 2f_0 + 3f_0$に対する反応と同等であった．A1の低い周波数に反応する部位にピッチ受容領域が同定されており[11]，これはヒトのイメージングの結果と一致する[12]．Wangらは低いピッチの受容に複合音の包絡が重要で，高いピッチの受容に複合音の中の低い倍音成分のスペクトルが重要と示している[13]．

② どこからの音かの分析

どこからの音かの分析，すなわち音源定位は，脳幹において，両耳時間差と両耳音圧差などを手掛かりとして行われており，上丘に音源の空間マップがつくられている．大脳皮質は音源位置の認識に重要であるが，ニューロンの音源位置に対する同調は鋭くない上，マップも確認できていない（詳しくは▶2-23「音源定位の仕組み」参照）． 〔宋 文杰〕

文献

[1] J.H. Kaas and T. A. Hackett, *Proc. Natl. Acad. Sci. U. S. A.*, 97, 11793-11799 (2000).
[2] C.I. Petkov et al., *PLoS. Biol.*, 4, e215 (2006).
[3] D.L. Woods et al., *Front Syst. Neurosci.*, 4, 15 (2010).
[4] M. Nishimura, H. Shirasawa, H. Kaizo and W.-J. Song, *J. Neurophysiol.*, 97, 927-932 (2007).
[5] H. Sawatari et al., *Eur. J. Neurosci.*, 34, 1944-1952 (2011).
[6] L.M. Romanski et al., *Nat. Neurosci.*, 2, 1131-1136 (1999).
[7] M. M. Nishimura and W.-J. Song, *NeuroImage*, 89, 181-191 (2014).
[8] L.I. Zhang et al., *Nature*, 424, 201-205 (2003).
[9] R.I. Kuo and G.K. Wu, *Neuron*, 73, 1016-1027 (2012).
[10] L. Qin, M. Sakai, S. Chimoto and Y. Sato, *Cereb. Cortex.*, 15, 1371-1383 (2005).
[11] D. Bendor and X. Wang. *Nature*, 436, 1161-1165 (2005).
[12] R.D. Patterson et al., *Neuron*, 36, 767-776 (2002).
[13] D. Bendor, M.S. Osmanski and X. Wang, *J. Neurosci.*, 32, 16149-16161 (2012).

2-25 言 語 野

言語野は多くの場合,大脳皮質の左側に見られ,ブローカ野(Broca's area)とウェルニッケ野(Wernicke's area)の存在が知られている(図1).ここで注意する必要があるのは,通常,大脳皮質の領野といえば,解剖学的な特徴で定義される場合が多いが,言語野は失語症患者から推定された脳部位に過ぎないことである.患者によって損傷部位が異なるため,言語野の正確な位置の同定は困難であるが,多くの症例からブローカ野はブロードマンの44野と45野に相当し,ウェルニッケ野はブロードマンの22野の後部付近に相当すると考えられている.

優位脳と利き手による優位脳の左右差

言語野が存在する大脳半球のことを優位脳と呼ぶ.ブローカ(Broca, Paul)は言語機能の左右差に気付いた最初の人の一人である.言語野が左脳にあっても,右脳が言語にまったくかかわらないわけではない.ブローカも言葉を慎重に選んで,左脳が"優位"と記述していた.右脳が損傷して左脳だけでも言語機能が維持されるが,左脳が損傷して右脳だけでは言語機能が維持されない.

優位半球の同定に,1960年代からWadaテストが用いられてきた[1].その原理は左右どちらかの頸動脈に短期間作用する麻酔薬(アモバルビタール)を注入し,1つの半球に麻酔をかけて,言語機能が阻害されるかをテストするものである.言語機能は会話が可能かどうかでテストできる.この方法でテストすると,右利きの人の90%以上,左利きの人の75%以上において,左脳が優位脳であることがわかった.右脳優位の人は極めてまれで,1〜2%しかない.残りの人は,左右両方の半球が言語機能に必要なケースや,左右どちらの半球でも独立に言語機能をもつケースであった.

Wadaテストは簡便であるが,動脈注射を必要とするため,軽微な侵襲性を伴うが,現在でも用いられている.歴史的には,分離脳(脳梁を切断した脳)の研究も優位脳研究に大きく貢献した.現在,侵襲性の低い方法として,経頭蓋磁気刺激法や,fMRIなどの機能イメージングなどの方法も優位脳の同定に使用可能になってきている.

言語野の同定

優位半球が左右のどちらかは,Wadaテストで同定できるが,優位半球における言語野の正確な位置の同定は,局所刺激法が用いられてい

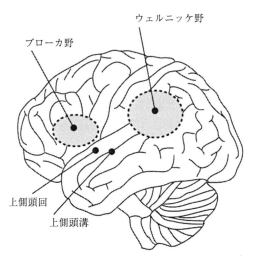

図1 言語野のおおよその位置
ほとんどの場合,左半球に存在する.

図2 左から右へ，音響音声テスト，音韻テスト，そして語彙意味テストに影響をあたえる刺激部位

る．イメージング技術が発達した現代においても，これらの簡便な方法が重要である．

通常，言語野の正確な位置を同定する必要はほとんどないが，様々な理由で大脳の一部を切除する必要がある場合が出てくる．典型的な例はてんかんの治療である．てんかんを引き起こす脳部位を同定し，外科的に除去する方法は，薬物療法が有効でない場合，現在でも用いられている．この治療において，言語野を避けることが最も重要な課題である．てんかん以外に，脳腫瘍の外科除去も，言語野を同定し，保護することが必要な主要手術である．

大脳の形態に個人差が大きく，言語野を同定する統一的な視覚的な指標がないため，患者ごとに言語野の位置を同定する必要がある．そのためには，局所電気刺激の方法を用いる．局所麻酔下で，患者が様々なテストを行う最中に行う．テストは大きく音響音声テスト（例えば，音節の区別）と，音韻テスト（単語の押韻），および語彙意味テスト（簡単な質問に答えることや，指示に従って指を曲げる動作など）に分けられる．患者に気付かれないようにして，皮質への局所刺激を行い，どこの部位の刺激が何のテストの結果を変えるかを調べる．

言語野の機能分化と言語処理における階層性

ブローカ野は，運動性言語中枢とも呼ばれ，言語処理および音声言語と手話の産生にかかわる．ブローカ野の障害で流暢に話せなくなる．事実，ブローカが最初に報告した脳損傷患者は，言語理解やその他の認知機能は比較的保存されていたものの，"タン，タン"としか発話することができなかった．

一方，ウェルニッケ野は，感覚性言語中枢とも呼ばれ，他人の言語を理解する働きをする．したがって，ウェルニッケ野が障害されると，言語による指示に従うことができない．事実，ウェルニッケが報告した症例では，ブローカの症例とは対照的に流暢に発話できたが，言語理解に問題があった．

言語野の脳部位が同定されているが，それぞれの領野およびその他の言語にかかわる脳部位が，どのような原理で言語の理解と産生に働くか，不明である．心理学的な研究から，文を短いセグメントに分け，それぞれを時間的に逆転させて再びつなげても，もとの文と同じような意味で聞こえたり，ところどころを省いた文の意味も聞き取れたりするため，言語の理解は音声波形の細部が関係しない高次脳機能であることは疑いがない．

脳への局所電気刺激の結果より，言語処理に階層性があることが示唆されている[2]．Boatmanによると，音響音声テストに影響を与えるのは，上側頭回の1か所のみで，音韻テストは上側頭回の広い領域，そして前頭葉にあるブローカ野の1か所に影響された（図2）．そして語彙意味テストに影響を与える部位はさらに周辺に広がり，上側頭回とブローカ野のみならず，上側頭溝およびウェルニッケ野を含む領域に影響される結果が得られている（図2）[2]．

〔宋　文杰〕

文　献
[1] J. Wada J and T. Rasmussen, *J Neurosurg.* 17, 266-282 (1960).
[2] D. Boatman, *Cognition.* 92, 47-65 (2004).

2-26

聴力検査

聴力検査は聴覚機能を評価するための検査であり，自覚的聴力検査と他覚的聴力検査に大別される．自覚的聴力検査は検査を受ける側の判断に依存する．一方，他覚的聴力検査では聴覚系の誘発応答などを記録するため，新生児や齧歯類などにも用いることができる．これまでに各種の聴力検査法が開発されてきたが，その中でも代表的なものに絞って以下に概説する．

自覚的聴力検査

[成人，小児（学童）]

① 音叉法（tuning fork test）

低音域（128, 256, 512 Hz）の純音を発生する音叉を用いる．簡便な方法であるため，現在でも広く用いられている．

(i) ウェーバー法（Weber test）：　音叉を振動させたのち，音叉の柄の基底部を被検者の前頭部正中に当てて，音が正中で聴こえるか，もしくは音がどちらかの耳に偏って聴こえるかを尋ねる．音は骨導を介して両耳で聴取されるが，両耳とも正常もしくは同程度の難聴がある場合には，正中で聴こえる．いずれかの耳に伝音難聴がある場合には，音が患側に偏倚して聴こえる．一方，いずれかの耳に感音難聴がある場合には，音が健側に偏倚して聴こえる．

(ii) リンネ法（Rinne test）：　音叉を振動させたのち，音叉の柄の基底部を被検者の耳後部の乳様突起に当てて骨導音を聴かせる．音が減衰してきて聴こえなくなったら，直ちに音叉の先端部を外耳道入口部にもっていき気導音として聴かせる．気導音を聴取可能なら，Rinne 陽性として伝音難聴はないかあっても軽度と考える．気導音を聴取できないようであれば，Rinne 陰性として一定レベル以上の伝音難聴の存在が強く示唆されることになる．

② 純音聴力検査（pure-tone audiometry）

防音室で日本工業規格（JIS T1201-2）の診断用オージオメータを使って，異なる周波数の純音を被検者に呈示して気導と骨導のそれぞれの最小音圧レベル（聴覚閾値）を測定する．気導聴力検査では 125, 250, 500, 1000, 2000, 4000, 8000 Hz と 7 種類の純音をヘッドフォンより呈示し，骨導聴力検査では 125, 250, 500, 1000, 2000, 4000 Hz と 5 種類の純音を骨導端子より呈示する．聴覚閾値は聴力レベル（dB HL）で表記される（基準値 0 dB は聴力正常の若年成人の平均より定められている）．気導と骨導の閾値の差（気導骨導差）は，伝音難聴に特徴的な所見とされているため，この検査により難聴の種類（伝音難聴，感音難聴，混合難聴）と難聴の程度を診断できる．

③ 語音聴力検査（speech audiometry）

「2」「6」といった一桁数字を用いて語音了解閾値を測定する検査と，「オ」「ト」といった単音節の語音を用いて閾値上での明瞭度を測定する語音弁別検査がある．前者は純音聴力検査における聴覚閾値とほぼ一致し，クロス・チェックを目的として利用されることがある．一方，後者は補聴器や人工内耳の適応を検討する際に重要となり他の検査では得られない有用な情報を提供する．正常もしくは伝音難聴では，音圧レベルの増加に従って語音明瞭度が上昇し，最高語音明瞭度は 100 ％ に到達する．ところが，感音難聴では音圧が増加しても明瞭度が上昇しきらず却って低下することもあり，最高語音明瞭度は 100 ％ に到達しないことが多い．最高語音明瞭度が 50 ％ 以下の場合には，補聴器によって十分な効果を得づらくなる．

[小児（乳幼児）]

① 聴性行動反応聴力検査
（behavioral-observation audiometry：BOA）

0 歳から適応可能．自由音場にて種々の音声を乳幼児の視野外から呈示し，聴性行動反応を観察することにより難聴の有無とおおよその聴覚閾値を評価する．聴性行動としては，音に反応して眼瞼を閉じる，四肢を動かす，鈴や太鼓などの音源の方を向く，といったものがある．

② 条件詮索反応聴力検査（conditioned orientation response audiometry：COR）

6か月以上の乳幼児に適応可能．左右それぞれにスピーカーと玩具を一緒に配置し，一方向から検査音を呈示すると同時に玩具を光らせて，音と光による条件づけを行う．次に音による刺激のみを行って，被検児が音源の方向を向くかを調べる．周波数や音圧を変化させることで周波数ごとの聴覚閾値を測定することができる．

③遊戯聴力検査（play audiometry）

3歳以上の幼児に適応可能．おはじきなどを使って，音が聞こえたら1つ移動させるというゲーム形式の条件づけを行い，聴力を測定する．これにより左右それぞれの気導・骨導閾値を得ることができる．音が聴こえたときにスイッチを押すと，のぞき窓の中の玩具などが見えるというピープショー検査も広義では含まれる．

他覚的聴力検査

① 耳音響放射検査

（otoacoustic emission：OAE）

1978年にKempにより蝸牛から音が放射される現象が見出され，耳音響放射と名付けられた[1]．耳音響放射は，外有毛細胞の能動的伸縮能により蝸牛基底膜の振動が増幅され，中耳を経由して外耳道に放射されたものと考えられている．その中でも，周波数の近接した2種の純音（$f_2/f_1 = 1.20 \sim 1.25$ 程度）を呈示した際に，「エコー」のような形で得られる $2f_1$-f_2 の周波数を有する歪成分耳音響放射（distortion product otoacoustic emission：DPOAE）が有用で，新生児聴覚スクリーニングなど実地臨床でも盛んに用いられる．また，難聴モデルマウスの聴覚機能を評価する際にも，DPOAEは有毛細胞機能を反映するものとして重要な情報を提供する．

② 蝸電図検査（electrocochleography：ECoG）

音刺激により誘発される蝸牛および蝸牛神経の反応電位を測定する検査．1967年にYoshieら，Portman & Aranによって初めて非侵襲的に記録された[2, 3]．近位電極を鼓室岬角や外耳道深部，遠位電極を耳垂や乳突部に置き，その間で誘導される反応電位を繰り返し加算して得る．有毛細胞における興奮は蝸牛マイクロフォン電位（CM）および加重電位（SP）として刺激直後から記録され，蝸牛神経複合活動電位（AP）がこれに続く．

③ 聴性脳幹反応検査

（auditory brainstem response：ABR）

音刺激によって誘発される蝸牛神経および脳幹聴覚伝導路由来の反応電位を測定する検査．1970年にJewettら，Sohmer & Feinmesserにより見出された[4, 5]．頭皮上から記録可能であり，I〜VII波まで10 ms以内の潜時で出現する．ABRは遠隔電場電位であり多くの加算回数を要するものの安定性に優れるため，他覚的聴力検査のうちでも最も汎用される．最近では自動ABRも利用可能となり，耳音響放射検査とともに新生児聴覚スクリーニングに活用されている．他覚的聴力検査以外では，術中モニタリングや脳死判定において脳幹機能評価目的に使用される．また，難聴モデルマウスの聴覚機能を評価する際にも，ABRは記録の簡便性に加えて刺激音としてトーンピップを用いることでおおよその周波数ごとの聴覚閾値を測定可能なため頻用されている．

④ 聴性定常反応検査

（auditory steady-state response：ASSR）

繰り返し頻度の高い音刺激による誘発反応を測定する検査．1981年にGalambosらによって報告された[6]．周波数特異性が高く周波数ごとの聴力閾値が得られるため，新生児聴覚スクリーニングにおいて「要精密検査」となった場合などに活用されている．また，補聴器や人工内耳の適応を検討する際にも有用である．

〔鷹合秀輝〕

文　献

[1] D. T. Kemp, *J. Acoust. Soc. Am.*, **64**, 1386-1391（1978）.

[2] N. Yoshie, T. Ohashi, and T. Suzuki, *Laryngescope*, **77**, 76-85（1967）.

[3] M. Portman and J. M. Aran, *Rev. Latyngol. Otol. Rhinol.*, **88**, 157-164（1967）.

[4] D. L. Jewett, M. N. Romano and J. S. Williston, *Science*, **167**, 1517-1518（1970）.

[5] H. Sohmer and M. Feinmesser, *Isr. J. Med. Sci.*, **6**, 219-223（1970）.

[6] R. Galambos, S. Makeig and P. J. Talmachoff, *Proc. Natl. Acad. Sci. USA.*, **78**, 2643-2647（1981）.

2-27 胎児の聴力

胎動を感じる妊娠中期以降，外界からの音刺激に対して胎児の動きの変化を自覚することは，多くの妊娠した女性が得られる経験の1つである．

実際には，ヒト胎児の内耳は胎生9週から発生し，18週頃には完成するとされる[1]．また，未熟児に対する聴性誘発検査では，聴覚系における重要な中脳の一部である下丘からの反応であるV波も25週から認められており[2]，聴伝導路の形成はほぼ完成しているものと考えられている．最近では母体の声と他人の声を聞かせると心拍の変化に差が生じる[3]など，胎児期の聴力を裏付ける内容の報告も多々ある．

ところでヒトは胎生で有胎盤類であり，出生まで母体の子宮内で成長する．すなわち胎児の音環境を検討するにあたり，外界からの音の伝播と母体からの影響が挙げられる．出生するまでの40週は外界とは子宮壁や母体腹壁などにより隔たりがあり，よって外部からの音は15 dB～40 dBの減衰とされる．また，胎児は母体腹腔内に位置することより，常時血管収縮音や呼吸音，腸雑音などの音に晒されており，それは低音で構成され最大音で85 dBとされる[4]．これは騒々しい工場の中や電車の車内で感ずる相当音圧とされる．このような状況下で果たして胎児の聴力を計測できるのであろうか．

胎児の聴力の確認は1800年代より試みられており，超音波検査が発達した1983年に定性反応として音刺激による瞬き反射の報告がある[5]．ほかに四肢の動きや脳血流に着目した報告もあるが，母体への影響は低く確実に胎児へ音刺激を加える必要性，母体腹壁や子宮壁を隔てて胎児の生理的変化を計測する必要性など課題点は多い．

筆者は胎児の聴力検査に最適とされる，圧電素子を用いた音響刺激装置を開発し，その装置による音刺激で胎児の心拍変化を計測した（図1，2）．胎児にとっての母体からの環境音は1000 Hz以下が主である[6]．そこで2000Hzで構成される70 dB程度の音圧を刺激すると，32週以降の胎児において心拍変化をすべての症例において認めた．この結果は将来的には臨床の場で胎児聴力検査の可能性を見出したと言える．なお，胎児期における難聴は胎児因子，母体因子があり，それぞれ遺伝性難聴，サイトメガロウイルスなどの胎内感染，低酸素症，母体の耳毒性薬剤暴露などがあげられる．現時点では難聴に関する出生前治療は研究段階ではある．将来，生まれながらにして聴力障害を有する難聴児が減る時代がくることを期待する．

〔松岡理奈〕

文献
[1] J. K. Moore et al., Hear. Res., 91(1-2), 208-209 (1995).
[2] A. Starr et al., Pediatrics, 60, 831e839 (1977).
[3] K. J. Gerhardt and R. M. Abrams, J. Perinatol., 20, S21-30 (2000).
[4] R. M. Abrams et al., Biol. Neonate., 70, 155-164 (1996).
[5] J. C. Birnholz and B.R.Benacerraf et al., Science, 222 (4623), 516-518 (1983).
[6] R. Matsuoka et al., Intr. J. Ped. Oto., 101, 204-210 (2017).

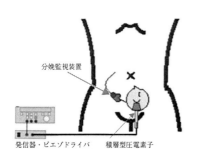

図1 胎児心拍の計測
圧電素子を用いた胎児音響刺激装置．

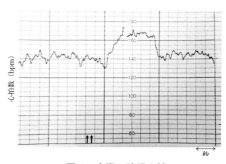

図2 実際の胎児心拍
音響刺激（矢印間）後に20 bpm以上の心拍増加を認める．

2-28 臨界帯域

聴覚末梢の周波数分析機能

入力音の音圧変化は，アブミ骨底部のピストン運動となって，内耳（蝸牛）のリンパ液に伝わる．アブミ骨から離れるほど，リンパ液の慣性が増大すると同時に，基底膜の剛性は低下する（次第に膜が薄く，幅が広くなる）ため，リンパ液に伝えられた圧力変化が基底膜の振動を引き起こす場所は，周波数によって変化する[1]．高周波では，基底膜のアブミ骨に近い部位が振動し，低周波になるほど蝸牛頂側に振動の頂点が移動する．このような基底膜の周波数分析機能を行動データから近似したものが臨界帯域である．

臨界帯域の概念

Fletcherは，広帯域雑音と純音とによるマスク閾の測定に加えて，次のような実験事実に基づき，臨界帯域（critical band：CB）の概念を示した[2]．純音を信号とし，帯域雑音（広帯域雑音を帯域通過フィルターに通したもの）をマスカーとして，信号の検出閾を測定する．帯域雑音の中心周波数を信号周波数に合わせ，スペクトル・レベル（1 Hz あたりの音の強さ）を一定に保ちながら，雑音の帯域を拡げていく．すると徐々に信号の閾値が上昇するが，あるところで閾値が変化しなくなる．このときの帯域幅を「臨界帯域幅」とフレッチャーは呼んだ．このとき，臨界帯域で切り取られた雑音のエネルギーだけが信号のマスキングに寄与していると考えられる．すなわち，聴覚末梢を，矩形のフィルターを並べたものとみなすことになる[3]．

等価矩形帯域幅

近年では，等価矩形帯域幅（equivalent rectangular bandwidth：ERB）も用いられる[4]．裾野がたがいに重なりあう帯域通過フィルター

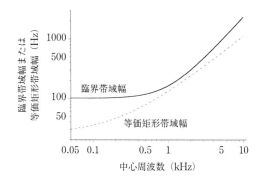

図1　臨界帯域幅[3]と等価矩形帯域幅[4]の比較

（聴覚フィルター）群を考え，帯域阻止雑音を用いた閾値測定により，フィルターの形をより精密に求める．これを面積の等しい矩形のフィルターに置き換えたものである．聴覚系の感度のよい，中程度の周波数において，通常の音圧では臨界帯域幅との違いはわずかである（図1）．

ヒトと動物の臨界帯域

ヒト以外の動物の臨界帯域幅は，概してヒトよりも広いと報告されることが多い．しかし，モルモットの等価矩形帯域幅について，聴覚末梢から得られた神経生理データと行動データがよく一致するうえに，周波数によってはヒトと同等，またはより狭い帯域幅を示すという結果[5]もある．実験方法の問題に加えて，ヒトは信号検出を特定の帯域から行うのに対し，ヒト以外の動物は全帯域を検出対象としている可能性も指摘されており[6, 7]，両者の臨界帯域幅に違いがあるのかどうかは現時点で不明である．

〔上田和夫〕

文献

[1] J. Schnupp et al., *Auditory Neuroscience: Making Sense of Sound* (MIT Press, Cambridge, MA, 2011).
[2] H. Fletcher, *Speech and Hearing in Communication* (Acoustical Society of America, Woodbury, NY, 1953).
[3] H. Fastl and E. Zwicker, *Psychoacoustics: Facts and Models*, 3rd ed. (Springer, Berlin, 2007).
[4] B. C. J. Moore, *An Introduction to the Psychology of Hearing*, 6th ed. (Emerald, Bingley, 2012).
[5] E. F. Evans, et al., in *Auditory Physiology and Perception*, Y. Cazals et al., Eds. (Pergamon Press, Oxford, 1992), pp. 159-169.
[6] W. A. Yost and W. P. Shofner, *J. Acoust. Soc. Am.*, **125**, 315-323 (2009).
[7] A. Alves-Pinto et al., *J. Acoust. Soc. Am.*, **139**, EL19-EL24 (2016).

2-29

難　聴

難聴とは，聴覚系のいずれかの部位に異常が生じ，聴覚機能が低下もしくは聴覚が失われている状態である．我が国では，正常聴力とは両耳とも聴覚閾値が 25 dB 未満の場合を指し，片耳もしくは両耳において聴覚閾値が 25 dB 以上であると難聴とされる[1]．一方，世界保健機構（WHO）基準では，正常聴力は両耳とも聴覚閾値が 25 dB 以下であり，片耳もしくは両耳において聴覚閾値が 25 dB を超えると難聴となる[2]．

平均聴力レベルの算定には，本邦では 4 分法（500 Hz + 1000 Hz × 2 + 2000 Hz）/ 4 が頻用されてきたが，現在は国際的に広く用いられている4分法（500 Hz + 1000 Hz + 2000 Hz + 4000 Hz）/ 4 が推奨されるようになってきている[1]．

難聴の程度

平均聴力レベルに基づいて分類される[1]．
- 軽度難聴：25 dB 以上 40 dB 未満
- 中等度難聴：40 dB 以上 70 dB 未満
- 高度難聴：70 dB 以上 90 dB 未満
- 重度難聴：90 dB 以上

一方，WHO 基準は我が国とは異なる[2]．
- 軽度難聴：26 dB 以上 40 dB 以下
- 中等度難聴：41 dB 以上 60 dB 以下（成人）
　　　　　　31 dB 以上 60 dB 以下（小児）
- 高度難聴：61 dB 以上 80 dB 以下
- 重度難聴：81 dB 以上

難聴の種類

聴覚系の障害部位に基づいて大別される．
- 伝音難聴：外耳および中耳の異常
- 感音難聴：内耳および聴覚伝導路の異常
- 混合難聴：伝音難聴と感音難聴の混在

難聴の原因

難聴を来す疾患のうち，代表的なものに関し

て以下に概説する．

A. 先天性難聴

先天性難聴は出生 1000 人あたり約 1 人の頻度で発生する．先天性難聴は言語発達に影響を及ぼすため，できるだけ早期に発見して適切な介入を行う必要がある．先天性難聴の約 50 ％は遺伝性難聴である．

① 遺伝性難聴

遺伝性難聴は難聴遺伝子の変異により生じ，難聴以外に症状がない非症候群性難聴と難聴以外の症状も呈する症候群性難聴がある．遺伝形式により常染色体優性遺伝，常染色体劣性遺伝，伴性劣性遺伝，およびミトコンドリア遺伝に分けられる．遺伝性難聴に関して，難聴家系の遺伝学的解析により多くの難聴遺伝子が発見され，また難聴遺伝子変異を有する難聴モデルマウスの解析により難聴発症のメカニズムが解明されつつある．例えば，遺伝性難聴のうちでも最も頻度が高い *GJB2*（gap junction protein beta 2）遺伝子の異常では，蝸牛コルチ器のカリウム輸送を担うコネキシン 26（Cx26）の機能が障害され，常染色体劣性遺伝の非症候群性難聴を来す．

② 胎生期や周産期の感染

妊娠中に母体が風疹ウイルス，サイトメガロウイルス，梅毒スピロヘータなどに感染すると，胎盤を経由して胎児の聴覚器に移行して難聴を引き起こし得る．また，新生児仮死や低出生体重などの周産期リスクがあると難聴発症のリスクも上がる．

③ 内耳奇形

内耳が完全に欠損するミシェル奇形，蝸牛と前庭が分離せず共通の腔を形成するコモンキャビティー，蝸牛回転が不足しているモンディーニ奇形などがある．

B. 後天性難聴

① 中耳炎（急性，慢性，滲出性，真珠腫性）

中耳炎により，分泌液が鼓室内に貯留したり，鼓膜に穿孔が生じたり，耳小骨連鎖が障害されたりする．その結果，鼓膜や耳小骨の可動性が制限されるため，伝音難聴を来す．

② 突発性難聴

突然生じる高度の内耳性感音難聴．通常は一側性であり，耳鳴やめまいを伴うこともある．内耳血流障害説やウイルス感染説があるが，いまなお原因不明である．

③ 加齢性難聴

加齢による聴覚系の機能低下．左右対称性，高音漸傾型の感音難聴が特徴的な聴力像である．現時点で根治療法は存在せず，補聴器などによるリハビリテーションが重要となる．

アカゲザルもヒトと同様に加齢性難聴を呈することが心理物理学的手法[3]や電気生理学的手法[4]により報告されており，この難聴は有毛細胞やらせん神経節細胞の喪失と相関があることが示されている．

齧歯類においても加齢性難聴が認められる．難聴の程度は系統によって異なり，例えば実験に汎用されるC57BL/6は早期より加齢性難聴を呈する．加齢性難聴モデルマウスを用いた最近の研究により，有毛細胞−蝸牛神経求心性シナプス（有毛細胞リボンシナプス）の脱落が先行して，続いて蝸牛神経，有毛細胞の喪失が起こることが提唱された[5]．

④ 騒音性難聴

強大音への曝露によって生じる難聴．一過性聴覚閾値移動と永久的聴覚閾値移動がある．ヒトでは4000 Hzを中心とした聴覚閾値の上昇が特徴的である．治療法がないため，耳栓装用などにより予防することが大切である．米国国立衛生研究所は，75 dB未満の音であれば安全であり，85 dB以上の音に長時間繰り返し曝露すると騒音性難聴を発症する可能性があると警告している．

ブタオザル，アカゲザル，カニクイザルに強大音（500〜8000 Hz，120 dB SPL）を連日負荷すると一過性聴覚閾値移動とそれに続く永久的聴覚閾値移動が生じ，周波数域に対応した部位の外有毛細胞の喪失が生じる[6, 7]．

加齢性難聴と同様，騒音性難聴モデルマウスにおいても有毛細胞リボンシナプスの障害が先行することが示されている[5]．

⑤ 薬剤性難聴

治療用薬剤の副作用として生じる難聴．結核などの治療に用いられてきたストレプトマイシンなどのアミノグリコシド系抗生剤によるものが特に有名である．アミノグリコシド系抗生剤によりブタオザルに難聴が生じ得る[8]．難聴は高音域から始まり低音域にまで進展するが，この聴力変化は有毛細胞の喪失が基底回転から始まり頂回転にまで広がっていくことと相関する．

難聴の治療とリハビリテーション

① 薬物療法： 急性中耳炎などには原因菌をターゲットにした抗生剤による治療が行われることが多い．一方，突発性難聴などの急性感音難聴にはステロイド剤が投与されることが多い．

② 手術療法： 慢性中耳炎に対して伝音系再建を目的とした鼓室形成術が行われる．

③ 補聴器： 難聴による聴力損失を補償するための音声増幅器．近年デジタル化が進み，アナログ型と比較して性能が向上した．

④ 人工中耳および人工内耳： 別項を参照のこと．

将来的には難聴に対する遺伝子治療や再生医療が利用可能になることが期待されている．

〔鷹合秀輝〕

文 献

[1] 日本聴覚医学会難聴対策委員会：難聴（聴覚障害）の程度分類，2014．(https://audiology−japan.jp/audiology−japan/wp−content/uploads/2014/12/a1360e77a580a13ce7e259a406858656.pdf)

[2] World Health Organization, Grades of hearing impairment, http://www.who.int/pbd/deafness/hearing_impairment_grades/en/index.html

[3] C. L Bennett, R. T. Davis and J. M. Miller, *Behav. Neurosci.*, **97**, 602−607 (1983)

[4] P. III. Torre and C. G. Fowler, *Hear. Res.*, **142**, 131−140 (2000).

[5] S. G. Kujawa and M. C. Liberman, *Hear. Res.*, **10**, 191−199 (2015).

[6] J. E. Jr. Hawkins, L. G. Johnsson, W. C. Stebbins, D. B. Moody and S. L. Coombs. *Acta Otolaryngol.*, **81**, 337−343 (1976).

[7] D. B. Moody, W. C. Stebbins, J. E. Jr. Hawkins and L. G. Johnsson, *Arch. Otorhinolaryngol.*, **220**, 47−72 (1978).

[8] W. C. Stebbins, W. W. Clark, R. D. Pearson and N. G. Weiland, *Adv. Otorhinolaryngol.*, **20**, 42−63 (1973).

2-30
耳鳴とは：人と動物からの知見

耳鳴とは，
・外界からの音入力がないにもかかわらず音感覚を感じ，それに常に意識を向けるような状況になり概念として形成されたものである．
・手足を失った人のファントム（phantom）感覚と同様に，失った聴覚情報のファントム感覚とも形容される．
・海馬での記憶の固定化と側頭葉・頭頂葉連合野への記憶の埋め込みにより耳鳴の概要を言葉で表すことのできる陳述記憶である．
・扁桃体を中心とする情動領域で行われる感情を伴う学習により強化され，意識することにより（注意）維持される．

動物での耳鳴実験

動物では音を条件刺激とした恐怖や報酬条件づけによる行動実験で存在を推察するしかない．この行動実験では，耳鳴に関係する皮質の切除によっても条件づけ行動は起き，一次聴覚野（A1）は必要でなく視床−扁桃体のシャント経由とされ，必ずしも耳鳴の存在を示すものではないと考えられる．二音間のギャップ（gap）を検知する分化条件づけ実験では，二次聴覚野の関与も考えられる．しかし，条件づけした動物の聴覚野（皮質）ニューロン反応（反応）の変化は，訓練により音刺激が餌や電気ショックとの関連を認識したときに生じ，音刺激下でも音以外の感覚刺激に注意を向けているときには生じない．これから，皮質の反応は報酬・不快の情動に伴う注意・動機付けとの関与が考えられ[1]，行動実験と耳鳴の関係は不明である[2]．

耳鳴の神経生理モデル

動物の耳鳴モデルには，騒音負荷とサリチル酸投与が行われているが，皮質下の作用機序は異なり，ここでは臨床上遭遇する騒音負荷による結果を記す．動物実験より皮質下においては耳鳴の原因となる異常な信号の発生源として，蝸牛神経背側核，下丘が注目されているが未だ議論がなされている[3]．神経生理学的モデルではユニット（unit）活動電位と場電位による研究がなされ，行動実験で騒音負荷後の耳鳴の存在を疑わせる耳鳴モデルでは，皮質における自発放電頻度（SFR）の亢進，神経活動の同期性亢進，入力低下による周波数局在構造の再構築が考えられる[2]．騒音暴露数時間後には，特徴周波数が，負荷周波数の1オクターブ超えと負荷周波数以下のニューロン（neuron）群でSFR増加が出現し，かつ負荷前にはなかった音刺激に対する反応が現れた．さらに皮質内の反応の相互相関が増加していた[4]．このように負荷数時間後には皮質での変化が記録されていることから，必ずしも可塑性の変化が必要ではなく，蝸牛障害による末梢からの入力低下が皮質内の緊張性の側抑制の低下を惹起し，SFRの上昇と潜在的に抑制されていた反応を惹起したと思われ，それに伴う異常感覚（ファントム感覚）が耳鳴の原因となっていることも考えられる[4]．実際，騒音負荷終了直後に数週間の

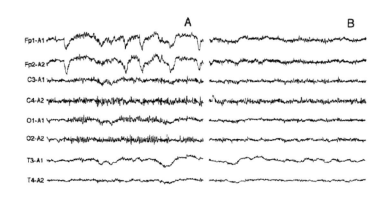

図1 耳鳴患者の中耳電気刺激中の睡眠脳波 [7]

埋め込み式耳鳴抑制装置による中耳電気刺激により睡眠が誘発され，覚醒後耳鳴が一時的に消失．Aは治療前，Bは治療中の脳波を示す．治療中の脳波から（B），患者は浅い睡眠状態にあることがわかる．

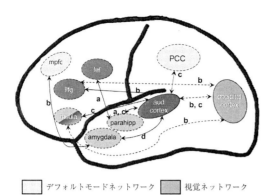

図2 耳鳴りとの関係が推定される脳内ネットワークの概要（[9] を一部改変）

実線はポジティブ（positive），破線はネガティブ（negative）な関係を示す．各 a, b, c, d は引用文献を示す（文献 [9] Fig.1.を参照）．PCC：後帯状回，mpfc：内側前頭前皮質，lifg：左下前頭回，parahipp：海馬傍回，aud cortex：聴覚野，fef：前頭眼野，amygdala：扁桃体，insula：島皮質．

騒音を加えると難聴の軽減と生理学的に皮質における再構築の阻止が証明された[5]．

体性神経の関与（図1）

人の体性神経刺激が耳鳴治療の1つとしてある．ラットの20日間の迷走神経・音刺激で騒音難聴後のA1のSFRの増加はあるが同期発火の亢進は抑制され，行動実験でも耳鳴の存在は否定的であることから，体性感覚・聴覚入力が獲得された耳鳴を抑制する可能性が示されている[6]．この神経生理学モデルとして，聴覚情報は視床の内側膝状体腹側核から直接A1に投射され，一方，体性感覚入力など非毛帯系の聴覚系への投射は蝸牛神経背側核・内側膝状体背側核経由で直接A1を取り囲むBelt領域に，内側核からは皮質に投射される．人の中耳の電気刺激でも耳鳴が抑制されるのもこの系が関与していると考えられる[7]．

大規模脳機能ネットワークからの知見（図2）

動物実験から，耳鳴との関係で皮質と機能的関与があるのは，聴覚情報のゲートである視床，記憶と関連する海馬，情動に関係する扁桃体であることは定説となっている．ただし人においては動物実験とは異なり急性の難聴後の耳鳴は稀で，通常はストレスとの関与が考えられている[8]．脳磁図（MEG），機能的核磁気共鳴画像（fMRI），安静時機能的磁気共鳴画像（rsfMRI）等による，皮質領域での耳鳴に伴う大規模脳機能ネットワークの変化の研究とHusain[9]の総説にある耳鳴と関係する部位と比較すると，聴覚・言語ネットワーク（聴覚野），安静時に働くDMN：デフォルトモードネットワーク（前頭前野内側部，帯状回後部），痛みや不確定な要素などホメオスターシスを脅かす際に活性化する顕著性ネットワーク（島皮質前部，前帯状皮質背側部），被験者が意図的に制御するときに働くDAN：背側注意ネットワーク（前頭眼野，左下前頭回，島皮質後部），大脳辺縁系ネットワーク（扁桃体，海馬傍回，島皮質前部）と多岐にわたっている．Husain[9]は，こうした中で，大脳辺縁系と聴覚，DMN帯状回後部，DAN協働を重視している．DMNの帯状回後部・内側前頭前野はエピソード記憶の検索，帯状回後部は，さらに記憶に基づく内的シミュレーションの統御を行う．安静期間中の内的処理としては，マインドワンダリングが知られている．これは課題とは関係のない空想・創造・白日夢を指す[10]．こうしたことを考慮すると，耳鳴患者の行動パターンを理解することが可能となるだろう．

〔松島純一〕

文献

[1] V. Poghosyan and A. A. Ioannides. *Neuron*, 58, 802-813 (2008).
[2] J. J. Eggermont., *Hear. Res.*, 295. 140-149 (2013). doi:10.1016/j.heares.2012.01.005
[3] D. Robertson *et al.*, *Hear. Res.*, 295. 124-129 (2013). doi:10.1016/j.heares.2012.02.002
[4] A. J. Norena and J. J. Eggermont, *Hear. Res.*, 183, 137-153 (2003). doi: 10. 1016/S0378-5955(03)00225-9
[5] A. J. Norena and J. J. Eggermont, *Journal of Neuroscience*, 19, 699-705 (2005).
[6] N. D. Engineer *et al.*, *Nature*, 470, 101-104 (2011). doi.10.1038/nature09656
[7] 松島純一ほか, 日耳鼻会報, 97, 654-660 (1994).
[8] J. Matsushima *et al.*, *Int. Tinnitus J.* 3. 123-132 (1997).
[9] E. T. Husain and S. A. Schmidt, *Hear. Res.*, 307, 153-162 (2014). dx.doi.org/10.1016/j.heares. 2013.07.010
[10] 越野英哉他, 生理心理学と精神生理学, 31(1), 27-40 (2013).

2-31 人工中耳

現代社会では，各種情報の重要性が日々増大しており，特に疾病や加齢による聴力の低下は，身体面のみならず精神面においても個人の生活の質の低下に大きな影響を及ぼしている．聴力低下に起因するコミュニケーション能力の低下は，個人に対する不利益だけではなく，その人を取り巻く社会にもまた，種々の不利益をもたらす．よって，聴覚障害を予防し，効率よく治療すること，障害をもった人をいかに社会に取り込み共生するかは現代社会の最も重要な課題の1つである．

現在，聴力レベルが50〜100 dBの中・高度難聴に対する聞こえの改善は，補聴器に頼るしか選択肢がない．一般の気導補聴器は，外部の音を増幅し外耳道に入力するものであるが，耳漏患者には使用できない．また，利得調整が難しく，ハウリングが発生し非常に煩わしく感じてしまう場合もあるなどの欠点があり，日本補聴器工業会によると，難聴者の補聴器使用率は13.5％，使用満足度は39％（いずれも2015年調べ）に止まっている．

ほかの補聴手段としては，電極を蝸牛内に挿入し，聴覚神経を直接電気的に刺激する人工内耳があるが，装着には蝸牛に対する手術が必要であり，完全に聴力を失ってしまうリスクを伴う．人工中耳は一般の気導補聴器や人工内耳の欠点を補いつつ，より明瞭な聞こえの獲得を目指して開発が進められている．ここでは，いくつかのタイプの人工中耳を紹介する（現在は市販されていないものも含む）．なお，ここでは人工中耳の定義として，聴覚障害者の聴力を補うために，鼓膜，ツチ（槌）骨，キヌタ（砧）骨，アブミ（鐙）骨のいずれか，またはすべての機能を代替し，蝸牛に振動を伝達するための植込み型デバイスとした．

人工中耳の特徴

人工中耳のメリットとして，音質が気導補聴器よりも自然，騒音環境下における明瞭度が良好，ハウリングがない，耳栓が不要で外耳道の閉塞感がないなどがあげられる．一方，デメリットとして，手術が必要，高価なものが多い，長期耐久性が不確実なものがある，高度難聴者に適応がないなどがある．

人工中耳の種類

人工中耳は耳小骨駆動方式と骨導方式に大別できる．耳小骨駆動方式は耳小骨に加振装置を取り付けて直接加振することにより補聴を行うものである．加振方法には圧電式（図1）と電磁式（図2，3）がある．

圧電式は，電圧をかけると変形する圧電素子を耳小骨に接触させ，外部より駆動電圧を付加して耳小骨を振動させる方式である．図1の例では，鼓膜，ツチ骨，キヌタ骨の機能の代替として，アブミ骨を圧電素子により直接加振し，蝸牛に振動を入力することで補聴を行うもので

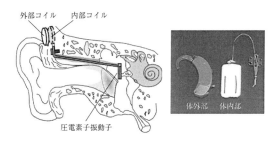

図1　圧電素子により耳小骨を加振する人工中耳の例
（リオン社，人工中耳）

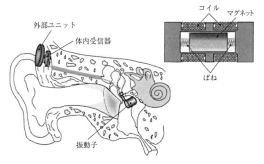

図2　電磁式の振動子を耳小骨に取り付け加振する例
（MED-EL社，Vibrant Soundbridge）

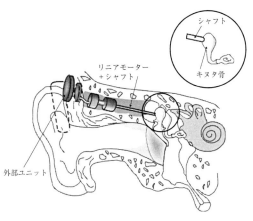

図3 小型リニアモーターにより，耳小骨に接触させたシャフトを振動させて加振する方式
(Otologics社, Middle Ear Transducer)

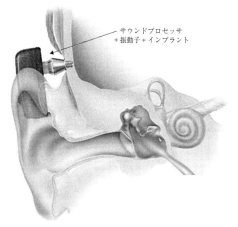

図4 振動子が体外にある骨導型人工中耳
頭蓋にチタン製のインプラントの一端をネジ固定し，他端にサウンドプロセッサと振動子が一体となったデバイスを取り付け，頭蓋を振動させる．この振動は蝸牛に伝わり，音が知覚される．（Cochlear社, BAHA, 図は[1]を改変した）

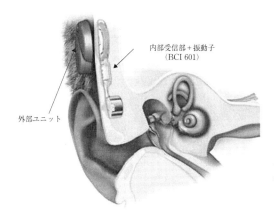

図5 振動子が体内にある骨導型人工中耳
やや大型の電磁式振動子を，頭蓋に作成したホールに埋め込み固定する．外部より経皮的に電力と音響信号を入力し，頭蓋を振動させ聴覚を得る．（MED-EL社, Bonebridge, 図は[1]を改変した）

ある．

電磁式には，マグネットとコイルからなる振動子を耳小骨に取り付け，外部より経皮的に送られてくる信号により耳小骨を加振するもの（図2）や，小型リニアモーターにより，耳小骨に接触させたシャフトを振動させて加振する方式（図3）がある．

骨導方式は，振動子により頭蓋を振動させて補聴を行うものである．骨導方式は，耳小骨駆動方式よりも比較的手術手技が簡単であり，鼓膜や耳小骨には何も手を加えないため，装着前後で気導聴力は変化しない．また，外耳・中耳病変の影響が少なく，装着側と反対側の耳でも聞こえる，長期安定性に優れるなどの利点が多い．骨導方式には振動子が外部にあるもの（図4）と内部にあるもの（図5）がある．

骨導補聴器の課題としては，出力向上による適応拡大，小型化，ノンメンテナンス化があげられる．これらを実現するため，超磁歪素子など，新たな加振デバイスを用いた小型・高出力骨導補聴器の開発も行われている[2]．

〔小池卓二〕

文　献
[1] A. Huber et al., *Hear. Res.*, 301, 93-99 (2013).
[2] 小池卓二, 羽藤直人, 神崎 晶, *Otol. Jpn.*, 22, 918-922 (2012).

2-32 人工内耳

人工内耳は，内耳(蝸牛)の中に電極を挿入し，聴神経を直接に電気刺激することにより，高度感音難聴者に対して聴覚獲得を可能とする人工臓器である．

人工内耳の歴史

電気刺激による聴覚器の刺激についての関心は，早くは18世紀に始まる．1748年ウィルソン(Wilson, B.)，1800年ボルタ(Volta, A.)をはじめとする複数の研究者は，経皮的な聴覚器の刺激を試みている．ヒトへの最初の人工内耳手術は，1961年にハウス(House, W.)とドイル(Doyle, J.)らにより行われ，聾者2人の蝸牛鼓室階へ単チャネルの電極を挿入し，音の強さと高低を認知できたと報告している．1964年シモンズ(Simmons, B.)とホワイト(White, R.)らは岬角経由で6チャネルの電極を蝸牛軸に挿入している．1967年の発表でシモンズは初めて"人工内耳"という言葉を使っている．1978年クラーク(Clark, G.)らは10チャネルの人工内耳の埋め込みを行っている．これが原点となり，1980年代初頭には，22チャネル人工内耳治験が世界中で実施された．

我が国では1980年代に，神尾らによる単チャネル人工内耳の手術実施以降，1985年にコクレア社製22チャネルの埋め込み手術が成人に，1991年に小児に実施され，1994年に健康保険適応が認可されるようになった．現在，メドエル社，コクレア社，アドバンスバイオニクス社の3社の人工内耳が保険承認されている．

人工内耳の仕組み

人工内耳は，体外装置と手術で埋め込む体内装置から構成されている．体外装置は，マイクロフォン，スピーチプロセッサ，送信コイルから構成される．体内装置は受信-刺激装置，電極から構成される(図1)．手術により，受信装置は側頭部皮下に留置され，電極は蝸牛内に挿入される．

体外装置のマイクロフォンで集めた音はスピーチプロセッサで音声処理され，電気信号に変換されたあと，ケーブルを通って送信コイルより経皮的に体内部の受信装置に送られる．受信装置に伝わった信号は，蝸牛内に留置された電極から，らせん神経節細胞，蝸牛神経，大脳皮質聴覚野へ伝えられ，音として認識される(図2)．スピーチプロセッサにおける音声処理は，コード化法といわれ，音響刺激を電気刺激に変換する方法である．音の3要素である高さ，大きさ，音色は，それぞれ蝸牛内電極が刺激する場所，電流振幅と刺激時間(レート)による電荷量，複数電極への刺激の組み合わせなどで表

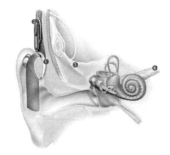

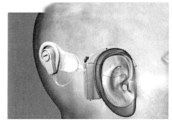

図2 埋め込まれた電極及び受信-刺激装置と体外装置のプロセッサ及び送信コイル(日本コクレア社より転載)

図1 人工内耳．
体内装置(左)，体外装置(右)(日本コクレア社より転載)

現される．人工内耳のメーカーによる電極数，音声処理方法，機能の違い，特色はあるが，聴取能については明確な違いはない．

低音部に残聴がある高度難聴者に対しては，残存聴力活用型人工内耳（EAS）が適応となる．通常より短い電極を蝸牛内留置することにより，高音は人工内耳を介する電気刺激，低音は補聴器と同様の音響刺激により聴取するシステムである．

人工内耳の適応

日本耳鼻咽喉科学会により示された我が国における最新の人工内耳適応基準を以下に示す．

成人については2017年に改訂が行われ，裸耳での聴力検査で平均聴力レベル（500 Hz, 1000 Hz, 2000 Hz）が90dB以上の重度感音難聴，もしくは平均聴力レベルが70 dB以上90 dB未満で，なおかつ適切な補聴器装用を行った上で，装用下の最高語音明瞭度が50%以下の高度感音難聴とされている．

小児については2014年に改訂が行われ，原則1歳以上（体重8 kg以上），両耳とも裸耳での聴力検査で平均聴力レベル90 dB以上の高度難聴者，もしくは少なくとも6か月間最適な補聴器を試みても補聴効果が不十分で平均補聴レベルが45 dBを超えない場合，あるいは最高語音明瞭度が50%未満の場合とされている．

低音部残存聴力のある難聴者に対しては，EAS（前述）が適応となる．我が国においても2014年に保険収載されている．

人工内耳の一般的な適応は両側高度難聴者であるが，欧州を中心に一側聾に対する人工内耳手術が試行的に行われており，方向覚，雑音下での聞き取りなどが向上，耳鳴り改善などが報告されている[1]．

人工内耳の有効性

人工内耳の有効性には個人差はあるが，多くの場合静かな環境下での1対1の会話は可能となる．また電話での会話も可能となる装用者も少なくない．

人工内耳の装用効果には様々な要因が影響す

ることが知られている．言語習得後の難聴者においては，一般的に，失聴時期は遅いほど，失聴期間は短いほど良好な聴取能が得られる．言語習得前の難聴者においては，早期に手術を行った方がその後の音声語音の発達に良好である[2, 3]．また人工内耳装用後の親の療育行動（maternal sensitivity と cognitive stimulation）がその後の音声言語の発達に重要である[2]．

人工内耳は単に音声言語の問題に留まらず，装用者の生活の質に大きな影響を及ぼす．成人においては，障害認識・障害受容の面で大きな効果をもたらし，職場でのストレスの低減や，鳥や虫の鳴き声に季節を感じるなどの事例が挙げられる[4]．小児においても，音声言語による会話すなわちバーバル・コミュニケーションだけでなく，非言語コミュニケーションすなわちノンバーバル・コミュニケーションの量も飛躍的に増大し，親子ともに生活の質が改善する事例もある[5]．また，両耳人工内耳装用を行った患者では，一側装用よりも，静寂下および騒音下での語音聴取成績，音源定位，主観的な装用効果の向上が示されている[6]．

人工内耳装置の将来

体外装置をすべて体内に埋め込む全埋め込み型人工内耳[7]が開発されつつある．また，らせん神経節細胞に光活性化非選択的陽イオンチャネルであるチャネルロドプシン2（ChR2）を発現させ，蝸牛内に挿入した電極より低強度の青色光を発することによりこのチャネルを活性化させ，らせん神経節細胞を刺激することにより聴覚を獲得する方法も検討されている[8]．

〔三輪　徹・蓑田涼生〕

文　献
[1] T-V. Dayse, *Otol & Neurotol*, **36**(3), 430-436 (2015).
[2] A. L. Quittner et al., *J. Pediatr*, **162**, 343-348 (2013).
[3] J. K. Niparko et al., JAMA, **303**, 1498-1506 (2010).
[4] D. P. Sladen et al, *cochlear Implants Int.* **18**(3), 130-135 (2017).
[5] W-C. D. Andrea et al., *Int J Ped Otorhinolaryngol*, **73**(10), 1423-1429 (2009).
[6] R. J. Eapen and C.A. Buchman, *Curr Opin Otolaryngol Head Neck Surg.*, **17**, 351-355 (2009).
[7] R. J. Briggs et al., *Otol Neurotol*, **29**, 114-119 (2008).
[8] V. H. Hernandez et al., *J Vis Exp*, **139**:446-453 (2014).

2-33

精神疾患と聴覚

精神疾患とは

　精神疾患は，遺伝的要因または環境からのストレス・身体的病因といった環境要因，あるいはその両者が複雑に関連することによって生じるとされる心の病であり，近年（2013年以降），我が国では5大疾病（がん，脳卒中，急性心筋梗塞，糖尿病を含む）の1つに位置付けられるなど，社会的に関心を集めている．しかし，精神疾患は多様性に富んでおり，その詳細に関する認知度は決して高いとは言えない．米国精神医学会が2013年に発表した「精神疾患の診断・統計マニュアル第5版（Diagnostic and Statistical Manual of Mental Disorders, 5th Edition, DSM-5）」によると，神経発達障害も含めた精神疾患の分類は22通りに及ぶ．さらに，多くの症状はその程度の幅が広い（スペクトラムを呈している）ため，正常と異常の境界は明確ではなく，病態メカニズムもその多くが未解明のままである．

　このように多様性を呈する精神疾患の中には，聴覚に関連した障害が報告されているものがある．その代表的な例としては，統合失調症（schizophrenia）および心的外傷後ストレス障害（posttraumatic stress disorder：PTSD）における幻聴（auditory hallucination）や，抑うつ障害（depressive disorder）や不安障害（anxiety disorder）などに見られる耳鳴り（tinnitus），神経発達障害である自閉症スペクトラム障害（autism spectrum disorder：ASD）および注意欠陥・多動性障害（attention-deficit hyperactivity disorder：ADHD）に見られる聴覚過敏（hyperacusis）または聴覚鈍麻があげられる．これらの精神疾患と聴覚障害の因果関係には不明な点が多い．しかしながら，聴覚機能は音声コミュニケーションに不可欠であるため，これらの精神疾患でしばしば問題となるコミュニケーション・社会的交流スキルの低下について，聴覚障害がその一因となり得ることは注目すべき点である．本項では，統合失調症やPTSDに見られる幻聴に焦点を当て，その症状についての概要と脳内機構に関する知見を紹介する．

幻聴

　幻聴は，外界からの音刺激がないにもかかわらず音の感覚を自覚する現象の中で，単調な金属音や雑音として聞こえてくる「耳鳴り」とは区別されるものであり，主に，ドアの閉まる音や騒音など物音として聞こえる要素性幻聴，音楽として聞こえてくる音楽性幻聴，自分に話しかけてくる声あるいは自分についての話をしている声として聞こえてくる言語性幻聴（auditory verbal hallucination：AVH）の3つに分類される．統合失調症やPTSDでは，これらの幻聴の中でもAVHが多くみられることが報告されている．統合失調症とは，10歳代後半から20歳代前半に発症することが多く，幻覚や妄想といった知覚や思考などの精神機能から記憶や注意などの認知機能まで，幅広い脳機能の障害を示す疾患である．一方，PTSDは，恐怖体験によってその後に引き起こされる過剰な恐怖・不安症状，不眠，食欲不振などを特徴とする．

　これら2つの精神疾患に見られるAVHは，様々な観点から分類されている．例えば，「自分自身の思考（自分からの言葉）として認知されるもの，または，他人が発した言葉として認知されるもの」「過去の体験のフラッシュバックとして認知される，あるいはそれとは無関係なものとして認知される」「心的外傷のきっかけとなったできことと直接関連する内容である，または無関係である」などである．PTSDでは，心的外傷のきっかけとなった出来事に関連するケースが比較的多いなど，統合失調症とPTSDとの間で部分的に違いはあるものの，多くの点で類似性があることが報告されている．

幻聴の要因となり得る脳機能障害

　統合失調症患者には，通常の聴力検査や聴性

脳幹反応では問題が見られないため，単発の音刺激に対する聴覚神経系の情報処理は正常であると考えられている．しかしながら，連続した音刺激における音の高さや長さなどの違いを弁別することが困難になることが報告されている．このことは，大脳皮質聴覚野を損傷した場合の症状と類似することから，大脳皮質聴覚野の機能障害が原因の1つと考えられている．

実際，統合失調症の生理的指標の1つとなっているのが，聴覚オドボール課題において大脳皮質聴覚野で見られるミスマッチネガティビティー（mismatch negativity：MMN）の低下である．MMNは，繰り返し提示される識別可能な2つの刺激（高頻度に提示される標準刺激と低頻度に提示される逸脱刺激）を用いたオドボール課題において，刺激に対する応答を事象関連電位として記録した際に検出される逸脱刺激に特有の応答成分を意味する．MMNの低下は，フェンサイクリジンやケタミンなどの阻害剤によりNMDA型のグルタミン酸受容体（NMDAR）を阻害した場合にも見られることから，この逸脱刺激の弁別機構はNMDARを介することが示唆されている．重要なこととして，NMDAR阻害剤を健常者に投与すると，MMNの低下以外にも統合失調症に類似した症状が現れることが知られている．しかしながら，統合失調症におけるMMNの低下とAVHとの直接的な関係は明らかになっていない．AVHは，ドーパミンD2受容体の阻害剤である抗精神病薬の投与によって著しく改善することから，大脳皮質聴覚野および言語野の障害だけでなく，中脳腹側被蓋野からのドーパミン神経系の機能亢進も一因として注目されている．

精神疾患に付随する聴覚障害の病態メカニズムの解明は，聴覚障害だけでなく精神疾患自体の治療薬や治療法の開発に寄与し得る．さらには，音認知の基本原理を理解する上でも重要な示唆を与えることが期待される．　〔竹本　誠〕

文献

[1] 標準精神医学第7版（医学書院, 東京, 2018）.
[2] American Psychiatric Association, Diagnostic and statistical manual of mental disorders, 5th edition (DSM-5), 2013.
[3] D. C. Javitt, R. A. Sweet, *Nat. Rev. Neurosci.*, 16, 535-550 (2015).
[4] S. McCarthy-Jones, E. Longden, *Front. Psychol.*, 6, 1071 (2015)

2-34

主 観 音

狭義の主観音

　主観音の狭義としては，ある周波数特性を有する音波を聞いて生じる聴感覚の中で，その音波に含まれていないのに知覚できる周波数音と定義することができる．例えば2つの似た周波数をもつ純音が呈示された場合，この2つの純音が干渉して，音波の振幅包絡がゆっくりと周期的に変化する合成波が生じる（**図1**）．この振幅包絡の周期は2つの純音の周波数差分と同一で「うなり（beat）」として知覚される．**図1**では位相の異なる95 Hzの純音（濃い灰色線）と105 Hzの純音（薄い灰色線）を同時に提示した場合，10 Hzのうねりを生じさせる合成波（黒線）を表している．998 Hzの純音と1002 Hzの純音を同時に聞くと4 Hzのうねりを知覚することができる（朝倉書店web付録）．このうねりの周波数は音波には含まれていない周波数であるため主観音である．

　またうねりに似た主観音の例として，ミッシングファンダメンタル（missing fundamental）がある（**図2**，朝倉書店web付録）．自然界で発生する音の多くは基音と呼ばれる低い周波数に加えて，2以上の整数倍の周波数をもつ倍音と呼ばれる周波数成分を含有している．例えば200 Hzの基音に加えて400 Hz, 600 Hz, 800 Hz, 1000 Hz, 1200 Hz…といった倍音が含まれた複合音であるが，聞き手には200 Hzのピッチを有する音として知覚される（**図2左**）．しかしながら，この複合音の基音である200 Hzのみを除去して400 Hz, 600 Hz, 800 Hz, 1000 Hz, 1200 Hz…といった倍音のみを聞いても，失っている200 Hzの基音（ミッシングファンダメンタル）がピッチとして聞こえる（**図2右参照**）．この場合も音波にはこの基音周波数が含まれていないため，主観音の一例と考えることができる．

広義の主観音

　このような狭義の主観音に対して，広義には聞き手が感じる個人的な聴感覚すべてのことを主観音と定義することができる．聴感覚を引き起こす音波とは，物理的な面からみるとヒト可聴周波数から構成される空中を伝播する弾性波と定義することができるが，この音波がヒトの聴覚経路を介して神経活動に変換され脳に伝わることで音として知覚することができる（▶2-2参照）．この音として知覚された状態が主観音である．音波に関しては音圧，周波数，位相でその物理特性を客観的に定義することが可能であり，またそれらの情報をもとに復元することもできるが，主観音ではそのような数値による客観的な定義や復元は不可能である．

　主観音の表現として例えば，音が大きい・小さいとか，音が高い・低いなどは音波の基本的な物理特性である音圧や構成周波数にほぼ対応しており個人差はあまりない場合が多いが，冷たい音，とがった音，澄んだ音，やわらかい音などは基本的な物理特性で説明することは困難で個人差も大きい．例えば音楽を例にとって考えると，ロックが好きな人物Aと嫌いな人物Bに同一のロック曲を聞かせると，音波としての物理特性は同一であってもAには快い主観音を発生させるのに対して，Bには不快な主観音を発生させる．それどころか，同一人物が同じ音を聞いた場合であっても，気分が良いときと落ち込んでいるときでは主観音が異なっている場合もある．主観音を決定づける要因として，蝸牛から伝えらえる音波に関連した神経活動が重要な役割を果たしているのは確かであるが，それに加えて経験や他感覚（視覚など）からの情報，感情等，様々な要因が影響を及ぼしている．

病的な主観音

　主観音の中でも特徴的な例として耳鳴りがある．耳鳴りとは実際の音源が存在しない，すなわち音波がまったくない状態であっても不快な主観音が聞こえてしまう疾患である．健康な成人でも音の遮断された遮音室に入ると約90％が何らかの主観音が聞こえると報告されてい

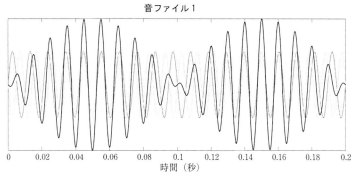

図1 うなり音の波形(朝倉書店 web 付録より試聴可)

る[1]．耳鳴りの有病率は加齢とともに上昇し，60 歳代ではおよそ 14％と非常に患者数の多い疾患である[2]．耳鳴りの発症メカニズムにはまだ不明な点も多いが，難聴などをトリガーに脳において不適切な可塑性変化が生じて，音波がない状態であっても音を知覚する聴覚野神経細胞が活動することで，耳鳴りすなわち主観音を知覚すると考えられている[3]．

他の感覚情報による影響

主観音に他感覚情報が影響を与える代表例としてマガーク効果[4]があげられる．これは発話の映像と音声の組み合わせを変えて同時に視聴すると，映像とも音声とも合致しない主観音が聞こえる現象のことである．例えば，「ガ」と発声している映像に合わせて，「バ」という音声を提示すると「ダ」という主観音が聞こえるのである．これは主観音には聴覚経路の影響のみならず，視覚経路など他の感覚情報が大きな影響を与えていることを示唆している．

学習による影響

これまでの経験や学習も主観音には大きな影響を与える．日本語を母語とする人々には"La"と"Ra"の発音の区別が苦手な人は多いが，英語を母語とする人ではその判別は容易である．"La"と"Ra"の音波としての物理特性の違いは，主に第三フォルマントの周波数変調方向の違いによるところが大きいのであるが，日本人と欧米人でこの第三フォルマント周波数周辺での聴力閾値に差があるわけではない．日本語を母語とする集団では主観音として日本語の「ラ」を聴取する機会が多い．"La"や"Ra"の音波としての物理特性は日本語の「ラ」と類似しているため，これまでの経験を基に"La"や"Ra"の音波を日本語の「ラ」という主観音として脳が処理してしまう．そのため聴取する機会の少ない"La"と"Ra"の発音の区別がうまくいかないと考えられる． 〔岡本秀彦〕

文 献
[1] M.F. Heller and M. Bergman, *Ann. Otol. Rhinol. Laryngol.*, 62, 73-83(1953).
[2] J. Shargorodsky *et al. Am. J. Med.*, 123 711-718(2010).
[3] J.J. Eggermont, *Prog. Brain. Res.*, 166, 19-35 (2007).
[4] H. McGurk and J. MacDonald, *Nature.*, 264, 746-748 (1976).

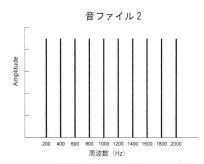 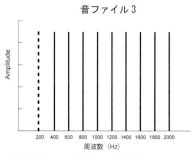

図2 ミッシングファンダメンタル(朝倉書店 web 付録より試聴可)

2-35 聴覚神経回路の可塑性

神経系の可塑性とは，脳神経系が外界の環境や刺激などによって機能的・構造的に変化する性質である[1]．神経系の可塑的変化は，発達期に環境から受ける影響，学習による影響，疾患やリハビリテーション，といった各要素によって引き起こされる．脳神経系が可塑的変化を起こすことによって，動物は周囲の環境に合わせて学習し，行動の適応が成立する．聴覚系においても可塑的変化は生ずる．その研究は，シナプスの伝達効率やスパインの構造といったミクロスケールの解析から，イメージングを用いたマクロスケールの解析まで広く行われている．

発達期の環境暴露による可塑的変化

聴覚系においても，特に発達期における可塑的変化がよく研究されてきた．これは，人格形成に「氏か育ちか」どちらが重要かという問いに答えを求めようとするものである．聴覚系において古くから知られている可塑的変化は，幼若期に音暴露下で飼育することによって起こる可塑的変化である．幼若期に音を暴露して飼育すると，暴露した音の種類に対してよく応答するようになる現象は，1976年にラットの下丘で報告された[2]．さらに暴露された音に対して行動的にも嗜好性を示すことが1978年にネコで報告された[3]．これらの研究は，聴覚系における可塑性の研究の出発点と言える．その後の可塑性研究の舞台は大脳皮質一次聴覚野に移る．聴覚系の神経核や皮質領野には周波数地図（トノトピー）が存在する．すなわち，音に対し活動するニューロンが低い音から高い音まで一次元に配置されている（図1）．したがって，音の周波数情報は場所情報に変換されて脳内で表現されている．ある特定の高さの音を暴露しながら動物を飼育すると，動物の一次聴覚野において，暴露した周波数にチューニングされた

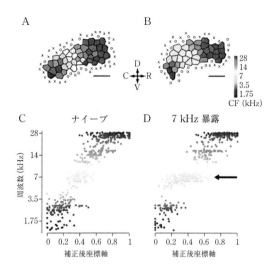

図1 臨界期中に7 kHzの純音に暴露されたラットの一次聴覚野における，特徴周波数（CF）の分布 [5]

ニューロンが増え多くの面積を占めるようになるという可塑的変化が2001年にラットで発見された[4]．具体的には，7 kHzの純音に暴露しながらラットを育てると，7 kHzの音にチューニングされたニューロンが占める面積が大きくなった（図1）．その後の研究で，この可塑的変化を効率的に起こすことができる時期があることもわかった．これを可塑性の臨界期と言い，音暴露による可塑性をラットで起こす場合，生後11日から13日の間に音を暴露する必要があることも判明した[5]．さらに，聴覚視床である内側膝状体腹側核ではこの現象が起こらないため，トノトピーの可塑性は聴覚野もしくは視床皮質路がもつ固有の性質である可能性が高い[6]．

音暴露による聴覚野の可塑的変化の起こりやすさには領域差がある可能性がある．聴覚野は複数の小さな領域から構成されており，一次聴覚野もその小領域の1つである．そのほかにも，前聴覚野と呼ばれる代表的な領域が存在するが，マウスを用いた研究で，音暴露による可塑的変化は一次聴覚野で起こるが前聴覚野では起こらないことが示されている[7, 8]．

環境音に対する順応

持続的に暴露され続ける音に対し音が聞こえ

てこなくなる現象がある．例えば，エアコンや換気扇をつけていても，特段の注意を向けなければそれらの音は通常聞こえなくなる．この現象を音に対する順応（順化）と呼ぶ．順応が起こるには，聴覚野の抑制性ニューロンが関与することが示されている．一次聴覚野2/3層に存在する抑制性ニューロンにはソマトスタチン陽性ニューロンとパルブアルブミン陽性ニューロンが存在するが，5～9秒の長い純音をマウスに何度も提示するとソマトスタチン陽性ニューロンの活動性が亢進する．その結果興奮性ニューロン活動が抑制されることで，音に対する順応が起こる可能性が示された[9]．

学習による可塑的変化

受動的に暴露された音に対して起こる可塑的変化だけでなく，動物が能動的に学習する際にも可塑的変化は生ずる．学習による可塑的変化を観察する際は，オペラント型学習を用いて報酬と音をペアリングさせた効果を聴覚野で観察することが一般的である．実験の一例を紹介する．マウスを吸水口付きのチャンバーに入れ，A音が鳴っているときに吸水口を舐めると甘い水が貰え，B音が鳴っているときに舐めても何も貰えないことを学習させる．学習の成立後に聴覚野活動を観察すると，A音に対する神経活動は変わらない一方，B音に対する神経活動が有意に減弱する[10]．すなわち，聴覚野は報酬がもらえない音を意味のない音と判断して無視するかのように振る舞う．

一方，恐怖条件づけによる学習も成立する．音が鳴ると電気ショックが与えられるようにマウスを条件づけさせると，少なくとも2時間は聴覚野ニューロンのスパインのターンオーバーが亢進する．このシナプスの構造変化は音の記憶の初期強化に寄与していると考えられる[11]．

脳の可塑的変化は，外界の変化に伴って起こるため，飼育環境を変化させることが容易である動物を用いた研究が多い．しかし音楽教育経験という観点から，ヒトの聴覚野でも学習による可塑性は研究されている．脳磁図を用いて音楽家と一般人の聴覚野を計測した研究では，純音に対する活動には差がないが，ピアノの音に対しては音楽家の聴覚野において有意に大きい活動を示した[12]．さらに，ピアノの音に対する音楽家の聴覚野の活動量は，音楽教育を開始した年齢が早いヒトほど大きいことが示された．

疾患による可塑的変化

可塑性は脳が環境に適応するため重要な機能であるが，聴覚野の可塑性が悪い方向に働くと聴覚疾患になることがある．そのよく知られた例に耳鳴りがある．耳鳴りは単独で起こらず，難聴が先だった原因になることが多い．まず難聴で聴覚野への音の入力が減少することで，興奮と抑制のバランスが障害される．このとき，抑制性ネットワークが特に障害されると，特定の音の高さに最適周波数をもつニューロンへの抑制がなくなり耳鳴りが起こると考えられる．したがって，患者の聞こえる耳鳴りの高さの周波数を特定し，その周囲の周波数帯域だけを消去した音楽を聞かせることで側方抑制によって耳鳴りの原因になっているニューロンを抑制し，難聴を消すという治療戦略が考案されている[13]．

〔塚野浩明〕

文　献

[1] 知恵蔵 2015　朝日新聞出版 https://kotobank.jp/word/神経の可塑性 -185307

[2] B.M. Clopton and J.A. Winfield, *J. Neurophysiol.*, **39**, 1081-1089 (1976).

[3] M. Clements and J.B. Kelly, *Dev. Psychobiol.*, **11**, 505-511 (1978).

[4] L.I. Zhang *et al.*, *Nat. Neurosci.*, **4**, 1123-1130 (2001).

[5] E. de Villers-Sidani *et al.*, *J. Neurosci.*, **27**, 180-189 (2007).

[6] T.R. Barkat *et al.*, *Nat. Neurosci.*, **14**, 1189-1196 (2011).

[7] K. Takahashi *et al.*, *Eur. J. Neurosci.*, **23**, 1365-1376 (2006).

[8] H. Tsukano *et al.*, *J. Neurophysiol.*, **113**, 2900-2920 (2015).

[9] H.K. Kato *et al.*, *Neuron*, **88**, 1027-1039 (2015).

[10] S. Ohshima *et al.*, *Neurosci. Res.*, **67**, 51-58 (2009).

[11] K.E. Moczulska *et al.*, *Proc. Natl. Acad. Sci. USA*, **110**, 18315-18320 (2013).

[12] C. Pantev *et al.*, *Nature*, **392**, 811-814 (1998).

[13] C. Pantev *et al.*, *Ann. NY. Acad. Sci.*, **1252**, 253-258 (2012)

2-36
動物の可聴帯域

可聴帯域とは，動物が知覚できる音の周波数帯域である．聴力には気導聴力と骨導聴力があるが，一般的に可聴帯域は気導聴力によって聞こえる周波数帯域を指す．動物は加齢により可聴周波数の上限が低くなる傾向があるが，動物の可聴帯域は一般的に若く健常な動物において知覚できる周波数域を指す．可聴帯域は，動物種ごとに固有で大きな差がある．ここでは，コウモリと海洋生物以外の哺乳類の可聴帯域について述べる．

動物の可聴域の計測法

基本的に動物の聴覚は，動物が純音を知覚できるかを観察することで計測する．まず，対象動物がある周波数の純音を聞くと行動を開始するようにトレーニングする．そして音の大きさを徐々に小さくしていき，動物が行動を起こさなくなる音の大きさを当該周波数の閾値とする．この閾値を低い周波数から高い周波数まで用いて計測し，周波数と閾値を二次元に図示したものをオージオグラム（聴力図）と呼ぶ（**図1**）．

図1に示すのは，ヒトのオージオグラムの例である．周波数は対数スケールで横軸に，閾値はdB SPLで縦軸に表現される．おおよそ，中央部に閾値が低い周波数帯域があり，低周波側と高周波側に行くにつれ閾値が高くなる．閾

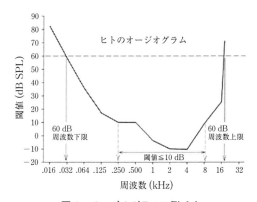

図1 オージオグラムの例 [1]

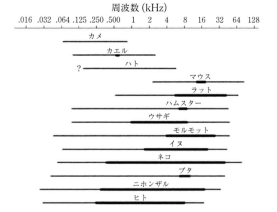

図2 様々な動物の可聴帯域と高感度域 [1]

値が高くとも，強大な音を提示すれば動物は音を知覚することができてしまうので，60 dB SPLの大きさで知覚できる周波数幅をもって動物の可聴帯域と定義する[1]．また，10 dB SPLの大きさで知覚できる周波数幅を高感度域とすることが多い（**図2**）．

前述したように，動物の可聴帯域は行動によって評価されることが特徴である．したがって，事前に動物を十分にトレーニングしておかないと，動物の行動のパフォーマンスが発揮されず，聴力を過小評価してしまう恐れがある．したがって，聴性脳幹反応（auditory brainstem response：ABR）などを用い，音を提示された際の脳波を客観的に生理学的方法で計測する聴力検査法も考えられるだろう．しかし，オージオグラムは行動計測下とABR計測下では異なる結果になることが知られている[2]．具体的には，ABR計測では広い周波数域にわたって聴力の閾値が高くなり，聴力が過小評価される傾向がある．その理由の1つは，二種の計測法で提示する音の長さが異なることである．行動計測では動物に400 ms程度の比較的長い音が提示される．これは動物が音を十分に知覚し行動を起こすために必要な音の長さである．それに対し，ABRでは2 ms程度の非常に短いクリックに近い音が提示される．なぜなら，ABRは音の開始（オンセット）によって賦活さ

れるもので，音の持続成分は計測できないからである．しかしながら，2 ms では音の振動によるサイン波の数が不十分で，動物は音の高さの知覚が十分にできないことが指摘される．これに伴い，ABR が音の何の成分を計測しているか解釈が複雑になることから，動物の可聴帯域は行動的計測法を用いて計測されることが多い．

哺乳類の可聴帯域の上限

ヒトの可聴帯域はおおよそ 20 Hz ～ 20 kHz であることはよく知られている．ヒト以外の哺乳類も可聴帯域が計測され比較することが可能である．概して，ほとんどすべての哺乳類はヒトよりも高い可聴帯域をもつ（図 2）．さらに，鳥類・両生類・爬虫類・魚類など他の脊椎動物は 5 ～ 10 kHz に可聴帯域の上限をもつが，哺乳類は全般的にそれよりはるかに高い上限をもつ．特に齧歯類は，5.9 kHz 程度の低い上限をもつハダカデバネズミなど地中で生活する一部の動物を除き，極めて高い高周波側の上限をもち，リーフイヤードマウスやトゲマウスに至っては約 100 kHz という高い上限をもつ．哺乳類では，小動物ほど可聴帯域の上限が高い傾向がある．とりわけ，動物の左右の耳の距離と可聴周波数の上限は，強い負の相関があることが示されている（図 3）[2]．これは動物が音を使って音源定位をしていることから説明される．音の発生源の定位は，左右の耳に音が入力される位相差と音圧差を検出することによって同定されると考えられる．また，周波数が高い音は反対側の耳に伝わる際，頭で遮られて減衰しやすいため，左右耳に音が到達する際音圧差が生じやすい．したがって，左右の耳の間の距離が小さい動物でも，周波数が高い音を使えば位相差と音圧差が検出しやすくなる．モグラなど空気中の音源定位を必要としない地中動物ではこの法則が当てはまらない．

哺乳類の可聴帯域の下限

可聴帯域の下限も動物によって固有であり，下限周波数と上限周波数には強い正の相関がある．例えばマウスは，哺乳類の中で最も高い可聴周波数上限をもつが，多くの動物が聞いている 2000 Hz 以下の低い音を聞いていない．この生物学的理由は明らかでないが，生活に低音域を必要としていないためと考えられる．大きい低音の音は空気中において遠くまで伝わるため，遠くにいる仲間に危険を知らせることに利用する大動物が多いが，小さい動物はそれだけの強大な発声がそもそもできず，かつ地面に体が近いため遠くの情報は振動によって感知すればよい．

また，低音域の入力があることがかえって有害であるという理由もあげられている．小さい動物は可聴帯域が高くなるため，音源定位や音声コミュニケーションに用いる周波数帯域も自ずと高くなる．低周波の音は高周波の音よりもマスキング効果が高く，有用な高音の入力をマスキングしてしまう可能性がある[3]．

〔塚野浩明〕

文　献
[1] H.E. Heffner and R.S. J. Heffner, *Am. Assoc. Lab. Anim. Sci.*, 46, 20-22（2007）.
[2] H.E. Heffner and R.S. Heffner Audition. In: *Handbook of Research Methods in Experimental Psychology*, S.F. Davis Eds. MA, Blackwell（2003）.
[3] R.L. Wegel and C.E. Lane, *Phys. Rev.*, 23, 266-285（1924）.

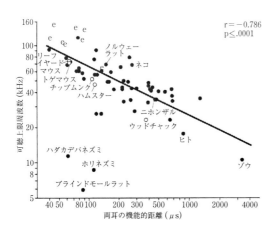

図 3　可聴周波数上限と左右の耳の距離 [2]
e はエコロケーションを用いる動物のプロット．左下の三種の地中動物は回帰直線上に載らないことがわかる．

2−37

動物の歌，ヒトの歌

　我々は，日常的に様々なジャンルの歌を鑑賞し，ときには，一人あるいは集団で歌をうたうことを楽しむ．多くの歌は歌詞を伴うが，鼻歌のような歌唱法では，歌詞はしばしば省略される．このため我々は，鳥のさえずりや，クジラの鳴き声といった，ピッチやリズムの変化に富んだ動物の発声に，我々の歌と近い音楽性を見出すことがある．本節では，まずはじめに動物の歌の音声コミュニケーションとしての役割をいくつか挙げたのち，特に求愛歌の進化的背景を説明する．さらに，ヒトの祖先が言語と音楽，2つの異なる音声コミュニケーションを獲得した背景に，二足歩行への進化が大きく影響している可能性を紹介する．

動物の歌の役割

　鳥類，クジラ，イルカやサルといった一部の動物の音声コミュニケーションは，歌のような発声を用いて音声コミュニケーションを行うことが知られている．これらの動物の発声には，特定のピッチやリズムのパターンが反復的に現れることが知られており，こうした点がヒトの歌との大きな共通点になっている．これらの動物の発声は，ほとんどが音声コミュニケーションに用いられることから，動物の歌は，ヒトの言語に似た役割を担っているともいえる．

　個々の歌が発声される場面は限定されており，そこからそれぞれの歌の役割が推測される．主な場面は繁殖期で例えばジュウシマツ[1]やキンカチョウ[2]，ブンチョウ[3]などの鳥類，イルカ[4]，クジラ[5]，テナガザル[6]，マウス[7]のオスは，繁殖期になると，求愛歌でメスに自分をアピールする．同様に，テナガザルのメスは繁殖期に自身のなわばりを主張するための歌をうたう[6]．また，動物の歌は複数の個体を結束させる役割も果たす．例えば，テナガザルのつがいは，頻繁にデュエットをうたう

ほど，つがいのきずなが強い[8]．また，クジラの群れが魚を狩る際の，フィーディング・コール（feeding call）と呼ばれる発声[9]には，狩りのための動きや摂食のタイミングを同期させる役割があるのではないかと推測されている．

動物の歌の構成規則と進化的背景

　動物の歌は，特定のピッチやリズムパターンを基本要素として，反復することで生み出される．こうした基本要素の発声順序や反復には文法のような構成規則がある．例えばジュウシマツの求愛歌は特定の音素を基本要素とするが，2つあるいは3つ程度の音素を並べて単語のようなまとまりをつくり，これらのまとまりを文法のような構成規則に従って反復する[1]．また，クジラは数秒間持続する単一の発声を基本要素として，階層構造をもつ求愛歌を生み出す．具体的には，4つから6つの基本要素を組み合わせたフレーズを数分間繰り返してテーマとして，いくつかのテーマを繰り返すことで歌を構成する[10]．

　オスの求愛歌は生殖行動の成否に影響するため，どのようにして魅力的な歌の構成規則を身に着けるかはオスにとって重要である．オスの求愛歌の構成規則が生得的であるか，あるいは後天的な学習で習得されるかは，種によって異なる．例えば，マウスの求愛歌の構成規則は遺伝による生得的な影響が強いが[11]，ジュウシマツは父鳥の歌を模倣することで構成規則を習得する[1]．こうして身に着けた構成規則に従って，それぞれのオスは独自の求愛歌を生み出す．

　オスの求愛歌は，メスにとって配偶者選択のための貴重な情報源となる．マウスとジュウシマツのメスは複雑な求愛歌を好むことが知られており[1, 12]，その理由は主にハンディキャップ理論で説明される．歌っているオスは敵に見つかりやすくなる上，複雑な求愛歌をうたうためには，記憶や運動制御のために，脳のリソースを消費する必要がある．こうしたことから，オスは複雑な求愛歌をうたうことで，自身の生存力をアピールし，メスも，求愛歌の複雑さによって，オスの生存力の強さを測る．このよう

な配偶者選択の戦略により，現在のような複雑な求愛歌が進化的に獲得されたと考えられている．

動物の発声から，ヒトの歌へ

前述の通り，動物の歌は，我々の歌に通ずる音楽性を備えていると同時に，我々の言語に近い役割を担っている．ヒトは，こうした音声コミュニケーション形式を進化の過程で分化させ，それぞれを成熟させることで，言語と歌を獲得したと考えられている[13]．ヒトの祖先は，うなり声や咆哮といった，サルの鳴き声に類似した音声を発していた．進化の過程において，ヒトの祖先が二足歩行を獲得し，肉食へと遷移したのに伴って，彼らの歯と顎は小さくなり，声道は長くなった．こうした解剖学的変化や運動能力の変化によって，彼らは多様な口の動きと幅広い発声音域，すなわち多様な音声レパートリーを獲得した．多様な音声の組み合わせによる幅広い音声表現と，特定の意味とが結びつくことで，情報の伝達を担う，言語の原形が生まれたと考えられている．

一方で二足歩行は，音楽的な歌の形成にも大きく貢献した．二足歩行以前から，発声における特定のピッチ変化は，特定の感情と密接にかかわっていた[14]．加えて，二足歩行によって両手が自由になり，運動パターンが劇的に増加すると，ヒトの祖先は，リズムを取る能力を発達させた[13]．これに伴ってヒトの祖先は，発声のピッチやリズムを揃えることにより，感情や運動を共有し，集団生活に必要な協調性を育むようになった．このような同期的な発声が，ピッチやリズム変化に富む，現在の歌や音楽へと発展していったと考えられている[13]．

ヒトの歌の多様な役割

ヒトは，それまでの音声コミュニケーションから，現在のような豊かな言語と歌を育んできた．単純に分類すると，言語は情報伝達を担う

一方で，歌のもつ音楽性は，主に感情の伝達を担っているといえる．しかし実際には，感情の伝達やリズムの共有のみを役割とする歌は，ハミングやヴォカリーズなど，歌詞を伴わない歌唱法に限定される．一方で，歌詞を伴う歌の役割は多岐にわたる．例えば，数え歌やアルファベットの歌（Alphabet song, "The A.B.C."）は，情報の伝達や記憶を主な目的としている点で，極めて言語に近い性質を示す．また，一般的な歌謡曲のように，旋律と歌詞の相互作用によって，聴衆に特定の感情を誘発させる歌もある．さらに，祭囃子の歌のように，歌や踊りを通してリズムを共有することで，集団の協調性を高めるものもある．このように，ヒトの歌は多様な役割を担い，こうした豊かな音声コミュニケーションは，本項に記した通り，二足歩行への進化を起点として獲得されてきたと考えられている．

〔白松（磯口）知世・高橋宏知〕

文　献

[1] R.C. Berwick, K. Okanoya, G. J. L. Beckers and J. J. Bolhuis, *Trends in Cognitive Sciences*, 15, 113-121 (2011).

[2] J. Wang, N. A. Hessler, *Eur. J. Neurosci.*, 24, 2859-2869 (2006).

[3] M. Soma, C. Mori, *PLoS ONE*, 10, e0124876 (2015)

[4] R. C. Connor, R. A. Smolker, *Behaviour*, 133, 643-662 (1996).

[5] A. S. Frankel, *Encyclopedia of Marine Mammals* (Academic Press, Cambridge, 1998), pp. 1126-1137.

[6] G. Cowlishaw, *Behaviour*, 121, 131-153 (1992).

[7] T.E. Holy and Z. Guo, *Plos Biol.*, 3, e386 (2005).

[8] N. L. Wallin and B. Merker, *The Origins of Music* (MIT Press, Cambridge, 2000), pp. 197-216.

[9] M. Simon, P. K. McGregor, F. Ugarte, *Acta. Ethol.*, 10, 47-53 (2007).

[10] K. B. Payne, P. Tyack and R. S. Payne, *Communication and Behavoir of Whales* (Westview Press, Boulder, Colorado, 1983), pp. 9-57.

[11] T. Kikusui, K. Nakanishi, R. Nakagawa, M. Nagasawa, K. Mogi and K. Okanoya, *Plos One*, 6, e17721 (2011).

[12] J. Chabout, A. Sarkar, D. B. Dunson and E. D. Javis, *Front. Behav. Neurosci.*, 9, Article 76 (2015).

[13] S. Mithen, "The singing Neanderthals" in *The Origins of Music, Language, Mind and Body* (Harvard University Press, Cambridge, 2007).

[14] L. Leinonen, M.L. Laakso, S. Carlson and I. Linnakoski, *Logoped Phoniatr Vocol.*, 28, 53-61 (2003).

2-38

ネズミの声，ゾウの声

哺乳類は，様々な感覚を用いて互いにコミュニケーションを取る．視覚や嗅覚，そして聴覚である．音声を用いたコミュニケーションは，互いの姿が見えなくとも，その音の届く範囲であれば情報を伝達することができるという利点がある．そのために様々な動物が多様な音声コミュニケーションを進化させてきたが，ここでは地上最小の哺乳類であるネズミの仲間と，地上最大のゾウの仲間の音声コミュニケーションについて紹介する．

ネズミとゾウの声のちがい

ネズミの仲間は，哺乳類全体の1/4以上を占める数の種がいる．世界最小のネズミは，カヤネズミで，体重は7gから14g程度だが，最大のネズミはカピバラで，体重は35kgから66kgほどになる．一方ゾウの仲間は，現在はアジアゾウ，アフリカゾウ，マルミミゾウの3種しかいない．体重はアジアゾウのオスで最大5.4t，アフリカゾウのオスは最大7.5t，マルミミゾウのオスは6tにもなる，陸上最大の哺乳類である．

数多くのネズミの仲間の中で，ネズミを代表して最も身近なマウスのことを紹介する．マウスは体が小さく，ゾウは大きい．声帯もそれに付随するため，マウスの声は高く，ゾウの声は低くなる．マウスの声は3万から11万Hzで，ゾウの声は5Hzから数十Hz程度である．

ところで，マウスの鳴き声と言えば，「チュー，チュー」，ゾウならば「パオーン」がすぐに思いつくのではないだろうか．しかし実際は，マウスの鳴き声は状況に応じていく種類もあることが知られており，ゾウも数十種類もの鳴き声を使い分けてコミュニケーションを取っている．我々ヒトの可聴域が20Hzから2万Hzの間なので，それらのほとんどの音声が聞こえないため，彼らが実際には鳴いていても気が付か

ないのである．

マウスの音声コミュニケーション

まずはマウスの高周波音音声についてだが，マウスが発する超音波は，2つのタイプが研究されてきた．1つは，母親から分離されたときに仔が発する超音波音声で，もう1つは大人が発する超音波音声である．特に，オスが求愛時に発する超音波音声は，鳥類の歌と似た特徴をもつことが知られている．

オスのマウスは，メスあるいはメスのホルモンを嗅ぎつけると30から110kHzの超音波音声を発する[1]．この音声には，異なる特徴をもつ複数の音節が含まれ，それぞれの音節には特定の句が繰り返し発せられる．その歌声は，もちろんヒトの可聴域を超えており聞くことはできないが，低速で再生すると，気息音質の笛のように聞こえるそうだ．

各音節の発声時間は30msから200msの間で，1秒間に約10音節が発声される．発生時間や音節の使い方には個体差が認められ，マウスも歌を学習する可能性が示唆されている．

うたう生物は，鳥，昆虫，カエルのほか，哺乳類ならばヒト，クジラ，コウモリなどが知られてきたが，最も身近で研究しやすいマウスにもこうした能力があることで，今後，分子学的あるいは生理学的研究に大きく貢献することが期待される．

ゾウの音声コミュニケーション

次に，ゾウが発する低周波音声についてである．ゾウが低周波音を発していることに最初に気が付いたのは，キャサリン・ペイン（Payne, Katherine）である．彼女は動物園の飼育ゾウを観察していたときに，'雷のような地響き'を感じたという．のちに低周波音波計で測定したところ，そのゾウは15Hz程度の音声を発していることがわかった．

ゾウが発する低周波音は，ランブルと呼ばれ，アフリカゾウは他個体のランブルを聞くと，普段の1.88倍多くランブルを発することから，ランブルを互いに交し合っていることがわかっ

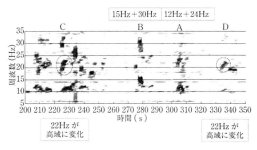

図1 ゾウの低周波音声のスペクトログラム

ている[2]．また，同じグループ内のメスのうち，ともにに過ごす時間が長い個体同士ほど，より頻繁にランブルをかわし合う．

低周波音には，遠くまで減衰せずに伝達されるという特徴がある．そのため，遠距離個体間でも低周波音声を用いれば音声コミュニケーションは可能だ．ゾウは個体を識別するコンタクト音声を発し，受信することで，遠方にいる群れの状況を把握することができる．

アフリカゾウは実に100頭以上の個体のコンタクト音声を識別していることが報告された[3]．さらに彼らはその音声を少なくとも23か月の間記憶しているという．ゾウの複雑な離合集散型の社会を支えているのは，この低周波音声コミュニケーションであることは容易に想像できる．

上述のように低周波音は遠方へも伝達するわけだが，もちろん至近距離にいる個体間のコミュニケーションにも使用できる．

市原ぞうの国での観測によると，アジアゾウは発情時に発せられる特徴的な音声やコンタクト音声とはまったく異なる音声を，発情とは無関係な場面において至近距離にいる個体間で頻繁に発声していることが明らかとなった[4]．これらの音声がもつ意味や多様性について，今後の研究が注目される．

ヒトの言葉を模倣するゾウ

飼育されている哺乳類が，飼育担当者の人間の言葉を模倣するという報告は，各国にいくつかある．例えば，アメリカのメイン州で漁師に育てられたアシカが，単純な英語のフレーズを発するようになったり，シロイルカが自分の名前ロゴシ（Logosi）と発するようになったり，またカザフスタンの動物園で飼育されているオスのアジアゾウが，ロシア語とカザフ語の会話のような音を発するという報告がある．

ほかにも，韓国で飼育されているオスのアジアゾウコシク（Koshik）が，6つの韓国語の単語を極めて正確に発することが報告された[5]．ゾウは上唇が鼻と癒着して伸びているため，口輪筋をもたない．そのためヒトと同じように発音することは本来不可能だが，コシクは，ヒトの言葉を真似る時だけ，口に鼻先を入れて発音のレパートリーを増やしているようだ．コシクは5歳から12歳の間に単独で飼育されている間はほかのゾウとの接触はなく，飼育担当者や獣医といった人間との接触のみで過ごし，14歳のときにヒトの言葉を模倣していることが初めて周囲に認識された．

他個体との社会関係の構築を獲得する若年期に，同種他個体との接触が制限されてヒトと過ごしたことが，ヒトの音声を模倣するようになった1つの要因であると考えられる．このことは先に述べたアシカやシロイルカについても言えることだが，当然ながら，ゾウにとって，他個体との社会関係を構築し維持する上で音声コミュニケーションは重要な手段であることを示している．　　　　　　　　　　〔入江尚子〕

文　献

[1] T.E. Holy and Z. Guo, *Plos. Biol.*, 3(12), 2177-2186 (2005).
[2] J. Soltis, K. Leong and A. Savage, *Anim. Behav.*, 70, 579-587(2005).
[3] K. McComb, C. Moss, S. Syialel and L. Baker, *Anim. Behav.*, 59, 1103-1109 (2000).
[4] 土肥哲也，岩永景一郎，佐々木麻衣，坂本小百合，入江尚子，「超低周波音モニタリング装置と可聴化装置の開発―ゾウの低周波音声の計測事例―」，日本音響学会講演論文集(2016.9).
[5] A.S. Stoeger, D. Mietchen, S. Oh, S. de Silva, C.T. Herbst, S. Kwon and W.T. Fitch, *Curr. Biol.*, 2144-2148(2012).

2-39

サルの音声コミュニケーション

ヒト以外の霊長類（ここでは便宜的に「サル」とする）は，群れを形成し社会関係を形成しながら，一生をすごす．個体間の社会交渉の基礎となるコミュニケーションは生存上で必要不可欠である．サルは主に表情や音声を主要な信号として利用し，コミュニケーションをしている．

サルの音声コミュニケーションの研究は，様々な形で実施されてきた．伝統的には大きく2つの研究に分けられるだろう．1つは，実際のコミュニケーションを対象とするような研究である．その場合，社会集団でのコミュニケーションを調べる必要もあるため，野外や集団飼育されたような環境（野猿公苑なども含む）の社会集団を対象とした方法である．もう1つは，コミュニケーションが成立する上で，その基礎となるような心理学的な基盤を探る研究である．基礎的な聴覚心理学の知見（ピッチや旋律の知覚など）を発展させる形で社会認知的な要素（個体弁別など）に焦点をあてた音声認知の研究が該当する．実験的方法論を重視し，サルを対象とした音声認知の研究を進める場合は，オペラント条件づけなどの学習心理学的な手法に基づいた，統制された環境で音声の認知現象を探る形で進められるため，主に実験室での研究手法が採用される．サルの音声コミュニケーションを行動生物学的に探るためには，双方の知見が欠かせない．

捕食者回避のための警戒音声

野外研究を対象としたものでは，古典的にはサルの警戒音声に関する研究が広く知られた事例である．サルは群れ生活の中で様々な危険に遭遇するが，捕食者との遭遇はその危険の一例である．その捕食者との遭遇に伴って，多くのサルは警戒音を発する．その警戒音を聞いた群れの中のサルは，捕食者の接近を察知することができ，捕食者回避のための準備を迅速に行え

ることになる．こうした警戒音発声は，発声者にとっては個体自身の場所や存在を捕食者に知らせてしまう恐れもあるため危険が伴う行動であるが，サルの優れた記憶能力や長期的に維持される社会関係などの認知能力と社会生態学的な背景から，警戒音コミュニケーションのような互恵的利他行動が成立し進化してきたと考えられている．様々な捕食者に対抗するために，いくつかのサル種では警戒音コミュニケーションを複雑化してきた．アフリカのサバンナに生息するサバンナモンキーと呼ばれるサル種は，3種類の警戒音を，捕食者の種類に応じて発することが知られている．1980年から1990年ごろにかけて，SeyfarthやCheneyらが報告した研究によれば[1]，サバンナモンキーにはヒョウなどの食肉目やヘビ，あるいはワシなどの猛禽類が主要な捕食者として存在しているが，ヒョウ・ヘビ・ワシという敵に応じて音響的にまったく異なる警戒音が観察されることを見出した．さらに，実際の野生下でスピーカーから3種類の音声を再生してサルの反応を検討するプレイバック実験を実施したところ，ヒョウ音声については木に登り，ヘビ音声については立ち上がり藪を見つめ，ワシ音声については空を見上げて隠れるという行動が観察された．こうしたことから，警戒音と音が示す内容（対象とする捕食者）の間に，ヒト言語に見られるような「語」のような機能があるのではないかと考えられた．こうした事例は，その後ほかのサルでも発見されている．なかでも，大きな進展としては警戒音に見られる複合音声の発見である．2006年にArnoldとZuberbühlerらは，アフリカに生息する森林性の霊長類であるオオハナジロクザルの警戒音の観察から，これまで知られている以上に複雑な事例を報告した[2]．オオハナジロクザルの警戒音は主に2種類の音声が知られていたが，その2つの警戒音が単独で用いられる場合と，2つが組み合わされ用いられる場合では，その警戒音で表現される意味が変化する事例を，観察と野外実験の双方から明らかにした．複合音声は，そののち同じような森林性のキャンベルザルでも見つかってい

る．キャンベルザルの事例では，3種類以上の警戒音の基礎的単位（かりにA,B,Cとしよう）がそれぞれ異なる捕食者を表しながら，その警戒音の基礎的単位の終端に異なる音声を付加する（AX,BX,CXと付加される）ことで，意味が変化する事例が見出されている[3]．さらに近年では，系統的にはアフリカのサル類とは離れた分類群に属する南米の新世界ザルであるティティ類の一種において，類似した複合音声の事例が報告されている[4]．その報告でも，複数の警戒音の組み合わさる順序や規則に従って，警戒音の示す意味が変化する（捕食者の接近が，空中か地上のいずれかという内容）ことが示されている．以上の点を整理すると，少なくともサル類の警戒音には，語彙的機能の萌芽現象が多く認められる傾向が強いようだ．

群れ内のコミュニケーション

多くの研究で警戒音が取り扱われ，その語彙的能力について研究が進展してきたが，サルの音声コミュニケーションはこのような緊急時の捕食者に対する戦略として用いられているばかりではない．群れ内の個体間で鳴き合うような音声コミュニケーションが通常観察できる．こうしたコミュニケーションは音声交換と呼ばれており，音声は「鳴き交わし音声」あるいは「コンタクトコール」と呼ばれる．個体間での空間的な位置認識に役立ち，群れ集団の移動に際し適切な凝集性を保持するための機能があると解釈されている．

サルの音声交換には精密な時間的な規則が確認できる．例えばサルAが発声すると，サルBが返答する．返答がなければ，サルAは再び発声をする．その応答にかかる時間，再び発声するまでにかかる時間は安定している．こうした時間規則は，リスザルやニホンザル，マーモセット類など広範な霊長類種で確認でき，ヒトの会話に話者交代の時間的規則と大変類似していることが知られている[5]．近年では，安定的な時間規則を獲得し認知すること自体が，

音声交換時のコミュニケーションにおいて重要な役割を果たしていると考えられるようになった．マーモセット[6]やニホンザル[7]を利用した研究によれば，音声交換に見られる時間的規則は，発達に伴って成熟化する（無規則な発声から，時間的規則性を伴うような発達的変化が認められる）ことが，観察と実験の双方から明らかにされている．

一連の音声コミュニケーションは，霊長類の社会性と関連深く高次の認知機能を要求するような側面が強いが，実際のところ音声を介した認知機能について実験的に検証をしようとすると比較的困難であった．例えば，音声を用いた個体弁別を行うような実験課題を遂行できたとしても，さらに進んだ認知判断として，音声に含まれる意味の判断などの社会認知に関連する検証については，訓練が極めて困難であり，野生下で見られるサルの音声コミュニケーションを支える認知基盤についての証明が不十分である．発話に支えられたヒトの音声コミュニケーションとは異なる点（発声の操作や音声の認知基盤など）を着目しながらも，「なぜヒトと異なるシステムであるにもかかわらず，類似した現象が十分にみられるのか？」という点を追及することが，今後さらに重要性を増してくるだろう．　　　　　　　　　　　〔香田啓貴〕

文　献
[1] D. L. Cheney and R. M. Seyfarth, *How Monkeys See the World: Inside the mind of another species*, (University of Chicago Press, Chicago, 1990).
[2] K. Arnold and K. Zuberbühler, *Nature*, 441 (7091) 303 (2006).
[3] K. Ouattara, A. Lemasson, and K. Zuberbühler, *Proc. Natl. Acad. Sci. U. S. A.*, 106 (51), 22026–22031 (2009).
[4] C. Cäsar, K. Zuberbühler, R. J. Young, and R. W. Byrne, *Biol. Lett.*, 9, 20130535 (2013).
[5] S. C. Levinson, *Trends Cogn. Sci.*, 20 (1), 6–14 (2016).
[6] C. P. Chow, J. F. Mitchell, and C. T. Miller, *Proc. R. Soc. London B Biol. Sci.*, 282 (1807), (2015).
[7] H. Bouchet, H. Koda, A. Lemasson, *Animal Behaviour*, 129, 81–92 (2017).

2-40
デグーの音声コミュニケーション

チリに生息するヤマアラシ亜目に属する齧歯類デグー (degu) (図1) は，およそ10匹程度のコロニーを形成し，共同して採餌や巣穴の形成を行う．デグーは誕生直後から視聴覚が機能し，生後6日目までに体温調節や固形物の摂取が可能になるが，成熟後もそのまま巣に留まることが多く，コロニー内の社会的依存性がラットやマウスに比べて高い[1]．コロニー内でのコミュニケーションには，場面や相手に応じて多種の発声が使用される．

図1 デグー（手前は母親と仔，奥は父親）（口絵2）

デグーの音声レパートリー

飼育下のデグーの発声を，行動場面ごとに解析した研究によると，15種の音響特性の異なる発声があること[2]，それらの組み合わせを含めると17種以上の音声がコミュニケーションに使用されていることが報告されている[3]．例えば，他個体に対して毛繕いをしながら発する音声や育児の際に母親が発するマターナルコール (maternal call) は，最高周波数が4 kHz程度の低く穏やかな声である（図2左下）．一方，強い威嚇や噛まれた苦痛の泣き声，相手の敵対行為を阻止する際の不快な発声は最高周波数が14 kHzから15 kHzの甲高い発声である．危険を察知し，それを仲間に知らせる際にも，甲高く短い音声が複数回発せられる．この警戒声 (alarm call) の音響特性は最高周波数15 kHz

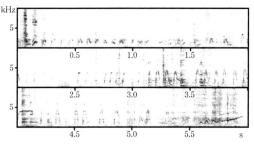

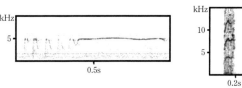

図2 3種の発声のソナグラム．横軸は時間，縦軸は周波数を示す．オスの求愛声：一部抜粋（上），メスのマターナルコール：このフレーズが何度も繰り返される（左下），警戒声（右下）

程度の4倍音構造を含むへの字型の周波数変調 (FM) 音である（図2右下）．豊富な音声レパートリーの中でも特徴的なのが，求愛時にオスからメスに対して発せられる小鳥のさえずりのような求愛声 (courtship song) である．音要素の配列は個体ごとに異なり，複数の音要素をもつ（図2上）．典型的な求愛声は，小刻みで単調な音声の繰り返しであるイントロ部分と複数の音声を組み合わせて繰り返される本題部分から構成されている．メスがオスを許容した場合，メスは静かな鳴き声で応答し，拒絶すると甲高い威嚇の鳴き声を上げる．海馬を損傷したオスのデグーでは，歌のイントロ部分の欠落が生じ，メスの拒絶の鳴き声の頻度も増加する．このことから，海馬損傷による求愛行動の変容や社会行動の異常が生じる可能性が指摘されている．

発声制御

麻酔下における特定脳領域の電気刺激により，デグーの発声制御部位の検索が行われた．哺乳類の発声呼吸中枢である中脳水道灰白質の1点を電気刺激すると，複数の音声が誘発された．霊長類やデグーの近縁種であるモルモットの知見では，中脳水道灰白質の刺激箇所と誘発される音声は1対1で対応しており，中脳水道

灰白質が各音声を直接制御している．また，これらの種は特定の文脈で決まった音声を発し，新たな組み合わせや発声パターンを後天的に学習しない．デグーでは，このような発声部位の局在は中脳水道灰白質では見つかっていない．したがって，より上位の脳部位が発声制御を行っている可能性がある．このことは，デグーが生得的にもたない新たな発声パターンを学習することができる可能性を間接的に示唆するものである[3]．

音声コミュニケーションの発達

母子間の発声：デグーは生後3週齢までは授乳による栄養摂取が不可欠であり，完全な離乳には4，5週間を要する．この間，養育者や兄弟などから孤立した際には救難声（whistle）と呼ばれる発声をし，母親の養育行動を誘発する．これは，最高周波数15 kHzで0.2秒ほどの単音節の音声で，生後直後の分離時に激しく繰り返される．発達とともに発声頻度は減少し，生後30日程度で消失する[1]．

親からの分離が仔の発声に与える影響について実験的な報告がある[4]．生後1日から7日まで1時間の分離を1日3回行い，生後8日目に新奇な環境で救難声の発声頻度を測定すると，分離を経験したデグーでは，経験しないデグーと比較して発声頻度が減少した．また，テスト場面においてマターナルコールを提示すると，非分離群では，発声頻度が増加するのに対して，分離群では発声頻度に変化はみられなかった．したがって，社会的分離という初期の情動経験が，新奇場面に対する反応性を変化させるとともに，マターナルコールに対する感受性や注意を減退させると考えられる．また，社会的孤立は発達過程にある海馬や扁桃体において受容体数の変化をもたらすが，マターナルコールの提示により，そういった神経系への影響を和らげることが報告されている．

求愛声：生後直後の単音節の発声を経て，5日齢では，いくつかの音を連続して発するようになる．この連続音の中に求愛声に含まれるチャープ（chirp, 3 kHzの山型の音声）という要素が出現する．2週齢頃からチャープのみの短い歌をうたうが求愛声よりも短く単調である．この歌は毛繕い，けんか，遊びなど様々な場面で発せられる．文脈に依存しない歌の出現は発達とともに2か月齢以降減少し，性成熟に達するとオスがメスに接近する，またはマウントするなど求愛時に限定して発せられるようになる．

警戒声：警戒声に対する適切な反応は学習によって獲得される．成熟した個体は他個体の発した警戒声に対して，巣などに身を隠し静止する．この静止は数十秒持続する．認知した危険の度合いが強い場合は5分以上持続する場合がある．特に集団でいるときよりも単独でいる場合に静止の持続時間は長い．しかし，生後1か月以内の若齢個体は静止を持続することができない．身を隠さずオープンエリアで活動を続ける場合もある．15日齢になると，親の隣に隠れ，耳をそばだてたりするが，数秒後には遊びを再開したり歌をうたい出すことがある[3]．

警戒声の音声についても発達的変化がみられる．4年齢以上の成熟した個体の発する警戒声は6か月齢から12か月齢以前の若い個体のものに比べて，他個体の警戒行動を引き起こす頻度が高い．成熟個体の警戒声は2音節であり，両方または片方でFMスイープをもつ．これに対して，若い個体の警戒声は1音節でFMスイープをもたず，明確なハーモニーもない．デグーはこれらの音響特性を聞き分け，危険察知の経験豊かな成熟個体の警戒声をより信頼できる信号と認識するようである[5]．

〔上北朋子・時本楠緒子〕

文 献
[1] V. Colonnello, P. Iacobucci, T. Fuchs, R. C. Newberry and J. Panksepp, *Neurosci & Biobehavioral Rev.*, **35**, 1854-1863 (2011).
[2] C. V. Long, *Bioacoustics*, **16**, 223-244 (2007).
[3] 時本楠緒子, 東金禅, 岡ノ谷一夫, 信号処理, **9**, 347-354 (2005).
[4] K.Braun, P. Kremz, W. Wetzel, T. Wagner and G. Poeggel, *Developmental Psychobiol.*, **42**, 237-245 (2003).
[5] R.Nakano, R. Nakagawa, N. Tokimoto and K. Okanoya, *J. Ethol.*, **31**, 115-121 (2013).

2-41 モグラの聴覚

モグラはその生存戦略において土中に潜り込むという方法をとって自らのニッチェを確保したと言える．これは空に飛翔していったコウモリ，海中に遊泳していったクジラなどと比せられる．すなわち空間的な棲み分けによって地上での競合を避ける戦略である．日本原産のモグラは，ヘッジホッグなどと同じ食虫類で，モールラット（mole rat，齧歯類）とは異なる．食虫類は，翼手類であるコウモリ，さらに霊長類であるサルからヒトへとリンクしていく，いわゆるprimate line を形成する．その意味でモグラ脳はヒト脳の原初的モデルである．

モグラは土中に掘った暗黒のトンネルで生息するため，視覚系は極度に退化している反面，聴覚系はよく発達している．トンネル壁は吸音性の高い土であるので音（特に8 kHz 以上の高周波）の伝播効率はあまりよくないが，数多くつくられたトンネルの地上への開口部から入ってくる音を素早く聞き分けている．さらに地響き音に敏感に反応して地上を歩く大型動物の動向をモニターする[1]とともに，トンネル壁を自ら叩いてほかのモグラに土を媒体とした信号を送っている[2]ことが報告されている．

モグラの聴器の特殊化は著しい．外耳道に土が入らないように耳介は欠損し皮筋の発達により外耳孔を閉じることができる[3]．巨大な鼓膜が頭蓋底に配置され低周波や地震を検知するのに好都合になっている．アフリカのキンモグラは巨大なツチ骨をもち，地震を検知するための振り子と考えられている[4]．

また左右の鼓室は交通している．これはカエルや鳥で一般的な構造で（指向性聴器），音源定位のメカニズムが通常の哺乳類（無指向性聴器）とは根本的に異なることを示している．

蝸牛神経核，上オリーブ核

蝸牛神経核の特徴として，①吻尾方向に長い，

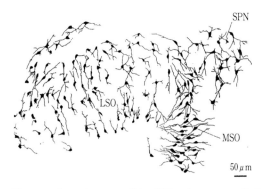

図1 モグラの上オリーブ核，発達の良いMSOに注目

②前腹核（anteroventral cochlear nucleus：AVCN），後腹核（posterorventral cochlear nucleus：PVCN），背側核（dorsal cochlear nucleus：DCN）すべてで顆粒層が増大，③DCNの紡錘細胞の発達がある．外顆粒層の肥大はヤマビーバーなどの土中棲息動物でも知られている[5]．

上オリーブ核は，内側核（medial superior olive：MSO）も外側核（lateral superior olive：LSO）もともによく発達している．モグラのMSOの発達の良さは，ラットのMSOが貧弱であることと対照的である．これはモグラの可聴域が低周波領域にもあることを反映していると考えられる（図1）．

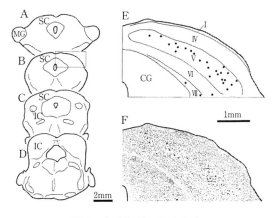

図2 上丘（SC），下丘（IC）
A-D：吻尾方向に配列．2層と3層は欠損しているのが5層に存在する視蓋脊髄路ニューロン（図Eの黒点）から判る．F：図Eと同部位のNissl染色標本．

下丘，上丘，視蓋前域

外側毛帯核群と下丘の発達が顕著である[5]．下丘は巨大でよく分化しているのに対し，上丘は表層（optic layersII-III）が欠損し視覚入力はないと考えられる（図2）．

視蓋前域に視神経の終止が見られる．眼球に地磁気のセンサーがあり，地下での空間認知を，磁気コンパスで行っている可能性がある．視蓋前域が受けているのは，視覚情報ではなく地磁気情報かもしれない．今後の課題である．

視交叉上核，内側膝状体，外側膝状体

暗黒な生息環境では視覚による外界認知は行われない．皮下に埋もれている眼球は，極めて退化的（直径1 mm）である．筆者は，その機能を探るべくモグラの視覚系も調べた．

網膜から伸びる視神経は，もっぱら生体時計である視床下部の視交叉上核に終止していた．モグラは1日数回，地表に頭を出して外の様子を伺うような行動をする．これはサーカディアンリズムを保つために日照の変化を感じ取っているらしい．事実，視交叉上核の発達は良い．下丘からの聴覚入力を受ける内側膝状体（medial geniculate body：MG）はよく発達しているが，視覚視床である外側膝状体（lateral geniculate body：LG）は退化的でシート状の薄っぺらなものになっている．通常LGは，第1次視覚領皮質V1に投射する．モグラのV1に逆行性トレーサーを注入すると，LGよりも視床LP核（後外側核）に多くの標識ニューロンが見られた[6]．この結果から，モグラには外界認識するための視覚皮質はないといえる．モグラ脳の解剖学的観察では，海馬の発達が良いことがわかる（図3）．地下に複雑に掘り巡らしたトンネルシステムでは立体認知は不可欠である．海馬の発達が深くかかわっている．視覚的オリエンテーションができない以上，体性感覚か磁気コンパスの利用が考えられる．

LGは網膜からの視覚入力だけでなく下丘からの聴覚入力を受けていることがわかった．LGは通常の哺乳類では大脳皮質視覚野に投射する．しかしモグラのLGは聴覚情報を生体時計である視床下部の視交叉上核にもたらしている中継核であることがわかった[6]．

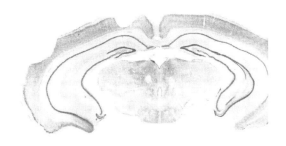

図3　モグラ脳のNissl染色標本
海馬の発達が良いことに注目．

上オリーブ核-下丘投射

2種類の逆行性トレーサーを用いた実験で，MSO-下丘投射が両側性であることを見出した[7, 8]．MSOは，哺乳類では同側の下丘にしか投射しないが，鳥では両側性に投射する．モグラでは鳥型の音源定位システムであることを示唆している．ただし，オポッサムのような原始哺乳類は両側性に投射する．

LSO-下丘投射は両側性，MSO-下丘投射は同側性であるのが，一般的である．上オリーブ核の起源をみると，MSOとLSOは神経発生がともに早く，両者は双子のように対になっている．下丘への投射も，もともと両側性であった．

モグラはなぜ例外的にオポッサムのような投射様式をしているのであろう．それは，地上での音源定位が高度化し，何らかの理由でMSOの両側下丘投射を必要としなくなったなかで，地中に棲息するモグラでは，原初的な投射様式が残されてきたと解釈できる．　〔工藤　基〕

文献

[1] T. A. Quilliam, *J. Zool.*, **149**, 76-88 (1966).
[2] G. Rado, *et al.*, *Hear. Res.*, **41**, 23-29 (1989).
[3] 工藤　基, 日本音響学会誌, **49**, 437-445 (1993).
[4] O. W. Henson, *Handbook of Sensory Physiology, Vol.1 Auditory System* (Springer, New York, 1974), pp.39-110.
[5] M. Kudo *et al.*, *J. Comp. Neurol.*, **298**, 400-412 (1990).
[6] M. Kudo *et al.*, *Neuroreport*, **8**, 3405-3409 (1997).
[7] M. Kudo *et al.*, *Brain Res.*, **463**, 352-356 (1988).
[8] M. Kudo *et al.*, *Neurosci. let.*, **117**, 26-30 (1990).

第 3 章

哺乳類 2 コウモリ

- **3-1** コウモリの発声
- **3-2** コウモリのエコーロケーション
- **3-3** コウモリの可聴帯域と周波数感度
- **3-4** 外耳の形と働き
- **3-5** 中耳の形と働き
- **3-6** 内耳の形と働き
- **3-7** コウモリの脳幹の構造と働き
- **3-8** コウモリの大脳における音の分析
- **3-9** コウモリのコミュニケーション音
- **3-10** コウモリの運動と音声
- **3-11** CF コウモリと FM コウモリ
- **3-12** ドップラー・シフト補償とエコー振幅補償
- **3-13** テレマイクによる音響計測
- **3-14** マイクロフォンアレイを用いた屋外での
コウモリの行動計測
- **3-15** マイクロフォンアレイを用いた屋内での
コウモリの行動計測
- **3-16** 超音波を用いたコウモリの種同定

3–1 コウモリの発声

コウモリと音声

翼で自在に飛翔する哺乳類であるコウモリ類（翼手目）は，オオコウモリ亜目（大翼手亜目）とコウモリ亜目（小翼手亜目）に分けられる．2つのグループ間にはいくつも形態的違いがあるが，最も大きい違いは定位の方法である．オオコウモリ亜目は主に視覚で定位し，コウモリ亜目は聴覚で定位する．一般的にコウモリという場合にはほとんどがコウモリ亜目を指している．コウモリ亜目は超音波音声を発し，エコーロケーション（echolocation，反響定位）を行う動物として知られている．このため主な声は超音波音声であるが，それ以外に危難音（ディストレスコール，distress call）や仲間とのコミュニケーションコール（communication call）など人間の可聴帯域の声も発し，非常に発声活動の活発な動物である．

コウモリ亜目の発声器官

コウモリ亜目は哺乳類なので発音器官はほかの哺乳類と同じで喉頭にある声帯である．発声の仕組みも基本的にはほかの哺乳類と同様に，呼気が狭まった声門を通過するときに喉頭原音が発声されると考えられている．危難音のソナグラムは，多数のフォルマント（formant）に雑音成分が含まれたもので，ほかの哺乳類の危難音に類似する．コウモリ亜目のエコーロケーション用の音声は数 ms から数十 ms の短い声で，パルス（pulse）と呼ばれる．コウモリ亜目の超音波パルスは多様であるが，基本的には周波数が変化する成分（FM 部）と超音波純音（CF 部）が単独あるいは様々に組み合わさってなり立っている（図1）．

エコーロケーションでは探索期，接近期，終期によって出されるパルスの反復率が異なる[1]．図2．終期はパルス反復率が最も高く200/s にも達する．またエコーロケーション時のパルスの音圧は大変高く，ヒナコウモリ科のオオクビワコウモリでは 110 dB SPL に達する[2]．声の強さを決める声門下圧をヒトの会話時と比べると，ヒトでは 8 cm H$_2$O（1 cm H$_2$O = 98.0665 Pa）であるのに対し，オオクビワコウモリでは 30～45 cm H$_2$O である[2]．発されるパルス音圧の強さは喉頭内筋により制御されていることは神経切断実験により証明されている[3]．

発声器官の特徴

体重わずか 10～30 g の小型哺乳類であるコウモリ亜目の喉頭には，超音波の発声や高い反復率のパルス発生に関連すると思われる特筆すべき特徴がある．①相対的に大きい喉頭をもつ．②喉頭にある 1 対の披裂軟骨が融合し，頑丈になっている[2]．③声門の開閉や声帯の張力を調整する喉頭内筋（輪状甲状筋，甲状披裂筋）が発達している．④声帯襞の上部辺縁が膜状に突き出てボーカルメンブレン（vocal membrane）

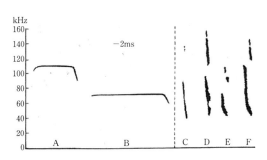

図1　コウモリのエコーロケーションパルスのソナグラム
A,B：CF-FM コウモリ 2 種，　C～F：FM コウモリ 4 種．

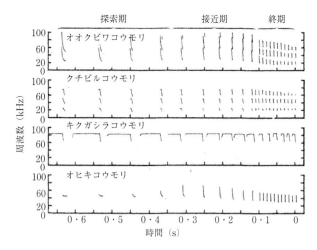

図2 エコーロケーション各期のソナグラム([1]を一部改変)

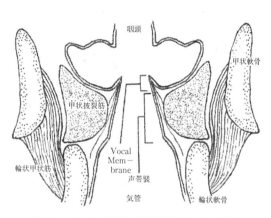

図3 コウモリの喉頭の断面図([4]を一部改変)

となっている[3] (図2). このボーカルメンブレンが輪状甲状筋によって引っ張られ超音波が発生すると考えられている.

ボーカルメンブレンの作用機構[3] や喉頭内筋による高速コントロールの仕組みについて超高速筋仮説が提唱されている[3]. 実際, 輪状喉頭筋には多くの運動神経終盤が, また筋細胞内には多くのミトコンドリアが見られる. 一方, ほかの哺乳類やオオコウモリ亜目, 舌打ちによるクリック (click) でエコーロケーションを行う数種のオオコウモリにはこのような特徴は見られない.

声帯で発生した喉頭原音は声道を経由して修飾され, 声として完成される. 周波数変調パルスを主に出すFMコウモリと, 数十msの純音の端部にFM音をもつCF-FMコウモリでは, 喉頭原音の通路が異なる. FMコウモリでは口腔が主な共鳴腔であるが, CFコウモリでは鼻腔を経由して出され, 鼻腔背面や気管背面・側面にある複数の袋が共鳴や減衰などの修飾にかかわる[1].

〔松村澄子〕

文 献
[1] J. E. Hill and J. D. Smith, *Bats A Natural History* (Univ. of Texas Press, Austin, 1984).
[2] G. Neuweiler, *The Biology of Bats* (Oxford University Press, New York, 2000), pp. 310.
[3] R. A. Suthers and J. M. Fattu, *J. Comp. Physiol.*, **145**, 529-537 (1982).
[4] P. Mergell, W. Tecumseh and H. Herzel, *J. Acoust. Soc. Am.*, **105**(3), 2020-2028 (1999).
[5] C. P. H. Elermens, A. F. Meads, L. Jacobson and J. M. Ratcliffe, *Science*, **333**, 1885-1888 (2011).

3-2
コウモリのエコーロケーション

視覚は，夜間や視界が遮られている環境では役に立たない．この問題を解決したのが聴覚である．背後の物音を聴き，夜間でも使用でき，睡眠中にも聴くことができ，視界が遮られた場所でも有効利用できる．聴覚を最大限に有効利用しているのがコウモリ亜目（小翼手亜目，小コウモリ）である．小コウモリは，エコーロケーション（echolocation，こだま定位）と呼ばれる自分で発射する超音波音声による探査行動を用いて，生活している．小コウモリは，発射するエコーロケーション音声により2種類に分類される．周波数定常成分（CF）と周波数変調成分（FM）を組み合わした音声を用いるCF-FMコウモリと下降FMだけからなる音声を用いるFMコウモリである[1]（図1）．

可聴周波数領域と聴力曲線

小コウモリの周波数に対する感度は種によって異なるが，可聴周波数帯域は，数 kHz から100 kHz 以上と報告されている[2]．パーネルケナシコウモリ（ヒゲコウモリ）やキクガシラコウモリ（greater horseshoe bat）やテラソカグラコウモリに代表されるCF-FMコウモリは，戻ってくるエコーの第2倍音のCF成分に極めて鋭く同調する聴覚系をもっている[3]．アブラコウモリに代表されるFMコウモリでは，CF-FMコウモリのような鋭い聴力曲線は報告されていないが，基本周波数成分の終端周波数付近に対する感度が高い[4, 5]（図2）．

コウモリの音声コントロール

コウモリでは，エコーロケーションに用いる音声がよく知られているが，コミュニケーション音声も豊富で，エコーロケーション音声に類似のものと[6]，エコーロケーション音声とはまったくことなるものがある[7]．CF-FMコウモリでは，放射される音声（パルス）は声道特性によってCF成分の第2倍音成分（CF2）が最強となるのが一般的である．対照的に，FMコウモリのパルスでは，基本波成分が最強である．両方の種に共通して，音源は声帯振動であり，獲物を探索するときには，継続時間の長いパルスを用い，獲物との距離が短くなるにつれて，パルス長を短縮し，パルスとパルスとの時間間隔も短くする．通常は1〜2 msの短いパ

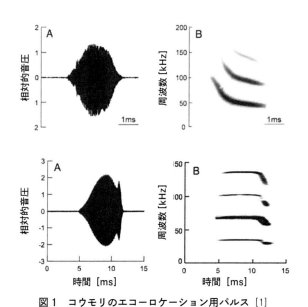

図1 コウモリのエコーロケーション用パルス [1]
上段：FMコウモリ（アブラコウモリ）．下段：CF-FMコウモリ（テラソカグラコウモリ）．A: 振幅の時間変化，B: 周波数構造の時間変化．

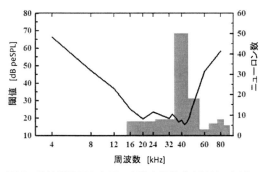

図2　聴性脳幹反応を用いた聴力曲線 [5]（実線，左軸）と下丘ニューロンの最適周波数分布 [4]（棒グラフ，右軸）下丘では，終端周波数（35 kHz～45 kHz）に同調したニューロン数が圧倒的に多い．

ルスを発するFMコウモリでも，獲物探索時には10 ms程度の長さで，周波数がほぼ定常のCF成分に似たパルスを発する．継続時間の長いCFパルスに対するエコーの周波数変調や振幅変調を用いて，獲物情報を得ているのであろう．さらに，放射パルスの振幅は，目標物との距離が短くなるにつれて，下がることがわかっている．無線マイク搭載コウモリでの記録から，CF-FMコウモリとFMコウモリに共通して，パルスの振幅を調節して，エコーの振幅をほぼ一定に保つことがわかった（エコー振幅補償）．大きな反射物から戻ってくるエコー周波数はドップラー・シフトしてパルス周波数よりも高くなる．CF-FMコウモリは，戻ってくるエコーのCF2周波数を一定に保つために，放射するパルスのCF2周波数を調節する．これは，ドップラー・シフト補償と呼ばれる[3]．パルス周波数の精密なコントロールのためには，エコーのCF2周波数を高分解能で聴き取る必要がある．エコーのCF2周波数に対する閾値が低く，ニューロンのCF2周波数に対する同調曲線が針のように鋭いのは，エコーのCF2周波数に対する周波数分解能が著しく高いことを表している．ドップラー・シフト補償は大きな壁や地面に対して行うが，飛行中の小さな獲物に対しては行わない[8]．したがって，CF-FMコウモリは，エコーの周波数と振幅を一定に保って，エコーからの信号抽出を容易に行うと考えられる．

コウモリのカクテルパーティ効果

複数のコウモリが同時に飛行すると，ほかのコウモリのパルスやエコーが自分のエコーと周波数的にも時間的にも重なってしまい，信号抽出が困難になるはずである．このような状況にコウモリはいかに対処するのであろうか．キクガシラコウモリは2個体が同時に飛行する場合，1個体が参照周波数を変化させると別個体も同様に参照周波数を変化させる．要するに，参照周波数を離して混信回避するのではなく，逆に参照周波数を接近させるのである[9]．この行動は，一般的な混信対策とは正反対である．一方，林立するチェーンから自分のエコーが時間的に重なって戻ってくる状況では，次に放射するパルスの周波数をずらし，以前に放射したパルスのエコーと周波数が重ならないようにする[10]．信号と雑音が同じ音声である状況下で信号を抽出するのは，ヒトのカクテルパーティ効果とよく似ている．コウモリのカクテルパーティ効果の解明が，ヒトのカクテルパーティ効果の神経機構解明につながると期待する．

〔力丸　裕〕

文　献

[1] 力丸 裕, 生物物理, 49, 174-180 (2009).
[2] G. R. Long and H.-U. Schnitzler, *J. Comp. Physiol.*, 100, 211-219 (1975).
[3] 力丸 裕, 菅乃武男, 脳から心へ（岩波書店, 東京, 1995）. pp. 321-330.
[4] K. Goto, S. Hiryu and H. Riquimaroux, *J. Acoust. Soc. Am.*, 128, 1452-1459 (2010).
[5] S. Boku, H. Riquimaroux, A. M. Simmons and J. A. Simmons, *J. Acoust. Soc. Am.*, 137, 1063-1068 (2015).
[6] K. Kobayasi, S. Hiryu, R. Shimazawa and H. Riquimaroux, *J. Acoust. Soc. Am.*, 132, 417-422 (2012).
[7] J. S. Kanwal, S. Matsumura, K. Ohlemiller and N. Suga, *J. Acoust. Soc. Am.*, 96, 1229-1254 (1994).
[8] S. Mantani, S. Hiryu, E. Fujioka, N. Matsuta, H. Riquimaroux and Y. Watanabe, *J. Comp. Physiol. A.*, 198, 741-751 (2012).
[9] Y. Furusawa, S. Hiryu, K. Kobayasi and H. Riquimaroux, *J. Comp. Physiol. A.*, 198, 683-693 (2012).
[10] S. Hiryu, M. Bates, J. A. Simmons and H. Riquimaroux, *Proc. Natl. Acad. Sci. USA*, 107, 7048-7053 (2010).

3-3

コウモリの可聴帯域と周波数感度

コウモリの可聴帯域と周波数感度は行動実験により調べられている. 脳幹反応で調べることもある. 行動実験では, エアーパフあるいは電気ショックによる古典的条件づけ, 食べ物を報酬としたオペラント条件づけ, 音のくる方向に耳を向ける行動を条件づけなしで調べるなど, 研究者ごとに異なる方法が用いられている.

コウモリの種類と可聴帯域

コウモリはオオコウモリ亜目（大翼手亜目）とコウモリ亜目（小翼手目亜目）に分けられる. コウモリ亜目のコウモリはすべてエコーロケーションを行うが, オオコウモリ亜目のコウモリは行わない（例外的にルーセットオオコウモリは行う）. エコーロケーションを行うコウモリは, 短い超音波パルスを発声する. パルスにCF-FM音（CF: constant frequency, 周波数定常, FM: frequency modulation, 周波数変調）を用いる種類をCF-FMコウモリ, FM音を用いる種類をFMコウモリと呼ぶ. 可聴帯域は, エコーロケーションを行うコウモリと行わないコウモリで比較すると, エコーロケーションを行うコウモリでは, エコーロケーションに用いるパルスの周波数に対応して可聴帯域も高い超音波帯域（120 kHz）まで伸びている. 逆に, エコーロケーションを行わないコウモリでは, 可聴帯域が低周波領域（1 ~ 5 kHz）まで伸びている.

FMコウモリの可聴帯域と周波数感度

北米に生息するオオクビワコウモリ（big brown bat）はFMコウモリの仲間で, 可聴帯域は0.85 ~ 120 kHz, 最大感度は20 kHzで6 dB SPLである[1, 2]（図1）. 45 kHzのところに感度の減少があり, 60 kHz付近（10 dB SPL）で再び感度がよくなる. 北米に生息するトビイロホオヒゲコウモリ（ホオヒゲコウモリ,

little brown bat）もFMコウモリの仲間である. 可聴帯域は10 ~ 110 kHzで, 最大感度は40 kHz, 10 dB SPLである. 50 kHzに感度の減少があり, 60 kHz（15 dB SPL）で再び感度がよくなる[1]（図1）. 南北アメリカ大陸に分布するナミチスイコウモリ（vampire bat）はFMコウモリの仲間で, 可聴帯域は0.5 ~ 116 kHz, 最大感度は20 kHzで −5 dB SPLである. 60 kHzに感度の減少があり, 71 kHz（1 dB SPL）で再び感度がよくなる[3]. 特徴は0.5 ~ 5 kHz帯域での閾値がほかの種類のコウモリよりもよく（20 ~ 60 dB）, 可聴帯域が広いことである. 日本に生息するアブラコウモリ（Japanese house bat）もFMコウモリの仲間であり, 可聴帯域は4 ~ 80 kHz, 最大感度は40 kHzで15 dB SPLである（[4], 脳幹反応で計測, 図1）.

CF-FMコウモリの可聴帯域と周波数感度

日本, ユーラシア大陸, イギリスに生息するキクガシラコウモリ（greater horseshoe bat）はCF-FMコウモリの仲間で, 可聴帯域は2 ~ 110 kHz, 最大感度は81.5 kHzで −4 dB SPLである. 15 ~ 20 kHz（−3 dB SPL）と55 ~ 65 kHz（−3 dB SPL）も感度がよい[5]. 感度のよい周波数はキクガシラコウモリが発声する超音波パルスに含まれる周波数成分に対応している. パナマやジャマイカに生息するパーネルケナシコウモリ（ヒゲコウモリ）はCF-FMコウモリの仲間で, 可聴帯域は10 ~ 110 kHz, 最大感度は60 kHzで −1 dB SPLである. 40 kHz（0 dB SPL）も感度がよい（[6], 蝸牛神経核反応で計測, 図1）. これらの周波数は超音波パルスに含まれる第1と第2周波数成分に対応している.

パナマに生息するウオクイコウモリ（fish-catching bat）は魚を捕獲するコウモリで, CFパルスだけあるいはFMパルスだけを使うことがあり, CF-FMコウモリともFMコウモリともいえない種類である. 可聴帯域は1 ~ 110 kHzであり, 31 ~ 57 kHz（5 ~ 8 dB SPL）で感度がよく, 最大感度は57 kHz, 5 dB SPLである.

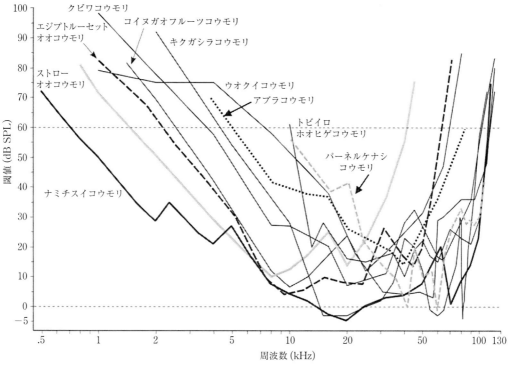

図1 コウモリの可聴帯域
([3]を改変, [4], [6]を追加)

オオコウモリの可聴帯域と周波数感度

アフリカに生息するストローオオコウモリはオオコウモリの仲間で果実を食し,フルーツコウモリとも呼ばれる.エコーロケーションは行わない.可聴域は1〜40 kHz,最大感度は8 kHzで10 dB SPL,20 kHzで15 dB SPLである.中国南部から東南アジアに分布するコイヌガオフルーツコウモリ(lesser dog-faced fruit bat,マレーフルーツコウモリとも呼ばれる)もオオコウモリの仲間で,果実や花粉を食する.可聴域は1.5〜70 kHz,最大感度は10 kHzで7 dB SPL,感度の減少が20 kHz(24 dB SPL)であり,25 kHz(13 dB SPL)で再び感度がよくなる.エジプトに生息するエジプトルーセットオオコウモリもオオコウモリの仲間で果実を食しフルーツコウモリとも呼ばれる.このコウモリはオオコウモリの仲間としては例外的にエコーロケーションを行う.可聴域は1〜60 kHz,最大感度は9 kHzで5 dB SPLである.8〜20 kHz(8 dB SPL)の感度がよく,30 kHz(25 dB SPL)で悪くなり,45 kHz(13 dB SPL)で再びよくなる.

〔堀川順生〕

文 献

[1] J. Dalland, *Science*, **150**, 1185-1186(1965).
[2] G. Koay, H. E. Heffner and R. S. Heffner, *Hear. Res.*, **105**, 202-210(1997).
[3] R. S. Heffner, G. Koay and E. H. Heffner. *Hear. Res.*, **296**, 42-50(2013).
[4] S. Boku, S. Matsui, T. Morimoto, K. I. Kobayasi and H. Riquimaroux, *Proc. Auditory Res. Meeting, ASJ*, 43, No.8, H-2013-106: 617-620(2013).
[5] G. L. Long and H. U. Schnizler, *J. Comp. Physiol.*, **100**, 211-219(1975).
[6] R. A. Marsh, K. Natraj, D. Gans, C. V. Prtfors and J. J. Wenstrup, *J. Neurophysiol.* **95**(1), 88-105(2006).

3-4
外耳の形と働き

コウモリは自ら超音波を放射し，反射してきたエコーを聞き取り，周りの環境を認識し，餌である昆虫を捕獲できる能力を有している．昆虫を捕獲するためには位置を知る必要があり，エコーから奥行きだけでなく方向を，つまり，3次元的に位置を定位していると考えられる．放射した信号に対するエコーの遅れ時間は対象物との距離に依存しており，奥行き知覚の特徴となる．ヒトの場合，両耳間時間差や両耳間音圧差が水平方向定位の手がかりとなり，外耳を含む頭部に依存した音響的特徴である頭部伝達関数が高さ方向の手がかりとなっている．コウモリの場合，頭部，特に外耳の伝達関数が方向定位に関係している．ここでは，コウモリの外耳の形状とその音響的特徴を紹介する．

コウモリの外耳の形状

コウモリの外耳形状は種によって大きく異なる．ここではFM音を発しているオオクビワコウモリの外耳を図1に示す[1]．みてわかるように，ほかの哺乳類に比べても耳珠が大きく発達していることがわかる．

コウモリの外耳の音響的特徴

コウモリの頭部ならびに外耳の音響的特徴を明らかにするために，頭部ならびに外耳の伝達関数を計測する．図2に示すようにマイクロフォンを鼓膜のところに先端部分がくるように設置した．頭部全体の構造，そして，外耳自体が音響的特徴に及ぼす影響を明らかにするために2つの状態で測定を行っている．

超音波スピーカーから広帯域信号音を送信し，マイクで受信する．受信した信号をフーリエ変換し，スピーカーとマイクの特性を除去す

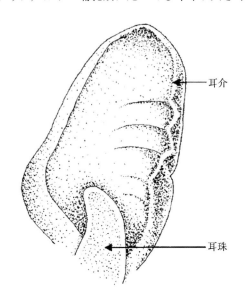

図1 外耳の形状（[1]より改変）

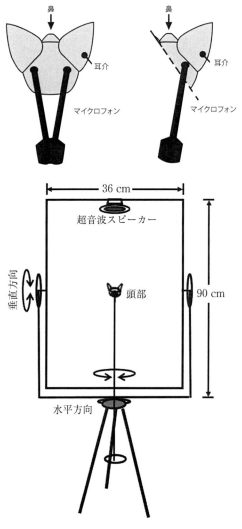

図2 伝達関数の測定模式図 [2]

ることで伝達関数を計算している．

超音波スピーカーを正中面で高さ方向を変えたときの伝達関数の変化を図3に示している．水平面より低い垂直方向において，振幅スペクトルが減衰しているノッチが存在し，このノッチ周波数が高さ方向に依存して変化していることがわかる．このノッチ周波数と高さ方向との関係を図4に示している．ノッチ周波数が高さ方向に依存して変化しており，特に水平方向より下側に対しては高さ方向依存的に単調に変化している．したがって，水平面より下側において高さ方向の定位のための手がかりとなりえる特徴となっている．

次に耳珠の影響を明らかにするために，耳珠を取り除いた状態でも同様な実験を行っている．図5に耳珠がない場合のノッチ周波数と

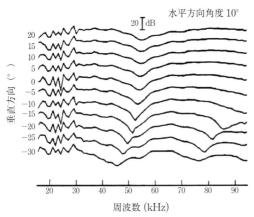

図3 伝達関数の例[2]

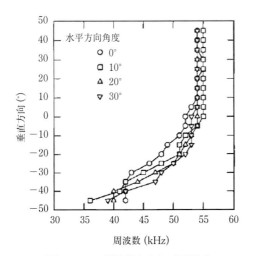

図4 ノッチ周波数と方向の関係[2]

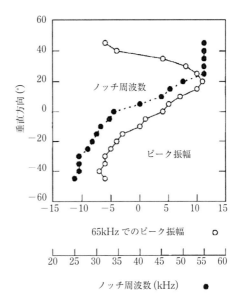

図5 耳珠の影響[2]

ピーク振幅の高さ方向に依存した変化を示している．この結果から，ノッチ周波数の分布がノーマルな状態に比べて変化しており，単調な変化をしていないことがわかる．したがって，耳珠があることでより正確な位置定位のための手がかりを得ている可能性がある．

シミュレーションによる評価

コウモリの外耳形状は種によって異なる．したがって，それぞれの種の外耳の伝達関数を測定することが重要となるが，実際外耳の伝達関数を実測することは難しい．ヒトの頭部伝達関数の場合でも，シミュレーションを用いた研究が行われている[3]．同じようにコウモリにおいても，コウモリの外耳形状を読み取り，このデジタル化された形状を用いた伝達関数を推定する手法が提案されている．このようなシミュレーションでは，外耳の一部の形状を変えたときの伝達関数の変化などを明らかにできるメリットがある． 〔松尾行雄〕

文献

[1] C. Chiu and C. F. Moss, *J. Acoust. Soc. Am.*, **121**, 2227-2235(2007).
[2] J. M. Wotton, T. Haresign and J. A. Simmons, *J. Acoust. Soc. Am.*, **98**, 1423-1445(1995).
[3] F.D. Mey, J. Reijniers, H. Peremans, M. Otani and U. Firzlaff, *J. Acoust. Soc. Am.*, **124**, 2123-2132(2008).

3-5 中耳の形と働き

中耳の聴覚伝導

多くの哺乳類では外界からの音刺激である空気振動が耳介で集音され，外耳道を経て中耳に入る．中耳の入口である鼓膜から，3個の耳小骨であるツチ骨（malleus），キヌタ骨（incus），アブミ骨（stapes）を経て内耳窓（前庭窓）から蝸牛内の前庭階へと振動を伝導する．この中耳の伝音機能を伝音聴力と呼ぶ．コウモリの中耳には中耳骨胞（bulla）があり，ヒトでは鼓室と連結する乳突洞という空間に空気の存在が音波伝導のために必要である．空気は鼻腔から耳管を経由して換気され，外耳と中耳の圧差がないように嚥下などの耳抜き動作により調整される．

中耳の音圧増強作用

中耳での音伝達にはエネルギーの増幅機構はないが，音圧には増幅作用が存在する．鼓膜表面と内耳窓の面積比によりヒトでは約25 dBと3個の耳小骨てこ作用で2.5 dBの利得が得られる．鼓膜の損傷や耳小骨の離断では50 dBまでの聴力低下が生じる．

インピーダンスマッチング

空中の音振動は液体の表面で99％反射されるため，中耳から内耳への効率的な音刺激伝達のためにはインピーダンスを変換するマッチング機構が必要となる．中耳では耳小骨が空気中の物理的振動と内耳リンパ液とのインピーダン

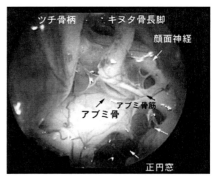

図2　耳小骨の構造（ヒトの左耳）（口絵3）

スを整合することで，内耳への伝音を効率的に行う重要な働きをしている．

耳小骨筋反射

耳小骨にはアブミ骨筋と鼓膜張筋の2つの筋腱が付着している．顔面神経支配のアブミ骨筋は，アブミ骨後脚と錐体隆起の間に存在し音刺激により収縮しアブミ骨の動きを抑制する．音刺激の内耳への瞬間的な過大入力をコントロールして内耳機能を保護する作用である．ヒトでは外界からの音刺激後にアブミ骨筋が反射的に収縮し，内耳への入力を減少させる．この反射はヒトでは臨床応用されて，1個のプローブを外耳道に挿入し$\pm 20\,\mathrm{cm}\,\mu\mathrm{Pa}$の圧負荷と250 Hz付近の音刺激とで鼓膜からの反射をインピーダンスとして計測表示することができる．一部のコウモリやイヌでは外界の音刺激ではなく，自己発声の前に耳小骨筋反射が生じている．コウモリはエコーロケーションするために，自音聴取を弱めることで反射音を聞き取る妨げにならないようにする反射機能がある．このためアブミ骨筋が著しく発達したコウモリがいる．また鼓膜張筋はツチ骨と耳管に付着し三叉神経の支配を受ける． 〔枝松秀雄〕

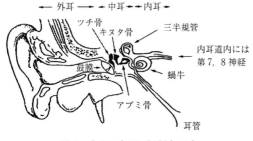

図1　中耳と内耳の解剖（ヒト）

文献
[1] A. N. Popper and R. R. Fay, *Hearing by Bat* (Springer-Verlag, New York, 1995).
[2] K. T. J. Davies, *Frontiers in Zoology*, **10**, (2013).
[3] 聴覚系の情報処理と音声
[4] 菅乃武男, 聴覚. 生理学1 編集・入来正躬, 外山敬介, (文光堂, 東京, 1992), pp. 261-312.

3-6

内耳の形と働き

内耳の基本的構造と機能

コウモリの内耳はほかの哺乳類と同様で，聴覚のための蝸牛と平衡のための前庭と半規管が存在する[1, 2]．

コウモリの蝸牛はヒトの構造に類似し，その外形は骨組織が渦巻き状（骨迷路）の回転をする．内部には膜迷路と呼ばれる3つの小腔が存在し，外リンパ液に満たされた前庭階と鼓室階，内リンパ液を含む中央階がある．内外のリンパ組成は細胞内外のイオン組成に類似しNa，Kイオン濃度が大きく異なる．また蝸牛には2つの窓がある．中耳からの内耳への伝音の入口となる前庭窓から，音刺激で生じた外リンパ液の波動が前庭階から鼓室階に伝わり，最終的には蝸牛窓から中耳に抜けていくことでリンパ波動の逆行を防止している．中心階では鼓室階で生じた外リンパ液の波動をまず基底板の振動として受け取る．

基底板上にはコルチ（Corti）器とよばれる末梢受容器が存在し，2種類の有毛細胞とそれを支持する細胞群が存在する．1列の内有毛細胞は主としてセンサーとして，3列の外有毛細胞は増幅器として機能する．有毛細胞の頂部には1本の動毛（kinocilium）と多数の不動毛（stereocilia）が存在する．動毛は上方の蓋板（tectorial membrane）と接触し偏位することで有毛細胞内に活動電位を生じる．中心階の外側には血管条（stria vascularis）があり，内リンパ電位（endolymphatic potential）の電位源となっている．

音の基本情報は，周波数（pitch），強さ（loudness），時間情報の3つである．内耳では主として，音の高低と大きさを処理する．蝸牛では，基底回転側で高音を頂方向に向かうにつれて低音を処理する．音の大きさはリンパ液波動の高さに比例する．ヒトでは音情報は，会話音，生活環境音，音楽など種々の目的に使用される．一方コウモリでは視力に頼らず聴力によ

り，障害物を避けて飛行し，獲物を獲得するために自ら発する超音波の反射音を聞き取り処理することが必須である．この働きを生物学的エコーロケーション（echolocation，こだま定位）と呼ぶ．複雑な神経処理は蝸牛よりも高位の中枢聴覚路で行われるが，蝸牛には超音波を聞き取るための特殊な構造がいくつか存在する[3]．

コウモリの内耳の特殊な構造と機能

コウモリの蝸牛には，超音波の可聴とエコーロケーションに使用するCF（continuous frequency）音，FM（frequency modulation）音，CF＋FM音などにより微細な内部構造にほかの哺乳類とは異なった特徴がいくつか見られる．

内有毛細胞は全体として丸みを帯びた柱状構造で，細胞長は外有毛細胞より長い．また細胞頂部の感覚毛である不動毛も外有毛細胞よりも長い．

有毛細胞に付着する1次ニューロンも求心性（afferent fiber）と遠心性（efferent fiber）の2種類があり，内有毛細胞には求心性が多く，外有毛細胞には遠心性が付着する．しかし，キクガシラコウモリには他哺乳類の外有毛細胞とは大きく異なり，求心性のみが終末接着する．

基底板には鼓室階に向かって2カ所の肥厚部分（弓状，櫛状）が見られるコウモリが存在する．ラセン神経の終末は，コウモリの使用する特徴周波数により集中と過疎が見られる．〔枝松秀雄〕

文　献
[1] A. N. Popper and R. R. Fay, *Hearing by Bat* (Springer-Verlag, New York, 1995).
[2] K. T. J. Davies, *Front. Zool.*, **10**(2) 10-25(2013).
[3] 菅乃武男：『聴覚．生理学1』編集・入来正躬，外山敬介（文光堂，聴覚系の情報処理と音声，東京，1992），p261-312.

表1　哺乳類の聴覚：可聴周波数と蝸牛の構造

可聴周波数	ヒト	16～2万Hz
	コウモリ	1000～12万Hz
	イルカ	150～12万Hz
	イヌ	16～5万Hz
蝸牛の回転数	ヒト	2.75
	placental mammals	1.5～4.25
	echolocating bat	2～3.75
	old world fruit bat	1.75～2.25

3-7
コウモリの脳幹の構造と働き

コウモリは獲物・障害物の距離や相対速度を知るため発声音（パルス）Pとこだま音（エコー）Eの時間遅れP-Eを解析してエコーロケーションを行う．CF-FMコウモリ（ヒゲコウモリ）の神経生理学的研究は，大脳皮質に，CF周波数に細かく反応する部位だけでなく，P-Eの組み合わせに特異的に反応する部位などの精緻な計算論的脳地図を明らかにした（▶3-8）．しかし，研究の伸展とともに，下丘にも既に同様の組み合わせ反応ニューロンがあり，同じく大きな領域を占める上丘（SC）（図1）や小脳の聴覚性ニューロンの意義も検討されてきた．

脳幹における特徴抽出，距離測定ニューロン

下丘には，側抑制による同調曲線の先鋭化で鋭く周波数に同調するニューロンの他，刺激からの遅れに同調し，刺激を受けて発火するオンニューロン，時間間隔に反応するニューロン，FM音に反応するニューロンなどがある．図2にパーネルケナシコウモリ（ヒゲコウモリ）の下丘にみられるP-Eペアの時間遅れに同調し，標的の距離情報を示すと考えられる反応を示す[2]．2～4 ms遅れの(P)FM$_1$と(E)FM$_3$の組み合わせにのみ反応する．

音の持続時間を識別するニューロン

音の持続時間の識別もまた音声情報の解析に

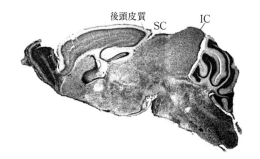

図1 コウモリ脳の矢状面断面[1]
上丘（SC），下丘（IC）は非常に大きい．

は重要である[3]．下丘と大脳皮質には持続時間選択性を示すニューロンがあり，刺激音の持続時間に対する反応によって4タイプの持続時間選択性に分けられた（図3）[4]．

このような時間選択性の型ができる理由として，持続性抑制性入力に遅れて一過性の興奮性入力が到着するなどの相互作用，あるいはGABA抑制が関わる．GABAを投与すると持続時間選択性が増し，シナプス後膜作用薬ビキュキュリンを投与すると持続時間選択性は低下したことから，GABA抑制の関与が考えられた[5]．

刺激音の音圧を20 dBないし50 dBまで上げても4タイプのニューロンに持続時間選択性の変化はなかった．このような持続時間選択性

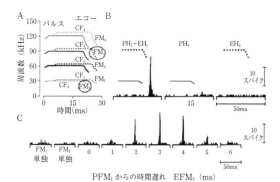

図2 パーネルケナシコウモリ下丘におけるP-E組み合わせ特異的ニューロンの例

A：発生音ソナグラム，B：Aの丸で囲まれた2音のペアに反応するニューロン，C：時間遅れ2～4 msにのみ反応することを示す[2]．

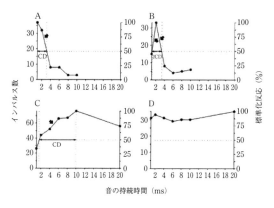

図3 下丘ニューロンの刺激音に対する持続時間選択性の4タイプ

A～Dは，短持続時間通過型(A)，一定持続時間通過型(B)，長持続時間通過型(C)，そしてすべての持続時間通過型(D) [4]

ニューロンの存在は，他の動物，カエル，ネコ，チンチラ，マウスでも報告されている．

音圧を変化させても多くのニューロンで持続時間選択性が変わらないことは，コウモリが標的に近づき発声音の持続時間を短縮しても，エコーロケーション機能を損なわないことを示す．

このように，下丘，内側膝状体などの下位の中枢に，P-Eの時間遅れ選択性，周波数差選択性ニューロンが存在し，このような情報を担うことになったニューロンが大脳皮質ばかりでなく，上丘（発声），小脳（運動）などの運動系部位にも送られエコーロケーションが遂行されると推定される[2]．

皮質下行性制御による脳幹ニューロン反応の変化

情報抽出は下位から上行性に行われると思われていたが，大脳皮質を電気刺激すると下丘，内側膝状体など下位中枢におけるニューロンの反応性が変化するというようもる皮質下行性制御が発見され（**図4**）[6, 8]，下位中枢のニューロンの反応が改めて見直されることとなった[7]．

例えば，大脳皮質ニューロンをリドカイン麻酔したときの内側膝状体および下丘ニューロンの音刺激に対する同調曲線の変化を**図5**に示した．両者ともにベスト周波数が高くなるように変化している（●の線）．このシフトはいずれもリドカイン麻酔された皮質ニューロンのベスト周波数（矢印）に近くなる方向に起こった（**図5**）[6]．

その後の研究から皮質下行性制御の意味は，経験や学習と関係して皮質が下位中枢を，"自己中心的に"制御するためと考えられている[6]．

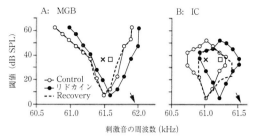

図5 大脳皮質をリドカイン麻酔したときのA内側膝状体およびB下丘ニューロンの同調曲線の変化

矢印は各ニューロンのベスト周波数を示す．ここではA，Bニューロンの遷移は，皮質ニューロンのベスト周波数に近づくように起こっている[6]．

エコーロケーションにおいてコウモリは，探索期，接近期，最終期と，発声音の頻度を上げてエコーを聞き，P-E差を解析しながら行う．時間経過とともに発声音の長さを短く，頻度を上げ，強さは強く変化させる．このとき下丘ニューロンの方向選択性，周波数選択性，強度選択性はいずれもむしろ発声頻度とともに上昇することが知られる[3]．コウモリには強度を上げて発声するとき自分の強い声から聴覚系を守るしくみがあるが，他方で，エコーロケーションでは強い雑音にさらされてもその精度は変わらないという行動実験があり[9]．このことが神経生理学的にも肯定される[3]．　〔鎌田　勉〕

文献

[1] E. Covey, *Anat. Rec.*, **287**, 1103 (2005).
[2] J. J. Wenstrup *et al.*, *Hear. Res.*, **275**, 53-65 (2011); J. J. Wenstrup *et al.*, *Front. Neur. Circ.*, **6**, 1-21 (2012).
[3] PH-S. Jen, X. Zhou and C. H. Wu, *J. Comp. Physiol. A*, **187**, 605 (2001); PH-S. Jen, C. H. Wu and X. Wang, *Front. Neur. Circ.*, **6**, 27 (2012).
[4] X. M. Zou and PH-S. Jen, *J. Comp. Physiol. A.*, **187**, 63 (2001); X. M. Zou and PH-S. Jen, *Chinese J. Physiol.*, **49**, 46 (2006).
[5] PH-S. Jen and C. H. Wu, *Brain Res.*, **1108**, 76 (2006); PH-S. Jen and C. H. Wu, *Neurorep.*, **19**, 373 (2008); C. H. Wu and PH-S. Jen, *Neurorep.*, **20**, 1183 (2009).
[6] N. Suga *et al.*, *PNAS*, **97**, 11807 (2000); PH-S. Jen *et al.*, *J. Comp. Physiol.*, **183**, 683 (1998); PH-S. Jen, *Front. Biol.*, **5**, 128-155 (2010).
[7] Y. Zhang and N. Suga, *J. Neurophysiol.*, **84**, 325 (2000); Y. Zhang and N. Suga, *J. Neurophysiol.*, **78**, 3489 (1997).
[8] V. M. Bajo and A. J. King, *Front. Neur. Circ.*, **6**, 1 (2013).
[9] A. M. Simmons, A. Ertman, K. N. Hom and J. A. Simmons, *Sci. Rep.*, **8**, 13555 (2018); A. M. Simmons, K. N. Hom and J. A. Simmons, *Acoust. Soc. Am.*, **141**, 1481 (2017).

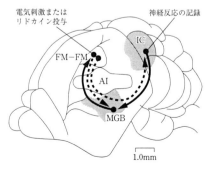

図4 皮質下行性制御の実験イメージ[8]
AI：皮質一次聴覚野，MGB：内側膝状体，IC：下丘

3-8

コウモリの大脳における音の分析

夜行性のコウモリは超音波（パルス）を用いてエコーロケーション（こだま定位，反響定位）を行い，音により外界を"見"ている．コウモリはエコーロケーションを行うとき，口から超音波パルスを発し，返ってくるエコー（反響音）を聞いて対象物を知覚する．エコーに含まれる音の変化から，対象物の動き，距離，方向，材質などを検知する．これまでの行動学的および生理学的な研究から，コウモリが音のどの物理学的特性をもとにしてこれらを検知するのかがわかっている．対象物の動きは周波数のドップラー・シフトで，距離はエコーの遅延時間で，方向は両耳に入ってくるエコーの時間差および音圧差を手掛かりにして，材質はエコーに含まれる周波数成分の変化を手掛かりにして検知する．コウモリはエコーロケーションに適した発達した大きな蝸牛をもち，発達した聴覚神経系を有している．一方，夜行性のコウモリは視覚が弱く，目や視覚神経系は退化している（昼行生のコウモリは視覚が発達している）．大脳では聴覚野が大きく発達しているのに対して，視覚野は狭い．大きく発達した聴覚野にはエコーロケーションを行うために特化した神経機構が存在する．

エコーロケーションの神経機構の研究は，最初にパーネルケナシコウモリ（ヒゲコウモリ）の聴覚皮質で行われた[1-6]．パーネルケナシコウモリのパルス音を周波数分析すると，基音と3つの高調波からなるCF-FM（CF：constant frequency，周波数定常，FM：frequency modulation，周波数変調）音から構成されている（CF音の最初にごく短い上行FM音が付加する場合もある）．パルス音は30.5 kHzの長いCF音（CF_1）で始まり，その終末部に30.5 kHzから3〜4 kHz下降する短いFM音（FM_1）が続く．第2成分は基音の2倍である61.0 kHzのCF（CF_2）と61.0 kHzから6〜8 kHz下降

するFM音（FM_2）からなり，第3，第4成分は基音の3倍，4倍の周波数のCF-FM音（CF_3-FM_3，CF_4-FM_4）からなる．これらの中で，基音CF_1-FM_1が最も弱く，第2成分CF_2-FM_2が最も強い．CF_2の周波数は61.0 kHzであるが，この周波数は安定しており，その標準偏差は0.2 kHz（0.3 %）である．CF_2の周波数はコウモリの個体によりわずかに異なる．

パーネルケナシコウモリの一次聴覚皮質（AI）には，すべての哺乳類のAIに共通に見られる周波数局在構造が存在するが，その中にCF_2付近の周波数に対応する60〜63 kHzの周波数が表示された広い領域が存在する．この領域はDSCF野（Doppler-shifted CF area）と呼ばれ，ドップラー・シフトした周波数の処理を行う領域と考えられている．標的がある速度で近づいてくるとドップラー・シフトによって周波数が高いほうにずれる．DSCF野にはこの高いほうにずれた周波数が表示されている．標的が遠ざかるときには周波数は低いほうにずれるが，この低いほうにずれた周波数はDSCF野には表示されていない．これはコウモリが標的に近づくときには追跡を続け，遠ざかるときには追跡しないことと相応する．コウモリは，ドップラー・シフトによりエコーの周波数が上がると，これを下げようとして発声するパルスの周波数を下げるという行動をする．この行動をドップラー・シフト補償（Doppler-shift compensation）という．ドップラー・シフト補償では，エコーの周波数を標的が静止しているときのCFと同じになるように周波数を補正する．この補正によりエコーのCF周波数は常に一定の値となる．コウモリはドップラー・シフトされた周波数を正確に検知する必要があり，DSCF野が広い領域を占めるのは，正確な周波数検知を行うために必要なものである．これはヒトの唇や指先の大脳皮質領域がほかに比べて広くなっていることと対応する．

パーネルケナシコウモリの周波数局在構造には25〜29 kHz（FM_1），53〜59 kHz（FM_2，ドップラー・シフトしたCF_2），80〜90 kHz（FM_3，ドップラー・シフトしたCF_3），106〜120 kHz

124 | 3章　哺乳類2　コウモリ

(FM_4)の周波数域が欠けている．これらの周波数は周波数局在構造の前背側部および前腹側部に表示されている．これらの領域には音の組み合わせに反応するニューロンが存在する．反応する音の組み合わせは，FM_1-FM_2，FM_1-FM_3，FM_1-FM_4，CF_1-CF_2，CF_1-CF_3である．これら以外の組み合わせには反応しない．FM_1-FM_n ($n=2, 3, 4$)に反応するニューロンは，FM_1単独やFM_n単独にはまったくあるいはほとんど反応しないが，FM_1-FM_nの組み合わせには強く反応する（FM_1単独反応＋FM_n単独反応よりも顕著に大きい）．このタイプのニューロンはFM-FMニューロンと呼ばれ，エコーFM音の遅延(delay)に感受性がある．1つのニューロンは特定の遅延に対して最大応答する．この遅延を最適遅延(best delay：BD)という．BDはニューロンごとに異なり，最小は0.9 ms（距離15 cm），最大は23.4 ms（距離4.0 m）まで分布している．聴覚皮質にはこのBDが規則正しく表示されており（前方：短，後方：長），その領域をFM-FM野という（**図1**）．FM_1-FM_n組み合わせニューロンは複数か所に表示されており，FM-FM野の背側にDF野(0.8〜7.8 ms)が，周波数局在の前腹側にVF野(0.9〜5.5 ms)がある．これらの領域では，より短い距離が表示されており，コウモリが標的を捕獲する最終段階でより精密な距離の処理を行っていると考えられている．

CF_1-CF_2，CF_1-CF_3の組み合わせに反応するニューロンは周波数表示領域のすぐ背側部に存在する．このニューロンはCF_1-CF_n ($n=2,3$)の組み合わせ音に強く反応し，CF_1単独およびCF_n単独に対してはまったくあるいはほとんど反応しない．このタイプのニューロンはCF/CFニューロンと呼ばれ，領域はCF/CF野と呼ばれる．周波数に対しては鋭い感受性がある一方，遅延には感受性がない．CF/CFニューロンはドップラー・シフトしたエコーの周波数の処理，すなわち標的の速度の処理を行っている．CF/CF野では+9〜−2 m/s（前方：速い，後方：遅い，正は近づく方向）の速度が表示されている（[1, 2] **図1**）．

音の方向の検出は主として脳幹の神経機構で行われるが，聴覚皮質での音の方向の地図的な表示は現在のところ見つかっていない．**図1**のDSCF野の後背側に位置する領域（DM野）が関係するかもしれないが，確認されていない．また，標的の材質の検出機構についても未解明である．　　　　　　　　　　　〔堀川順生〕

文　献
[1] N. Suga, "The extent to which biosonar information is represented in the bat auditory cortex", in *Dynamic Aspects of Neocortical Function*, G. M. Edelman, W. W. Gall and W. M. Cowan, Eds., (John Wiley & Sons, New York, 1984), pp. 315-373.
[2] N. Suga, *Neural Networks*, 3, 3-21 (1990).
[3] N. Suga and W. E. O'Neill, *Science*, 206, 351-353 (1979).
[4] N. Suga and J. Horikawa, *J. Neurophysiol.*, 55, 776-805 (1986).
[5] H. Edamatsu and N. Suga, *J. Neurophysiol.*, 69, 1700-1712 (1991).
[6] N. Suga, *Sci. Am.*, 262(6), 60-68 (1990).

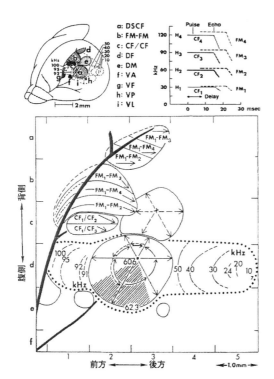

図1　エコーロケーションにかかわるパーネルケナシコウモリ聴覚皮質の領域[1, 2]
中央部にDSCF野，その前背側にCF/CF野，FM-FM野，DF野，前腹側にVF野がある．これらの領域はドップラー・シフトした周波数，速度，距離の情報を処理する．

3-9 コウモリのコミュニケーション音

コウモリと音声

コウモリは一般的には，大きい群れをつくり発声活動が盛んな騒々しい動物である．その声がヒトの可聴帯域にあり，また休息場が樹木などであるため，人目を惹きやすく，初期に詳細な音声コミュニケーションの研究が行われたのはオオコウモリ亜目である[1]．一方，コウモリ亜目は夜行性で，また休息場が洞窟など人目につかない場所であることに加え，ヒトには聞こえない超音波音声でエコーロケーション (echolocation) を行うため，コミュニケーション音は注目されず，研究の初期には，頻繁に発声される超音波音声はエコーロケーション，つまり定位用で，ごくまれに発されるヒトの可聴帯域の音声のみがコミュニケーション用のものと考えられた[2]．

エコーロケーション音とコミュニケーション音

コウモリ亜目各種についての生態・行動の研究や野外録音の進展によって，ヒトの可聴帯域を含む様々な音声が発見され，それらの機能が音声の再生実験によって確認されるようになった[3]．主な機能は，①母-子の会話，②求愛，③交尾，④挨拶，⑤威嚇，⑥警戒，などである．これらは大半，エコーロケーション音とは音型が異なるが，種によってはエコーロケーション音が，コミュニケーションの様々な機能を担う例もある．例えば飼育下のキクガシラコウモリではエコーロケーション音が，仲間の識別，警告，威嚇，幼獣のガイドなどのコミュニケーション機能を同時に二様に果たすと示唆されている[4]．

コウモリ亜目の生長と音声の発達

暗闇の洞窟や樹洞などで育てられる子コウモリの個体発生をたどると，様々な音声コミュニケーションの様子を観察できる．キクガシラコウモリの例では，産み落とされるとすぐに，新生児は産声で母との鳴き交わしを始める（図1A）．子は幼型のアイソレーションコール (IC) を発し，母の保護を促す．母コウモリは毎夜，子を残して出洞し，採餌から帰ると，音声で個体識別し，幼獣の群れから自分の子を回収し，哺育する．新生児期の最も未熟な型の音声であるICは喉頭原音に近い音型で，子は母との呼び交わしや音の同期を繰り返しながら，成熟したエコーロケーション型の音声を発声するようになる（図1C）[5]．FMコウモリでも同様な過程を示すが，こちらは交互の応答のみで，母-子の音声の同期は見られない（図1B，D）．

小コウモリではこのように，どの種類においても，母-子の音声コミュニケーションは子にとっては母の保護を促す重要な機能をもつことに加え，エコーロケーションパルスへ到達する発声練習も兼ね，エコーロケーションとコミュニケーションが発達過程でも不可分であることがわかる．

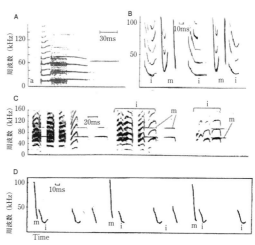

図1 母-子の音声コミュニケーションのソナグラム
A キクガシラコウモリ母-子の出産直後の音声コミュニケーション
 i：新生児の産声，m：母の声
B ノレンコウモリ母-子の音声コミュニケーション
 i：3日齢の子のアイソレーションコール (IC)，m：2拍子の母の音声
C キクガシラコウモリ3週齢の子と母の音声コミュニケーション
 i：4拍子の子のIC，m：母の音声
D ノレンコウモリ母-子の音声コミュニケーション
 m：母のコミュニケーションパルス，I：16日齢の子のIC

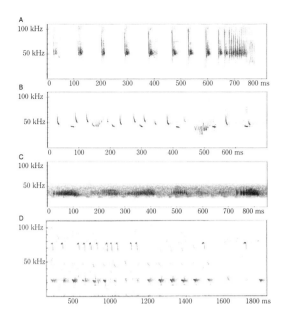

図2 コウモリの多様な音声パターンのソナグラム
A：イエコウモリのエコーロケーションシークエンス，B：イエコウモリオスの求愛コール，C：ユビナガコウモリ集団の警戒音，D：カグラコウモリ集団の音声，a エコーロケーションパルス，b コンタクトコール

成獣のコミュニケーション音

一方，成獣におけるコミュニケーション音の音型は数個の倍音，様々な勾配のFM音やトリル（trill）からなっている．これらの中で最も多彩なFM音やトリルからなるさえずりは，求愛コールである．イエコウモリ（アブラコウモリ）の求愛コールは飛翔中のオスによって，反復して発声される（図2B）．ハーレム型社会をもつサシオコウモリでは鳥のさえずりのような長く続く誘い鳴きや雌雄間でホバリング（hovering）しながら発声される求愛ソングなど，多様な音型が報告されている[6]．また同じくハーレム集団を形成するクチビルコウモリでも群れメンバー間でなわばり，威嚇，求愛などの機能をもつ音声が絶え間なく発声され，連続的にまた多彩に変化する[7]．

音声でむすばれたコウモリ亜目の社会

ほとんどの種が群居性であるコウモリ亜目は，群れの個体間では聴覚・視覚・嗅覚信号で様々なコミュニケーションが行われている．洞窟内で休んでいるコウモリ亜目の群れからはヒトの可聴帯域の声が発声されている．気付かれないように接近し，録音するとこれまで知られていない様々なコミュニケーション音が採録される．例えば群れが静かに休息しているときのトリル型の警戒音（図2C）や，群れが覚醒し，騒々しいときの音声（図2D）である．これらは群れ内でのみ採録されるが，特に図2Dは，群れのメンバー間の社会的絆を強化している声，つまりコンタクトコールと思われる．コンタクトコールは途切れなく発声されている．

以上のように，コウモリ亜目のコミュニケーション音は種により，また様々な状況によって多様に発声されている．夜の空間を活動の舞台とする小型の動物であるため，詳細な研究資料の収集には時間と労力が必要であるが，音声でむすばれた社会をもつため，各種の音声をモニターすれば行動や社会的状況が推測できるという点で音響行動学という分野に適した動物であるといえる．

〔松村澄子〕

文献

[1] J. Nelson, *Behav.*, 13, 544-557(1965).
[2] D. R. Griffin, *Listening in the Dark* (Yale Univ. Press, New Haven, 1958), pp. 1-415
[3] M. B. Fenton, *Communication in the Chiroptera* (Indiana Univ. Press, 1985), pp. 1-158
[4] F. P. Möhres, *Animal Sonar Systems*, vol. 2, ed. R-G. Busnel, *Biology and Bionics*, pp. 939-946 (NATO Advanced Study Institure, Frascati, 1967).
[5] 松村澄子, コウモリの生活戦略序論 (東海大学出版会, 東京, 1988), pp. 1-192.
[6] J. Bradbury, *Biology of Bats*, 3, 46-52(1977).
[7] J. Kanwal, S. Matsumura, K. Ohlemiller and N. Suga, *J. Acoust. Soc. Am.*, 96, 1229-1254(1994).

3-10
コウモリの運動と音声

コウモリ亜目は，暗闇で超音波を発声し，エコーロケーションにより獲物を捕獲し，障害物を避ける[1, 2]．

コウモリを適当な広さの暗闇にしたフライトルームの中で飛翔させ，中ほどに障害物として釣り糸のテグスのような糸を一定間隔に縦に張っておくと，それを巧みに避けて飛翔する．この場合，障害物をモーターで動かすと，動かさないときに比べて動物はより巧みに避ける[3]．このような部屋でのコウモリの行動と発声音声を，CF-FMコウモリとFMコウモリの2種類で比較すると，両種とも障害物に近づくに従って発声頻度が増加し，発声長は短くなり，音圧が下がる（図1, 2）[4]．このような発声は，コウモリがあたかも，標的物体をよく"みよう（聞こう）"とするかのようである．

このエコーロケーション行動を，標的から遠い探索期（rest or search phase），標的に向かう接近期（approach phase），ごく近くの最終期（final phase），障害物系列の通過期（pass phase）に分けてコウモリの発声行動を分析すると，探索期では，FMコウモリでも，CF-FMコウモリでも，発声音は長く，頻度も少ないが，発声音は短く，頻度も多くなる．標的に近づくと，音声を短いパルス状に発声して多数のエコーを取得し，標的からの情報を取得する．また，標的に近くなると発声音圧を下げるが，これは標的から跳ね返ってくるエコーがうるさすぎないように音圧を下げ，自分の聴覚系における聞きやすい範囲に合わせるためと考えられている（エコー音圧補償[5]）．周波数に関しては，CF-FMコウモリのCF部分が正確な周波数情報を与えるが，自分が発声した音声の周波数とエコーの周波数の組み合わせを使って，標的との距離，相対的速度を割り出す．FM部分は標的の距離や方位測定に適するとされるが，FMコウモリも探索期には，長く周波数が一定した音声を出しており，標的に接近して典型的なFM音となるという柔軟な発声を示す[5, 8]．

CF-FMコウモリでは，ドップラー効果のため，標的に近づくときはエコー周波数が上がり，遠ざかるときはエコー周波数が下がる．コウモリはこのエコー周波数が自分の聴覚系で最も聴取しやすい周波数範囲（参照周波数，reference frequency）に収まるようにあらかじめ発声周波数を下げる．これをドップラー・シフト補償（Doppler-shift compensation）という[6]．聴覚系で細かく周波数を分析できる大脳皮質部位は，パーネルケナシコウモリ（ヒゲコウモリ）

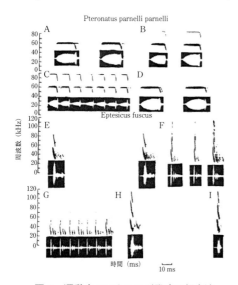

図1　運動中のコウモリが発する超音波
A～D：CF-FMコウモリ，E～I：FMコウモリ，A・B・E・Fが接近期，C・Gが最終期，D・Hが通過期．それぞれ上がスペクトログラム，下が音声波形．

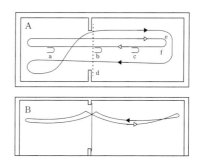

図2　フライトルームでのコウモリの飛行軌跡
A：上面図（a, b, cはマイクロフォンの位置，dが障害物，eがCF-FMコウモリの軌跡，fがFMコウモリの軌跡）．
B：断面図

で詳細に明らかにされたが[7]．一般的には，視覚に倣って聴性中心窩（auditory or acoustic fovea）と呼ばれ，蝸牛の基底膜から聴覚系のほかのレベルで，またフクロウ，チンチラなど他の動物についても認められている[8-10]．

野外における音声の記録は，コウモリも多数おり，ほかの音声もあるため，実験室ほど容易ではないが，記録され比較されている（図3）[11]．

米国に多くよく研究されるオオクビワコウモリは，開けた野外（open field）では，長音 14〜20 ms は，音声間隔（inter pulse interval：IPI）が長く，周波数帯域が狭く，周波数も低く，最低周波数 fmin 22〜25 kHz に向かって掃引される．短音 6〜13 ms は，IPI が短く，周波数帯域が広く，周波数も高い．木の多い森では，短く 6〜11 ms，探索のための広帯域の音が，高頻度 IPI 122 ms で，高い周波数で fmin 27〜30 kHz 出される．それが実験室では，高頻度 IPI 88 ms，短音 3〜5 ms が，より高い周波数で fmin 30〜35 kHz 出されたという[11]．

このようにコウモリはエコーロケーションを行うため，刻々，発声する音声のパラメータを変化させる．それを正確に記録し解析するには，小型軽量な超音波マイクロフォン・テレマイクを開発し，コウモリの個体につけて記録する必要がある．その一方，暗黒の中におけるコウモリの3次元位置を複数台の赤外線カメラで追跡し，コウモリの発声音のビーム形と方向を知るため，フライトルームの中に立体格子状に20台以上のマイクロフォンアレイを配列し，それらすべてをコンピューターで記録解析するという研究が行われるようになった．こうして聴覚情景分析（auditory scene analysis）が可能となった[12, 13]．

フライトルームの中で，オオクビワコウモリに餌のミールワームを追跡させると発声ビームを標的に向ける．餌を2個与えると，発声ビームを分散させず，一方のみ追跡する．すると信号ノイズ比があがり捕獲率が上がるという[14]．

しかし飛行中，複数の標的に対し並行して独立に距離や速度の計測をすることもある[12]．

このような大規模な実験空間の設定から，従来知られたドップラー・シフト補償などの音声行動がより精密に逐次細かな時間経過とともに明らかになった[12, 15]． 〔鎌田　勉〕

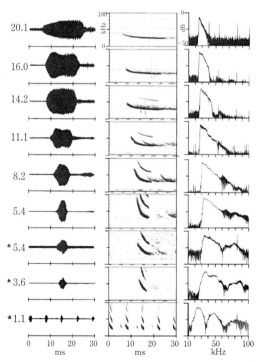

図3　FMコウモリ音声の波形（左），スペクトログラム（中），スペクトル（右）[11]
左端の数字は音の持続時間．

文献

[1] Griffin, *Linstening in the dark*, (Yale Univ. Press, 1958).
[2] Sales and Pye, *Ultrasonic communication by animals*, (Chapman and Hills, London, 1974).
[3] Jen and McCarty, *Nature*, **275**, 743(1978).
[4] Jen and Kamada, *J. Comp. Physiol.*, **148**, 389(1982).
[5] Hiryu et al. *J. Acoust. Soc. Am.*, **121**, 1749(2007).
[6] Schnitzler *Z. Vergl. Physiol.*, **57**, 376(1968).
[7] Suga et al. *J. Neurophysiol.* **49**, 1573(1983).
[8] Schuller and Pollack *J. comp. Physiol. A.*, **132**, 47, (1979).
[9] Schunitzler and Denzinger, *J. comp. Physiol. A.*, **197**, 541(2011).
[10] Koppl et al. *J. comp. Physiol. A.*, **171**, 695(1993).
[11] Surlykke and Moss *J. Acoust. Soc. Am,*, **108**, 2419, (2000).
[12] Hiryu et al. *J.comp. Physiol. A.*, **194**, 841(2008).
[13] Moss and Surlykke *J. Acoust. Soc. Am.*, **110**, 2207 (2001).
[14] Ghose and Moss, *J. Acoust. Soc. Am.*, (2003).
[15] Hiryu et al. *J. Acoust. Soc. Am.*, **118**, 3927(2005).

3-11
CF コウモリと FM コウモリ

コウモリの分類

コウモリは、脊椎動物亜門哺乳鋼コウモリ目に属する動物で，翼手目とも呼ばれる．約980種が報告されており，哺乳類全体の1/4を占める．コウモリ目は，オオコウモリ亜目（大翼手亜目）とコウモリ亜目（小翼手目亜目）からなる．オオコウモリ亜目のコウモリは，はオオコウモリ科の1科のみが属し，大型であり，よく発達した視覚を用いて果実などの植物性の食物を食する．オオコウモリ亜目のほとんどの種はエコーロケーションを行わない（例外的にルーセットオオコウモリの仲間はエコーロケーションを行う）．コウモリ亜目のコウモリは17科が属し，小型で，多くが食虫性である．植物，魚，カエルなどを食するものや血液を食するものもある．この亜目のコウモリはすべてエコーロケーションを行う．

コウモリのエコーロケーションとパルス

コウモリがエコーロケーションを行うときには，超音波を発声し，そのエコー（反響音，こだま）から標的や環境を検知する．発声する超音波は数〜数十msの短い音で，パルスと呼ばれる．パルス発声頻度は，標的を探すとき（探索期）では10〜20回/s，接近期では20〜80回/s，捕獲期（終端期）では80〜200回/sと次第に増加し，それに伴いパルスの持続時間も短くなる．パルスの発声頻度はコウモリによって異なる．パルスに含まれる周波数が定常の部分をCF (constant frequency) 音，変化する部分をFM (frequency modulation) 音と呼ぶ．CF音は獲物の速度や羽ばたき（CF部の変調による）の検出に，FM音は距離や材質の検出に用いられる．

CF コウモリと FM コウモリ

パルスにCF音を用いるものをCFコウモリ，CF-FM音を用いるものをCF-FMコウモリ，FM音を用いるものをFMコウモリという．しかし，パルスの周波数や形状は種類によって様々で，CF-FMコウモリでもCF音が長いものや短いものがあり，またFM音の後にCF音が続く種類（FM-CFコウモリ）もある．FMコウモリも速く変化するFM音を使うものやゆっくり変化するFM音を使うものがある．また，広帯域パルスを使う種類もある．図1はCF，CF-FM，FM，FM-CF，広帯域パルス，クリックバーストなどの形状を示したものである[1]．

図2に異なる種類のコウモリが発声するパルスのソナグラムを示す（一部は模式的なもの）[1-4]．高調波が含まれているものや含まれていないものがある．

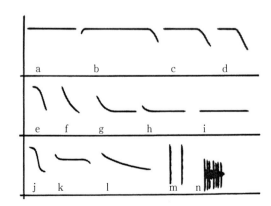

図1　コウモリの発するパルスの様々な形状[1]
aからiは，高CFからCF-FM，FM，FM-CF，低CFへの移行を，j，kはs字形，lは浅いFM，mは広帯域パルス2発，nはクリックバーストを示す．高調波は省略している．縦軸は周波数，横軸は時間．

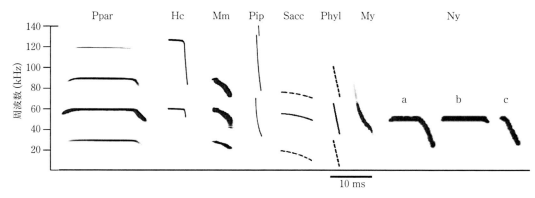

図2 異なる種類のコウモリのパルスのソナグラム（一部は模式図）([1-4]より改変)
パルスの高調波も表示している. Ppar：パーネルケナシコウモリ, Hc：カグラコウモリの仲間, Mm：ピータークチビルコウモリ, Pip：アブラコウモリ, Sacc：オオマサシオコウモリ, Phyl：ヘラコウモリ, My：トビイロホオヒゲコウモリ, Ny：ウオクイコウモリ (a,b,cのパルスを発声する).

CF-FMコウモリの例

ジャマイカ，パナマ，キューバに多く生息するパーネルケナシコウモリ（ヒゲコウモリ），日本やユーラシア大陸にいるキクガシラコウモリ（greater horseshoe bat），中国や東南アジアに生息するカグラコウモリ類（hipposideros）はCF-FMコウモリの仲間である（図2）.

FMコウモリの例

北米に生息するトビイロホオヒゲコウモリ（ホオヒゲコウモリ，little brown bat）や米国にいるオオクビワコウモリ（big brown bat），日本の民家や廃屋にすむアブラコウモリ，南北アメリカ大陸に分布するピータークチビルコウモリ（gost-faced bat），ナミチスイコウモリ（vampire bat），中南米に生息するヘラコウモリ類（leaf-nosed bat）はFMコウモリである（図2）. 中南米に生息するオオマサシオコウモリ（greater sac-winged bat）もFMコウモリであるが，ゆっくり変化するFMを用いる（図2）.

CFコウモリともFMコウモリともいえないコウモリ

パナマに生息するウオクイコウモリ（fish-catching bat）はCF，FM，CF-FMパルスのすべてを使い，CF-FMコウモリともFMコウモリともいえない種類である（図2，Ny: a,b,c）. アフリカ大陸に生息するオオブラウン

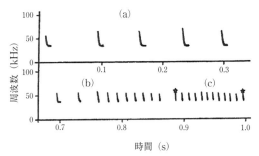

図3 オオブラウンハウスコウモリのパルス列[3]
探索期 (a) はFM-CF音，捕獲（終端）期 (c，星印の間) はFM音を用いる. (b) 接近期.

ハウスコウモリはFM-CFコウモリである. 捕獲期にはFM音を使用する（図3）. エジプトに生息するエジプトルーセットオオコウモリはオオコウモリの仲間でフルーツコウモリとも呼ばれる. このコウモリはオオコウモリの仲間としては例外的にエコーロケーションを行う. エコーロケーションには広帯域パルスを用いる（図1m）.

〔堀川順生〕

文 献

[1] J. D. Pye, Echolocation signals and echoes in air, in *Animal Sonar Systems* R.-G. Busnel and J. F. Fish, Eds. (Plenum Press, New York, 1980), pp.309-353.
[2] E. C. Mora, S. Macias, J. Hechavarria, M. Vater and M. Koessl, *Front. Physiol.*, **4**, 141, 1-13 (2013).
[3] M. Mukhida, J. Orprecio and B. Fenton, *Acta Chiroptel.*, **61**(1), 91-97 (2004).
[4] H-U. Schnitzler, E. K. V. Kalko, I. Kaipf and A. D. Grinnell, *Behav. Ecol. Sociobiol.*, **35**, 327-345 (1994).

3-12
ドップラー・シフト補償と エコー振幅補償

コウモリ亜目は,放射する超音波音声によって,CF-FM コウモリと FM コウモリに分けられる(▶3-2 参照).CF-FM コウモリであるパーネルケナシコウモリ(ヒゲコウモリ),キクガシラコウモリ,テラソカグラコウモリなどの放射パルスは倍音構造をなしており,声道特性により第2倍音が最強となる.もちろん,音源に近い声道内で計測すると基本周波数成分が最強である.

CF-FM コウモリは,大きな反射物から戻ってくるエコーの第2倍音の周波数が一定となるように,放射するパルスの周波数を上げ下げする.エコーの周波数は飛行速度によってドップラー・シフトするが,パルスの周波数を調節して速度に伴う周波数のシフトをなくし,常にエコーの周波数を一定に保つのである.このドップラー・シフト補償には,エコーの CF2 周波数を固定するための参照周波数が必要になる.CF-FM コウモリがどのようにして参照周波数を決定するのかは,現時点では不明であるが,静止時のパルスの CF2 周波数はエコーの参照CF2 周波数に近い(飛行していないのでエコーのドップラー・シフトはなく,パルスとエコーの周波数は等しい).しかし,エコーの参照CF2 周波数は一定ではなく,測定日が異なると,参照周波数は異なると報告されている.

飛行中のコウモリに搭載可能なテレメトリー式小型軽量マイクロフォンシステム(テレマイク)がなかった時代には,ドップラー・シフト補償の計測には大きなブランコがよく使われた.ブランコ上でもコウモリはパルスを放射する.コウモリを乗せたブランコを揺らすと,ブランコの速度は正弦波状に変化するので,正面の壁からのエコーの周波数はドップラー・シフトして正弦波状に変化する.このドップラー・シフトを打消すように,コウモリは放射パルスの周波数を変化させる[1].ただし,ブランコ

がターゲットから遠ざかり,後方に振れるときには,周波数補償は行わない.壁に向かって飛行中の CF-FM コウモリのパルスとエコーの周波数を頭上テレマイクで計測するとブランコ上と同じようにエコーの第2倍音の周波数が一定になるようにパルスの周波数を上下させることがわかった[2](図1A, B).

コウモリがどのような目標物に対してドップラー・シフト補償を行うかも計測された.1990年代にテレマイク使用が開始された理由の1つは,ドップラー・シフト補償の目的を確認することであった.以前,ドップラー・シフト補償は飛行中の昆虫などに対して行われ,獲物との相対速度を計測する手段と考えられていた.しかし,搬送波の周波数を安定させるために大きな壁のような物体からの強いエコーに対してドップラー・シフト補償を行い,飛行中の昆虫に対してはドップラー・シフト補償を実行しないことがテレマイクを用いた研究で判明した[3].コウモリの獲物となる昆虫のサイズは小さいので,獲物からのエコーは四方八方に散乱し,コウモリに到達するエコーの振幅は極めて小さくなり,遠方の昆虫からの信頼性のある信号にはなり難い.一方,周波数の固定された持続時間の長い強烈な CF パルスは,遠方の大きな反射物体から聴き取り可能なエコーとして戻ってくると考えられる.ドップラー・シフト補償を用いると,大きな壁や地面から周波数が定常で振幅の大きい安定したエコーがコウモリに戻ってくる.したがって,大きな壁や地面とコウモリの間に獲物が存在すれば,エコーの周波数や振幅が獲物の羽ばたきによって変化する.距離の離れた獲物からの直接エコーは聴き取ることができなくても,安定した搬送波としてのエコーを利用すれば,獲物の羽ばたき情報を得ることが可能になる.獲物の羽ばたき情報の載ったエコーから搬送波の周波数を取り除けば,獲物の羽ばたき情報だけが残る.これが,コウモリがドップラー・シフト補償を用いる理由と考えられる.ラジオの電波の搬送波と同様に,ドップラー・シフト補償されたエコーを安定した搬送波として用い,搬送波を除去するこ

132 | 3章 哺乳類2 コウモリ

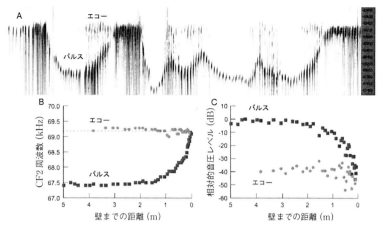

図1 テレマイク搭載の飛行中のキクガシラコウモリで確認されたドップラー・シフト補償(A, B)とエコー振幅補償(C)[2]
エコーの周波数(B)と振幅(C)は，ほぼ一定に保たれている．図B内破線は静止状態でのパルス第2倍音周波数を示す．

とによって，昆虫に関する情報を抽出しているものと考えられる．テレマイクの導入により，ドップラー・シフト補償の原理が確認された．

さらに，ドップラー・シフト補償は時分割処理で実行されていることもわかってきた．すなわち，複数の壁が存在するときには，前方と側方の壁に対して，時分割で交互にドップラー・シフト補償を実行しているのである．正面の壁に対する速度成分は大きいので，ドップラー・シフト補償量も大きく，側方の壁に対する速度成分は比較的小さいので，ドップラー・シフト補償量も小さい．この結果，パルスの周波数の時間変化はジグザグになる．

大きな壁に近づくとエコーの音圧レベルが上昇する．CF-FMコウモリもFMコウモリも壁から戻るエコーの音圧レベルが一定になるように放射パルスの音圧レベルを変化させる．これをエコー振幅補償と呼んでいる[2]（図1C）．ドップラー・シフト補償とエコー振幅補償を組み合わせると，戻ってくるエコーは，周波数も振幅も一定となり，エコーに含まれる信号成分を抽出するのが，ひじょうに簡単になると考えられる．神経系の演算速度は極めて遅いので，リアルタイム処理をする仕事の負荷を軽減する必要がある．この目的のために，ドップラー・シフト補償とエコー振幅補償は有効であろう．

パーネルケナシコウモリの前帯状核(ACg)に運動マップが発見された．すなわち，ACg内の異なった場所を電気刺激すると，異なったCF2周波数のパルスを発する．その結果，ACgがドップラー・シフト補償行動を制御する運動中枢であるとの仮説が打ち出された[4]．ところが，両側のACgを削除しても，ドップラー・シフト補償は消失しないことが確かめられた[5]．したがって，ACgにはパルスのCF2周波数発声の運動マップはあるが，ドップラー・シフト補償をコントロールする中枢とはいいがたい．さらに，DSCF領域を含む両側の一次聴覚野を削除してもドップラー・シフト補償は消失しないことも判明した[5]．DSCF領域は，ドップラー・シフトしたエコーのCF2周波数の微細な弁別を行う領域であることが，行動学的実験で確認されている[6]．したがって，ドップラー・シフト補償は，大脳皮質が関与しない脳幹レベルでの制御機構と考えられる．

〔力丸 裕〕

文 献
[1] S. J. Gaioni, H. Riquimaroux and N. Suga, *J. Neurophysiol.*, **64**, 1801-1817 (1990).
[2] S. Hiryu, Y. Shiori, T. Hosokawa, H. Riquimaroux and Y. Watanabe, *J. Comp. Physiol. A*., **194**, 841-851 (2008).
[3] S. Mantani, S. Hiryu, E. Fujioka, N. Matsuta, H. Riquimaroux and Y. Watanabe, *J. Comp. Physiol. A*., **198**, 741-751 (2012).
[4] D. M. Gooler and W. E. O'Neill, *J. Comp. Physiol. A*., **161**, 283-294 (1987).
[5] H. Riquimaroux, S. J. Gaioni and N. Suga, *Assoc. Res. Otolaryngol.*, **12**, 28 (1989).
[6] H. Riquimaroux, S. J. Gaioni and N. Suga, *Science*, **251**, 565-568 (1991).

3-13
テレマイクによる音響計測

　小コウモリは，飛行しながら超音波パルスを放射し，戻ってくるエコーを聴き，獲物や障害物についての情報を得る．コウモリのパルスやエコーの計測は，地上設置のマイクロフォンによって行われていたため，飛行中のコウモリがどのようなパルスやエコーを聴いて，エコーロケーションを実施しているのかを知ることはできなかった．飛行中のコウモリが聴いている音を知るには，コウモリの耳介付近にマイクロフォンを搭載しなければならない．1980年代後半Hensonのグループ[1]は，ヘテロダイン方式を採用した小型ワイヤレスマイクロフォンを飛行中のCF-FMコウモリの一種であるパーネルケナシコウモリ（ヒゲコウモリ）に搭載して，パルスとエコーを計測した．しかしながら，第2倍音をターゲットにしたヘテロダイン方式であったので，パルスやエコーの時間情報は高精度で計測できたが，周波数情報を精密に計測することはできなかった．Riquimarouxらは，1990年代の末にコウモリに搭載可能なワイヤレス超音波コンデンサマイクロフォン（telemike，テレマイク）を開発し，コウモリから放射されるエコーロケーション用パルスと戻ってくるエコーのディジタル記録を開始した[2]．開発当初のテレマイクは，サンプリング周波数は384 kHzであったので，周波数情報は190 Hzまでは記録可能であった．しかし，重量が約3 gであったため，比較的大型で体重が50〜60 gのテラソカグラコウモリ（CF-FMコウモリ）に搭載する必要があった[2]（図1）．その後，補聴器用のエレクトレット方式のマイクロフォンを採用した結果，小型軽量化が実現し，システムの総重量が0.5 g程度となり，体重5 g程度のアブラコウモリ（FMコウモリ，別名イエコウモリ）にも十分搭載可能となっ

図1　テレマイク1号機[2]（口絵4）
送信機，コンデンサマイク，3Vの電池，アンテナよりなる．サイズは1×1×2 cm．重量は3 g．
A：コンデンサマイク．　B：テレマイクを頭部に搭載したテラソカグラコウモリ．
C：テレマイクを搭載して飛行中のテラソカグラコウモリ．

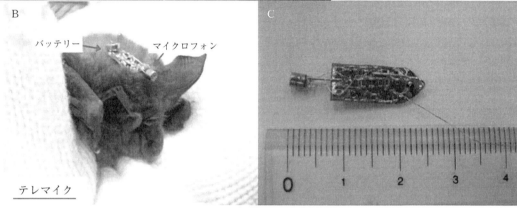

図2 小型軽量テレマイク [3]（口絵5）
A：実験室内を飛行中のキクガシラコウモリ．B：テレマイクを搭載したキクガシラコウモリ（CF-FM コウモリ）．C：テレマイク．バッテリーとアンテナ込みで約 0.5 g．20 kHz から 100 kHz までの周波数特性はほぼ平坦．

た[3]（図2）．このマイクロフォンはヒトの補聴器用であったため，周波数特性は精々 10 kHz までのみ保証されていたが，それ以上の周波数特性はまったく不明であった．10 kHz 以上の周波数特性を計測した結果，約 100 kHz までは良い感度を保持していることがわかったので，コウモリのエコーロケーション音声の周波数帯域をカバーすることができた．テレマイクの採用で，それまで不明であった飛行中のコウモリが聴いているエコー情報が明確となり，エコーロケーション行動の詳細が明らかになってきた．CF-FM コウモリではドップラー・シフト補償とエコー振幅補償，FM コウモリもエコー振幅補償を行うことが明らかとなった[3]（▶3-12 参照）．ドップラー・シフト補償を飛行中の昆虫に対して彼らの速度を計測するために行うのではなく，安定した搬送波を作成して昆虫の羽ばたき現象を検出するために大きな遠方の反射物に対して実行することが明らかとなった[4]．また，多個体のコウモリが同時に飛行中の混信状況で自分自身のエコー信号を聴取するためにどのようなエコーロケーション行動を実行するかについても次第に明らかになってきている[5]．　　　　　　　　〔力丸　裕〕

文 献
[1] D. W. Henson, Jr., A. L. Bishop, A. W. Keating, J. B. Kobler, M. M. Henson, B. S. Wilson, and R. Hansen, *Natl. Geogr. Res.*, **3**, 82-101(1987).
[2] H. Riquimaroux and Y. Watanabe, *Proc. WESTPRAC VII*, 233-238(2000).
[3] S. Hiryu, Y. Shiori, T. Hosokawa, H. Riquimaroux and Y. Watanabe, *J. Comp. Physiol. A.*, **194**, 841-851(2008).
[4] S. Mantani, S. Hiryu, E. Fujioka, N. Matsuta, H. Riquimaroux and Y. Watanabe, *J. Comp. Physiol. A.*, **198**, 741-751(2012).
[5] Y. Furusawa, S. Hiryu, K. Kobayasi and H. Riquimaroux, *J. Comp. Physiol. A.*, **198**, 683-93(2012).

3-14
マイクロフォンアレイを用いた屋外でのコウモリの行動計測

夏の夕暮れ時になると，田んぼや川の上で採餌のために飛行するコウモリの姿がよくみられる．マイクロフォンアレイを用いて彼らの超音波を録音すれば，コウモリがいつ・どこで・どのような超音波を放射し，どこで捕食していたかまで知ることができる．そして，これらの分析から，実験室内では決してみられないコウモリの超音波利用戦略を垣間みることができる．

マイクロフォンアレイは，マイク間で生じた観測音の時間差や音圧差を利用することで，音源の位置座標や音の指向性などの情報を得ることができる装置である．野外におけるコウモリの行動計測においては，音源位置推定により，放射超音波の音圧等の分析がなされてきた[1, 2]．近年においては，放射パルスのビームパターンの構築から，室内外における指向性の違いや[3]，獲物捕食飛行時のビームパターンの変化[4]が分析され，採餌飛行時のエコーロケーション戦略が明らかにされてきている．ここでは，日本に広く生息するアブラコウモリの野外における時空間的なソナー利用について，マイクロフォンアレイを用いた計測の方法とその内容を紹介する．

三次元飛行軌跡

受動的な音響計測だけで，コウモリの放射超音波と飛行ルートとの関係について分析することができる．そのためのマイクロフォンアレイの一例を図1に示す．このY字型の形状は，イルカの行動計測のためにAuらが構築した形状にならっている[5]．音源の位置計測誤差は，マイク間距離が長く，サンプリング周波数が高いほど小さくなる[6]．計測されたコウモリの超音波と三次元飛行軌跡の一例を図2に示す．コウモリは獲物捕食直前にフィーディング・バズ(feeding buzz)と呼ばれる間隔の短いパルス列(約200 pulses/s)を放射することから[1]，獲物捕食地点を同定できる．この計測によって，コウモリが自身から最大で約5m離れた飛翔昆虫をソナーで検知していることがわかった．そして獲物への接近時には，コウモリは超音波の時間周波数形状を周波数定常型から変調型に変化させると同時に，下降しながら直線的な軌道を飛行した[6]．コウモリはシンプルな接近軌道を飛行することで，より複雑なエコーロケーションに集中していると考えられる．

さらにマイクロフォンの数を増やせばより長時間の追跡が可能で，この計測からアブラコウ

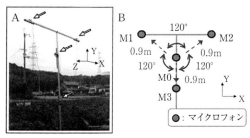

図1 Y字型マイクロフォンアレイの写真(A．マイクを矢印で示す)とその模式図(B)[6]
この計測ではマイク間距離を0.9 m，サンプリング周波数を500 kHzとしている．

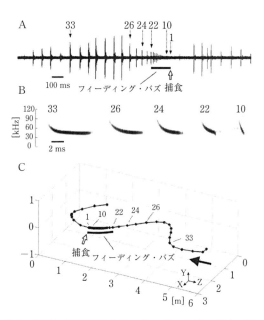

図2 獲物に接近飛行するコウモリの放射超音波の振幅パターン(A)とスペクトログラム(B)と三次元飛行軌跡(C)
図中の数字は捕食から遡って何番目のパルスかを示している．

モリは多いときには2〜3秒のペースで獲物を次々と捕食し，捕食頻度が低い時ほど円軌道を描きながら獲物を探索する傾向が見られた[7]．一方で，マイクロフォン間で生じる遅延時間の連続性を利用すれば，複数のコウモリの軌跡と音声を分離することも可能だ．混信回避戦略など，野外におけるコウモリの相互作用に関する知見も今後明らかになることが期待される．

パルス放射方向

我々ヒトが注意を払う対象に視線を向けるように，コウモリも自身が注意を払う対象に向けてソナー音を放射する[8]．そのため，パルス放射方向はコウモリのソナー戦略について知る上で有用な指標となる．パルス放射方向は，各マイクロフォンで計測された音の大きさベクトルを加算したり[8]，ガウス関数として近似したりして得られる（図3）[7]．図3で示すようにＹ字型アレイユニットと組み合わせることで，野生コウモリの三次元飛行軌跡とパルス放射方向を同時に計測することができる．

このマイクロフォンアレイによって得られたコウモリの飛行軌跡とパルス放射方向を図4に示す．この計測から，獲物探索時においてコウモリはよく急速にパルス放射方向を変化させ，複数の方向に交互に注意を向けていること

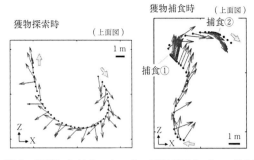

図4 野外におけるコウモリの飛行軌跡とパルス放射方向（矢印）

がわかった（図4左）[7]．また，放射パルスの音圧がより詳細に得られるようになり，探索時の音圧は約130 dB SPLであった．一方で，獲物捕食時には，コウモリは目の前の獲物だけでなくその近くにいる次の獲物に対して超音波を放射しながら，次を先読みした軌道を計画していることも明らかになった[9]．さらに，三次元的に配置されたマイクロフォンアレイを用いた計測によって，そのときコウモリは双方の獲物を超音波ビームに入れるようにパルス放射していることがわかった[10]．今後もマイクロフォンアレイの利用によって，まだ知られていないコウモリの洗練された超音波利用戦略が明らかになることが期待される． 〔藤岡慧明〕

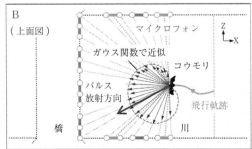

図3 コウモリの三次元飛行軌跡とパルス放射方向（水平面）を計測するために構築したマイクロフォンアレイの写真（A）と模式図（B）

文献

[1] A. Surlykke, L. A. Miller, B. Mohl *et al.*, *Bahav. Ecol. Sociobiol.*, 33, 1-12(1993).
[2] M. E. Jensen and L. A. Miller, *Behav. Ecol. Sociobiol.*, 47, 60-69(1999).
[3] A. Surlykke, S. B. Pedersen and L. Jakobsen, *Proc. R. Soc. B.*, 276, 853-860(2009).
[4] L. Jakobsen, M. N. Olsen and A. Surlykke, *Proc. Natl. Acad. Sci.*, 112, 8118-8123(2015).
[5] W. W. L. Au and D. L. Herzing, *J. Acoust. Soc. Am.*, 113, 598-604(2003).
[6] E. Fujioka, S. Mantani, S. Hiryu, H. Riquimaroux and Y. Watanabe, *J. Acoust. Soc. Am.*, 129, 1081-1088 (2011).
[7] E. Fujioka, I. Aihara, S. Watanabe, M. Sumiya, S. Hiryu, J. A. Simmons, H. Riquimaroux and Y. Watanabe, *J. Acoust. Soc. Am.*, 136, 3389-3400(2014).
[8] K. Ghose and C. F. Moss, *J. Neurosci.*, 26, 1704-1710 (2006).
[9] E. Fujioka, I. Aihara, M. Sumiya, K. Aihara and S. Hiryu, *Proc. Natl. Acad. Sci.*, 113, 4848-4852(2016).
[10] M. Sumiya, E. Fujioka, K. Motoi, M. Kondo and S. Hiryu, *PLoS ONE*, 12, e0169995(2017).

3-15 マイクロフォンアレイを用いた屋内でのコウモリの行動計測

コウモリは自ら超音波を放射し，反射してきたエコーを聞き取り，周りの環境を認識している．コウモリのエコーロケーションを理解するためにも，コウモリが飛行中にどのように超音波を放射しているのかを明らかにする必要がある．放射特性を明らかにするために，マイクロフォンアレイを用いた計測が行われている．ここでは，屋内での計測方法と得られた結果を紹介する．

マイクロフォンアレイ

コウモリが飛行する空間（部屋）の壁に多数のマイクロフォンを設置して，コウモリが発した音を同時に受信する．Wheelerらは環境に依存したエコーロケーション音の変化を観察するために，図1のように20個のマイクロフォン（◇）を設置した[1]．障害物としてチェーンを吊るしている．

最初に受信した信号からコウモリが発するエコーロケーション音を検知する[1]．計測された信号には雑音が含まれているため，コウモリのエコーロケーションの周波数帯域のみを残すバンドパスフィルターをかける．このバンドパスフィルター後の信号に対して，ヒルベルト変換等を用いて時間包絡パターンを計算する．このパターンに対して適当な閾値を設定し，コウモリのエコーロケーション音を自動的に検知する．この閾値の決定については，Adobe Auditionなどで計測された信号ならびにスペクトログラムを表示し，ダウンサンプリングののちの聴取や目視等で検知した結果と比較し，誤検出をできるだけ減らすように閾値を決定する．

飛行軌跡推定

コウモリの飛行軌跡は，カメラを用いる方法と，コウモリが発したエコーロケーション音を用いる方法がある．カメラを用いる方法では2つ以上のカメラを用いて3次元的な飛行軌跡を計算している．ここでは，音を用いた方法について紹介する．エコーロケーション音は広い指向特性を有しているため，2つ以上のマイクロフォンで受信される．一般的に2つのマイクロフォンを用いた計測の場合，相関解析等を用いて到達時間差を計測することにより，音源方向を推定する手法が多く用いられている[2, 3]．5つ以上のマイクで計測されたエコーロケーション音の到達時間差を用いて，解析的に3次元位置定位を高精度に行う手法が提案されている[2]．

コウモリの飛行軌跡は音源定位された位置を結ぶことによって計算される．上記2つの処理によって，コウモリの飛行軌跡を推定でき，それぞれの時刻でのコウモリの飛行速度や向きなどを推定可能となる．この計算された飛行軌跡を用いて，ビームフォーミングすることによっ

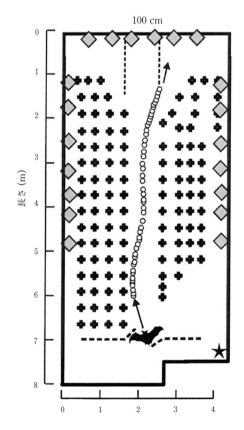

図1 マイクロフォンの設置方法[1]
エコーロケーション音の探知．

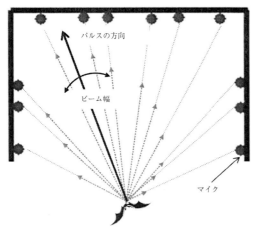

図2 音圧レベルから指向特性を計算

て，閾値以下の弱いエコーロケーション音を検知することもできる．

指向特性

エコーロケーション音の音響的特徴として指向特性がある．この指向特性を計算するために，コウモリの飛行軌跡から音を放射した時刻での飛行方向を計算する．それぞれのマイクで計測されたエコーロケーション音の音圧レベルを計算する．音を発した時刻でのコウモリの位置から，それぞれのマイクに対する角度を計算し，角度ごとの音圧レベル分布を計算する．この角度ごとのレベル分布から重心方向を計算し，エコーロケーション音のビーム軸とし，ビーム軸の音圧レベルに対して6dB減衰する角度を計算し，指向特性とする．一般的に指向特性は周波数に依存するので，広帯域超音波を放射している場合は周波数ごとに指向特性を評価する．加えて，位置定位された結果を用いて，マイクまでの距離が計算でき，コウモリが発したエコーロケーション音の送信音圧レベルも指向特性ならびに距離減衰を考慮することで推測することが可能となる．

昆虫捕獲時のエコーロケーション

コウモリがターゲットである昆虫を捕獲している際の結果を図3に示す[4]．左側がコウモリの飛行軌跡と音の方向（ビーム軸）を表して

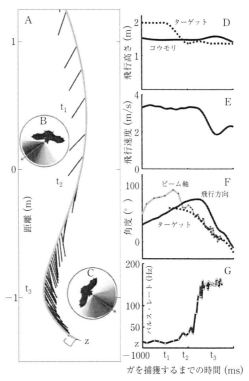

図3 飛行軌跡と音の変化[4]

いる．コウモリは図の上から下のほうに飛行しており，zの位置で，コウモリがこのターゲットを捕獲している様子がわかる．そして，この飛行中にビーム軸を変えながら飛行していることがわかる．右側にコウモリとターゲットであるターゲットの位置（高さ），飛行速度，角度，パルス間隔（エコーロケーション音の時間間隔）をそれぞれ表している．昆虫に近づくと，飛行速度を落としながら，パルス間隔を短くし，ターゲットの方向に向かって音を出していることがわかる．

〔松尾行雄〕

文献

[1] A. W. Wheeler, K. A. Fulton, J. E. Gaudette, R. A. Simmons, I. Matsuo, and J. A. Simmons, *Front. Behav. Neruosci.*, **10**, 125 (2016).
[2] M. D. Gillette and H.F. Silverman, *IEEE Lett.*, **15**, 1-4 (2008).
[3] J. R. Barchi, J. M. Knowles, and J. A. Simmons, *J. Exp. Biol.*, **216**, 1053-1063 (2013).
[4] K. Ghose and C. F. Moss, *J. Neurosci.*, **26**, 1704-1710 (2006).

3-16
超音波を用いたコウモリの種同定

多くのコウモリが発するエコーロケーション音(以下,音声)の構造は種によって様々である.こうした種特異性と,近年の超音波マイクや音声解析ソフトの発達とが相まって,音声モニタリングによるコウモリの調査研究が盛んに行われるようになってきた[1].

音声モニタリングの有用性と課題

超音波マイク(Bat Detector,以下BD)が普及する以前は,コウモリ類の活動量や個体数を把握するためには,ねぐらでの捕獲あるいは目視カウント,屋外での捕獲が主要な調査方法であった.しかし,コウモリのねぐら(特に樹洞や岩の割れ目など)は発見が難しい上,攪乱に対して非常に敏感である.屋外での捕獲には主にカスミ網やハープトラップが用いられるが,エコーロケーションを用いながら飛翔する小型のコウモリの捕獲は非効率である.一方,コウモリが飛翔時に発する音声をBDを用いて測定する,非侵襲的な調査方法である音声モニタリングは,複数箇所で同時に,かつ継続的に調査可能である点や,通常の捕獲調査では捕獲困難な種(高高度を飛翔したり,確認しにくいねぐらを利用する種など)の存在を把握できる点など,効率的で多くの長所をもつ手法といえる.

一方で,解決しなければいけない課題もある.その1つが,音声による種同定である.冒頭でコウモリ類の音声構造には種特異性があるとしたが,実際には,近縁種間や,似たようなハビタットを採餌場所とする種間で構造が極めて近似している場合が多くみられる[2, 3].そして,さらに種同定を困難にするのが,音声構造の種内あるいは個体内変異である[4].コウモリは,音声構造を周囲の環境や餌探索の段階によって変化させることが知られている(図1).例えば,アブラコウモリの仲間の場合,周囲に障害物が少ない空間を飛翔する際はFM成分(時間とともに周波数が急激に変化する)の後ろに比較的長いQCF成分(quasi-constant-frequency,時間とともに徐々に周波数が変化する)が続くFM-QCF音を用いるが,周囲に障害物が多い場合や,餌昆虫にアタックする直前などではFM成分のみを用いるようになる[5].さらに,音声構造の地理的変異や性差,齢差,同種他個体の存在による可塑性も音声構造の種内あるいは個体内変異を生じさせる要因として知られている[6-8].以上のような種間収斂や種内変異

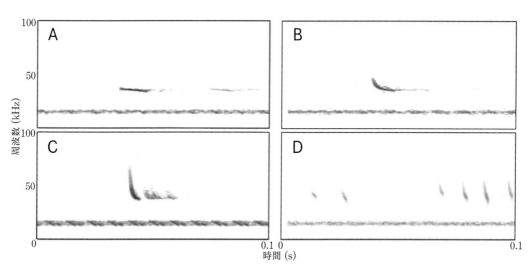

図1 クロオオアブラコウモリの音声ソナグラム
同じ種でも,飛翔環境や採餌段階によって構造が大きく異なる.AからCにかけては,障害物(建物)までの距離が徐々に近くなる.Dは餌昆虫にアタックする直前.

の結果，音声の時空間構造は種間で大きく重複することになる．こうした種が同所的に生息している場合，科や属レベルでの判別は可能でも，種レベルの判別は難しい場合が多い．ただし，キクガシラコウモリのような CF 音（時間とともに周波数が変化しない）を用いる種など，その地域独特の音声構造をもつ種に関しては容易に種同定が可能である．この課題を解決しようと，多くの研究で音声種同定手法の開発か試みられてきた．

超音波音声による種判別方法の発達

人間がコウモリの音声によって種同定する方法としては，質的なものと量的なものが考えられる．BD が開発された当初（ヘテロダイン方式，音声構造の計測は不可）は，BD によって変換される音声の聞き做しによって種を推定する試み，いわゆる質的な分析が見られた．しかし，これはあくまでも聞いている個人の感覚で判別するものであり，科学的なバックグラウンドをもたないものである．そののち，1990 年代から 2000 年代に入り，構造計測が可能な音声データを記録できる BD（タイムエキスパンション方式や，フルスペクトラム方式など）が次々と安価で入手できるようになった．加えて，音声解析ソフトウェアの発達によりコウモリのエコーロケーションコールの時空間構造が容易に測定できるようになると，量的な種同定方法が次々と考案され始めた．これらの方法は，一般的に，特徴量の抽出（parameterization），モデリング（modeling），判別（classification）の 3 つのステップによって成り立っている．特徴量の抽出では文字通り，判別に寄与するであろう特徴量（例えば，最低・最高周波数，ピーク周波数など）を選んで計測する．その数は数種類から数十種類と，研究によって様々である．この際，種のわかっている参照音声が必要であり，その数は多ければ多いほどよい．モデリングのステップでは，これまで多くの手法が応用されてきた．パラメトリックモデルとしては，

判別分析や多項ロジスティック回帰，混合ガウスモデル，隠れマルコフモデルが知られる[9]．一方，ノンパラメトリックモデルとしては，ニューラルネットワークや決定木モデル，サポートベクターマシーンといった機械学習法の応用が進められてきた[9～11]．最後の判別プロセスでは，判別したい種不明の音声と，先のモデリングで使用した音声を比較し，構造が最も似ている種と同定する．

機械学習法に見られるように，近年では高度な解析法が応用されるようになり，その判別精度は徐々に向上してきている．とはいえ，100% の精度を誇る方法はなく，対象とする種数が増えるとその値は 70～80% 程度以下まで下がってくる．したがって，地域ファウナの調査など，誤判別が許されないような研究では実用段階とは言えない．しかし，研究の目的次第では十分有用なツールであるし，弱点を理解しつつ，様々な調査法と組み合わせることで，より精度が高いデータを効率的に収集できると考えられている．今後は，判別精度を 100% に近づけるような新たなモデルの開発，モデル開発の際に必要となる参照音声ライブラリーの充実が期待される． 〔福井 大〕

文 献

[1] N. Vaughan, G. Jones and S. Harris, *J. Appl. Ecol.*, **34**, 716-730(1997).
[2] G. Jones and E.C. Teeling, *TREE*, **21**, 149-156(2006).
[3] K. Jung, J. Molinari and E.K.V. Kalko, *PLoS One*, **9**, e85279(2014).
[4] M. K. Obrist, *Behav. Ecol. Sociobiol.*, **36**, 207-219 (1995).
[5] E.K.V. Kalko and H.-U.Schnitzler, *Behav. Ecol. Sociobiol.*, **33**, 415-428(1993).
[6] D. Russo, G. Jones and M. Mucedda, *Mammalia.*, **65**, 429-436(2001).
[7] G. Jones and R. D. Ransome, *Proc. R. Soc. Lond. B Biol. Sci.*, **252**, 125-128(1993).
[8] N. Ulanovsky, M. B. Fenton, A. Tsoar and C. Korine, *Proc. R. Soc. Lond. B Biol. Sci.*, **271**, 1467-1475(2004).
[9] A. Henríquez *et al.*, *Expert Syst Appl.*, **41**, 5451-5465 (2014).
[10] D. Russo and C. C. Voigt, *Ecol. Indic.*, **66**, 598-602 (2016).
[11] 増田，松井，福井，福井，町村，哺乳類科学. **57**,19-33 (2017).

第4章

哺乳類3 海洋生物

4-1 イルカの発声
4-2 イルカの聴覚
4-3 イルカのエコーロケーション
4-4 イルカのコミュニケーション
4-5 エコーロケーション音の種間差異
4-6 イルカの奥行き知覚
4-7 イルカにおける視覚と聴覚の密な関係
4-8 イルカの行動と生態
4-9 イルカのホイッスル

4-10 イルカの音進化
4-11 クジラの生態
4-12 ヒゲクジラのソング
4-13 ジュゴンの鳴音
4-14 マナティーの鳴音
4-15 鰭脚類の鳴音
4-16 受動的音響探査とは
4-17 音響バイオロギング

4-1 イルカの発声

　イルカには声帯がなく，我々人間とはまったく異なる方法で幅広い周波数の音を発している．イルカの鳴音は，目的に応じて大きく2種類に分けられている．主にエコーロケーションに用いられるパルス音（クリックス）と，主にコミュニケーションに用いられる連続音（ホイッスル）である．ここではクリックスの発声方法について，研究例を交えて解説する．なお，本項と次項では体長5m以下の小型ハクジラ類を「イルカ」と呼称し，適宜大型のハクジラ類やヒゲクジラ類についても扱う．

発声方法解明の歴史

　イルカのエコーロケーションが発見されたのは1947年のことである．しかし，エコーロケーションに用いられる超音波（クリックス）がどこで生まれ，どのようにして海中に出ていくのかという疑問はすぐには解決されず，音源のある位置や頭の中を伝わる経路をめぐって複数の学説が対立しあう状況が長く続いた．

　初期の研究では，音源の位置は主に解剖によって調べられており，音源を喉頭とする説と，噴気孔周辺とする説が長らく対立していた．しかし，生きたイルカの頭にマイクロフォンを装着した実験では，クリックスの発音中に喉頭周囲がまったく振動しないことが様々な研究者によって確認された．

　また，Amundinは，生きたネズミイルカの鼻道にヘリウムと酸素の混合気体を封入してクリックスを出させ，周波数が変わらないことを示した[1]．イルカの鼻道で，いわゆる「ヘリウム効果」が起こらないことを確かめたのである．これにより，イルカは空気を振動させるのではなく，軟組織を振動させることによって発音していることが明らかになった．その後，Cranfordらは，生きたイルカの噴気孔に内視鏡を挿入し，クリックスの検出に合わせてモンキーリップスが振動する様子を撮影した[2]．この結果は，音源が噴気孔の内壁表面にあるモンキーリップスとその内側にある脂肪囊（dorsal bursae）であることを示しており，「MLDB（monky lips/dorsal bursae）仮説」として今日も広く支持されている．

クリックスの生産・放射過程

　先述した通り，クリックスは頭頂部にある噴気孔の内側でつくられる．イルカの噴気孔は背中側からみると1つに見えるが，その内部は2本に枝分かれした鼻道となり，鼻栓を境に骨性鼻孔へと続いている．

　イルカは骨性鼻孔で圧縮された呼気を鼻道に

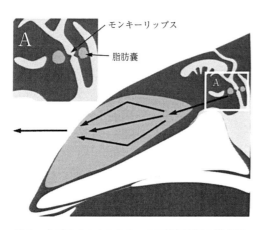

図1　ネズミイルカのクリックス放射過程の模式図
　　　（[4]をもとに作成）

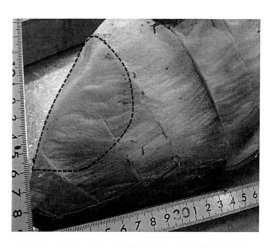

図2　イシイルカの音響窓（点線で囲まれた部分）

送り込み，左右の鼻道に前後一対ずつある脂肪嚢を振動させることでクリックスを発する．この振動は紡錘形の脂肪体であるメロンに伝搬し，額の音響窓から水中に放射される（図1）．イルカのメロンは通常コラーゲン性の線維組織に覆われているが，額の正面にだけ丸く線維組織に覆われていない透明な部分がある．

これが音響窓である．頭部の解剖時に黒い表皮だけを取り除くと，白くにごって見える線維組織の中に透明な音響窓があることが肉眼でも確認できる（図2）．

発音器官と周辺組織の機能

発音器官を構成する個々の構造体は非常にユニークな形をしているが，その機能が明らかになっているのはごく一部である．クリックスの音源は特定されているものの，どの部分で周波数を調整しているのかなど，明らかになっていない点は多い．

メロン（図3）は，イルカの発音器官の中で最も象徴的な構造であり，現時点で解剖所見のあるすべてのハクジラ類がメロンを有しているといわれている．紡錘形で，黄色味を帯びた透明な脂肪でできており，果実のメロンを語源とする通り，メスで切開するとまるで果汁のように油分があふれ出す．一般的には，メロンは音をビーム状に集約させ，指向性を増加させるレンズの役割を果たしていると信じられているが，音響シミュレーションによる数例の研究結果によると，指向性を増加させる効果はメロンよりも，周辺の気囊や頭蓋骨のほうが大きいことが示唆されている．また，メロンの音響インピーダンスを実際に測定した結果，音源側では低かったインピーダンスが，口吻側に向かうにつれて徐々に増加しており，音響窓において海水とのインピーダンス整合が起こっていることが明らかになった[3]．

これらのことから，メロンの主要な役割は海水との音響インピーダンス整合であると考えられる．頭蓋骨と気囊は，音源の背後をパラボラアンテナのように取り囲んでおり，軟組織との高いインピーダンス差を利用して，音を前方へと反射させる役割をもつと考えられている．しかし，音源の背側に位置する前庭囊の役割はこれにとどまらない．クリックスを発生させる際に脂肪囊の間を通過した空気を前庭囊に溜め，鼻道を何度も往復させることで，イルカは途中で息継ぎをすることなく長時間連続でクリックスを発し続けることができるのではないかと考えられている．

メロンを囲むコラーゲン性の線維組織も，クリックスのビームを形成する際に一役買っていると考えられる．線維組織は額の部分で音響窓を構成しており，海水とインピーダンスが一致していないため，音のエネルギーを外に逃がすことなく，効率的に音響窓へと届けることができる．

〔松石　隆・黒田実加〕

文　献

[1] M. Amundin, *J. Acoust. Soc. Am.*, **90**, 53-59 (1991b).
[2] T. Cranford, M. Amundin and K. S. Norris, *J. Morphol.* **228**, 223-285 (1996).
[3] M. Kuroda, M. Sasaki, K. Yamada, N. Miki and T. Matsuishi, *J. Acoust. Soc. Am.*, **138**, 1451-1456 (2015).
[4] S. Huggenberger, M. A. Rauschmann, T. J. Vogl and H. H. Oelschläger. *Anat. Rec.*, **292**, 902-920 (2009).

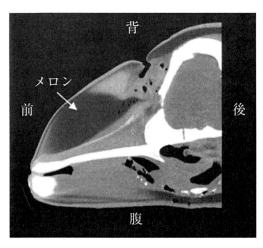

図3　イシイルカの頭部 CT 画像

4-2
イルカの聴覚

イルカの暮らす水中は数十m程度しか見通しがきかず，また少し深くまで潜水すると光がほとんど届かないため，視覚に頼って行動することは困難である．そのため，イルカは音による環境認知を行うエコーロケーション能力を獲得したと考えられる．

イルカの聴覚は視覚に比べて非常に優れており，その仕組みは人間や他の陸生生物とは大きく異なる．ここでは，イルカが音を聴く仕組みについて研究例を交えながら解説する．より深い理解のために，適宜ヒゲクジラ類の聴覚についても言及する．

聴覚器官の形態的特徴とその機能

イルカにも人間と同じように耳の穴があるが，針で突いたように細い（**図1**）．この穴は痕跡的に残っているのみで完全に閉塞しており，ここから音を聞くことはできない．イルカはかわりに，下顎骨から音を受信して内耳に伝えているのである．イルカの下顎骨は，非常に特徴的な構造をしている．**図2A**をみると，下顎骨の内側には壁がなく，皿状のくぼみがあることがよくわかる．このくぼみの部分には，前項で説明したメロンと似たテクスチャをもつ脂肪が

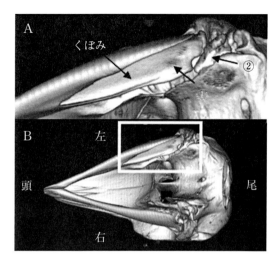

図2　腹側からみたイシイルカの下顎骨

詰まっている．これは音響脂肪と呼ばれており，メロンとこの下顎音響脂肪以外の部位では同様の成分の脂肪体はみつかっていない．また，下顎の基部の骨は紙のように薄くなっている（**図2A**矢印①）．イルカがこの下顎窓から音を受信し，脂肪層を通じて耳骨に包まれた中耳（**図2A**矢印②）に音を伝搬させると考えられている[1]．実際に，様々な方向からイルカに音を聞かせてその蝸牛電位を計測したところ，下顎窓付近における聴覚感度が高いことが確かめられている[2]．

下顎窓で受信された音は，音響脂肪を通じて鼓膜靱帯へと伝わる．この鼓膜靱帯は，痕跡的に残る外耳道と非常に近い位置にあるが，外耳道から音が伝搬することはない．中耳にはヒトと同じようにツチ骨，キヌタ骨，アブミ骨があり，前庭窓を経て内耳へと続く．

内耳は三半規管と蝸牛から構成され，その内部構造と機能は基本的に人間をはじめとする他の陸生哺乳類と同じである．しかし，ハクジラ類の三半規管の大きさは陸生哺乳類の3分の1程度と小さい．水中を高速で遊泳したり，複雑に回転したりするイルカは，陸生哺乳類に比べて強い加速度や遠心力を受け，そのような状況でも自分の姿勢や運動方向を正しく認知するためには，三半規管を小さくして運動感受性を落とす必要がある．また，蝸牛の形状は基底膜の

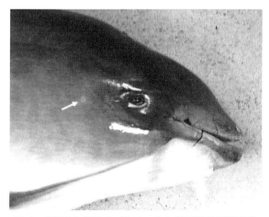

図1　痕跡的に残るネズミイルカの外耳道（矢印部分）

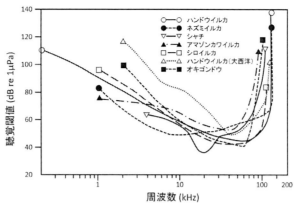

図3　主なハクジラ類のオージオグラム（[5]をもとに作成）

形状や大きさによっていくつかの種類に分けられており，それぞれの種が発するクリックスの周波数に対応していると考えられている[3]．例えば，低周波を主に用いるヒゲクジラ類は，低周波の受信に適した蝸牛構造をもっている．

中耳と内耳を包む耳骨は空気を多く含んだ海綿状の結合組織によって覆われており，頭蓋骨とはほとんど接することなく独立している．興味深いことに，このような独立した耳骨をもつのはハクジラ類のみであることがわかっている[4]．これは，エコーロケーションを行う際に自らの発した音が頭蓋骨を通じて内耳に届くのを防ぐためであろうと考えられている．実際，同じ鯨偶蹄目に属するがエコーロケーションを行わないヒゲクジラの仲間はこのような遊離した耳骨をもたず，陸生哺乳類と似た構造をもっている．

イルカの聴覚能力

聴覚能力を判断する際によく用いられるのが最小可聴強度の測定であり，これを図示したものをオージオグラムと呼ぶ．オージオグラムが得られている種はたいへん少なく，現在でも10種に満たない．これは，聴覚特性の測定のためには長期飼育を行い，訓練を施して行動実験を行うという大変な手間がかかるためである．

図3によると，データが得られている種のほとんどで，50 kHz周辺で最も聴覚感度が良いことがわかる．これは人間の最大可聴周波数である20 kHzに比べ1オクターブ以上高い．

聴覚能力を評価する上でもう1つ注目しておきたいのが，聴覚指向性である．イルカの聴覚指向性を調べた例はごくわずかであるが，クリックスの放射方向とほぼ一致するという結果が報告されている．

このように，前方に高い聴覚感度をもつことで，エコーロケーションの対象となる物体から反射してくる音を聴き取りやすくしていると考えられる．また，他方向からの雑音を受信しにくくすることで，エコーロケーションの精度が落ちるのを防いでいるともいわれている．このような独特な機能が備わったイルカの音源定位能力は非常に優れており，水平方向・垂直方向ともに1°単位で音源方向を定位することができる．これには，前述した耳骨の遊離が不可欠である．音源方向の定位は，左右の内耳に伝わる振動の音圧差や時間差を捉えることで行っているが，これは，頭蓋骨と耳骨が離れていることで初めて可能となる[4]．

〔松石　隆・黒田実加〕

文献

[1] K. S. Norris, *Marine Bio-Acoustics*, (Pergamon Press, New York, 1964), pp. 316-336.
[2] T. H. Bullock, A. D. Grinnell, E. Ikezono, K. Kameda, Y. Katsuki, M. Nomoto, O. Sato, N. Suga and K. Yanagisawa, *Z. Vgl. Physiol.*, 59, 117-156 (1968).
[3] D. R. Ketten, *The Evolutionary Biology of Hearing*. (Springer-Verlag, New York, 1992), pp. 717-754.
[4] J. G. M. Thewissen, *Encyclopedia of Marine Mammals*, (Academic Press, San Diego, 2002), pp.570-574.
[5] W. W. L. Au, *Sonar of Dolphins*, (Springer-Verlag, New York, 1993), pp. 34.

4-3 イルカのエコーロケーション

エコーロケーション音と制御

イルカは音の送受信で対象物体を認知する優れたエコーロケーション能力をもっている[1]．ほかにも大型のハクジラ類であるシャチやアカボウクジラの仲間もこの能力を備えている．これらの種で共通しているのは，水中の最高次捕食者であり，魚やイカを捕食する点である．視界の効かない水中で高速で動く餌生物を1尾ずつ捉えるため，ハクジラの仲間は光にたよらない音響探知能力を進化させてきた．

水中のエコーロケーションに用いられる音波は数十 kHz から百数十 kHz の中心周波数をもつ短いパルス音の連なりである（図1）．波長は 2 cm 前後で，餌となる魚の鰾から効率よく反射される周波数が選択されている．人工的な魚群探知機もイルカ類とまったく同じ帯域を用いていることからも明らかなように，イルカ類のエコーロケーションの主要な機能は，餌の探知であると考えられる．

イルカも大型ハクジラも，対象物体からの反射音を受信してから次のパルス音を発する．この制御は，混信を防ぐためといわれている．逆に言えば，パルス間隔は対象物体までの音波の往復時間より長い．対象物体の位置を時々刻々確認して追いかけるためにはパルス間隔をできるだけ短くし，得られる情報密度を上げたいが，あまり短いと前後のパルス音の反射と区別がつきにくくなる．このため，獲物に近づいていく際によくみられるアプローチフェイズでは，対象までの距離が縮まるにしたがって，パルス間隔が短くなる[2]．小型のネズミイルカ類であるスナメリに録音機をとりつけて行われた音響バイオロギング実験では，パルス間隔と音圧を徐々に小さくしながら毎秒約 1 m 前後の遊泳速度で対象に近づく様子が記録された（図2）．20 m 以上離れたところから対象物にエコーロケーションの焦点をあわせ，最後に餌を捕えるため遊泳速度が 0 に落ちていることがわかる．

イルカは対象物体までの距離が長いほど，エコーロケーション音の音源音圧レベルを上昇させる[3]．魚群探知機は受信側で距離に応じて増幅率を変化させる制御を行うのに対し，イルカは送信側で調整する．ただし，その上昇幅は魚一尾からの音波の往復を仮定した球面拡散減衰を補うほどではない．また，周辺の雑音レベルが高いほど音源音圧レベルを上昇させる適応も認められる．

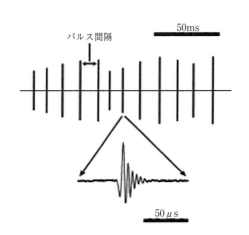

図1 イルカのエコーロケーション音
数十 μs の幅をもつ短いパルス音の連なりで構成されている．

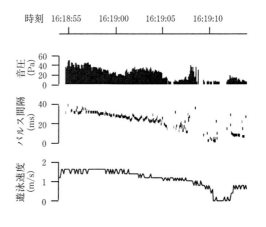

図2 スナメリのアプローチフェイズにおける音圧，パルス間隔，遊泳速度の変化

エコーロケーションによる判別能力

　イルカのエコーロケーションによる対象判別能力は，特に軍事的な目的で興味をもたれてきた．水中で対象物の位置や材質や形を知ることは，例えば機雷掃海などに有用であるからだ．

　イルカは水中でも角度1°程度の精度で反射音の方向を判別できるため，餌となる魚を一尾ずつ捉えるために都合がよい．数十μsという短いパルス幅の音を利用していること，両耳での受信時間差の認知精度が極めて高いことにより，これを実現している．人間が水中に潜って音を聴いても，音速が空中に比べ約5倍速いため両耳への到達時間差情報が認識できない．また外耳道が音の内耳への侵入経路として機能しないため骨導聴力に頼ることも音源定位を難しくしている．

　イルカは対象判別能力にも優れている[1]．例えば直径7.6cmの金属球の存在であれば距離113mまでその有無を判別できる．外形がまったく同じ円筒物体のわずかな厚みの差を反射音で聞き分けることができる．その差は0.3mmである．同様に，同じ外形で材質が異なる円筒物体の差異もエコーロケーションで判別することができる．

　ただしこの能力は，驚くにはあたらない．我々ヒトも，物体を叩いたときの音質から内部が空洞であるか，その材質は何かをいいあてることができる．例えば，同じ形のワイングラスをスプーンで軽く叩くと，音色の微妙な違いがわかる．ほんのわずかの厚みや形の差を音で区別することができる．人間がもっていないのは水中超音波に適応した発音および聴覚能力だけである．実際，イルカに課した判別実験と同じ手続きで，反射音を人間の可聴域に変換して被験者に聞かせたところ，イルカと同程度の判別能力があった．

　イルカは初めてエコーロケーションで探った物体の視覚的な形を認識できるらしい．ピアノの音を聴いてピアノを思い浮かべることができるのは，その音と視覚的なイメージの関連をあらかじめ知っているからだ．これまでまったくみたことがない楽器の音を聴かされても，その形をイメージすることは難しい．ところがイルカは，初出の物体の反射音から，その形を推察できるという実験結果が提示された[4]．

　訓練は注意深く行われた．まず，対象物体を空中に置き，視覚だけで判別させ，イルカに報告させる．対象物体が空中にあるため，イルカはエコーロケーションを使えない．物体は，コルク抜きやリンゴの置物やディズニーのおもちゃなど，イルカが通常接することがないものが選ばれた．一方，同じ物体を内部が見えないが音を透過する箱に入れて沈め，エコーロケーションだけで判別できるように訓練する．イルカには一度も，その物体の反射音の特徴と視覚的イメージを結びつけるような機会を与えない．訓練が完了した後に初めてイルカにエコーロケーションで物体を探らせ，その後に視覚的に物体を示し，音がどのイメージに対応するのかを報告させると，統計的に有意な確率で正しい物体を選択した．

　イルカは鼻道の奥にある一対の脂肪の塊からパルス音を発し[5]，頭骨による反射で音を前方に収束させる．ヘッドランプのように頭部から前方に音響ビームが照射されるのである．イルカはさらに，体を回転させながらそのビームを振り，探索体積を増やしているようだ．体の回転を行っているときにパルス間隔が短い短距離用のエコーロケーションを多く行っており，このときエコーロケーションの使用頻度も上がっていることが検証されているのである．

　イルカのエコーロケーションの特徴は，短いパルス幅による高い空間分解能，音源の調節やスキャニングによる柔軟な運用があげられる．こうした特徴を利用することで初出の物体の形状判別も可能なのかもしれない．　　〔赤松友成〕

文　献

[1] W. W. L. Au, *The Sonar of Dolphins* (Springer, New York, 1993), pp. 277.
[2] T. Akamatsu, D. Wang, K. Wang, and Y. Naito, *Proc. R. Soc. Lond.*, B **272**, 797–801 (2005).
[3] W. W. L. Au, and K. J. Benoit-Bird, *Nature*, **423**, 861–863 (2003).
[4] H. E. Harley, E. A. Putman, and H. L. Roitblat, *Nature*, **424**, 667–669 (2003).
[5] T. W. Cranford, M. Amundin and K. S. Norris,. J. *Morphol.*, **228**, 223–285 (1996).

4-4 イルカのコミュニケーション

イルカ（ここでは口内に歯をもつ鯨類であるハクジラ類を示す）は現在76種程度に分類されており，入れ子状の複雑な社会をもつミナミハンドウイルカなどから，単独性の傾向が強いガンジスカワイルカなど，様々な社会をもつ種が存在する[1]．このため，彼らのコミュニケーションの手段やその程度は大きな変異をもつ．しかしながらコミュニケーションの研究は圧倒的にマイルカ科（特にハンドウイルカ）に集中しているため，ここで紹介する事例に関しても種の偏りがあることを読者は認識しておく必要がある．

水中という環境に生息するイルカは，音によるコミュニケーションを多用している．水中においては，聴覚情報は安定的に伝達できるが，視覚情報は，採餌を行う夜間に失われ，透明度なども時間的・空間的に容易に変化する（特に沿岸域や河川）．例えば河川に生息するガンジスカワイルカなどで目が退化しており，このような種におけるコミュニケーションはもっぱら音を用いていると推察される．ただしガンジスカワイルカおよびコビトイルカにおいては，電気を受容できる器官をもち，餌探索に用いている可能性が示唆されている[2, 3]．しかしながらマイルカ科の多くをはじめ，河川に生息するアマゾンカワイルカですら，視覚ディスプレイなどの視覚情報，あるいは触覚情報を用いたコミュニケーションが行われていることがわかっている．本項では音を用いたコミュニケーションを除くコミュニケーションを概観する．なお，嗅覚に関しては，イルカでは遺伝子が偽遺伝子化していることがわかっているため，本項では考慮しない[4]．味覚に関しても，研究が不足しており，本項では取り上げない．

接触行動

社会性の発達しているイルカは，お互い触れあう行動を頻繁に行う．この触れあい行動には，体と体をダイレクトに接触する，もしくは胸ビレを用いて相手の体に接触するといったやり方がある．特に，胸ビレを用いて相手の体をこする行動をラビング（flipper rubbing behavior）と呼ぶ[5]（図1）．ラビングは，体表面をきれいにするなどの利益があり，また母子ペア，および同性・同成長段階のペアでよく観察されていることからラビングの相手を選択していることがわかり，ラビングには社会的な機能があることが示唆されている[6]．他個体の体に胸ビレでこすらず触りながら泳ぐ行動をコンタクトスイム（contact swimming）と呼び，ラビングと区別される．コンタクトスイムはメスのみ行う行動であり，ストレスを受けた際などに見られる行動である[7]．イルカ同士の喧嘩の後にこれらの接触行動が起こることが多く，また，喧嘩後の接触行動が次の喧嘩の発生を抑えていることから，ラビングを含め接触行動には宥めなどの機能があることもわかっている[8, 9]．飼育イロワケイルカの観察による結果では，コンタクトスイムは子どもの胸ビレが母親の体に触った状態がほとんどで，生後すぐから頻繁に見られるが，ラビングはまず母親から子どもへ行われることがほとんどで，その後，子どもが母親へラビングすることが出現する[10]．

同調行動

イルカは他個体と並んで泳ぎ，その際にほぼ同時に呼吸のタイミングを合わせる．このような呼吸同調は母子で頻繁に見られるが，同性・

図1 御蔵島周辺海域に棲息するミナミハンドウイルカのラビング

同成長段階のペア，同盟関係にあるオトナオスでもよく見られる[11, 12]．また喧嘩のあとにも見られ，これらのことから，呼吸同調もやはり親和的な行動であると考えられている[9]．呼吸同調の時間的，空間的精度には性年齢差が見られ，母子間で最も精度よく，オトナオス間で最も悪かった．つまりオトナオスでは距離的にも時間的にも離れて呼吸同調が行われていた．ヒトのパーソナルスペースと同様な傾向であり，イルカでもパーソナルスペースが存在することが示唆された[12]．野生のヨウスコウスナメリやヒレナガゴンドウでも同調した潜水が見られていることから，イルカにおいては広く見られる親和的行動であると考えられる[13, 14]．なお，鳴音の同調性については，タイセイヨウマダラルカやハンドウイルカで，鳴音発声が攻撃的な文脈で同調することが報告されている[15]．

その他のコミュニケーション

イルカは顔の表情による感情表出を行っているといった報告はこれまでなされていない．一方，体勢などを変化させ，攻撃的な文脈などで感情表出を行っていることは明らかになっている．例えば口を大きく開ける，顎打ち（jaw-clapping），S字姿勢，ペニス出しなどは攻撃的文脈で見られる[5, 16]．頭と頭をぶつけあう頭突き（head-butt）も攻撃的文脈で見られるが，野生のオスのハンドウイルカにおいては，なかよしであるオス同士ではあまり行わず，違うグループ（正確にはクラスター）のオスと行うことが多い．これはメスをめぐる競争のために行っていることが示唆されている[17]．メスをめぐるオスの様々な行動が知られているが，ミナミハンドウイルカのオスの発するポップ（POP）音は，コンソート関係にあるメスを「威嚇」し，自らの近くに留めるための音として機能していることが明らかになっている[18]．オスがメスに対して海藻や海綿をくわえて泳いだり飛ばしたりしてアピールする様子がアマゾン

カワイルカやオーストラリアのウスイロイルカで見られる[19, 20]．イルカは様々な空中行動（ジャンプ）も行うが，ハンドウイルカにおいては群れの移動が始まる際，やめる場合などに，それぞれ異なる形のジャンプを行っているという報告がある[21]．これは群れのメンバーに個体の意思を伝えるために行っていると推察されている．一方，体色パターンも同種内コミュニケーションに役立つことが示唆されている[16]．ハナゴンドウは体に白傷が蓄積し，加齢に伴って白くなっていくが，これは「オスとしての質」を同種のメス，もしくはオスに表すものであるとの解釈がある[22]．　　〔森阪匡通〕

文　献

[1] 粕谷俊雄，イルカ—小型鯨類の保全生物学（東京大学出版会，東京，2011），640p.
[2] N. Kelker *et al.*, *Mamm. Rev.*, **48**, 194-208 (2018).
[3] N.U. Czech-Damal *et al.*, *Proc. R. Soc. B*, **279**, 663-668 (2012).
[4] T. Kishida, S. Kubota, Y. Shirayama, and H. Fukami, *Biol. Lett.*, **3**, 428-430 (2007).
[5] M. Nakamura and M. Sakai, *Primates and Cetaceans* (Springer, Tokyo, 2014), pp. 355-383.
[6] M. Sakai, T. Hishii, S. Takeda, and S. Kohshima, *Mar. Mamm. Sci.*, **22**, 966-978 (2006).
[7] R. Connor, J. Mann, and J. Watson-Capps, *Ethol.*, **112**, 631-638, (2006).
[8] N. Tamaki, T. Morisaka, and M. Taki, *Behav. Proc.*, **73**, 209-215 (2006).
[9] C. Yamamoto, T. Morisaka, K. Furuta, T. Ishibashi, A. Yoshida, M. Taki, Y. Mori, and M. Amano, *Sci. Rep.*, **5**, 14275 (2015).
[10] M. Sakai, T. Morisaka, M. Iwasaki, Y. Yoshida, I. Wakabayashi, A. Seko, M. Kasamatsu, and S. Kohshima, *J. Ethol.*, **31**, 305-313 (2013).
[11] R. C. Connor, R. Smolker and L. Bejder, *Anim. Behav.*, **72**, 1371-1378 (2006)
[12] M. Sakai, T. Morisaka, K. Kogi, T. Hishii and S. Kohshima, *Behav. Proc.*, **83**, 48-53 (2010).
[13] M. Sakai *et al.*, *PLoS One*, **6**, e28836 (2011).
[14] K. Aoki *et al.*, *Behav. Proc.*, **99**, 12-20 (2013).
[15] D. L. Herzing, *Anim. Behav. Cogn.*, **2**, 14-29 (2015).
[16] C. M. ジョンソン，K. S. ノリス，ハシナガイルカの行動と生態（海游舎，東京，1998），pp. 274-320.
[17] D. Lusseau, *PLoS One*, **4**, e348 (2007).
[18] R. C. Connor and R. A. Smolker, *Behaviour*, **133**, 643-662 (1996).
[19] A. R. Martin *et al.*, *Biol. Lett.*, **4**, 243-245 (2008).
[20] S. J. Allen *et al.*, *Sci. Rep.*, **7**, 13644 (2017).
[21] D. Lusseau, *Behav. Proc.*, **73**, 257-265 (2006).
[22] C. D. MacLeod, *J. Zool. Lond.*, **244**, 71-77 (1998).

4-5 エコーロケーション音の種間差異

小型鯨類の鳴音の種類と機能

小型鯨類の鳴音は，物理的な性質の違いにより大きく2種類に分けられる．持続時間が長く周波数帯域の狭い（2〜35 kHz）連続的な鳴音と，持続時間が短く周波数帯域が広い（5〜150 kHz）パルス状の鳴音である．パルス状の鳴音はさらに，超音波領域に高いエネルギーをもつクリックス，比較的低周波領域に高いエネルギーをもつバーストパルスに分けられることが多い[1, 2]．

クリックスは主に，エコーロケーションに用いられる．一方，ホイッスルとバーストパルスは同種内コミュニケーションに用いられると考えられている．ただし，小型鯨類のうちコマッコウ科，ラプラタカワイルカ科，ネズミイルカ科，マイルカ科のセッパリイルカ属はホイッスルを発しない[2]．そのため，クリックスがコミュニケーションにも用いられている可能性が示唆されている．本項目では，この中のエコーロケーション音であるクリックスを用いた種判別手法についての概要について述べる．

クリックスを利用した種判別手法

前述のように，一部の小型鯨類はホイッスルを発しないのに対して，いままでに調べられたすべての小型鯨類はクリックスを高頻度で発する．加えて，近年の録音機器の小型化と記憶装置の小型化，大容量化により，様々な調査水域においてクリックスの長期録音が容易となってきた．これに伴い，ホイッスルよりも定常的に発せられるクリックスを利用した種判別の需要が高まっている．

クリックスではパルス音の特性から，周波数変調ではなく，音に含まれる周波数成分の割合そのものや持続時間をパラメータとして判別が行われる場合が多い．特に，ホイッスルを発しない小型鯨類は特徴的な狭帯域高周波のクリッ

クスを発することが知られている[3]．多くの小型鯨類，特にハクジラ目の76種のうち半数以上の38種を占めるマイルカ科はセッパリイルカ属を除いて，ほとんどの種が20〜120 kHzで同程度のスペクトル強度をもつ広帯域のクリックスを発しているのに対し，ホイッスルを発しない種は130 kHz付近にスペクトル強度のピークをもち，100 kHz以下の成分が含まれない（図1）．この特徴を利用して，複数周波数帯域のスペクトル強度比から狭帯域高周波を判別する手法が提案されている[4]．狭帯域高周波のクリックスと比較して，広帯域のクリックスを発する種の判別は容易ではない．しかし，これまでオキゴンドウ，カマイルカ，ハナゴンドウ，カズハゴンドウは周波数特性の違いにより他種と判別が可能であることが示されている．その他の種についても高い判別精度が報告されている研究もあるが，判別精度が参照データに大きく左右されることが指摘されている．各種のクリックス周波数特性については，**表1**に記載している．

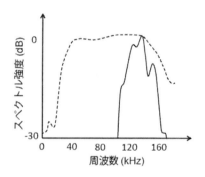

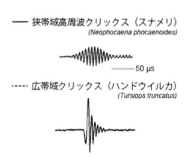

図1 典型的な狭帯域高周波クリックスと広帯域クリックスの周波数特性模式図（上）と波形（下）．
（[5-7]をもとに作成）

表 1　各種イルカのクリックス周波数特性 ([8, 9] をもとに作成)

科	和名	ピーク周波数 (kHz)	中心周波数 (kHz)
マッコウクジラ科	マッコウクジラ	–	15
コマッコウクジラ科	コマッコウ	130 ± 0.7	129 ± 0.6
アカボウクジラ科	アカボウクジラ	40	42
アマゾンカワイルカ科	アマゾンカワイルカ	82.3	94.4
ネズミイルカ科	ネズミイルカ	123.9 ± 2.2	118.9 〜 128.4
	スナメリ	125 ± 2.3	117.2 〜 130.2
マイルカ科	シャチ	40 〜 60	50
	オキゴンドウ	110	62.3
	ハナゴンドウ	80 〜 100	47.9
	ハンドウイルカ	114.3	94.1 ± 23.7
	マイルカ	114.8	112.1 ± 10.5
	カマイルカ	113.8	94.6 ± 23.6
（セッパリイルカ属）	イロワケイルカ	125.4 ± 3.8	–

※　二峰性の場合は高周波数を記載.

種判別手法の具体例

　クリックスの音響特性の差違を利用した種判別手法の具体例[4]について述べる．先に述べたように，ネズミイルカ科とマイルカ科クリックスではスペクトル強度分布が異なる．ネズミイルカ科の鳴音の主要成分である 130 kHz 付近のスペクトル強度と，より低周波側の70 kHz 付近のスペクトル強度比を比較した結果，ネズミイルカとマイルカ科の種においてスペクトル強度比分布が明確に異なることがわかった．それぞれの種から得られた鳴音を参照データとし，ネズミイルカとマイルカ科が混在する海域においても 2 つの異なる分布の混ぜ合わせから最適な種判別閾値を推定可能である．本手法の特徴は，70 kHz，130 kHz それぞれの帯域を録音可能な音響機器さえ揃えば，機器非依存的に適用できる技術を用いていることである．また，実海域ではネズミイルカ以外にスナメリにも同様の手法が適用可能であることが示されている．　　　　　　　　　　〔亀山紗穂〕

文　献
[1] 中原史生，鯨類学，村山 司編（東海大学出版会，神奈川，2008），pp. 133-154.
[2] 森阪匡通，イルカの音声コミュニケーションとその制約要因，哺乳類科学，49, 121-127 (2009).
[3] 森阪匡通，ケトスの知恵，村山 司，森阪匡通編（東海大学出版会，神奈川，2012）. pp.110-126.
[4] S. Kameyama, T. Akamatsu, A. Dede, A. A. Öztürk and N. Arai, *J. Acoust. Soc. Am.*, **136**, 922-929 (2014).
[5] T. Akamatsu, D. Wang, K. Nakamura and K. Wang, *J. Acoust. Soc. Am.*, **104**, 2511-2516.(1998).
[6] A. Villadsgaard, M. Wahlberg, J. Tougaard, *J.Exp. Biol.*, **210**, 56-64 (2007).
[7] C. Capus, Y. Pailhas, K. Brown and D. M. Lane, *J. Acoust. Soc. Am.*, **121**, 594-604 (2007).
[8] T. Morisaka and R. C. Conner, *J. Evol. Biol.*, **20**, 1439-1458 (2007).
[9] Y. Yamamoto, T. Akamatsu, V. M. F. da Silva, Y. Yoshida and S. Kohshima, *J. Acoust. Soc. Am.*, **138**, 687-693 (2015).

4-6

イルカの奥行き知覚

イルカは $100\,\mu s$ 程度という極めて短く，かつ広い周波数帯域（広帯域）の超音波パルスであるクリックを発し，エコーを受け取り障害物や餌である魚の検知を行っている．空気と水では媒体としての物理的特性が大きく異なり，水中ではより伝達速度が速く，減衰が小さいため，音響的対象範囲が広い．このようなエコーロケーション能力は行動実験によって明らかにされている．本項では，主に Au らが行った奥行き知覚に関する行動実験を紹介する[1]．

探知距離

イルカの奥行き知覚可能な距離を明らかにするために，対象物体の有無を識別する実験が行われている[2]．実験には 1 頭のハンドウイルカを用いた．

対象物体として大きさの異なる 2 つの球（それぞれ 2.54 cm と 7.62 cm の直径）を用いる．イルカはエコーロケーションを用いて，この対象物体の有無を識別し，イルカの応答結果から有無の識別正解率を計算する．物体の有無について同じ数だけトライアルを行い，50 ％ の正答率での距離を物体の探知距離とする．対象物体までの距離が近い場合，イルカはほぼ 100 ％ の割合で物体の有無を識別することができ，2.54 cm の対象物体に対しては，73 m となった．また，7.62 cm の対象物体に対しては 113 m となった．サイズによって異なるが，70 m から 100 m 先の物体の有無を検知可能である．この探知距離差の理由としてはエコーの振幅の差があげられる．エコーの振幅は対象物体の大きさに依存しているため，サイズが大きいとエコーの振幅が大きくなる．また，エコーからの物体探知には周りの雑音の大きさも関係することから，エコーの振幅と雑音の振幅の比に対する探知率に直すと，2 つのサイズの物体に対する探知率はほぼ同じように変化し，イルカはエコー

の振幅が雑音の振幅に比べて 10 dB 以上あれば検知できることを示している[1]．

イルカがエコーから物体の探知を行う場合，周期的にクリックスを送信し，識別を行っている．イルカはこのような識別するために 30 回以上のクリックスを送信している[1]．また，このクリックスの周期は物体からのエコーの遅延時間より長く，エコーを受け取ってから，イルカは次のクリックスを出している[1]．しかしながら，イルカは 500 m 以上の物体を検知する際には，音の送信周期を変えることも明らかにされている[3]．対象物体からのエコーの遅延時間より短い周期で複数のクリックスをパケットとして送信し，遠距離の物体を探知できるシステムとなっている[3]．

実際に行動実験において，魚の探知距離を推定することは難しいが，魚からの反射レベルを計算することで，魚の探知可能範囲が推定されている．魚からの反射は内部にある鰾からの反射が主となり，そして鰾の形状は魚の長軸に沿っているため，音の入射方向に依存して変化する．したがって，魚の長軸に対して垂直に音が入射する場合，エコーの振幅が大きくなる．魚からの反射レベルを計測するために，水槽内で麻酔下の魚を固定し，音の入射方向を変え，エコーを計測する[4]．ハンドウイルカの探知実験の結果と，エコーの大きさから探知距離を音の入射方向ごとに推定する[4]．体軸に対して垂直に音が入射する場合 100 m 近く離れていても，魚を検知できる可能性があり，音の魚の入射角度に依存して探知距離が短くなり，長軸にそって音が入射する場合は 70 m 程度となる．つまり，イルカが魚を追いかけている状況下では 70 ～ 100 m 先の魚を探知できることを示している．加えて，異なる種であるネズミイルカでも同様な実験ならびに解析が行われている．ネズミイルカのクリックスは，ハンドウイルカに比べて送信音圧レベルが小さい．そのため，探知距離は短く，音の入射角度に依存して 16 m から 26 m となった．ハンドウイルカとネズミイルカの間の探知距離の違いは飼育環境等が影響している可能性があげられる．

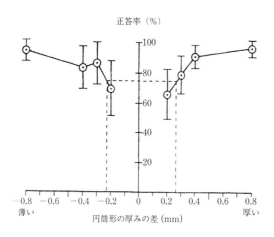

図1　識別結果[5]

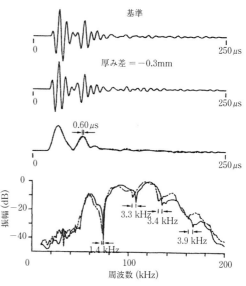

図2　エコーの違い[5]

奥行き分解能

イルカは単純に物体の奥行きを知覚しているだけでなく，細かい違いを識別できる能力を有している．この能力を明らかにするために，異なる厚さの対象物体の違いを検知する実験が行われている．奥行き知覚と同様にハンドウイルカを用いた．イルカの前方8 mの左右に異なる対象物体を配置する．対象物体は円筒形で，片方は6.35 mmの厚さのシリンダー，もう一方は異なる厚さのシリンダーとする．イルカは6.35 mmの厚さのシリンダーを選択するようにトレーニングされている[5]．

図1に厚さの違いによる識別率の変化を示す．識別率は厚さの違いによって変化し，0.8 mmの厚さの違いがあればほぼ100％に近い正解率となる．75％の正解率に基づいて，イルカは0.2 mm程度の厚さの違いを識別できている．

イルカがこの厚さの違いを識別するために用いた音響的特徴を明らかにするために，人工的にイルカのエコーロケーション音を送信し，対象物体からのエコーを水中マイク（ハイドロフォン）で計測する．計測された時間波形を図2の上に示した．厚さの違いにより，2つめの反射成分に0.6 msの差があるが，厚さの異なる対象物体からのエコーの時間波形はほぼ同じである．しかし，イルカのクリックスは広帯域信号であり，振幅スペクトルに違いがでてくる．そこで，エコーの時間波形から計算された振幅スペクトルを図2の下に示す．複数の反射成分が含まれたエコーが干渉することで，複数の反対振幅スペクトルにはノッチが含まれる．厚さが異なることによって，ノッチの周波数が1.3 kHzシフトしていることがわかる．イルカはこの違いを識別することで，対象物体の細かい違いを識別できていると考えられている．以上のことから，イルカは時間的な手がかりだけでなく，周波数的な手がかりも利用しながら物体の奥行き知覚をしている可能性が示唆される．

〔松尾行雄〕

文　献

[1] W. W. L. Au, *The Sonar of Dolphins* (Springer, New York, 1993).
[2] W. W. L. Au, and K. J. Snyder, *J. Acoust. Soc. Am.*, **68**, 1077-1084 (1980).
[3] J. J. Finneran, *J. Acoust. Soc. Am.*, **133**, 1796-1810 (2013).
[4] W. W. L. Au, K. J. Benoit-Bird, and R. A. Kastelein, *J. Acoust. Soc. Am.*, **121**, 3954-3962 (2007).
[5] W. W. L. Au and J. L. Pawloski, *J. Comp. Physiol A.*, **170**, 41-47 (1992).

4-7 イルカにおける視覚と聴覚の密な関係

「百聞は一見に如かず」「聞けば気の毒，見れば目の毒」など，目や耳を謳ったことわざや格言は多い．それは古来より我々が暮らしの中で「目（視覚）」と「耳（聴覚）」を駆使しながら，賢く様々に生き抜いてきたあかしである．

ヒトは「視覚の動物」といわれるように，眼がとても重要な感覚（器）であることはいろいろなことで実感できる．しかし，もちろん聴覚も大切な感覚であることには違いなく，周囲の状況の把握や判断には視覚と聴覚との微妙なバランスが必要とされることはいうまでもない．では，イルカはどうだろう．

イルカは「音感の動物」といわれる．優れた聴覚をもつことは周知の事実であり，脳をみると聴覚処理に相当する部位が最も大きく，次いで視覚を担当する部位の順である[1]．こうしたイルカ類でも視覚と聴覚のあいだに何らかの機能的な関連があるのだろうか．眼の定性的特性と聴覚の性能との関連を追ってみたい．

field of best vision（最良視野）

様々な動物において，網膜中の神経節細胞の分布と音源定位とのあいだには一定の相関関係があることを見出されている[2]．網膜中の神経節細胞の分布は一様ではなく，偏りがある．そこで神経節細胞の最も密度の高い部位から75％の密度までの範囲を「field of best vision」（ここでは最良視野としておく）と定義し[2]，眼球を球に近似して，その最良視野の占める範囲が相当する角度を求めた．

陸棲動物ではこの範囲は，マカクザルの仲間4.3°，ネコ4.9°，イヌ5.1°，ウシ132°などと，栄養段階（食性を反映）に応じて幅広い値を示すが，ヒトは0.7°と格段に小さな値である．では，イルカはどうだろう．イルカの網膜の神経節細胞の分布も一様ではなく，これまでに調べられた種はいずれも最も高密度な部位は眼底からややずれたところに位置している[3]．そこで，イシイルカの眼球の網膜について最良視野を測定したところ，18.0°であった（村山未公表データ，図1）．この値は陸棲動物では，被捕食者のオポッサム（15.8°）や捕食者であるイタチ（23.0°）の中間にある．

なお，イルカ類の他の種での知見はないが，イルカ類では網膜中の神経節細胞の分布様態は

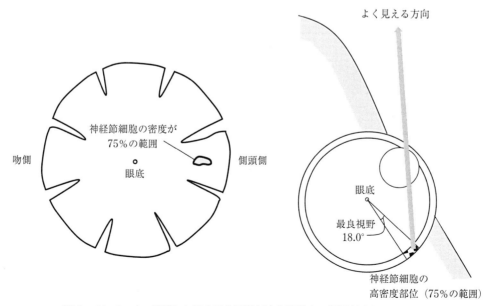

図1 イシイルカの網膜における最良視野（左）と眼球上の範囲（右）（村山，未公表）
神経節細胞の分布密度より作成．

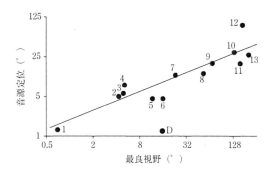

図2　最良視野と音源定位の関係（[2, 4]を改変）
Dはイルカの値を示す．
1: ヒト，2: マカクザルの仲間，3: ネコ，4: イヌ，5: ブタ，6: オポッサム，7: イタチ，8: 齧歯類の仲間，9: 齧歯類の仲間，10: ウシ，11: 齧歯類の仲間，12: 齧歯類の仲間，13: 齧歯類の仲間．

いずれの種も類似しているので[3]，最良視野も種による大きな違いはないと考えられる．

音源定位

　視覚と聴覚の関連について考えるもう1つの要素が音源定位である．これは音源の位置を策定する能力のことで，実際にはイルカでは2つのスピーカーのいずれかから音を発したとき，発したほうのスピーカーを弁別できなくなったときの2つのスピーカーを見込む角度として求めている．

　動物別にみてみると，陸棲動物ではゾウが1.2°，ネコ5.7°，イヌ8.0°，ウシ30.0°などと，これも動物の栄養段階（食性）によって様々であるが，ちなみにヒトは1.3°である[2]．さて，イルカではどうかというと，水中で測定されたバンドウイルカの値は1.1°と，極めて精度が高い[2]．

視覚と聴覚の関係

　さて，こうして求められた最良視野と音源定位の関係についてまとめたのが図2である．捕食者的な動物はグラフの左下に，逆に，被捕食者的な動物ほど右上に位置している．調べられている動物に偏りはあるものの，生理学的に調べられた眼の定性的な特徴と行動実験によって得られた聴覚の能力とには一定の相関がみられる．

　これに上述したイシイルカの最良視野とバンドウイルカの音源定位の値を挿入してみると図2のDになる．なお，イルカ類では最良視野と音源定位を同一の種・個体で調べられた知見がないため，上述したように最良視野については種による差異が小さいと判断されることから，イシイルカの値を代用した．

　この結果をみると，イルカの値（図2 D）は陸棲哺乳類でみられた相関的な関係から大きくはずれたところに位置していることがわかる．陸上と水中の違いはあるにせよ，同程度の最良視野をもつ他の動物に比べ，格段に音源定位能力が優れている．このことは外界の刺激の知覚にはやはり聴覚が優位であることを裏付ける証拠の1つといえるかもしれない．

　しかしながら，実際の生態における行動ではどうなのだろう．視覚も聴覚も独自の性能を有してはいるが，様々な行動の観察例から，両者が機能的に融合していることは明らかである．例えば，エコーロケーションで得た情報を視覚で表出することや，逆に，視覚によって認識したことを聴覚によって表出できることも検証されている[5]．また，シロイルカが音で覚えた物の「名前」を記号で表現できることや，その逆も可能であることもわかっている[6]．

　このようにイルカ類は性能的には聴覚が優位とされながら，実際には視覚と聴覚を機能的に融合させながら生を営んでいると考えることができよう．

〔村山　司〕

文　献

[1] S. H. Ridgway, *Dolphin Cognition and Behavior: A Comparative Approach* (Lawrence, London, 1986), pp.31-59.
[2] R. S. Heffner and H. E. Heffner, *J. Comp. Neurol.*, 317, 219-232 (1992).
[3] 村山　司編，鯨類学（東海大学出版会，神奈川，2008），pp.155-182.
[4] R. S. Heffner, G. Koay and H.E. Heffner, *Hear. Res.*, 234, 1-9 (2007).
[5] A. A. Pack, L. M. Herman and M. Hoffman-Kuhnt, *Advances in the Study of Echolocation in Bats and Dolphin* (Univ. Chicago Press, Chicago, 2004), pp.288-298.
[6] T. Murayama, R. Suzuki, Y. Kondo, M. Koshikawa, H. Katsumata and K. Arai, *Sci. Rep.*, 7, 9914 (2017).

4-8 イルカの行動と生態

イルカは河川から外洋まで，赤道から極域まで，多様な水中環境に適応して生活している．それぞれの環境において生存，繁殖をしていくためには，たくさんの情報処理を行い，適切に行動をしていかなければならない．

単独性社会で生活するイルカにおいても，群れ社会で生活するイルカにおいても，環境認知と社会認知は生きて繁殖していくために非常に重要な情報処理過程である．イルカは餌生物や捕食生物などの認知や空間認知など様々な環境認知において，鳴音と聴覚を利用している．また，個体認知，個体間関係の認知などの社会認知においても，鳴音と聴覚が大きな役割を果たしている．ここでは，イルカの行動と生態における鳴音の機能について紹介する．

イルカの捕食および防衛行動

イルカの捕食行動において，餌生物を発見し，選択し，捕まえるうえで，クリックスを用いたエコーロケーションが重要な役割を果たす．クリックスの使い方は種によっても対象となる餌生物や透明度，水深などによっても異なる．透明度の高い浅海では視覚を利用することができるため，クリックスの発生頻度が下がることが知られている[1]．哺乳類食性と魚食性のシャチではクリックスの発生頻度とタイミングが異なる[2]．また，ハンドウイルカでは餌生物である魚の鳴音を発見・選択の際に利用している可能性が示唆されている[1]．集団で捕食を行う哺乳類においては，仲間に餌のありかを知らせる鳴き声の存在が知られている．イルカも捕食時に様々な鳴音が発するが，仲間を集めることを意図して発せられたのか，餌を操作しようとして発した結果，聴きつけた仲間が寄ってきたのかは判断がつかない[3]．

捕食者から身を守る防衛行動においては，捕食者の発見においてやはり聴覚が用いられて

図1　哺乳類を捕食するシャチ

いる．イルカはシャチなどの捕食者の鳴音を聴いて捕食者を避けることができ，エコーロケーションによってサメなどの鳴音を発しない捕食者も発見することができる．また，対捕食者戦略として，狭帯域の高周波クリックスを発するイルカは，捕食者に聴こえない鳴音を発し，捕食者の鳴音がよく聴こえる聴覚をもっている[4]．

イルカの社会行動

同種内の社会行動においては様々な鳴音を用いたコミュニケーションが行われている．

動物は餌や配偶者をめぐって争う．結果的に身体的な闘いに発展することもあるが，多くの場合，ディスプレイや儀式化された闘争によって解決されることが多い[3]．ハンドウイルカでは視覚と鳴音による威嚇ディスプレイが報告されている[5]．威嚇ディスプレイに用いられる鳴音は，スクウォーク，バーク，スクリーム，ポップなどと呼ばれるバーストパルスである．威嚇ディスプレイにおいては鳴音の他に顎打ちも音響信号として用いられる．

性行動時に発せられる鳴音としては，コンソートシップ（特定のオスによる特定のメスの囲い込み）を行っているオスのハンドウイルカは，頻繁にポップを発しているとの報告がある[6]．

イルカは社会的な結びつきを維持するためにも鳴音を用いている．ハンドウイルカのシグネチャーホイッスルを用いた鳴き交わしには，群れのメンバーの位置を確認して群れのまとまりを保つ機能がある[7]．シグネチャーホイッス

図2 ミナミハンドウイルカの親子を含む群れ

ルは育児行動時にも発せられ，ハンドウイルカの母子が離れてしまったとき，再び合流するまでお互いに頻繁に発して鳴き交わしている様子が報告されている[8].シャチのディスクリートコールもポッド内の交信を保つための信号として機能しているものと考えられる[9].

イルカの生態

イルカの分布および生息地は，餌生物と捕食者の分布に大きく影響を受けている．魚類，頭足類などの餌生物の分布は，水温，光，地形などの物理的環境の影響を受けており，イルカも間接的にこれらの影響を受けていることになる．外洋で生息するイルカの多くは200 m以浅の表層で生活しているが，シャチやコビレゴンドウなどの一部のイルカは500 m以深にまで潜水し，捕食行動を行っている[10].光の届かない深海や夜間に捕食行動を行う際には，エコーロケーションが有効である．また，沿岸域や河川など，透明度の低い海域においても，エコーロケーションは捕食行動を行う際に不可欠である．沿岸から沖合にかけて生息している一部のイルカは，捕食者であるシャチに見つかりにくいように狭帯域の高周波鳴音を発する．

イルカの季節的な移動には餌生物の移動や海氷など物理的環境の変化が大きく影響している．イルカがどのような情報処理を行ってある位置から別の位置に移動しているかはわかっていないが，イルカはエコーロケーションによって海底までの距離を測ることができることから，移動の際に水深などの情報を利用している可能性が示唆される．

イルカの社会は単独性社会から数千頭にも及ぶ群れ社会まで多岐にわたっており，その結びつきも1日限りのものから生涯にわたるものまで幅広い．群れることの利点としては，捕食者の回避，捕食行動上の利益，相互刺激による適応度の増加が考えられる[3].群れ内でのコミュニケーションには様々な鳴音が用いられている．また，ハンドウイルカとオキゴンドウなど，様々なイルカの間で混群が形成されていることから，種間関係の認知に鳴音が利用されている可能性も考えられる．

このようにイルカの行動や生態において鳴音と聴覚は重要な位置を占めており，イルカの保全を考える際にも，彼らの音環境保全の重要性が示唆される．船舶航行音や港湾人工音などの人為的雑音がイルカの音響生態に与える影響に注意を払う必要がある．

〔中原史生〕

文 献

[1] P. L. Tyack, "Behavior, Overview", in *Encyclopedia of Marine Mammals*, 2nd edn., W. F. Perrin, B. Würsig and J. G. M. Thewissen, Eds. (Academic Press, San Diego, 2009), pp. 101-108.
[2] L. G. Barrett-Lennard, J. K. B. Ford and K. A. Heise, *Anim. Behav.*, 51, 553-565 (1996).
[3] 中原史生, 鯨類学, 村山 司編（東海大学出版会, 神奈川, 2008), pp.238-290.
[4] 森阪匡通, イルカの音とその進化, 日本音響学会誌, 71, 327-333(2015).
[5] N. A. Overstrom, *Zoo Biol.*, 2, 93-103 (1983).
[6] R. C. Connor and R. A. Smolker, *Behav.*, 133, 643-662 (1996).
[7] F. Nakahara and N. Miyazaki, *J. Ethol.*, 29, 309-320 (2011).
[8] R. A. Smolker, J. Mann and B. B. Smuts, *Behav. Ecol. Sociobiol.*, 33, 393-402 (1993).
[9] J. K. B. Ford, *Can. J. Zool.*, 67, 727-745 (1989).
[10] B. Würsig, "Ecology, Overview", in *Encyclopedia of Marine Mammals*, 2nd edn., W. F. Perrin, B. Würsig and J. G. M. Thewissen, Eds. (Academic Press, San Diego, 2009), pp. 361-364.

4-9 イルカのホイッスル

イルカの発するホイッスル(whistle)は，持続時間が長く(約100 ms ~ 4 s)，帯域が極めて狭く，周波数変調する鳴音として他の鳴音と区別される[1](図1)．しかしパルス音として分類されているバーストパルスからホイッスルへ連続的に移行する例など，それぞれの鳴音カテゴリーが曖昧な事例も散見される[2]．ホイッスルはおおよそ周波数が 800 Hz ~ 28.5 kHz の範囲にある[1]が，シャチで最近 75 kHz もの高周波のホイッスルが記録されている[3]．

歴史的経緯

イルカ(ここでは口内に歯をもつ鯨類であるハクジラ類を示す)が音を出すことはアリストテレスの時代には知られていた[4]．イルカがエコーロケーションを行うことが Kellogg ら[5]や McBride ら[6]によって推測され，実験によって Norris ら[7]によって証明されると，冷戦時代にソビエトやアメリカなどがこぞってイルカのソナーの能力の研究を行った．一方，コミュニケーション音のうち，ホイッスルに関しては，いくつかの種のホイッスルのレパートリーを記載するような研究[8]の後，個体特有のホイッスルであるシグネチャーホイッスルの研究が Caldwell 夫妻らによって数多く行われ，その後，Tyack および Sayigh, Janik らによって類まれなコミュニケーション方式が明らかにされてきた[9-11]．

種間・種内変異

イルカ類にはホイッスルを発する種と発さない種，もしくは記録されていない種がいる(▶ 4-10参照)．ホイッスルを発する種でも，その音響的特徴，特に使用している周波数帯域や変調の多さなどの特徴に種間差が存在することが多く報告されており，このホイッスルの種間変異を用いた音響モニタリングを行っている海域もある[12]．ホイッスルに種間変異が存在する理由として，体サイズの違い[13]，社会性の違い[14]などがあげられている．一方，同一種内でも変異があり，地域個体群間でのホイッスルの特徴の違いが多く報告されている[15]．種内での変異の理由としては，環境雑音の違い[16]や群れ構成，行動の違い[17]といった要因があげられている．近年特に人工雑音(ホエールウォッチング，船舶，建設等)によるホイッスルの変化に関する研究が多くなされている[17]．個体間でも，個体内でもホイッスルの違いが存在し，特に個体特有のホイッスルをシグネチャーホイッスルと呼ぶ[1]．

シグネチャーホイッスル

個体特有のホイッスルであり，個体の発するホイッスルのレパートリーの中で 38 ~ 70 %(野生)[18]，あるいは 90 %以上(飼育下)[19]を占める典型的なホイッスルのパターンをシグネチャーホイッスルと呼ぶ．シグネチャーホイッスルは母親もしくは同じ群れ内のメスなどから学習し，生後1年以内に獲得し，その後，若干の変化はあるものの，一生変わらないとされる([20]にレビュー)．飼育個体において隔離状態にした際に多く発せられる音，という定義がはじめになされたが，Janik らの研究により，シグネチャーホイッスル特有の発声パターンを調べることにより，自由遊泳下でもシグネチャーホイッスルをみつけることができるようになっ

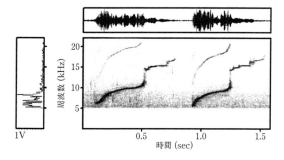

図1 ハンドウイルカのホイッスル(シグネチャーホイッスル)
縦軸は周波数(kHz)，横軸は時間(秒)を示す．水中雑音の排除のため，5 kHz のハイパスフィルターをかけてある．

た．この方法はSIGID（シグアイディー，signature identification）法と名付けられている[21]．シグネチャーホイッスルはハンドウイルカで最も詳しく研究されているが，ミナミハンドウイルカやマイルカなどでもその存在が示唆されている[22, 23]．

ホイッスルの機能

　水族館での飼育頭数が多く，また野外でも研究しやすいマイルカ科の種，中でもハンドウイルカの発するホイッスルの研究が圧倒的に多い．マイルカ科におけるホイッスルは群れ生活に重要なものであり，ハンドウイルカにおいては，お互いに群れがばらばらにならないようにするコヒージョンコール（cohesion call）として機能している[24]．シグネチャーホイッスルは母子が離れたとき，もしくは隔離されたときに相手を呼ぶアイソレーションコール（isolation call）としても機能している[25]．シグネチャーホイッスルには，「声色」ではなく，その全体の周波数変調のパターンに個体情報が含まれており，血縁個体とそうでない個体のシグネチャーホイッスルを聞き分けられる[26]．一方，シグネチャーホイッスル以外のホイッスルの「声色」は個体認識には用いられていない[27]．母子間や同盟関係にあるオス同士など，最も親密な個体間で，お互いのシグネチャーホイッスルを真似することがある[28]．また，ある時間間隔内に相手のシグネチャーホイッスルに自分のシグネチャーホイッスルで「返事」する音声交換も見られる[29]．一方，種間ではその機能が大きく異なる．イッカク科のベルーガ（シロイルカ）ではホイッスルは音声交換に用いておらず，パルス状の鳴音で定型パターンを示すギー音（creaking call）での音声交換が最近報告されている[30, 31]．アマゾンカワイルカのホイッスルはコヒージョンコール（cohesion call）ではなく，むしろお互いの距離を適度に保つような機能があることが示唆されている[32]．研究が進んでいないマイルカ科以外のホイッスルの研究が進むことが望まれる． 〔森阪匡通〕

文　献

[1] V. M. Janik, *Adv. Stud. Behav.*, **40**, 123-157 (2009).
[2] S. O. Murray, E. Mercado and H. L. Roitblat, *J. Acoust. Soc. Am.*, **104**, 1679-1688 (1998).
[3] F. I. P. Samarra, V. B. Deecke, K. Vinding, M. H. Rasmussen, R. J. Swift and P. J. O. Miller, *J. Acoust. Soc. Am.*, **128**, EL205-EL210 (2010).
[4] J. C. Lilly, *Proc. Am. Philos. Soc.*, **106**, 520-529 (1962).
[5] W. N. Kellogg and R. Kohler, *Science*, **116**, 250-252 (1952).
[6] A. F. McBride, *Deep-Sea Res.*, **3**, 153-154 (1956).
[7] K. S. Norris, J. H. Prescott, P. V. Asa-Dorian and P. Perkins, *Biol. Bull.*, **120**, 163-176 (1961).
[8] J. J. Dreher and W. E. Evans, *Marine Bio-Acoustics* (Pergamon Press, Oxford, 1964), pp. 373-393.
[9] P. Tyack, *Proc. Am. Philos. Soc.*, **18**, 251-257 (1986).
[10] L. S. Sayigh, *Behav. Ecol. Sociobiol.*, **26**, 247-260 (1990).
[11] V. M. Janik, *Science*, **289**, 1355-1357 (2000).
[12] J. N. Oswald, J. Barlow and T. F. Norris, *Mar. Mamm. Sci.*, **19**, 20-37 (2003).
[13] D. Wang, B. Würsig and W. E. Evans, *Sensory Systems of Aquatic Mammals* (De Spil Publishers, Netherlands, 1995), pp. 299-323.
[14] L. J. May-Collado, I. Agnarsson, and D. Wartzok, *BMC Evol. Biol.*, **7**, 136 (2007).
[15] T. Morisaka, M. Shinohara, F. Nakahara and T. Akamatsu, *Fisheries Sci.*, **71**, 568-576 (2005).
[16] T. Morisaka, M. Shinohara, F. Nakahara and T. Akamatsu, *J. Mamm.*, **86**, 541-546 (2005).
[17] J. Heiler, S. H. Elwen, H. J. Kriesell and T. Gridley, *Anim. Behav.*, **117**, 167-177 (2016).
[18] S. L. Watwood, E. C. G. Owen, P. L. Tyack and R. S. Wells, *Anim. Behav.*, **69**, 1373-1386 (2005).
[19] M. C. Caldwell, D. K. Caldwell and P. L. Tyack, *The Bottlenose Dolphin* (Academic Press, San Diego, 1990), pp. 199-234.
[20] V. M. Janik and L. S. Sayigh, *J. Comp. Physiol. A.*, **199**, 479-489 (2013).
[21] V. M. Janik, S. L. King, L. S. Sayigh and R. S. Wells, *Mar. Mammal. Sci.*, **29**, 1-14 (2013).
[22] T. Gridley *et al.*, *Mar. Mamm. Sci.*, **30**, 512-527 (2014).
[23] M. C. Caldwell and D. K. Caldwell, *Science*, **159**, 1121-1123 (1968).
[24] V. M. Janik and P. J. B. Slater, *Anim. Behav.*, **56**, 829-838 (1998).
[25] R. A. Smolker, J. Mamm and B. B. Smuts, *Behav. Ecol. Sociobiol.*, **33**, 393-402.
[26] V. M. Janik, L. S. Sayigh and R. S. Wells, *Proc. Natl. Acad. Sci. U.S.A.*, **103**, 8293-8297 (2007).
[27] L. S. Sayigh *et al.*, *Anim. Cogn.*, **20**, 1067-1079 (2017).
[28] S. L. King, L. S. Sayigh, R. S. Wells, W. Fellner and V. M. Janik, *Proc. R. Soc. B.*, **280**, 20130053 (2013).
[29] F. Nakahara and N. Miyazaki, *J. Ethol.*, **29**, 309-320 (2011).
[30] T. Morisaka *et al.*, *J. Ethol.*, **31**, 141-149 (2013).
[31] Y. Mishima *et al.*, *Aquat. Mamm.*, **44**, 538-554 (2018).
[32] L. J. May-Collado, and D. Wartzok, *J. Acoust. Soc. Am.*, **121**, 1203-1212 (2007).

4 – 10

イルカの音進化

エコーロケーション音の進化

　音の研究がなされているイルカ類（ここでは
ハクジラ類のことを呼称する）すべてにおいて，
エコーロケーションの機能をもつとされるク
リックスが記録されており，クリックス発声に
特化していると考えられる背面粘液囊・発音唇
複合体（MLDB complex）の構造およびメロン
の形状を加味して考えても，ハクジラ類の共通
祖先がその能力を獲得し，洗練化したことは明
らかであろうし，化石種の頭骨の比較からもこ
の仮説は支持されている[1]．鳴音の洗練化と
ともに，聴覚も変化しており，聴覚特性にかか
わるプレスチンタンパクの進化パターンは，コ
ウモリのそれと類似しており，平行進化が起
こったことが示唆されている[2]．また，化石
種と現生種の内耳の形状の分析から，超音波領
域の聴覚を獲得したのも，ハクジラ類の古い系
統からだったことがわかっている[3]．このよ
うなエコーロケーション能力と聴覚の洗練化に
関しては，餌との関係などの要因がかかわった
のではないかという仮説が立てられている[4]．
頭足類のうち殻をもつオウムガイの仲間
（Nautiloidea）は，初期のハクジラ類の洗練さ
れていないエコーロケーションでも見つけやす
く，夜間浅い海まで鉛直移動してくる彼らを捕
食し，このことによりエコーロケーションの洗
練化が進み，深海のような暗い海でも捕食が可
能となったのではないかとする仮説である．エ
コーロケーション音は種間で違いがあり，マッ
コウクジラのような低い周波数のものから，多
くのマイルカ科が発する広帯域が含まれるもの
（広帯域クリックス），ネズミイルカ科などの発
する高周波で狭帯域のもの（高周波狭帯域
（NBHF: narrow - band high - frequency）クリッ
クス），アカボウクジラのように周波数変調を
するものなどがある[5を参照]．全体としては，
種ごとの体サイズとクリックスの周波数には弱

い逆相関がある[5]．NBHFクリックスは独特
であり，これを発するのがコマッコウ科，ラプ
ラタカワイルカ科，ネズミイルカ科，そしてマ
イルカ科セッパリイルカ属である[5]．なお，
ダンダラカマイルカおよびミナミカマイルカは
カマイルカ属とされてきたが，NBHFクリッ
クスを発し，遺伝的解析からもこれらの種は
セッパリイルカ属に含まれる，もしくは近縁種
である可能性が高い[6, 7]．これらの種がなぜ
独特な鳴音を発するのかに関していくつかの仮
説があるが，シャチに聞こえない，もしくは聞
こえにくい周波数帯にすることで捕食圧回避を
しているというものがある[5, 8-9]．

ホイッスルを発する種・発さない種

　イルカのホイッスルに関して，明らかに発す
る種と記録されていない種がある．イルカの進
化系統樹とこのホイッスルの記録の有無を比較
すると，もともとマッコウクジラ科，コマッ
コウ科，カワイルカ科ではホイッスルを獲得し
ておらず，アカボウクジラ科の出現とともにホ
イッスルが進化したと考えられる[5]．ホイッ
スルの進化にどんな要因がかかわったのかは未
解明であるが，何らかの性選択過程がかかわっ
ているのではないかと仮説が立てられている
[10]．一方，ハクジラ類においてホイッスル出
現後，ラプラタカワイルカ科，ネズミイルカ科，
マイルカ科セッパリイルカ属において，ホイッ
スルの記録がなかった．これらのグループはク
リックスが前述のNBHFとなっており，この
ことから，ホイッスルを発さないのもシャチの
捕食圧回避の戦略であると考えられる[5]．な
お，ごく最近，ラプラタカワイルカ，およびセッ
パリイルカ属であるイロワケイルカからホイッ
スルが記録されたという報告があり[11, 12]，
本仮説に関しては今後の動向に注意すべきであ
る．

コミュニケーション音の進化

　前述の通り，ホイッスルはイルカの進化過程
の途中で出現してきた鳴音であり，出現前から
イルカの祖先はパルス音を用いたコミュニケー

162 | 4章　哺乳類3　海洋動物

ションを行っていたと考えられる．ハクジラ類で最も初期に他のグループから分かれたマッコウクジラはホイッスルを発さず，コーダと呼ばれる，典型的なパルスパターンをもち，群れごとに発するコーダのレパートリーに違いがある[13]．こうした典型的なパルスパターンを用いたコミュニケーションを行う種は少なくない．例えば，ネズミイルカはホイッスルを発さないが，パルスの典型的なパターンにより，母子間，あるいは個体間でのやりとりが行われているという報告がある[14, 15]．ホイッスルをもつ種であっても，パルス音を主として用いるものもいる．例えばシロイルカにおいては，典型的なパターンを示すバーストパルスであるギー音（creaking call）が個体差をもち，音声交換に用いられており，一方のホイッスルはハンドウイルカのホイッスルで知られている機能と異なることが示唆されている[16-18]．セミイルカやカマイルカ，そしてハラジロカマイルカではホイッスルは少なく，リズミカルで典型的なバーストパルスが多く用いられている[19-21]．シャチではバーストパルスであるディスクリートコールを発し，ポッドごとにそのレパートリーが異なる[22]．ホイッスルは近距離コミュニケーションに使われているとされ[23]，近年記録されている高周波ホイッスル（最高75 kHz）の存在[24]もそのことを裏付けている．また，ホイッスルを進化させたグループのうち，初期に分かれたアマゾンカワイルカにおいて，ホイッスルは個体間の距離を維持するために用いられていることが示唆されている[24]．しかしながらマイルカ亜科マイルカ属，ハンドウイルカ属，スジイルカ属といった群れサイズが大きく沖合に生息する種においては，ホイッスルを多用しており，個体情報はホイッスルに埋め込むようになった（シグネチャーホイッスル）と考えられる．こうした群れサイズの大きな種において，ホイッスルの機能は，群れがばらばらにならないようにしたり，離れてしまった個体を呼び戻したりするなど，より群れ生活に密着した使い方に特化したと考えられる[10]．

〔森阪匡通〕

文 献

[1] J. H. Geisler, M. W. Colbert and J. L. Carew, *Nature*, **508**, 383-386 (2014).

[2] Y. Liu, S. J. Rossiter, X. Han, J. A. Cotton and S. Zhang, *Curr. Biol.*, **20**, 1834-1839 (2010).

[3] M. Churchill, M. Martinez-Caceres, C. de Muizon, J. Mnieckowski and J. H. Geisler, *Curr. Biol.*, **26**, 2144-2149 (2016).

[4] D. R. Lindberg and N. D. Pyenson, *Lethaia.*, **40**, 335-343 (2007).

[5] T. Morisaka and R. C. Connor, *J. Evol. Biol.*, **20**, 1439-1458 (2007).

[6] J. Tougaard and L. A. Kyhn, *Mar. Mamm. Sci.*, **26**, 239-245 (2010).

[7] L. A. Kyhn, F. H. Jensen, K. Beedholm, J. Tougaard, M. Hansen and P. T. Madsen, *J. Exp. Biol.*, **213**, 1940-1949 (2010).

[8] P. T. Madsen, D. A. Carder, K. Bedholm and S. H. Ridgway, *Bioacoust.*, **15**, 195-206 (2005).

[9] S. H. Andersen, and M. Amundin, *Aquat. Mamm.*, **4**, 56-57 (1976).

[10] T. Morisaka, *Int. J. Comp. Psychol.*, **25**, 1-20 (2012).

[11] M. J. Cremer, A. C. Holz, P. Bordino, R. S. Wells and P. C. Simões-Lopes, *J. Acoust. Soc. Am.*, **141**, 2047 (2017).

[12] M. V. R. Reyes, V. P. Tossenberger, M. A. Iniguez, J. A. Hildebrand and M. L. Melcon, *Mar. Mamm. Sci.*,**32**, 1219-1233 (2016).

[13] L. Weilgart and H. Whitehead, *Behav. Ecol. Sociobiol.*, **40**, 277-285 (1997).

[14] K. T. Clausen, M. Wahlberg, K. Beedholm, S. DeRuiter and P. T. Madsen, *Bioacoust.*, **20**, 1-28 (2010).

[15] P. M. Sørensen, D. M. Wisniewska, F. H. Jensen, M. Johnson, J. Teilmann and P. T. Madsen, *Sci. Rep.*, **8**, 9702 (2018).

[16] T. Morisaka, Y. Yoshida, Y. Akune, H. Mishima and S. Nishimoto, *J. Ethol.*, **31**, 141-149 (2013).

[17] Y. Mishima, T. Morisaka, M. Itoh, I. Matsuo, A. Sakaguchi and Y. Miyamoto, *Zool. Lett.*, **1**, 27 (2015).

[18] Y. Mishima, T. Morisaka, Y. Mishima, T. Sunada and Y. Miyamoto, *Aquat. Mamm.*, **44**, 538-554 (2018).

[19] S. Rankin, J. Oswald, J. Barlow and M. Lammers, *J. Acoust. Soc. Am.*, **121**, 1213-1218 (2007).

[20] R. L. Vaughn-Hirshorn, K. B. Hodge, B. Würsig, R. H. Sappenfield, M. O. Lammers and K. M. Dudzinski, *J. Acoust. Soc. Am.*, **132**, 498-506 (2012).

[21] Y. Mishima, T. Morisaka, M. Ishikawa, Y. Karasawa and Y. Yoshida, *J. Acoust. Soc Am.*, **146**, 409-424 (2019).

[22] J. K. B. Ford, *Can. J. Zool.*, **67**, 727-745 (1989).

[23] F. Thomsen, D. Franck and J. K. B. Ford, *Naturwissenshaften*, **89**, 404-407 (2002).

[24] F. I. P. Samarra, V. B. Deecke, K. Vinding, M. H. Rasmussen, R. J. Swift and P. J. O. Miller, *J. Acoust. Soc. Am.*, **128**, EL205-EL210 (2010).

[25] L. J. May-Collado and D. Wartzok, *J. Acoust. Soc. Am.*, **121**, 1203-1212 (2007).

4 – 11

クジラの生態

大型鯨類の食性

鯨類が採餌行動に音響を使うことはよく知られている．しかし，そのほとんどはハクジラ類についてのことであり，ヒゲクジラ類が採餌に関して鳴音を発することはザトウクジラで疑われる事例が報告されている[1]以外にはいまのところ知られていない．したがって，本項では大型鯨類の食性に関して音響関連から言及されるべき種としてマッコウクジラとアカボウクジラ類について扱うことにする．

[マッコウクジラの食性]

大型のハクジラ類の代表的な種であるマッコウクジラは，かつての商業捕鯨時代に世界各地で多数捕獲されていた．当時の胃内容物分析から世界的に多くの場所で90％以上の個体が頭足類を捕食していたことが明らかになっている．一方魚類については捕食している個体の出現率は地域により大差があり，日本近海では10％以下であるのに対し，アラスカ湾から北米西岸，ニュージーランド，アイスランドなどでは半数を超えている．餌となる頭足類の多くは中層性頭足類といわれるもので，特にゴマフイカ科，テカギイカ科，ツメイカ科が世界各地で特によく出現している[2]．日本の近海では特にクラゲイカが多く出現している[3]．これらの種は特に大型個体では水深1000 m以深に生息する．魚類については，タラ類（cod）やフサカサゴ類（rock fish）が日本周辺では多く記録されているが，北米沿岸ではその他にガンギエイ類（rag fish）やサメ類（shark），アイスランドではダンゴウオ（lumpsucker）も比較的多く記録されている．またニュージーランドではマトウダイ類（dory）等が多く記録されている[2]．アラスカ湾では，はえ縄にかかったギンダラをマッコウクジラが横取りすることも知られている[4]．これらの餌に共通する特徴は中層か底層に生息していることである．胃内容物の記録にはイワシ類やサンマなどもあるが，これらはおそらく例外的なものであろう．

[マッコウクジラの摂餌量]

マッコウクジラが食べる餌の量についてはよくわかっていない．オスとメスの休止代謝率はそれぞれ252 Mcal/dayと102 Mcal/dayと推定されており[5]，中層性頭足類の平均エネルギー密度を0.758 kcal/gとすると[6]，重量では約330 kgと134 kgに相当する．活動代謝分を見込んだ1日あたりの摂餌量はオスとメスでそれぞれ1500 kgと420 kgと推定されている[5]．

[アカボウクジラ類の食性]

大型のハクジラ類としてはアカボウクジラ類もあげられる．この仲間は頭足類を専門的に捕食すると思われてきたが，これは特にトックリクジラ属やアカボウクジラに当てはまることで，ツチクジラ属やオオギハクジラ属は魚類も無視できないほど捕食することがわかってきている[7, 8]．頭足類はマッコウクジラとほぼ同様の中層性頭足類，魚類はタラ類が多いが，オオギハクジラ属の一部ではハダカイワシ類などの中層性魚類も胃内容物からみつかっている．また，オオギハクジラ属は小型の餌を，アカボウクジラとトックリクジラ属は大型の餌を捕食しているところから，食地位が分化していることが示唆されている[7]．

潜水行動

肺呼吸動物である鯨類は，呼吸のためにわずかな時間だけ水面に滞在し息をこらえて潜水する．限られた酸素を有効に利用するために，様々な生理的，形態的適応がみられる．鰭脚類は息を吐いて潜水するが，鯨類は潜水中に鳴音を発するため息を吸って潜る．最大潜水深度は種間で異なるが，潜水中の巡航速度は種間で大きく変わらず1～2 m/sの間にほぼ収まる[9]．潜水する意義は様々であるが，採餌，移動，捕食者の回避，休息などがあげられる．本項では，マッコウクジラとアカボウクジラ類の採餌潜水行動を扱う．

[潜水行動の計測]

　潜水行動を調べる最も単純な方法は，直接観察することである．潜った時刻と浮上した時刻を記録すれば潜水時間がわかる．しかし，これでは水中での詳細な行動はわからない．近年，動物に小型の記録計を搭載してその行動を調べるバイオロギング手法が急速に発展した．多様なパラメータ（遊泳速度,加速度,地磁気,音,画像など）を測定できるようになり，クジラの詳細な潜水行動が明らかになってきた．

[マッコウクジラ]

　成熟メスと未成熟個体は中深層性の頭足類や魚類を捕食することを目的に，主に深度400〜1200 m の範囲へ潜水する[10, 11]．30〜50分の潜水の後，8〜10分ほど水面に滞在し呼吸する．このサイクルに1日の70〜80％の時間を費やす．潜降の途中（深度約50〜250 m）からクリックスを発し，浮上の始めで止める．餌の接近時に発せられる特有のクリックスをバズまたはクリークと呼び（以下バズ），1潜水あたり平均約20回バズを発する．巡行速度は約1.5 m/s であるが，餌を追尾するためにまれに5〜7 m/s の高速で遊泳することがある[11]．

　高緯度海域へ回遊する成熟オスは深度10〜1900 m の幅広い範囲へ潜水する[12]．潜水時間は平均32分で，水面滞在時間は平均15分である．成熟メスや未成熟個体と異なり，潜水のほとんどの間でクリックスを発し（約90％の間），100 m 以下の浅い深度でも餌を探索する．1潜水あたり平均10回バズを発する．

[アカボウクジラ類]

　アカボウクジラは主に深度700〜1500 m の範囲へ1時間程度潜水する．この深い潜水の後に，水面付近に滞在するか，深度100〜400 m にかけての浅い潜水を繰り返す[13]．深い潜水では潜降の途中からクリックスを発し（平均深度457 m）浮上の途中で止める．1潜水あたり平均30回バズを発する．深い潜水の後に続く，浅い潜水ではクリックスを用いておらず，その機能はわかっていない．減圧症の回避，あるいは深い潜水の間に嫌気代謝によって蓄積される乳酸を解消していると推察されている[13]．コブハクジラとツチクジラでも同様の潜水深度のパターンがみられる[13, 14]．キタトックリクジラはおおよそ80分ごとに深度800〜1300 m の範囲へ潜水する[15]．

〔大泉　宏・青木かがり〕

文　献

[1] A. K. Stimpert, D. N. Wiley, W. W. L. Au, M. P. Johnson and R. Arsenault, *Biol. Lett.*, **3**, 467-470 (2007).

[2] T. Kawakami, *Sci. Rep. Whal. Res. Inst.*, **32**, 199-218 (1980).

[3] T. Okutani, Y. Satake, S. Ohsumi and T. Kawakami, 東海区水産研究所研究報告, **87**, 67-112 (1976).

[4] A. Thode, J. Straley, C. O. Tiemann, K. Folkert and V. O'Connell, *J. Acoust. Soc. Am.*, **122**, 1265-1277 (2007).

[5] C. Lockyer, *FAO Fisheries Series No. 5, Mammals in the Seas, Volume III.* (FAO, Rome, 1981), pp.489-504.

[6] A. Clarke, M. R. Clarke, L. J. Holmes and T. D. Waters, *J. Mar. Biol. Assoc. U. K.*, **65**, 983-986 (1985).

[7] C. D. MacLeod, M. B. Santos and G. J. Pierce, *J. Mar. Biol. Assoc. U. K.*, **83**, 651-665 (2003).

[8] H. Ohizumi, T. Isoda, T. Kishiro and H. Kato, *Fish. Sci.*, **69**,11-20 (2003).

[9] Y. Y. Watanabe, K. Sato, Y. Watanuki., A. Takahashi, Y. Mitani, M. Amano, K. Aoki, T. Narazaki, T. Iwata, S. Minamikawa *et al.*, *J. Anim. Ecol.*, **80**, 57-68 (2011).

[10] S. L. Watwood, P. J. O. Miller, M. Johnson, P. T. Madsen and P.L. Tyack, *J. Anim. Ecol.*, **75**, 814-825 (2006).

[11] 青木かがり, 続クジラ・イルカ学, 村山　司,吉岡　基,鈴木美和編(東海大学出版会, 神奈川, 2015), pp.181-195.

[12] V. Teloni, M. P. Johnson, P. J. O. Miller and P.T. Madsen, *J. Exp. Mar. Biol. Ecol.*, **354**, 119-131 (2008).

[13] P. L. Tyack, M. Johnson, N. Aguilar Soto, A. Sturlese and P. T. Madsen, *J. Exp. Biol.*, **209**, 4238-4253 (2006).

[14] S. Minamikawa, T. Iwasaki and T. Kishiro, *Fish. Oceanogr.*, **16**, 573-577 (2007).

[15] S. K. Hooker and R. W. Baird, *Proc. R. Soc. Lond. B Biol. Sci.*, **266**, 671-676 (1999).

4-12 ヒゲクジラのソング

鯨偶蹄目ヒゲクジラ亜目に属する14種が発する鳴音は，コールとソングに大別される．コールは他個体との鳴き交わし，索餌時の合図，威嚇等のために単発的に発せられ，全種で確認されている．一方，ソングは「決まった順序で，規則的に並んだ音要素の配列」[1]と定義され，主に繁殖期等の限られた時期に，比較的長時間発せられる．ソングはナガスクジラ科ザトウクジラ[2]，シロナガスクジラ[3]，ナガスクジラ[4]，ミンククジラ[5]，ツノシマクジラ[6]，およびセミクジラ科ホッキョククジラ[7]の6種で確認されており，鯨種によってソングを構成する音の構造や周波数，音の配列の仕方が異なり，多様性に富む．

ソングの研究史と基本的な構造

19世紀初期から鯨漁師の間ではヒゲクジラが"歌う"ことが知られていた．冷戦時代には米海軍の音響監視システム（SOSUS）に度々その鳴音が録音されている．その後，1971年にPayneとMcVayによって，ザトウクジラが発する鳴音の詳細な解析がなされ，その鳴音は数時間にわたり発せられ，音が規則的に並び，全体の構造が階層的になっており，人間の歌や鳥類のさえずりに類似した構造であることから，鳴音は"ソング"と名付けられた．そして，彼らによって，ソングを構成する最小単位の音要素をユニット，ユニットが規則的に配列されるフレーズ，フレーズが数回繰り返される大きなかたまりをテーマ，テーマが決まった順序で配列されたものをソングと定義された[2]．

次に，各種のソングの構造とその機能について触れる．

ザトウクジラのソングの構造と機能

ザトウクジラは，夏季に高緯度海域へ索餌回遊を，冬季に低緯度海域へ繁殖および越冬回遊

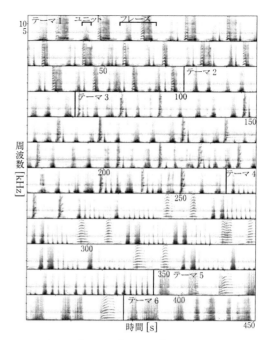

図1 ザトウクジラソングのソナグラム

を行う．ソングは，主に繁殖海域でオスが発する．同じ繁殖海域内に回遊するオスは，他の個体とほぼ同一の構造のソングを発し，その構造は経年的に変化する．本種のソングは他種と比較するとユニットの種類が多く，より複雑な階層構造をもつことが特徴である（図1）．

ユニットの周波数範囲は30〜8000 Hz（優位周波数120〜4000 Hz）で，音圧は144〜174 dB re 1 µPa at 1mである．ソングの1サイクルの時間は10〜30分で，水面での呼吸の間も途切れることなく発せられる．多くの場合，呼吸後は最初のテーマ（テーマ1）に戻り，数時間にわたって繰り返し発せられる．これまでに最長20時間以上発せられた記録も残っている．

ソングの機能は，その構造の複雑性と鳥類等の鳴音との共通性からメスに対する求愛信号と推測されたが，再生実験や行動観察からこの機能の裏付けはされていない．本種の行動観察からは，ソングを発する個体（シンガー）に接近する個体のほとんどがオスであることから，ソングはオス−オス間で機能する信号であるとも推測された．また，鳥類の一部にみられる求愛なわばり（レック）のディスプレイとの共通性

もみられる．現在では繁殖のための信号として
メスとオスそれぞれに対して複合的な機能を有
するとも考えられている．

その他ナガスクジラ科鯨類のソングの特徴

シロナガスクジラのオスは低周波（12～
25 Hz）の1～4個のユニットを規則的に配列
させたフレーズを構成し，そのフレーズを繰り
返したソングを，周年にわたり発する．ユニッ
トやフレーズの構造には海域間で違いがみら
れ，少なくとも世界全域で10タイプのソング
が確認されている．ソングの構造に短期的な変
化はみられないが，50年間にわたる観察では
構造と周波数にゆるやかな変化が認められる．
音圧は188 dB re 1 µPa at 1 m にも達する．

ナガスクジラのオスは，繁殖期に，20 Hzを
中心周波数にもつ約1秒のパルス音を7～26
秒の間隔で数時間にわたって連続で規則的に発
する．一定時間内のパルス発声頻度は，繁殖期
初期の方が後期と比較すると速い傾向にある．
本種のソングは，オスの資質を示す信号として，
メスの性選択の指標やオス間の牽制のために働
いていると推測されている．

ミンククジラは，パルス音の後に振幅変調す
るAM音や周波数変調するFM音（ピーク周波
数14 kHz）が続く音を繰り返し発するボイング
（boing）と呼ばれる特徴的な鳴音を冬季から春
季にかけて発する．ボイングの発声頻度が2個
体もしくはそれ以上の個体が集まった時に高ま
ることから，他個体との距離を保つ機能をもつ
と推測されている．

ツノシマクジラは2003年に新種として同定
され研究例も少ないが，繁殖および索餌海域と
推定されるマダガスカル島周辺海域で，15～
50 Hzの帯域幅のあるAMパルス音を規則的に
長時間発し，この鳴音はソングであると推測さ
れている．

ホッキョククジラのソングの特徴

ホッキョククジラの生息域は北極圏で，夏季に
索餌回遊，冬季に繁殖および越冬回遊を行い，

ソングは春季と秋季の回遊時に確認されている．

ソングの構造は，1～5個のユニットで構成
されるフレーズと1～3個のテーマで構成され
る．ソングは同シーズンうちで"単純""複雑"
といった数十のレパートリーが確認されてお
り，一部が個体間で共有され，その構造はシー
ズン毎に異なる．ソングの1サイクルは約1分
であるが，ソング全体は数分から数時間に至る．
ユニットはAM音やFM音などの多様な構造
をもち，周波数は20～5000 Hz，音圧は158
～189 dB re 1 µPa at 1 m に達する．本種のソ
ングも繁殖のための信号と推測されているが，
不明な点が多い．

ソングの発声メカニズム

ヒゲクジラの喉頭の基本構造は4つの軟骨か
らなり，その構造は陸上哺乳類のものと類似す
る．ソングの発声メカニズムは明らかになって
いないが，発声源として①喉頭の一部の軟骨で
ある披裂軟骨の振動，②鼻腔および喉頭嚢間の
空気の移動，③人間の声帯と相同な構造の存
在[8]，という3つの仮説が提唱されており，
③の説が最も有力視されている．体内で空気を
循環させて音を出し，甲状軟骨の下部に付着する
喉頭嚢と呼ばれる空気がたまる袋で共鳴させて
音を増幅，変化させると考えられている．

〔山田裕子〕

文　献

[1] C. W. Clark, *Sensory Abilities of Cetaceans* (Plenum Press, New York, 1990), pp. 571-583.
[2] R. S. Payne and S. McVay, *Science*, **173**, 585-597 (1971).
[3] D. K. Mellinger and C. W. Clark, *J. Acoust. Soc. Am.*, **114**, 1108-1119 (2003).
[4] W. A. Watkins, P. Tyack, K. E. Moore and J. E. Bird, *J. Acoust. Soc. Am.*, **82**, 1901-1912 (1987).
[5] C. W. Clark and G. J. Gagnon, *J. Underw. Acoust.*, **52**, 609-640 (2004).
[6] S. Cerchio, B. Andrianantenaina, A. Lindsay, M. Rekdahl, N. Andrianarivelo and T. Rasoloarijao, *R. Soc. Open Sci.*, **2**, 150301 (2015).
[7] D. K. Ljungblad, P. O. Thompson and S. E. Moore, *J. Acoust. Soc. Am.*, **71**, 477-482 (1982).
[8] J. S. Reidenberg and J. T. Laitman, *Anat. Rec.*, **290**, 745-759 (2007).

4-13
ジュゴンの鳴音

ジュゴン鳴音の音響特性

ジュゴンの鳴音に関する知見はインド，オーストラリア，タイの個体群および鳥羽水族館の飼育個体について記載されている．

インドでは1975年に体長145 cmの若齢の飼育個体（オス）の鳴音がチャープスクイークと記載され，周波数3〜8 kHz，持続時間0.1〜0.3秒であると報告された．また，1回の発声バウトは5〜20のチャープスクイークからなり，1〜8秒間継続した[1]．

オーストラリアでのシャーク湾のジュゴン鳴音はチャープスクイーク，バーク，トリルおよびそれらの中間的な鳴音と分類された．オーストラリアのチャープスクイークの周波数は3〜18 kHzで持続時間はおよそ60 msであった．トリルは持続時間が2200 ms程度で，3〜18 kHzの帯域で帯域幅およそ740 Hzの変調をする鳴音である．バークの周波数は500〜2200 Hzの広帯域音であり，持続時間は30〜120 msである[2]．また，2013年には同じくシャーク湾のジュゴンについて，新たにクアックという鳴音も記載された．クアックはバークと同様に広帯域音であるが，持続時間が6 msであり，極めて短い．チャープスクイーク，バーク，クアックの音源音圧はそれぞれ，135〜139，143，136 dB re 1 μPa であった[3]．

ジュゴン鳴音の機能

タイの個体群の鳴音3453件にはバークもクアックも含まれていなかった[4]．また，タイで保護されたメスの幼獣から得た269鳴音[5]および鳥羽水族館の飼育個体から得た616鳴音にもこれらの鳴音は含まれていない[6]．タイ個体群および鳥羽水族館個体の鳴音はチャープとトリルに分類された（**図1**）．チャープとトリルの割合はおよそ9：1であり，幼獣はほとんどトリルを発しない[7]．ジュゴンの発声パターンは，チャープからチャープへの遷移が84％を占める．チャープとトリルの組み合わせで鳴音シークエンスを発する場合，トリルはシークエンスの後半に発せられる[5]．

ジュゴンのタイ個体群は夜間，特に未明に最も盛んに発声する．また，小潮期間には大潮期間より発声が活発になる[4, 8]．ジュゴンにむけて4種の音響刺激（チャープ，周波数変調音，定常音，無音）を水中スピーカーで再生すると，野生個体のチャープに対して鳴き返し，さらに距離に応じて鳴き返すチャープの持続時間と音源音圧を変化させた．すなわち，遠くにいる個体には長く大きな音圧のチャープで鳴き返した（**図2**）．これはジュゴンがチャープによって互いの相対的な距離を把握できることを意味する．このことから，ジュゴンのチャープには測距の機能があると考えられている．トリルの発声と個体間距離には関連がない[7]．トリルは

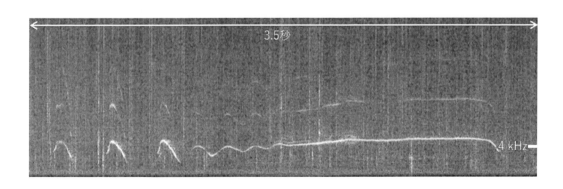

図1　ジュゴン鳴音のソナグラム
3つのチャープと1つのトリルを表示した．

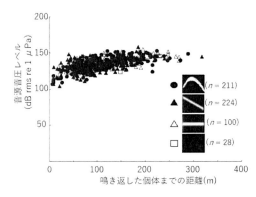

図2 ジュゴンにむけて水中スピーカーで再生した4種の音響刺激（チャープ，周波数，変調音，定常音，無音）

反応して鳴き返した個体について，遠くにいた個体ほど大きな音源音圧で鳴き返した．

個体が性的ディスプレイやアクティブな行動（生殖器の露出，飼育水槽壁への激突など）をとっているときに発声されることが多い[2, 6]．このため，トリルは発声個体の内的モチベーションを伝達する機能があると考えられる．ただし，このような発声活動が観察されるのは，主に単独個体が利用する数 km^2 の特定狭小海域に限定され，母子ペアが集中分布する海域では鳴音が比較的少ない（**図3**）[9]．

〔市川光太郎・菊池夢美〕

文献

[1] R. V. Nair and R. S. Lal Mohan., *Indian J. Fisheries*, 22. 1, 2, 277-278 (1975).
[2] P. K., Anderson and R. MR. Barclay. *J. Mammal*, 76.4, 1226-1237 (1995).
[3] M. J. G. Parsons, D. Holley and R. D. McCauley, *J. Acous, l Soc, Am*, 134. 3, 2582-2588 (2013).
[4] K. Ichikawa, *et al.*. *Acousti. Soc. Am.*, 119.6, 3726-3733 (2006).
[5] N. Okumura *et al.*, *OCEANS* 2006-*Asia Pacific*, pp. 1-4 (2007).
[6] Hishimoto, *et al.*, *Proceedings of the 2nd International symposium on SEASTAR2000 and Asian Bio-logging Science*, pp. 25-28 (2005).
[7] K. Ichikawa *et al.*, *J. Acous. Soc. Am.*, 129. 6, 3623-3629 (2011).
[8] Y. Matsuo, *et al*, *J. Adv. Marine Sci. Tech. Soc.*, 19. 1, 1-4 (2013).
[9] K. Ichikawa, *et al*, *Proceedings of Acoustics* 2012-*Fremantle*, pp. 1-4 (2012).

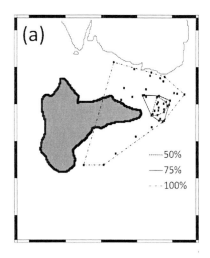

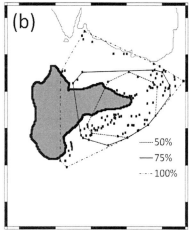

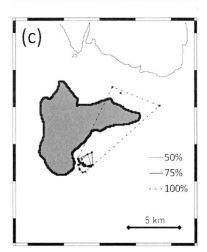

図3 タイ国タリボン島におけるジュゴンの(a) 母子ペア，(b) 単独個体，(c) 鳴いた個体の分布（最外殻ポリゴン）

母子ペアが集中分布する海域には鳴く個体はほとんどいなかった．

4-14

マナティーの鳴音

海牛類はマナティー科3種とジュゴン科1種に分類される．マナティー科にはアマゾンマナティー，アフリカマナティー，ウェストインディアンマナティーがおり，そのうちウェストインディアンマナティーはフロリダマナティーとアンティリアンマナティーの2亜種に分類される．

海牛類の鳴音はナビゲーション目的ではなく，他個体とのコミュニケーション目的で用いられていると考えられる．マナティーの鳴音は主に，複数の周波数帯で構成されるハーモニクス音である．フロリダマナティーについては，スクイーク，チャープ，グラントが報告されている[1]．また，アマゾンマナティーでは，ハーモニクス音に加えて，クリック様の広帯域音も報告されている[2]．マナティーの鳴音の特徴として，持続時間の範囲は0.03〜0.50秒，基本周波数は0.6〜5.0 kHz，ピーク周波数は1.0〜12.0 kHzとまとめられる[3-5]．

鳴音の個体特性（シグネチャー）

アマゾンマナティーでは鳴音の有するシグネチャーの可能性について報告されており，個体間，雌雄間および年齢段階における鳴音の違いが確認された．基本周波数および鳴音の持続時間において個体特性が認められ，特に基本周波数は個体内変化が少なかった．雌雄間での鳴音の違いについて，メスはオスよりも高い基本周波数を有し（メス：4.8 kHz，オス：3.2 kHz），鳴音の持続時間も短かった（メス：0.16秒，オス 0.21秒）．そして成長段階ごとの鳴音の違いについて，幼体の鳴音持続時間は0.17秒で亜成体以上の0.22秒より短く，基本周波数の範囲（最大 — 最小基本周波数の差）は幼体で1.7 kHz，亜成体以上では0.9 kHzで，幼体の鳴音の方が周波数範囲が大きい（**図1**）[2]．

マナティーの幼体においては，母子間のつながりを維持するための戦略が種ごとに異なって

おり，アマゾンマナティー幼体においては鳴音頻度を増加させ，アンティリアンマナティー幼体では持続時間の長くて周波数の高い鳴音を用いていることがわかった[4]．

音源定位能力

フロリダマナティーについては，左右対称な音源定位能力を有することが報告されている[6]．0.2 kHz以下の周波数音については低い定位能力を示し，10 kHz以上の周波数音について最も高い定位能力を示した．これらの結果から，フロリダマナティーは彼らの鳴音について定位を行う能力を有することがわかった．また，フロリダマナティーにおいては，レジャーボートとの衝突事故が多発しており，大きな問題となっている．このような事故が生じる原因として，マナティーがボートのプロペラ音を聞き取れないのではないか，と考えられていた．マナティーはレジャーボートの高速移動時のプロペラ音については定位可能だが，アイドリング状態のプロペラ音（低速移動時のプロペラ音）については定位が難しいことがわかった．一方で，高速移動時のボートを定位した際に，マナティーがそれらを回避することができるか否かは，個体の遊泳能力やそのときの行動（休止，移動，摂餌など）によるため，ボートとの衝突事故を防ぐためにマナティーに聞こえやすい高速移動がよいと一概にはいえない[6]．

〔菊池夢美・市川光太郎〕

文　献

[1] D. S. Hartman, "Ecology and behavior of the manatee (Trichechus manatus)" (American Society of Mammalogists, special publication no. 5 Kansas, 1979), pp. 98-100.

[2] R. S. Sousa-Lima et al., *Anim. Behav.*, **63**, 301-310 (2002).

[3] R. S. Sousa-Lima et al., *Aquat. Mammal.*, **34**, 109 (2008).

[4] S. Sonoda and A. Takemura, *Report of the Institute for Breeding Research, Tokyo University of Agriculture*, 4,19-24 (1973).

[5] D. P. Nowacek et al., *J. Acoust Soc. Am.*, **114**, 66-69 (2003).

[6] E. Gerstein, *Am. Sci.*, **90**, 154-163 (2002).

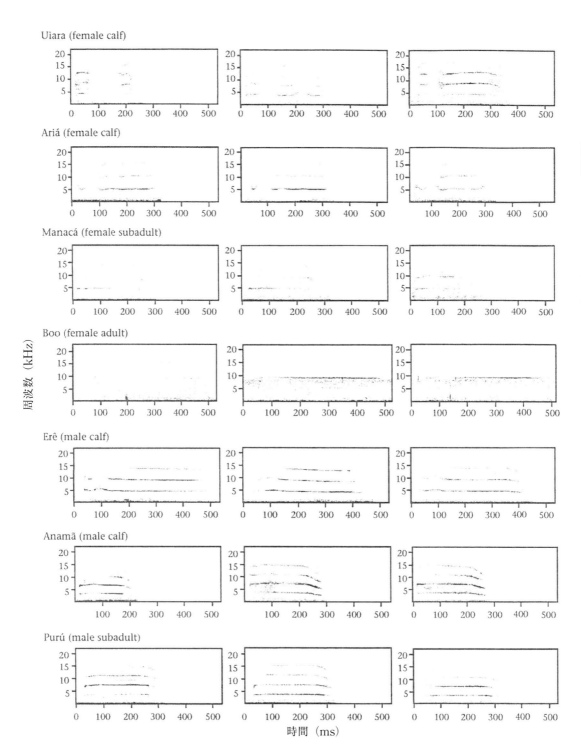

図1 録音したそれぞれの個体の鳴音のスペクトログラム[2]
3例ずつ表示した．
母子である Boo と Eré の鳴音の類似度に注意してほしい．

4-15

鰭脚類の鳴音

鰭脚類にはアザラシ科，アシカ科，セイウチ科の3科が含まれる．その名の通り鰭状の四肢をもち，水中生活に適応した海洋哺乳類の一群である．子育てや休息など，生活史の一部を陸上に残しており，この点で鯨類や海牛類とは異なる特徴をもつ．

鰭脚類の鳴音の多くは，求愛やなわばりの保持，母子間コミュニケーションなど，繁殖にかかわるシグナルであると考えられている．本分類群の繁殖様式は多様であり，これに応じて鳴音の音響的な特性や機能が異なる．したがって本項ではまず，鰭脚類を繁殖システムによって大別し，グループごとに鳴音の特徴を概説する．

陸上交尾型の鰭脚類

陸上で交尾を行う鰭脚類には，アシカ科およびアザラシ科の一部（ゾウアザラシ類）が含まれる．これらのグループではメスが特定の繁殖場へ集まって上陸するため，オスはハーレムを形成しメスを独占しようとする（一夫多妻）．鳴音については，オスがこのようなハーレムをめぐって闘争する際に用いられることが多い．

また多くの種で，幼獣（パップ）と母親が鳴音を用いてコミュニケーションを行うことが報告されている．これらのグループでは，同一の繁殖場に多数の母子が集合することから，鳴音や嗅覚を用いて互いを判別する必要がある．実際にアナンキョクオットセイでは，母子が互いの鳴音を識別可能であることが，鳴音を用いたプレイバック実験により示されている[1]．

陸上交尾型の鰭脚類は，主に空気中で鳴音を発する．鳴音は低音で周波数の変調が少なく，特定の音を繰り返し発する場合が多い．

水中交尾型の鰭脚類

水中で交尾を行う鰭脚類には，アザラシ科（ゾウアザラシ類を除く）およびセイウチ科が含ま

れる．水中交尾型の鰭脚類ではメスが広域へ分散するため，陸上交尾型のようにハーレムを形成しメスを独占することができない．これに伴い，陸上交尾型とは異なる様々な繁殖様式が進化した．このような繁殖様式は，おおまかに一夫一妻・乱婚・一夫多妻の3タイプに分けられる．後ろに行くほど繁殖様式が複雑になっており，これに応じて鳴音のレパートリー数が増加する傾向にある[2]．

水中交尾型における一夫多妻のオスは，ハーレムを防衛するのではなく，呼吸穴などの資源を水中で防衛することにより複数のメスと交尾を行う．水中鳴音はこのような特定の資源を防衛するための闘争行動や，メスへの求愛に用いられると考えられている．

一方，セイウチやアゴヒゲアザラシなど乱婚の鰭脚類では，潜水と水中鳴音を特定の順序で繰り返すディスプレイがみられる．これらは個体に特有なパターンを示し，メスへの求愛もしくはオス間の競争に用いられると考えられる．

このように水中鳴音の多くがオスによるものと推定されるが，野外では発音個体の特定が困難な場合が多いため，メスが鳴音を発している可能性も棄却できない．実際にヒョウアザラシでは，飼育下のメスが繁殖期に鳴音を発することが報告されている．またこの時期にのみ血中エストロゲン濃度の増加が見られており，本種の鳴音が交尾行動にかかわるものであることが示唆されている[3]．水中鳴音を用いることにより，離れた相手に繁殖状態を効率よく伝えることできるのだと考えられる．

上述の通り，これらのグループは主に水中で鳴音を発する．鳴音には周波数の変調が多く見られ，種に特有で多様な鳴音レパートリーが報告されている（図1）．

鳴音の地理的な変異

陸上・水中交尾型いずれにおいても，種内で鳴音の音響特性に地理的な変異が報告される．このような変異が生じる主なメカニズムとしては，地理的な隔離による集団間の遺伝的な分化があげられる．しかし鰭脚類においては，遺伝

172 | 4章 哺乳類3 海洋動物

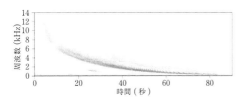

図1 水中交尾型の鰭脚類における鳴音の一例
北極海で録音されたアゴヒゲアザラシのTrill (0.1～14 kHz) およびMoan (< 2 kHz).

的な分化のない集団間でも変異が生じている[4].したがって,特定の海域において他個体から鳴音を学習する過程も,変異(この場合には「方言」)を生じる要因であると考えられる.

このような鳴音の学習過程については,いまだ不明な点が多い.ただし,飼育下のゼニガタアザラシがヒトの声を真似て「スピーチ」を行うなど,鰭脚類が高度な学習の能力を有する可能性を示唆する事例が報告されている[5].

鳴音の季節性および日周性

陸上・水中交尾型ともに,繁殖期に鳴音が増加する傾向にある.海氷域に生息する種では特に,海氷の形成・消失と連動して鳴音の頻度が変化する.非繁殖期には鳴音が記録されないか,もしくは頻度が低くなる場合が多い.ただし,非繁殖期には広域に分散する種が多く,対象個体の存在を確認したうえで録音を行った例は少ない.一部の種では,飼育下研究などを通じて非繁殖期にも頻繁な発音が観察されている.

また水中交尾型の鳴音については,夜間から早朝にかけて頻度が高くなる傾向にある.この時間帯は多くのメスが水中で採餌を行っていることから,オスによる求愛を目的とした鳴音の頻度が増加するのだと考えられる.一方,日中にはメスが上陸を行う傾向にあり,それに応じて水中鳴音の頻度は低くなる.また,ゼニガタアザラシなど一部の種では,鳴音の日周性と潮汐との間に相関があることも報告されている.

発音機構

鰭脚類が鳴音を発する形態的な仕組みについては,いまだ不明な点が多い.ただし,水中での発音時には空気の放出がないことから,水中では声帯以外の部位で音を発している可能性がある.またセイウチやクラカケアザラシ等の水中交尾型の鰭脚類では,特殊化した嚢状の器官がオス成獣にのみ確認されており,これらが発音に用いられる可能性が指摘されている[6].

鰭脚類はエコーロケーションを行うか？

鰭脚類の反響定位(エコーロケーション)説については,1960年代から長く議論が続いてきた.しかし,鰭脚類の鳴音はソナーとして用いるには音圧が不十分であることや,鳴音以外に非常に発達した感覚器官(ヒゲによる水流の感知,優れた視覚など)をもつことが示されており,現状ではエコーロケーションを行っていないとする説が有力である[7].

はじめに反響定位説が提唱されたのは,カリフォルニアアシカを用いた研究であった.飼育下のアシカが暗闇条件下でも餌の魚を捕らえられること,また同条件下でクリックス(clicks)の頻度が増加することなどが,本説の根拠として提示された.

暗闇でクリックスの生起頻度が高くなるという現象自体は興味深い事例である.しかし,目隠しにより視覚を完全に遮断した追試においては,上述の結果は再現されていない.鰭脚類が鳴音をソナーとして用いる可能性を議論するためには,条件を適切にコントロールしたうえで,再現性のある実験的検証を継続していく必要があるだろう.

〔水口大輔〕

文献

[1] I. Charrier, N. Mathevon and P. Jouventin, *Anim. Behav.*, **65**, 543-550 (2003).
[2] I. Stirling and J. A. Thomas, *Aqua. Mammal.*, **29**, 227-246 (2003).
[3] T. L. Rogers *et al.*, *Mar. Mam. Sci.*, **12**, 414-427 (1996).
[4] S. M. Van Parijs *et al.*, *J. Acoust. Soc. Am.*, **113**, 3403-3410 (2003).
[5] K. Ralls, P. Fiorelli and S. Gish, *Can. J. Zool.*, **63**, 1050-1056 (1985).
[6] P. L. Tyack and E. H. Miller, *Marine Mammal Biology: An Evolutionary Approach* (Blackwell Publishing, Oxford, UK, 2002), pp.142-184.
[7] R. J. Schusterman, *et al.*, *J. Acoust. Soc. Am.*, **107**, 2256-2264 (2000).

4-16 受動的音響探査とは

受動的音響探査とは，広義には音を受動的に捉えることで周辺の環境を調べる調査手法であり，対生物に関しては「生物の音を受動的に捉えることで，その存在や数，行動，生態などを調べる調査手法」と定義することができる．陸域でも水域でも適用可能であるが，光が遠くまで透過せず，音が速く遠くまで届く水中でより頻繁に用いられる．passive acoustic monitoring (PAM) の訳語であり，他に受動的音響観測，受動的音響観察，受動的音響調査，などとも呼ばれる．

主な利点として，非侵襲的で対象生物にまったく影響を与えないこと，一定の検出力で昼夜の別なく長期観察できること，の2点があげられる．欠点としては，不在証明が難しいこと，音のデータベースがない場合は音から生物種の推定ができないことがある．前者には，動物がいなかった場合（不在）だけでなく，存在したが音を出していなかった（無発声），音を発したが検出できなかった（非検出），などの可能性も含まれる．

受動的音響探査が実際に生き物の調査に用いられるようになったのは，1990年代以降．冷戦の終結によって民間でも水中音響機材が利用可能となり，技術が進歩したためである．水中の生き物のなかでも，海洋動物の出す音は，種あるいは個体群，個体などに特有なものが多く，また音圧が大きいため，受動的音響探査の主な対象とされ，機材や手法が開発され，発展してきた．中でも，陸上にも現れる鰭脚類や生息域が限られる海牛類より，全世界に分布し水中依存度の強い鯨類について適用された事例が圧倒的に多い[1]．近年では，海洋動物だけでなく，魚類や甲殻類などが出す音を対象としたり，環境音や人工騒音の存在を調べたりする目的でも利用されている．

探査方式

受動的音響探査における録音方式は2つに大別される．機材をブイや海底，岸壁などに固定する定点式と，船から曳いたりグライダーを使ったりする移動式（曳航式）である（図1）．後述の音響バイオロギングを装着式の受動的音響探査と考え，3方式とすることもできる．しかし，バイオロギング手法は，マイクを水中に入れて音を録る方式からやや離れるため，別項に解説を譲る（▶4-17参照）．

定点式は，音響機材を設置するだけで調査を実施できる．よって曳航式よりも適用事例が非常に多い．定点式で最も重要なのは「定点をどこに設置するか」であり，安全無事に機材の設置・回収ができる場所の選定が定点式の鍵を握る．いったん設置場所が見つかれば，録音時間を伸ばしていくと，動物の在・不在を調べるだけでなく，その日周性，季節性などを議論することもできる．2つのマイク（モノラル機材であれば機材を2つ，あるいは2つのマイクを搭

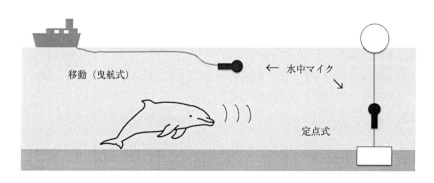

図1 受動的音響探査の2つの方式の模式図

載したステオレオ式の機材1つでも可能)を設置すれば，2つのマイクロフォンに記録される同一の音のわずかな記録時間差から，音源の相対方位を知ることができる．マイクの数を増やしていけば音響的に測位することができ，水中の行動や個体数を知ることができる．さらに同水域で複数の定点を設置すれば，空間分布を知ることができる．国際プロジェクトなどで多額の予算を投入できれば，超広域的に海洋動物のモニタすることも夢ではない[2]．別の目的で敷かれた大規模ケーブルネットワークを，海洋動物の受動的音響探査に利用した例もある．例えば，神奈川県の初島沖，北海道の釧路沖に設置された地震観測用ケーブルから，ナガスクジラの鳴音が検出されている[3, 4].

広域を観測したい場合に，複数の定点設置が難しいときは，移動式を適用する．調査船やグライダーなどを使って，音響機材そのものを広域的にカバーさせればよい．ただし，上述の調査の単純さの違いだけでなく，調査船やグライダーを使用する資金的問題，実際の運用にあたって流体雑音，自船やグライダーから発せられる雑音が混入し雑音除去がより複雑になる点などが移動式の短所としてあげられ，定点式よりも普及していない理由となっている．

いずれの方式でも，受動的音響探査には水中マイクと録音機が必要である．近年では，水中マイクと録音機，電池が一体となった音響記録計が登場し，長期調査がさらに容易化した．機材は通常，対象とする生き物が出す周波数，探査方式（定点式か移動式か），予算の3つを秤にかけて，数十種類[5]の中から使用する機材を決定する．

データ解析

解析には，膨大なデータを処理するためにコンピューターによる自動認識が必要不可欠である[6]．対象動物が発する音の特性がわかっていれば，その音を抽出する条件設定をし，雑音を除去するフィルターを設定して効率的に解析することができる．ただし，人間が容易にアクセスできない外洋域，極域などに生息する動物に関しては，まだまだ音のデータベースが十分でない．また，同じ種の動物であっても，性・場所（水深を含む）・季節・時代が異なれば出す音が変化する可能性がある．音の指向性，雑音の影響なども大きいため，完全なる解析自動化への道は長い．可能であれば，動物がどのような環境でどういう行動をするときにどのくらいの頻度で音を発するのか，次項で述べる音響バイオロギングで先に明らかにしておくと，受動的音響探査に大きく役立つ[7].

将来的にデータベースの整備が進めば，多様な海洋生物に対して長期間，リアルタイムでモニタリングできるようになるだろう．このような全地球規模の受動的音響探査の試みは既に始まっており，例えばLIDO（Listen to the Deep Ocean Environment）というプロジェクトでは，世界中様々なケーブルシステムで得られた音からイルカやクジラが検出される様子をリアルタイムで知ることができる[8].　　　〔木村里子〕

文　献
[1] D. K. Mellinger *et al.*, *Oceanography.*, **20**, 37-45. (2007)
[2] D. Rish *et al.*, *Movement Ecology.*, **2**, (2014)
[3] R. Iwase. *Fin whale vocalizations observed with ocean bottom seismometers of cabled observatories off east Japan Pacific Ocean. Jpn. J. Appl. Phys.*, **54**, 07HG03 (2015).
[4] 松尾行雄ら，海洋音響学会., **44**, 13-22. (2017).
[5] R. S. Sousa-Lima *et al.*, *Aquatic Mammals.*, **39**, 23-53. (2013).
[6] W. M. X. Zimmer, *Passive Acoustic Monitoring of Cetaceans.* (Cambridge University Press, 2011).
[7] S. Kimura *et al.*, *J. Acoust. Soc. Am.*, **128**, 1435-1445 (2010).
[8] M. Andre *et al.*, "Listen to the Deep Ocean Environment (LIDO)" (http://www.listentothedeep.com/).

4-17 音響バイオロギング

動きまわる動物の行動を調べる新しい手段として，バイオロギングが急速に進展した．電子技術の進歩に伴い，センサーから得られた情報を記録し伝送する小型装置が製作できるようになり，動物への装着が可能になった．バイオロギングにより，野外で動き回る生き物の行動を時々刻々再現できる．特に水中の大型動物であるイルカやクジラやアザラシの行動生態は，バイオロギングによってこれまでと比較にならないほど知見が増えた．速度計や加速度計から水中の三次元的な遊泳軌跡を再現したり，胃の中に温度計を仕込んで冷たい餌が入ってきた瞬間を捉え摂餌を観察したり，GPSで渡り鳥の飛翔行動を明らかにできるようになった．適切なセンサーを動物個体のみるべき場所に置くことで，動物が経験したものを直接記録することができる．音も，例外ではない．

音響バイオロギング装置

最初にイルカに取り付けられたマイクロフォンは，vocal light という装置である[1]．これは記録機能をもたず，音声を発すると点灯するライトを目視で観察者が記録するというものであった．その当時の小型記憶装置では，音声を記録するだけの容量も速度も確保できなかったので，音声のイベントのみを記録するしかなかった．

半導体メモリ容量の爆発的増加により，音声記録ができる音響バイオロギング装置ができたのは 2000 年代に入ってからだ[2]．D-tag とよばれる装置は，大深度潜水を行うアカボウクジラの仲間に装着され，深海での摂餌行動がつぶさに明らかになった．水深 400 m あたりから音波を出し始める．かれらは深海の大型の餌生物を狙っているので，浅いところには興味がない．さらに水深 1000 m 程度になるとバズとよばれるパルス間隔の短い音声を発する近距離の餌の位置情報を的確につかむための音声と推測される．同時に計測した加速度が，体の急な動きを記録していることも，摂餌を強く示唆している．音響バイオロギングによって，これまで海面に浮上したところしか見えなかった動物が，どのように動きながらエコーロケーションを行っているのかを記録できるようになった[3]．

同時期に開発された B-probe（現 acousonde）はシロナガスクジラなどの大型ヒゲクジラに装着され成果を収めている[4]．無圧縮でそのまま水中音を記録するので，動物の音声だけでなくそのときに動物が聴いた周囲の音も記録される．特に近年，船舶や海洋開発に伴って発せられる騒音が海の生き物にあたえる影響が懸念されている．音響バイオロギングはこのような問題にも回答を与えてくれる手法である．

一方，音響イベントを記録する装置も発達してきた（図1）．A-tag とよばれる装置は，エコーロケーション音を構成する個々のパルス音の受信レベルと受信時刻のみを記録する[5]．クリックス（clicks）とよばれるイルカのエコーロケーション音を構成するパルス音の波形はほぼ一定であるため，音圧とパルス間隔でその探索行動をある程度再現できるためだ．この装置が特徴的なのは，ステレオ方式を採用し，音源方位も同時に記録する点である．例えば，得られた音が装着した個体から発せられたものか，周辺個体からのものかを区別する際に役立つ．装着個

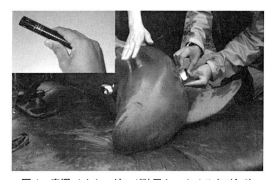

図1 音響バイオロギング装置とスナメリ（口絵 6）
吸盤を用いて皮膚に装着する．自然に離れて浮いてきた装置は，電波発信機を目印に回収される．

体からの音は，ほぼ一定の方向からやってくるのに対し，他個体の音声はその到来方位が時々刻々変化するため，方位で個体を分けることができるからだ．

イルカの音響探索行動は，大型のハクジラとは異なる．かれらは頻繁にエコーロケーション音を発している．1回の探索に相当するパルス列を数秒から十数秒間隔で出していることが音響バイオロギングで明らかになった[6]．頻繁な発声は，別項で述べる受動的音響探査に適している．常に鳴いているのであれば，その音声を存在確認に使える．また，マイクロフォンアレイを用いればその水中行動を観察することもできる．

コウモリのような小型の生き物では，データをすべて記録するような重い装置をとりつけることができない．そのかわり，陸上生物であるので電波でデータを飛ばすことができる．テレマイクとよばれる装置はわずか5 gしかない（図2上）．これをコウモリに貼り付けることで，その発声行動だけでなく対象物体からのエコーも記録できる[7]．電波の到達距離が短いため，室内での実験に限られるが，自由に飛翔する個体のエコーロケーション信号を伝送することができる．

装置の装着

音響バイオロギングは強力な手法であるが，誰でも簡単にできるものではない．装着と回収の2つの壁をクリアする必要がある．まず，動物に装置を装着しなければならない．アザラシやペンギンであれば毛に接着する．しかしその前に動物を捕まえなければならない．それにはかなりの経験が必要である．

イルカやクジラは体がつるっとしていて取り付ける場所がない．そこで編み出されたのが吸盤による装着である（図2下）．吸盤でも，うまくいけば2〜3日間，普通は数時間ほど体にくっついている．

問題はどうやって取り付けるかだ．最もよく行われているのは，高速のゴムボートで接近し，棒の先に取り付けた装置をべたりと体に押し当てる方法である．10分から30分に一度どこに浮上するかわからないクジラの背中に数m以内に近づかなければならない．クジラの行動予測とボートの運転技術に優れたオペレーターが，この実験には必須である． 〔赤松友成〕

図2 コウモリに取り付けられたテレマイク（上，撮影：飛龍志津子）とザトウクジラに取り付けられたバイオロギング装置（下，撮影：Maria Iversen）（口絵7）

文 献

[1] P. Tyack and J. Acoust. *Soc. Am.*, **78**(5), 1892-1895 (1985).
[2] M. P. Johnson and P. L. Tyack, *IEEE Journal of Oceanic Engineering*, **28**(1), 3-12 (2003).
[3] M. Johnson, N. A. de Soto and P. T. Madsen, *Mar Ecol Prog Ser.*, **395**, 55-73 (2009).
[4] J. A. Goldbogen, J. Calambokidis, D. A. Croll, M. F. McKenna, E. Oleson, J. Potvin, N. D. Pyenson, G. Schorr, R. E. Shadwick and B. R. Tershy, *Functional Ecology*, doi. 10.1111/j.1365-2435.2011.01905.x (2011).
[5] T. Akamatsu, A. Matsuda, S. Suzuki, D. Wang, K. Wang, M. Suzuki, H. Muramoto, N. Sugiyama and K. Oota, *Marine Technology Society Journal*, **39**(2), 3-9 (2005).
[6] S. Kimura, T. Akamatsu, D. Wang, S. Li, K. Wang and K. Yoda, *J. Acoust. Soc. Am.*, **133**, 3128-3134 (2013).
[7] S. Hiryu, T. hagino, H. Riquimaroux and Y. Watanabe, *J. Acoust. Soc. Am.*, **121**, 1749-1757 (2007).

第 5 章

鳥　　類

5-1　鳴禽類の発声と発声学習

5-2　発声学習しない鳥類の発声

5-3　鳥類の聴覚神経系

5-4　フクロウの音源定位

5-5　鳥類の聴覚域（オージオグラム）

5-6　歌学習と分子生物学

5-7　歌発達とその社会的側面

5-8　耳の形と働き

5-9　歌の認知と生成の神経機構

5-10　聴覚刺激の識別と選好性

5-11　性淘汰と歌

5-12　歌の地域差・方言・種分化

5-13　都市騒音と歌

5-14　鳥類の非発声による発音

5-15　年齢による歌の変化

5-16　音声による個体認知

5-17　警戒声による情報伝達

5-18　親子間コミュニケーション

5-19　メスの歌と雌雄間コミュニケーション

5-20　托卵鳥における音声コミュニケーション

5-21　歌学習の多様性

5-22　鳴禽類と音楽

5-23　オウム・インコの発声機構

5-24　鳥類発声の刺激性制御

5-25　ヨウムのアレックス

5-26　生物の音の分析に使われるソフトウェア

5-27　オウム・インコのコール学習

5-28　鳴禽類の発声学習によるコールの獲得

5-29　さえずりと人間の文化

5-1
鳴禽類の発声と発声学習

　鳥類は現在およそ1万種あるといわれている．その半数以上がスズメ目スズメ亜目に属する．スズメ，メジロ，ウグイスなど野外でみかける鳥から，ジュウシマツやカナリア，ブンチョウなど飼い鳥も含まれている．スズメ亜目の鳥たちは鳴禽類（歌鳥，songbird）とも呼ばれる．鳴禽類の音声は2種類ある．1つは地鳴き（コール，call）といい，生まれつき発声ができる単音節の音声をさし，餌ねだりや警戒声などの文脈に応じて異なる音響特性をもつ．2つ目は歌（さえずり，ソング，song）である．歌は複数の音がある規則にしたがって連なる音声で，幼鳥期の学習によって獲得される．歌には求愛となわばり防衛の機能がある．鳴禽類は様々な地域に生息し，歌もまた多様である．本項では，ジュウシマツとコシジロキンパラという鳴禽類を対象とした研究から鳴禽類の発声と学習，多様な歌が成立する文化進化について紹介する．

歌と発声学習
　聞いただけの音声を，実際に発声できるようになることを「発声学習」といい，幼鳥が歌を学ぶのも発声学習である．発声学習には，感覚学習期と感覚運動学習期の二段階がある．感覚学習期は，お手本となる歌の聴覚記憶を形成する時期である．幼鳥は様々な音の中から，お手本とする自種の歌を選択し，聴覚記憶を形成すると考えられている．その後に続く感覚運動学習期に入ると，幼鳥は実際にうたい始める．そして，耳から入ってくる自分の発声（聴覚フィードバック）とお手本の聴覚記憶とを照合し，発声の修正を繰り返しながらお手本の歌に近づけていく[1]．

　ジュウシマツの場合，卵から孵ってからおよそ4か月間かけて歌を学ぶ．孵化後25日齢ほどでヒナは巣の外にでられるようになる．その時期にお手本の歌を覚え，35日齢あたりから自分でうたい始める．感覚運動学習の始まりである．最初の頃は，とても小さな声で「グチュグチュ…」と不明瞭な歌をうたう．この不明瞭な歌をサブソング（subsong）という．日々歌は変化していき，60日齢頃になると幼鳥は一日の大半をうたって過ごす．その頃には音が明瞭になり，かなり上手になってきているものの，まだときどき音要素の順番を間違える．この時期の歌をプラスティックソング（plastic song）という．さらに練習を続けて，120日齢頃になると音も順番も安定し，「結晶化（固定化）」した歌（crystallized song）となる．

学習と生得性
　ジュウシマツは，日本で生まれた家禽種である．もともとは江戸時代に，中国や東南アジアに広く分布するコシジロキンパラが輸入されたのが始まりである．野生のコシジロキンパラはジュウシマツよりも体が少し小さく，全体が濃い茶色の鳥だが，背中（飛翔時以外は翼でみえない部分）だけが白い．なわばりをもたず，数十羽から数百羽からなる群れで仲よく生活をするところから日本で「十姉妹（ジュウシマツ）」と名づけられた．ジュウシマツは，およそ250年間にわたり，日本で家禽種として飼育されてきた．子育て上手な形質と模様の好みによって人為的な選択交配が重ねられた結果，コシジロキンパラとはずいぶん外見が異なってしまった（図1）．さらに，外見だけではなく，オスがメスにうたう求愛歌も大きく変わってしまった．

　コシジロキンパラもジュウシマツも音要素の

図1　ジュウシマツ（中）とコシジロキンパラ（両端）

数は平均8つだが，その音要素の音響特性や遷移規則（音要素の並び方）が異なる．コシジロキンパラは周波数が広域にわたる雑音様に聞こえる音要素を定型的に繰り返してうたう．ジュウシマツの歌は周波数が明瞭な音要素をもち，これらが2つから5つからなるチャンク（音要素の固まり）をなし，チャンク間の遷移にも分岐があり複雑である（図2）[2]．

ジュウシマツとコシジロキンパラの歌の違いは，歌学習の環境の違いに基づくものなのか，両者の卵を交換し，歌学習の環境を入れ替える里子実験を行った．ジュウシマツはコシジロキンパラの里親の歌を聞いて育ち，コシジロキンパラはジュウシマツの里親の歌を聞いて育つ．もし，環境の違いだけであるならば，ジュウシマツはコシジロキンパラの歌を，逆にコシジロキンパラはジュウシマツの歌を学習するはずである．成鳥となった里子の歌を比べると，ジュウシマツはコシジロキンパラの歌要素の音響特性も遷移規則もそれぞれ里親から学んでいた．しかし，ジュウシマツとコシジロキンパラには学習の正確さに違いがあることがわかった．通常ジュウシマツはジュウシマツの父親から歌を学ぶが，すべて正確に学ぶのではなく，大まかに（およそ90%）似ている程度の学習をする．里親のコシジロキンパラと里子ジュウシマツの音の共有率は90%程度であった．コシジロキンパラは，もともと父親の歌を正確に学ぶ．音の共有率はほぼ100%である．ところが，ジュウシマツの里子となったコシジロキンパラは，里親ジュウシマツとは音の共有率が75%程度になってしまった．コシジロキンパラは自種の歌ならば正確な学習ができる，つまり自種歌を学習する生得的選好が強く，ジュウシマツではそのような選好が弱まって，自種歌に固執することがなくなった結果，大まかな学習になったと考えられる[3]．

文化進化

各個体の歌は，学習と生得的特性によって形づくられる．ジュウシマツとコシジロキンパラの里子実験から，その個体レベルでの学習結果が次世代に受け継がれていくことで，集団レベルでの歌の違いがみられることが示唆される．ジュウシマツの近縁種であるキンカチョウでは，歌文化が成立する過程を実験的に示した研究がある．隔離飼育個体の歌は，感覚学習期にお手本となる歌を聴く機会が奪われたことから，音要素の音響特性や歌全体のリズムも不安定になる．しかし，隔離飼育個体の歌をお手本として歌学習を数世代重ねた集団には，本来の歌に近い歌が生まれるのだ[4]．ジュウシマツは，家禽化の過程で捕食圧や採餌といったコストから解放された．一方で，歌学習に費やす資源が増え，人為的なつがい形成が性淘汰を後押しする方向に働いた結果，歌文化が野生種と家禽種で大きく異なるに至ったのであろう．同様の変化が鳴禽類の多様な歌文化の形成に寄与していると考えられる．

〔高橋美樹〕

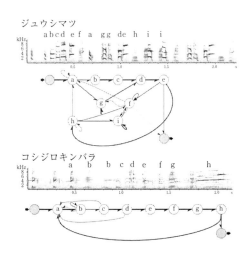

図2　ジュウシマツとコシジロキンパラの歌
（上段はソナグラム，下段は遷移図）

文献

[1] C. K. Catchpole and P. J. B. Slater, *Bird Song: Biological Themes and Variations* (Cambridge University Press, Cambridge, 1995).
[2] E. Honda and K. Okanoya, *Zoological Science*, 16(2), 319-326 (1999).
[3] M. Takahasi and K. Okanoya, *Ethology*, 116(5), 396-405 (2010).
[4] O. Feher, H. Wang, S. Saar, P.P. Mitra and O. Tchernichovski, *Nature*, 459(7246), 564-568 (2009).

5-2

発声学習しない鳥類の発声

鳴禽類以外の鳥類の発声は，オウム目，アマツバメ目に属する鳥類を除いて，学習によらない，つまり遺伝的に決まっていると考えられている[1]．この考え方は，ハト目とキジ目の幼鳥を用いた里子実験，交配実験，聴覚剝奪実験，他種の発声を聞かせるチュータリング実験の結果から支持されている．また，学習によらない発声は，中脳にある発声中枢により制御されている．ウズラ胚の中脳原基をニワトリ胚に移植して作製されたすなわちその他の組織はニワトリ由来のキメラ動物が，ウズラらしい時系列パターンをもった発声するという報告[2, 3]も先の考え方を支持する．

スズメ目亜鳴禽類の発声

世界中には約1万種の鳥が存在するが，そのうち約6000種がスズメ目に属する．これらの鳥類はさらに2つの亜目に分けられる．1つは，スズメ目全体の8割の種数からなる鳴禽亜目（以下，鳴禽類）であり，北半球全域に生息している．カナリアやブンチョウなど飼い鳥として馴染みの鳥から，スズメ，ウグイスなどの野鳥も鳴禽類に属する．残りの2割は亜鳴禽亜目（以下，亜鳴禽類）に属し，大多数は南アメリカに棲息している．

亜鳴禽類に属するツキヒメハエトリは，fee-bee，fee-b-be-bee という2種類の歌をうたう．ツキヒメハエトリの幼鳥を隔離飼育して自種の歌を聞かずに育てても，また，孵化後35日で内耳を除去し，耳が聞こえない状態で育てても，ツキヒメハエトリは成鳥になると，野生下で育った正常個体と変わらない2種類の歌を正常にうたう．また，近縁種であるメジロハエトリとキタメジロハエトリの幼鳥を，互いの種の歌を録音テープから聞かせて育てても，幼鳥期に他種の歌しか聞くことができなかったにもかかわらず，両種どちらとも，成鳥になると自種の歌を正常にうたう[1]．これらの実験により，亜鳴禽類の歌は，学習性ではなく遺伝的に組み込まれた生得的な発声であると考えられている．しかしながら，2000年代に入ると，複数の亜鳴禽類の歌に地理的変異と発達変化がみられることが報告され，さらに，遺伝子発現解析や神経回路標識法からツキヒメハエトリの大脳に，鳴禽類の歌の生成に直接制御系に類似した神経回路が存在することが明らかとなり（図1），発声学習の進化を考える上で，亜鳴禽類で得られた知見の重要度が増している[4]．

スズメ目以外の発声

非鳴禽類の発声も，学習によらないがその発声の種類は多様で，キジ目に属するイワシャコやカンムリウズラは，14から19種類の地鳴き（コール）をもち，ハト目に属するジュズカケバトでは，その発声音から分類されたCoo（クー）コールやKah（カァ）コールと呼ばれる地鳴きや警戒ノートと表記される文脈に応じた複数の発声をもつ[5]．ニワトリでは約18種類の地鳴きとCrowと呼ばれる鳴禽類の歌に相当する発声をもつ[5]．

発声学習能をもたない鳥類の大脳には歌神経系はみられない（図1）[4]．キジ目やハト目の発声中枢は，中脳に存在する．鳥類の中脳の丘間核の背内側核（the dorsomedial nucleus of the intercolicular complex：DM）を完全に破壊すると，地鳴きが消失し，電気刺激すると地鳴きに類似した発声が誘発されることから，DMは，地鳴きやCrowの責任部位であると考えられている．DMに存在する神経細胞は，鳥の発声器官である鳴管を制御している第12神経核鳴管部（tracheosyringeal hypoglossal nucleus：nXIIts）や呼吸中枢を形成する神経核群に軸索を投射している（図1）．DMに存在する神経細胞は，性ステロイドホルモンである，アンドロゲンやエストロゲンの受容体やカテコールアミンであるノルアドレナリンの受容体を発現しており，地鳴きやCrow発声の発現や調節には，これらのホルモンが大きくかかわっている[6]．

キジ目のCrowは，非鳴禽類の発声の中でも

発声学習能有	発声学習能無
鳴禽類 カナリアなど　　亜鳴禽類 ツキヒメハエトリなど	非鳴禽類 ハト, ウズラなど

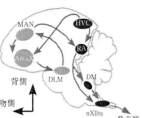
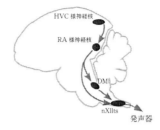
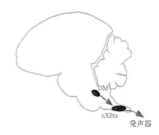

図1　鳥類の発声神経回路の模式図[4]

鳥類の脳を矢状断面状に図示した．鳴禽類の歌生成に関わる神経核とそれらの投射関係．黒色で示した神経核は，発声の産出にかかわる神経核，灰色で示したのは発声の学習にかかわる神経核．鳴禽類は，歌の学習と学習によって獲得した音声の発声に必要な特別な神経回路（歌神経系）を前脳にもっている．発声学習能をもたないハトやウズラなどの鳥類の前脳には，このような神経回路は存在しない．最近，発声学習能をもたないツキヒメハエトリの前脳に直接制御系に似た神経回路が存在することが明らかとなった．

様々な角度から研究されている発声の1つである．例えば，ニワトリのCrowは，我々がコケコッコーと真似する発声であり，朝の訪れを知らせてくれるものとしてなじみ深い．ニワトリの未明におけるCrow発声は，光や音といった外的な要因に刺激されるのではなく，ニワトリ自身の概日時計によって制御されていることが示された[7]．オスウズラは，繁殖期のみにCrow発声をする．Crowの音響構造は，2つの短いシラブルとそれらに続く1つの長いトリルの3つの音節からなっている（図2）．ウズラのCrow発声の機能は，オスに対しては，近づいてこないようになわばりを主張する警告声の役割をもち，メスに対しては，メスを引き寄せるための広告声の役割をもつ．さらに，メスウズラにオスのCrow発声を繰り返し聞かせることにより，メスの繁殖機能を促すという機能ももつ．

発声学習をしないウズラだが，孵化直後から成鳥が発声するCrowを発声できるわけではない．ウズラの幼鳥は，孵化後30日を過ぎた頃からCrowを発声し始める．初期のCrowは，2音節で構成されており，第一音節に無音区間が挿入される形で，3つの音節となり，第3音節のトリルの持続時間が延長する形で成鳥型のCrowへと変化する．Crowの個体発生的変化

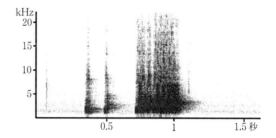

図2　オスウズラのCrow発声のソナグラム
縦軸に周波数（kHz），横軸に時間（秒）を示したもの．

は，鳴禽類の感覚運動学習期の歌発達過程によく似ている．完成されたCrowの音響特性には個体差が存在し，ウズラがCrowを個体識別のシグナルとして用いていると考えられる[5]．

〔戸張靖子〕

文献

[1] D. Kroodsma, *Nature's Music The science of Birdsong* (Elsevier Academic press, USA, 2004), pp.108-131.
[2] E. Balaban, M-A Teillet and N. Le Douarin, *Science*, **241**, 1339-1342 (1988).
[3] E. Balaban, *Proc. Natl. Acd. Sci. USA.*, **94**, 2001-2006 (1997).
[4] W-C. Liu, K. Wada, E.D. Jarvis and F. Nottebohm, *Nature Comm.*, **4**, 2082 (2013).
[5] P. Marler, *Nature's Music The Science of Birdsong* (Elsevier Academic press, USA, 2004), pp.132-177.
[6] S. Deregnaucourt, S. Saar and M. Gahr, *Proc. R. Soc. B.*, **276**, 2153-2162 (2009).
[7] T. Shimmura and T. Yoshimura, *Curr. Biol.*, **23**, R231-R233, (2013).

5-3

鳥類の聴覚神経系

　鳥類の聴覚は，哺乳類とは別個に進化してきた．そのため，哺乳類と鳥類の聴覚システムには，末梢から中枢まで様々なレベルにおいて構造的，形態的な違いがみられる．しかしながら音に対する反応には哺乳類と鳥類で類似した特長が多くみられる．したがって，2つの聴覚システムは異なる仕組みをもちながらも同等の機能を果たしていると考えられる．

　ここでは，世界の研究者たちにより精力的に研究が進められている鳴禽類のキンカチョウを例として，鳥類の聴覚システムについて述べる．

鳥類の聴覚経路

　一般に，鳥類においては哺乳類のような目立った耳介が見られないが，頭蓋側面に耳道が存在し，聴覚情報はこの耳を通じて中枢神経系へと伝えられる（▶5-8参照）．フクロウなどでは，耳介の上下位置がずれており，それによって詳細な音源定位能力をもつことが知られている（▶5-4を参照）．

　鼓膜によって受信された音の情報は，蝸牛神経核（cochlear nucleus（nuclei）：CN）から中脳MLd（nucleus mesencephalicus lateralis, pars dorsalis）へと伝達される．MLdは哺乳類の下丘にあたり，音源の方向や周波数特性など音の基本的な情報を処理する．次に聴覚情報はMLdから視床のOv（nucleus ovoidalis）を介して大脳の一次聴覚領域Fiedl Lへと伝達され，より高次な情報が処理される[2]（図1）．

　哺乳類の大脳皮質では神経細胞が層構造をなしており，一方で中脳では神経細胞が寄り集まった核構造がみられる．対して，鳥類の脳ではどの部位においても神経細胞は層構造ではなく核構造をとっている．このような構造の違いから，長らく鳥類には大脳皮質領域がない，あるいは少ないと信じられてきた．しかし近年，その認識は間違いであり，哺乳類の大脳皮質と

解剖学的な形態は異なるものの，鳥類の大脳は神経核の連絡によって同等の機能をもつことが明らかになった[1]．

一次聴覚領域（Field L）

　Field Lは哺乳類における皮質一次聴覚野（primary auditory cortex：A1）に相当し，中脳，視床における基礎的な音響特性の処理を統合し，どのような音が入力されたのか，音の全体像を処理すると考えられる．

　Field LはL2と呼ばれる神経細胞が密な領域と，その周囲に広がるL1，L3と呼ばれる領域の総称である．これら3つの領域は相互に投射関係をもち，L1は高次聴覚領域であるCMM（caudal medial mesopallium）へ，L3はもう1つの高次聴覚領域であるNCM（caudal medial nidopallium）へ投射している．またL2およびL3からは発声運動の制御にかかわるHVC近傍（high vocal center shelf）への投射がある[2]．

　哺乳類の聴覚野と同様に，Field Lにはトノトピー（周波数地図）があり，脳表に近い領域から深部にかけて低い周波数から高い周波数へと一定の周波数帯域（特徴周波数，characteristic frequency：CF）に敏感に神経応答を示す細胞が規則的に並んで分布する[3]．

　鳴禽類キンカチョウのField Lでは電気生理実験によって様々な音に対する神経活動の違いが検討されてきた．例えば，複数の純音からなる複合音よりも，自種の歌に対してより強い聴覚応答がみられることが示されている[4]．一方で，自分が発声する歌と，同種他個体の歌には反応にほとんど差が見られないという報告がある[5]．したがってField Lでは自種の歌という大まかなカテゴリに応じた聴覚処理が行われていると考えられる．

高次聴覚領域　（NCMおよびCMM）

　Field Lから聴覚入力を受けるNCM，CMMは，より高次な音の認識および長期的な音の記憶に関与すると考えられている[2]．2つの領域は相互に連絡しており，CMMからは発声運

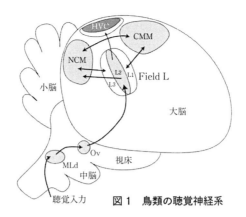

図1 鳥類の聴覚神経系

動系に近い HVC shelf への投射がある．

　高次聴覚領域 NCM および CMM では，神経細胞の活動に伴って発現する即初期遺伝子 *ZENK* を指標として，歌を聞いた際に，聴覚領域がどの程度活動していたかを後から定量化することができる．キンカチョウのオスでは，30分間歌を聞いた後に *ZENK* の発現が増大する．しかし同じ歌をさらに繰り返し聞くと，*ZENK* の発現量は低下する．これは，聴覚領域が同じ歌の提示に対して馴化し，活動しなくなったことを示す．馴化が起きるように繰り返し同じ歌を聞かせた後に，他個体の歌を聞かせると，聴覚領域の *ZENK* 発現量は再び増加する[6]．これは，新奇な歌に対して，脱馴化が起こったことを示す．歌の聴取に対する *ZENK* 発現の馴化・脱馴化は，NCM，CMM が経験依存的に歌に対する反応を変化させることを示している．

　鳴禽類の鳥たちは，発声学習によって歌を学習する．キンカチョウのオスは幼鳥期に父親の歌を聞き覚え，覚えた歌をお手本（聴覚鋳型）として，同じ音を発声できるように学習を行う．学習期に薬理的操作によって NCM，CMM の活動を阻害すると，学習される歌とお手本の歌の類似度が低下し，正常な歌をうたうことができなくなる[7]．また，オスは新奇な歌よりもお手本の歌を選好するが，学習後に NCM を損傷すると，お手本の歌に対する選好が低下することも示されている[2]．これらの知見から，NCM および CMM は発声学習における聴覚鋳型の記憶にかかわっていると考えられる．

　キンカチョウのメスは歌をうたわないため，発声学習を行わない．しかし，メスはオスの求愛を受け，その歌を聞いてつがいになるかを判断する必要がある．このため，メスでは幼鳥期に自種の歌を聞き覚え，自分が将来受ける求愛に対する選り好みを獲得すると考えられている．NCM，CMM はメスにおいても，聞き覚えのある歌と新奇な歌，自種の歌と他種の歌において異なる反応を示すことから，求愛歌の選好に寄与する聴覚記憶にも関与していると考えられる[2]．

　このような NCM，CMM の機能は，ひと続きの音声情報がどのように記憶され，長期間にわたって維持されているのか，その神経メカニズムを明らかにするよいモデルとなると考えられる．

〔加藤陽子〕

文　献
[1] A. Reiner, D. J. Perkel, L. L. Bruce, A. B. Butler, A. Csillag W. Kuenzel, *et al.* and E. D. Jarvis, *J. Comp Neurol.*, **473**, 377-414 (2004).
[2] J. J. Bolhuis and S. Moorman, *Neuroscience & Biobehavioral Reviews*, **50**, 41-55 (2015).
[3] C. M. Müller and H. J. Leppelsack, *Exp Brain Res.*, **59**, 587-599 (1985).
[4] J. A. Grace, N. Amin, N. C. Singh and F. E. Theunissen, *J. Neurophys.*, **89**, 472-487 (2003).
[5] P. Janata and D. Margoliash, *J. Neurosci.*, **19**, 5108-5118 (1999).
[6] C. Mello, F. Nottebohm and D. Clayton, *J. Neurosci.*, **15**, 6919-6925 (1995).
[7] S. E. London and D. F. Clayton, *Nat. Neurosci.*, **11**, 579-586 (2008).

5-4

フクロウの音源定位

フクロウ目 (owl) に属する鳥の多くは夜行性であり、暗闇での狩猟を可能とする優れた視覚・聴覚を備えている。本項では、行動学的・神経生理学的研究が進んでいるメンフクロウ (barn owl) を例として、フクロウの音源定位について解説する。特にここでは、両耳間時間差 (interaural time difference：ITD) および両耳間強度差 (interaural level difference：ILD) を検出するために特化した神経機構に焦点を当てる (▶ 2-19, 2-23 参照)。

行動学からの知見

メンフクロウは音の方向に対して正確に顔を向ける習性があり、音に対する頭の動きを計測することで音源定位の能力を調べることができる。フクロウ類は鳥類の中でも極めて鋭敏な聴覚をもち、メンフクロウでは数百 Hz から 10 kHz 程度の純音に対し 0 dB SPL 以下の閾値を示す。隣り合ったスピーカーのいずれから音が出たかを当てさせる行動実験では、メンフクロウは数度の角度しか離れていない 2 つの音源を区別できることがわかっている。これはヒトと並んで優れた音源定位能力である。

解剖学からの知見と音源定位の手がかり

フクロウ類の中には左右の耳が非対称な位置についている種が存在する。メンフクロウの左耳は右耳よりも高い位置にあることに加え、左耳は下向きに、右耳は上向きについている。この非対称性によって、音源の水平位置は ITD に、垂直位置は ILD に主要な影響を与える。これは耳の位置が対称な哺乳類などとの大きな違いである。

メンフクロウにおける頭部伝達関数 (head related transfer function：HRTF) の測定結果によると、ITD は最大で 500 ～ 600 μs, ILD は最大で 30 ～ 40 dB である。この値は、頭蓋骨の大きさ（約 4 cm）から予想される数値よりも大きい。これは頭部に密集した羽毛によって、擬似的に頭のサイズが大きくなっていることが理由である。

聴覚末梢系

メンフクロウの蝸牛基底膜の長さは 10 mm に達し、鳥類の中でも例外的に長い。約 3 万本の聴神経 (auditory nerve) が蝸牛の有毛細胞 (hair cell) からの投射を受け、音の情報を活動電位 (action potential) のパターンに反映させる。耳に届いた音の時間情報は、聴神経の発火タイミング（活動電位の時系列）に変換される。具体的には、メンフクロウの聴神経は 10 kHz 近い高周波音にまで位相同期 (phase lock) して発火することができることが知られている。一方、音の強度情報は聴神経の発火頻度に変換される。つまり、大きな音を聞かせると、時間あたりの活動電位数が多くなる。

内耳を出た聴神経は脳へと進み、聴性脳幹 (auditory brainstem) に投射する。その際、聴神経の軸索 (axon) は二手に分かれ、片方は大細胞核 (nucleus magnocellularis：NM) と呼ばれる神経核へ、他方は角状核 (nucleus angularis：NA) と呼ばれる神経核へと投射する。音の時間差情報 (ITD) は NM から始まる神経回路で、音の強度差情報 (ILD) は NA から始まる神経回路で並行的に処理される。この 2 経路は中脳において統合され、いわゆる聴覚空間マップが形成されることになる。以下ではこれらの経路について説明する。

時間差検出回路とジェフレスモデル

NM における個々の神経細胞は、少数の聴神経からの投射を受け、聴神経の発火パターンを層状核 (nucleus laminaris：NL) の両聴細胞へと正確に伝達する。NM 細胞から出た軸索は二手に分かれ、同側 (ipsilateral) の NL へは背側から、対側 (contralateral) の NL へは腹側から進入して遅延線 (delay line) を構成する (図1)。つまり、背側に位置する NL 細胞は、同側からのシナプス入力を対側からよりも早いタイミン

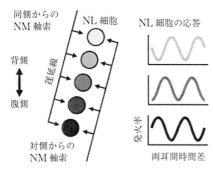

図1 層状核におけるJeffress型ITDマップ
ITD応答曲線の頂点の位置が遅延線に沿って移動する.

グで受けることになり,逆に腹側に位置する細胞は,対側からの入力を早く受け取ることになる.すなわち,メンフクロウの左右の耳から伝わってきた信号のタイミングが,NLの背腹軸に沿って連続的に変化することになる.

NL細胞の主な機能は,シナプス入力の同期検出 (coincidence detection) である.両耳に届いた音の時間差(すなわちITD)が遅延線によって適切に補償されたとき,NL細胞における両側からのシナプス入力が同期することになる.このときNL細胞の発火頻度が最大になる(図1).つまり,遅延線に沿って並んだ細胞のうち,最大の発火率を示す細胞の位置が,個々のITDに対応することになる.この仕組みはロイド・ジェフレス (Lloyd Jeffress) が提案した音源定位の脳内機構と整合するので,ジェフレスモデルと呼ばれる.

強度差検出回路

ILD検出にかかわるNA細胞は,聴神経の入力を受け,音の強度情報を発火率に載せて,外側毛帯背側核後部 (posterior part of the dorsal nucleus of the lateral lemniscus:LLDp) へと投射する.LLDpにおける神経細胞は,対側のNAから興奮性入力を,対側の毛帯から抑制性入力を受ける.この回路によって,同側の音入力で活動が抑制され,対側の音入力で発火率が上昇する.つまり,LLDpの細胞はILDに応じた発火率変化を示す.

聴覚空間マップ

ITD情報をコードしたNL細胞からの出力と,ILD情報をコードした外側毛帯からの出力は,中脳 (midbrain) の下丘中心核 (central nucleus of inferior colliculus:ICC) において合流する.続いて,異なる周波数バンドからの情報統合が下丘外側核 (external nucleus of inferior colliculus:ICx) で行われ,音の位相に伴う曖昧さが除去される.この回路構成により,ICxにおける個々の神経細胞は,ITDとILDの特定の組み合わせにのみ高い発火率を示す.メンフクロウのICxでは,最適ITD/ILDの組み合わせに応じて,細胞が二次元的に配置されており,外界の音源の位置が,脳内で高い発火率を示す細胞の位置へと整然と対応づけられる.これを聴覚空間マップ (auditory space map) という.

下丘を出た情報は視蓋 (optic tectum:OT,哺乳類の上丘に相当する部位) で視覚情報と統合され,さらにそこから首の動きを司る神経核へと伝達される.このようにして,ITDおよびILDに反映された音源の位置情報が,各神経核での処理を経て,最終的にはメンフクロウの頭部の運動へと変換されることになる.

他のフクロウとの比較

メンフクロウのように非対称な両耳をもつ種では,他の鳥類に比べて中脳が大きい.耳の位置が対称なフクロウにおいては,下丘の神経細胞はもっぱら音源の水平方向にのみ反応することが知られている.これは他の猛禽類にも当てはまり,対称な耳をもつ鳥類では,中脳の聴覚マップは一次元的である.

〔芦田 剛〕

文献

フクロウ以外の種における音源定位に関しては,関連項目『2.19 音源定位のしくみ』『6.10 魚の音源定位』『7.8 昆虫の音源定位』『8.23 比較の視点からの音源定位』も参照のこと.
また,メンフクロウの音源定位の脳内機構に関するより詳しい解説記事については [1] を,詳細な文献リストについては [2] をご覧いただきたい.

[1] M. Konishi, *Sci. Am.*, 268(4), 66-73 (1993).
[2] G. Ashida, *Acoust. Sci. Tech.*, 36, 275-285 (2015).

5-5 鳥類の聴覚域（オージオグラム）

動物種ごとにそれぞれの周波数帯域における聴覚の閾値，感度は異なっている．ある動物が特定の周波数をどの程度聞き取ることができるかを知るためには，実験的検討を行う必要がある．ある周波数帯域の音が十分な音圧で提示されたとき，もし被験体がその周波数帯域の音を知覚することができるなら，被験体から行動や神経活動など，聴覚刺激に対する何らかの反応が得られるはずである．またその反応は，提示される音圧がその動物の聴覚閾値以下になれば，消失するであろう．このような考え方に基づき，被験体に対してそれぞれの周波数の純音を異なる音圧で提示し，被験体の反応が消失した音圧を記録することで，その動物種の聴覚域を知ることができる．横軸に周波数，縦軸に音圧を取り，反応が見られた最小の音圧（閾値）をプロットしていくと，図1のようなU字型のグラフが得られる[1]．このグラフはオージオグラムあるいは聴力曲線（audibility curves）と呼ばれ，この曲線の上側の音圧レベルであれば，その動物は横軸に対応する周波数帯域の音が知覚できるということを示す．次に，鳥類において聴覚域を得るための主な実験方法を具体的に述べる．

オペラント条件づけを用いた聴覚域の測定

動物の聴覚域の測定法の1つとして，オペラント条件づけを用いた方法があげられる．オペラント条件づけでは，特定の刺激（例：音など）に対する特定の反応（例：キーと呼ばれるボタンをつつくなど）が，エサ報酬などによって強化される．聴覚域の測定においては，まず被験体に対し，聞こえることが明らかな周波数帯域・音圧レベルの音を提示し，それが聞こえたときに特定のボタンを押すとエサがもらえることを学ばせる．一方で音が提示されていないときにボタンを押すと暗転などの罰が与えられること

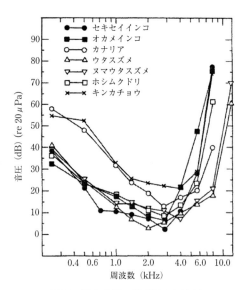

図1　聴力曲線の例（[1]より改変）

を学ばせる．このような学習が成立すれば，周波数域ごとに音圧レベルを変えて音を提示し，被験体がどの程度の音にまで反応できるかを調べることが可能になる．

図1はオペラント条件づけにより得た結果に基づいたグラフである．この図には，キンカチョウやカナリア，セキセイインコやオカメインコなど我々になじみ深い鳥類種について，20〜10 kHzの帯域の音に対する閾値が表現されており，2〜4 kHzで最も感度が高い（閾値が小さい）ことがわかる[1]．この周波数帯域はこれらの種の発声に含まれる周波数帯域と一致している．しかし，例えばメンフクロウやアメリカワシミミズクなどは0.25〜0.5 kHzの非常に低い音に対しても0〜10 dBの感度で知覚する[2]．このような特性は捕食行動において音を利用する生態に関連していると考えられる．

鳥類，特に鳴禽類の小鳥たちの聴覚域はヒトの聴覚域にも類似しており，このため，我々が通常用いる録音・再生機器を用いることで適切に鳥類の音声を記録・再生することが可能である．この特徴から，鳴禽類の小鳥たちは発声や聴覚の神経メカニズム，あるいは音声コミュニケーションの研究において，ラットやネズミなど，可聴域にヒトにとっての超音波領域が含まれる実験動物にはない利点をもっている．

信号検出理論

オペラント条件づけを用いる際には注意も必要である．音が提示されていないときでも環境および心理的ノイズは常に存在するので，(擬人化すれば) 聞こえた気がしてボタンを押すこともあるだろう．反対に，音が提示されていてもボタンを押さないこともあるだろう．

そこで用いられるのが信号検出理論 (signal detection theory) である．この実験で起こり得るケースは，音提示あり・ボタン押す (hit)，音提示なし・ボタン押さず (correct rejection：CR)，音提示あり・ボタン押さず (miss)，音提示なし・ボタン押す (false alarm：FA) の4つである．

2次元平面の横軸に，ノイズとノイズ＋音を知覚したときの心理量をとり縦軸にその生起頻度を表すと，図2のような分布が得られると仮定できる (物理的には同じ強さの刺激でもその知覚には揺らぎがあるので山型の分布になるが，平均値を出せばそこが頂点になると考えられる)．垂直線の右側はボタンを押したとき，左側はボタンを押さなかったときを表す．ノイズに対してはボタンを押さないことが多いがたまには押してしまうこともある．ノイズ＋音に対してはボタンを押すことが多いがたまには押さないこともある．2つの分布の距離は音が聞こえた，聞こえなかったという感じ方がどれほど明瞭；曖昧かを示す[3]．信号検出理論では，この2つの分布の距離を検出の感度 d' (ディープライム，d-prime) を用いて指標化する．d' が大きいほど，FA, miss が少ない．d' は各分布の母平均・母分散から得られるが，実験では2つの分布が同じであると仮定した上で，hit と FA の率から d' を推定する[3,4]．これにより，ある音に対する反応がどれだけ明瞭なものかを知ることができる．

ABR による聴覚域の測定

音に対する脳活動の有無を指標として，聴覚域を測定する方法の1つに聴性脳幹反応 (auditory brainstem response：ABR) があげられる．これは，音が鼓膜から聴覚神経を伝わることに伴って発生する神経活動を，頭頂部および脳幹近傍の電極から記録するものである．刺激としては，パルス状のクリック音もしくはトーン音を繰り返し提示し，加算平均した波形から聴覚神経系の活動を読み解く[5]．記録される波形には蝸牛神経核から中脳下丘，聴覚皮質へと至る聴覚神経の活動が異なる潜時の波形となって現れるため，波形の潜時，振幅を典型的パターンと比較することで，どの領域において神経活動が起こったか，あるいは起こらなかったかを推測することができる[5]．体表面に置いた電極からも比較的簡便に計測が行えるため，ABR はヒトにおける難聴病理の検査や，新生児の聴力検査にも利用されている．また ABR は麻酔下でも記録が可能であることから，行動訓練を行うことができない動物の聴覚計測や，薬理的操作による短期的な聴力への影響を調べる際にも用いられる．

〔加藤陽子〕

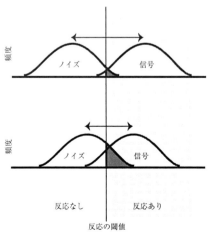

図2　信号検出理論における信号とノイズ
濃い灰色部分が false alarm を示す．

文　献

[1] K. Okanoya and R. J. Dooling, *J. Comp. Psych.*, 101, 7-15 (1987).
[2] R. J. Dooling, *The Evolutionary Biology of Hearing*, D. B. Webster, A. N. Popper and R. R. Fay Eds. (Springer New York, New York, 1992), pp. 545-559.
[3] G. A. Gescheider著, 宮岡 徹監訳, 心理物理学－方法・理論・応用, 上巻 (北大路書房, 京都, 2002).
[4] N. A. Macmillan and C. D. Creelman, *Detection Theory: A User's Guide*, 2nd ed (Lawrence Erlbaum Associates, Mahwah, NJ, 2005).
[5] D. Jewett and J. S. Williston, *Brain.*, 94, 681-696 (1971).

5-6

歌学習と分子生物学

鳴禽類は世界に約4000種以上存在し，キンカチョウやジュウシマツ，カナリアなど，研究室で飼育・繁殖が容易であることから歌学習についての研究が進んでいる．歌学習研究で最もよく使われているキンカチョウはその全ゲノム情報が2010年に解読され[1]，2014年には現生鳥類48種のゲノムが解読された[2]．近年技術の進展に伴い，このような大規模ゲノム情報を利用した研究など，歌学習にかかわる神経分子機構やその進化を解明するための研究が精力的に進められている．これまで歌にかかわる脳神経回路の細胞や分子機構を調べる手法として薬理学的介入方法が多く用いられてきた．最近では，レンチウィルスを用いて脳内の遺伝子改変を目的としたトランスジェニックキンカチョウが作成されたことを始め[3]，ウィルスベクターによって時期特異的また脳部位特異的に遺伝子発現を操作する研究が行われている．さらに，光感受性タンパク質をウィルスベクターを用いて神経細胞に発現させ，光ファイバーを埋め込むことで，標的脳領域特異的に神経活動を操作する光遺伝学的手法が取り入れられ，脳神経回路のどの部位がどのように関与しているかを歌学習中の鳥を用いて細胞レベルで検証することが可能となっている[4]．

歌の学習臨界期に発現制御される遺伝子

鳴禽類は歌行動に特化した脳神経回路をもっている（図1）．その脳神経回路において，個体発達に伴い発現パターンが変化する遺伝子群が報告されている．例えば，細胞接着因子であるカドヘリン7は脳神経回路を構成する歌神経核の1つRAで，発達に伴い発現量が低下する．また，レンチウィルスベクターを用いた遺伝子導入により，カドヘリン7をジュウシマツのRAで過剰発現した結果，幼鳥では歌学習が阻害され，幼鳥と成鳥ともに倍音構造をもつ音素

が特に影響を受けることが確認された[5]．これらの結果から，カドヘリン7の発現変化は歌神経核間のシナプス接続に関与し，歌学習の開始に寄与する可能性が考えられている．これらの遺伝子群は，歌学習前に聴覚入力を阻害され，歌が正常に発達しない場合においても，正常個体とほとんど同じ発現動態を示すことがわかっている[6]．つまり，これらの脳内遺伝子発現制御には，どれだけ聴くかよりも，日齢依存的な要因やどれだけ声を出すかが重要であると考えられる．

歌行動によって発現誘導される遺伝子

歌をうたっている際の神経活動依存的に様々な遺伝子群が歌にかかわる脳神経回路で発現誘導される[7]．これらの遺伝子群には，転写因子（*Egr*, *ATF*, *AP-1 family*）をはじめとしてアクチンなどの細胞骨格・アンカータンパク質にかかわる遺伝子群（*b-actin*, *Arc* など）や，神経伝達物質・そのシナプス間隙への放出にかかわる遺伝子群（*BDNF*, *Proenkephalin*），シャペロンおよびその結合タンパク質（*HSP25*, *HSP40* など）など多様な遺伝子が含まれている[7]（図1）．これらの多くがノックアウトマウスなどの研究から神経可塑性にかかわる分子機能をもっていることが報告されている．さらに，歌の学習臨界期中の幼鳥がうたったときと，歌学習を終えた成鳥がうたったときとでは，同じ時間うたっていてもその脳内で発現する遺伝子群が異なることがわかってきている．

このような遺伝子群のうち，ヒトの言語障害に関与するとされる*FoxP2*についての研究が進んでいる．*FoxP2*は，遺伝性の言語障害がみられるKE家の言語障害者の調査から，突然変異が起こっていることが報告された転写因子ファミリーの1つである．ヒトと同様に鳥類では，*FoxP2*は線条体を含む大脳基底核において強い発現を示す．鳴禽類において歌の学習臨界期中に大脳基底核回路での*FoxP2*の発現量が変化する．歌行動によって転写活性が低下し，数時間のうちに脳内mRNA量が減少する．さらに，大脳基底核回路における*FoxP2*の発

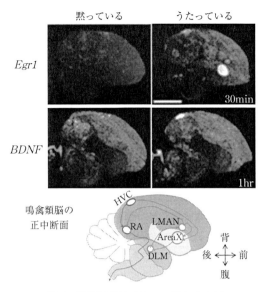

図1 遺伝子発現パターン([7]を改変)

現をRNAiによりノックダウンするとドーパミン作動性神経系が影響を受け,歌学習が正常に行われなくなる[8, 9].しかし,FoxP2は発声学習能の有無にかかわらず,哺乳類・鳥類・爬虫類においてその塩基配列の大部分が保存されており,全脳レベルでの発現パターンが類似している.つまり,FoxP2のような限られた数の特定の遺伝子ではなく,脳内に発現している多様な遺伝子群が,歌にかかわる脳神経回路において他の脳部位と異なる発現制御を受けることが歌学習において重要であると考えられる.脳内の特異的部位で歌行動や発達時期によって発現量が変化する遺伝子が,実際に歌学習にどのようにかかわっているのか,今後さらなる研究が必要である.

遺伝子発現パターンの種差

どのような遺伝子群が発声学習にかかわる脳神経回路の進化に関与しているのかを調べるには,種間,種内または個体内で遺伝子発現パターンを比較する方法がある.鳥類の中で独立に発声学習能を獲得したと考えられる3つのグループ,鳴禽類・オウム・ハチドリの脳内遺伝子発現パターンを比較すると,同様の遺伝子群が発声学習の収斂進化に貢献していることがわかっている[10].また,鳴禽類の個体内において,

歌にかかわる脳神経回路とそれ以外の脳部位では複数の遺伝子が異なる発現制御を受けていることが報告されている[10].さらに,歌の複雑さに脳内遺伝子発現が関与している可能性を示唆するジュウシマツとコシジロキンパラの比較研究がある[11].コシジロキンパラ(野生種)が江戸時代に大名により東南アジアからペットとして日本に輸入され,子育てのうまい個体が選ばれて飼育されたことで現在のジュウシマツ(家禽種)となった.つまりこれらは同種である.しかし,コシジロキンパラの歌は単純であるのに対し,ジュウシマツの歌は音の種類も多く複雑である.歌にかかわる脳内遺伝子発現を比較すると,大脳基底核におけるアンドロゲン受容体の発現がジュウシマツでは強く,コシジロキンパラでは弱い.また,ジュウシマツの歌には個体差があり,その個体差とアンドロゲン受容体の発現量に相関関係が見られる.ジュウシマツもコシジロキンパラも大脳基底核の細胞は同じゲノム情報をもっている.しかし,コシジロキンパラのDNAではアンドロゲン受容体の領域でメチル化が起きており,そのため発現が抑制されていることがわかった[11].このことは,DNA配列そのものを変化させることなく遺伝子発現を変えるエピジェネティクスという現象が,歌の違いや進化に関与する可能性を示唆する.今後の技術の発展とともに歌学習やその進化とエピジェネティクスを直接結びつけるような知見を得る研究が進むことが期待される.

〔森 千紘〕

文 献

[1] W. C. Warren *et al.*, *Nature*, **464**, 757-762 (2010).
[2] E. D. Jarvis *et al.*, *Science*, **346**, 1320-1331 (2014).
[3] R. J. Agate *et al.*, *Proc. Natl. Acad. Sci. USA.*, **106**, 17963-17967 (2009).
[4] T. F. Roberts *et al.*, *Nat Neurosci*, **15**, 1454-1459 (2012).
[5] E. Matsunaga *et al.*, *Plos ONE.*, **6**, e25272 (2011).
[6] C. Mori and K. Wada, *J. Neurosci.*, **35**, 878-889 (2015).
[7] K. Wada *et al.*, *Proc. Natl. Acad. Sci. USA.*, **103**, 15212-15217 (2006).
[8] S. Haesler *et al.*, *Plos Biol.*, **5**, 2885-2897 (2007).
[9] M. Murugan *et al.*, *Neuron*, **80**, 1-13 (2013).
[10] C. Scharff and I. Adam, *Curr. Op. Neurobiol.*, **23**, 1-8 (2012).
[11] K. Wada *et al.*, *Eur. J. Neurosci.*, 1-12 (2013).

5-7 歌発達とその社会的側面

個体がどのような歌を獲得するかは，発達過程での様々な要因が影響を与える．歌学習が始まる前の幼鳥の聴覚を除去すると，不明瞭な音からなる配列の安定しない歌をうたう（図1c, d）．同種の成鳥の歌を聞かせずに育てた場合（社会隔離），本来の歌とは異なり，歌を構成する音素の種類数が減り，通常はあまり見られない持続時間の長い音素が現れる（図1e, fの*）．つまり，手本を聞いて覚え，自分の声を聞いて練習することが歌学習において重要である．一方で，近縁種であるウタスズメとヌマウタスズメについて正常個体と聴覚除去個体の歌の特徴を種間比較すると，ヌマウタスズメのほうが歌を構成する音素の周波数が高いなど，聴覚の有無にかかわらず歌には種差が見られる[1]．これは，遺伝要因が歌発達に寄与していることを示唆する．さらに，歌発達期に誰とどのようなコミュニケーションをするかといった社会交渉が，誰からどのような歌を学ぶかに大きく影響する．その極端な例として，歌発達期に成鳥と直接交流できる状況で育てた場合は，スピーカーから手本の歌を流して聞かせながら育てた場合よりも正確に歌を学習することが知られている[2]．

誰から歌を学ぶのか

キンカチョウ，ジュウシマツやブンチョウを代表とする社会的一夫一妻制の鳴禽類では，歌発達に対する社会環境の影響が調べられている．これらの種は群れ性で飼育が容易であるため，幼鳥時の社会状況を統制した実験が行いやすい．1家族を1ケージに収容し，歌をうたう成鳥個体が父親のみの環境に置くと，幼鳥はたいてい父親の歌を正確に学ぶ（図2）[3]．一方で，父親以外の非血縁オス個体を導入すると，しばしば複数個体の音素レパートリーを混ぜた歌を獲得する[3]．ジュウシマツでは，父親の音素レパートリーが少ないと，非血縁オスの歌を取り入れることが報告されている．

キンカチョウでは，歌発達に影響する社会交渉の要因として，視覚と音声のやり取りが重要であることが知られている[4]．幼鳥を感覚学習期の途中まで父親と一緒に育て，その後父親から離して新奇成鳥オスと複数の条件下で飼育し，どのような歌を獲得するか調べた実験がある[4]．視覚と音声の両方で新奇オスとのやり取りが可能な状況では，ほぼ全個体が最終的に父親ではなく新奇オスの歌を学ぶ．お互いに姿は見えないが音声のやり取りのみが可能な状況では，半数は新奇オスの歌を学んだ一方で，残り半数の幼鳥は父親の歌を学んだ．新奇オスの音声がスピーカーを通して聞こえるが，姿は見えない状況においた場合，父親の歌のみを学ぶ

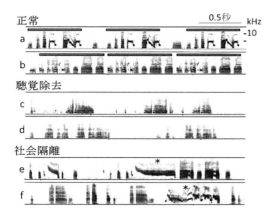

図1 キンカチョウの正常（a, b），学習前聴覚除去（c, d）と社会隔離（e, f）条件で育てた2個体ずつの歌の例
黒線はキンカチョウの歌の特徴であるモチーフ（数種類の音が決まった配列で並んだ構造）を示す．

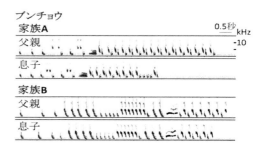

図2 ブンチョウにおける父親と息子の歌の例

か，またはどの個体からも歌を学ばなかった．幼鳥と成鳥が同じケージ内で直接交流できる状況では，幼鳥が手本の歌に対してより注意を払う行動が観察される[5]．そのような環境下で育った幼鳥では，学習や記憶に重要であるとされる中脳腹側被蓋野のカテコールアミン作動性神経が活性化される[5]ことから，社会交流が他個体の歌への注意を促し，歌発達に影響することが示唆されている．

なぜ歌を学ぶのか

歌発達期にどの個体から，どの特徴を，どのくらい学ぶかは，生存や繁殖に有利な歌を獲得する上で重要である．近くに住む他個体から歌を学ぶことによって，「どこの生まれか」という情報を歌に反映することができる．歌の特徴を他個体と共有することの機能は，種や生態によって異なっており，オス間の攻撃行動を促進することもあるが，逆に抑制につながる場合もある[2]．ここでは一例としてウタスズメの知見を紹介する．テリトリー種であるウタスズメのオスは，近隣個体とのコミュニケーションとして歌の鳴き交わしを行う[2]．テリトリーが近いオス同士の歌は，音素レパートリーの共有率が高い．特徴を共有した歌は，自分が他の地域からきた侵入個体でないことを伝える信号として機能する．この信号は，余計な争いや警戒のコストを下げ，テリトリーを保持する上で有効に働く．この種の場合，適応的な歌を獲得するためには歌を正確に学ぶだけでなく，オス間で共有されている歌の特徴と役割を知ることが重要となる．歌発達期のオスのウタスズメは，成鳥オスが単独でうたう歌よりも，複数のオスが鳴き交わしているときの歌を好んで盗み聞きする[6]．この行動は，成鳥間で多く共有されている歌を獲得するとともに，歌がどのように使われているのか学ぶことに寄与すると考えられる．

歌で自身の育ちを表明することは，メスによるオスの配偶者選択にも影響する．キンカチョウはオスのみが歌を発達させるが，メスにおいても発達期の経験が性成熟後の歌の選好性に影響する[7]．メスは新奇の歌より，発達期に聞い

た成鳥オスの歌を好む[7]．このことは，群れ性であるキンカチョウにおいて，同じ地域に生息する同種個体への選好を促すと考えられる．

どのように歌を獲得するのか

歌発達を理解する上で，「誰から学ぶか」だけではなく，「どのようなコミュニケーションを介して行われるのか」も重要な観点である．キンカチョウでは，歌発達期に近接時間が長かった個体や，幼鳥に対して頻繁に攻撃的な行動を見せた個体から歌を学ぶ[3]．また，鳥類の教育行動という観点からも，興味深い報告がなされている．コウウチョウでは，幼鳥の歌に対して成鳥のメスが翼を動かすことで反応し，幼鳥は反応のあった歌を好んで繰り返すようになる[8]．キンカチョウでは成鳥メスに向けた歌よりも幼鳥に向けた歌のほうがモチーフ（図1）間の間隔が長くなり，ヒトが子どもに向けてゆっくり話す行動との類似点が指摘されている[5]．

発達期における幼鳥の他個体とのコミュニケーションについては未だ調べられていない点が多い．例えば，羽繕いなどの社会行動やその頻度が歌発達にどのような影響を与えるかはほとんどわかっていない．またブンチョウやジュウシマツでは，幼鳥がうたっている成鳥個体に近寄り，歌を聞く行動が頻繁に見られる．このような行動は歌発達と密接に関連すると予想され，歌発達に影響する社会的側面を明らかにする上で，今後さらなる研究が必要とされる部分である．　　　　　　　〔森　千紘・太田菜央〕

文　献
[1] P. Marler and V. Sherman, *J. Neurosci.*, 3 (3), 517–531 (1983).
[2] C. K. Catchpole and P. J. B. Slater, *Bird Song*, 2nd ed., (Cambridge Univ. Press, NewYork, 2008).
[3] M. Soma, *Ornithol. Sci.*, 10, 89–100 (2011).
[4] L. A. Eales, *Anim. Behav.*, 37, 507–520 (1989).
[5] Y. Chen, L. E. Matheson and J. T. Sakata, *Proc. Natl. Acad. Sci. USA*, 201522306, (2016).
[6] C. N. Templeton, C. Akçay, S. E. Campbell, and M. D. Beecher, *Proc. R. Soc. B.*, 277, 447–453 (2010).
[7] K. Riebel, *Adv. Stud. Behav.*, 40, 197–238 (2009).
[8] M. J. West and A. P. King, *Nature*, 334, 244–246 (1988).

5-8

耳の形と働き

鳥類の多くは空を飛び，豊かな音声コミュニケーションを行う．中には発声学習により歌を獲得する種や，聴覚を頼りに捕食を行う種，暗闇の中でエコーロケーションを行うアブラヨタカなどがいる．これらの特徴から，鳥類が生きる上で平衡感覚と聴覚は重要な役割を果たすと考えられる．

鳥類と哺乳類の共通祖先が分かれ，そしてヘビ・トカゲの祖先が分かれたのち，ワニや絶滅した恐竜と鳥類の祖先が分岐し，現生鳥類が現れたとされている．そのため，哺乳類と比べると鳥類とワニは耳の構造について多くの特徴を共有している．

しかしおおまかには鳥類の聴覚器官は哺乳類と同様であり，外部の音を集める外耳，音波を機械的振動として受容し増強する中耳，音の振動の受容・検出と体に働く加速度の検出を担う内耳からなる．

外耳と中耳

鳥類の耳の開口部の位置は通常目のうしろ，やや下方にあって目立たず，外耳道はあるが，耳介はない．ほとんどの種においては耳の開口部は耳羽という羽毛に覆われている．耳羽は，飛行中に耳の上を空気がスムーズに流れるようにするため，また，開いている耳を守るために加え，音を聞こえやすくするように集音に適した構造になっている[1]．フクロウ目では特に，眼の周りに同心円状に羽毛が生えて音を耳の開口部に集めやすくなっている[1]．また，耳が左右非対称な位置にあることから水平面と垂直面の両方から正確に音源定位することができる[1]．

外耳と中耳をつなぐ鼓膜は，内側から耳小柱に押されて円錐形となっている．その形状，大きさ，厚さは種によって異なる．鳥類の鼓膜は上顎に，哺乳類では下顎に付随して発生することから，鼓膜はこれらの種で進化的に独立に獲得されてきたと考えられている[2]．

中耳は鼓室と1つの耳小骨，そして傍鼓膜器官からなる．鳥類の鼓室は哺乳類と同様に耳管を介して咽頭と直接つながっている．さらに，左右の鼓室はいくつかの側頭骨の空気の通り道を介して連絡がある．フクロウにおいてはこの連絡がより頑強に形成されており，両耳における圧力差を受け音源を定位する際に機能していると考えられている[1]．

鼓膜の内側表面の中央付近には耳小柱（columella）が接しており，耳小柱のもう一方の端は鼓室を通って卵円窓（前庭窓）につながっている．鼓膜の振動を内耳に伝える耳小骨は哺乳類では3つあるが，鳥類では耳小柱1つしかない．耳小柱は哺乳類のアブミ骨と相同で，鼓膜側の遠位部と卵円窓側の近位部に分かれる．遠位部は軟骨性でいくつかの分岐があり，骨化した近位部と真ん中あたりで直角につながっている．軟骨性の柔軟な接続であるため，これがピストンのように動き，鼓膜からの音の振動を内耳に効率よく伝える働きをしている[1]．鼓膜が卵円窓よりも大きいため，鼓膜の振動が卵円窓に伝わるときはエネルギーが集約され，音圧が増強される．鼓膜と卵円窓の面積比の違いから，鳥種によって内耳での音圧の増強度合は異なる．

多くの鳥類には鼓膜の近くに傍鼓膜器官（paratympanic organ）と呼ばれるリンパ液に満たされた袋状の感覚器官が存在する．気圧の変化に伴う鼓膜の動きが傍鼓膜器官の有毛細胞に伝わることで気圧の変化を検知する．この器官は進化的に軟骨魚類の呼吸孔器官に由来することが報告されている[3]．

内耳

内耳は平衡感覚を司る前庭器官・半規管と，聴覚器官に大きく分けられる（**図1A**）．前庭には卵形嚢と球形嚢とさらに壺嚢（lagena）という耳石器がある．卵形嚢は三半規管とつながり，球形嚢と連嚢管を介してつながっている．鳥類の球形嚢は卵形嚢よりもかなり小さく，形状も非常に多様である．卵形嚢と球形嚢の内壁にある平衡斑の耳石で直線加速度を検出し平衡覚を

194 | 5章 鳥　類

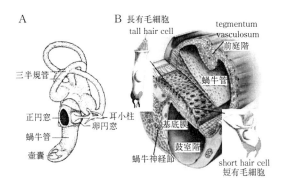

図1 A:内耳[7]，B:蝸牛の横断面([1]を改変)

受ける．壺嚢は蝸牛管の最も遠位に位置し，聴覚には関与せず，蝸牛神経核に求心性神経を接続していない．壺嚢の耳石には鉄などの磁性体が豊富に存在し，地球の磁場を感知しわたりや帰巣などに関与する可能性が報告されている[4]．

蝸牛は球形嚢蝸牛管を介して球形嚢と直接続いている．哺乳類の蝸牛がらせん状になっているのと比べると，ほとんどの鳥類の蝸牛はやや湾曲している程度で短い(図1A)．実際，マウスの蝸牛は約7 mmであるのに対し，マウス大のカナリアでは2 mmしかない．鳥類の蝸牛管内部の感覚上皮である基底乳頭(basilar papilla)は哺乳類のコルチ器と相同器官である．基底乳頭は，頂端側は広く基底側は狭くなっており，その長さは音感受性の指標となる．一般的に大型鳥類は蝸牛が大きく低周波音に，小型鳥類は蝸牛が小さく高周波音に敏感である[5]．つまり基底乳頭の長さから特定の音に敏感かどうか推測することが可能である．しかし，フクロウ目は例外である．体サイズのわりに蝸牛は大きめで，有毛細胞の数も多い．例えば，体重が約370 gのメンフクロウの基底乳頭の長さは12 mmもあり，聴覚は特に優れている．

有毛細胞

基底乳頭上には隙間なくモザイク状に数千の有毛細胞が分布している[1]．哺乳類と同様に基底乳頭の有毛細胞には周波数局在があり，頂端側の有毛細胞は低周波数に，基底側は高周波数に対応する[1]．有毛細胞は形態的特徴から2つに分類される．細胞体の長さが細胞上面の直径よりも長いものを長有毛細胞(tall hair cell:THC)，短いものを短有毛細胞(short hair cell:SHC)と分けられる[1]．細胞体の長さは蝸牛神経側から離れるに従い徐々に減少し，直径は増加する(図1B)．しかし，形態だけでは明確に分類できないことが指摘されており，神経支配の違いによる分類もなされている[1]．短有毛細胞は求心性神経が杯状の終末を形成しており，細胞体をほとんど包み込んでいる．遠心性神経は直接の接続しておらず，求心性神経の杯状終末または樹状突起に接続している．一方で，長有毛細胞は求心性・遠心性神経が基底面に小さな終末を形成している．求心性神経は双極性の前庭神経節に投射している．

哺乳類と違って鳥類の蝸牛内部の有毛細胞は成鳥になってからも再生する[6]．人間の損傷した有毛細胞は再生することがないため，取り替えが利かず，年を取るにつれて高周波音が聞き取りにくくなる．鳥類では，騒音などにより有毛細胞が損傷されると，有毛細胞に隣接する支持細胞が分化転換する能力をもっており，損傷部位に新たな有毛細胞を再生する[1]．再生した有毛細胞は感覚受容細胞として正常に機能するようになり，聴覚も回復する[1]．損傷を受けない状態でも，鳥類の有毛細胞は定期的に入れ替わっていることがわかっており，したがって，加齢によって聴覚が衰えていくことはないようである．鳥類の蝸牛の有毛細胞再生のメカニズムを明らかにすることは臨床研究に有用な知見をもたらすと考えられ，さらなる研究が期待される．

〔森 千紘〕

文献

[1] C. Köppl, In, *Sturkie's Avian Physiology*, C. G. Scanes Ed. (Elsevier-Academic Press, London, 2014) pp. 71-87.
[2] T. Kitazawa *et al.*, *Nat. Commun.*, **6**, 6853 (2015).
[3] P. O'Neill *et al.*, *Nat. Commun.*, **3**, 1041 (2012).
[4] Y. Harada *et al.*, *Acta Otolaryngol.*, **121**, 590-595, (2001).
[5] G. A. Manley *et al.*, *Evolution of the Vertebrate Auditory System* (Springer-Verlag New York, LLC, 2004).
[6] J. T. Corwin and D.A.Cotanche, *Science*, **240**, 1772-1774 (1988).
[7] M. Konishi, *The Condor*, **66**, 85-102 (1964).

5-9 歌の認知と生成の神経機構

多くの鳴禽類の歌は，学習によって獲得された数十〜数百msほどの短いシラブルを，正しい順序で発声することで生成される．その巧みな運動シークエンスは，個体識別や運動能力の誇示などに役立つ高い安定性をもつ一方で，聴覚フィードバックを通して常に補正され，環境に応じて柔軟に調節可能な可塑性も備えている．歌の学習，生成，そして調節を支える「歌神経系」(song control system) の解明は，カナリア，キンカチョウ，ジュウシマツなどを用いて，1970年代以後，急速に進んできた．

歌に関与する神経回路

歌の生成を直接制御しているのは，「直接制御系」(motor pathway) と呼ばれる経路である（図1，①）．この経路では，歌の運動シグナルが歌神経核HVCからRAへと皮質間で送られ，RAは，延髄の神経核を介して鳴管の筋を収縮させて，歌の発声を制御する．HVCからRAへのシグナル伝達を遮断すると，歌を生成できなくなり，学習前のような未熟で不安定な発声しかできなくなってしまう[1, 2]．

一方，歌の学習に必要な経路として，「迂回投射系」(anterior forebrain pathway: AFP) という経路も同定されている（図1，②）．この経路では，皮質のHVCから大脳基底核のArea Xへ送られたシグナルが，視床のDLM，皮質のLMANを介して，RAへと送られる．この経路は，歌の学習が完了した後には，発声の音量や音程などの調節に関与し，適応的な歌の変化を可能にしている[3, 4]．

歌を生成する神経機構

直接制御系と迂回投射系の源流をなすHVCは，歌の学習，生成，調節に必要不可欠な神経核である．HVC内では，異なる神経細胞がRAとArea Xへ投射している．HVCからRAへ投射する神経細胞（HVC-RA）では，バースト発火（十数msほど持続する高頻度発火）が，細胞ごとに特有の，歌の中の限られたタイミングでのみ生じる[5]．そのタイミングが極めて正確なため，HVC-RAが特定の発声を行うための筋運動を制御している可能性も示唆されているが[6]，HVC-RAの活動は発声が変化するタイミングと一致しないという報告もあり[7]，より抽象的な運動のタイミング情報を符号化しているとも考えられる．HVCを冷やして神経活動を遅くすると，シラブル間の発声しない時間も含めて，歌が均質に遅くなる[8, 9]．したがって，HVCは，吸気も含めた歌全体のタイミング制御に関与しているのかもしれない．

HVC-RAが歌の特定のタイミングでのみ活動するという特性は，幼鳥時の歌学習の過程で獲得される[10]．この歌タイミング選択性には，HVC内の介在神経からの抑制性入力も重要な役割を果たしており，HVCにGABA_A受容体の阻害剤を投与すると，学習した歌がうたえなくなってしまうことが知られている[11]．

一方，HVCからArea Xへ投射する神経細胞（HVC-X）も，HVC-RAと同様，歌の特定のタイミングでバースト発火を示すが，HVC-Xに細胞死を誘導しても歌に変化は見られないため[12]，HVC-Xは，歌の生成に

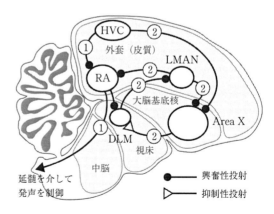

図1 鳴禽の歌神経系における，直接制御系（①）と迂回投射系（②）

聴覚系の神経回路や，下流からHVCへ戻るフィードバック経路などは省略した．

はかかわっていないと考えられてきた．しかし，Area X の神経細胞に細胞死が生じると歌のシークエンスが変化しうること[13, 14]，また，LMAN を電気刺激することによって，歌の音程や音量が変化することから[3]，迂回投射系も，LMAN から RA への投射や，HVC への間接的なフィードバック投射などを介し，歌を制御できると考えられる．面白いことに，歌学習前の幼鳥の未熟な発声は，迂回投射系が制御しているらしい[2]．

歌テンプレートと聴覚フィードバック

成鳥の歌は，幼鳥の頃に聞いた他の成鳥の歌の記憶をもとに生成される．この模範（テンプレート）となる歌は，どのような形で神経回路に保存されているのだろうか．幼鳥の聴覚野では，成鳥の歌を聞くと，その歌に選択的に応答する細胞が出現することが知られる[15]．また，HVC の神経細胞でも，幼鳥が歌を聞いたあと，スパインの膨大や安定化といった，まるでその歌を記録したかのような形態変化が認められるという[16]．幼鳥は，こうした神経回路の構造変化を利用し，自らの未熟な発声が聴覚野などに引き起こす聴覚応答（聴覚フィードバック）をもとに徐々に発声を修正することで，自らの歌を獲得するのであろう．

聴覚フィードバックは，学習済みの歌の維持にも役立っており，うたっている際に異なる音を聞かせたり，聴覚を奪ったりすると，歌が変化してしまう．同様に，歌の中でシラブルがある音程に達したときにノイズ音を与えると，ノイズ音を避けるように音程を調節してうたうようになる．これら聴覚フィードバックに依存した歌の可塑性には，歌の学習と同様，迂回投射系が重要な役割を果たしており，Area X や LMAN を破壊すると，聴覚を奪っても歌が変わらず保たれ[17]，また，ノイズ音を避けるために歌の音程を変化させることができなくなる[4]．聴覚を奪うと，HVC の神経細胞におけるスパインが萎縮し，不安定化することも知られており[18]，迂回投射系は，HVC を介して，歌の可塑性を制御している可能性も考えられる．

文脈や環境による歌の調節

歌は，聴覚フィードバック以外にも，聞き手の存在，日周リズムや季節など，様々な外因に応じて変化する．例えば，メスに対してうたうときには，歌の音程が安定化することが知られているが，この調節には，中脳から Area X へのドーパミン出力が関与している[19]．今後の研究で，個々の鳥が，経験した歌をもとに，発達や環境に応じて独特な歌を育んでいく神経機構が明らかになれば，ヒトの言語のみならず，音楽のような，聞き手の価値判断を伴う運動シークエンスの起源や進化を探る上で，重要な示唆がもたらされるであろう． 〔田中雅史〕

文 献

[1] F. Nottebohm, T. M. Stokes and C. M. Leonard, *J. Comp. Neurol.*, 165, 457-486 (1976).
[2] D. Aronov, A. S. Andalman and M. S. Fee, *Science*, 320, 630-634 (2008).
[3] M. H. Kao, A. J. Doupe and M. S. Brainard, *Nature*, 433, 638-643 (2005).
[4] F. Ali, T. M. Otchy, C. Pehlevan, A. L. Fantana, Y. Burak and B. P. Ölveczky, *Neuron*, 80, 494-506 (2013).
[5] R. H. R. Hahnloser, A. A. Kozhevnikov and M. S. Fee, *Nature*, 419, 65-70 (2002).
[6] A. Amador, Y. S. Perl, G. B. Mindlin and D. Margoliash, *Nature*, 495, 59-64 (2013).
[7] G. F. Lynch, T. S. Okubo, A. Hanuschkin, R. H. R. Hahnloser and M. S. Fee, *Neuron*, 90, 877-892 (2016).
[8] M. A. Long and M. S. Fee, *Nature*, 456, 189-194 (2008).
[9] K. Hamaguchi, M. Tanaka and R. Mooney, *Neuron*, 91, 680-693 (2016).
[10] T. S. Okubo, E. L. Mackevicius, H. L. Payne, G. F. Lynch and M. S. Fee, *Nature*, 528, 352-357 (2015).
[11] G. Kosche, D. Vallentin and M. A. Long, *J. Neurosci.*, 35, 1217-1227 (2015).
[12] C. Scharff, J. R. Kirn, M. Grossman, J. D. Macklis and F. Nottebohm, *Neuron*, 25, 481-492 (2000).
[13] K. Kobayashi, H. Uno and K. Okanoya, *NeuroReport*, 12, 353-358 (2001).
[14] M. Tanaka, J. Singh Alvarado, M. Murugan and R. Mooney, *Proc. Natl. Acad. Sci. U.S.A.*, 113, E1720-E1727 (2016).
[15] S. Yanagihara and Y. Yazaki-Sugiyama, *Nat. Commun.*, 7, 11946 (2016).
[16] T. F. Roberts, K. A. Tschida, M. E. Klein and R. Mooney, *Nature*, 463, 948-952 (2010).
[17] A. J. Doupe and M. Konishi, *Proc. Natl. Acad. Sci. U.S.A.*, 88, 11339-11343 (1991).
[18] K. A. Tschida and R. Mooney, *Neuron*, 73, 1028-1039 (2014).
[19] A. Leblois and D. Perkel, *Eur. J. Neurosci.*, 35, 1771-1781 (2012).

5-10

聴覚刺激の識別と選好性

多様な環境音の中から注意の対象とすべき音を選別することは多くの動物種において重要であろう．例えば，同種の音声を他種の音声から弁別する能力は，音源に近づくあるいは離れるなどの行動を決める手掛かりとなる．ここでは，鳥類における聴覚刺激の識別と選好に関連して行われてきた研究例を紹介する．

様々な実験手法

動物の音の知覚・認知を調べる方法として，スピーカーなどから音を再生し，被験体の反応を観察するプレイバック法がある．Krebs らはシジュウカラのなわばりからもち主であるオスを排除し，かわりにスピーカーから歌を提示して他個体の行動を観察した[1]．通常，持ち主を失ったなわばりは他の個体に乗っ取られてしまう．しかし，スピーカーから歌が提示されていると，なわばりは他個体に乗っ取られにくくなった．一方，歌ではない音がスピーカーから提示されると，他個体による乗っ取りが起こった．この結果は，シジュウカラのオスは自種の歌を聞きわけ，他個体の歌が聞こえる地域を避けてなわばりをつくることを示している．したがって，シジュウカラの歌は自分のなわばりを主張し，維持する機能をもつことがわかる[2]．

別の方法として，馴化・脱馴化法があげられる．十分な音量でいきなり音が鳴れば，当然それに対する注意が喚起され，被験体の反応を得ることができるだろう．しかし，似たような音が何度も繰り返し鳴れば，その反応はやがてみられなくなるだろう．これを馴化と呼ぶ．ある音に馴化したあと，もとの音と異なる音が鳴ると，再び反応がみられるようになる．これを脱馴化と呼ぶ（同様の現象は神経活動でも観察される，▶5-3 参照）．この手法では，被験体の反応を指標とすることで，馴化した後に提示する音が，繰り返し提示された音と同一と認識さ

れるか，または違うと認識されるかを知ることができる．求愛歌に音の並びの順序規則をもつジュウシマツでは，馴化・脱馴化法によって音の系列規則の違いを識別できるのかが検討された．結果，ある系列規則に従って様々な音が提示されることに馴化した被験体は，規則から外れた系列の歌が提示されると，発するコールの頻度が変化することが示された[3]．この結果はジュウシマツが音の系列規則の違いを識別できることを示唆する．しかし，同様の実験を，より単純な音刺激を用いて追試した結果，コールの発声には馴化・脱馴化反応がみられなかった[4]．このため，ジュウシマツが系列規則の違いを認識し，それによってコール発声を変化させたのかについては，研究者の間にも議論がある．

もう1つの方法としてオペラント条件づけを用いた弁別実験があげられる．この方法においては，一般にエサを報酬として特定の刺激に対して特定の行動を生じるように学習させる．シジュウカラの音源位置の最小弁別角度（minimum resolved angle：MRA）を調べた実験では，左から音が提示されれば左の止まり木へ，右から提示された場合には右の止まり木へ飛び移るよう訓練したのち，左右の音源位置を近づけ，被験体からみた2つの音源位置の角度を小さくしながらテストを行った．その結果，シジュウカラのオスは2つの音源間に18°以上の角度があれば音源位置を正しく弁別できることが示された[5]．また，キーを押す行動を学習させ，音に対する識別能力を知ることもできる．観察キーと報告キーを用いた課題では，被験体が観察キーを押し続けている間，背景刺激としてある音が提示される．このとき，不定期に標的刺激として異なる音が提示される．被験体に，標的刺激が提示されたときにのみ報告キーを押すことを学習させることで，背景刺激として提示する音と標的刺激の音の違いを知覚できるか否かを調べることができる[6]．

音刺激に対する選好

シジュウカラ，ウグイスやスズメなどが属す

198 | 5章 鳥　　類

る鳴禽類の鳥たちは，オスがメスにうたいながら求愛を行うため，メスによる選り好み（性淘汰）がみられると考えられる．ハゴロモガラスのメスは，他種の歌を提示したときには求愛ディスプレイを行わないが，自種の歌に対しては求愛ディスプレイを示した．さらにメスは他種であるマネシツグミが模倣した歌には求愛ディスプレイを起こさなかった．したがって，ハゴロモガラスのメスは，モノマネされた歌と同種オスの歌を正しく聞き分けていることが示された[7]．オスの求愛歌に対するメスの応答行動の違いを指標とすることは，自然な文脈に即したメスの選好を知ることができる．一方で，繰り返し測定することが容易ではなく，詳細な歌の特徴について比較することは難しい．

一部の鳴禽類では，録音しておいた歌のプレイバックを報酬とし，特定の行動を学習させるオペラント条件づけが行われている．この実験では，例えばトリが特定の止まり木に止まる（あるいは特定のスイッチを押す）ことで，特定の歌がスピーカーから再生される．2つの異なる止まり木（あるいはスイッチ）にそれぞれ異なる歌を提示することで，被験体が自発的にどちらの歌をよく聞くかを知ることができる．ホシムクドリを用いた研究では，メスはより長い歌が再生されるほうの止まり木を選んで滞在した．しかしオスにはこの傾向はみられなかった[8]．この結果は，オスの長い歌がメスによる選り好みによって進化したことを示唆している．一方，ジュウシマツでは同様にオスの歌の特徴である系列の複雑さとメスの選好性を検討した結果，メスは積極的には複雑な系列の歌を選好しなかった[9]．したがって，オスの歌にみられる系列規則の複雑さは，性淘汰ではなく，他の要因によって進化したことが示唆された．

選好と学習

鳴禽類の歌は幼鳥期に発声学習によって獲得される（▶5-7参照）ため，歌には多様なバリエーションがみられる．このため，生得的なバイアスに基づいた選好だけでは，求愛歌の集団間・世代間の変化に逐次対応することは難しいと考えられる．経験に基づいた選好の学習は，変化していく求愛信号に対応するために重要であると考えられる．キンカチョウのオスは幼鳥期に父親の歌を聞き覚え，自分の歌を学習する．メスは歌をうたわないが，同じ時期に聞いた歌を記憶し，成長後に選好することが示されている[10]．歌をうたうオス同様に，メスにおいても学習によって選好する歌を記憶することが，成長後の求愛行動に影響すると考えられる．特定の発達時期に自動的に起きることから，刷り込み学習（インプリンティング）の1つであると考えられる．幼鳥期には主として父親や兄弟の歌を聞くため，自種の歌を選択することにつながる．一方で，近親交配のリスクがあるとも考えられる．シジュウカラにおける研究報告では，メスは幼鳥期に聞いた歌とはわずかに違う歌を，まったく異なる歌や，聞き覚えた歌そのものよりも好むことが示されており，適応的なつがい相手の選好に寄与していると考えられる[11].　　　　　　　　　〔加藤陽子〕

文　献

[1] J. R. Krebs (1977) Song and territory in the Great tit Parus major. In : B. Stonehouse, C. Perrins eds. *Evolutionary Ecology*, Palgrave, London.

[2] C. K. Catchpole and P. J. B. Slater, *Bird Song : Biological Themes and Variations* (Cambridge University Press, Cambridge, 1995).

[3] K. Abe and D. Watanabe, *Nat. Neurosci.*, 14, 1067-1074 (2011).

[4] S. Ono, H. Kagawa, M. Takahasi, Y. Seki and K. Okanoya, *Behav Processes*, 115, 100-108 (2015).

[5] G. M. Klump, W. Windt and E. Curio, *J. Comp. Phys. A.*, 158(3), 383-390 (1986).

[6] K. Okanoya and R. J. Dooling, *J. Acoust. Soc. Am.*, 78, 1170-1176 (1985).

[7] W. A. Searcy and E. A. Brenowitz, *Nature*, 332, 152-154 (1988).

[8] T. Q. Gentner and S. H. Hulse, *Anim. Behav.*, 59, 443-458 (2000).

[9] Y. Kato , T. Hasegawa and K. Okanoya, *J. Ethol.*, 28, 447-453 (2010).

[10] K. Riebel, *Anim Biol.*, 53(2), 73-87 (2003).

[11] P. K. McGregor and J. R. Krebs, *Nature*, 297, 60-61 (1982)

5-11

性淘汰と歌

　鳥の歌（さえずり）は，性淘汰（性選択）によって進化したとされる代表的行動の1つである．古くはダーウィンの『人間の進化と性淘汰』（1871）において既に，動物の発声と生殖との関連について言及がなされている．鳴禽類は歌鳥とも呼ばれるように，複雑で巧緻な発声で知られ，西洋のカナリアやアジアのメジロなどのように，美声によって鑑賞の対象とされてきた鳥種もいる．このような美しく複雑な鳴き声は，華やかな鳥の羽装同様，人間を魅了してきただけでなく，膨大な研究が重ねられており，繁殖にかかわる種内コミュニケーションの機能が明らかにされつつある．

歌の雌雄差

　歌が性淘汰形質であることの根拠として，まずその性差があげられる．鳴禽類の中には，オスしか歌をうたわない（さえずらない）種が多くいる．例えばキンカチョウやジュウシマツは，通常メスは歌をうたうことができず，それは歌神経系の顕著な性的二型によってもたらされている．また，カナリアの場合，メスはうたってもオスほどの頻度ではなく，テストステロン投与によってよくうたうようになる．同様に，ウタスズメ，ミヤマシトド，オオヨシキリなどでは，いずれもメスの歌行動はオスより低頻度あるいは時期限定的であることが報告されている．さらに，ハゴロモガラスのように，メスの歌レパートリーはオスより少ないこともある．

　例外はあるものの，歌がオスに顕著な行動であることは鳴禽類一般にあてはまり，以下に述べるような同性内・異性間性淘汰を通じて進化してきたと考えられる[1]．

同性内性淘汰：雄間競争と歌

　鳴禽類の歌の機能の1つは，ライバルを査定し，なわばりを保持することにある．古くから

よく知られた野外実験としては，なわばり保持者のオスを捕獲すると，そのなわばりは隣接するなわばりのオスから侵入を受けるようになるが，歌をプレイバックすることで侵入を防ぐことが知られている．また，なわばり制の鳴禽類を繁殖期に野外調査する際には，同種の歌をプレイバックすることがしばしばある．なわばりが侵入されたと勘違いして攻撃に出てくるオスを捕獲調査したり，うたいかえす反応を記録してデータを得たりするためである．

　シジュウカラやウグイスのような鳥では，繁殖期に歌による鳴き交わしがしばしばみられる．人間の耳にはこれらの歌は一様に聞こえるかもしれないが，それぞれに個体差があり，特に隣接するなわばりの個体同士は，互いの歌をよく認識している．ウタスズメでは，なわばりを接する個体と歌レパートリーを共有しているほど，長年なわばりを保持できることがわかっている．さらにウタスズメの若鳥は，年長のなわばり保持個体同士が共有する歌レパートリーを学ぶことが報告されており，なわばり獲得に有利になるような歌学習をしていると考えられる．このような現象は，鳴禽類の方言の形成とも深くかかわっている（▶ 5-12 参照）．

異性間性淘汰：メスの選り好みと歌

　鳴禽類の歌の2つめの機能は，メスの誘引や求愛である．例えばなわばりをもつオオヨシキリのような鳥種においては，つがい形成前のメスは，複数のオスを聴き比べてから配偶者選択に至る．カナリアの場合，セクシーシラブル（sexy syllable）と呼ばれる特定の音響構造を含む歌をうたうオスがメスに好まれ，sexy syllable を含む歌をプレイバックすると含まない場合より交尾誘発ディスプレイを頻繁にとることが観察できる．アオアズマヤドリのオスは，異種の鳥の音声も巧みに真似して求愛ディスプレイ中に発するが，真似が上手で，真似できる鳥種の数が多いほど，交尾成功が高くなる．

　メスがどのような歌を好むかは種間で著しく多様ではあるものの，一般に次の3つの特徴が重要であるとされている．

① 量：高頻度でうたうこと，音圧の大きさ，持続時間の長さ．

② 複雑さ：レパートリーの多さ，音素のシークエンスの複雑さ．

③ 馴染み：父親の歌や地域個体群の歌．

歌と個体の質

そもそも歌が「正直な信号」となっているか，という問いは，繰り返し生態学および行動学において検討されてきた[2]．とりわけメスから好まれるような歌の「うまさ」や「素晴らしさ」は，歌をうたう個体の質を何らかの形で反映しているのかという疑問は，換言するならば，歌行動がどのようなコストをはらんでいるかを考えることでもある．

長時間，大きな音で間断なくうたい続けることは，エネルギーを消費しかつ採餌の機会を犠牲にするという面でコストがかかっているだろう．また，そのような歌は捕食者の注意をひきつけることになり，生存が脅かされるリスクをはらんでいる．

他方で，レパートリーの多さのような音響特性の複雑さにどのようなコストがかかっているのかは，長らく疑問とされてきた．レパートリーのような歌特徴は，学習によって獲得されるため，ジュウシマツやキンカチョウのような成鳥になると歌学習を行わない種（close-ended learner）の場合，歌固定化後はずっと生涯おなじ歌をうたい続ける．よって，体調を反映してレパートリーが変わるようなことはない．しかし，近年提唱された発達ストレス仮説（発達栄養仮説）は，栄養コンディションに代表されるような発達期の様々なストレス要因は，歌神経核の発達に影響を与え，結果として学習された歌の特徴は，当該のオスの過去の育ち方を反映すると予測している[3]．実際，発達期の栄養制限やストレスホルモンの投与によって歌神経系へ負の影響がでることはよく確かめられている[4]．

つまりメスは，オスの歌の量的側面から現在のコンディションを，複雑さから過去の発達を査定することができているのかもしれない．

歌の繁殖成功への影響

鳴禽類の歌が性淘汰によって進化したならば，歌のよしあしは繁殖成功度を大きく左右するはずである．具体的には，優れた歌をうたうオスは，配偶相手を獲得しやすく，多くの子を残すと期待される．しかし，この予測が鳴禽類全般にあてはまるのかどうかは，未解明な点が多く残されている．例えば鳴禽類の中には，数百・数千といった膨大なレパートリーをもつ種もあるが，このような場合，まずレパートリーの個体差を定量することから研究遂行上の大きな困難が伴うし，当該種のメスがその違いを「聞き分けて」配偶者選択を行っているかを検討するのはなおさら難しい．よって，歌レパートリーの多いオスはメスに好まれるという知見は，一部のよく研究されている鳴禽類で確かめられていたとしても，すべてに当てはまるかどうかは断定できない．実際，過去の研究を総括したメタ解析によれば，歌の複雑さと繁殖成功とには正の関係があるものの，それほど結びつきは強くなく，特に繁殖成功の社会的側面（配偶者獲得）に比べ遺伝的側面（婚外交尾）では歌の影響はごく小さいと推定されている[5]．

またメスの選好は，誰とつがうかだけでなく，つがった相手の質に応じて繁殖投資を配分するという面においても発揮されている可能性がある．ジュウシマツのメスは，持続時間の長い歌をうたうオスとつがうと重い卵を産み，身体の大きなヒナが孵る．カナリアは，よい歌を聴かされると卵黄テストステロン濃度の高い卵を産むが，このような卵への配分的栄養投資は，ヒナの発達と大きく相関することがわかっている．

〔相馬雅代〕

文 献

[1] C. K. Catchpole and P. J. B. Slater, *Bird Song: Biological Themes and Variations* 2nd ed. (Cambridge University Press, Cambridge, 2008)

[2] D. Gil and M. Gahr, *Trends Ecol. Evol.*, **17**, 133-140 (2002).

[3] Nowicki *et al.*, *Am. Zool.*, **38**, 179-190 (1998).

[4] 相馬雅代, 遺伝, **59**（11月号）, 28-32 (2005).

[5] M. Soma and L. Z. Garamszegi, *Behav. Ecol.*, **22**, 363-371 (2011).

5–12

歌の地域差・方言・種分化

鳥のさえずり（歌）には，種内で地理的変異，つまり地域差のみられる場合がある．地理的変異の様相は様々であり，地域によって互いに明確に異なるさえずりが用いられていることもあれば，連続的な変異がみられる場合もある．また，地理的スケールも様々で，1000 km を超える大陸スケールのものから，島嶼ごと，さらには同じ山の谷筋によってさえずりに違いがあるという場合もある．

さえずりの方言について，必ずしも明確な定義はないが，上述の地理的変異のうち，一定の地域で用いられ，他所と明確に異なるさえずりを方言と呼ぶことは，多くの研究者の共通認識といえよう[1]．

さえずりは種の認知にかかわる行動である．メスは異なるさえずりを同種のものと認知しなかったり，生まれ育った地域のさえずりをするオスを選好したりすることがわかっている．そのため，さえずりに方言が生じることによって，生殖隔離，ひいては種分化が起こる可能性が考えられる．

ここでは，さえずりの地理的変異，方言の実例，地域による差異をもたらす要因，そして種分化の可能性について説明する．

地域差，方言の例

北米大陸に広く分布するアメリカコガラは「ヒーフー」などと聞こえる，周波数の異なる2つの音素からなるさえずりをもつが，西海岸の一部では「フィフィフィー」などと聞こえる周波数が同じ音素を繰り返す方言をもつ．

大陸では，種が連続的に分布していて地域個体群が互いに十分隔離されていないため，明確な方言と言える例は多くないが，ミヤマシトドなど北米大陸のシトド類は，ときに数十 km ごとに異なるさえずり方（song type）の方言をもつことが知られている．また，ノドグロルリア

メリカムシクイでは，アメリカ東海岸北部の個体群は南部の個体群よりも，周波数幅が狭く，単位時間あたりの音素数が多いさえずりをもっている．

イギリスでは，ハタホオジロが1つの丘で十数羽ごとに異なるさえずり方をもつというミクロな地理的スケールでの変異が報告されている．また，フランスのアオガラが「ヒリリリ……」などと聞こえる震え声（トリル）をさえずりに付加する頻度が地域によって異なるという連続的に程度が異なる変異も知られている．しかしこれらは，一定の広がりがある地域ごとに，さえずりが異なるというわけではなく，方言とはいいがたい地理的変異の例である．

日本は，地理的スケールは大きくないが，多くの島嶼があるため，本土と島嶼，また島嶼同士の間で個体群が隔離されており，個体群間でさえずりに違いが見られる例が多い．南西諸島のヒヨドリ・メジロは，音響学的分析によると島間でさえずりに変異がある（島間で重複があり，方言とはいいがたい）．本土と南西諸島のシジュウカラ・ヤマガラや，本土と小笠原諸島のウグイスでは，さえずりに地理的変異がみられ，地域個体群間によっては差異が明瞭に認められることから，方言があるといって差し支えないであろう．

地域による差異をもたらす要因

鳥のさえずりは，生息する環境の生態的要因と種内の社会的要因によって進化する．種内でさえずりが異なるのも，これらの要因が地域によって異なっているためと考えられるが，実証的研究は少ない．

島嶼のウグイスは本土のものに比べ，さえずりを構成する音素数が少なく，周波数変調が少ない単純なさえずりをする．これは，性淘汰の圧力の違いによると考えられている．本土のウグイスは季節的移動をするため，毎年繁殖地でオス同士が競争し，なわばりを確立する．それに対し，島嶼のウグイスは季節的移動をせず，通年ほぼ同じ場所で生息する．また，島嶼ではしばしば巣の捕食者となる肉食獣やヘビが生息

していないため，繁殖失敗とそれに伴うメスの
再配偶の起こる頻度が低く，メスがオスを選ぶ
機会が少ないと考えられる．一般に，性淘汰に
より複雑なさえずりが進化することから，島で
は性淘汰の圧力が弱いことによってさえずりが
単純になったと考えられる．事実，島では本土
よりも性的サイズ二型（オスがメスよりも大き
いこと）の程度が小さく，島で性淘汰圧が弱い
ことが示唆されている[2]．

　地域によって異なる近縁種との関係によって
方言が生じる場合もある．南西諸島には互いに
さえずりの似たシジュウカラ・ヤマガラの両方
が生息する島と，片方だけが生息する島がある．
シジュウカラは島によってさえずりが異なる
が，ヤマガラが生息する島では，短い音素を用
い，低い最高周波数でさえずる．これは，最高
周波数が高く，音素が長いさえずりをするヤマ
ガラとは，異なるものである．体が小さいシジュ
ウカラは，ヤマガラに同種と誤認されハラスメ
ントを受けることを避けるために，ヤマガラと
は異なる，自種の特徴が顕著なさえずりをする
ようになったと考えられる[3]．

　植生によって異なる音声伝達環境がさえずり
の地域差を生む可能性もある．しかし，イギリ
スからニュージーランドにもち込まれたズアオ
アトリが単純なさえずりをすることについて，
密に茂った植生の影響による可能性が考えられ
ている程度で，はっきりとした実証例はない．

種分化

　異なる方言は同種のものと認知されるのであ
ろうか．オスに対して野外で行われた音声再生
実験では，地元の方言に比べ他所の方言には反
応が弱い（排他的行動を示さない）という結果
が多く得られている．

　メスの反応は野外で観察しがたいため，しば
しばホルモンをインプラントした室内実験に
よって，種認知が調べられている．すなわち，
メスの生育地と他所のオスのさえずり方言を聞
かせ，交尾を乞うディスプレイを測るのである．

ミヤマシトドやハタホオジロでは，地元のさえ
ずりに対する選好性が示されている研究もある
が，選好性を見いだしていない研究もあり，結
果は混沌としている．この実験手法は，野外で
メスがつがい相手を選ぶ過程を再現しておら
ず，メスの種認知や選好性をよく表していない
可能性がある．

　実際に，さえずりの地理的変異が種分化を引
き起こした（引き起こしつつある）と考えられ
る例にヤナギムシクイがある．ヤナギムシクイ
はチベット高原を囲むように分布しており，分
子系統と森林の変遷にかかわる地史から，チ
ベット高原南方に起源をもち，それが東西に分
かれて分布を北に広げ，北方で分布を接したと
考えられている．輪状に分布する複数の個体群
（亜種）の間でさえずりは異なっており，さえ
ずり再生実験を行うと，およそ1500 kmを境
にして遠くの個体群のさえずりには反応しな
かった．しかし，北方に分布する2亜種は，一
部分布が重なっているにもかかわらず，さえず
り再生実験で互いに反応がみられなかった[4]．

　ヤナギムシクイはさえずりの地理的変異の結
果，同所的に分布していても，互いに同種と認
知し合うことがない亜種に分かれたもので，方
言の違いによる生殖隔離が起こりうることを示
している．異所的に分布していて異なる方言で
さえずっている個体群の間でも，偶発的な移出
入や分布の変化によって同所的に生息する個体
が現れた場合に，さえずりの違いから種認知が
行われないことによって遺伝子流動が妨げら
れ，生殖隔離，ひいては種分化が起きていく可
能性が考えられる． 〔濱尾章二〕

文　献

[1] J. Podos and P. S. Warren, *Adv. Study Behav.*, 37, 403-458 (2007).
[2] S. Hamao, *J. Ethol.*, 31, 9-15 (2013).
[3] S. Hamao, N. Sugita and I. Nishiumi, *Acta Ethol.*, 19, 81-90 (2016).
[4] D. E. Irwin, S. Bensch and T. D. Price, *Nature*, 409, 333-337 (2001).

5-13

都市騒音と歌

　都市環境は，騒音，住居や工場の照明による光害など，様々な点で自然環境とは異なる．これらの環境変化は都市部に生息する野生生物の行動に影響を及ぼす．ここでは，都市騒音による鳥の歌の変化について説明する．

音声順応仮説

　鳥の歌は，生息環境で伝達されやすい特徴に変化する．歌はつがい選択やなわばり防衛など繁殖に重要な情報を含む．このため，他個体に歌が伝達されることは生存に有利である．しかし，歌情報は広範囲に伝達されるため，生息地の環境に影響を受ける．例えば，植生や温度，湿度などにより，音の減衰の仕方が異なり，歌の届く範囲が変化する．また，風や流水の音，他の生き物の音声などの環境雑音も歌伝達の妨げとなる．すなわち伝達されやすい音の特徴や範囲は環境によって異なる．1970年代にMortonは，鳥の歌特徴が生息環境の違いによって異なることを発見し，音声順応仮説*（acoustic adaptation hypothesis）を提唱した[1]．彼は，パナマの森林，草原，林縁部の数か所で，音の伝播を比較した．森林では，低周波で帯域の狭い音が減衰されにくかった．次に，それぞれの環境に生息する数種の鳥の歌を比較した．森林の鳥は他の地域に比べ，低周波で純音のような周波数変調が少ない歌をうたっていた．森林では枝や葉などの障害物に高周波域が減衰されやすいため，低周波域のほうが遠くまで伝わる．森林の鳥類は，その生息環境で伝達されやすい歌をうたっていたと考えられる．しかし，生息環境による音の減衰率の違いがごくわずかという報告もあり，環境による音

の減衰率と歌特徴の関連性は複雑化している．そうであっても，音声順応仮説は，鳥が生息環境で伝達されやすい歌をうたうという点に注目され，多くの鳥類種で検証されている．

都市部での鳥の歌

　近年では，都市部での鳥の歌と音声順応仮説の関連性が注目されている．都市では人為的な活動による騒音が発生する．都市騒音の主な音源は，車や飛行機などの交通機関，産業や生活で利用される機械類である．背景雑音は自然環境にも存在するが，都市騒音はそれに比べて低周波で音圧が高い．そのため，都市騒音が鳥の歌の伝達に深刻な影響を与えることが懸念される．一方で，都市部に生息する鳥類は，歌を柔軟に変化させ騒音環境に順応している．鳥は，音圧や周波数，うたう時間帯などを調整し，都市部で伝達されやすい歌をうたっている．次にそれぞれの順応戦略について説明する．

音圧の調整

　都市部に生息するサヨナキドリ（ナイチンゲール）は，環境騒音に合わせて歌の音圧を調整している[2]．ドイツのベルリンで，騒音と歌の音圧を計測すると，騒音が大きいなわばりにいる鳥は，音圧が高い歌をうたう．また，同個体での音圧の日間変化を調べると，交通量が少なく騒音が小さい週末よりも，交通量が多い平日の方が高い音圧でうたっていた．ナイチンゲールは，聴覚フィードバック（自分の声を聞きながら発声すること）を使いながら歌をうたう鳴禽類である．人間を含め聴覚フィードバックにより発声を制御する生物は，周囲の雑音が大きくなるとそれに合わせて声の音圧を調整する（Lombard effect，ロンバード効果）．ナイチンゲールは周囲の騒音に合わせて音圧を調整し，より遠くに届く歌をうたっていたと考えられる．

周波数の調整

　都市部の鳥類が，騒音を避けるような周波数域で歌をうたうことが報告されている．都市騒

---

*acoustic adaptation hypothesis の訳語について，音声適応仮説とも訳される．この項で紹介した鳴禽類での都市騒音による歌の変化は音声学習による影響が強く，遺伝的変異は起きていない可能性が高い．そのため適応よりも順応が適切であると考え，音声順応仮説と訳した．

音は，主に低周波帯域に広がり音圧が高い．この周波数域に音が重なると騒音に邪魔されて歌が伝達されにくい．オランダの都市部に生息するシジュウカラの研究によると，騒音が大きいなわばりにいる鳥ほど，歌の最小周波数が高かった[3]．鳥は，騒音が大きい場所では騒音と重なりにくい歌をうたっていたことになる．また，ヨーロッパ全域の都市と近隣の森林のそれぞれ10か所で歌の最小周波数が比較すると，どの場所においても，都市のシジュウカラのほうが森林の鳥よりも最小周波数が高かった[4]（図1）．シジュウカラは，なわばりを確立した成鳥後も，近隣の歌を聞いて自分の歌を調整する能力がある．騒音に邪魔されやすい歌は，近隣個体に伝達されにくく，都市部では広まりにくい．このような社会的相互作用の結果，都市で伝達されやすい歌が広まったと考えられる．シジュウカラのように，成鳥後も歌を学習する鳥では，都市での歌が比較的短期間で変化するだろう．

一方で，幼鳥期に歌学習が終了する鳥でも世代を超えて歌が変化した例がある．アメリカのサンフランシスコでは，30年前に比べると交通量が増え都市騒音が増加した．そこに生息するミヤマシトドの現在と30年前の歌を比べると，現在のほうが歌の最小周波数が高い．この鳥にはいくつかの方言が存在するが，最小周波数が低い方言は，都市では淘汰されている[5]．ミヤマシトドは，幼鳥期に歌の学習期が終了する．このため，なわばりを確立した成鳥が歌を変化させることはないだろう．しかし，都市環境で聞こえやすい歌がそこで生まれた多くの幼鳥に学習され，世代を超えて歌が変化したと考えられる．

歌をうたう時間帯の調整

鳥が歌をうたう時間帯を調整することで騒音を避ける例も報告されている．ヨーロッパコマドリは，昼行性の鳥だが夜間に歌をうたうこともある．夜間に歌をうたうかどうかは，昼間の騒音が関連するという報告がある[6]．イギリスの工業都市で，ヨーロッパコマドリが夜間に歌をうたう場所とうたわない場所で昼間の騒音を比較した．すると，夜間にうたう場所のほうが昼間の騒音が大きい．ここで夜間に活動が増えるのは，街灯等の照明など明るさとも関係すると考えられるが，その影響は小さかった．昼間の騒音を，避けた結果，都市部のヨーロッパコマドリは夜間に歌をうたうのかもしれない．また，さえずり時間の調整は騒音が大きい飛行場の側でも起きている．10種の鳥のさえずり開始時間を飛行場近隣と飛行場から離れた場所で比べると，飛行場近隣ではさえずり開始時間が遅かった．これはさえずり開始が騒音の少ない夜間にずれ込んでいた可能性を示唆する[7]．

都市騒音と歌

都市騒音は，鳥類の繁殖や分散に深刻な影響を及ぼすかもしれない．しかし，都市に生息する鳥類は，柔軟に歌や行動を変化させ，騒音に順応している．一方でこれらの戦略が生存にどの程度有利なのか，コストを伴うのかを直接的に調べた研究は十分にない．今後は，都市部での鳥類の生存戦略についてより詳細に検討し保全との関係を考えることが求められている[8]．

〔香川紘子〕

文 献

[1] E. S. Morton, *Am. Nat.*, **109**, 17-34（1975）．
[2] H. Brumm, *J. Anim. Ecol.*, **73**, 434-440（2004）．
[3] H. Slabbekoorn and M. Peet, *Nature*, **424**, 267（2003）．
[4] H. Slabbekoorn and A. den Boer-Visser, *Cur. Biol.*, **16**, 2326-2331（2006）．
[5] D. Luther and L. Baptista, *Proc. R. Soc. B*, **277**, 469-473（2010）．
[6] R. A. Fuller *et al.*, *Biol. Lett*, **3**, 368-370（2007）．
[7] D. Gil *et al.*, *Behav. Ecol.*, **26**(2), 435-443（2015）．
[8] H. Slabbekoorn, *Anim. Behav.*, **85**(5), 1089-1099（2013）．

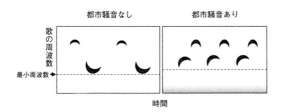

図1 歌のソナグラムの模式図[8]

5-14 鳥類の非発声による発音

鳥類の音によるコミュニケーションといえば，さえずりや地鳴きなどを想像されるだろう．これらの音は，鳴管（ヒトでいう声帯）から発せられる．しかしながら，我々が手を叩き，楽器を使って演奏するように，鳥類も多様な方法で音を発することが知られている．鳴管に頼らずに発せられる音を非発声音（non-vocal sound）と呼ぶ．非発声音は，翼，尾羽，嘴など，体の様々な部位から発せられる．中には，道具を使用して音を出す行動も報告されている．非発声音の産出メカニズムについてはいくつかの報告がある一方で，音によるコミュニケーションとしての機能についてはほとんど理解が進んでいない．本項では，鳥類の多様な音の産出メカニズムを紹介しながら，そのコミュニケーション上の役割について議論する．

非発声音の産出例とその機能

非発声音による求愛ディスプレイの有名な例に，マイコドリと呼ばれる南米に生息する亜鳴禽類の行動がある．マイコドリはレック種で，オスのみが派手な羽装をもち，精巧な求愛ディスプレイを行う．メスはオスの見ためと行動を評価し，配偶者選択を行う．キガタヒメマイコドリのオスは左右の翼を背側でこすりあわせて音を出す（図1）．翼の中でも次列風切と呼ばれる部位には，音を出すために特化した構造がある[1]．

ハチドリ科のいくつかの種では，オスが求愛ディスプレイとして自身の身体能力を誇示するための飛翔行動を行う．このとき，尾羽を広げて羽根と羽根の間に空気を通すことで飛翔音を発する[2]．ハチドリの尾羽の構造は音を出す上で有効な形になっている．重なり合っている羽根の一部を除くと，空気が通ったときの音圧が減少する[2]．尾羽の形はメスの配偶者選択を通して，音を出すために進化したと考えられる[2]．

図1 非発声音を産出する行動例
左：羽をこすりあわせて音を出すキガタヒメマイコドリ，
右：木のうろに枝を叩きつけて音を鳴らすヤシオウム．

また，ヤシオウムでは，足で木の枝や木の実をつかみ，木のうろに叩きつけて音を出すドラミングと呼ばれる行動がみられる（図1）[3]．この行動はオスにおいてのみ報告されており，ドラミングの音は道具を使わずに出す音よりも明らかに大きい[3]．ヤシオウムは木のうろに営巣し，ドラミングに用いた枝はうろに投げ入れて巣材として用いられることがある．この行動は，繁殖場所と自身のモチベーションをメスにアピールし，つがいの絆を形成・維持するだけでなく，周囲の他個体に向けたテリトリー防衛としても機能すると考えられる[3]．

一部の一夫一妻制鳥類では，オスだけでなくメスも非発声音を発することがある．例えば，コウノトリは嘴をカスタネットのように開閉して叩くことで，カタカタという音を雌雄ともに発する[4]．この行動は「クラッタリング」と呼ばれる．クラッタリングは主に繁殖期に観察される．ニホンコウノトリでは，嘴に性的二型が見られ，これがクラッタリングの音響構造に影響することが知られている[4]．この行動はつがい間の絆の形成や維持に役立つ雌雄間コミュニケーションとしての役割をもつと考えられるが，詳しい機能はわかっていない．

求愛の場面以外でも非発声音が用いられるこ

とがある．レンジャクバトは捕食者から逃げるとき，通常よりも大きな飛翔音を翼から発する[5]．この飛翔音は警戒音として機能し，音圧が大きいほど周囲個体の逃避行動が頻繁に観察される[5]．飛翔によって発せられる非発声音は，逃避行動と同時に産出されるので合理的であると言える．

スズメ目が発する非発声音

求愛の際に非発声音を用いる種の中でも，マイコドリは羽根の構造が特殊であることに加えて，筋肉の素早い運動により音を産出しているという点において，ひときわ複雑な非発声音産出メカニズムを備えている．マイコドリは歌の学習能力をもたない亜鳴禽類に属しているため，歌の代替手段としてこのような複雑な非発声音が進化したと考えられる．

しかしながら近年では，複雑な歌をうたう鳴禽類においても，いくつかの種で非発声音を出すことが報告されている．社会的一夫一妻制鳴禽類で，オスのみが求愛の歌をうたうブンチョウでは，雌雄ともに嘴をこすって非発声音を出す[6]．雌雄ともに歌とダンスから構成される求愛ディスプレイを行うセイキチョウ（青輝鳥）では求愛のジャンプ時にタップダンスのような動きをすることで非発声音を産出する（図2）[7]．

これらの行動の独特な点は，異なる産出メカニズムをもつ2種類の音（発声音と非発声音）が組み合わさって発せられていることにある（図2a）．例えばブンチョウのオスは，歌の中の決まったタイミングで嘴音を鳴らす[6]．鳴禽類の歌は学習によって獲得され，音のレパートリーや規則性に関して非常に複雑な構造をもつ．このような精巧な聴覚信号をもちながら，なぜ非発声音を同時に発するのは今後明らかにすべき課題であるといえる．

今後の展望

近年では，ハイスピードカメラなどの撮影機材と解析技術の向上もあり，これまで見過ごされてきた非発声音の産出メカニズムとその多様性が明らかになりつつある．一方で，非発声音がコミュニケーションにどれくらい影響しているのかは，意外なことにほとんど調べられていない．歌の研究のように，非発声音のプレイバック実験等によって音を聞いた個体の反応を調査し，コミュニケーション上の機能を考えることが必要である．このように信号の伝達手段を多面的に捉え，調査することは，動物の多様なコミュニケーション手段を理解する一助となるだろう．

〔太田菜央・相馬雅代〕

文献

[1] K. S. Bostwick and R. O. Prum, *Science*, 309, 736 (2003).
[2] C.J. Clark, D.O. Elias and R. O. Prum, *Science*, 333, 1430-1433 (2011).
[3] G. A. Wood, *Corella*, 12, 48-52 (1987)
[4] H. Eda-Fujiwara, A. Yamamoto, H. Sugita, Y. Takahashi, Y. Kojima, R. Sakashita, H. Ogawa, T. Miyamoto and T. Kimura, *Zool. Sci.*, 21, 817-821 (2004).
[5] M. Hingee, R. D. Magrath, *Proc. R. Soc. B.*, rspb20091110 (2009).
[6] M. Soma and C. Mori, *Plos One*, 10, e0124876 (2015).
[7] N. Ota, M. Gahr and M. Soma, *Bioacoustics*, 26, 161-168 (2017).

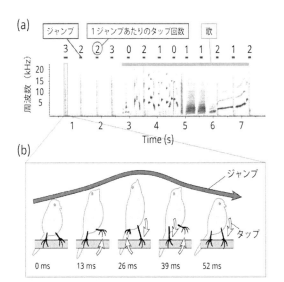

図2 セイキチョウのタップダンス様求愛行動
(a) 求愛ディスプレイ時のソナグラムと (b) ジャンプ時の足の動き．

5-15

年齢による歌の変化

年齢とともに行動や形質が変化する現象は，幅広い動物にみられる．コミュニケーションに用いられる音声も，年齢による影響を受ける．例えば人間の男性は，二次性徴に伴い声変わりをする．また男女ともに，加齢とともに少しずつ声質が変化していく．鳥の歌は個体の情報を反映する信号として機能し，その情報の中には年齢が含まれることがある[1]．年齢による歌の変化は，コミュニケーションにおいてどのような役割を果たしているのだろうか．

年齢と配偶者選択

年を経たオスに対するメスの選り好みは，鳥を含む幅広い動物に見られる一般的な現象である[2]．なぜメスは高齢のオスを好むのだろうか．これに関しては，いくつかの理由が考えられる[1]．年をとった個体は，その年齢自体が生存能力の高さを反映しており，高齢であることはオスの遺伝的な質を示す情報となる．また，年を経た個体は若い個体よりも採餌や繁殖行動に関してより多くの経験を積んでおり，社会的地位が高く，繁殖成功を収める可能性が高い．一方で，寿命が近づくほどその個体の繁殖機会は減っていくため，加齢とともに繁殖に関して最大限の努力を払うようになるという考え方もある．これらの仮説は切り分けて検証することが難しく，複数の仮説が同時に支持される可能性が高い．いずれの場合も，年齢はメスが配偶者選択を行う上で重要な情報となる．

年齢による歌の変化の実例

年齢の情報は，幅広い歌の特徴に反映される．歌の速度や音響構造の微細な変化から，音素の構成要素やレパートリー数の増減まで，種によって様々な報告がなされている[1]．ここではいくつかの種の例を抜粋して紹介する．

ホシムクドリは，異なる複数の歌レパート

リーをもつ．歌のレパートリー数は個体によって異なり，年齢に伴う増加を見せる[1]．また，歌のレパートリー数が多い個体はメスに好まれることも報告されている[1]．このことは，メスが年齢の高いオスを選ぶにあたって，歌を指標としていることを示唆する．

ヌマウタスズメは，歌の速度や周波数幅といった，パフォーマンスにまつわる特徴が年齢に伴い上昇することが知られている[3]．テンポが速く，周波数幅の広い歌をうたうことは身体的に負荷のかかる行動である．歌のパフォーマンスの高さには体格も関連しているが，体格には年齢に伴う変化は見られなかった[3]．このことは，ヌマウタスズメの歌が体格と同時に年齢の情報を歌に反映していることを支持する．

年齢による歌の変化は，その個体のコンディションのよい面を反映するものばかりではない．シジュウカラでは，1年目から3年目にかけては年齢とともに同じ歌を安定してうたえるようになっていくが，それ以降の年齢になると歌の一貫性が再び減少することが報告されている[4]．ジュウシマツでも，高齢個体において1歌あたりの音素数が減少し，テンポが遅くなることが報告されている[5]．加齢に伴い行動が改善される場合に比べると，老化という現象はしばしば見過ごされがちであり，報告も少ないが，今後調べていくと興味深い知見が得られるかもしれない．

鳥の歌の代表的な研究対象種といえばキンカチョウであるが，キンカチョウのオスの歌について，長期的な歌の変動を調べた研究は驚くほど少ない．キンカチョウは歌学習期が幼鳥時に限られているため，歌学習終了後の歌は生涯を通じて変化しないと考えられてきた．しかしながらキンカチョウと同様，歌学習期が幼鳥時に限られているブンチョウでは，歌学習が終了した後にも歌が変化することが報告されている[6]．ブンチョウは年齢を経ても，父親から学んだ音素のレパートリーや規則性は変わらない一方で，1歌の長さやテンポは上昇する（図1）[6]．歌学習期間が限られている鳥種におい

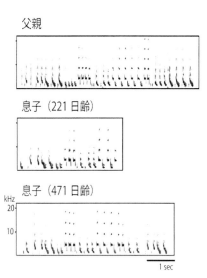

図1 ブンチョウの父親と息子の歌の比較と年齢に伴う歌の変化

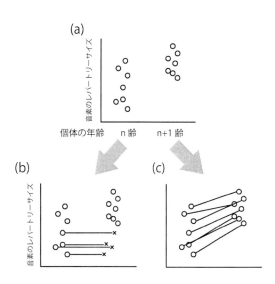

図2 年齢に伴う歌の変化(a)が観察される2つの理由(b, c).([1]より抜粋・改変)

ても，年齢を経た個体が繁殖において有利な点が多いことは共通しているはずである．しかしながら，歌学習期の短い種において，歌学習終了後の歌にどれほどの可塑性があり，年齢に伴いどのように変化し，コミュニケーション上どのような機能を果たすのかはほとんどわかっていない．

横断的研究と縦断的研究

歌の特徴の年齢に伴う変化を調査するにあたって，個体間変動に着目した横断的研究と，個体内変動に着目した縦断的研究という，2通りのアプローチがある[1]．横断的研究では，異なる個体の歌と年齢を比較し，縦断的研究では同じ個体の歌を異なる年齢間で比較する．横断的研究では，そのとき検出された年齢による歌の変化の解釈が難しい．なぜなら，年齢と歌の特徴に正もしくは負の相関が見られた場合，その背景には2つのシナリオが考えられるからである（図2）．ある鳥種において，図2aに示したように年齢に伴い音素のレパートリーサイズに変化が見られたとする．このような結果の背景には，音素のレパートリーサイズが小さい若い個体の死亡率が高いという可能性（図2b）と，年齢に伴って音素のレパートリー数が増加

した（図2c）という2つの可能性が考えられる．横断的研究には短期間で多くのデータがとれるというメリットがある．しかしながら，図2に示した2つの可能性を検証し，年齢に伴う行動の変化を理解するためには，縦断的研究がより重要となる．

キンカチョウやブンチョウなど比較的飼育が容易な鳥種では，生まれや育ちを把握した上で長期的な歌の観察が可能である．それにもかかわらず，飼育個体を用いた長期的な歌の変動はこれまでほとんど調べられていない．飼育個体を用いて，個体の生涯を通じた歌の特徴の変化や，そのコミュニケーション上の機能を調べることで，鳥類の音声コミュニケーションの理解がいっそう深まることが期待される．

〔太田菜央〕

文 献

[1] S. Kipper and S. Kiefer, *Adv. Stud. Behav.*, **41**, 77-118 (2010).
[2] R. Brooks and D. J. Kemp, *TREE*, **16**, 308-313 (1988).
[3] B. Ballentine. *Anim. Behav.*, **77**, 973-978 (2009).
[4] H. F. Rivera-Gutierrez, R. Pinxten and M. Eens, *Anim. Behav.*, **83**, 1279-1283 (2012).
[5] B. G. Cooper, J. M. Méndez, S. Saar, A. G. Whetstone, R. Meyers and F. Goller, *Neurobiol. Aging.*, **33**, 564-568 (2012).
[6] N. Ota and M. Soma, *J. Avian Biol.*, **46**, 566-573 (2014).

5-16 音声による個体認知

個体認知とは，同種他個体を識別する能力をさし，識別する対象が特定されているか複数かによって2種類に分けられる．特定の個体をその他複数の中から認知する個体認知として，親子認知やつがい相手の認知，群れ仲間の認知などがある．これは特定のカテゴリに属する個体のみを識別することから「クラスレベルの個体認知」といわれる．一方，複数の個体を識別する個体認知には群れなどの集団の構成個体を個々に識別する場合が該当する．特定の個体だけではなく複数個体それぞれを認知することが必要となるため，「真の個体認知」といわれる[1]．

個体認知の際は，個体ごとに異なる信号が手掛かりとなる．どの感覚モダリティの信号が使われるかは動物の生息環境によって異なるが，鳥類，哺乳類の多くでは音声がよく使われる．特に，コンタクトコールという鳴き声での個体認知は広く報告されている．コンタクトコールは，個体同士が離ればなれにならないように発する音声である[2]．コンタクトコールそのものは複雑な音声ではないが，長さや周波数などの音響構造が個体ごとに異なるため，個体認知の手掛かりとなる．例えばハシブトガラスのコンタクトコールはKah（カァ）コールという鳴き声であり，その音響構造には明瞭な個体差が存在する（図1，[3]）．

クラスレベルの音声個体認知

クラスレベルの個体認知として最も強烈な例は，コウテイペンギンのつがい／親子認知である．コウテイペンギンは数千羽からなるコロニーを形成し，集団で繁殖を行う．親鳥は採餌のために海に出かけるため，帰ってきたときには大群の中から確実に自分のつがい相手とヒナを探し出さねばならない．これを可能にしているのが彼らの鳴き声である．鳥はヒトの声帯に相当する鳴管を2つもつが，コウテイペンギンはそれぞれから周波数がわずかに異なる音を発するため，音が干渉し合い，うなりが生じる．このうなりのパターンが個体ごとに異なるため，個体認知が可能なのである．実験的に片方の鳴管から出る音を消してしまうと，つがい／親子認知ができない[4]．

セキセイインコなどの音声模倣を行う種では，つがい独自の音声を発してつがい認知の手掛かりとする場合もある[5]．イスカは地域ごとに嘴の形態とコンタクトコールが異なるが，自分と音響構造の似た個体を好むことで選択交配が生じ，音声および形態の地域差が維持されていると考えられている．つがい内の音声は模倣によって収斂し，音響構造が類似しているつがいほど親和性も高い[6]．

真の個体認知における音声個体認知

社会的動物は，協力関係を維持したり，繰り返しの闘争を回避したりする．個体認知はこの

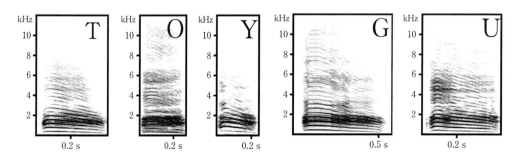

図1 ハシブトガラス5個体のカァ・コール
個体ごとに音響構造が異なる．右上のアルファベットは各個体の名前を表す．

図2 「驚く」カラス（口絵9）
視覚的に提示した個体とは別の個体の声を提示すると，驚いて提示個体のいる方を見ようと隙間を覗き込む．

ような複雑な社会行動の基盤となる．群れの中の複数個体をそれぞれ認知する真の個体認知においては，その個体の発する感覚信号と，その個体についての群れ内での順位や親和的関係といった社会的情報を統合させて認知することが必要とされる．

音声を手掛かりにした真の個体認知は，社会的動物で多く報告されている．チャクマヒヒは闘争時，高順位個体が低順位個体に対して唸り声を発し，低順位個体は悲鳴を上げる．実験的に，低順位個体の唸り声の後に高順位個体の悲鳴が流れるという順位の逆転を模した音声刺激を提示したところ，ヒヒは通常の闘争を模した再生刺激のときよりも長い間スピーカーのほうを見ており，群れの個体間の順位関係を理解していることが示唆された[7]．ワタリガラスでも同様の実験が行われ，やはり順位関係が逆転した音声刺激を提示したときに強いストレス反応が見られた[8]．

真の個体認知の際には，視覚と聴覚といった異なる感覚信号を統合することも必要とされる．異種感覚を統合した個体認知は，特定の個体を提示した後に別の個体の音声を提示し，被験体が「驚く」反応を見せるかどうかという方法（「期待違反法」という）で調べることができる．被験体の「驚く」反応は，被験体は視覚的に提示された個体についての異種感覚統合的イメージが「裏切られた」ことによるものと考え

ることができるからである（友達がお店の試着室に入った後，まったく別の友達の声が試着室の中から聞こえてくるという状況を想像してほしい）．この方法を使った異種感覚統合的な個体認知は，ウマやハシブトガラスなどで報告がある[9, 10]．ハシブトガラスでは，「驚く」反応は既知の個体を提示されたときのみ生じ，未知の個体を提示したときには生じなかったことから，他個体について異種感覚統合的な個体認知を行うためには学習が必要であることも示された[10]．

音声の個体差と個体認知

音声個体認知を研究する際は，音響構造に個体差があっても必ずしもその音声が個体認知に使われているとは限らないことに注意が必要である．個体認知は，信号の発信側が個体差のある信号を発するだけでなく，受信側がその個体差を識別しなければ成立しないためである．例えば，ミーアキャットは群れごとに異なる警戒コールを発するが，受信側はその差を区別した反応を示さなかった[11]．これは，音声個体認知研究においては信号の発信側と受信側の両方の視点が必須であることを示した好例である．

〔近藤紀子〕

文献

[1] E. A. Tibbetes and J. Dale, *Trends Ecol. Evol.*, 22, 529-537 (2007).
[2] N. Kondo and S. Watanabe. *Japn. Psychol. Res.*, 51, 197-208 (2009).
[3] N. Kondo, EI. Izawa and S. Watanabe, *Behaviour*, 147, 1051-1072 (2011).
[4] T. Aubin, P. Jouventin and C. Hildebrand, *Proc. R. Soc. Lon. B*, 267, 1081-1087 (2000).
[5] A. G. Hile, T. K. Plummer and G. F. Striedter, *Anim. Behav.*, 59, 1209-1218 (2000).
[6] K. B. Sewall, *Anim. Behav.*, 77, 1303-1311 (2009).
[7] D. L. Cheney, R. M. Seyfarth and J. B. Silk, *J. Comp. Psychol.*, 109, 134-141 (1995).
[8] J. J. Massen, A. Pašukonis, A., J. Schmidt and T. Bugnyar, *Nature Commun.*, 5 (2014).
[9] L. Proops, K. McComb and D. Reby, *Proc. Natl. Acad. Sci.*, 106, 947-951 (2009).
[10] N. Kondo, EI. Izawa and S. Watanabe, *Proc. R. Soc. Lon. B*, rspb20112419 (2012).
[11] S. W. Townsend, L. I. Hollén and M. B. Manser, *Anim. Behav*, 80, 133-138 (2010).

5-17 警戒声による情報伝達

警戒声（alarm call あるいは warning call）とは，餌生物が捕食者や寄生者をみつけた際に発する音声信号の総称である．警戒声の発声は社会性の発達した鳥類や哺乳類において広く報告されており，主に群れの仲間や配偶相手，きょうだいや子に対し，迫りくる危険を知らせ，適切な防衛行動をうながす機能をもつ．一部の動物では，警戒声を発すること自体に，捕食者の追撃を抑止する効果も認められる．

警戒声の研究の歴史は古く，1950年代まで遡る．Marler は，小型鳥類が上空に猛禽類を発見した際に発する「スィー」と聞こえる警戒声は，どの種においても 6～9 kHz の周波数帯におさまる単調な音声であるということを発見した[1,2]．この音響構造は，猛禽類には位置を特定されにくいが，周囲の仲間には知覚されうるものなので，発信者が捕食者に襲撃されるリスクを軽減しつつ，効率よく周囲に危険を知らせるうえで理にかなっている．

1980年以降，警戒声の適応的意義について，血縁淘汰や相利性など様々な観点から研究が進められてきた．また，集音機材や音声解析技術の精度の向上から，警戒声の音響構造に関する詳細な研究も進められた．さらに，1990年以降，音声再生実験によって警戒声の機能を検証する試みも盛んに行われるようになり，鳥類や哺乳類の警戒声が従来考えられていたよりも複雑な情報を伝えることが明らかになってきた．ここでは，警戒声による情報伝達について，その代表的な研究例を交えつつ紹介したい．

警戒声に含まれる情報

数種の哺乳類や鳥類では，警戒声の音響構造は一定ではなく，天敵の種類や行動によってその波形が変化することが知られている．例えば，アフリカのサバンナに生息するサバンナモンキーは，タカ，ヒョウ，毒蛇といった3種の捕食者に対して，波形の異なる警戒声を発し分ける[3]．群れの仲間はこれらの警戒声を正確に聞き分けて，異なる反応を示す．タカに対する警戒声にはタカに攻撃されぬよう藪に逃げ入り，ヒョウに対する警戒声にはヒョウの近づくことのできない樹上の枝先に避難し，毒蛇に対する警戒声にはヘビを探すように地面を見渡す[3]．つまり，サバンナモンキーの警戒声は，仲間に捕食者の種類を伝えていると解釈できる．このような音声は，機能上指示的な信号（functionally referential signal）と呼ばれ，ヒトの言語における象徴性との進化的関連性が示唆されている．

同様の複雑性は鳥類においても知られている．例えば，日本に生息するシジュウカラの親は，ヒナを襲いに巣に近づく捕食者をみつけると騒ぎ立てて警戒するが，捕食者の種類に応じて2種類の音声を使い分ける[4]．ハシブトガラスをみつけると「ピーツピ」という甲高い鳴き声を発し，アオダイショウをみつけると「ジャージャー」としわがれた声で鳴く（図1）．驚くことに，樹洞の巣の中のヒナたちは，これら親鳥の警戒声を正確に聞き分け，捕食者に応じた回避行動をとる．カラスに対する警戒声を聞くと，樹洞のなかで体勢を低くし，巣口から襲ってくるカラスの嘴の届かぬ位置で静止する．一方，アオダイショウに対する警戒声を聞くと，一斉に巣の樹洞から飛び出す．ヘビが侵

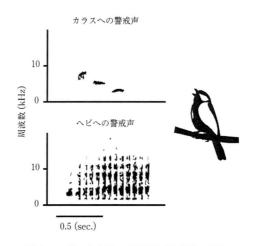

図1 シジュウカラの2種類の警戒声の声紋

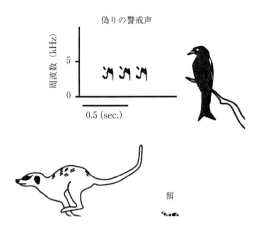

図2 警戒声によってミーアキャットを騙し,餌をかすめ取るクロオウチュウ

入してくる前に巣を脱出することが,ヒナたちが捕食を回避する唯一の方法なのである.

捕食者の危険度は,被食者と捕食者の距離や捕食者の運動性(飛翔技術など)によっても変化する.鳥類や哺乳類には,警戒声の発声頻度や音素の長さ,ひと声あたりの音素の繰り返し数を変化させることで,これら緊急性にかかわる情報を仲間に伝える種も多い[5].

警戒声の盗聴

警戒声は,同種個体のみならず,同所的に生息する他種個体によっても認知され,利用されることがある.例えば,アメリカに生息するムネアカゴジュウカラは,冬季にともに群れをなすアメリカコガラの警戒声の音響構造(音素の繰り返し数)から,捕食者の危険度(大きさ)に関する情報を読み取り,自らの捕食回避に役立てることが知られている[6].このような行動は盗聴(eavesdropping)と呼ばれ,鳥類の種間だけでなく,共通の捕食者をもつ哺乳類と鳥類,鳥類と爬虫類のあいだにおいても報告されている[7].

他種の警戒声を正確に認知し,適切に反応するうえで,音響構造とその意味の関連学習は重要な役を担っている[8].一方で,警戒声にみられる音響的な特徴が,生得的な反応を促す例も知られている[7].警戒声の認知や識別が学習によるものか生得的であるかは,それぞれの動物種の生態的・進化的背景によって異なると考えるのが妥当だろう.

偽りの警戒声

上述のような警戒声の盗聴においては,主として盗聴者側に偏って利益があることが多い.しかし,中には,警戒声によって他種の行動を操作し,利益を得る動物もいる.アフリカのカラハリ砂漠に生息するクロオウチュウは,周囲で暮らすシロクロヤブチメドリやミーアキャットなどが獲物をとらえたのを確認すると,捕食者の非存在下においても,警戒声を発する[9].すると,警戒声を聞いたチメドリやミーアキャットは,驚いて獲物を手放し,近くの藪や巣穴に逃げ入ってしまう.クロオウチュウはその隙に獲物を横取りするのである(図2).

ただし,何度も繰り返し騙しているうちに,騙される側の動物たちも,警戒声に馴化してしまう.そこで,クロオウチュウは,自らの警戒声だけでなく,他種の警戒声も積極的に取り入れ模倣することで,騙しの効果を高めるという賢い戦略をとる.クロオウチュウがあまりにも多くの種を真似るので,チメドリやミーアキャットが警戒声に馴化することはほとんどない.クロオウチュウは,1日の消費カロリーの約1/4を,この騙しによって得ることができる.このような警戒声は偽りの警戒声(false alarm call)と呼ばれ,動物における意図的な騙しの例として,鳥類や哺乳類において広く報告されている.

〔鈴木俊貴〕

文 献
[1] P. Marler, *Nature*, 176, 6-8 (1955).
[2] P. Marler, *Behaviour*, 11, 13-39 (1957).
[3] R. M. Seyfarth, D. L. Cheney, and P. Marler, *Science*, 210, 801-803 (1980).
[4] T. N. Suzuki, *Curr. Biol.*, 21, R15-R16 (2011).
[5] T. N. Suzuki, *Ecol. Res.*, 31, 307-319 (2016)
[6] T. N. Templeton and E. Greene, *PNAS.*, 104, 5479-5482 (2007).
[7] R. D. Magrath, T. M. Haff, P. M. Fallow and A. N. Radford, *Biol. Rev.*, 90, 560-586 (2015).
[8] R. D. Magrath, T. M. Haff, J. R. McLachlan and B. Igic, *Curr. Biol.*, 25, 1-4 (2015).
[9] T. P. Flower, *Science*, 344, 513-516 (2014).

5-18
親子間コミュニケーション

　鳥類の多くの種において両親による子育てがみられる．鳥類の発達様式（developmental mode）は多様であり，孵化ヒナが，羽毛がはえそろわず，閉眼で自力採餌できない晩成性の鳥種（例：スズメ目，オウム目）がある一方，自立して移動および採餌ができる早成性の鳥種（例：ニワトリ，ガン）もある．したがってこのような発達様式の特徴は，子が親のどのような世話を受けて育つかや，親子間でどのような音声コミュニケーションが交わされるかと密接に結びついている．

刷り込み学習と親子認識

　早成性は，別名では離巣性とも呼ばれるように，孵化後のヒナが早々に巣を離れて動き回るという特徴をもつ．このため子は，誰が親であるかをすぐに覚えついていく必要がある．その際に必要となる学習は，刷り込み学習とよばれ，1973年にノーベル賞を受賞した動物行動学者のローレンツ（Lorenz, K. Z.）がハイイロガンを用いて研究したことでもよく知られている．刷り込みとは，発達初期の臨界期（感受性期）にごく短期間で起こる学習であり，ヒヨコやハイイロガンのヒナはこの時期に接した生き物（あるいは物）を親として覚えて追随するようになる．

　過去の研究の多くは，刷り込み学習の視覚的側面に焦点をあてているものの，実は聴覚情報も刷り込みに寄与している．メス親が出す発声を視覚刺激と組み合わせて呈示した場合，視覚刺激だけを呈示するよりも刷り込みが促進される[1]．また，聴覚刺激だけを呈示しても刷り込み学習は成立するが，視覚刺激ほど大きな効果はないこともわかっている[1]．つまり，刷り込みにおいて音声は，補足的な情報として学習を促進する役割を成していると考えられる．

　なお，親子間の血縁認識は，コロニー繁殖の鳥種においても重要である．例えば，崖に蜂の巣のように無数の穴をあけて高密度で営巣するショウドツバメにとって，間違えずに自身の子を認識し給餌しに行くためには，視覚的・地理的な手がかりは十分とはいえないかもしれない．そこで子の声を識別することが鍵となる．実際，コロニー繁殖のショウドツバメやサンショクツバメと，コロニー繁殖ではないツバメとを比べると，前者は自身のヒナの声をよく聞き分けていることが知られている[2]．

性的刷り込み学習

　早成性とは対照的に，晩成性（あるいは就巣性）のヒナは，巣内で親の給餌や保温といった世話を受けながら成長し巣立ちまでの期間を過ごす．巣立ち後もしばらく親と行動することも多い．鳴禽類ではこの期間に，歌が学習されるだけでなく（▶5-1参照），歌への選好性が形成されている可能性が指摘されている．性的刷り込みとは，若年個体が，異性親の特徴をもとにして，好ましい配偶相手像を学習することをさす．性的刷り込みが働くと，メスは自身の父親とよく似たオスに対して選好を示すようになる．

　キンカチョウでは，外見上の形態的な特徴（例：嘴の色）への選好に関して，性的刷り込みの影響がみとめられるだけでなく，歌選好にも影響しており，メスは父親の歌を顕著に好むことが報告されている[3]．ジュウシマツも同様である．キンカチョウやジュウシマツは，飼育下で研究されており，ケージ飼いの環境では発達期の社会的経験が制限されがちなことが，父親歌への著しい選好の一因である可能性はある．しかし，同様の父親歌への選好がガラパゴスフィンチ（ダーウィンフィンチ）の野外研究でも報告されていることを考えると[4]，歌への選り好みは発達期の社会経験を通じて形成される部分がある，といってよいだろう．

餌ねだり音声と給餌

　多くの晩成性の鳥類にとって，親子間で交わされるコミュニケーションのうち重要なもの

214 ┃ 5章 鳥　　　類

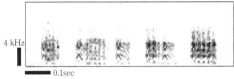

図1 餌をねだるブンチョウのヒナとその音声

は，要求声（あるいは餌ねだり声，begging）である．親に保温や栄養の面で完全に依存しているヒナは，寒かったりひもじかったりすると要求声を出すことで親の世話を引き出そうとする．特に餌ねだりシグナルとして要求声はよく研究されている（図1）．同巣ヒナ同士の競争あるいは協力の結果として，しばしばけたたましくなる要求声に反応し，親鳥は給餌頻度を増加させる．しかし，このような餌ねだりのうるささは，捕食者の注意を引き付ける可能性もあり，特に樹上ではなく地面で営巣する鳥では，捕食のリスクが高まることも指摘されている．

フクロウヒナ間の交渉

メンフクロウでは，給餌中だけでなく親が不在の間も，ヒナが音声を発することが確認されている．これは，親に対するシグナルではなく，ヒナ同士の「交渉」にあたるようである[5]．親が不在中に，あるヒナが長い「交渉声」を出すと，その兄弟は「交渉声」の頻度を下げ，親がもどってきてもあまり強く餌ねだりしない．結果として，「交渉声」で空腹をより強く主張したヒナが餌を多く得ることができる．親が不在中に，ヒナ同士は空腹度を「交渉声」によって主張しあうことで，餌ねだりの優先権を交渉し，兄弟間競争が過酷になりすぎるコストを回避しているのではないかと考えられる．

卵と親のコミュニケーション

親子間のコミュニケーションは，ヒナとの間だけでなく，卵との間にも観察されうる．

晩成性鳥類にはまれであるものの，早成性鳥類ではしばしば，孵化する直前の卵（胚）がピーピーと声を発することがある．カイツブリの親は，孵化直前の卵が鳴くようになると，巣に滞在する時間や転卵行動を増やすことが観察されている．また実験的に卵の温度を冷やすと，卵が鳴く頻度は多くなる．つまり孵化直前の卵の発する音声は，ヒナの要求声と似た機能をもち，親の世話を促すためのシグナルとして働いている．

それでは親の側は，卵に声をかけることがあるのだろうか？　実は，抱卵時にキンカチョウの親は，特徴的な音声を出すことが最近わかってきた．これは，片親のみが抱卵しているときに記録されているので，親同士がコミュニケーションしているわけではない．オス親もメス親もこの音声を発することがあり，巣の外の気温が高いときに高頻度に発声することがわかった．さらに卵にこの音声をプレイバックすると，孵化したヒナは体サイズが小さくなることが確認できた．これらの知見を総合するとおそらく，キンカチョウの親の発声は，ヒナの成長を制御する要因となっており，外気温が高いときに体温調整が有利となるよう小さくなるようプログラムしていると解釈される[6]．

また，抱卵時の親の発声が重要な機能を果たしていることは，ルリオーストラリアムシクイについても報告されている．この種は托卵を受けるため，メス親は「パスワード」として抱卵声を卵に聞かせ，孵化後のヒナはこの「パスワード」を餌ねだり声に用いることで，托卵鳥のヒナでないことを親に対して示している（▶5-20参照）．

〔相馬雅代〕

文献
[1] J. J. Bolhuis and H. S. van Kampen, *Behaviour*, 122, 195-230 (1992).
[2] M. D. Beecher *et al.*, *J. Exp. Biol.*, 45, 179-193 (1986).
[3] K. Riebel, *Adv. Stud. Behav.*, 40, 197-238 (2009).
[4] P. R. Grant and B. R. Grant, *Am. Nat.*, 149, 1-28 (1997).
[5] A. Dreiss *et al.*, *Anim. Behav.*, 80, 1049-1055 (2010).
[6] M. M. Mariette and K. L. Buchanan, *Science*, 353, 812-814 (2016).

5-19 メスの歌と雌雄間コミュニケーション

鳥の歌はオスの行動と捉えられがちであるが，鳴禽類の一部の種では，オスだけでなくメスも歌をうたう[1]．鳥類において，歌や羽装をはじめとする派手で精巧な形質は，メスの配偶者選択によって，オスの特徴として進化したと考えられてきた．そのため，鳴禽類の歌に関しては，性淘汰の観点からオスの歌行動に着目した研究が多くなされている．メスの歌はオスの歌に比べると見過ごされがちな行動であり，研究が少ない．しかしながら，近年の全体を網羅した鳴禽類研究では，オスだけが歌をうたう状態よりも，雌雄がうたう状態が鳴禽類の祖先形質であることが報告されている[1]．このことは，鳥類の歌によるコミュニケーションを理解するうえで，メスの歌行動に注目する必要性があることを示唆する．メスの歌は，コミュニケーションにおいてどのような役割を果たしているのだろうか．

メスの歌行動と機能

メスの歌行動の例としてよく知られているのが，雌雄で行う歌のデュエットである．デュエットとは，雌雄がうたうタイミングを調節し，同調した歌をうたう行動である．種によってオスとメスが交互にうたう場合や，同時に重ねてうたう場合がある．デュエットの機能に関しては，複数の仮説が提唱されている（図1）[2]．雌雄でうたい交わすことは，ペア間の接触を保ち続けることにつながる（図1a）．例えばツチスドリではつがい形成後，時間が経過するにつれて，デュエットの統合性が高まっていく[3]．ペア内でコミュニケーションを取り続けることで，つがい内の絆の形成と維持につながると考えられる[2]．また，相手とうまくデュエットを行うことは，適切な運動調節をなすことができる個体の質を反映するシグナルとしても機能すると考えられ，つがい形成前の配偶者選択にも重

(a) つがい間コミュニケーション

(b) なわばり／配偶者防衛

(c) つがい相手に対する協力と忠誠の表明

図1 考えられる歌デュエットの機能
（[2]より抜粋・改変）

要であると考えられる[2]．

また，デュエットはつがい相手ではない第三者に向けて用いられることがある（図1b, c）．ツチスドリのデュエットを独身オスにプレイバックすると，デュエットのタイミングがよりうまく統合されている歌のほうが，そうでない歌よりも警戒声を多く引き出す[3]．息の合ったデュエットは，つがい間の絆を反映しており，なわばり防衛にも寄与すると考えられる（図1b）[2]．また，つがい相手以外の第三者が存在する状況下でデュエットを行うことは，つがい相手に対して「他の誰かではなく，あなたとうたいます」ということを伝え，繁殖に対する協力と忠誠の表明としても機能しうる（図1c）[2]．

一方で，オスとメスがそれぞれ単独で歌をうたう場合もある．例えばイワヒバリのメスは，繁殖期にオスにアピールするために歌をうたう．イワヒバリは，多夫多妻制という珍しい配偶システムをもつ[4]．この配偶システムでは，オスが複数のメスと交尾するだけでなく，メスも複数のオスからの交尾を受け入れる．そのため，一度に育てるヒナが複数の父親に由来する

ことが珍しくない[4]．また，子育てにはオスも参加するが，オスは複数の巣をわたり歩き，異なるメスのヒナを同時に子育てする．オスの世話量はメスによって偏りがあり，オスの世話量を確保するため，メスは歌を用いてアピールを行う[4]．この種では，メスの歌にもオスと同様の性選択が働いていると考えられる．

社会的一夫一妻制鳴禽類でも，雌雄でうたう種が存在する．例えばルリガシラセイキチョウ(blue-capped cordon-bleu)はメスとオスが単独で歌をうたい，歌の特徴に性差はほとんど見られない(図2)[5]．ルリガシラセイキチョウの近縁種であるセイキチョウ(red-cheeked cordon-bleu)も，雌雄が同程度に複雑な歌をうたう．セイキチョウでは，歌をうたうタイミングが雌雄で異なることが報告されている[6]．メスは繁殖を始める前に多く歌をうたうのに対し，オスは繁殖が始まり，抱卵期に入っても歌をうたい続ける[6]．メスの歌はオスの求愛行動を引き出すことが知られており[6]，メスの交尾機会の獲得につながっていると考えられる．

歌をうたうタイミングに性差があることは，歌が促進される文脈と機能が雌雄で異なることを示唆する．社会的一夫一妻制鳴禽類のメスの歌は，オスを惹きつけるというよりも配偶相手や資源を防衛するための競争的な場面で用いられることが報告されている．例えば，ルリオーストラリアムシクイの繁殖中のつがいに対して独身オスと独身メスの歌をプレイバックすると，つがいのメスは独身メスの歌がプレイバックされたときだけ，多くうたい返した[7]．このような反応の差は，オスには見られなかった．この種の場合，メスの歌は同性間競争に用いられ，配偶者やなわばりの防衛としての機能をもつと考えられる．

今後の展望

オスでは歌の特徴と個体の質の関連が調べられているのに対して，メスの歌が個体の情報を反映する信号として機能しているのかはほとんどわかっていない．雌雄の歌の機能を明らかにするためには，雌雄それぞれがどのような文脈

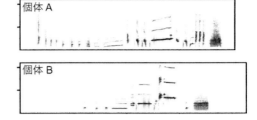

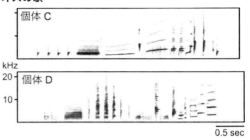

図2　ルリガシラセイキチョウ雌雄2個体ずつ，計4個体の歌のソナグラム

でうたうのかに加えて，それがどのような情報を伝達しているのか調査する必要がある．

歌を含むメスの装飾的な形質の進化はしばしば，オスの装飾に対する遺伝的な相関を反映した機能をもたない形質であるとみなされることもあった[8]．しかしながら本項で紹介したように，鳴禽類ではメスの歌もコミュニケーション上重要な役割を果たすことが明らかになりつつある．メスの歌行動も考慮することで，歌による雌雄間コミュニケーションに対する理解が深まることが期待される．

〔太田菜央・相馬雅代〕

文献

[1] K. J. Odom, M. L. Hall, K. Riebel, K. E. Omland and N. E. Langmore, *Nat. Commun.*, 5, 3379 (2014).
[2] M. L. Hall, *Behav. Ecol. Sociobiol.*, 55, 415-430 (2004).
[3] M. L. Hall and R. D. Magrath, *Curr. Biol.*, 17, R406-R407 (2007).
[4] N. E. Langmore, N. B. Davies, B. J. Hatchwell and I. R. Hartley, *Proc. R. Soc. Lond.*, 263, 141-146 (1996).
[5] N. Geberzahn and M. Gahr, *PloS One*, 6, e26485 (2011).
[6] M. Gahr and H. Güttinger, *Ethology*, 72, 123-131 (1986).
[7] K. E. Cain and N. E. Langmore, *Anim. Behav.*, 109, 65-71 (2015).
[8] R. Lande, *Evolution*, 34, 292-305 (1980).

5-20
托卵鳥における音声コミュニケーション

カッコウの性的コミュニケーション

　さえずりに代表される鳥類のオスの求愛声は，メスへの求愛だけでなくライバルオスへの牽制の機能をもつ．カッコウ類のオスも繁殖期には広範囲を飛び回りながらよく通る声で鳴く．一方，メスも独特の求愛声をもっている．カッコウ類の産卵は絶妙のタイミングで行われる．托卵した卵を排除されないためには，宿主が巣を造り終わり，産卵を開始した直後から抱卵開始前までのわずか数日の間に産卵する必要がある．そのためにメスは標的となる宿主の巣の動向を常に見張っていなければならない．メスは最適なタイミングで交尾するために，交尾の受け入れをオスに知らせていると考えられる．

　鳥類のオスの求愛声は，メスが近縁種のオスを配偶者と間違えないための，生殖隔離機構という側面ももつ．カッコウとツツドリはカッコウ属の中で互いに最も近縁で，体サイズもほぼ同じである．カッコウがユーラシア大陸全域に広く分布しているのに対し，ツツドリは極東地域にのみ生息している．両種のオスの求愛声は，声質はよく似ているものの，音としては明確に異なっている．カッコウはお馴染みの「カッコウ」，一方のツツドリは「ポポッ，ポポッ」と，竹筒を叩くような声を出す．カッコウは発声する際，カッコウの「カッ」の部分は口を大きく開けて鳴くが，「コウ」の時は口を閉じ，喉が勢いよく膨らむ．おそらく喉袋で共鳴させて出している声である．一方，ツツドリの「ポポッ」は音質から察するに喉袋の共鳴だけで鳴いている．すると，テンポに若干の違いがあるものの，最初の「ポ」で口を開ければカッコウとほぼ同じ鳴き声になるはずである．何らかの生殖隔離の必要性が生じ，発声機構はさほど変わらなくても聞こえる音が大きく変わるような進化が起きたのだろう．

テンニンチョウの性的コミュニケーション

　アフリカに生息するテンニンチョウ類はハタオリドリ類やカエデチョウ類に近縁なスズメ目の托卵鳥である．鳴禽類であり，音声学習によって獲得したさえずりで求愛を行うが，学習期には宿主に育てられており，雌雄ともに学習するのは宿主のオスのさえずりとなる．性成熟すると，オスは宿主のさえずりをうたう．メスは自身を育てた宿主のさえずりをうたうオスを好み，宿主の巣も宿主オスのさえずりを手掛かりに選ぶ．

　テンニンチョウ類では，さえずりは生殖隔離機構として機能していない[1]．これはメスが托卵する巣を間違うことにより，宿主ではない種のさえずりの誤学習が容易に起こりうるためで，実際，個々のテンニンチョウ類の集団は，同所的種分化というよりはむしろ離合集散を繰り返してきたことが分子遺伝学的に判明している．鍵となるのは宿主であるカエデチョウ類における対托卵防衛戦略の不在である．カエデチョウ類はテンニンチョウによる托卵を拒絶しないため，寄生者–宿主の軍拡競争が誘発されず，特定の宿主に対する特異性が進化していない．かつて，テンニンチョウのヒナに見られる宿主ヒナの口内斑擬態は，宿主による識別に起因する軍拡競争の結果と考えられていたが，その可能性は近年否定された．

　同じ托卵鳥でもテンニンチョウ類とは異なり，カッコウ類では，宿主との軍拡競争共進化が確実に起こっており，求愛声が生殖隔離機構として作用している可能性がある．カッコウ類の種分化は，軍拡競争の結果獲得した宿主特異性と関係しているのかもしれない．

托卵鳥のヒナの宿主操作

　托卵鳥は宿主よりも体が大きいことが多く，そのヒナが成長に必要とする餌も必然的に宿主のヒナよりも多い．カッコウのヒナは激しく鳴いて餌請いをし，騙されている仮親に追い打ちをかけるように，過度の労働を強いる．

　効率よく宿主の仮親から養育を引き出すためには，宿主の親子間で行われているコミュニケーションに則って餌請いをする必要がある．

餌請いの信号は主に，口を大きく開けた際に目立つ色をした開口部の皮膚と，鳴き声という，視覚・聴覚刺激からなる．カッコウヒナが激しく鳴くのは，体サイズに見合わない口の小ささを補うためである．カッコウの宿主となるスズメ目のヒナは口角（嘴の蝶番）の外側に襞をもっており，口を開けるとその襞が外側に広がり，開口部を大きく見せる．餌請い信号のうち，視覚刺激の効果を強めるために進化したと考えられるが，カッコウヒナの口にはこうした構造はないため，体サイズに比例した開口部の大きさはカッコウのほうが小さい．体重から導かれる生育に必要な餌量と，鳴き声と開口部皮膚の刺激の総量から期待される仮親による給餌量が一致するためには，カッコウヒナは激しく鳴く必要がある．

　一般的に鳥のヒナの声による餌請いには3種類のコストが存在する．①捕食者の誘引，②エネルギーの浪費，そして③包括適応度の減少である．③については過度の労働による親の疲弊や，兄弟間での餌を巡る競争によってもたらされるが，托卵鳥であり，必ず孵化後に巣を独占するカッコウには該当しないため，カッコウが餌請いの強度を調節する利益は包括適応度とは関係がない．カッコウヒナの餌請いの刺激量が必要とされる餌量の期待値と一致するのは，主に①と②のコストにより最適化されているのだろう．しかし，こうした関係は状況が異なる他の托卵鳥では異なったものになっている．

　スズメ目ムクドリモドキ科の托卵鳥，コウチョウのヒナも激しく鳴いて餌請いをするが，満腹時にはあまり餌請いをしない．カッコウと同様，餌請いのコスト③は関係ないが，巣の同居者との関係はカッコウより複雑である．カッコウとは異なり，コウチョウのヒナは宿主のヒナと一緒に育てられる．さらに，コウチョウのヒナはこの恩恵を最大限に甘受していることが判明している．巣を独占してしまえば巣内のヒナの数は1羽となり，仮親の給餌量は減少するので，宿主のヒナは巣に残したほうが巣に運ばれる餌は多くなる．コウチョウのヒナは仮親が自分の子のために運んできた餌を物理的に奪い取ることで，生育に必要な餌を得ており，その結果，ほとんどの宿主のヒナは巣立ち前に死んでしまう．

　餌請いの鳴き声の激しさは，種や個体群で期待されるヒナ同士の血縁度と相関していることが知られている．婚外子（父親にとっては托卵と同じ）が多い種・個体群では，体サイズの影響を考慮しても鳴き声が激しく，中でも血縁度ゼロのコウチョウが最も激しい．しかし，1巣に複数のコウチョウヒナがいることが多い個体群では，コウチョウヒナの餌請いが弱化することが近年明らかになった．このような多重に托卵されている巣は，同じコウチョウの母親によって托卵された場合が多く，コウチョウのヒナ同士は兄弟である確率が高い．すると，托卵鳥であるにもかかわらず包括適応度の影響で餌請いが弱化していることになる．

　マダラカンムリカッコウのヒナは，コウチョウと同様に宿主のヒナと一緒に育てられるが，コウチョウとは異なり，満腹時であっても餌請いの鳴き声が弱くなることはない．これは宿主の体サイズが関係していると考えられる．カンムリカッコウの宿主はカサギやハシボソガラスで，カンムリカッコウよりも体が大きい．そのため，カンムリカッコウのヒナが宿主ヒナとの物理的な餌の奪い合いに勝てる可能性は低く，また，最終的に単独で育てられる可能性も低い．少しでも多く餌をもらえるよう常に備えていないと生き残れないのだろう．

　一方，カンムリカッコウヒナの存在が捕食回避に効果をもつことが近年明らかになった[2]．すると，カンムリカッコウヒナの鳴き声にかかる捕食者誘引コストは相対的に弱くなり，さらにカンムリカッコウヒナの声自体が捕食者にとって忌避信号になっている可能性すら存在する．現時点ではどの要因がどの程度，激しい鳴き声の進化に影響を与えているかは不明だが，鳴き声の強さが餌要求量の指標にならないような，特異的な状況があるのかもしれない．

〔田中啓太〕

文　献

[1]　M. D. Sorenson *et al.*, *Nature*, **424**, 928-931 (2003).

[2]　D. Canestrari *et al.*, *Science*, **343**, 1350-1352 (2014).

5-21

歌学習の多様性

　鳥類の一部（スズメ目鳴禽類，オウム目，ハチドリ目）は学習によって歌を発達させる．歌学習にかかわる研究が，鳴禽類を中心に多くの種で行われた結果，どれだけ，どのように歌学習能力を発揮するかは，種によって非常に多様であることがわかってきた．動物がその個体の周囲にある音（手本）を模倣するようになることを発声学習というが，歌学習は発声学習にあたる（▶5-1参照）．いつ発声学習を行うのか，誰から歌を習うのか，どれほど正確に，どれほど多く模倣するのかは，種によって異なっている．例えば，キンカチョウは成鳥になると歌学習を行わない．このような種（age-limited learner もしくは close-ended learner）とは異なり，カナリヤやオウム目のセキセイインコなど，成鳥になっても発声学習を続ける種（open-ended learner）もいる．このように歌学習に多様性がみられるのは，種によって生活史が異なっていることが関係している．

他種からの歌学習

　歌の音響構造は，それぞれの種に特徴的であり，同種の鳥同士のコミュニケーションにおいて種認知の手がかりになっている．このため，自分と同種の成鳥から歌を学習し，他種から学習することを避けるのが一般的である．しかし，他種から歌（もしくは，その一部）を学ぶ種もいる．マネシツグミは名高い物真似上手で，ハゴロモガラスをはじめ多くの種の鳴き声を真似ることができる．マネシツグミは鳴き声を正確に模倣するので，スピーカーから模倣音を流すと，ハゴロモガラスはスピーカーに向かって激しく反応する．

　托卵を行う鳥の中には，ヒナが仮親から歌を学習する種がいる（▶5-20参照）．成鳥になったとき，オスは宿主の歌をうたい，メスは宿主の歌に誘引されるようになる．メスは同種のオ

スばかりでなく，宿主となる種のオスにも誘引される．しかし，視覚的に生殖隔離は維持され，メスは宿主の巣に托卵することができる．托卵という特殊な場合には，他種から歌を学習することは適応的といえる．シジュウカラがアオガラの歌を学習する例もあるが，これは同所性や種間競争に関連させて説明することができる．なわばりをめぐる競争関係は同種の間にみられることが多く，多くの鳴禽類では，なわばりオスの歌は，近隣に住む"同種の"オスに対して「入るな」という意味となる．一方，シジュウカラとアオガラのように種間に競争がある場合もある．ジジュウカラによるアオガラの歌は，アオガラのオスにとっては，同種のオスからの「入るな」と同等の効果をもつ．つまり，擬態者であるシジュウカラがアオガラの歌を真似，近隣に住むアオガラをだましているわけで，これは一種の擬態現象と考えられる．

　一方，ホシムクドリ，コトドリ，コヨシキリなど，他種から歌を学習する例の多くは托卵や種間競争と関係づけられない．歌には，なわばり防衛と求愛という2つの機能があるが，複雑な歌ほど効果的になわばりを防衛し，メスを誘引することができるといわれている[1, 2]．他種から歌を学習することによって，自身の歌をより複雑にすることができるため，歌の複雑化が他種からの歌学習に関与している可能性がある．このように，他種から歌を学習するという行動進化の要因は，性選択に関連づけて考えることができる．

レパートリーサイズ

　歌はシラブルと呼ばれる単位音が集まって構成されている．歌の長さは種によって異なり，数秒程度の短い歌をもつ種（ウタスズメなど）もあれば，数分間も持続する長い歌をもつ種もある．歌の複雑さを示す指標はいくつか考えられているが，短い歌の場合は替え歌の数（歌タイプレパートリーサイズ）を，長い歌の場合は歌に含まれる異なるシラブルの数（シラブルレパートリーサイズ）を用いることが多い．歌の複雑さには種による多様性がある．例えば，同

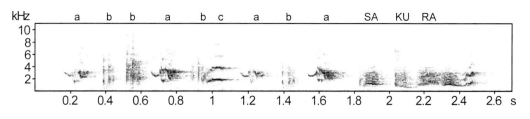
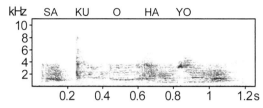

図1 セキセイインコの歌の一部を示すサウンドスペクトログラム（[4]の図を引用）
歌はシラブル（a, b, cと表示）が集まって構成されている．ヒトの言葉を真似た音（SAKURA, SAKUOHAYO）が歌のシラブルとして用いられている．

じヒタキ科ウグイス亜科に属する鳥でも，セッカのシラブルレパートリーサイズはたった1であるのに対し，コヨシキリの歌は複雑で，シラブルレパートリーサイズは約50にもなる[3]．多くの種の歌はその複雑さの点で，セッカとコヨシキリの中間にある．また，同一種に属するオス個体間でもシラブルレパートリーサイズに違いが見られる．

幼鳥時に手本となる音をより多く記憶した鳥ほど，成熟後における歌のレパートリーサイズが大きくなるのだろうか．ヌマウタスズメをはじめ多くの種で調べられた結果，成鳥のレパートリーサイズは幼鳥時の記憶と関係しないことが明らかにされている．歌学習過程の初期である「感覚期」の間に幼鳥が記憶する複数の音の一部が，成鳥の歌として使われるのである．歌学習過程の初期に記憶された音の中で，その後の歌学習過程で消失する音の割合には，種による違いがみられる．また，発声学習を行うための脳領域の中には，歌の複雑さと相関関係を示す領域（HVC, RA等）がある．しかし，このような領域の体積は，季節や発声運動によっても影響を受けるので，「発声学習」そのものの程度に応じて増加するかは不明である．

環境にある音をより多く真似ることによって，オスは複雑な歌をもつことができる．発声学習によって歌を複雑化することは，飼育下のセキセイインコにおいても確認されている（図1）．セキセイインコは人間の言葉を真似ることによって，歌のシラブルレパートリーを増やしている[4]．オスセキセイインコは，ペア形成時に配偶者のコンタクトコールをそっくりに模倣するが（▶5-27参照），このコンタクトコールは歌の新たなシラブルとしても使われ，歌を複雑化することに寄与している．複雑な歌ほど，繁殖期のメスを効果的に刺激すると考えられているが，メスの大脳に存在する高次聴覚領域（NCM）（▶5-3参照）は，歌の複雑さの知覚に関与することが示唆されている[1]．

〔藤原宏子〕

文献
[1] H. Eda-Fujiwara, R. Satoh, J.J. Bolhuis and T. Kimura, *Eur. J. Neurosci.*, **17**, 1-6 (2003).
[2] 藤原宏子, 佐藤亮平, 宮本武典, 比較生理生化学, **21**(2), 80-89 (2004).
[3] S. Hamao, and H. Eda-Fujiwara, *Ibis.*, **146**, 61-68 (2004).
[4] H. Eda-Fujiwara, R. Satoh and T. Miyamoto, *Ornithol. Sci.*, **5**, 23-29 (2006).

5-22

鳴禽類と音楽

鳥類の中でもスズメ目は最も多くの種数を含み，さらにその大半が鳴禽類（songbird）に分類される．例えば，フィンチやムクドリ，ブンチョウなどが鳴禽類に含まれる．鳴禽類の特徴は，非常に発達した鳴管をもち，複雑な歌をうたうことにある．

トリの歌とヒトの音楽については，これまで様々な類似点・相違点が指摘されてきた．類似点としては，例えばどちらも間隔，周波数，強弱，音色の変化をもつ[1]．しかし，トリが歌に用いる高音が，基音の単純な整数倍で表されるヒトの音楽の音階とかなり異なる種[2]がいる一方で，音楽と同様の特徴をもつ種[3]もいるなど，一貫していない．機能の点でも違いがある．トリの歌は，主に繁殖期の求愛となわばりの主張に使用される．ヒトの音楽は多様な場面で使用され，求愛，集団の団結力向上，心理的緊張の緩和，感情惹起などの機能をもつ．

音楽に対する反応

ヒトは多種多様な音楽を知覚し，その違いを聴き分ける．特定の音楽を好んで鑑賞することもある．このような音楽に対する反応には進化的にどのような意味があるのか．その起源を探るための研究が，ヒト以外の動物を対象にして行われてきた．その中でもトリはヒトの優れた比較対象となってきた．なぜなら，トリとヒトの可聴域は一部重複し，ヒトの音楽をそのままトリに聴かせてその反応を調べることができるためである．

音楽の弁別

音楽には，ビート，ピッチ，メロディ，プロソディ，リズムなどの複数の要素が含まれる[3]．これらの要素の知覚についてヒトとトリの間で比較研究が行われてきた．例えば，ヒトは曲のピッチをシフトしても，変える前後の

メロディを同一のものと認知する．しかし，一般にトリはそれができないとされる．ホシムクドリにピッチを変えた音列を提示する実験では，自種の歌を使った場合に限りピッチ変更前後で提示された歌を同じものとして認知できるようになったとする例外的な報告がある．しかし，ピアノ音の音列を用いた場合には同じ結果は得られなかったという[4]．したがって，トリとヒトではピッチの知覚の仕方が異なるのだろう．

さらには，トリが音楽のジャンルを弁別することも知られている．オペラント条件づけ手続きを用いて，鳴禽類ではないハトにバッハの「トッカータとフーガ」とストラビンスキー「春の祭典」を弁別するよう訓練すると，ハトはこれら2つの曲を弁別しただけでなく，それまで聴いたことがないバッハとストラビンスキーの新しい曲を聴かせても，それらを正しく弁別した．すなわち般化がみられた[5]．鳴禽類でも同様の実験がある．止まり木の移動によってバッハとシェーンベルクの曲を弁別するようブンチョウを訓練した．ブンチョウはこれら2つの曲を弁別し，さらに同じ作曲家による別の新しい曲に対しても般化を示した[6]．さらに，バッハの曲からビバルディの曲，シェーンベルクの曲からカーターの曲への般化も示した．バッハとビバルディの曲は「西洋古典音楽」，シェーンベルクとカーターの曲は「現代音楽」に分類される．すなわち，ブンチョウは聴いた曲を一定の水準でカテゴライズできることを示している．

音楽の感性強化

音楽には感性強化（sensory reinforcement）という現象がある．感性強化とは，視覚や聴覚などの感覚刺激によって，自発的な行動の出現頻度が強化されることをいう．ヒトは好みの画家の絵画を鑑賞するために美術館へ通ったり，好きなアーティストの音楽を聴くためにコンサートへ足を運んだりするが，これらは絵画や音楽の感性強化効果の例である．

ハトを使って，音楽の感性強化を検証した実

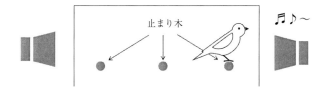

図1 止まり木を用いた実験の様子

験がある．まず，2つのキーのうち，片方のキーをつつくとバッハの曲が，他方のキーをつつくとストラビンスキーの曲が流れることを学習させた．次に，各キーと流れる曲の関係を反転させ，キーのつつき方の変化を調べた．すなわち，それまでバッハの曲が流れていたキーをつつくと今度はストラビンスキーの曲が，ストラビンスキーの曲が流れていたキーをつつくとバッハの曲が流れるようにした．各キーを選択する割合を反転前後で比較したところ，違いは見られなかった．つまり，ハトはバッハとストラビンスキーの曲を弁別するが，いずれかの曲に選好を示すことはなく，したがって，感性強化効果もみられないことがわかった．

一方，鳴禽類のブンチョウでは音楽の感性強化効果が報告されている．ブンチョウがバッハとストラビンスキーの曲が流れる止まり木のどちらにより長く滞在したかを調べたところ（図1），ブンチョウはバッハの曲が流れる止まり木に長く滞在する傾向があった[6]．

チンパンジーやラット，キンギョなどの動物でも同様の検証が行われてきたが，これまでのところ音楽の感性強化効果が報告されたのは，ヒトとブンチョウに限られている．

脳内の神経機構

好きな音楽を聴いているとき，ヒトの脳内では快感にかかわる神経伝達物質ドーパミンが放出される[7]．一方，ホシムクドリでは求愛行動を伴わない歌（undirected song）をうたうこ

とで脳内にオピオイド関連遺伝子が発現することから，快情動との関連が示唆されている[8]．また，うたうときに応答するニューロンはエサ報酬の獲得時にもみられることが報告されている[9]．さらには，トリがさえずるときとヒトの演奏活動時では（脳内と血中という計測方法の違いはあるが）共通の遺伝子が発現するという[10]．

このように，トリとヒトには音楽の受容や産出に関して共通点がみられる．音楽の感性強化効果が一部の動物にのみみられる理由はまだはっきりとはわかっていないが，こうした脳内の神経機構や情動状態に，その理由を解明する手がかりがあるかもしれない． 〔一方井祐子〕

文 献
[1] S. Nowicki and P. Marler, *Music Percep.*, 5, 391-426 (1988).
[2] M. Araya-Salas, *Anim. Behav.*, 84, 309-313 (2012).
[3] M. Hoeschele, H. Merchant, Y. Kikuchi, Y. Hattori and C. ten Cate, *Phil. Trans. R. Soc. B.*, 370, 20140094 (2015).
[4] M. R. Bregman, A. D. Patel and T. Q. Gentmer, *Cognition*, 122, 51-60 (2012).
[5] D. Porter and A. Neuringer, *J. Exp. Psychol. : Anim. Behav. Proc.*, 10, 138-148 (1984).
[6] 渡辺 茂著, 美の起源—アートの行動生物学—（共立出版, 東京, 2016）.
[7] J. Panksepp and G. Bernatzky, *Behav. Proc.*, 60, 133-155 (2002).
[8] L. V. Riters, S. A. Stevenson, M. S. DeVries, and M. A. Cordes, *Plos One*, 9, e115285 (2014).
[9] Y. Seki, N. A. Hessler, K. Xie and K. Okanoya, *Eur. J. Neurosci.*, 39, 975-983 (2014).
[10] C. Kanduri, T. Kuusi, M. Ahvenainen, A. Philips, H. Lähdesmäki and I. Järvelä, *Sci. Rep.*, 5, 9506 (2015).

5-23

オウム・インコの発声機構

ヒトを近縁の霊長類と明確に区別する行動形質は言語能力である．言語能力を他の動物の音声コミュニケーション能力と比較し，ヒト言語だけに当てはまる際立った特殊性を考慮すると，ヒトの言語能力とは言語を産生・学習し，言語によって様々な情報を象徴化できるヒト固有の能力と位置付けられる．言語能力の神経基盤は，音声模倣（発声学習）を行うために脳に備わった特別な神経回路である[1, 2]．ヒト以外で発声学習を行うことができる動物種は意外にも少ない．哺乳類では鯨類，コウモリの一部，ゾウ，鳥類ではスズメ目鳴禽類，アマツバメ目ハチドリ類，そしてオウム目（オウム・インコ）が発声学習を行うことが確認されている[2]．本項ではそれらの発声学習鳥の中でも，物真似鳥としても有名であり，発声学習に秀でているオウム目の発声機構とヒトの発声機構を比較する．

発声器官

ヒトの発声器官は，喉頭の声門にある声帯と呼ばれる器官である．肺からの呼気による声帯の振動によって音が発生し，声帯を動かす筋によって発声制御を行う（▶2-1参照）．一方，鳥類は気管の分岐する位置に鳴管と呼ばれる特有の発声器官を有する．鳥類は呼気によって鳴管内の振動膜が振動することにより音を発生させ，鳴管筋が振動膜の緊張度の調節を行うことによって発声音の制御を行う（▶5-1参照）．鳥類の鳴管内の音源は2つあるが，ボウシインコ（オウム目）の鳴管はヒトの声帯と同じく単一の音源として機能する[3,4]．

空気中の窒素をヘリウムに置換すると通常の空気中よりも音速が速くなる．したがって，ヘリウム置換された空気中でのヒトの声は，共鳴の周波数が高くなり"ドナルドダック"が喋るような声（ヘリウム音声）になる．オウム目の

鳥と同じく物真似鳥として名高いキュウカンチョウ（スズメ目鳴禽類）とボウシインコのヘリウム音声を比較すると，ボウシインコの物真似発声は，ヒトの発声に近い声道共鳴による構音を利用している[4]．さらに，オウム目の鳥は舌が厚く，ヒトと同様に自由に可動させることができるので，鳴管の音源を声道において独立して修飾調整することが可能になり，低域から高域までヒト会話音に近い構音を行うことができる[3, 5]．これらのことより，ヒト言語の模倣など多彩な発声ができるオウム目の鳥は，ヒトに近い構音機序をもっている[3, 4, 5]．

発声学習にかかわる神経回路

発声学習を行う鳥の大脳には，発声学習を行うための関連神経核が構成する発声制御系神経回路（歌神経系とも呼ばれる．（▶5-9参照））が存在する[1, 2]．ヒトの言語野（ヒト言語野（▶2-25参照））の1つであるブローカ野に類似すると考えられているオウム目のNLCは鳴禽類のHVCと異なり側頭部に存在する．オウム目の歌神経系も鳴禽類と同じく鳴管筋などを正確に動作させるための直接制御系（motor pathway）および発声学習に必要な迂回投射系（anterior forebrain pathway）と，それら両回路を結ぶ連絡回路から構成されている[図1B]．また，オウム目の歌神経系も鳴禽類と同じく，言語獲得や言語学習にかかわっていると考えられているヒトの皮質 - 基底核 - 視床ループ回路[図1A]と類似した神経回路をもっており，異なる系統の限られた種間に発声学習能力の収斂進化が認められる[2]（▶9-20参照）．

これまで，オウム目と鳴禽類の両歌神経核の位置と形状と接続構成以外の際立った違いは見落されてきたが，最近になってオウム目の歌神経系は，以前から確認されていた発声学習鳥に共通の歌神経系（Core回路）と部分的にこの回路が重複した回路（Shell回路）の両方の神経回路をもっていることが，セキセイインコなど様々なオウム目の脳の遺伝子発現解析により発見された[図1B, C][6]．Shell回路は，進化の過程でオウム目の鳥類だけが獲得してきた歌

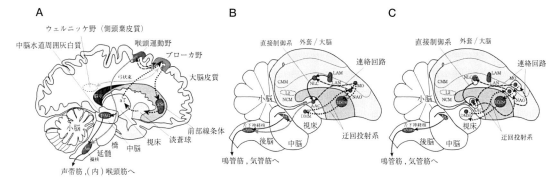

図1 ヒトの発声制御系神経回路（A）とオウム目の歌神経系（B：Core回路，C：Shell回路）の矢状断面模式図
点線矢印は迂回投射系（ヒト：皮質‐基底核‐視床ループ回路の一部），黒実線矢印は直接制御系，破線矢印は連絡回路を示す．神経核の英略字の説明は省略した（[12]の図を改変）．

神経系であり，Core回路を構成するそれぞれの神経核の外殻（shell）部位が新たに一部重複した形態で神経回路を構成しているのが特徴である．Shell神経核がオウム目の共通祖先に近い現存種でも見つかったことから，オウム目が少なくとも2900万年前から，重複し複雑化した歌神経系を進化させてきたであろうことが示唆され，このことがオウム目の鳥類が卓越した音声模倣能力を示す1つの要因ではないかと考えられている[6]．

ヒト言語能力の理解に最適なモデル動物

オウム目は，認知能力も非常に高いことが知られている（▶5-25参照）[7]．オウム目の脳は同程度の大きさの霊長類に比べて2倍，ラットやマウスと比較して2〜4倍高い密度の神経細胞が存在し，このことが霊長類と同程度の高い認知能力をもっていることに寄与しているという[8]．

さらに，ヒトの言語野の1つであるウェルニッケ野に関連していると考えられているセキセイインコの高次聴覚領域（NCM, CMM[図1B, C][1]（▶5-3参照））において，オスだけが右脳半球優位の側性化を示すことが報告された[9]．これはウェルニッケ野の性差と類似している[10]．また，ヒトではウェルニッケ野とブローカ野を結ぶ弓状束という神経線維束がある．この弓状束の障害が伝導性失語や自閉症などの言語コミュニケーション障害に関係があるかも知れないと考えられているが，オウム目の脳でも弓状束と類似な線維連絡が認められるので[11]，オウム目の鳥はこれらの障害モデルになる可能性がある．

以上，オウム目の鳥の発声機構はヒトの発声機構と非常によく似ていることから，ヒト言語能力の神経基盤を理解するための最適な動物モデルになるであろう． 〔佐藤亮平〕

文献

[1] J. J. Bolhuis et al., Nature Rev. Neurosci., 11, 747-759 (2010).
[2] E. D. Jarvis, Ann. N.Y. Acad. Sci., 1016, 749-777 (2004).
[3] F. Nottebohm, J. Comp. Physiol., 108, 157-170 (1976).
[4] 伊福部達, 日本音響学会誌, 56, 657-662 (2000).
[5] G. J. L. Beckers et al., Curr. Biol., 14, 1592-1597 (2004).
[6] M. Chakraborty et al., PLoS ONE, 10, e0118496 (2015).
[7] I. M. Pepperberg著, 渡辺 茂, 山崎由美子, 遠藤清香訳, アレックス・スタディ―オウムは人間の言葉を理解するか―（共立出版, 東京, 2003）.
[8] S. Olkowicz et al., Proc. Natl. Acad. Sci. USA., 113, 7255-7260 (2016).
[9] H. Eda-Fujiwara et al., Sci. Rep., 6, 18481 (2016).
[10] 北澤 茂, Clinical Neuroscience, 33, 931-934 (2015).
[11] S.M. Farabaugh et al., Brain Res., 747, 18-25 (1997).
[12] M. Chakraborty et al., Phil. Trans. R. Soc. B., 370, 0056 (2015).

5-24

鳥類発声の刺激性制御

刺激性制御（stimulus control）は心理学用語で，刺激すなわち光や音などの感覚情報により特定の行動の生起を制御することである．簡単な例としては，ボタンが赤く光ったときにはそれを押し，緑に光ったときにはそれを押さない，という行動を修得させることがあげられる．

発声についても刺激性制御を考えることができる．ヒトにとって，ランプが赤く光ったときに「A」といい，緑に光ったときに「B」ということを学ぶのは容易である．ヒト以外の動物にもこれと似たことを行わせられるだろうか．

ここで再び，心理学用語である「条件づけ」（conditioning）に言及する．多くの動物は生得的に仲間の個体の鳴き声に鳴き返す．この例では，心理学的には，聞こえる音声（刺激）と発声（反応）はそれぞれ無条件刺激（unconditioned stimulus：US）と無条件反応（unconditioned response：UR）である．「無条件」というのは，その関係が生得的なものであることを示す．ある動物が仲間の音声に反応して鳴き返しても，とりわけ不思議はない．しかし，ある動物に，特定のランプが点灯したら発声するという訓練をするとしよう．つまり，ランプが点灯した際にその動物がたまたま発声したらエサを与えるということ繰り返す．この「ランプ点灯」−「発声」という行動は生得的なものではなく後天的なものである．この場合には，ランプの点灯は条件刺激（conditioned stimulus：CS），発声は条件反応（conditioned response：CR）となる．結果としてCSとCRが結びつくことになるが，これが「条件づけ」である．動物の心理実験において，CRはネズミの実験ではレバー押し，トリの実験ではキーつつきであることが多い．しかし，前述の例のような場合，CRが発声であるため，これは特に発声条件づけ（vocal conditioning）または発声のオペラント制御などと呼ばれる．

さて，単純な発声条件づけ自体については鳥類，齧歯類，ヒト乳児など多様な動物において報告されてきた．一方で，冒頭にあげたような発声の多少複雑な刺激性制御についてはどうであろうか．霊長類に関しては1970年代からアカゲザルを用いた研究が行われてきた．このサルには生まれつきいくつかの発声バリエーションがある．そこで，このサルに異なる2種類の任意の視覚刺激を提示し，それに対応した異なる音声を発するよう訓練が行われた．しかし，当初は明らかな失敗が報告され[1]，その後も納得のいくような肯定的な結果はなかなか得られなかった．成功例とみなされる研究が最近ようやく報告されたものの[2]，比較的ヒトに似た認知能力をもつと考えられる霊長類において，このような行動の獲得は容易ではない．さて，冒頭に述べた例ではヒトが発する「A」「B」という音声は，後天的に獲得されたものである．一方で，アカゲザルは，生得的な発声バリエーション以外の音声を後天的に獲得する「発声学習」能力をもたない．では，より高度な発声制御が求められる発声学習能力をもつ動物であれば，これが可能になるのだろうか．

セキセイインコの発声条件づけ

声真似が得意なセキセイインコやキュウカンチョウのようなトリは明らかに発声学習能力をもつ．そして，セキセイインコについては，発声の刺激性制御が可能であることが実験により繰り返し示されてきた．例えば，赤色・緑色のランプに対し，それぞれ高さの異なる音声を発するように訓練できる[3]．また左右2つのランプを用意し，どちらが点灯するかによって異なる2種類の声を使い分けるように訓練することもできる．しかも，これらは生得的な音声のパターンの使い分けを学んだということではなく，後天的に獲得された音声を任意の刺激に対する応答として使い分けることを学んだということである．いまのところ，ヒト以外の動物における，人工的な実験装置のもとでの発声の刺激性制御については，セキセイインコの例が最も優れたものである．

226 | **5章 鳥　　類**

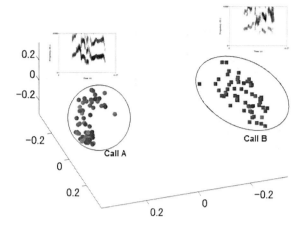

図1 音声のスペクトログラムから類似性を計算し，多次元尺度構成法で表したもの

刺激性制御によりインコに2種類の音声を産出させた例.

発声条件づけにおける制約

一方で，セキセイインコにおいてさえ，発声の刺激性制御には限界がある．前述の通り，セキセイインコにおいては，2種類の異なる視覚刺激を用いて発声の刺激性制御を行う，つまり2種類の異なる音声を鳴き分けさせることは容易である．しかし，聴覚刺激を用いると，これが非常に難しくなる．音源位置が同じ場合には，2種類のまったく異なる聴覚刺激（XとYとする）を提示して，それに応じて異なる音声を使い分けさせようとしても，これに非常に苦労する．通常のキーつつきを用いてXとYの弁別実験を行うと（つまり，Xが聞こえたときにはキーをつつき，Yが聞こえたときにはキーをつつかない），これは極めて容易に訓練できることから，これは発声の刺激性制御に用いられたときについてのみみられる現象であることが確認された[4]．

生得的なものと考えられる制約はほかにもある．セキセイインコにおいては，ランプが点いたときにのみ発声する，という条件づけは容易である．しかし，そのような訓練ののち，ランプ点灯前に他個体のコールを聞かせる条件で発声させてみる．すると，発声はランプ点灯に対する応答ではあるものの，音圧が大きくなり，通常とは別の音声パターンが発せられる割合が高くなる．また背景に他の個体の音声を流すとその効果はいっそう大きくなる．つまり，人工的環境で条件づけられた発声であっても，発声という行動がもつ他個体とのコミュニケーションという生得的な機能からは完全には切り離せない[5]．

発声学習能力をもつ鳥類の1分類である鳴禽類についてはどうだろうか．発声にかかわる神経科学の分野においては鳴禽類のキンカチョウが標準動物となっている．最近になって，このキンカチョウを対象に，飲み水を報酬として，さえずり行動のある種の条件づけを行ったという報告がなされた[6]．今後，鳴禽類において，より高度な発声の刺激性制御が可能であることが明らかになれば，それは様々な研究に用いられることになるだろう． 〔関 義正〕

文献
[1] S. Yamaguchi and R. E. Myers, *Brain Res.*, 37, 109-114 (1972).
[2] R. Hage *et al.*, *J. Cogn. Neurosci.*, 25, 1692-1701 (2013).
[3] K. Manabe *et al.*, *J. Exp. Anal. Behav.*, 63, 111-126 (1995).
[4] M.S. Osmanski, メリーランド大学 博士論文 (2008). http://hdl.handle.net/1903/8469
[5] Y. Seki and R.J. Dooling, *Behav. Process.*, 122, 87-89 (2016)
[6] M. A. Picardo *et al.*, *Neuron*, 90, 866-876 (2016).

5-25

ヨウムのアレックス

　心理学史に名を残した動物個体のリストをつくるなら，ヨウム（African Grey Parrot）のアレックス（Alex）を含めないわけにはいかない．アレックスはペッパーバーグ（Pepperberg, Irene M.）が行った30年以上にわたる研究により，それまで"バードブレイン"（ばか，まぬけの意味）と揶揄されてきた鳥の認知能力に関し，常識を覆す結果を数多く残した．

　アレックスは1977年にペッパーバーグがペットショップで購入してきた鳥であった．ペッパーバーグはその当時盛んであった類人猿を用いた言語訓練プロジェクトや，鳥の歌学習の研究に影響を受け，専門外ながらもオウムを使った研究を行った．

　アレックスは他のオウムと同様に，物真似によって人の単語を習得した．その単語の訓練方法は"モデル／ライバル法（model-rival method）"と呼ばれ，ヨウムが元来有する社会性をうまく利用したものだった．訓練にはお手本を示す先生（ペッパーバーグ）とモデルとなる人，そしてアレックスが参加する．先生はモデルに対して，例えば鍵を見せながら「これは何？」と尋ねると，モデルは「カギ」といい，先生に賞賛される．このやりとりを観察していたアレックスは自分も会話に参加したいがために，モデルの音声を真似て「カギ」と言う．正答に対しては，餌ではなくラベルが意味するものそのものが，先生からの賞賛とともに強化子となった．子どもが，大人とのコミュニケーションの文脈でことばを習っていくのとよく似た場面である．アレックスはこのようにして，たくさんのことばを教えられた．

　この研究により，アレックスはものの名前を理解し，その色や形の属性について正しく答えられることが示された．様々な属性をもつものを見せられて，「緑色は何個？」「三角形はいくつ？」のような質問に対し数を答えることもできた．質問されたものや属性が存在しない場合には「ない」と答え，部分的にもゼロの概念を理解すると解釈された．2つのものや属性が同じかどうかがわかる異同概念や，子どもの発達上重要な能力とされる対象の永続性を理解し，推論も行った．これらの能力は長い間，類人猿など進化的にヒトに近い動物にしか示されておらず，ましてや鳥類としては初めての発見も多かった．

　研究の初期，ペッパーバーグが発表した驚くべき結果に対し，アレックスという1羽の鳥だけを対象とし，常に実験者が動物に対面して行う研究方法を用いたことにより，実験者が意図せず正解の手掛かりを与えてしまうクレバーハンス効果を強く疑う研究者も少なくなかった．これに対しペッパーバーグは，様々な統制条件を導入し，統計的検定を行い，論文の査読者たちを納得させる努力を惜しまなかった．一方では，音声言語で質問した内容に音声で答えるという形を取ることから，アレックスは言語的能力をもつかどうかという議論もなされた．しかし，ペッパーバーグはアレックスがヒトの言語を獲得しているかどうかを問題とせず，コミュニケーションを取りながらアレックスの認知能力，内面世界を覗きみるための道具として，ことばを獲得させていると主張した．

　一連の訓練と認知能力の発見は，長年にわたるペッパーバーグとアレックスの間に築かれてきた信頼関係に依拠するところが少なくなかっただろう．アレックスは2007年，およそ31年の生涯を終えた．アレックスがペッパーバーグとのコミュニケーションを介して示したのは，1個体の動物がもつ認知能力の広さと深さであり，それはヒトの能力とも比較可能なものであった．現在もペッパーバーグは，アレックスがお手本を示し訓練の手助けをした他のヨウムたちを対象として，認知能力の研究を続けている．

〔山﨑由美子〕

文　献

[1] I. M. Pepperberg著, 渡辺 茂, 山﨑由美子, 遠藤清香訳, アレックス・スタディ―オウムは人間の言葉を理解するか―（共立出版, 東京, 2003）.

[2] I. M. Pepperberg著, 佐柳信男訳, アレックスと私（幻冬舎, 東京, 2010）.

5-26
生物の音の分析に使われる
ソフトウェア

　生物が発する音や音が生物に与える影響を調べるためには，音声を定量化・可視化したり，編集・加工したりするためのソフトウェアが必要不可欠である．そのようなソフトウェアには生体音響学用のものから，音声学や音楽編集で使用されるもの，汎用の数値計算ソフトウェアなどがあり，有償および無償のものが多数存在する．以下では，入手しやすく使用実績のあるものを中心に，生物の音の分析に使われるソフトウェアを紹介する．

　生体音響学用の有償ソフトウェアにはAvisoft-SASLab[1]，Raven[2]，Kaleidoscope[3]などがある．いずれも鳥類，哺乳類，齧歯類，コウモリ，カエル，昆虫などの音声分析に使用された実績がある．Avisoft-SASLab はAvisoft Bioacoustics 社が開発しているWindows 用ソフトウェアで，グラフィカルユーザインターフェースを操作して WAV などの音声ファイルをインポートして，サウンドスペクトログラムの可視化や基本的な音響パラメータの測定などを行うことができる．Raven もこれと類似した機能をもつソフトウェアで，コーネル大学鳥類学研究所が開発している．インタラクティブに音節をアノテーションする独自の機能もある．Kaleidoscope は WildlifeAcoustics 社が開発しているソフトウェアで，音節分類に関するバッチ処理に特徴がある．Raven と Kaleidoscope は Windows，Mac，Linux がサポートされている．これらソフトウェアの Pro 版は有償だが，機能を限定した体験版がそれぞれある．

　生体音響学用の無償ソフトウェアでは SoundAnalysis Pro 2011（SAP）[4] が代表的である．SAP の特徴は，大量の音声ファイルからWiener Entropy などの多様な音響パラメータをバッチ処理で測定でき，その結果がデータベース化されることである．この機能は音声の時間変化を調べる際に特に有効である．SAPには Windows 版と MATLAB（後述）版があるが，後者は機能が少ない．seewave[5] は統計ソフトウェア R で生物の音声分析をするためのパッケージで，音声信号の相互相関の計算などの基本的な信号処理の関数が実装されている．

　生体音響学用ではないがその用途にも使えるソフトウェアもある．Praat[6] は音声学のためのフリーソフトウェアで，音節をアノテーションする機能や処理を自動化するためのスクリプト機能が有用である．Audacity は音楽編集用のフリーソフトウェアで，音声合成やノイズ除去などの処理に役立つ．両方ともWindows，Mac，Linux がサポートされている．

　既存のソフトウェアにはない音声処理や高度な音声分析をする場合は，汎用の数値計算ソフトウェアを用いて独自のプログラムを作成する必要がある．そのような用途では MATLABがよく使われている．MATLAB はMathWorks 社が開発・販売している行列計算を得意とする数値解析ソフトで，SignalProcessing Toolbox，Audio System Toolbox，Statistics and Machine Learning Toolbox などのオプションと組み合わせて使用されることが多い．類似の無償ソフトウェアに GNUOctave[9] があるが完全互換ではない．Python[10] は科学技術計算に適したプログラミング言語で，Numpy や Scipy などのライブラリを用いることで比較的容易に音声分析のプログラムを作成することができる．これらの数値計算ソフトウェアは Windows，Mac，Linuxがサポートされている．　　　　〔笹原和俊〕

文　献
[1] http://www.avisoft.com/
[2] http://www.birds.cornell.edu/brp/raven/
[3] http://www.wildlifeacoustics.com/
[4] http://soundanalysispro.com/
[5] http://rug.mnhn.fr/seewave/
[6] http://www.fon.hum.uva.nl/praat/
[7] http://www.audacityteam.org/
[8] https://www.mathworks.com/
[9] https://www.gnu.org/software/octave/
[10] http://www.python.jp/

5-27

オウム・インコのコール学習

鳥類の音声は，伝統的に地鳴き（コール，call）とさえずり（歌，song）に2分されている．歌が学習によって発達することはよく知られているが（▶5-1参照），コールの多くは生得的である．しかし，歌を学習する鳥の中には，同種他個体のコールを模倣する（発声学習を行う）鳥が確認されている[1]（▶5-28参照）．飼育下のオウム・インコは，ヒトの言葉を模倣し卓越した発声学習能力をもつことで知られている（▶5-25参照）ので，オウム目の鳥はコールを学習すると推測される．実際に観察してみると，群れの仲間や配偶者との間で鳴き交わされるコンタクトコールに発声学習が広く認められる[2]．セキセイインコのコンタクトコールは，幼鳥の餌乞い声（food begging call）が変化することにより発達する[3]．この発達過程において，セキセイインコの幼鳥は親やきょうだいのコールを模倣する．野生のインコ，テリルリハの幼鳥は，親鳥のコンタクトコールを手本にして，親鳥に似たコールを発達させる[4]．幼鳥が発達させたコンタクトコールには，音響構造の一部分に個体差があり，同種個体間における個体認知の手がかりになっている（▶5-16参照）．

成鳥によるコール学習

オウム・インコは成体になってもコール学習を続けることが特徴的で，成鳥が配偶者や群れの仲間の声を模倣する．セキセイインコのコンタクトコールは飼育下において詳細に研究されてきた．セキセイインコの繁殖ペアでは，雌雄が配偶者のコールを認知し，コンタクトコールを互いに鳴き交わすことで，つがいの絆を維持している．オスセキセイインコは，個体に固有なコンタクトコールに加え，ペア形成時に配偶者のコンタクトコールをそっくりに模倣して，自身がもつコンタクトコールのレパートリーを

増やす[5]．オスによるメスコールの模倣は，性淘汰によって形成された可能性がある．さらに，セキセイインコは群れの仲間のコンタクトコールも学習する．飼育下で，複数のオスセキセイインコを1つのケージに入れ新たな群れをつくると，数週間後にはそれぞれの鳥が群れに固有のコンタクトコールを発声するようになる[6]．メスのセキセイインコについても，同様な群れ内コール学習が確認されている．

野外ではメキシコインコのコンタクトコールが研究されている[2]．メキシコインコの群れの構成は，分裂と融合によって頻繁に変化する．融合に先立って，2つの群れは互いにコンタクトコールを短い時間（30秒程度から15分以上まで）鳴き交わすが，この鳴き交わしの過程でコールの模倣が起こる．セキセイインコの場合は短くても1週間程度でコールが変化するのに比べると，メキシコインコの場合は群れ融合の前の鳴き交わしに相当する短時間で急速に変化する．メキシコインコがコンタクトコールを確かに模倣することは野外実験によって確かめられており，スピーカーから同種他個体のコンタクトコールを再生した時，メキシコインコが自身のコールを変化させ，刺激コールとの類似性を高める．メキシコインコは，採餌と関連して群れの構成をダイナミックに変化させる生態をもっている．コール模倣はこの生態と関連している可能性がある．

オウム・インコによるコール学習の神経基盤

歌学習は，手本となる音を聴いて憶える感覚学習の過程と，脳内に貯蔵された聴覚記憶に合うように発声を調整していく感覚運動学習の過程の，2つの過程によって起こると考えられている．スズメ目鳴禽類（以下，鳴禽類）の研究では，手本となる歌の聴覚記憶は大脳の二次聴覚領域に貯蔵されることが示唆されている．成体のオスセキセイインコが獲得する聴覚記憶も二次聴覚領域に貯蔵される可能性が示唆されている[7]．一方，感覚運動学習に関与する神経回路には，鳴禽類とオウム目に違いがある．オウム目の大脳にある発声制御系神経回路（歌神

230 | **5章 鳥　　類**

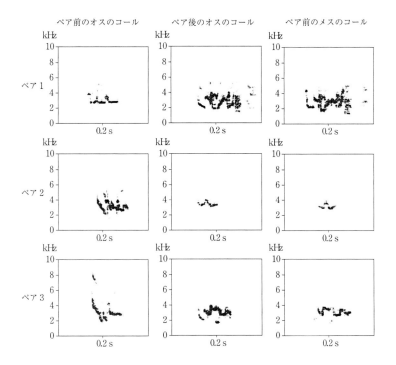

図1 オスセキセイインコのコール学習([9]の図を改変)
ペアを構成するオスとメスのコールの音響構造をソナグラムで示した．
どのペアのオスもメスのコールを真似ている．

経系と呼ばれる）は，鳴禽類と比較すると一部の神経回路が重複し複雑化している（▶5-23参照）．特に，Shell 回路と呼ばれる部分は，発声学習を行う鳥類の中でオウム目だけに存在することより，オウム目の卓越した発声学習能力に関与している可能性がある[2]．

さらに，発声学習の時期に関する興味深い研究が報告されている．ヒトの *FOXP2* 遺伝子（▶5-6参照）は言語能力において，また鳥類の *FoxP2* 遺伝子は発声学習において，それぞれ重要な役割を果たす（ヒトでは *FOXP2*，マウスでは *Foxp2*，その他の動物では *FoxP2* と表記する）．鳴禽類のキンカチョウでは，歌神経系の AreaX と呼ばれる領域において，歌感覚学習期に FoxP2 タンパク質発現レベルが顕著に抑制されていることが確認された[8]．セキセイインコと異なり，キンカチョウの発声学習は幼鳥時に限られている．成鳥になっても発声学習を行うセキセイインコでは，MMSt と呼ばれる領域（鳴禽類 AreaX に相当，▶5-23参照）において，幼鳥期，成鳥期を問わず，FoxP2 タンパク質発現レベルが低く抑えられている．これらのことより，MMSt における FoxP2 タンパク質の持続的な発現抑制機序が，終生にわたって発声学習を行うための神経基盤の1つになっているのかもしれない[2]．

〔藤原宏子・佐藤亮平〕

文 献

[1] P. Marler, *Ann. N.Y. Acad. Sci.*, **1016**, 31-44 (2004).
[2] J. W. Bradbury *et al.*, *Behav. Ecol. Sociobiol.*, **70**, 293-312 (2016).
[3] E. F. Brittan-Powell *et al.*, *J. Comp. Psychol.*, **111**, 226-241 (1997).
[4] K. S. Berg *et al.* R. *et al.*, *Proc. R. Soc. B.*, **279**, 585-591 (2011).
[5] A. G. Hile *et al.*, *Anim. Behav.*, **59**, 1209-1218 (2000).
[6] S. M. Farabaugh *et al.*, *J. Comp. Psychol.*, **108**, 81-92 (1994).
[7] H. Eda-Fujiwara *et al.*, *PLoS ONE*, **7**(6) e38803.doi：
[8] E. Hara *et al.*, *Behav. Brain Res.*, **283**, 22-29 (2015).
[9] 兼定 彩, 藤原宏子, 佐藤亮平, 宮本武典, 日本女子大学紀要 理学部, **15**, 27-33 (2007).

5-28 鳴禽類の発声学習によるコールの獲得

鳥類には，両親による営巣・育ヒナ，親による子の世話といった生活史特徴をもつものが多く，家族間の社会関係の維持に音声コミュニケーションが果たす役割は大きい（▶5-18参照）．また，共同繁殖や群れ生活など同種他個体との密接なかかわりが生起するような生態において，個体識別能力はいっそう重要となる．そのため，鳥類が，血縁やつがい，群れの仲間といった相手を，音声を手掛かりとして個体識別していることを示す事例は，豊富に報告されている．特に，一部の鳥類（鳴禽類）では，ディスタンスコールやコンタクトコールが，個体識別とむすびついているだけでなく，発声学習によって獲得されたものであることが指摘されている．

ジュウシマツの個体識別

ジュウシマツは群れ生活を好み，ディスタンスコールと呼ばれる音声を用いて相手の所在を確認する．つがいや親子などは，相手の姿を視覚的に確認できなくなったりはぐれたりすると，しばしばこのコールを用い，「いまどこ？」「ここだよ」というように鳴き交わしコミュニケーションをとる．ジュウシマツのディスタンスコールには雌雄で二型があり，メスは複数音素からなるトリルのような「ピルル」という発声であるのに対し，オスはトリルのない「ピーッ」という発声である．ジュウシマツで音声学習能力をもつのはオスのみであり，オスは父親の歌を学習によって獲得するだけでなく，ディスタンスコールの音響特性も受け継ぐ．オスは，幼鳥の頃はメス型のトリル構造をもつディスタンスコールを発するが，成熟するまでにオス型のコールを獲得する[1]．そのため，里子兄弟であっても同じオス親に育てられた個体同士は，それぞれ固有であるがよく似たコールを発する（図1）．つまり，ジュウシマツのディスタンスコールには，個体固有の情報だけでな

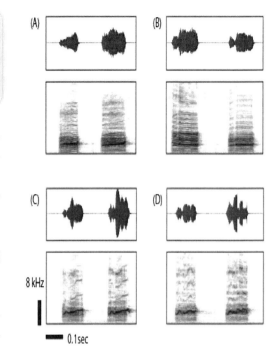

図1 ジュウシマツオスのディスタンスコールの比較
(A)と(B)，(C)と(D)は里子兄弟であり，血縁ではないが同じ父親からコールを学んでいる．

く，血縁・雌雄を反映している．

エナガの個体識別

エナガもジュウシマツ同様に，コンタクトコールの音響特性が，学習によって獲得されることが示唆されている[2]．このような音声によるコミュニケーションは，エナガの共同繁殖の生態と深くむすびついている．共同繁殖とは，両親以外の成熟個体がヘルパーとなって子育てに寄与することを指す．具体的には，エナガの場合，捕食などによって繁殖に失敗したつがいは，その年の繁殖期に自身の子を育てる機会を失うかわり，ヘルパーとして血縁個体の繁殖を手伝うことで，包括適応度を上昇させている．換言するならば，できるだけ近親個体の繁殖を手伝うことが適応的である．その際，近親であることを判断する手がかりとして，学習獲得されるコールの類似性が寄与している[2]．

〔相馬雅代〕

文　献
[1] T. Yoneda and K. Okanoya, *J. Ethol.*, 9, 41-46 (1991).
[2] S. P. Sharp *et al.*, *Nature*, 434, 1127-1130 (2005).

5-29 さえずりと人間の文化

さえずりは繁殖期のオスが発するもので，しばしば長く続き複雑な構造をもつ音声である．人間にとっては，美しく感じられるばかりでなく，春を告げるものとして，親しまれてきた．移民が母国から移住先にもち込んだ鳥をみても，ハワイのウグイス・メジロ・ショウジョウコウカンチョウや，ニュージーランドのズアオアトリなどさえずりの美しい種が多く，人々が鳥のさえずりに親しんできたことが感じられる（図1）．

日本では，古くは万葉集にウグイスのさえずりが詠まれており，江戸時代には鳥を飼養しさえずりを競う催しなども行われていた．驚くべきは，その時代にさえずり学習を利用して優れたさえずりを身に付けさせたり，光周性を利用してさえずる時期をコントロールしたりする技法が確立されていたことである[1]（図2）．

ウグイスでは，よい声の鳥を育てるために巣内ヒナを捕獲して飼養し，巣立ち前後と自立後に優れたさえずりの成鳥の近くに置いて，さえずりを覚えさせたという．人々は，限られた時期にさえずり学習（記憶）が起こることを経験的に知っていたと考えられる．また，本来さえずり始めるよりも早く，正月にさえずらせるために1か月ほど前から日没後灯りをともし，日長をコントロールする「夜飼い」も行われていた．生物の光周性の発見は20世紀に入ってからであり，日本人がいかに鳥をよく観察し，工夫して飼っていたかがわかる．

なお，時代とともに，野鳥の愛玩飼養は制限が加えられ，現在は原則として飼養のための許可を得ることはできない[2]．しかし，さえずり目的の飼養は一部で続いており，違法飼育や密猟がしばしば摘発されている．

〔濱尾章二〕

文 献
[1] 今村久兵衛,小鳥の飼ひ方叢書第五篇うぐひす（文化生活研究潰會, 東京,1926).
[2] 環境省．愛玩飼養・鳥獣等の輸入規制(https://www.env.go.jp/nature/choju/effort/effort3/).
[3] S. Hamao, *Pac. Sci.*, **69**, 59-66 (2015).

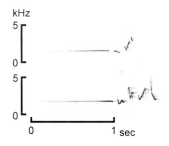

図1 ハワイにもち込まれたウグイスのさえずりの変化
上が約80年前にハワイにもち込まれたウグイスの現在のさえずり．「ホーホピッ」などと聞こえる．下は日本（埼玉県）のウグイスのさえずりで，「ホーホケキョ」などと聞こえる．ハワイでは環境の違いによって，さえずりが単純化したと考えられる [3]．

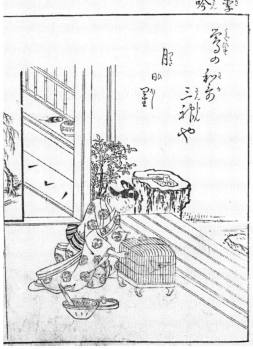

図2 江戸時代の本に描かれたウグイス飼養の様子
鳥かごの脇にすり餌を作るすり鉢と餌を入れる餌壺が描かれており，世話をしている様子がわかる．
（西川祐信『繪本和比事』，早稲田大学図書館所蔵）

第6章

両生爬虫類

6-1 両生爬虫類の聴覚

6-2 カエルの発声と運動神経

6-3 カエルの音響コミュニケーションと進化

6-4 コーラス

6-5 カエルの超音波コミュニケーション

6-6 カエルのメスの発声

6-7 ヤモリの音響コミュニケーション

6-8 恐竜の音声

6-1
両生爬虫類の聴覚

両生類は単系統群であるのに対して，爬虫類は側系統群であり，現生種はヘビ・トカゲ・ミミズトカゲ・ムカシトカゲを含む鱗竜類，ワニと鳥類を含む主竜類，カメ類の３グループに分けられる．両生類は，カエル類，サンショウウオ類，アシナシイモリ類の３グループに分けられる．陸上脊椎動物の聴覚器官は構造的には互いによく似ているが，鼓膜をそなえた中耳は少なくとも５回独立に進化したと考えられており，両生類，鱗竜類，主竜類，カメでそれぞれ独立に進化し，さらに哺乳類でも個別に進化した[1]．内耳を経る聴覚受容に加えて，カエルやサンショウウオの，幼生と完全水棲種の成体は，魚類と同様に側線をもち，水の振動を検出できる[2]．

聴覚の周波数特性

一般に，両生爬虫類の周波数感受性は，哺乳類と比較して低音側に偏っている．カエルやヤモリ，ニワトリはともに数百 Hz の低音にも高い感受性を示す一方，哺乳類は 1 kHz 以下の音には感受性が低い．サンショウウオやワニ，カメ，ヘビでは感受性のピークが 1 kHz 以下にくる．高音域では，ヤモリでは 5 kHz，ニワトリでは 7 kHz を境に感受性が落ちるのに対して，哺乳類では 40 kHz まで感受性が落ちない種が知られ，コウモリ類ではそれが 70 kHz まで続く[1]．爬虫類における例外が，地表棲のヤモリ類であるスベヒレアシトカゲ属で，14 kHz までの音を聴きとることができ，その聴覚感受性に対応した非常に高い周波数の鳴き声（10 kHz 以上の幅広い周波数帯を含み，20 kHz 以上の超音波を含むこともある）を発する[3]．

聴覚の進化と生態的意義

両生爬虫類の聴覚多様性をマクロスケールで概観したとき，その進化を推し進める選択圧として，生息環境の違い（地上，地中，あるいは水中）によってもたらされる音の媒質のインピーダンス差が作用したことは疑う余地がない．また，シグナル/ノイズ比に影響する生息環境における背景ノイズが聴覚ならびに音声コミュニケーションの進化に寄与していると考えられるケースもいくつか知られる．例えば，クボミミニオイガエルやフウハヤセガエルはともに渓流棲のカエルで，超音波帯の音を含んだ鳴き声でコミュニケーションをとる．クボミミニオイガエルは舌骨につながる筋肉により耳管を閉じ，それによって聴覚感受性を高域側（10 ～ 32 kHz）にずらし，超音波に対する感受性を高めることができる．一方，フウハヤセガエルでは耳管は開きっぱなしであるにもかかわらず聴覚感受性のピークは超音波領域にあり，より超音波によるコミュニケーションに特化していることがうかがえる[4]．これらの超音波を用いるカエルの聴覚は，渓流ノイズを避け，効率的に種内でコミュニケーションをとるために進化したと考えられる．

種内コミュニケーションに加えて，餌の探索や捕食者回避のために聴覚を用いている例も多く知られている．例えば，トルコナキヤモリは餌であるコオロギをその鳴き声を手掛かりに探索し，捕食する[5]．このような聴覚利用の例は，鳴かない種においても同様に知られており，ブラウンアノールは捕食者である鳥の鳴き声に反応して警戒行動をとる[6]．同じく鳴かないトカゲであるコーチヒルヤモリやキュビエブキオトカゲは，単純に捕食者の鳴き声に反応するだけでなく，別の被食者が発した捕食者に対する警戒声を二次利用（盗聴）し，捕食回避行動を示す[7]．また，マダライモリはカエルのコーラスを盗聴することで，繁殖場所である水たまりの場所を定位する[8]．このような聴覚に依存した適応的な行動の存在は，鳴かない両生爬虫類におけるするどい聴覚の維持に寄与していると考えられる．

外耳と中耳構造の多様性

両生爬虫類はすべて耳介をもたず，鼓膜をも

図1 両生爬虫類の頭側部（口絵10）
左側は上からニホンアマガエル、アオカナヘビ（トカゲ類）、アフリカキバラハコヨコクビガメで、鼓膜が体表に露出している。右側上のオキナワヤモリでは体表から奥まった位置に鼓膜があり、右中央のアカマタ（ヘビ類）や右下のイボイモリ（サンショウウオ類）では鼓膜がない。

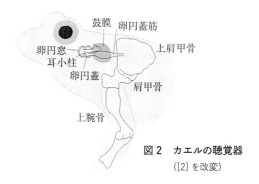

図2 カエルの聴覚器
（[2] を改変）

つものはすべてのワニとカメ、一部のカエルとトカゲに限られる（図1）。また、ほとんどのカメと一部のカエル・トカゲでは体表に鼓膜が露出している[2]。空気中を伝わる音は鼓膜を振動させ、鼓膜の振動は耳小骨を通じて内耳の中のリンパ液の振動に変換される。哺乳類では3つの耳小骨がある一方で、哺乳類以外の中耳では、哺乳類の鐙骨と相同である1本の耳小骨、耳小柱しかもたない。耳小柱は、その両端で鼓膜と内耳の卵円窓につながり、耳小柱の鼓膜側の末端は軟骨状で、この末端部を区別して外耳小柱と呼ぶこともある。外耳小柱は両生類では一塊の軟骨で、爬虫類では3〜4分岐し鼓膜に接続している[9]。

両生類では、鼓膜 - 耳小柱 - 内耳の連なりに加えて、もう1つの内耳への音響伝達経路がある。両生類の内耳には、耳小柱のほかに、卵円蓋がつながっており、卵円蓋は卵円蓋筋を通じて上肩甲骨に接続されている（図2）。鼓膜を通じて空気中を伝わる音が伝達される一方で、空気中を伝わる低音や地面からの振動は、前脚と上肩甲骨の骨伝導を通じて、卵円蓋から内耳へ

と伝達される。この前脚 - 卵円蓋 - 内耳の伝達経路は、カエルとサンショウウオに特有であり、地中棲であるアシナシイモリでは二次的に失われている[2]。また、サンショウウオ類の聴覚経路は系統群間で多様化しており、水棲傾向の強いオオサンショウウオ科やサンショウウオ科では卵円蓋を経る音響伝達経路が存在しない[8]。

耳小柱が収まる鼓膜と内耳の間の空間である、中耳腔のサイズは分類群によって様々で、サンショウウオやアシナシイモリでは中耳腔がない。水中での生活に強く適応したアフリカツメガエルやミシシッピアカミミガメでは、中耳腔が大きく、その大きな空間で音を反響・増幅させている。両種ともに外側の鼓膜がある部分は皮膚で覆われており、その内側の中耳と接している部分に、可動性の軟骨の円盤がある。この円盤は耳小柱につながっており、水中音を効率よく伝達する機能をもつ。水中を伝わる音は、中耳内の密閉空間で共鳴し、増幅され、それが軟骨の円盤から耳小柱を通じて内耳へと伝達される。このような構造によって、ミシシッピアカミミガメは空気中を伝わる音より、水中を伝わる音に対する感受性のほうが高い。カメ類は共通して、水中音への適応と考えられる広い内耳腔をもつことから、カメ類の共通祖先は水棲だったと考えられている[4]。

また、カエルとトカゲの一部で、二次的に鼓膜や中耳を失ったグループが知られる。ヤセヒキガエル属は、鳴き声によってコミュニケーションをとるにもかかわらず、鼓膜のみを失った種や、鼓膜に加えて耳小柱や耳管、中耳腔と

いった中耳構造も一切もたない種が属内に含まれている[4]．そのうち，鼓膜も中耳もないゼテクフキヤヒキガエルでは，卵円蓋を経た伝達経路に加えて，肺によって反響した音を内耳で聴きとっている[10]．同じく鼓膜と中耳がないガーディナーセイシェルガエルでは，口腔内で反響する音を内耳から聴きとる[11]．

トカゲでは，鼓膜のない種のほとんどが耳小柱と小さな中耳腔を維持している．さらに，外耳小柱の一端が下顎の方形骨につながっており，下顎からの骨伝導を通じて500 Hz付近の低音に対して感受性をもつ．同じく鼓膜のないヘビ類でも外耳小柱が方形骨につながっており，地面からの振動や，空気中を伝わる50～1000 Hzの低音を聴きとっている（図3）．地中棲であるミミズトカゲの外耳小柱は，細く伸長して下顎の歯骨につながっており，振動や低音を受容する[4]．

内耳構造の多様性

内耳は大きく前庭，半規管，壺嚢（ラゲナ）に分けられ，ラゲナは哺乳類の蝸牛管と相同の器官である[1]．半規管と，前庭にある卵形嚢・球形嚢は，平衡感覚を司る．球形嚢にはラゲナがつながっており，両生類では嚢状の膨らみとして，爬虫類や鳥類では長く伸びフラスコに似た形状になる．哺乳類ではそれがさらに伸長してらせん状に巻き，蝸牛管と呼ばれる（図4）．卵形嚢と球形嚢，ラゲナのそれぞれに卵形嚢斑と球形嚢斑，ラゲナ斑と呼ばれる感覚斑がある．

卵円窓から伝達された音は，内耳の前庭とラゲナに伝わる．球形嚢斑は平衡感覚のほか，音による耳石膜の振動を感知することで，音も検出している．両生類では，ラゲナと同様に球形嚢につながった嚢状の膨らみに基底乳頭が位置し，爬虫類や鳥類では伸長部の内部に基底乳頭があり，先端にラゲナ斑が位置する．両生類の球形嚢にはさらに両生類乳頭がある．両生類乳頭や基底乳頭も音の検出器であり，有毛細胞が並んだ上に蓋膜が被さった構造をとる[13]．両生類では，球形嚢，両生類乳頭，基底乳頭が異なった周波数応答を示し，球形嚢と両生類乳頭はそれぞれごく低音域（20～120 Hz）と低音域（通常100～1250 Hz）に感受性をもつ[14]．基底乳頭の周波数感受性は通常，中～高音域に対して高く，ウシガエルやヒョウガエルではおよそ1.4 kHzの音に対して感受性のピークをもつ一方で，コークィコヤスガエルやタイヘイヨウコーラスアマガエルでは感受性のピークは2～4.5 kHzである．また，基底乳頭の周波数感受性には性差がみられることがある．カエル類では概して，大型種の基底乳頭は，小型種のもの

図3　方形骨に接するヘビの耳小柱（[4]を改変）

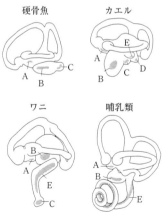

図4　硬骨魚，カエル，ワニ，哺乳類の内耳形態（[12]を改変）
A：卵形嚢斑，B：球形嚢斑，C：ラゲナ斑，D：両生類乳頭，E：基底乳頭．

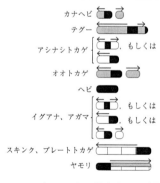

図5　トカゲ・ヘビ類の基底乳頭の多様性（[1]を改変）

黒は低音域に感受性をもつ有毛細胞を示し，グレーと網掛け，白は高音域に感受性をもつ有毛細胞で，それぞれ蓋膜が覆っているもの，テクトリアル・サレットが被さっているもの，露出しているものを示す．空白の領域は，基底乳頭上に有毛細胞のない領域が挟まっていることを意味している．黒の矢印は，低音から高音へのトノトピシティの方向を示す．

より低音に高い感受性をもち，またオスのほうがメスより高音に感受性が高い[13]．

基底乳頭と有毛細胞の多様性

聴覚器官の基本的な感覚細胞である有毛細胞はすべての脊椎動物で相同であり，有毛細胞が並ぶ聴覚器官は，両生類や爬虫類，鳥類では基底乳頭，哺乳類ではコルチ器と呼ばれる．両生類以外の基底乳頭には基底膜があり，その上に有毛細胞が並ぶ[13]．

内耳の卵円窓から伝えられた音は基底膜を振動させ，その機械的振動に応じて有毛細胞の不動毛が揺れる．不動毛の揺れが細胞内の電位変化を引き起こし，有毛細胞が脱分極することによって神経伝達物質が放出され，聴神経が発火する．ラゲナの根本から先端部まで，長軸方向に有毛細胞の周波数感受性が変化し（トノトピシティ），多くの動物では壺嚢の基部から先端に移動するにつれて感受性のある周波数が低くなる．対してトカゲ類では，トノトピシティが逆のグループや，基底乳頭の基部と先端部でトノトピシティが反転しているグループが知られる[11]．基底乳頭に並ぶ有毛細胞の種類や配列は分類群によって様々であり，特に爬虫類は基底乳頭の構造が多様化している．カメとワニの基底乳頭はともに蓋膜に覆われているものの，カメの有毛細胞の種類は一種類のみである一方で，ワニでは有毛細胞が二種類ある[1]．トカゲ類では，蓋膜の構造がグループ間で異なり（**図5**），カナヘビでは有毛細胞が蓋膜で完全に覆われているが，ヤモリやスキンクのように一部の有毛細胞で不動毛上に（蓋膜のかわりに）テクトリアル・サレット（tectorial sallet）と呼ばれる互いに鎖状につながった結合組織の帽子様構造が被さっているグループや，イグアナのように有毛細胞の一部が露出しているグループがある[1]．トカゲ類は二種類の有毛細胞をもち，一方は低音域（1 kHz 以下），他方は中〜高音域（1 kHz 以上）に対して反応する[3]．低音域に反応する有毛細胞は不動毛がすべて同じ方向を向いている．一方で，中〜高音域に反応する有毛細胞は，不動毛が互いに向かい合って縦列し，

トノトピシティを示す．トカゲ類の多くの分類群では，中〜高音域に反応する有毛細胞が基底乳頭の基部（卵円窓付近）と先端に，低音に反応する有毛細胞がその間に位置する（**図5**）．2つの中〜高音域に反応する領域の間でトノトピシティが反転しており，基部側では先端に移動するにつれてより低音に反応し，先端側の領域では先端に近づくにつれてより高音に反応する．例外はスキンク類とヤモリ類で，スキンクでは中〜高音域に反応する有毛細胞の領域は基部側にしかなく，逆にヤモリでは先端側にしかない[1]．さらにヤモリでは，中〜高音を感受する有毛細胞が長軸方向に二列縦に並んでおり，一方が蓋膜に覆われ，他方には tectorial sallet が被さっている[3]．このような構造の多様性が聴覚機能にどう影響するかについては，よくわかっていない． 〔城野哲平〕

文　献

[1] G. A. Manley, *JARO*, **18**, 1–24 (2017).
[2] F. H. Pough, R. M. Andrews, M. L. Crump, A. H. Savitzky, K. D. Wells and M. C. Brandley, *Herpetology fourth edition* (Sinauer Associates, Inc., Massachusetts, USA, 2016).
[3] G. A. Manley, C. Köppl and U. J. Sienknecht, *Insights from Comparative Hearing Research* (Springer, New York, USA, 2014), pp. 111–131.
[4] J. Christensen-Dalsgaard and G. A. Manley, *Insights from Comparative Hearing Research* (Springer, New York, USA, 2014), pp. 157–191.
[5] S. K. Sakaluk and J. J. Belwood, *Anim. Behav.*, **32**, 659–662 (1984).
[6] L. R. Cantwell and T. G. Forrest, *J. Herp.*, **47**, 293–298 (2013).
[7] R. Ito, I. Ikeuchi and A. Mori, *Curr. Herp.*, **32**, 26–33 (2013).
[8] G. Capshaw and D. Soares, *Copeia.*, **104**, 157–164 (2016).
[9] J. Christensen-Dalsgaard, *Sound Source Localization* (Springer-Verlag, New York, USA, 2005), pp. 67–123.
[10] E. D. Lindquist, T. E. Hetherington and S. F. Volman, *J. Comp. Physiol. A.*, **183**, 265–271 (1998).
[11] R. Boistel, T. Aubina, P. Cloetensd, F. Peyrind, T. Scottif, P. Herzogf, J. Gerlachg, N. Polleth and J.-F. Aubryi, *PNAS.*, **110**, 15360–15364 (2013).
[12] H. C. Maddin and J. S. Anderson, *Fieldiana Life Earth Sci.*, **5**, 59–76 (2012).
[13] D. D. Simmons, S. W. F. Meenderink and P. N. Vassilakis, *Hearing and Sound Communication in Amphibians* (Springer, New York, USA, 2006), pp. 185–220.
[14] G. J. Rose and D. M. Gooler, *Hearing and Sound Communication in Amphibians* (Springer, New York, USA, 2006), pp. 250–290.

6-2 カエルの発声と運動神経

「かえるのうた」の童謡にあるように，カエルはその容姿とともにに鳴き声が人々に親しまれている動物である．カエルの鳴き声は主に繁殖期にお互いのコミュニケーションをとるために使われる．カエルの鳴き声と一言でいっても，実際にはカエルは状況に応じていろいろな種類の音声を出すことが知られている．例えば，繁殖期のオスは広告音(advertisement call)と呼ばれる音声を発してメスを引き寄せようとし，また，排卵準備のできていないメスは，解除音(release call)という音声を使って，オスの求愛行動から逃れようとする(図1)．

ほとんどの種類のカエルは，発声のメカニズムと呼吸器系に密接なつながりがある．人の声が息を吐くときに出されるのと同じように，カエルも息を吐くときに，肺から口内に向けて移動する空気が喉頭を振動させて音が出る仕組みになっている．つまり，これらの種類のカエルの発声のメカニズムを解明するためには，発声器を制御する神経回路と呼吸器系を司る神経回路の両方の働きをつきとめなければならず，非常に困難な問題である．

発生学の研究に古くから使われてきたアフリカツメガエルは，他種のカエル同様，音声を使ってコミュニケーションをとる．しかし，ツメガエルのユニークな点は，音声がすべて水中で出され，その発声のメカニズムが呼吸器系に依存しないことである．つまり，発声系路のみの解析をすることによって，音声制御の神経メカニズムを突き止めることが可能なのである．このアフリカツメガエルの発声の仕組みを以下に紹介する．

アフリカツメガエルの雌雄の音声

まず，アフリカツメガエルのオスとメスは繁殖期に異なった音声を発する．両性の音声はクリック音の繰り返しからなるが，オス特有の広告音はこのクリック音が速いスピード(70 Hz)

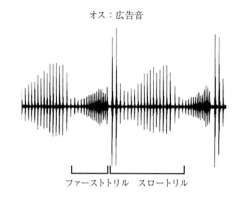

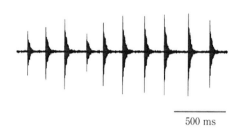

図1 アフリカツメガエルの音声

で繰り返されるファーストトリルと遅いスピード(30 Hz)で繰り返されるスロートリルから構成されている(図1)．一方，メス特有の解除音ではクリック音が遅いスピード(6～10 Hz)で繰り返される(図1)．

一般に，脊椎動物のこれらの雌雄特有の繁殖行動は，発達中に分泌される雄性ホルモンの非可逆的な作用によって脳と筋肉が性分化を遂げるためだとされている．しかし，アフリカツメガエルでは，この性分化が可逆的であり，成体のメスに雄性ホルモンを投与することによって，比較的短時間で(5～13週間)音声がオス化することがわかった(図2)[1]．つまり，アフリカツメガエルの神経発声回路は単純明快なだけではなく，性分化の仕組みを解明することのできるユニークなモデルなのである．

ツメガエルの喉頭による発声の仕組み

アフリカツメガエルのクリック音は喉頭筋(図3)が収縮することによって発せられる．喉

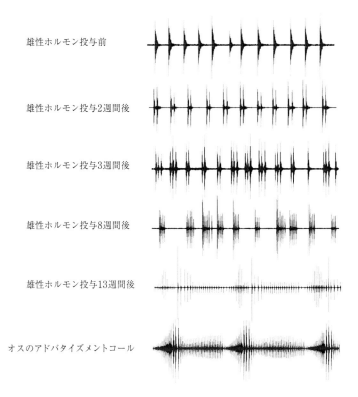

図2 メスのアフリカツメガエルの音声の雄性化
メスの成体のアフリカツメガエルに雄性ホルモンを投与したところ，13週間でリリースコールがアドバタイズメントコールに変化した．

頭筋は一対の円盤状の軟骨（arytenoid discs）に付着している（図3）．この軟骨は無音状態ではシンバルが合わさったように互いに付着して，その隙間は粘着質の体液で満たされているが（図3左），喉頭筋が収縮すると，互いから引き剝がされ，空気が内破することによってクリック音が出る仕組みになっている（図3右）[2]．例えば，オスの広告音は喉頭筋が70 Hz と 30 Hz の収縮，緩和を繰り返すことによって発声され，メスのリリースコールは6〜10 Hz の筋肉の収縮，緩和活動からつくり出される．雌雄のアフリカツメガエルの音声の違いは，喉頭筋の収縮，弛緩頻度に還元されるのである．

喉頭筋を制御する運動神経

喉頭筋の活動は，脳幹の頭骸神経核 IX-X にある喉頭運動神経細胞によって制御されている．

発声中のツメガエルの喉頭運動神経から記録をとったところ，複合活動電位が1回発火する度に喉頭筋が1回収縮することが判明した（図4）[3]．つまり，雌雄の発声神経回路は，喉頭運動神経細胞を雌雄特有のリズムで発火させる

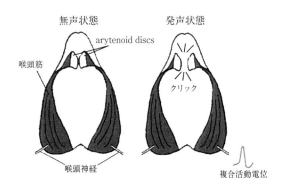

図3 アフリカツメガエルの発声メカニズム
喉頭筋が収縮すると，arytenoid discs と呼ばれる一対の円盤状の軟骨がお互いから離れ，空気の内破によってクリック音が出される．

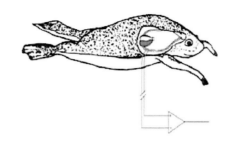
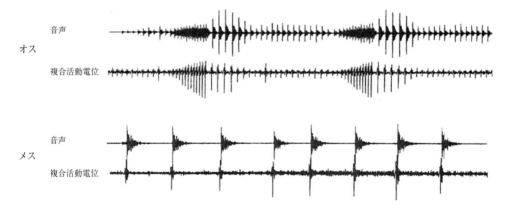

図4 アフリカツメガエルの音声と，喉頭神経から記録した発声を司る複合活動電位
左，喉頭神経に電極を挿入したツメガエル．右，発声中の雌雄のツメガエルから音声と複合活動電位を同時に記録したもの．

ことによって音声をつくり出しているのである．

ペトリディッシュの中でうたう脳

では，果たして雌雄の発声神経回路はどのようにして雌雄特有の運動リズムをつくり出しているのだろう？ この謎を解くためには，発声中の回路から神経細胞の電気的活動の記録をとることが必須である．しかし，電気生理学的記録方法は麻酔をかけた動物でのみ可能であり，麻酔をかけた動物は発声しないというジレンマがある．我々の研究室では，このジレンマを次の方法で乗り越えることに成功した．体外に取り出したツメガエルの脳の喉頭神経から記録をとりながら脳全体に神経伝達物質であるセロトニンをかけたところ，体内で発声中と同様な複合神経活動が記録できたのである（図3）[4]．つまり，ペトリディッシュの中に摘出されたカエルの脳がうたうのである．この結果には2つの重大な意義がある．第一に，この摘出脳を使っ

ての技術的な大躍進が期待される．発声中の神経細胞の記録だけでなく，神経回路を外科的，薬理学的，分子生物学的に操作することによって，音声リズムがどのように変化するかを解析することが可能になった．第二に，摘出脳が音声を司る運動神経リズムを刻むことができたということは，ツメガエルの発声神経回路は中枢パターン発生器（外部からのリズミカルな刺激に依存せず，神経中枢で内在的に運動リズムをつくり出す神経回路）であることが断定できた．

雌雄の神経細胞の分化

「うたう摘出脳」を使うことによって，雌雄の発声神経細胞が機能的に分化していることがわかった．例えば，喉頭運動細胞では，早い神経発火頻度をサポートする様々な仕組みがオスでのみみられる．オスの発声神経細胞の入力抵抗や膜要領はメスのものに比べると有意に異なり，聴覚系（超速度の信号プロセスが可能）の

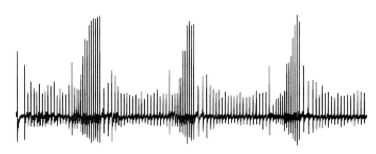

図 5 体外摘出したツメガエルの脳(左，口絵 11)の喉頭神経から記録した複合神経活動(右)
脳全体に神経伝達物質のセロトニンを投与することによって，発生神経回路が作動する．

もののように分化していることがわかった[5]．また，オスの前運動核では，広告音のファーストトリルの時間特性を制御するファーストトリルニューロン(FTN)と呼ばれる特殊な神経細胞がみつかっている．この細胞はオスの広告音のファーストトリルの長さとクリック音の繰り返し頻度を制御している[6]．この細胞膜に発現された NMDA 受容体が開くと FTN の膜電位は脱分極を起こし，ファーストトリルが開始される．FTN が再分極するとファーストトリルが終了する．また，この FTN には 60 Hz で発火する仕組みが内在しており，閾値下振動と呼ばれる膜電位の振動が 60 Hz 前後に設定されており，これが 60 Hz のクリック音の繰り返し頻度の原因になっているのである．

アフリカツメガエルのシンプルな発声神経回路を用いることによって，カエルの発声を司る神経機構が解明されることが将来的に期待できる．　　　　　　　　　　　〔山口文子〕

文献

[1] K. A. Potter, T. O. Bose, A. Yamaguchi, *J. Neurophysiol.*, **94**, 415-428 (2005).
[2] D. D. Yager, *Zool. J. Linn. Soc.*, **104**, 351-375 (1992).
[3] A. Yamaguchi and D. B. Kelley, *J. Neurosci.*, **20**, 1559-1567 (2000).
[4] H. J. Rhodes, H. J. Yu and A. Yamaguchi, *J. Neurosci.*, **27**, 1485-1497 (2007).
[5] A. Yamaguchi, L. K. Kaczmarek and D. B. Kelley, *J. Neurosci.*, **23**, 11568-11576 (2003).
[6] E. J. Zornik and A. Yamaguchi, *J. Neurosci.*, **32**, 12102-12114 (2012).

6-3

カエルの音響コミュニケーションと進化

音 声

カエル類は鳴き声を用いた交信をする点で，サンショウウオ・アシナシイモリ類と異なる．発声の主目的は繁殖のためにオスが同種のメスを呼び寄せることにあり，それぞれの種は特有の鳴き声をもつ．声はノートから，ノートはパルスからなるが，これらの要素の特性（時間，周波数，強度）の組み合わせによって特定の音声パターンが生じる．メスは複数種のオスの複雑な合唱と，背景の雑音の中からそうした特定パターンを選別して，同種のオスを確認する．これは，スピーカーを使った実験によって確認されている．

多くの種は鳴嚢をもち，声を出すときにはこれを脹らませる．鳴嚢は音が効果的に外界の空気と共鳴するのを助け，特定の倍音のみを通して，周波数スペクトルを変形させる．鳴き声の持続時間には変異があり，単純な短いクリック音は 5 ～ 10 ms しか続かないが，トリル音（ふるえ声）は，数分にも及ぶ．声の質にも純粋な調べのホイッスル音から，やかましいしわがれ声まで変異がある[1].

鳴き声の多様性

① 広告音（繁殖コール，advertisement call）：主要な機能は鳴いている個体の属する種，性，場所を，卵をもった同種のメスに知らせ，これを引きつけること[2]と，鳴いている位置を近くのオスに知らせて，オスを繁殖場所に引きつけ，同時にオス同士の距離を保つことにある[3]．広告音はその機能から明らかなように，分類学的にも，種の特徴を示す最も重要な声である．

1つの鳴き声信号の中にこれら2つの機能が含まれることも，信号がメスを誘引する機能と，オスを排斥する機能の2段階に分れていることもある．なお，クボミニオイガエルなど一部の渓流性の種は超音波を発するが，メスはこれに反応しないので，その機能はオスを排斥することにあると思われる[4].

② なわばり音（遭遇コール，侵略コール，territorial call）： 他の個体と干渉しあっているオスの出す，広告音とはまったく違った種類の鳴き声．その機能は，競争相手の鳴き声をさえぎって，メスを引き付けにくくさせること，競争相手に攻撃の開始を知らせることにある．実験によれば，メスは広告音のない場合には，なわばり音に誘引される．なお，トウキョウダルマガエルなどではメスも他のメスに対してなわばり音を発することがある．

③ 解除音（放免コール，release call）： 誤って他のオスに抱接されたときに出す声で，これによって放免されるのが普通．すでに産卵を済ませたメスもこの声を出すことがある．なわばり音と似た音声構造をもつことが多い．

④ 危難音（distress call）： 捕食者につかまったときに発する声で，口を開けて発せられる点で他の鳴き声と異なる．危険の合図には役立たないらしく，捕食者を驚かせて，逃走する機会を増やす役目があるのかもしれない．

鳴き声の進化

分子系統学的解析の結果，カエル類には原始的な群，中程度に進化した群，進化程度の高い群が認められる．原始的なアフリカツメガエルは水中で複数種の声を発するし，中間段階のチビウデナガガエルも複数種の声を発する[5].大多数の種は進化程度の高い群に含まれ，アマガエルとアカガエルの系統に大分されるが，ほとんどが発声し，ごく一部の発声しない種は二次的に声を失ったものと考えられる．このようにカエル類はその進化のはじめから発声したと思われ，声は系統上の制約よりも繁殖環境に応じて多様化し，異なった系統間で似たような声が数多く存在する．例えば，複数の段階からなる鳴き声は，カエル類の異なった科の間で収斂進化している．コークィコヤスガエルは2段階からなる鳴き声をもち[6]，最初，コ，というノートを発し，次にキッ，というノートが続く．両

244 | 6章 両生爬虫類

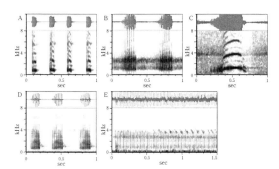

図1 カエル類の広告音の例
A：ニホンヒキガエル，B：ニホンアマガエル，C：オキナワイシカワガエル，D：ツチガエル，E：サドガエル．縦軸は周波数，横軸は時間を示す．

方ともオスに伝えられるが，最初のノートは，オス同士の出会いのときに，次のノートはメスを誘引するのに用いられる．このような声の分化に伴って，雌雄の聴神経の感受性に差が生じている．一方，系統的に離れたビクトリアツチビガエルの広告音も，最初のノートに，一連の反復するノート群が続く2段階からなる．最初のノートは他のオスに対するなわばり宣言に，反復ノート群はメスの誘引だけに役立つ[7]．これら2段階では，周波数ではなく，時間特性が変化する．

メキシコアマガエル属の鳴き声は複数のノートからなるので，近くで鳴くオスたちの声が重複しやすく，その結果，鳴き声は同調して大きくなるので，捕食者であるコウモリを攪乱できると考えられる[8]．

また，トゥンガラガエルの，複数のノートからなる鳴き声は，オスがメスと出会う機会を多くする一方で，捕食による危険を小さくすることに関係しているといわれる[9]．一方，キマダラアマガエルの広告音（繁殖コール）では第2ノートが反復することによって，連続的な背景の雑音と対照的になるので，卵をもったメスによって発見されやすくなると考えられる[10]．

異なったノート間に明瞭な機能的分化のある種では，オスが周囲の状況に応じて，それぞれのノートの割合を変化させることができるという利点がある．例えば，キイロバナナガエルの広告音は，メスを誘引するノート（トリル型）と，オス同士の関係に働くノート（Zip型）からなるが，両ノートの割合はコーラスの大きさによって変化し，コーラスが大きいほどZip型の率が高くなり，コーラスの中にメスがいるとトリル型のノートの率が高くなる[11]．

対捕食者進化

広告音は同種のメスを誘惑したり，オス同士の距離を保ったりするためだけに進化するのではない．メキシコアマガエルの鳴き声は，カエルクイコウモリの捕食に対応して進化したらしい[12]．オスはコウモリに場所を探知されないように，様々な複雑度の広告音を出して近くのオスと同調させ，騒音のある場所で鳴く．しかし，明るい晩のようなコウモリの襲来を容易に察知できる場合には，自分の位置をわかりやすくさせる声でメスを呼ぶ．オスはその存在をメスには知られやすく，コウモリには知られにくくするのである．

2段階からなる鳴き声は，交信の効率を高めるために，より単純な段階のない単一の鳴き声から進化したと思われる．コークィコヤスガエルやビクトリアツチビガエルのもつ，2段階からなる広告音が，さらに進んだものがキイロバナナガエルのもつ，ほぼ完全に独立した2種類のノートからなる広告音と思われる．

〔松井正文〕

文献

[1] 松井正文，両生類の進化（東京大学出版会，東京，1996），pp.155-161.
[2] K. D. Wells, *Anim. Behav.*, 25, 666-693 (1977).
[3] J. G. M. Robertson, *Z. Tierpsychol.*, 64, 283-297 (1984).
[4] J.-X. Shen, Z.-M. Xu, Z.-L. Yu, S. Wang, D.-Z. Zheng and S.-C. Fan, *Nature Comm.*, 2, 342 (2011).
[5] K. Eto, M. Matsui and K. Nishikawa, *Raffles Bull. Zool.*, 64, 194-203 (2016).
[6] P. M. Narins and R. R. Capranica, *J. Comp. Physiol.*, 127, 1-9 (1978).
[7] M. J. Littlejohn and P. A. Harrison, *Behav. Ecol. Sociobiol.*, 16, 363-373 (1985).
[8] M, D. Tuttle and M. J. Ryan, *Behav. Ecol. Sociobiol.*, 11, 125-131 (1982).
[9] A. S. Rand and M. J. Ryan, *Z. Tierpsychol.*, 57, 209-214 (1981).
[10] K. D. Wells and J. J. Schwartz, *Anim. Behav.*, 32, 405-420 (1984).
[11] P. R. Y. Backwell, *Herpetologica*, 44, 1-7 (1988).
[12] V. S. Nunes, *Herpetologica*, 44, 8-10 (1988).

6-4 コーラス

暖かくなり田んぼに水が入ると、たくさんのカエルが鳴き始める。身近に田んぼのある方にとって、馴染み深い風景だろう。

我々が普段耳にするのは、オスのカエルが発する広告音 (advertisement call) と呼ばれる種類の鳴き声である。広告音には、オスがメスを引き寄せる役割と、オス同士がなわばりを主張しあう役割が知られている [1, 2]。カエルのコーラスとは、この広告音という鳴き声 (以下、鳴き声と略記) をたくさんのオスが発する状態をさす。

オスは鳴き声を発する一方で、鼓膜をもっており、他のオスの鳴き声を認識できる。そのため、野外で鳴いているオスは、音を介して互いに影響を及ぼしあうことになる。

このような鳴き声と個体同士の影響は、どのような現象を引き起こすだろうか？ 本項では、日本の広範囲に生息するニホンアマガエルを題材に、カエルのコーラスの特徴を紹介する。

ニホンアマガエル

ニホンアマガエルは、南は鹿児島県から北は北海道までの日本の広範囲に生息する [3]。オスは喉にある大きな袋 (鳴嚢) を膨張・収縮させ、1秒間に約4回の間隔でリズミカルに鳴き声を発する。一旦鳴き始めると数十秒鳴き続け、その後、しばらく休んでまた鳴き始めるという行動を繰り返す。主な生息地は田んぼであり、春から夏にかけて多くの個体が鳴く様子を観察できる。

室内でのコーラス

オスのニホンアマガエルを小型のケージに入れ、室内で鳴き声を録音した様子を図1に示す。2匹が鳴き声の重複を避けるように、交互に鳴く様子がわかる [4]。

このように複数の個体が一定の時間差で信号を出す現象を同期現象と呼ぶ。例えば、糸で吊った板の上に置いた複数のメトロノームが同じタ

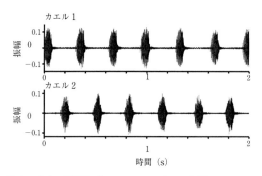

図1 室内で計測したニホンアマガエル2匹のコーラス
2匹が鳴き声の重複を避けるように交互に鳴く。

イミングでカチッカチッと音を出す現象や、ホタルの集団がタイミングを合わせて明滅する現象など、様々な例が知られている [5]。特に2個体が交互に信号を発する現象を、逆のタイミングで同期するという意味で逆相同期現象と呼ぶ。ニホンアマガエル2匹の場合、交互に鳴く逆相同期現象が観測されることがわかった。

2匹の逆相同期現象は、その拡張である3匹のコーラスにおいて興味深い問題を与える。なぜなら、3匹すべてのペアが交互に逆相同期することは不可能だからである。例えば、3匹のカエルA, B, Cが鳴く状況を考えてみる。このとき、カエルAとBのペアと、カエルAとCのペアがそれぞれ交互に逆相同期して鳴くとする。すると、残ったカエルBとCのペアは同時に鳴くことになってしまう。そのため、3匹のコーラスにおいてどのような同期現象が生じるかは非自明な問題となる。

オスのニホンアマガエル3匹を室内に並べて録音した実験からは、2種類の同期現象が観測された [4]。1つ目は、三相同期現象という3匹が順番に鳴く現象である。これは、3匹すべてが鳴き声の重複を互いに避ける行動と解釈できる。2つ目は、3匹のうち2ペアが交互に逆相同期して鳴き、残った1ペアが同時に鳴く1対2逆相同期現象である。これは、3ペアのうち1ペアは同時に鳴いてしまうものの、2ペアが鳴き声の重複を避ける行動と解釈できる。

以上のように、2匹ないしは3匹のコーラスでは、全体が同時に鳴かず、個体同士がなるべく鳴き声の重複を避ける傾向がわかった。

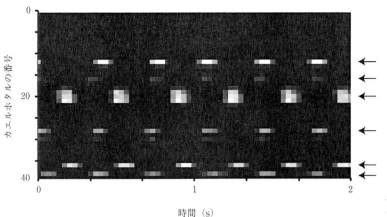

図2 田んぼで計測したニホンアマガエルのコーラス

矢印がカエルの空間配置を表す．例外はあるものの，近くの個体同士が交互に鳴く傾向がある．

野外でのコーラス

ニホンアマガエルのオスは田んぼなどの野外環境では集団で鳴く．たくさんの個体で構成されるコーラスではどのような現象を観察できるだろうか？

音声可視化装置「カエルホタル」を使い，田んぼでニホンアマガエルのコーラスを観察したフィールド調査を紹介する．カエルホタルは，LEDとマイクロフォンから構成される電子回路であり，マイクロフォンの種類と電子回路の信号増幅率を適切に設定することで，近くで音が鳴ると光を発するようにチューニングできる．カエルのような夜行性動物の鳴き声を暗闇で観察するために開発された，手のひらサイズの装置である[6]．

水が入った田んぼでニホンアマガエルを観察してみると，稲がまだ十分に成長していない時期は，オスが田んぼの畦に並んで鳴く様子がわかる．そこで，田んぼの畦に沿ってカエルホタルを等間隔に並べ，それらが明滅する様子をビデオカメラで撮影する調査を行った．

カエルホタルの明滅の様子を図2に示す．横軸が時間，縦軸がカエルホタルの番号を表す．カエルホタルは畦に沿って一列に並べたので，縦軸は畦上の空間座標を表す．グラフの色の明るい箇所が，カエルホタルが発光した箇所，すなわちカエルが鳴き声を発した箇所を表す．図2からは，例外はあるものの，近くの個体同士が鳴き声の重複を避けるように交互に鳴く様子がわかる[7, 8]．

同期現象の役割

室内実験とフィールド調査の結果，オスのニホンアマガエルが互いに鳴き声の重複を避ける同期現象が観測された．このような同期現象には，集団の中で個々のオスが自分の存在をメスに明確にアピールする役割，そしてオス同士がうまくなわばりを主張しあう役割が考えられるだろう．

実は，カエルや昆虫のコーラスについては多くの先行研究があり，2匹が交互に鳴く逆相現象もニホンアマガエル以外の種で報告がある[2]．しかし，野外での大規模なコーラスに関しては，発声個体数が多く，多様な音声ノイズが存在するという計測の困難さからあまり研究が進んでいない．

今後は，様々な種のカエルや昆虫を対象に，野外での大規模なコーラスの特徴を網羅的に調べることで，メスの獲得やなわばりの維持といった「コーラスの機能」に関する研究が進んでいくものと期待される．

〔合原一究〕

文献

[1] 松井正文, 両生類の進化（東京大学出版会, 東京, 1996）.
[2] H. C. Gerhardt and F. Huber, *Acoustic Communication in Insects and Anurans* (University of Chicago Press, Chicago, 2002).
[3] 前田憲男, 松井正文, 改訂版日本カエル図鑑（文一総合出版, 東京, 1999）.
[4] I. Aihara et al., *Phys. Rev.*, **E 83**, 031913 (2011).
[5] 蔵本由紀, 非線形科学（集英社新書, 東京, 2007）.
[6] T. Mizumoto et al., *J. Comp. Physiol. A.*, **197**, 915-921 (2011).
[7] I. Aihara et al., *Scientific Reports*, **4**, 3891 (2014).
[8] I. Aihara et al., *Proc. of Interspeech 2016*, 88 2597-2601(2016).

6-5 カエルの超音波コミュニケーション

大部分の脊椎動物が聴覚を発達させているが，哺乳類以外の聴覚は超音波を含む周波数の高い音への感受性が一般に低い．鳥類は12 kHz以下，魚類，爬虫類，両生類は普通5 kHz以下の周波数の音に感受性がある．また，コウモリ類，ネズミ類，イルカ類，クジラ類は超音波を発することが広く知られているが，これらを除く哺乳類においても，種内の音声コミュニケーションに超音波を用いる種は非常に限られる．超音波は大気中で減衰しやすいため，陸生動物の長距離コミュニケーションにおけるシグナルとしては不向きである．一方，超音波は外部環境中の周波数の低いノイズに埋もれにくいほか，捕食者や寄生者の聴覚レンジ外の周波数である場合は盗聴を防ぐメリットがある．

音を発する両生類のカエルでは，中国に分布するクボミミニオイガエル（中国語では凹耳蛙と表記），マレーシアに分布するフウハヤセガエルの2種で，超音波を用いたコミュニケーションが報告されている（図1）[1, 2]．このうちクボミミニオイガエルは，初めて超音波コミュニケーションが実証された哺乳類以外の脊椎動物である[1, 3]．彼らはオスの超音波を含む鳴き声に応じてメスが超音波成分を含む音を発し，この音を頼りにオスがメスへと接近して交尾に至る（図2）．メスの鳴き声の基本周波数は7〜10 kHzであるが，倍音成分は超音波域に達する．特筆すべきは鼓膜の位置と可変する聴覚特性である．普通，カエルの鼓膜は外部に表出しているが，クボミミニオイガエルの耳はくぼんでおり，その先に鼓膜をもつ（図1）．また，頭部内にある中耳と咽頭をつなぐ耳管を開閉することができ，これが開いている状態では聴覚（聴覚中枢である中脳の半円隆起（半円堤）の神経応答）および鼓膜の感受性は5〜7 kHz付近にピークをもつ．しかしながら，耳管を閉じた状態では，感受性は10〜34 kHzにシフ

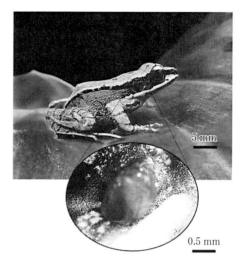

図1 超音波コミュニケーションをするクボミミニオイガエル（無尾目アカガエル科）の鼓膜器官
（画像：Albert S. Feng 氏提供）

トする（15〜25 kHzで平衡状態）[1, 3, 4]．

音源定位

動物の耳は一般に頭部の左右に位置し，左右の耳に到達する音の時間差と音圧差を用いて音源の方向を知ることができる．しかしながら，超音波コミュニケーションをするクボミミニオイガエルでは頭の幅が1 cmに満たないため，普通のカエルと同様に左右の耳の距離は短く，可聴音に対する音源定位の精度を上げることは難しい．したがって，可聴音を用いてコミュニケーションしているカエルにおける音源定位の精度はせいぜい16〜23°である．これに対し，クボミミニオイガエルでは約0.7°と高精度に定位することができ，フクロウやゾウ，イルカ，ヒトに匹敵する．これは，可聴音では大気中の1波長が長くなることと関連しているが，超音波を音源定位に利用することで可能にしている．近縁の*Odorrana graminea*（旧名*Odorrana livida*）はクボミミニオイガエルほど高い周波数の音への感受性が高くないものの，22 kHzまでの音を検出可能である[1]．オスは40 kHz付近までの超音波成分を含む音を発することから，超音波をコミュニケーションに用いていることが示唆されている．一方，フウハヤセガエルはクボミミニオイガエルのように開閉できる

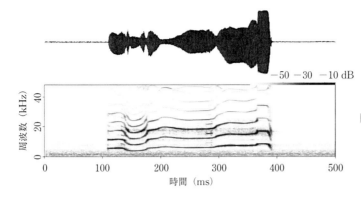

図2 クボミミニオイガエルのオスの超音波成分を含む鳴き声の一例
(音声ファイル：Albert S. Feng 氏提供)

耳管をもたないが，6〜38 kHzの周波数の音に感受性がある（ピークは20〜28 kHz）[2]．また，この種はクボミミニオイガエルと異なり，超音波成分のみの鳴き声を発することから，超音波の検出に特化している可能性がある[2]．

カエルの内耳は脊椎動物の中でユニークな構造であり，両生類乳頭（amphibian papilla）と基底乳頭（basilar papilla）という音受容器を末端器官としてもつ[5]．可聴音を用いてコミュニケーションするカエルでは，両生類乳頭が周波数の比較的低い音（100〜1250 Hz）を受容し，機械的な共鳴器である基底乳頭は周波数の高い音（数 kHz）を受容する．超音波を発する上記3種では共通して基底乳頭の形態に特徴があり，袋状構造が小さい，有毛細胞が短いなど，超音波の検出に適している[5]．また，クボミミニオイガエルでは，聴覚情報処理を担う中脳半円隆起（半円堤）の上オリーブ核などにおける活動依存的な前初期遺伝子である *egr-1* の発現が，超音波成分を含む鳴き声を聞くことで誘導される．

生態的要因

超音波コミュニケーションが実証もしくは示唆されている数種のカエルの生息環境は，いずれも渓流など流れが急な川や滝の近くである．そこでは，超音波域に達しないバックグラウンドノイズとして水の音が常に発生している．そのため，超音波を感受できるカエルは，メスやオスの発する超音波シグナルを環境ノイズに埋もれることなく聞き取ることができる．前述のニオイガエル属とフウハヤセガエル属は系統的に離れた分類群であるものの，類似の生息環境への適応と，超音波を発声しやすい小型の鳴嚢（発音器官）を元来もつことで，超音波コミュニケーションが収斂的に進化したと考えられる．したがって，同様の選択圧にさらされていれば，他のカエルにおいても超音波コミュニケーションが今後も発見されることが期待される．日本においては，超音波を発するニオイガエル属に属すイシカワガエル類（アマミイシカワガエル，オキナワイシカワガエル）およびハナサキガエル類（アマミハナサキガエル，オオハナサキガエルなど）も，超音波を用いてコミュニケーションをしているかもしれない．

〔中野 亮〕

文献

[1] A. S. Feng, P. M. Narins, C.-H. Xu, W.-Y. Lin, Z.-L. Yu, Q. Qiu, Z.-M. Xu and J.-X. Shen, *Nature*, 440, 333-336 (2006).
[2] V. S. Arch, T. U. Grafe, M. Gridi-Papp and P. M. Narins, *PLoS ONE*, 4, e5413 (2009).
[3] J.-X. Shen, A. S. Feng, Z.-M. Xu, Z.-L. Yu, V. S. Arch, X.-J. Yu and P. M. Narins, *Nature*, 453, 914-917 (2008).
[4] M. Gridi-Papp, A. S. Feng, J.-X. Shen, Z.-L. Yu, J. J. Rosowski and P. M. Narins, *Proc. Natl. Acad. Sci. USA.*, 105, 11014-11019 (2008).
[5] V. S. Arch, D. D. Simmons, P. M. Quinones, A. S. Feng, J. Jiang, B. L. Stuart, J.-X. Shen, C. Blair and P. M. Narins, *Hearing Res.*, 283, 70-79 (2012).

6-6
カエルのメスの発声

　生物が音をコミュニケーションのツールとして用いる場面は様々あるが，なかでも最も多くの生物群で用いられているのは「求愛」の際であろう．多くの鳥類はもちろんのこと，セミやコオロギなどの昆虫類，イルカやクジラ，コウモリなどの哺乳類，ワニやヤモリなどの爬虫類，そしてカエルに代表される両生類といった数多くの分類群で求愛行動の1つとして音が用いられている．求愛行動には季節性があるため，これらの音を「その季節を代表する音」として記憶にとどめている人々も多いだろう．

　さて，これら「求愛行動」としての音はその種のすべての個体が出すわけではないということをご存じだろうか．一般的に求愛行動はオスからメスへ向けて行われるため，求愛の際にオスは音を出す一方でメスは出さないとされる．例えばセミやコオロギでは音を発生させる構造そのものがオスにのみ存在し，メスには存在しない．これと同様のことはカエルでも起こっており，繁殖期に聞こえるカエルの鳴き声はすべてオスによるものである．カエルは鳴囊という器官を用いて声帯で発生させた音を増幅させているが，この鳴囊がオスにのみ存在している（図1）．

　ではメスのカエルはまったく鳴かないのかというと，実はそうではない．メスにも声帯は存在するため，鳴き声を出すことはできる．しかしオスと比べるとその鳴き声はあまりにも小さく単調であり，研究者からほとんど目を向けられてこなかった．本章ではこのようなメスの鳴き声についていくつかの研究をまとめ，紹介する．

カエルのメスはどのようなときに鳴くのか？

　カエルのメスが出す鳴き声として最も幅広く認知されているものが危難音（distress call）と解除音（release call）である．これら2つの鳴き声は多くのカエルが出すとされている鳴き声であり，オスも同様の鳴き声を出す．

　危難音は捕食者などに掴まれた際に出す鳴き声であり，我々がカエルを捕まえたときにも聞くことができる．その機能は「捕食者を驚かせて回避するため」「近くの同種他個体に危険を知らせるため」など諸説あるがまだ正確にはわかっていない．

　一方，解除音は他のカエルに掴まれた際に出す鳴き声である．カエルは繁殖の際に「抱接」という，オスがメスに覆いかぶさるようにして背中側から抱き付きメスに背負われるという独特な体勢をとる．抱接状態のままペアは移動して，気に入った場所で産卵と放精を同時に行うことで次世代を残す．この抱接であるが，卵巣が未成熟なメスや産卵済みで卵をもっていないメスがまれにオスから無理矢理抱接される場合があ

図1　鳴囊をふくらませて鳴くオスのカエル

り，その際に解除音を出すことで抱接状態を解除させることができる．これら２つの鳴き声は繁殖のためではないがメスが出すものとして知られており，他者からの身体接触を受けたときに発するという共通点をもっている．

繁殖のために使われるメスの鳴き声

このようにほとんどのカエルではメスが繁殖期に自発的に鳴くことはない．しかし，実はごく一部の種では身体的接触を伴わずにメスが繁殖期に鳴く例が観察されている．このようなメスの鳴き声は大きく分けると応答音（reciprocal call）と求愛音（courtship call）とに分けられる．オスの鳴き声に応答する形で発せられるのがreciprocal call であり，オスとの鳴き交わしが行われる．一方，オスの鳴き声がなくても発せられるのが courtship call である．両者とも繁殖の際にオスに対して発せられるという点は同じであるが，その発生状況は異なる．また，それらとは異なり，メスが産卵場所としてなわばりを保持するために同種メスに対してなわばり音（territorial call）を出す種も存在している．

なぜメスも繁殖の際に鳴くのか？

このように，メスが繁殖の際に鳴くことが知られているそれぞれの種において，メスが鳴く理由に関しては実のところよくわかっていないことが多い．しかし，いくつかの種ではある程度研究が行われている．

例えば，イベリアサンバガエルはオスが土の中に穴を掘りそこで鳴き声を発しながらメスを待つ．オスからはメスの姿が直接見えないため，メスが近くにきたかどうかがわからない．そこで，近くにきたメスはオスの鳴き声を気に入れば応答音を発することで自身の存在をオスに教え，それを聞いたオスはペアを形成するための行動を起こす．他には，濁った水の中という見通しの悪い環境で繁殖するアフリカツメガエルは，オスの鳴き声に対してメスも応答音を出すことでお互い呼び合い，双方の正確な位置を認識しやすくしている．また，カーペンターフロッグ（Carpenter frog）では，メスが求愛音を出すことで周囲のオスを複数個体呼び寄せ，メスをめぐって争わせることで勝ち抜いた優秀なオスを選んでいる．このように，メスが鳴く種は非常に興味深い繁殖戦略をとっていることが多い．

しかし，これらの特殊な繁殖戦略は最初からわかっていたわけではない．例えば，コトヒキガエルでメスの応答音を発見した Cui は次のように述べている[2]．「メスの鳴き声は小さく，オスの声という雑音の多い野外においてメスの鳴き声が人々によって発見されることはほとんどない．そのせいで我々はメスの鳴き声という特殊な行動を見逃している」．つまり，メスの鳴き声を発見するためには室内など静かな実験環境下でメスの繁殖行動に注目して観察するほかないのである．

しかし実際，メスの繁殖行動をそのような環境下で観察した事例は驚くほど少ない．これは，研究者の多くが野外でのオスの鳴き声に焦点をあてた研究を行っていることが原因の１つである．また，常に鳴き声で自身の位置を知らせているオスと違い，野外でメスの行動を追い続けることが難しいことも１つの原因である．しかし，それではメスの鳴き声は発見できない．今後は，オスだけでなくメスの行動も含めた繁殖期の行動の流れを観察することがより求められるようになるだろう．

多くの研究者が「カエルのメスは鳴かない」という固定概念を捨て，メスの行動に注視した観察を今以上に行うようになれば，もしかするとより多くのカエルでメスが鳴いていること，そしてそこに存在する興味深い繁殖戦略を発見できるかもしれない．カエルの鳴き声について我々が研究するべきことはまだまだたくさん残っている． 〔伊藤　真〕

文　献
[1] S. B. Emerson and S. K. Boyd, *Brain Behav. Evol.*, 53, 187-197 (1999).
[2] J. Cui, Y. Wang, S. Brauth and Y. Tang, *Anim. Behav.*, 80, 181-187 (2010).

6-7 ヤモリの音響コミュニケーション

　ヤモリ下目は1700種以上からなり，爬虫類全体の1割以上を占める非常に大きな分類群で，世界中の温帯～熱帯域に分布している[1]．共通した特徴としては，体表が粒状の細かい鱗で覆われている点や，多くの種が指下板という吸着能力をもつ構造を四肢の指先にもつ点などに加えて，大半が鳴き声を発することがあげられる．多様な環境に適応し，樹上棲の種から地表棲・半地中棲の種，夜行性と昼行性の種を含む[1]．その結果として，形態的特徴やコミュニケーション様式がグループ内で多様化している．爬虫類のうち，音声をコミュニケーションに用いるグループとしてはワニ，カメ，ヤモリが知られ，ワニとヤモリはその構成種の大半が鳴き声を用いる[2]．

　ヤモリの声帯は爬虫類で最も発達しており，哺乳類と同様に咽頭の内側を覆う呼吸器粘膜の下層に弾性繊維に富んだ筋肉層があり，咽頭内部には弾力のある幅広い一対のひだ状の声帯をもつ．喉頭は，一方では気管を通じて肺とつながっており，他方は声門を通じて口腔に向け開口している．ヤモリの鳴き声は，肺から送り出された空気が引き延ばされた声帯を振動させ，その声帯の振動音が声門を越えて口腔内で反響することによって生じる．ほとんどのヤモリは音響コミュニケーションに声帯を介した鳴き声のみを用いるが，例外的にスキンクヤモリ属は尾の先端周辺にある互いに重なり合った凸凹のある大きい鱗によって発音し，警戒行動として尾を左右に振ることで，それらの鱗同士を擦り合わせて擦過音をたてる．地表棲のタマオヤモリ属は尾の先がこぶ状になっており，そのこぶを震わせて枯れ葉などにぶつけることで音をたてることが知られる[2]．

　ヤモリは雌雄ともに鳴き，鳴き声は大きく2種類に分けられる．1つは危難音 (distress call) と呼ばれる「シャー」あるいは「ギャー」といった幅広い周波数帯の音を一度だけ発する鳴き声で (図1)，もう一方は反復パルス音という，「ケッケッケッケ」のように幅広い周波数帯の音を含んだパルスを規則正しく繰り返す構造の鳴き声である (図2)．夜行性の種はその多くが危難音と反復パルス音の両方の鳴き声をともにレパートリーにもち，種内コミュニケーションにおいて鳴き声が重要な役割を果たしていると考えられている一方で，ヒルヤモリ属やチビヤモリ属などの昼行性の種は種内コミュニケーションには主に視覚ディスプレイを用い，鳴き声は危難音のみしか用いない[2,3]．

危難音 (distress call)

　危難音は，主に捕食者に襲われた際に発するが，種内における直接闘争でみられる場合もある．基本的に幅広い周波数帯の音を含んだ音響構造をとるが，倍音を伴うトーン音に似た構造をとることもある[4,5]．例えば，夜行性の小型ヤモリであるブルックナキヤモリは捕獲された際に倍音構造をもつ危難音を示し，その優占周波数は約4.5 kHzである[5]．大型のミカド

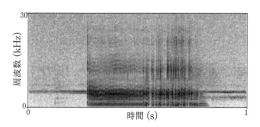

図1　野外で捕獲時に録音されたコーチヒルヤモリの危難音のソナグラム
断続的に録音されている5 kHz付近の音は昆虫の鳴き声．

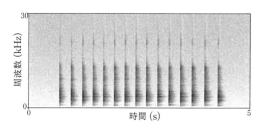

図2　実験室内で録音されたミナミヤモリの反復パルスコールのソナグラム
オスがメスに求愛する際に用いられる．

ヤモリ属やヘラオヤモリ属は，かなり音量の大きいうなり声のような危難音を用いる[2, 6]．地表棲で四肢のないスベヒレアシトカゲ属の一部の種の危難音は，爬虫類で例外的に高い周波数を示すことが知られており，その優占周波数はおよそ 8 kHz で，15 kHz 以上の周波数の倍音を伴う[7]．

反復パルス音 (multiple chirp call)

反復パルス音の構造は，ほとんどの種でパルスを一定の間隔で繰り返す単純なパターンだが，トッケイヤモリは「ガガガガ」「ゲッコー」「グウー」という 3 種類のフレーズを順番に並べたより複雑な構造をとる[8]．反復パルス音は主に種内コミュニケーションに用いられていると考えられているが，その社会的機能の詳細については数種を除いて調べられていない[2]．沖縄を含んだ汎世界的な地域に分布する住家棲のホオグロヤモリは，夜間に 50 〜 100 m 離れたところからも聞こえる大きな声で鳴く．単独でいる際に加え，オス間闘争においても発声行動が観察され，また鳴き声に対してメスがしばしば忌避反応を示すことから，闘争やなわばり誇示に用いられていると推測されている[9]．東南アジアの森林や住家に棲むトッケイヤモリは 100 m 以上離れたところからも聞こえる大きな声で鳴くことが知られており，その鳴き声はなわばり誇示や配偶者誘引の機能をもつ広告音としての役割をもつことが示唆されている[8]．砂漠棲のホエヤモリのオスも 200 m 先からでも聞こえる大きな声で鳴き，鳴き声は求愛に用いられている．オスの体サイズが大きいほどその鳴き声の優占周波数が低く，メスは低い周波数の鳴き声を好むことから，配偶者選択の指標に用いられていると考えられる[10]．この種はヤモリでは珍しい，集合して繁殖行動を行う生態をもち，多数のオスが砂地に産卵用の巣穴を掘り，薄明薄暮の時間帯に巣穴の入り口で鳴いてメスを誘い，求愛を受け入れたメスは交尾後に巣穴の中で産卵する．繁殖期には，オスによる鳴き声がコーラスを形成する[2]．

ヤモリの求愛に用いられる鳴き声は，種内における配偶者選択だけではなく，近縁種間において，種の識別に利用されている可能性がいくつかの種で示唆されている．側所的に分布する姉妹系統であるリーブストッケイヤモリとトッケイヤモリでは，鳴き声のパターンが種間で異なり，種を識別し交雑を防ぐために用いられている可能性が指摘されている[11]．日本のヤモリ属の分布を重ねる数種の間でも求愛に用いられる鳴き声のパターンが異なっており，メスは同種の鳴き声を好むことから，それらのパターンが種の識別に用いられていると考えられる．他のヤモリ属の島嶼棲の種では，鳴き声における種固有のパターンが失われており，人為移入した近縁種との交雑が野外で生じていることが報告されている[12]．

反復パルス音の音圧に関する定量的なデータはほぼないが，種によって大きく異なることが示唆されており，ホオグロヤモリやトッケイヤモリ，ホエヤモリが非常に大きな音圧の鳴き声を利用する一方で，東アジアに広く分布する夜行性の住家ヤモリであるニホンヤモリは 3 m 程度の距離でしか聞こえない程度の小さな音圧の鳴き声しか用いない[13]．　　　〔城野哲平〕

文　献

[1] P. Uetz, The Reptile Database（26Dec2016 更新），http://reptile-database.org/
[2] A. M. Bauer, *Geckos the Animal Answer Guide*（The Johns Hopkins University Press, Baltimore, US, 2013）.
[3] R. Regalado, *Ethol. Ecol. Evol.*, **24**, 344-366（2012）.
[4] A. B. Brown, *Isr. Jour. Zool.*, **33**, 95-101（1985）.
[5] D. Gramentz, *Taprobanica.*, **1**, 19-23（2009）.
[6] A. Russell, H. A. Hood and A. M. Bauer, *Africa. Jour. Herp.*, **63**, 127-151（2014）.
[7] K. C. Colafrancesco and M. Gridi-Papp, *Vertebrate Sound Production and Acoustic Communication*（Springer International Publishing, Switzerland, 2016）, pp. 51-82.
[8] Y-Z. Tang, L.-Z. Zhuang and Z.-W. Wang, *Copeia.*, **2001**, 248-253（2001）.
[9] D. L. Marcellini, *Am. Zool.*, **17**, 251-260（1977）.
[10] T. J. Hibbitts, M. J. Whiting and D. M. Stuart-Fox, *Behav. Ecol. Sociobiol.*, **61**, 1169-1176（2007）.
[11] X. Yu, Y. Peng, A. Aowphol, L. Ding, S. E. Brauth and Y. Tang, *Ethol. Ecol. Evol.*, **23**, 211-228（2011）.
[12] T. Jono, *Evol. Ecol.*, **30**, 583-600（2016）.
[13] T. Jono and Y. Inui, *Copeia.*, **2012**, 145-149（2012）.

6-8
恐竜の音声

　恐竜は，中生代に十数万種以上に適応放散した爬虫類の分類群である．他の爬虫類とは異なり，直立歩行に適した骨格を有している．鳥盤類と竜盤類を含む．鳥類は，竜盤類の1つである獣脚類に含まれる．恐竜に系統的に最も近い現生爬虫類はワニ目である．以下，鳥類以外の恐竜類と現生爬虫類をそれぞれ単に恐竜，爬虫類とする．

　恐竜は，三畳紀後期（2億3000万年前）には最初の種が出現し，白亜紀の終わり（6600万年前）に絶滅した．化石証拠から，古くから羽毛をもつグループがおり，恒温動物であった可能性があるなど，恐竜の様々な生物学的特徴が復元されている．しかし，化石は，恐竜の音声については多くを語らない．ゆえに，恐竜が，どのような音声を，どのようにしてつくっていたのかは，いまだに大きな謎である．しかし，恐竜の生き残りである鳥類や，系統的に最も近いワニから多くの示唆が得られる．

鳥類の音声

　鳥類は，音声を多用することで知られている．中でも現生鳥類のほぼ半数の種を占める鳴禽類（スズメ目）には，非常に複雑な音声シークエンスでさえずるものもある．鳥類は気管支付近に鳴管をもち，その中にある内外鼓形膜の振動によって音源をつくる．その音源により，気管から，喉頭，食道と咽頭を経て嘴に至る「声道」空間が共鳴することによって，音声がかたちづくられる[1, 2]．これは，解剖学的構成こそ違えども，ヒトと共通する「音源フィルター理論」と呼ばれる音声生理学的メカニズムである．鳴禽がさえずる際には，音源の高さ（ピッチ）の変化に合わせて，食道と咽頭の形状や嘴の開閉を巧みに操作して声道の第一フォルマントを同調させるなど，音声器官の高度な運動制御を示す．

　鳴管の最古の化石は，白亜紀後期（6600万年〜6800万年前）の南極から産出する *Vegavis iaai* のものである[3]．その形態学的特徴は，現生のガンカモ科に多くの類似をみる．鳥類系統では，鳴管は，羽毛や気嚢より後に進化したようである．鳴管を構成する気管支周辺の軟骨は石灰化が進むので，化石化しうる．鳥類では，上記以外の鳴管化石も知られており，更新世以降のものが多いが，始新世のものも一例ある．一方，恐竜では，鳥類より豊富な化石記録があるにもかかわらず，鳴管化石の報告例はない．恐竜には鳴管がなかったことを強く示唆する．

爬虫類の音声

　爬虫類は，音声コミュニケーションに非常に乏しい．しかし，その中にあってワニは比較的頻繁に音声を発する．鳥類以外の脊椎動物のほとんどは，喉頭に発達した声帯を有しており，解剖学的には，その声帯を振動させることによって音源をつくることができる．ワニでは，声帯に加えて，別の音源装置の可能性も指摘されている[5]．声帯は，そもそも，気管に誤って異物が流入するのを避ける弁の1つである．ワニでは，さらに，舌骨の内側に口蓋弁（palatal valve）が発達する．舌骨の挙上運動により，口

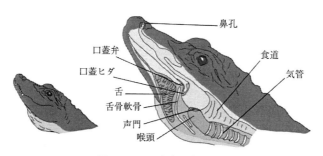

図1　ワニの音声器官[4]

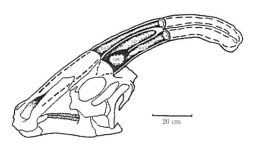

図2 パラサウロロフスの頭蓋骨化石[5]

蓋弁をそれに相対する口蓋ヒダ（palatal fold）に押しつけて、口腔から咽頭や食道への水の流れを遮る（図2）。声帯のみならず、この弁構造によっても、音源をつくっているかもしれない[4]。ワニの音源の質はあまりよくなく、雑音が多い。ときに、その振動は、皮膚を介して水面を振動させるのに使われる。ワニでは、その音源により、食道や咽頭、口腔もしくは鼻腔の「声道」空間が共鳴して音声がかたちづくられる[4]。その音声生理学的メカニズムは、ヒトや鳥類と変わらない。しかし、鳥類とは異なり、声道形状の可変性が乏しい。

恐竜は音声を発していたか

恐竜の音声器官は、鳥類よりはワニと多くの類似をみると考えられる。鳴管は、現在の化石証拠に照らせば、鳥類系統の派生的形質である。一方、ワニの音声器官の解剖学的構成は、基本的には、鳥類以外の脊椎動物の広くみられるものである。もちろん、鳴管とは異なる特異的な発声器官が恐竜にあった可能性は否定できないが、恐竜も声帯振動を音源としていた可能性が高い。その音声生理学的メカニズムは、鳥類のみならず、ワニでも共通してみられることから、音源フィルター理論によっていたとするのが最節約的である。

恐竜が、どのような音声を発していたかを示す直接的な証拠はない。ワニ以外の現生爬虫類では、一部のヤモリを除いて、ほとんど音声を発しない。それを鑑みれば、恐竜も音声に乏しかった可能性も否定できない。しかし、音声を積極的に使っていたかもしれない恐竜がある。

鳥盤類のパラサウロロフスは、頭蓋骨の上部に後ろへ長く伸びる突起をもつ（図2）[5, 6]。この突起の内部は中空で、鼻腔の後ろにつながっている。トロンボーンのスライドを彷彿とさせる。声帯振動と音源フィルター理論を仮定すれば、この中空の突起は音声の共鳴器として働きうる。米国サンディア国立研究所とニューメキシコ州立自然科学博物館の研究者らが、化石をCTスキャンして、コンピューター上で突起内部の中空空間の3次元形状を復元し、その音声をシミュレーションした[7]。成獣個体では、外鼻孔から突起の先端までは2m以上の長さがあり、非常に低い周波数で共鳴する。幼児個体では、この突起は未発達であることから、より高い周波数で共鳴するだろう[6]。さらに、成長段階によって形状の複雑さに変異があり、共鳴特性の成長変化が期待される。この突起での共鳴により、音声による成長段階や個体の識別をしていたかもしれない。つまり、この突起の形態進化は、恐竜における音声コミュニケーションが果たしていた役割の高さを示している。

〔西村　剛〕

文献

[1] S. Nowicki, *Nature*, 325, 53-55 (1987).
[2] T. Riede, R. A. Suthers, N. H. Fletcher and W. E. Blevins, *Proc. Natl. Acad. Sci. USA.*, 103, 5543-5548 (2006).
[3] J. A. Clarke, S. Chatterjee, Z. Li, T. Riede, F. Agnolin, F. Goller, M. P. Isasi, D. R. Martinioni, F. J. Mussel and F. E. Novas, *Nature*, 538, 502-505 (2016).
[4] S. A. Reber, T. Nishimura, J. Janisch, M. Robertson and W. T. Fitch, *J. Exp. Biol.*, 218, 2442-2447 (2015).
[5] D. B. Weishampel, *Paleobiol.*, 7, 252-261 (1981).
[6] A. A. Farke, D. J. Chok, A. Herrero, B. Scolieri and S. Werning, *PeerJ.*, 1, e182 (2013).
[7] Sandia National Laboratories http://www.sandia.gov/media/dinosaur.htm

第7章

魚類 ほか

7-1 魚の聴覚

7-2 内耳の形

7-3 魚の耳石

7-4 求心路と遠心路

7-5 内耳の形成過程

7-6 有毛細胞の構造と働く仕組み

7-7 魚の可聴帯域と周波数感度

7-8 聴覚性逃避運動

7-9 魚の音源定位

7-10 魚の発音

7-11 鰾を用いた発音と音響特性

7-12 摩擦を用いた発音と音響特性

7-13 イセエビの発音器官と音響特性

7-14 魚の鳴音モニタリング

7-15 魚の鳴音コミュニケーション

7-16 側線器官の働きと形づくりの仕組み

7-17 側線感覚による行動

7-1 魚の聴覚

魚が音に反応することは経験的に古くから知られていたが，魚に聴覚があり聴覚には内耳の一部が必要であることが実験的に示されたのは，20世紀の初頭である．ミツバチのダンスの研究でノーベル賞を受賞したフォン・フリッシュ（von Frisch, Karl）は，冬は魚の聴覚の研究をしていた．彼は口笛でナマズやアブラハヤを餌付けできることから魚がヒトに匹敵する聴力をもっていることを明らかにした[1]．さらに内耳の耳石器官の一部（球形嚢と壺嚢）を切除すると，音応答が失われることも示した（▶7-3参照）．

陸上に棲む動物にとって，音は空気の圧縮波であり，それを音圧（圧力波，pressure wave）として内耳で感知する．一方，水中に棲む動物にとって，音はほぼ非圧縮性の水を介して伝わり，水粒子の動き（粒子運動，particle motion）とわずかな圧縮性の音圧として感知される．水粒子の動きは音源の近傍で強く捉えられるので近距離効果といい，音圧は遠距離でも感知されるので遠距離効果という．魚は遠距離効果の音圧を，陸生動物と同様に内耳で捉えられるのに対して，近距離効果の粒子運動は内耳の他に側線でも感知しうる（▶7-9）．

魚の内耳は半規管と耳石器官からなり，哺乳類や鳥類の聴覚を担う蝸牛（うずまき管）に相当する部分がない．頭部（体）の回転を感知する半規管の下方に位置する耳石器官は3つのふくらみ（卵形嚢，球形嚢，壺嚢）からなり，それぞれ機械受容細胞である有毛細胞とその感覚毛に結合する耳石から構成される[2]．多くの場合，卵形嚢が体の平衡を，球形嚢と壺嚢が音を受容する．耳石は炭酸カルシウムでできていて，水と同じ比重の魚の体よりも約3倍比重が大きい．音の振動によって，魚の体は音と同じ大きさ・向き・位相で動くが，重い耳石の動きは小さく位相も遅れる．したがって，ちょうど地震計の原理と同じで，有毛細胞の周囲の組織の動きに対して耳石の動きが遅れ，有毛細胞と耳石の動きにずれが生じる（▶7-3）．その結果，有毛細胞の感覚毛（stereocilia）が倒れ，その先端に存在する機械受容チャネルが開いて，陽イオンが有毛細胞に流入して脱分極する[3]（▶7-6）．有毛細胞の興奮は，第8神経を介して中枢に伝えられ，様々の特徴抽出が行われる（図1）．

内耳での音の感知には，魚特有の鰾（うきぶくろ）の存在がある．多くの魚（有鰾魚）は浮力を得るために中にガスをためた鰾を体内にもつが，音圧によってこの鰾が振動する．この振動を内耳に伝えて，音の受容に利用している魚が多くいる．コイ，キンギョ，ゼブラフィッシュ，ナマズ，ハヤなどは鰾と内耳をつなぐ小骨の連鎖（ウェーバー小骨）をもち骨鰾類と呼ばれる．ウェーバー小骨がなくても（非骨鰾類），鰾が前方に伸びて内耳に接している魚や，内耳近くに補助鰾をもつ魚（エレファントフィッシュ，ニシン，カタクチイワシなど）も，鰾の振動を内耳に伝えることができる．これらの魚は，音のベクトル量である粒子運動とスカラー量である音圧を巧みに感知して，極めて音に敏感なので「聴覚スペシャリスト（hearing specialist）」と呼ばれる．これに対して，鰾をもっていても内耳に振動を伝えられない魚や，カレイ，ヒラメやサメのようにそもそも鰾をもたない魚（無鰾類）は，音の振動成分には応じず粒子運動の

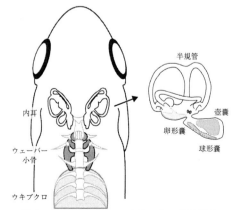

図1 魚（hearing specialists）の聴覚器官
球形嚢と壺嚢（ラゲナ）は音の粒子運動を直接受けるとともに，鰾の振動をウェーバー器官小骨を介して間接的に受ける．

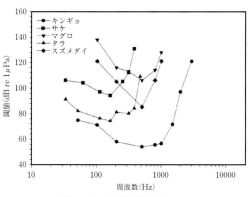

図2　魚の聴覚感度（[5]より）

聴覚スペシャリスト（hearing specialist）であるキンギョは数十～数kHzの広範囲の音に低い閾値で応答するが，それ以外の聴覚ジェネラリスト（hearing generalist）の魚は狭い範囲の音にしか応じず，感度も低い（[5]より改変）．

みを感知するので，一般的に，音に対する感度は低く「聴覚ジェネラリスト（hearing generalist）」と呼ばれる[4]（図2）．

側線にも有毛細胞があり，音による振動を感知しうる．側線の感丘にある有毛細胞は魚自身の動きと周囲の水の動きのずれによって興奮する．ただし，音場の振動は距離の3乗で減少するので，側線系は近距離音場に有効である．また，感度のある周波数は100 Hz以下で，音源による振動よりも，むしろ魚の周りの水の流れや，魚自身が動いた時の水の動き，あるいは水面の振動をとらえるのに適していると考えられている．一方，内耳経由の信号と側線経由の信号の統合によって音源定位しているという考えもある．

魚が音のどのような特性を感知できるかについては，次の2つが注目されている．1つは，どの程度の音圧まで感知できるかという最小可聴音圧（聴覚閾値）である．多くの動物と同様に魚の最小可聴音圧も音の周波数によって異なるので，それを周波数ごとに測定すると最小可聴音圧の周波数特性（オーディオグラム）を得ることができる（▶7-7）．もう1つは，どこから音が発せられるか，音源の方向を知覚する音源定位能力である（▶7-9）．これらの能力は次に述べるいくつかの方法で調べられている．

①心拍変化による測定

心拍間隔の変化に対する条件づけを利用して，魚が音を感知したかを調べることができる．条件刺激の音を与え，その直後に無条件刺激の電気刺激を魚に組み合わせて，数回～10回繰り返すと古典的条件づけが成立する．音が聞こえると電気刺激を予測して心拍間隔がのびる．魚に装着した電極で心電図を記録し，心拍間隔の変化から，どの音を感知するかを調べる．

②鰓運動による測定

鰓運動は心拍のほぼ2倍の間隔で行われるが，鰓運動も音と電気刺激の組み合わせによる古典的条件づけが成立する．この変化を指標にして音の感知を調べることができる．鰓運動は鰓に直接つけた圧力センサーなどで測定する．

③神経活動記録による測定

魚の内耳に微小電極を刺入すると，有毛細胞の活動に由来するマイクロフォン電位と呼ぶ電場電位が記録される．さらに，内耳から脳幹に信号を送る聴神経および聴神経の投射先である延髄や中脳の聴覚性ニューロンの活動を指標にして，どのような音が受容され，中枢に伝播されているかを計測することができる．側線系にも同じように適用できる．

④行動学的手法による測定

音と給餌を組みわせて条件づけすることも可能である．行動変化としては給餌場所に向かう遊泳速度が通常より顕著に速くなったかどうかを判定したり，水槽内にいくつもの水路をつくって，条件刺激である音を与えてからどの水路に向かったかなどで調べる．

このような測定によって，魚はおおよそ50 Hz～2 kHzの音に応じ，最大の感度はキンギョなどのhearing specialistが示し，100 Hzで0.1 nm（水素原子の直径）の振動であり，ヒトの感度に匹敵する．また，陸生動物にはおとるが音源定位能力をそなえた魚も見い出されている．

〔小田洋一〕

文献
[1] K. von Frisch, *Bio. Rev.*, 11, 210-246 (1936).
[2] R. F. Richard, A. N. Popper (ed.) *Comparative Hearing: Fish and Amphibians*, (Springer, New York, 1999).
[3] R.A. Eatock, *et al.*, (eds.) *Vertebrate Hair Cells*, (Springer, New York, 2006).
[4] J. F. Webb, *et al.*, (eds.) *Fish Bioacoustics*, (Springer, New York, 2008).
[5] R. R. Fay, *Hearing in Vertebrates: A Psychophysics Databook*, (Hill-Fay Associate, Illinois, 1988).

7-2 内耳の形

　魚の内耳には耳石器官および三半規管があり，哺乳動物の蝸牛と形態学的に相同な器官は存在しない[1, 2]．魚類は3万を超える種が現存し，したがって内耳の構造も多様化しており一般化することは困難であることに注意が必要である．図1には，魚類の内耳に共通して見られる基本構造を示す．

　三半規管は3つの管状の器官であり，それぞれの管は互いに垂直な面上に位置している．管の根元部分には膨大部があり，その中には角加速度を検出する膨大部稜（crista ampullaris）と呼ばれる感覚上皮が，膨大部頂（cupula）と呼ばれるゼラチン状の物質に覆われている．感覚上皮には，受容器である有毛細胞や支持細胞が存在する．他の脊椎動物と同様に，頭部が回転すると慣性によって三半規管内の内リンパ液がクプラごと有毛細胞の毛を倒すことで角加速度が検出される．

　耳石器官には卵形嚢（utricle），球形嚢（saccule），壺嚢（lagena）の3つがある．それぞれの構造は魚種ごとに多様性に富むが[3]，いずれも耳石，耳石膜，有毛細胞，支持細胞から構成される．耳石は主に炭酸カルシウムから構成される結晶であり水と比べた密度（比重）が大きい．四足動物では耳石は平衡砂と呼ばれる小さな粒子状であるが，魚類では1つの大きな塊になっている．耳石の下にはゼラチン状の耳石膜が感覚上皮を覆っており，離れた場所の有毛細胞の毛を物理的につなげることで，それらの動きを同調させる働きをもつ．頭部の傾きや音の振動が内耳に伝わると，比重の違いから耳石と有毛細胞の間で相対的な位置のずれが生じ，結果として有毛細胞の毛が倒れて直線加速度や音が受容される[4]．

　いくつかの魚種において卵形嚢が平衡感覚，球形嚢と壺嚢が聴覚受容というそれぞれ異なる様式の感覚受容を担うことが行動学的実験から示唆されている[1, 5, 6]．一方，それぞれの耳石器官の役割は魚種ごとに少しずつ異なることも知られている[4, 7]．例えばナマズ目ハマギギ科，ニシン科の魚では卵形嚢が聴覚受容に使われると考えられている[8]．

内耳の形の多様性

　耳石を有さないマクラネグレクタ（macula neglecta）と呼ばれる感覚器官も存在することがいくつかの魚種で知られており，軟骨魚類では聴覚受容に寄与することが報告されている[9, 10]．シーラカンスやハイギョでは，球形嚢と壺嚢は互いにつながった形状になっている．シーラカンスでは，これら以外の感覚上皮の存在が報告されており，これは四足動物の聴覚器の相同器官ではないかと推測されている．

　内耳はそれ自体で加速度計のように水中音の粒子運動を検出するが，液体で満たされている

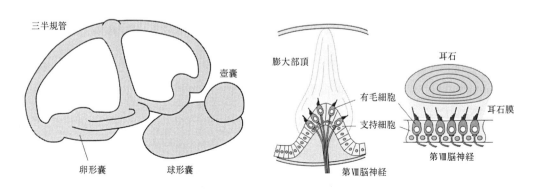

図1　魚類の内耳（上），三半規管内の感覚上皮（左），耳石器官（右下）の模式図

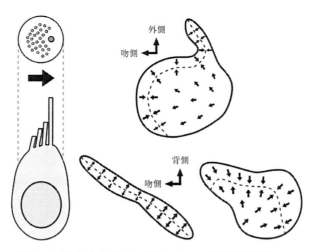

図2 有毛細胞を上面および側面からみた模式図（左図）
矢印は有毛細胞の感覚毛の配向を示す．右図はキンギョの卵形嚢（上），球形嚢（左下），壺嚢（右下）の有毛細胞の感覚毛の配向パターン．

ため収縮しにくく音圧変化を効率よく検出できない．音圧の検出を可能にする器官として気体で満たされた鰾や小胞が知られている．ウェーバー器官と呼ばれる一連の小骨をもつ魚種では，鰾や小胞で検出された音圧変化が振動として内耳に効率よく伝わる．コイ，キンギョ，ゼブラフィッシュ，ナマズなどがこのグループに属する．これらの成魚では，球形嚢は比較的小さく前後軸方向に伸びた形状をしている．

一方，ウェーバー器官をもたないハゼ，モーリー，グラミー，ガマアンコウなどは大きな球形嚢に大きな耳石をもち，有毛細胞との比重の差で音の粒子運動をとらえている．

機能的意義は定かではないが，ダツ目トビウオ科の一種では三半規管が大きく耳石器官が小さい．ホウボウ属やアンコウ科の魚も大きな三半規管をもつ．また，タツノオトシゴは角ばった三半規管をもつ．

有毛細胞の感覚毛の配向パターン

有毛細胞の感覚毛は，長さの短い方から長い方に向かって倒れた際に最も有毛細胞を興奮させるため，感覚毛の配向は前庭聴覚情報の受容に極めて重要である．

魚種間で有毛細胞の感覚毛の配向パターンを感覚上皮ごとに比較すると，卵形嚢では似通っており，三半規管の膨大部稜では差異はほとんど見られない．種ごとに様々な環境に生息し，多様な習性を示す魚類においても，平衡感覚受容の仕組みと機能が共通しており，生存に必須であるため，多様性が低いと考えられる．一方，球形嚢と壺嚢の配向パターンは魚種間の多様性に富む．平衡感覚と比較すると，聴覚情報の重要性や取りまく音環境は魚種ごとに多様であると考えられる．進化の過程でそれぞれの魚種は，内耳の構造に加えてウェーバー器官や小胞などの内耳外の付属器官も多様化したと考えられ，聴覚感度，生活環境や習性との関連が推測されている．　　　　　　　　　　　　　〔谷本昌志〕

文献

[1] K. von Frisch, *Nature*, **141**(3557), 8-11 (1938).
[2] T. Schulz-Mirbach, M. Hess and B. D. Metscher, *Front Zool*, **10**(1), 63. (2013).
[3] T. Schulz-Mirbach and F. Ladich, *Fish Hearing and Bioacoustics*, **877**, 341-391 (2016).
[4] A. N. Popper and C. R. Schilt, *Fish Bioacoustics* (Springer New York, New York, 2008), pp. 17-48.
[5] I. Bianco, *et al.*, *Curr Biol*, **22**(14), 1285-1295 (2012).
[6] B. B. Riley and S. J. Moorman, *J. Neurobiol.*, **43**(4) 329-37 (2000).
[7] A. Popper and R. Fay, *Hear. Res.*, **273**(1-2), 25-36 (2011).
[8] A. N. Popper and W. N. Tavolga, *Journal of Comparative Physiology*, **144**(1), 27-34. (1981).
[9] J. T. Corwin, *J. Comp. Neurol,*, **217**(3), 345-56 (1983).
[10] R. R. Fay, *et al.*, *Comp. Biochem. Physiol. A. Comp. Physiol.*, **47**(4), 1235-40 (1974).

7-3

魚の耳石

ヒトは音による空気の振動を鼓膜で捉え，耳小骨で増幅された振動は，蝸牛管内のリンパ液を経て，基底膜の振動となりその上に配置された有毛細胞の感覚毛が倒れると，先端に存在する機械受容チャネルが開き，そこから陽イオンが流入して有毛細胞が興奮するという過程によって，音を有毛細胞の電気信号に変換して，音の受容が始まる．水中にすむ魚の内耳にも有毛細胞が存在して，同じように音によって感覚毛の機械受容チャネルが開いて，電気信号に変換される．しかし，魚には鼓膜も蝸牛管もなく，内耳の三半規管の下に位置する耳石器官の耳石に接した有毛細胞が音を受容する．

耳石器官の構成

魚の内耳には主に卵形嚢（通嚢，utricule），球形嚢（小嚢，saccule），壺嚢（ラゲナ，lagena）と呼ばれる3つの耳石器官があり，それぞれに礫石（lapillus），扁平石（sagitta）および星状石（asteriscus）と名付けられた耳石が1つずつ存在する．耳石の主成分は炭酸カルシウムである．耳石の直下は，卵形嚢斑（utricular macula），球形嚢斑（saccular macula），壺嚢斑（lagenar macula）と呼ばれる前庭神経あるいは聴神経の終末器官となっていて，そこに有毛細胞が配置されている．有毛細胞の感覚毛は耳石と接している．魚は多くの場合，卵形嚢で平衡感覚を受容し，球形嚢および壺嚢で聴覚を受容する[1]．ちなみに，哺乳類，鳥類，爬虫類，両生類にも球形嚢と卵形嚢と呼ばれる耳石器官があり，炭酸カルシウムでできた耳石が有毛細胞の上に配置されているが，それらは多数の小さな格子結晶状の粒からできていて，耳砂あるいは聴砂（otoconia あるいは ear dust）と呼ばれる．これら高等脊椎動物の耳石器官は動物の動きや重力の直線加速度を検知し，音には応じない．

魚の聴覚における耳石の役割

魚が聞く水中の音は，陸生動物が空気中で聞く音と同じように媒質の水の振動として伝わる．魚の体はほぼ水と同じ比重であるために，音の振動を受けると魚の体は水と同じように動き，体組織に埋め込まれた有毛細胞も同じように動く．一方，耳石はその約3倍の比重を持っていて，魚が音の振動を受けても重い耳石は慣性でとどまろうとする．その結果，有毛細胞の細胞体と耳石の間にずれが生じ，有毛細胞の感覚毛が倒れてその先端に存在する機械受容チャネルが開いて，陽イオンが流れ込み興奮する[1]（▶7-6）．この原理は平衡感覚を受容する卵形嚢でも同じであるが，基本的には（後述するように，鰾の寄与がない場合は）耳石の大きさが異なり，振動に対する感度が異なって球形嚢と壺嚢で選択的に音を受容する．興味深いことに人工的な操作で卵形嚢の耳石を大きくすると，本来は平衡感覚を受容する卵形嚢の有毛細胞も音に応答するようになることが示されている[2]．

耳石の形成

耳石は，発達初期に耳の原基である耳胞の中でテザー細胞（tether cell）という特殊な細胞の繊毛の上端に形成される．テザー細胞の周りに存在する上皮細胞の繊毛が作る対流によって，耳胞内の粒子状の炭酸カルシウムが次第に集積して大きな耳石が作られることがゼブラフィッシュで見出された．稚魚の体を傾けたり，繊毛のダイニンを欠損させて，対流を阻害すると耳石の形成が正常に起こらないことから，耳石の形成には繊毛による対流が重要であることが示された[3]．耳石の形成には基質タンパク質が必要である．例えば，Starmaker と名付けらえた基質タンパクは耳石の表面に発現して，耳石の成長に重要な役割を果たす．Starmaker が欠損したゼブラフィッシュでは，耳石が球形にならずに異常な星形になってしまう[4]．また，発生初期に現れるテザー細胞が最初の感覚有毛細胞になることも明らかにされた．耳石を先端に結合したテザー細胞の繊毛の脇に極性をもっ

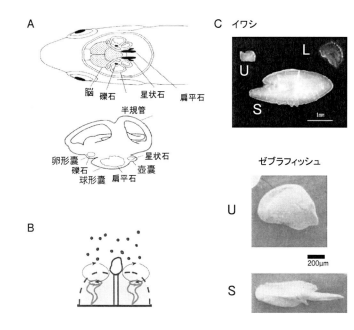

図1　魚の耳石
A：魚の内耳と耳石器官（[7] より改変），
B：耳胞内での耳石の形成における繊毛の役割（[8] より改変），
C：イワシ（hearing generalist）[9] とゼブラフィッシュ（hearing specialist）[6] の球形嚢（S），壺嚢（L），卵形嚢（U）の耳石．

た感覚毛が現れ，その先端に機械受容チャネルが発現するのである[5]．

成長した魚の耳石には年輪のような縞模様が見える．これは魚の成長とともに耳石が大きくなる過程を反映していて，水温などの環境が年周あるいは日周で変化するにしたがって耳石の成長速度が変化する結果を表していて，それぞれ年輪および日輪（日周輪）と呼ばれている．そのために魚の耳石の縞模様を観察すれば，魚の年齢や日齢を推定できることが古くから知られている．また耳石に含まれるストロンチウムなどの微量元素を分析することにより，外洋か河川かなどどのような環境で生育したかをも推定できる．

聴覚のジェネラリストとスペシャリストの耳石

イワシ，サバ，ヒラメ，カワハギなどは上に述べたように球形嚢に大きな耳石をもち，有毛細胞との比重の差で音の粒子運動をとらえており，聴覚ジェネラリスト（hearing generalist）と呼ばれている．一方，コイ，キンギョ，ゼブラフィッシュ，ナマズ，ニシンなど聴覚スペシャリスト（hearing specialist）と呼ばれる魚は音の粒子運動に加えて，音の圧力変化を鰾やガス球でとらえ，それをウェーバー器官と呼ばれる小骨を介するなどして球形嚢に伝えて音に対する感度を上げている．これらの魚では，発達初期には聴覚ジェネラリストと同様に球形嚢のほうが卵形嚢より耳石が大きいが，鰾と内耳を結ぶウェーバー小骨が発達するなど，鰾の振動が内耳に伝わるようになると，球形嚢の耳石は大きい必要はなく，むしろ周波数特性を上げるために複雑な形状をしている[6]（図1）．

〔小田洋一〕

文献

[1] J. F. Web et al., eds. Fish Bioacoustics (Springer, New York, 2008).
[2] M. Inoue et al., Sci. Rep., 3, 2114 (2013).
[3] J. R. Colantonio et al., Nature, 457, 205-209 (2009).
[4] C. Sollner et al., Science, 302, 282-286 (2003).
[5] Tanimoto M et al., J. Neurosci., 31, 3784-3794 (2011).
[6] C. Platt Hear Res., 65, 133-140 (1993).
[7] M. C. F. Disspain et al., J. Arch. Sci. Rep., 6, 623-632, (2016).
[8] Wu. et al., Dev. Cell, 20, 271-278 (2011).
[9] Yamauchi, et al., Acta Oto-Laryn,. 128, 846-855 (2008).

7-4 求心路と遠心路

末梢の求心路

キンギョでの知見に基づくと、聴器（耳石器の中の球形囊または小囊、saccule）の求心神経は有髄線維で、その細胞体は感覚上皮の近くに存在する双極状の細胞である。軸索は、末端部で細かく10〜40の枝に分かれ（図1A）、多数の有毛細胞との間にシナプスをつくる[1]。枝分かれのパターンには、ストリオーラと呼ばれる境界領域によって区分される感覚上皮の感度のある方向性の逆転する2区域（腹側・背側）の片方だけに投射するものと両方に投射するものが存在する。また、キンギョの小囊は、ストリオーラで腹側・背側に区別されるのとは別に、吻側と尾側で形態的にも機能的にも違いがある。求心神経も、吻側に投射するものと尾側に投射するものの2種類に分かれ、それぞれ、S1, S2と呼ばれる[1]。S1は直径10 μm程度で、感度が低く一過性の応答を示し、主要な投射先は延髄のマウスナー細胞である（▶7-8参照）。したがって、強い音刺激に対する逃避行動の誘発に関与すると考えられる。一方、S2線維は直径5 μm程度で感度が高く持続性の応答を示すので、一般的な聴覚に関与すると考えられる。

麻酔したキンギョでの求心神経からの細胞内記録の研究によると、音刺激により、音の波の1つ1つに対応する興奮性シナプス電位が求心神経に誘発され、それがある程度以上の大きさになると、活動電位が発生する。すなわち、音の波形と位相同期（phase lock）した応答が発生する。応答には、哺乳類と比べると非常に弱いながらも周波数特性が認められ、S1線維（500〜800 Hz）のほうがS2線維（200〜400 Hz）よりもやや高い周波数に選択性が認められる[2]。

末梢の遠心路

魚類においても他の脊椎動物と同様に、内耳神経内に後脳由来のアセチルコリンを神経伝達

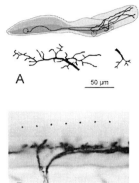
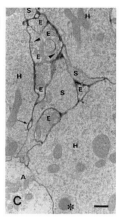

図1 小囊感覚上皮における求心神経と遠心神経の分布
(A) 4本の単一求心神経と2本（○）の末端部分[1]. (B). 断面での遠心神経の分布[4]. (C) 透過型電子顕微鏡像における有毛細胞基底部での神経分布[4]. A：求心神経，E：矢印，遠心神経，H：有毛細胞，S：支持細胞，＊：密小体．BとCは，コリンエステラーゼ染色．

物質とする抑制性の遠心線維が存在する。麻酔下のキンギョでの研究では、小囊への遠心神経を電気刺激すると、10 msの潜時で抑制効果が最大となり、音の強さを約20 dB弱めるのに相当する抑制効果がある[3]。ただし、魚の行動や知覚における遠心神経の機能は明らかではない。形態的には、遠心神経は細い有髄線維として聴神経内を走り、感覚上皮内では無髄となる。有毛細胞の底部にあたる位置で多数の細かな枝に分かれて網目状に広がり、有毛細胞の底部近傍に多くのシナプスをつくる（図1B, C）[4]。この遠心神経終末の細胞外スペースにはコリンエステラーゼ活性が豊富に存在する[2]。

また、後脳からの抑制性神経とは別に、間脳に由来するドーパミン性の遠心性投射線維も小囊の感覚上皮に投射することが、ガマアンコウ科の魚で示された[5]。

中枢上行路

中枢聴覚路に関しては、最も詳細な研究が行われているキンギョとコイにおける知見を中心に紹介する[6, 7]。聴覚情報は、延髄の第8脳神経（内耳神経）下行核の背側部と第8脳神経前核に到達する。第8脳神経下行核背側部は、主に二次聴覚核と半円堤中心核に軸索を送っている。第8脳神経前核は半円堤中心核に投射し

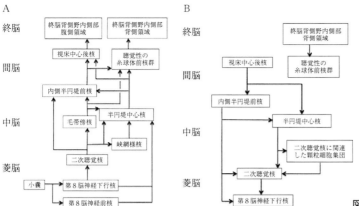

図2 聴覚上行路(A)と下行路(B)

ている．これらの延髄の聴覚中枢から半円堤にいたる線維は，外側毛帯を通って上行する．二次聴覚核は半円堤に情報を送っている．半円堤においては，高周波数の音刺激に応答するニューロンが吻側に，広周波数帯域に応答するニューロンが尾側に位置する[8]．半円堤は間脳の糸球体前核群のいくつかの神経核に軸索を送っており，これらの神経核が終脳背側野内側部の背側領域に投射している．この経路が主要な聴覚上行路である（図2A）．半円堤から視床中心後核を介して，終脳背側野内側部の腹側領域に至る経路もあるが微弱である．延髄から中脳に至る回路はほとんどが両側性であるが，中脳から間脳を経て終脳（大脳）に至る経路は同側性である．その他に，峡網様核，外側毛帯傍核，および内側半円堤前核を介して半円堤や間脳の聴覚核に至る経路も存在する．二次聴覚核，峡網様核，外側毛帯傍核は，存在する位置や連絡から判断すると，哺乳類の台形体核，上オリーブ核，外側毛体核に相当する可能性があるが，相同性についての明確な結論はない．

上述したように，聴覚上行路には異なる数のシナプスを経た複数の回路が存在して，哺乳類と類似している．音源定位や周波数成分の解析のためにこのような回路構成が必要なためと考えられる．

中枢下行路

魚類においても上位中枢から下位中枢に向かう聴覚下行路が存在する．上位中枢が下位中枢における聴覚処理を制御するフィードバック回路といえる．

内側半円堤前核は，半円堤中心核，二次聴覚核，第8脳神経下行核の背側部に下行性線維を送る．また，視床中心後核は内側半円堤前核と半円堤内側核に下行性線維を送っている．内側半円堤前核から一次中枢である第8脳神経下行核背側部に直接投射するような遠距離の下行路だけでなく，半円堤中心核から二次聴覚核を経て，第8脳神経下行核にいたるような，複数のシナプスを介した下行路も存在することが示唆されている（図2B）．

前述の内耳神経を通る遠心性神経線維は，間脳と後脳にある内耳側線遠心性投射ニューロンに由来している．間脳の遠心性投射ニューロンは，脳室近くにあるドーパミン作動性ニューロン群の一部であることがわかっている．間脳脳室周囲のドーパミン作動性ニューロンは，延髄の内耳側線遠心核にも下行性線維を送る[8]．

〔杉原　泉・山本直之〕

文　献

[1] T. Furukawa and Y. Ishii, *J. Neurophysiol.*, 30, 1377-1403 (1967).
[2] S. Sento and T. Furukawa, *J. Comp Neurol.*, 258, 352-367 (1987).
[3] T. Furukawa, *J. Physiol.*, 315, 203-215 (1981).
[4] I. Sugihara, *Hear Res.*, 153, 91-99 (2001).
[5] P. M. Forlano, S.D. Kim, Z. M. Krzyminska and J. A. Sisneros, *J. Comp Neurol.*, 522, 2887-2927 (2014).
[6] N. Yamamoto and H. Ito, *J. Comp Neurol.*, 491, 186-211 (2005).
[7] N. Yamamoto and H. Ito, *J. Comp Neurol.*, 491, 212-233 (2005).
[8] N. A. M. Schellart, M. Kamermans, L. J. A. Nederstigt, *Comp Biochem Physiol.*, 88A, 461-469 (1987).

7-5
内耳の形成過程

魚の内耳の形成過程は，脊椎動物の研究モデルである小型熱帯魚ゼブラフィッシュを対象にして，詳しく調べられてきた[1]．原腸陥入後，前肥厚板外胚葉（preplacodal ectoderm）と呼ばれる外胚葉領域に，骨形成タンパク質（bone morphogenetic protein：BMP）や線維芽細胞増殖因子（fibroblast growth factor：FGF）などのタンパク質の適切な濃度に依存して，複数の転写因子が発現する．この領域の一部が内耳の基礎ができる耳肥厚板（otic placode）の予定領域であり，神経板から神経管を経て分化する菱脳や脊索前方部の中内胚葉から分泌されるFGF等の作用を受けて，耳肥厚板が分化誘導される．耳肥厚板はその後，窪み状の構造を経て空洞を形成し，やがて耳胞（otocyst/otic vesicle）となる．その後さらに発生が進むにつれて耳胞内に耳石器官および三半規管が形成される．内耳のすべての細胞と，前庭・聴覚器官の有毛細胞からの感覚情報を脳へ伝達する第8神経節ニューロンは耳肥厚板に由来する．

感覚上皮の形成過程

耳肥厚板が空洞を形成して耳胞となる以前に，耳肥厚板の前方部と後方部にいくつかの遺伝子が発現する．受精後わずか24時間以内に，これらの領域に有毛細胞が分化し始め，前方部の感覚上皮は卵形囊，後方部は球形囊（小囊）となる．これら2つの感覚上皮に最初に分化する有毛細胞は，毛の先端に耳石を鎖でつないでいるようにみえるため，鎖細胞（tether cell）とも呼ばれる[2, 3]．半日ほど遅れて，後に半規管の感覚上皮となる領域にBMPの発現が始まり有毛細胞の分化が起こる．

有毛細胞と支持細胞は共通の前駆細胞から分化する．その際，有毛細胞に分化する細胞にはデルタ（delta），それと隣り合う支持細胞に分化する細胞にはノッチ（notch）と呼ばれる細胞

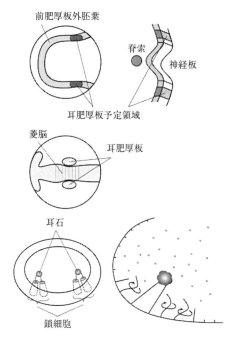

図1　内耳の形成過程の模式図

間の信号伝達を担うタンパク質が発現し，側方抑制という遺伝子発現制御機構によりそれぞれの細胞への分化が起こる[4]．結果として，感覚上皮のそれぞれの有毛細胞の周りは支持細胞で囲まれた配置となる．

哺乳類とは異なり，魚類では生涯にわたって有毛細胞が産生され続けると考えられており，個体の発生・成長に伴って感覚上皮の形態も大きく変化する[5]．

第8神経節の形成過程

耳胞の前方腹側部から神経芽細胞が耳胞外へ脱離し，腹内側部で細胞分裂して第8神経節を形成する[6]．これと並行して神経節細胞は末梢突起を有毛細胞へ，中枢突起を脳へ伸ばし，前庭・聴覚情報を脳へ伝達する[7]．

耳石の形成過程

耳胞形成の後，主にグリコーゲンで構成され耳石のもととなる粒子が，耳胞内の細胞から耳胞内腔へ分泌される[8]．これらが耳胞内に最初に分化する有毛細胞（tether cell）の動毛の先端に接着することから耳石形成が始まる[2]．

興味深いことに，tether cellの近くに存在す

る運動毛をもつ細胞が約 30 Hz で繊毛を回転運動させており、耳胞内の液を撹拌して耳石のもととなる粒子が tether cell へ結合するのを扇動するとともにに、それ以外の場所に沈着するのを防いでいる[2, 9, 10]. この粒子は耳石形成の初期のみに観察され、その後耳石は耳胞内の内リンパに含まれる炭酸カルシウム結晶を沈着させて成長する. 回転運動する繊毛も耳石形成の初期にのみ耳胞内に見られる. 壺嚢の耳石は受精後 11 ～ 12 日ごろに形成され始める[11]. 耳石は毎日生涯にわたって成長し続け、年輪のような模様を形成する.

　耳石の成長度合いは場所によって異なる. 有毛細胞が発現する H^+-ATPase は内リンパを酸性化して炭酸カルシウムの形成を妨げるため、有毛細胞が存在する感覚上皮に近い部分では耳石の成長は遅いとされる[12]. 一方、感覚上皮細胞の周辺部では、Na^+-K^+-ATPase ポンプを発現するイオノサイト (ionocyte) と呼ばれる細胞が、有毛細胞の産生する H^+ を中和して pH を調整するほか、炭酸脱水酵素を発現するトランジショナルセル (transitional cell) と呼ばれる細胞が炭酸水素イオンを産生するため、この領域では盛んに耳石形成が行われると考えられている[12].

耳石器官の形成過程

　個体の成長に伴って感覚上皮や耳石のサイズも増大し、有毛細胞や支持細胞の数も増えていく[6]. 受精後 2 週ほどになると、球形嚢より尾側部に壺嚢の有毛細胞および耳石が現れる[11, 13]. 発生初期には、それぞれの耳石器官は内リンパを介して通じているが、受精後 3 週ごろから隔壁膜で隔てられる.

三半規管の形成過程

　耳胞の外側壁が内部に陥入して三又に分かれ、それぞれ耳胞の前方部、後方部、腹側部からの隆起と融合して 3 つの柱を形成する. この周りに 3 つの半規管が形成される[14]. この過程にはヒアルロン酸と細胞外基質が必要であると考えられている. マウスとゼブラフィッシュではともに、水平半規管とその感覚上皮の形成に otx1 という遺伝子が必要である[15, 16]. 祖先的な脊椎動物の一種とされるヤツメウナギは、水平半規管をもたず otx1 の発現は観察されない. この事実は、進化の過程で脊椎動物種が多様化した比較的早期に、otx1 遺伝子が新たな働きを獲得し、水平半規管を形成するように至ったことを示唆している.

その他の内耳器官の形成過程

　受精後 8 日には、球形嚢より背内側部の上皮に内リンパ管が形成され始める[16]. 受精後 3 週ほどになると、横管 (transverse canal) と呼ばれる管が、球形嚢より内背側部の内壁から内側へ伸長し、反対側の内耳から伸長する横管と接合して両内耳の尾内側部をつなぐ. この構造により、左右の球形嚢はウェーバー器官および鰾（うきぶくろ）と間接的に接続する. また、卵形嚢と球形嚢を隔てる部分に、有毛細胞と支持細胞が現れ、マクラネグレクタ (macula neglecta) と呼ばれる小さな感覚上皮が形成される.　　〔谷本昌志〕

文 献

[1] L. Abbas and T. T. Whitfield. *Zebrafish*, (Elsevier, London, UK, 2010), pp. 123-171.
[2] B. B. Riley, *et al.*, *Dev Biol.*, **191**(2), 191-201 (1997).
[3] M. Tanimoto, *et al.*, *J. Neurosci.*, **31**(10), 3784-3794 (2011).
[4] M. Itoh, *et al.*, *Dev Cell*, **4**(1), 67-82. (2003).
[5] P. I. Bang, W. F. Sewell and J. J. Malicki, *J. Comp Neurol.*, **438**(2), 173-190 (2001).
[6] C. Haddon and J. Lewis, *J Comp Neurol.*, **365**(1), 113-128 (1996).
[7] M. Tanimoto, *et al.*, *J. Neurosci.*, **29**(9), 2762-2767 (2009).
[8] M. Pisam, C. Jammet and D. Laurent, *Cell Tissue Res.*, **310**(2), 163-168 (2002).
[9] D. Wu, *et al.*, *Dev Cell.*, **20**(2), 271-278 (2011).
[10] G. Stooke-Vaughan, *et al.*, *Development.*, **139**(10), 1777-1787 (2012).
[11] B. B. Riley and S. J. Moorman, *J. Neurobiol.*, **43**(4), 329-337 (2000).
[12] J. C. Shiao, *et al.*, *J. Comp Neurol.*, **488**(3), 331-341 (2005).
[13] M. M. Bever and D. M. Fekete, Dev Dyn, **223**, (4) 536-543. (2002).
[14] R. E. Waterman and D. H. Bell, *Anat Rec.*, **210**(1), 101-114 (1984).
[15] H. Morsli, *et al.*, *Development.*, **126**(11), 2335-2343 (1999).
[16] K. L. Hammond and T. T. Whitfield, *Development.*, **133**(7), 1347-1357 (2006).

7-6 有毛細胞の構造と働く仕組み

基本的な構造と働く仕組み

　魚類の有毛細胞の構造と働く仕組みは，基本的に他の脊椎動物と共通である．有毛細胞の頂端にはアクチンを細胞骨格とする不動毛（stereocilia）と，微小管をもつ1本の動毛（kinocilium）がある．動毛の位置は細胞の頂端面の中心からずれており，不動毛の長さは動毛に向かって階段状に長くなり，それぞれの毛は互いに細胞外の細い糸でつながっている[1]．毛の最頂端部を連結する糸状の構造はティップリンク（tip link）と呼ばれる．毛が動毛の方向に倒れるとティップリンクが引っ張られ，毛の頂端部に存在すると考えられている機械刺激で開閉する陽イオンチャネル（機械受容チャネル）が開いて有毛細胞が脱分極する．機械受容チャネルは常時一定の割合で開いていると考えられており，反対方向に毛が倒れるとチャネルが閉じることで有毛細胞は過分極する．

　有毛細胞の基部にはシナプス前領域が存在し，そこには「リボン（ribbon）」と呼ばれる球状の構造が3から5個存在する．これらは電子密度が高く電子顕微鏡で濃く観察されることからデンスボディ（dense body），シナプティックボディ（synaptic body）とも呼ばれる．リボンの周囲には，神経伝達物質を含有するシナプス小胞が多数係留されており，すばやく，しかも持続的な伝達物質の放出を可能にしていると考えられている．シナプス前膜には電位感受性のCa^{2+}チャネルが発現し，有毛細胞の膜電位に依存してCa^{2+}を流入させる．これによりシナプス小胞がアクティブゾーン（active zone）というシナプス前領域の細胞膜と融合し，開口放出によって神経伝達物質グルタミン酸がシナプス間隙へ放出される．

　第8神経節細胞の求心線維は，有毛細胞の基部に対してシナプス後部を形成しており，そこにはミトコンドリアやシナプス後肥厚

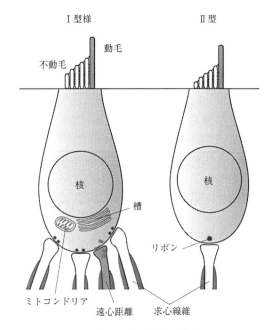

図1　有毛細胞の構造の模式図

（postsynaptic density：PSD）が観察される．有毛細胞から放出されたグルタミン酸は，シナプス後部のグルタミン酸受容体に受容され，陽イオンの流入を介して第8神経節細胞を脱分極させ，活動電位を発生させる．

構造の多様性

　魚類の有毛細胞は，過去には有羊膜類のII型前庭有毛細胞の特徴を備えていると考えられていたが，現在では有羊膜類と同様に多様性に富むことが知られている．例えばコイ科のキンギョの球形嚢では，有毛細胞の形状は吻側部では西洋梨型で細胞長が短いのに対して，尾側部ではシリンダー状で長い[2]．リボンの大きさは，吻側部の有毛細胞では小さく尾側部ほど大きい傾向がある[3]．不動毛と動毛の長さは吻側部より尾側部のほうがおよそ2倍長い[4]．これらの特徴の多くは二者択一というよりむしろ吻尾軸方向に連続的に変化しており，有毛細胞の性質も連続的に少しずつ異なると示唆されている[3]．半規管の膨大部稜（crista）では，有毛細胞の基部が杯状の求心性線維に覆われたものも観察され，これはI型有毛細胞に近い形態学的特徴である[5]．

　またシクリッド科のオスカーの成魚では，卵

形嚢の線条体(striola)領域と線条体外(extra striola)領域の有毛細胞では，形態が異なることが電子顕微鏡観察によって報告されている[6]．線条体領域の有毛細胞は，核周辺に大きな槽(cistern)と呼ばれるゴルジ体，小胞体の袋状の膜構造やミトコンドリアを有するが，線条体外領域の有毛細胞はこれらの特徴をもたない．また前者の有毛細胞には，比較的小さな複数のリボンがアクティブゾーン(active zone)というシナプス前領域の細胞膜に接近しており，多くの求心性線維および遠心性線維とシナプスを形成する．一方後者の有毛細胞には，多くの場合1つの比較的大きなリボンがactive zone の細胞膜からやや離れて存在し，求心性シナプスのみを形成し遠心性シナプスはほとんど観察されない．これらの観察から，線条体領域の細胞はⅠ型様(Type I-like)有毛細胞，線条体外領域の細胞はⅡ型(Type II)有毛細胞と呼ばれる．

シナプス後部の形態は多様であり，ボタン(bouton)状のものや杯型(calix-like)にやや広がったものが観察される[8]．後者のシナプス形態はⅡ型有毛細胞よりⅠ型有毛細胞に近い特徴である．シナプス後部にはミトコンドリアやシナプス後肥厚が観察される．

分子メカニズム

コイ科ゼブラフィッシュの胚・仔魚の前庭聴覚機能不全変異体の解析から，有毛細胞の構造や機能に関わる遺伝子・分子が明らかにされてきた[7-9]．例えば，膜貫通タンパク質 Cadherin 23 と Protocadherin 15 は，共に不動毛先端に発現して tip link を構成すると考えられている．*cadherin 23* の変異体では，不動毛の先端がばらばらに広がった形態を示し，tip link が観察されず，また，側線有毛細胞の機械受容応答が減少あるいは消失し，音振動刺激に対する逃避応答が観察されない[9, 10]．このことから．魚類有毛細胞においても他の脊椎動物同様に．不動毛先端部の tip link の張力が機械受容チャネルの開閉を引き起こすと考えられる．ribon は Ribeye というタンパク質が主要な構成要素

として知られている[11, 12]．

シナプス小胞には小胞グルタミン酸トランスポーター3(vesicular glutamate transporter 3：VGLUT3)によってグルタミン酸が蓄えられている[11]．シナプス前膜には Cav1.3 というL型 Ca^{2+} チャネルが発現する[13]．

一過性受容器電位(transient receptor potential：TRP)チャネルの1つ TRPN1 の発現を減少させると側線有毛細胞の機械受容応答が消失することから，同チャネルは脊椎動物の有毛細胞の機械受容チャネルの候補と示唆された[11]．しかし，哺乳動物のゲノム上に相同遺伝子は存在しないと考えられており，アフリカツメガエルでは同チャネルは動毛の先端に局在し不動毛には存在しない[12]．魚類有毛細胞において同チャネルの局在箇所は報告されていない．現在では，膜貫通チャネル様タンパク質(transmembrane channel-like protein 1：TMC1)および TMC2 が，機械受容チャネルの最有力候補と考えられている[16]（▶9-7）．

〔谷本昌志〕

文 献

[1] D. C. Neugebauer and U. Thurm, *Cell Tissue Res.*, **240**(2), 449-453 (1985).

[2] I. Sugihara and T. Furukawa, *J. Neurophysiol.*, **62**(6), 1330-1343 (1989).

[3] P. J. Lanford, C. Platt and A. N. Popper, *Hear Res.*, **143**(1-2), 1-13 (2000).

[4] C. Platt and A. N. Popper, *Scan Electron Microsc.*, (Pt 4), 1915-1924 (1984).

[5] P. J. Lanford and A. N. Popper *J. Comp. Neurol.*, **366**(4), 572-579 (1996).

[6] J. S. Chang, A. N. Popper, and W. M. Saidel, *J. Comp. Neurol.*, **324**(4), 621-640 (1992).

[7] T. Nicolson, *Annu. Rev. Genet.*, **39**, 9-22 (2005).

[8] T. Nicolson, *Hear Res.*, **330**(Pt B), 170-177 (2015).

[9] T. Nicolson *et al.*, *Neuron*, **20**(2), 271-283 (1998).

[10] C. Sollner *et al.*, *Nature*, **428**(6986), 955-959 (2004).

[11] S. Sidi, R. W. Friedrich, and T. Nicolson, *Science*, **301**(5629), 96-99 (2003).

[12] J. B. Shin *et al.*, *Proc. Natl. Acad. Sci. USA.*, **102**(35), 12572-7 (2005).

[13] N. Obholzer *et al.*, *J. Neurosci.*, **28**(9), 2110-2118 (2008).

[14] L. Sheets *et al.*, *Development.*, **138**(7), 1309-1319 (2011).

[15] S. Sidi *et al.*, *J. Neurosci.*, **24**(17), 4213-4223 (2004).

[16] T. Erickson *et al.*, *Elife*, **6** (2017)

7-7

魚の可聴帯域と周波数感度

水中の音の性質

音に関する水中の環境は空気中のそれとはかなり異なる。音響インピーダンス（水：1.5 kg/m²s，空気：428 mg/m²s）は約3万5000倍，音速（水中：1440 m/s，空気中：331 m/s）は約4.4倍である。周波数に関しては，10 Hz〜1 MHzが水中を伝わりやすい音の周波数である。音は伝導する振動エネルギーと定義される。水中での音は粒子運動であるが，それは音圧の変化（音圧成分）を伴うものと音圧の変化を伴わない粒子運動成分のみの2成分をもつ（空気中の音は音圧成分だけとみなすことができる）。水中でも，音源が遠く，かつ音を反射する境界面が遠い条件では，音は平面波であり，その場合，音はほぼ音圧成分だけをもつとみなしてよい。しかし，底までの深さが100 m以下の浅い水中での1000 Hzより低い周波数の音や，音源から1波長以内の場所での音では，音圧変化を伴わない粒子運動成分が無視できないとされる。

魚の聴力測定

魚の聴力測定で通常行われる方法は，水中スピーカー（underwater speaker）または空気中のスピーカーから純音を出力し，キャリブレートされた水中聴音器（underwater hydrophone）により，それぞれの周波数の音圧レベルを確認する方法である。水中音の音圧レベルのdBは，通常1 μPaを0 dBとするので（dB re 1 μPaと表示される），20 μPaを0 dBとする空気中の音の音圧レベルのdB表示と比較すると，20 log（20/1）すなわち26 dBだけ大きい値となる。音圧の表示にマイクロバー（μbar）やこれと同等であるdyne/cm²を用いる場合には，dB re 1 μbar（またはdB re 1 dyne/cm²）で表示される音圧はdB re 1 μPaで表示される音圧レベルよりも100 dBだけ小さな値になる。技術的な問題としては，水中聴音器は音の音圧成分しか

測定できないので音圧成分以外の粒子運動を小さくしてその影響が少ないような実験環境にするが，それが完全にはできないことがあげられる。音圧成分のない粒子運動成分だけの音でも魚にはよく聞こえ，低い周波数の音刺激では，粒子運動が魚の側線器で感じられる可能性もある。また，粒子運動成分の音はモーターボート等により人為的につくられて魚の環境に影響しているという問題もあり，粒子運動を直接測定するセンサーの実用化が望まれる。他の技術的な問題としては，水中のどのような計測環境でも存在する環境のノイズである。低い周波数のノイズほど強く，100 Hzで80 dB re 1 μPa程度のノイズがある可能性がある。このノイズが低周波側での聴力低下が観察される原因になりうる。

魚の聴覚閾値を調べる標準的な手法は行動や自律神経応答を観察する方法で，まず，音刺激のすぐ後に電気ショックを与えて音刺激だけで逃避行動や心拍の間隔延長を示すように条件づけを施し，行動運動出現または心拍の変化出現を聴覚閾値とする[1]。行動と心拍応答はほぼ同様の感度が検出される[2]（図1，上）。効率のよい安定した手法は誘発電位発生を観察する方法で，麻酔下で頭部皮下に刺入した電極から検出される聴覚性脳幹応答の出現を閾値の判定に用いる[3]。この方法は行動による測定よりも感度が20 dB程度低いが（図1，上），聴力障害の時間経過を追跡したり，様々な遺伝子変異群における聴力障害のスクリーニングをしたりするのに都合がよい[4]。

魚の聴力，可聴帯域と周波数感度

空気よりも重たい（音響インピーダンスの高い）体をもつ陸上動物が，空気中の音を体に固定された鼓膜の振動として効率よく受け取ることができるのに対し，魚では，水と体との音響インピーダンスの差がほとんどない。魚の聴覚では，音により，内耳の耳石（水よりも比重が大きく慣性をもつ）が体に対して相対的に振動するのが有毛細胞への刺激となり音の粒子運動成分を感受することができる。一部の魚では，

270 ｜ 7章 魚類ほか

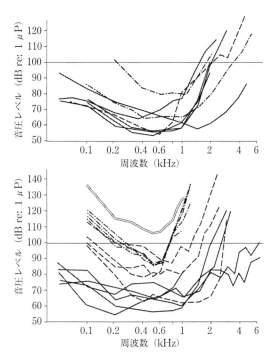

図1 魚の周波数による聴覚閾値
(上) キンギョでの測定方法の異なる計測データ. 実線：条件づけ行動[5], 破線：条件づけ心拍数変化[2], 一点鎖線：誘発電位計測による結果[4,6]. (下) 様々な魚の周波数別聴覚閾値. 実線：骨鰾類[5], 破線：鰾をもつ魚[5], 一点鎖線：スズメダイ科の魚 (鰾をもつ)[5]. 白抜き線：鰾をもたない魚 (スマ)[5]. 条件づけ行動による.

さらに，鰾などの空気の入った嚢状の構造をもつことで音の音圧成分を感受することができる．音の音圧成分は嚢内の空気に体積変化が生じさせることで嚢の膜に振動を引き起こすが，この振動を何らかの経路で内耳に伝えて感度よく音を聞くようにしている（▶7-2 魚の聴覚，7-9 耳石参照）．このような仕組みの最も発達したものは，現生淡水魚種の2/3を占める骨鰾類 (otophysan) に見られるウェーバー器官 (weberian apparatus) である．それは椎骨の突起に由来する"耳小骨"の連鎖であり，鰾の振動を内耳の球形嚢 (saccule, 小嚢) に伝えている．キンギョやゼブラフィッシュは聴覚研究に好んで用いられる骨鰾類の魚である．以上のように，魚の聴覚は音の粒子運動成分に応答する

のが基本で，一部の魚では，それに加えて音圧成分に対する伝音系を備えている．可聴帯域はおおむね2 kHz以下の周波数の範囲である[5]．さらに，魚では，耳とは別に100 Hz以下の局所的な水の振動に感度がよい側線器をもつ．なお，水棲の哺乳類の聴覚は音圧成分に感受性があり，周波数の高い超音波の範囲の音まで魚よりも高感度で聞くことができる．

具体的な測定データとしては（図1，下），骨鰾類では，200～1000 Hzの範囲で50～60 dB re 1 μPaの優れた聴力がある[5]．ウェーバー器官が未発達でも鰾と球形嚢の間に振動伝達の機構のある魚 (non-otophysan hearing specialists) では，200～1000 Hzの範囲で50～80 dB re 1 μPaの聴力が報告されている[5]．鰾と聴器の間に特別な振動伝達の機構のない魚では，500～1000 Hzより低周波側で，70～110 dB re 1 μPaの聴力が報告されている[5]．鰾のない魚では，50～1000 Hzで90～110 dB re 1 μPaの聴力が報告されている[5]．

可聴帯域と周波数感度の変化は，魚における実験的な聴力障害の指標にもなる．キンギョを用いたノイズ暴露では，全可聴周波数（200～2000 Hz）にわたって，30～40 dBの聴力低下が認められている[6]．ゼブラフィッシュを用いた遺伝子変異の実験では，周波数に依存した聴力低下が遺伝子により様々なレベルで認められている[3].

〔杉原　泉〕

文　献
[1] A. A. Myrberg and J. Y. Spires, *J. Comp. Physiol.*, **140**, 135-144 (1980).
[2] M. Sawa, *Bull. Fac. Fish Hokkaido Univ.*, **27**, 129-136 (1976).
[3] J. D. Monroe, D. P. Manning, P. M. Uribe, A. Bhandiwad, J. A. Sisneros, M. E. Smith and A. B. Coffin, *Hearing Res.*, **341**, 220-231 (2016).
[4] T. N. Kenyon, F. Ladich, H.Y. Yan, *J. Comp. Physiol.*, **182**, 307-318 (1998).
[5] R. R. Fay, *Hearing in Vertebrates: A Psychophysics Databook* (Hill-Fay Associates, Winnetka, 1988).
[6] M. E. Smith, A. B. Coffin, D. L. Miller and A. N. Popper, *J. Exp. Biol.*, **209**, 4193-4202 (2006).

7-8
聴覚性逃避運動

多くの動物は危険な刺激や敵から素早く逃げることができる．これを逃避運動という．魚も触刺激や突然の視覚刺激・聴覚刺激から，素早く逃避する．硬骨魚（キンギョ，ゼブラフィッシュ，シクリッド，ハヤ，ニシンなどで調べられた）では，最初に刺激と反対側に胴を大きく曲げ，その後曲げ伸ばし，素早い遊泳によって刺激から遠ざかる[1]．

逃避運動の基本神経回路

この運動を開始する中枢ニューロンとして知られているのが後脳（延髄）の左右に一対存在するマウスナー細胞（Mauthner cells）と呼ばれる巨大な網様体脊髄路ニューロンである[2]．マウスナー細胞は，聴神経，三叉神経，側線神経から直接に入力を受け，視神経からは視蓋を介して入力を受けていて，軸索は反対側の脊髄の全長に投射し，胴筋を収縮させる運動ニューロンと介在ニューロンにシナプス結合している．したがって，どちらか一方のマウスナー細胞が活動電位を発生（発火）すると，反対側の胴筋を支配する脊髄の運動ニューロンと介在ニューロンが一斉に興奮して胴筋を収縮させ，その結果胴は急速に反対側にC字形に曲がるので，C型逃避（C-start）と呼ばれている．

様々な感覚入力の中で最も早い（刺激から反応までの時間が短い）逃避運動を起こすのは聴覚入力である．キンギョやゼブラフィッシュでは10 ms以内に運動が開始される．音刺激から逃げるキンギョのマウスナー細胞から活動を記録すると，逃避運動の開始に先立って反対側のマウスナー細胞が活動電位を発生することが見出されている[3]．また，ゼブラフィッシュの仔魚（受精後4～6日）から，マウスナー細胞の活動をカルシウムイメージングによって記録すると，聴覚刺激で逃避運動が誘発されるときにマウスナー細胞が単発の活動電位を発生していることが明らかにされた[4]（図1）．

マウスナー細胞の特殊な興奮性と抑制回路の役割

マウスナー細胞は，危険な侵害刺激が来たときだけ，入力の開始時に単発の活動電位を発生するために，特殊な膜の興奮性を持っている．これは，2種類の低閾値型カリウムチャネル（Kv 1.1とKv 7.4）およびその修飾サブユニットがマウスナー細胞だけで組み合わされて発現することによって達成されている[7, 8]．さらに，時間的に長い入力が来ても，マウスナー細胞が何回も活動電位を発生しないように，自分自身を抑制する反回性抑制回路も備わっている．また，左右一対のマウスナー細胞の一方のみが活動電位を発生するために，相互に抑制し

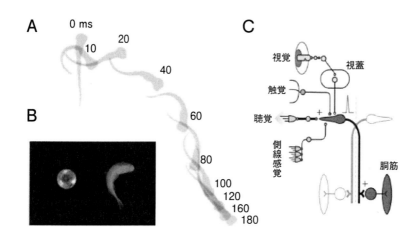

図1　魚の逃避運動と逃避運動回路
A：音刺激に対するゼブラフィッシュ仔魚の逃避運動．運動開始からの時間をmsで示す[5]．
B：水面に落ちたボールから逃げるキンギョのC型逃避[6]．（口絵12）
C：マウスナー細胞を中心とする逃避運動の基本回路（[5]より改変）．

あう相反性抑制回路も備わっている[9]．これらの回路の働きによって，侵害刺激が来た時に，魚は左右いずれかのマウスナー細胞が活動し，一度だけC型逃避を行う．しかし，音刺激の場合には，水中の音速が空中の4〜5倍もあり，音の振動は魚の中を通過するので，音が両内耳に到達するまでの時間差や強度差が左右差の手掛かりになるとは考えられない．魚ではわずかな入力の左右差がどのように決まるかはいまだに詳しく分かっていないが，水の粒子運動による耳石に対する左右の内耳の非対称性な動きと音圧による動きの合成により音源の左右を識別していると考えられている（▶7-9）．また，カルシウムイメージングで観察していると，しばしば左右のマウスナー細胞がほぼ同時に発火していることがある．そのような場合にも，両側の胴筋が同時に興奮することなく，魚の逃避運動はどちらか一方に起こる．これは，脊髄の全長にわたって反対側のニューロンを素早く抑制する，介在ニューロン（CoLo細胞）の働きによる[10]．すなわち，わずかに早く活動したマウスナー細胞の軸索から興奮性入力を受けるCoLo細胞が，反対側の運動ニューロンやCoLo細胞を強く抑制することによって，遅れて活動した側のマウスナー細胞の活動が運動ニューロンを興奮させることを妨げて，早く活動したマウスナー細胞によるC型逃避を確保するのである．実際にCoLo細胞を取り除くと，左右の胴筋が同時に活動して胴が硬直する現象がみられる．

魚の聴覚性の逃避運動にはマウスナー細胞が重要な役割を果たしているが，後脳にはマウスナー細胞以外の網様体脊髄路ニューロン群も同時に働く．また，マウスナー細胞が失われても逃避運動が起こりうる．ただし，その生起確率は大きく下がり，刺激から運動の開始までの時間（潜時）がわずかに（キンギョやゼブラフィッシュ仔魚では約5ms）遅くなる．この場合は，おそらくマウスナー細胞以外の網様体脊髄路ニューロンが逃避運動を制御していると考えられている．候補となる複数の網様体脊髄路ニューロンにも聴神経から入力があるが，軸索と脊髄運動ニューロンとの結合はマウスナー細胞のように効率よくないので，逃避運動の開始が遅れると考えられる．

逃避運動の発達

聴覚性逃避運動は，魚の逃避運動の中で最も潜時が短く，敵から逃げるには最も有効である．しかし，ゼブラフィッシュでは，聴覚の獲得は触覚よりも遅れる．聴覚の発達を遅らす要因は，内耳の有毛細胞が音刺激を受容する感受性を獲得する過程にある[11]．聴覚が獲得されていない発達初期には，マウスナー細胞は触覚を有力な入力として興奮し，触刺激によってC型逃避を引き起こす．発達に伴って，有毛細胞が音を感知すると，マウスナー細胞は音刺激を最も有力な入力とする[5]．このように発達に伴って有効な感覚を活用して，もっとも早い逃避運動が獲得されている．　　　　　　　　〔小田洋一〕

文　献

[1] R. C. Eaton ed. *Neural Mechanisms of Startle Behavior*, (Springer, NewYork, 1984).
[2] H. Korn and D. S. Faboer *Neuron* **47**, 13-28 (2005).
[3] Zottoli, *J. Exp. Biol.* **66**, 243-254 (1977).
[4] T. Kohashi and Y. Oda *Neurosci. J. Neurosci.*, 28:10641-10653 (2008).
[5] T. Kohashi *et al.*, *J. Neurosci.* **32**:5810-5820 (2012).
[6] Oda *et al.*, *Nature*, **394**, 182-185 (1998).
[7] T. Watanabe, *et al.*, *J. Neurophy.* **111**, 1153-1164 (2014).
[8] T. Watanabe, *et al.*, *eNeuro*, **4**(5) e0249-17 (2017).
[9] T. Shimazaki. *et al.*, *J. Neurosai.*, **39**, 1182-1194 (2019).
[10] C. Satou *et al. J. Neurosci.*, **29**, 6780-6793 (2009).
[11] M. Tanimoto, *et al.*, *J. Neurosci.*, **29**, 2762-2767 (2009).

7-9 魚の音源定位

我々は，自身を取り巻く環境のなかで音を発するものがあると，その源がどこにあるかを推定することができる．これを音源定位という．哺乳類，鳥類，爬虫類，両生類など陸生動物は両耳で捉えた音の時間差や強度差を利用して音源定位ができ，ヒトでは音源方向の1°の違いも検知する高い精度を持つことが知られている．魚類もこのような能力を持つのであろうか？

魚は音源定位ができるのか？

魚に聴覚があることを実験的に示したフォン・フリッシュ (von Frisch, Karl) ら (1935) は，当時から"魚は音の方向が分かるか？"と設問し，湖のハヤに音刺激で餌付けして，音源の位置を学習できるかを調べた．彼らはハヤが音刺激によって餌を期待して興奮するが，音源の位置は学習できなかったと報告している．一方，威嚇音を使って魚群を網に追い込む伝統漁法が古くからあったり，求愛のためにオスの魚が発する音を手掛かりにしてメスが近づくなどから，魚も音源の位置を知りうるのではないかとも考えられていた．1970年代になって，Shuijkらはノルウェーのフィヨルドで，海中のベラ（スズキ目）に音で給餌を条件づけすると音源に向かうことを見出し，魚は音の方向や位置を感知すると結論した．また，音と電気ショックを組み合わせて心拍数の条件づけを利用した数種のタラの実験から，水平及び垂直方向の識別ではそれぞれ20°と16°の分解能が見出された．さらに，距離の識別もできることが示され，タイセイヨウダラでは，音による3次元的な音源定位が可能であることが示唆された[1]．

音源定位の原理

音源定位はどのようにして行われるのであろうか？ 陸生動物では両耳の聴覚器官で受容された音波の時間差や強度差を手掛かりにして行われる．しかし，驚くべきことに，魚類がどのような原理で音源定位のための情報処理をしているのかについては，不明の点が多い．魚は左右の耳石器官に存在する有毛細胞で音を検知する．魚の体組織はほぼ水と同じ比重であり，音の粒子運動によって体が動く．有毛細胞の感覚毛の上に結合する耳石は炭酸カルシウムを主成

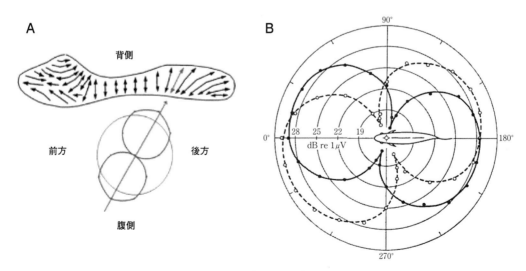

図1 魚の球形嚢の音源方位選択性
A：球形嚢に配置される有毛細胞の極性分布 (上) と有毛細胞の応答特性 (下) [4]．
B：スズキに水平微小振動を与えた時に耳石器官の球形嚢に誘発される有毛細胞の電場電位 (マイクロフォン電位) の分布．体軸から左右に20°の振動に対して最も大きな応答が記録される [5]．

分として比重が水より大きく，音の粒子運動による動きは有毛細胞よりも小さい．その結果，有毛細胞の感覚毛がわずかに傾いて機械受容チャネルが開いて細胞が興奮する．一方，音の圧力（音圧）は鰾で捉えられ，ウェーバー器官などを介して耳石器官に振動が伝えられる魚（骨鰾類）もいる．陸生動物とは異なり，魚では周りの水と同じように体組織を音が通過することから，左右の強度差はあり得ない．また，水中の音速（15℃では毎秒1466 m）は，空中の音速（毎秒340 m）の4～5倍であり，両内耳で受容する音波の時間差はあまりにも小さく，音源定位には利用できないと考えられていた．1960年代初頭には，魚の音は鰾で感知される音圧だけと解釈されていて，音圧だけでは音源定位ができないので，側線が音源の方向を感知するのに重要だと考えられていた[2]．側線は魚の体表にある感覚器で，機械受容チャネルを持った有毛細胞が音の粒子運動をとられる．しかし，側線感覚は音源に近い場所でしか知覚できず，音源から遠い場所での音源定位のメカニズムとしては，不十分である．それに対して，1970年代に①魚の内耳の有毛細胞とそれに接続する耳石の比重の大きな差により，わずか0.1 nmの音の振動にも感度（ヒトの感度に相当）があるので，音源から遠くても音の粒子運動を感知できる，②有毛細胞の感覚毛は極性を持ち，極性に従って耳石器官の感覚上皮に配置されていることから，音源から遠く離れた場所でも，音の粒子運動のベクトル量を感知できることが示された．ただし，粒子運動だけでは180°異なる音源からの音を区別できない．そこで，現在では鰾を介して捉える音圧の位相を組み合わせれば，音源定位が可能と考えられるようになった[3]（図1）．

音源定位の神経基盤

魚の音源定位の神経メカニズムに関しては，音の反響がある水槽内では実験できないので，音を与える代わりに，音に対する粒子運動を模して魚に微小振動を与えて，内耳や中枢から電気生理学的な記録を取る手法が開発された[5]．魚の音を受容する耳石器官の球形嚢や壺嚢（ラゲナ）には，極性を持った有毛細胞が感度方向をそろえて並んでいるために，その極性方向の振動に対して有毛細胞は最も大きな応答を示す．その部分から電場電位（マイクロフォン電位）を記録すると有毛細胞群の活動を捉えることができる．スズキやキンギョの耳石器官から記録をすると，球形嚢の前方は水平方向と垂直方向の振動に対して，球形嚢の後方と壺嚢は垂直方向の振動に応じることが示された[5]．水平方向の振動に対しては球形嚢が体軸から左右に20°の振動に最大に応答する．さらに耳石器官からの求心線維も微小振動に対して，方位選択性を持ち振動の位相に同期して応答することがキンギョ[6]およびタイセイヨウダラなど多種の魚で明らかにされた．

音源の方向を抽出するためには，魚類においても陸生動物と同様に左右の耳石器官からの入力を中枢で統合して，左右差を検出すると考えられている．実際に片方の聴神経を切断すると，音源弁別が出来なくなることが，タイセイヨウダラで示されている．耳石器官の信号は延髄を経て，哺乳類の下丘に相当する中脳の半円堤（torus semicircularis）に到達する．半円堤には左右の耳石器官の刺激に応じるニューロンがあり，それらは方向性のある微小振動（音の粒子運動）に応じることが，ニジマス，フグ，キンギョで見出されていて，音源定位に重要な役割を果たすと考えられている[7]． 〔小田洋一〕

文 献
[1] J. F. Webb *et al.* (ed) *Fish Bioacoustics* (Springer, New York, 2008).
[2] W. A. van Bergeijk, in Neff WD (ed) *Contribution to Sensory Physiology, vol 2.* (Academic, New York, 1967) pp1-49.
[3] A. Schuijf *J. Comp. Physiol.* A, **98**, 307-332 (1975).
[4] Sisneros and Rogers in *"Fish Hearing and Bioacoustics"* (ed. J. A. Sisneros, Springer, Switzerland 2016) pp.121-155.
[5] O. Sand *J. Exp. Biol.* **60**, 881-899 (1974).
[6] R. R. Fay. *Science* **225**, 951-954 (1984).
[7] P. L. Edds-Waltonm, R. R. Fay *J. Com. Physiol. A* **189**, 527-543 (2003).

7-10 魚の発音

発音魚の歴史

発音魚の歴史は古く，紀元前350年前にアリストテレスは数種の魚が発音することを述べた．その科学的な研究は19世紀中頃から，Dufosse[1]らによって開始された．近年，発音魚の研究は様々な技術開発（録音・再生機器，分析ソフト，スキューバなど）の発展により着実に進展してきた．特に，資源枯渇に直面するタイセイヨウダラは繁殖の際に音を使う．そのため，資源回復の観点からタラの発音研究が展開されている[2]．また，人間の出す騒音が海の生物の音響生態に悪影響を及ぼすこと，外洋で育った幼魚・甲殻類幼生などが音を頼りに生まれた岩礁ハビタート（生息場所）に戻ってくることがわかってきた[3]．これらの理由から，現在発音魚を含む海の生物の音響学が注目されている．

音魚の種類数

魚類（約3万2000種）は脊椎動物（約6万種）の半数を占める多様な動物群である[4]．すべての魚類が発音するのではなく，そのうちの約10％前後の，ある特定のグループだけが発音魚（sonic fish）と推定されている．Lobelら[5]は，珊瑚礁に生息する発音魚の文献を精査し，全珊瑚礁魚（179科，約4000種）のうち，48科273種が発音魚と報告した．このように研究は進展しているが[6]，まだ十分には展開されていない．発音魚は「特別な発音器」で音を出す魚種と定義されている[7]．通常，遊泳のために生ずる遊泳音や摂餌の際に生ずる摂餌音は，それが意図的でないために，それらの音を発する魚類を発音魚とは呼ばない．

発音の機能

魚類の発音の大部分は，繁殖行動（reproductive behavior）か，反発（防御・逃走）行動（agonistic behavior）に関連する[5]．魚釣りで，釣り上げられたときに鳴音を出す場合は，反発行動での発音と考えられる．一方，繁殖の際，群れをなしてコーラスをする魚種が存在する．スズメダイ類，ニベ類，ハタ類，ガマアンコウ類は，その音も大きく有名で，研究が比較的に進んでいる[5]．そのうちスズメダイ類の繁殖は昼行性であるが，ニベ類，ハタ類，ガマアンコウ類の繁殖は夜行性である．スズメダイ類とガマアンコウ類の音声コミュニケーション研究は他の魚種より比較的に進んでいる．一般に，反発行動での発音は高い周波数（数kHz）で短く「グ，グ，グ」と鳴き，繁殖の際の発音は低い周波数（1kHz以下）で長く「グゥウー，グゥウー，グゥウー」と鳴くとされている[5]（▶7-15参照）．

発音のメカニズムと発音器の多様性

魚類は，主に次の2つの方式で発音する．①発音筋の振動音と②骨部の摩擦音である．筋振動音は，太鼓と同じメカニズムで，鰾に付着する特別な筋（骨格筋）を振動させて発音する．鰾は共鳴装置として働く．ピラニア，タラの仲間，ニベ類，コトヒキ（シマイサキ科），マト

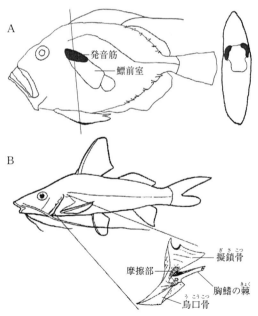

図1　A：マトウダイの筋振動型発音器（[8]を改図），B：ナマズの一種（ピメロドウス科）の骨部摩擦型発音器（文献[9]を改図）

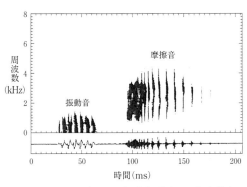

図2 ピメロドウス科ナマズの筋振動音と骨部摩擦音の
ソノグラム（上）とオシログラム（下）（[9]を改図）

ウダイ（マトウダイ科）などはすべてこの筋振動型発音魚である．図1Aにマトウダイの筋振動型発音器を示した[7]．一方，骨部摩擦型発音は，シロホンのバチのような胸鰭棘で鍵盤に相当する骨部（擬鎖骨）を擦って発音する．図1Bにナマズの一種（ピメロドウス科）の骨部摩擦型発音器を示した．日本産ナマズのギギは，捕獲時に胸鰭棘と骨部（擬鎖骨）を摩擦し「ギィ，ギィ」と鳴く．それでギギという和名が付いている．南アメリカ産ナマズのピメロドウスは，筋振動型発音器と骨部摩擦型発音器の両方をもつと報告されている[8]．それら両者の発音特性は，特徴的であり，筋振動型発音器からの音は1 kHz以下の低い音で，骨部摩擦型発音器からの音は，3 kHz前後の高い周波数で構成されている（図2）．

スズメダイ類の発音メカニズムについては，Lobelら[5]は咽頭歯の摩擦とし，Parmentierら[10]は顎を使った発音という仮説を出した．ハゼ類，シクリッド類の発音メカニズムについてもまだ十分に研究されていないのが現状である．

発音筋の神経支配

発音には，神経系による制御が必要である．最近の研究により，魚類は最後尾の脳神経である後頭神経（occipital nerve）を使って発音する魚種と，脊髄神経を使って発音する魚種に分けられる[7, 8]．面白いことに，発音魚は魚種によって，後頭神経派（弁舌派）か脊髄神経派（ジェスチャー派）かにきっちりと分類された．後頭神経は，哺乳類の舌の運動を制御する舌下神経と相同な神経である．魚類では，舌が発達していないので，後頭神経は鰓下筋と呼ばれる頭骨関連の筋群を支配している．後頭神経を使って鳴く魚種は，カサゴ，カジカ（カマキリ），マツカサウオ，ミナミハタンポ，コトヒキ等である[7, 8]．一方，脊髄神経は哺乳類では手足等の運動筋を支配し，魚類では背びれや遊泳のための体側（運動）筋を支配している．ピラニア，マトウダイ，スケトウダラ，ニベ類は，脊髄神経を使って鳴く魚種である．

課題と展望

日本近海には，約4000種の魚がいる．しかし，それらのうち発音する魚種の研究は，まったく進んでいない．つまり，魚の声をカエルと鳥の「歌」研究と比較すれば，何が進化的に基本であるかが推察できるはずである．その意味で，魚の発音研究は基礎的な研究である．現在，次のような手順で研究を進めている．①まず魚の出す音を記録し分析する．②特別な発音器があれば記載し，動力となる筋の神経支配を決める．③その音の機能（反発音，繁殖音）を決める．乱獲のため，魚類資源の枯渇が著しいという報告は多々あるが，発音魚のような基礎研究は魚類の保全に必ず役立つ．そのためにも，「魚の声」をもっと聞くべきであろう．〔宗宮弘明〕

文献

[1] L. Dufosse, *Ann. Des. Sci. Nat. Ser. 5: Zool. Paleont.*, **19**, 1-53 & **20**, 1-134 (1874).
[2] S. Rowe and J. A. Hutchings, *Trans. Am. Fish. Soc.*, **135**, 529-538 (2006).
[3] J. C. Montgomery et al., *Adv. Mar. Biol.*, **51**, 143-196 (2006).
[4] J. S. Nelson et al., *Fishes of the World 5th edn* (Wiley, Hoboken, 2016).
[5] P. S. Lobel et al., K.S. Cole ed., *Reproduction and Sexuality in Marine Fishes* (Univ. California Press, Berkeley, 2010), pp. 307-87.
[6] F. Ladich ed., *Sound Communication in Fishes* (Springer, Wien, 2016).
[7] 宗宮弘明, 魚類のニューロサイエンス, 植松一眞, 岡 良隆, 伊藤博信 編（恒星社厚生閣, 東京, 2002）pp. 38-57.
[8] A. Onuki and H. Somiya, *Brain Behav. Evol.*, **69**, 132-141 (2007).
[9] F. Ladich, *Bioacoustics*, **8**, 185-208 (1997).
[10] E. Parmentier et al., *Science*, **316**, 1006 (2007).

7-11
鰾を用いた発音と音響特性

魚類の中には，音を用いてコミュニケーションをとるものや，威嚇を行う種類がいる．その発音のメカニズムは，鰾（うきぶくろ）を利用したものや，骨をこすり合わせた摩擦音など様々である[1]．その中で，発音に鰾を利用したものは最も多い．

鰾は，魚体の浮力調節器官であり，中身が気体で満たされている魚類が多い．そのため，魚体の中で最も空いている空間であり，ある周波数帯域の音を共振しやすくなっている．その鰾を用いて発音することは，効率よく広い範囲に声を届かせることができる．

鰾を利用する発音方法は，鰾自体を振動させるのではなく，鰾に接するように配置された発音筋（drumming muscle または sonic muscle）を振動させる．その振動が，外膜を通じて鰾に伝わり，鰾の共振を利用して大きな音として水中に放射される．つまり鰾は，共鳴管としての役割を担っているのである．発音筋は，遊泳時に使用する筋肉とは違い，1秒間に数十回振動させることのできる速筋であり，他の筋組織と明らかに異なる．一般的に発音筋は薄いピンクに見えるのが特徴である．発音筋は，鰾に接しているが，魚種により大きさや形状が異なる[2]．イシモチの発音筋は，鰾の側面を覆うように位置し，半円錐形をしており，スケトウダラの発音筋は，鰾の頭部側を覆うような，そら豆のような形状をしている（図1）．

鰾を利用した鳴音は，短いパルスを連続的につなぎ合わせた構造になっていることが多い．このパルスは魚種により異なり，パルス長（pulse duration）は10〜30 msと非常に短く，1つの鳴音内に3, 4〜40パルス存在する．このパルス数の違いにより「グッ」や「グー」と聞こえ，鳴音の長さ（duration）も変化する．同種の魚であっても，雌雄や状況に応じてパルス数を変えており，その違いで，求愛・威嚇などを表している可能性が高い．

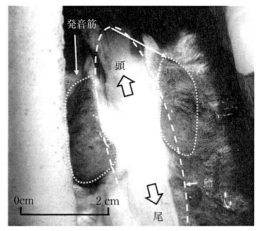

図1 スケトウダラの発音筋
スケトウダラの腹側から鰾などの内臓を取り除いて撮影したものである．図の点線で示されているところが発音筋であり，破線が鰾のあった位置である．

鰾を利用した鳴音の周波数については，卓越周波数（dominant frequency）は，1 kHz以下である魚種が多い．これは，少なからず鰾の共振を利用しているためである．鰾の共振周波数は，鰾の形状と大きさで決まり，同種の魚であれば，体長が大きいほど共振周波数は低い帯域になる．鳴音の周波数は，魚にとって必要な情報であり，周波数の違いにより，魚種違いや体長優劣を聞き分けている可能性もある．

ここで，日本で有名な2魚種スケトウダラとイシモチの鰾を使用した鳴音について紹介する．

スケトウダラの発音と音響特性

スケトウダラは，繁殖期に多く発音することが知られている．図1にスケトウダラの発音筋の画像を示す．発音筋は，鰾の背中側に，脊柱骨を挟んで2対あり，発音筋の振動でつくり出した音が，効率よく鰾に伝達できる構造になっている．また，図1の写真撮影時は，発音筋は約2 cm程度であるが，繁殖期になるとオスの発音筋が大きくなることが示されており[3]，スケトウダラのオスにとって発音することがメスへの大きなアピールになると理解できる．

次に，スケトウダラの鳴音の音響特性について図2に示す．スペクトログラムをみると，

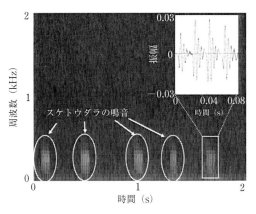

図2 スケトウダラ鳴音のスペクトログラムと鳴音波形
スケトウダラ鳴音のスペクトログラムとその波形の一例であり，直径2mの室内水槽で計測されたものである．

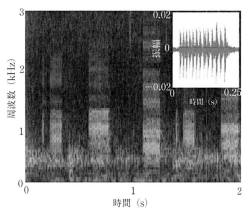

図3 イシモチの鳴音のスペクトログラムと鳴音波形

スケトウダラの鳴音は，周波数100 Hz～500 Hzの帯域で，卓越周波数が300 Hz程度，鳴音の長さは，0.1秒程度である．聞くと「グッ」と聞こえる．また，鳴音の波形をみると，同じ4つのパルスの繰り返しで1つの鳴音になっていることがわかり，パルス長は約20 msである．この鳴音は，一般的にノック音とされ，スケトウダラの鳴音では長さが一番短い．他に，ノック音を数回～十数回繰り返したgruntと呼ばれるものや，ノック音を20回以上繰り返したhumと呼ばれる鳴音も使っている．

ニベ科魚類の鳴音と音響特性

ニベ科魚類は，世界中におよそ70属270種類いるとされ，日本では，オオニベやイシモチなど鳴く魚として有名である．そのため，ニベ科魚類の鳴音については多く研究が行われている．図3に千葉県館山湾で計測された鳴音を示す．この鳴音は，漁獲情報などからイシモチであると考えられる．

図3をみるとイシモチの鳴音は，周波数200 Hz～3 kHzで，卓越周波数は500 Hz～1 kHzである．ニベ科の他種の卓越周波数は，低いもので50 Hz，高いもので1600 Hzであることも報告されており，多くは1 kHz以下を卓越周波数としている[2]．パルス長は，13 ms～16 ms，鳴音の長さは，0.2～1.2 s，1つの鳴音内にあるパルス数は，8～18パルスである．同様の鳴音が1週間通じて記録されており，求愛により発声していたものと考えられる．東シナ海などの南日本に生息するオオニベは，雌雄によってパルス数が異なり，産卵期のオスで平均10パルス，メスで平均15パルスである[4]．

先述したように鰾を用いた発音については，鰾を共鳴管のように用いて発音している．しかし，鰾の大きさ，形状から鳴音の卓越周波数を推定しても完全に一致はしない．これは，鰾の共振を積極的に利用しつつも，骨格や他の臓器で共振された音が複雑に混ざり合い鳴音として発せられていることを意味する．今後，魚類の形態学的知見を取り入れ，詳細な音の伝達，発生メカニズムを明らかにすることで，観測された鳴音からある程度の魚種，体長，雌雄などの推定も可能となるだろう．

〔髙橋竜三〕

文献

[1] 竹村暘，水生生物の音の世界（成山堂，東京，2005），pp. 54-82.
[2] J. Ramcharitar, D. P. Gannon and A. N. Popper, *Trans. Am. Fish Soc.*, 135, 1409-1431 (2006).
[3] 朴容石，桜井泰憲，飯田浩二，高橋豊美，佐野満廣，北海道大学水産学部研究彙報，45(4), 113-119 (1994).
[4] J. P. Ueng, B. Q. Huang and H. K. Mok, *Zool. Stud.*, 46, 103-110 (2007).

7-12

摩擦を用いた発音と音響特性

　魚類の摩擦音は，歯，咽頭歯（骨），頭骨の各種構成骨，脊椎骨，肩帯の各種構成骨，鰭の棘等の硬組織が擦れ合うときに生じる．これらの硬組織上には何らかの突起構造が備わっており，それらが擦れることで，ゴリゴリ，ギーギーという連続パルス音，もしくはパチッという単パルス音が発せられる．発音筋と鰾による振動音とは異なり，摩擦音は倍音構造をもたないインパルス信号で，振動音に比べ広い周波数帯（数十〜数千 Hz，多くは 1000〜2000 Hz に主成分がある[1]）で構成される．
　これらの音には，威嚇，警戒，求愛等を目的に意識的に発せられるものと，餌の咀嚼や遊泳に伴い無意識に発せられるものがある．後者は，コミュニケーション手段としては意味をなさないことが多く，逆に，外敵に対しての有益な位置情報となることがある．

歯および咽頭歯による発音

　歯による摩擦音は，摂餌に伴って無意識に発せられることが多い．特に，二枚貝や大型の甲殻類を捕食するタイ科，フグ科，カワハギ科，モンガラカワハギ科等に属する魚は丈夫な臼歯（タイ類）や門歯状歯（フグ類）をもち，硬い殻を砕くときには，人間に聞こえるほどの大きな音が出る．一方，フグの仲間の多くは，摂餌時以外にもしきりに歯ぎしりを行い発音することが知られており，発音器としても，歯を積極的に利用していると考えられている．
　咽頭歯が発達している代表的なグループとして，ベラ科，スズメダイ科，イサキ科，イシダイ科，アジ科，シクリッド科などがあげられる．咽頭歯は，咽鰓骨，脊柱，尾舌骨などに付着する様々な筋肉の関与により，複雑な動きをすることができる．歯と同様に，主な用途は餌の咀嚼であり，それに伴い発音が起こる．しかし，歯が十分に発達しているにもかかわらず咽頭歯

が発達する魚種も多いことから，咽頭歯は発音器としても重要な機能をもつと考えられている．
　咽頭歯の形態やその動きを支配する筋肉系は，種や性別，体サイズによって異なるため，そこから発せられる音には，それらの情報が含まれる．例えば，シクリッド科の *Tramitichromis* 属では，咽頭歯を支配する筋代謝機構から，発音はオスのみが可能で，繁殖行動の際に多用されることが知られている[2]．また，マダガスカルに生息するクマノミの仲間のうち，平均体長 6 cm の小型個体グループは主成分が 700 Hz の高音を発するのに対し，13 cm の大型個体グループは 400 Hz 以下の低音を発する，という報告があり，発音が発生主のサイズ情報の配信に役立っていると考えられている[3]．咽頭歯による発音は，体成長とともに音域が低くなるケースが多く，この変化率は鰾による発音より大きい[4]．これは，体成長に伴い咽頭歯が大きくなると，表面の突起構造が疎になり，より低音を発するようになるためであると考えられている．しかし，咽頭歯の形状や表面構造と音響特性の関係については，未だ不明な部分が多い．
　一般的に，摩擦による発音は鰾による発音に比べ小さいが，有鰾魚では鰾が摩擦音の共鳴器として働き，大きな音を生み出すことがある．特に，咽頭歯は鰾の前端近くに位置するため，摩擦音の共鳴効果が大きい．イサキ科やカワスズメ科の多くの魚種において，鰾の共鳴により非常に大きな摩擦音を発することが知られている[1]．

鰭の棘による発音

　鰭の棘は発音にも用いられ，特にナマズ目の多くの魚種では，胸鰭の第 1 棘（軟条が変化したもの）を用いて積極的に発音を行う．
　ナマズ類の胸鰭の棘は先が鋭く，外敵に対する強力な防御手段となる．本体は広げたときに後方にわずかに反れるような弓形で，内側には V 字の溝が並んでいる．基部は扁平し，頭，腹，背の 3 方向に突起する部位があり，各突起部位

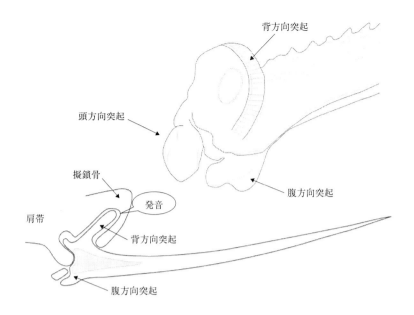

図1 ナマズ類の胸鰭の棘基部（上），および棘と肩帯との接合の様子（下）（[4]を改変）

が肩甲骨，烏口骨，擬鎖骨とかみ合うことで，肩帯と連結している（図1）．棘は，人の腕の上下運動と同じような動きをし，胴体に対して垂直になるまで広げることができる．基部の背方向の突起部位は，数十本の溝による洗濯板状構造になっており，棘の開閉運動の際に烏口骨と擦れ合うことで，連続パルス音が生じる（図1）[4]．発音は遊泳に伴い無意識に起こることが多いが，威嚇等の目的で意識的に使われることもある．成長に伴いパルス間隔が長くなる魚種が多く知られているほか，鰭の動きをうまく調整して音に変化をつけたり，左右の棘で異なる特性の音を発する魚種も報告されている．これらのことから，ナマズ類は棘による発音を様々な信号として利用していると考えられている[1]．

アジア南部に分布するシソル科においては，背鰭の棘で発音する魚種も報告されている．

頭骨による発音

頭骨の各種構成骨の摩擦音は，摂餌や遊泳等，行動に伴って起こることが多い．例えば，ヒイラギでは摂餌の際に前上顎骨と額骨が擦れ合い，ギーギという摩擦音が起こる．また，サギフエでは方骨と前鰓蓋骨の動きによりパルス音が生じることが知られている．

頭骨による発音のほとんどは，顎や皮骨などの内臓頭蓋と頭部の中枢である神経頭蓋が擦れ合うときに起こるものであるが，タツノオトシゴの仲間は神経頭蓋のみで行う珍しい発音機構を有する．タツノオトシゴの頭部は前後が蝶番状につながり，可動する構造となっている．前部後端の眼上骨は後部に向かって突出しており，後部の前端は特徴のある王冠のような形状をしている．頭を素早く動かす（上を向く）ときに両者が擦れ，5～20 msほどのパチッというクラック音が生じる．クラック音は，メスの奪い合いや飼育直後のストレス環境下で増加するという報告もあり，何らかの目的で利用されている可能性がある[1]．

〔安間洋樹〕

文 献

[1] A. Kasumyan, *J. Ichthyol.*, 48, 981-2008 (2008).
[2] A. Rice and P. Lobel, *J. Exp. Bol.*, 205, 3519-3523 (2002).
[3] O. Colleye and E. Parmentier, *Plos One*, 7, e49179 (2012).
[4] E. Parmentier and M. Fine, *Springer Handbook of Auditory Reserch.*, 53, 19-46 (2016).

7−13

イセエビの発音器官と音響特性

イセエビ類（ここではイセエビ科を示す）は11属約60種からなる大型の甲殻類で，重要な漁業対象種が多く含まれる．多くの種が第2触角基部の内側に発音器官を有し，特徴的な摩擦音を発することが知られている．発音器官の有無はイセエビ類の重要な分類形質として評価されており，現在の分類体系では，発音器官をもつ Stridentes group（7属）ともたない Silentes group（4属）に大別（亜科に相当）するのが一般的である．最も優占的な分類群は Stridentes group のイセエビ属（21種）で，日本近海にはイセエビを含む6〜7種が生息している[1]．

独特な発音機構と音響特性

イセエビ類の発音器官は，触角板基部にある左右一対の湾曲部位（ファイル）と，第2触角基部内側の拡張突起（プレクトラム）で構成される（図1）．これらを用いた発音機構は，コオロギなどの昆虫類を始め，他の多くの節足動物と類似するものと考えられてきた．しかし，最近の組織学的観察や音響・力学的検証から，イセエビ類はそれらとは異なる独特な発音機構を有することがわかっている[2]．

通常，節足動物はクチクラの外骨格でできた硬い洗濯板状の基盤（ファイルに相当）をもち，これを硬い突起物（プレクトラムに相当）で擦ることにより，短いパルスの連続音を発する．2つの構造物が擦れ合う摩擦音ではあるが，このときの摩擦力は比較的小さく，構成音の多くは，硬い物がぶつかり合うときの衝撃によるものである．その発音機構は，むしろウォッシュボードなどの打楽器に例えることができる．

一方，イセエビ類では，ファイルの表面が長径数 μm 〜数十 μm の微小な楕円形礫状物で覆われ，洗濯板状は呈さない．これらの礫状物は体の前方に向かって鱗状に配列されており，後方に向かう接触物に対して返しのような働きをす

る．また，プレクトラムは弾力性のあるゴム状の組織で覆われている．このゴム状組織にはファイルの鱗状配列と並行な向きの溝がならび，ファイルの返しとかみ合うような構造をしている（図1）．発音時には，まず第2触角の基部下側にある下制筋を用い，プレクトラムをファイルに強く密着させる．その後，頭部と第2触角基部をつなぐ挙筋を用いて，プレクトラムを後方に引っ張る，すなわち，触角をもち上げるように力を加える．この力が両者の静止摩擦力を超えたとき，プレクトラムがファイル上をスライドし，強い摩擦音が生じる．プレクトラムは，密着（静止）とスライド（発音）を非常に短い間隔で繰り返しながらファイル上を進むので，1回の発音は短いパルスの連続音として記録される．プレクトラムが逆方向に戻るとき，すなわち触角を下げるときには，発音は起こらない．前述の他の節足動物に対し，摩擦力の大きい軟組織による密着とスライドを繰り返すイセエビ類の発音機構は，滑りにくい弦と弓により摩擦音を生むバイオリンなどの弦楽器に例えることができる．このような軟組織による密着−スライドの発音機構は，他の動物では報告されていない．これは，脱皮により硬い外骨格を失う時期にでも効率よく発音ができるよう，独特に進化したためであると考えられている[2]．

イセエビ類が発する音は，濡れたゴムを硬い物に強く押し当てて擦るような「ギィーギィー」という不快な音として，人間には聞こえる．音響学的には，第2触角の動きの速さや摩擦の強さを変えることで，非常に広い音圧レベルや周波数帯の音を発することが知られており，数十 kHz の超音波帯を使い分ける種も報告されている[3]．日本沿岸の優占種であるイセエビにおいては，野外での録音実験により，およそ10〜15 kHz にパルスのピーク周波数があったことが報告されている[4]．

発音の生態学的意義

イセエビ類の発音は，威嚇，警戒の他，種内での各種伝達など，様々な用途で使用されていると考えられている．

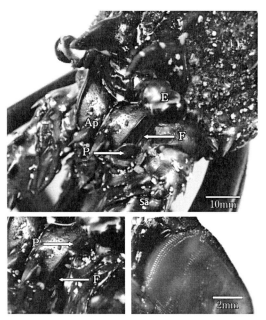

図1 イセエビの発音器官
発音前の触角を下げた状態(上)と,発音後の触角を上げた状態(左下).
右下は,プレクトラムの接触部位に見られる並行溝構造.(写真:筆者撮影)
E:眼, Ap:触角板, Sa:第2触角, F:ファイル, P:プレクトラム.

 イセエビ類は外敵に対し,強靭な第2触角による物理的な攻撃を行うが,これに伴い音圧レベルの高い可聴域の音を発することが知られている.これは外敵にとって事前の警告として機能し,攻撃を避ける効果もある.特に,脱皮後の防御力が弱いときには,この警告音の意義が大きい.

 また,実験的に発音を制御された個体では,タコなどの捕食者に捕捉された後の逃避成功率が大幅に低いことが報告されており,発音は外敵の捕食成功率を下げるうえでも役立つと考えられている[5].発音による逃避成功のメカニズムについては不明な点が多いが,タコの外敵であるウツボとの共生関係に,音が利用されていると指摘する声もある.ウツボは,タコに襲われているイセエビ類の発音を察知し,自身のタコとの遭遇率を高めている(ウツボがイセエビ類を捕食することはほとんどない)という観察例がある[6].

 イセエビ類は,隠れ場で群がっている際には,それぞれが,音圧レベルが非常に低く周波数帯が数 kHz 〜数十 kHz という,他の生物には聞きとりにくい音を頻繁に発し合っている.これは,群れをまとめ,平穏な状況を確認し合うシグナルであると考えられている.危険を察知した個体が音響特性の異なる警戒音を発すると,群れ全体が呼応し,隠れ場のより奥に身を潜める.

〔安間洋樹〕

文献

[1] S. Grave *et al.*, *Raffles Bull. Zool. Suppl.*, **21**, 1-109 (2009).
[2] S. Patek, *Nature*, **411**, 153-154 (2001).
[3] G. Buscaino *et al.*, *Mar. Ecol. Prog. Ser.*, **411**, 177-184 (2011).
[4] M. Kikuchi *et al.*, *Fish Sci.*, **81**, 229-234 (2015).
[5] P. Bouwma and W. Herrnkind, *New Zeland J. of Mar. Freswater Res.*, **43**, 3-13 (2009).
[6] P. F. Berry, *Mar. Biol. Res. Bull.*, **27**, 1-23 (1971).

7-14 魚の鳴音モニタリング

モニタリングとは，生物の量や行動などを監視，把握する技術である．陸上生物に対しては，カメラなどの光学的手法を使いモニタリングすることが多い．一方，水中生物に対しては，水中を光が透過しにくいために，魚群探知機などに用いられている音響手法が広く用いられている．

音響手法は，大きく分けて2つあり，魚群探知機に使われているアクティブ音響手法と，水中の音を聞くパッシブ音響手法である．アクティブ音響手法は，音を出しその音の反射量によって，種や生物量を推定する．しかし，海底付近や水深の浅いところに生息する種については，音の干渉や，多重反射の影響によりモニタリングが困難である．一方，パッシブ音響手法は，海生哺乳類，魚類，甲殻類から発せられる音を聞くことで，音の特徴や，鳴音数により種や生物量の推定する手法であり，水深や場所などにとらわれずにモニタリングが可能である．そのため，海生哺乳類[1]や，いままでモニタリングが困難であった，沿岸に生息する魚類や甲殻類などのモニタリングに活用されている[2]．

パッシブ音響手法の1つである魚の鳴音モニタリングを行うには，まず，対象とする種の鳴音を抽出しなければならない．これは，鳴音がどのような発音器官により発せられているのか，また，どのような状況，場所で鳴音を発するのかが重要な情報となる．このような情報をもとに，魚の鳴音モニタリングは，目的によりその手法を変える必要がある．本項では，目的の異なった2種類の魚の鳴音モニタリング手法の例を紹介する．

広域モニタリング

広域モニタリングは，対象種の生物量や分布を把握するのに適している．ここでは，ニベ科

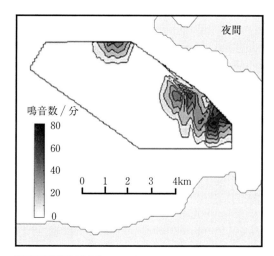
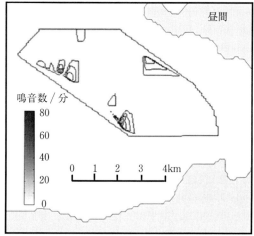

図1 館山湾で行われた，ニベ科魚類の鳴音広域モニタリング結果

魚類を対象に行った広域モニタリングを紹介する．ニベ科魚類の一部は，求愛などの繁殖行動で鳴音を使用することが知られている[3]．その鳴音は鰾の共振を利用した発音で，周波数は200 Hz～1 kHz，鳴音の長さは0.3～1.0秒である．ニベ科魚類の繁殖行動は初夏から秋の日没後に浅瀬で一斉に行われ，鳴音の数も多く，ピーク時にはニベ科魚類以外の音が感知できないほどである．ニベ科魚類の広域モニタリングの結果について**図1**に示す．地図中の線で囲まれた地域がモニタリングを行った海域で，調査船より曳航型ハイドロフォンを用いて鳴音を収録した．収録した鳴音は，先に示した鳴音の周波数や長さなどの特徴量から自動抽出プログラムを用いて，任意の鳴音のみを抽出したもの

である[4]．図1上段が夜間，下段が昼間に計測したものであり，図中の色の濃い部分が収録鳴音数の多い地域である．上下の図を比べると，明らかに夜間の鳴音数が多く，夜間に繁殖行動を行っていることがわかる．次に鳴音数の分布特性に着目すると，沿岸地域に多いが，沿岸地域に一様に分布している訳ではなく，局所的に鳴音の分布が広がっている．このように，広域にわたる調査を行えば，いままで調査が困難であった魚種に対しての分布量のマッピングが可能となる．今後は，鳴音数と生物量の詳細な関係がわかると，鳴音数から対象生物の資源量の把握，季節に伴った大規模な移動など生態情報の推定が可能となるだろう．

定点モニタリング

定点モニタリングは，鳴音の頻度，詳細な行動に伴う鳴音特性の把握に適している．ここでは，アイナメの産卵場に設置した，固定式ハイドロフォンを用いたモニタリング手法について紹介する．

アイナメは，日本の沿岸に生息し，刺身や煮付けなどで食される一般的な魚である．その習性としてオスがなわばりをもち，そのなわばりにメスが産卵し，産卵した卵をオスが守るという特徴をもつ．その鳴音は，100 Hz〜1.5 kHz程度で，鳴音の長さは0.04〜0.06秒とニベ科魚類に比べて短く，なわばりを守るために威嚇として鳴音が用いられることが多い．

図2は，アイナメの産卵場にハイドロフォンを設置したときの画像である．産卵場は岸から約30 m，水深5 mに形成されており，潜水によりハイドロフォンを設置した．産卵場にハイドロフォンを設置することで，鳴音数の季節性，日周性，産卵の有無による鳴音数の変化を把握できる．また，アイナメに関しては，一度だけ音を出す単音型（knock）と，単音型を連続して出す連続型の鳴音（grunt）が確認された．これらの情報を蓄積すれば，アイナメの生息密度，鳴音の目的が明らかになるだろう．さらに，1つ

図2 アイナメの鳴音モニタリング中の画像

のハイドロフォンだけではなく，複数のハイドロフォンを設置できれば，音源定位を用いて詳細なアイナメの位置情報が入手可能である．つまり，各鳴音から推定された位置情報をつなぎ合わせて，アイナメがどのように卵を守っているのかなど，詳細な行動把握が可能である．この技術を応用すれば，行動や周囲の状況に応じた鳴音の発し方や鳴音数の頻度の情報入手が可能である．将来的には，なわばりの範囲，なわばりを形成する時期，産卵時期・場所，他個体との優位性など様々な生態情報の把握が可能である．

魚の鳴音モニタリングについてはどの種が，どのような状況で，どのように鳴いているのかなどまだまだ未知の部分が多い．光学的情報が少ない海中では，我々が想像しているよりも多くの種が音を積極的に利用して，コミュニケーションをとっていると考えられる．それらを，種ごと，個体ごとに分けて，モニタリングすることは，資源管理や海洋生態系のメカニズムを解き明かす一助となるだろう．　〔髙橋竜三〕

文　献

[1]　W. W. Au and M. O. Lammers, Eds. *Listening in the Ocean* (Springer, New York, 2016).
[2]　M. Kikuchi, T. Akamatsu and T. Takase, *Fisheries Sci.*, 81, 229-234 (2015).
[3]　J. P. Ueng, B. Q. Huang and H. K. Mok, *Zool. Stud.*, 46, 103-110 (2007).
[4]　宮島（多賀）悠子，赤松友成，松尾行雄，高橋　牧，松崎広和，新島啓司，海洋音響学会誌，43, 116-125 (2016).

7–15 魚の鳴音コミュニケーション

魚類の総数は，まだ未確定であるが約3万2000種とされている．そのうちの10％ほどが発音魚とされている．おそらく，それらの発音魚は何らかの鳴音コミュニケーションを行うと考えられている．コミュニケーションは信号移動の過程であり，まず信号の送り手は受け手によって理解される信号を発信する．ついでその信号が送り手に有利さをもたらすように受け手の行動を変化させることでコミュニケーションは成立する．そして，最終的には送り手と受け手の両者に利益が生まれる[1]．しかし，発音の場合，その音が捕食者に傍受される危険（コスト）を伴う．コミュニケーションの進化を論ずる際にはこれらの点を考慮する必要がある．最初にスズメダイ類の鳴音コミュニケーションをMaruskaらの報告を基に概説する[2]．

スズメダイ類の鳴音コミュニケーション

魚類の発音の大部分は，繁殖行動（reproductive behavior）と反発（防御・逃走）行動（agonistic behavior）に関連する．ハワイ産のスズメダイの仲間（Hawaiian sergeant damselfish）は，3つの行動の際での発音が報告されている（図1）．①図1A：営巣の際の音，オス（体長，約12 cm）は既存の巣の付近をきれいにして産卵のための場所（破線で囲んだ）を準備する．そして，口と顎と歯で基質を削り取るときに発音する．その音は7つのパルス（図上部のオシログラム）からなり，規則正しく約200 msのパルス間間隔であった．音の最大周波数（peak frequency）は280 Hzであった．②図1B：攻撃行動の際の音，オスは，同種のオスでも異種の魚（例えば，卵を捕食するベラの仲間など）を追いかけ追い払う，その際に短いパルスの攻撃音を出す（図には2つのパルスを示した）．③図1C：求愛の際の音，オスは同種のメスに対してループ状とジグザグ遊泳でメ

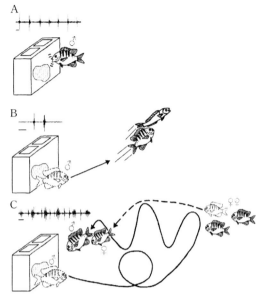

図1 ハワイ産のスズメダイの3つの鳴音のオシログラム（Scale bar = 100 ms）とその行動様式 [2]
A：営巣行動とその際の発音，B：攻撃行動とその際の発音，C：求愛行動とその際の発音．

スを誘引する（オスの動きを実線で示した）．メスがオスの遊泳に反応し，その背中を追いかけて，破線で囲んだ産卵場所に到着するまでとペアを組んでいる間，オスは求愛音（courtship sound）を出し続ける．これらの発音，特に求愛音の中心波長は125 Hz前後にあり，その中心波長は，聴覚誘発電位法から求めた聴覚閾値範囲（80〜130 Hz）と適合することもわかってきた．つまり，Maruskaらは，ハワイ産スズメダイの発音とその魚がもつ聴覚特性は適合した関係にあり，そのためにコミュニケーションが上手く成立すると報告した（詳しくは文献[2]を参照）．スズメダイ類の発音メカニズムは，咽頭歯の摩擦という説[3]であったが，最近，顎の歯の急速な開閉による衝突音という説[4]が提出され，その説が有力となっている．

配偶者選択における音信号の機能

夏の水田のカエルの鳴音や秋の草地における昆虫の鳴音は，「広告音（advertisement call）」と定義されている[5]．オスによって出される広告音（繁殖コール）の配偶者選択（mate choice）機能は，繁殖可能なメスを誘引すると

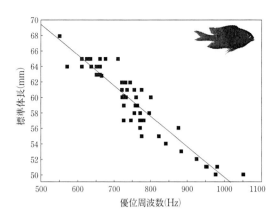

図2 スズメダイの一種での鳴音の優位周波数（dominant frequency）と標準体長（standard length）との相関関係[6]

ともに，種と性の同定，繁殖準備完了であること，さらに自分の居場所等についての情報を伝えられるとされている[6]．Amorimらは，スズメダイ類の繁殖音がガマアンコウ類やニベ類と同じように，検出距離（detection distance）の長い広告音であるとした[6]．ニベ類の鳴音の検出距離は約30〜50 m，スズメダイ類は，約10 m，ガマアンコウ類は約5 mと報告している[6]．

発音魚で，オスのどのような鳴音特性が配偶者選択でメスに利用されているかは，まだ十分に研究されていない．繁殖準備完了したオスは，求愛音や広告音でメスを誘引し，一方メスは，オスの求愛音が聞こえる方向へ近づく性質（走音性，phonotaxis）をもつ[6]．問題は，オスの出す求愛音のどの特性がメスにオスの資質（mate quality）の指標になるかである．一般に，体サイズの大きなオスは，なわばりの維持と受精卵の世話がよくできる．そのため，大きなオスはメスに選択される可能性が高い．オスの体サイズの指標となる音の特徴として，周波数特性，発音の強度，1つの鳴音のパルス数とその持続時間，発音筋の疲労抵抗性等があげられている[6]．実際に，スズメダイ類，ハゼ類等多くの魚種では，発音の優位周波数とそのオスの体サイズに負の相関性がある（図2）[6]．ただし，この現象は鰾が十分に大きく（大きな鰾は低周波に共鳴する），発音筋も大きい（大きな筋は低周波を出せる）魚種に限定される[6]．また，メスは，オスの求愛音を聞く中でオスの健康状態も評価していることが最近わかってきた．ハゼとガマアンコウの仲間では，よく鳴くオスは体脂肪の蓄積が大きいこともわかってきた[6]．つまり，それらの魚種のメスは，オスの出す求愛音を聞き，体脂肪を十分にもつ「優良な」オスを選択する[7]．

魚類鳴音コミュニケーションの進化

この10年，勢いよく魚類の発音研究は発展してきた[7]．これまでのデータをまとめることによって，Parmentier and Fineは，魚類の鳴音コミュニケーションの進化を推測した[8]．そして，イサキ類の咽頭歯摩擦型発音を吟味し，それらの発音が摂餌の運動過程とほぼ同じメカニズムによることを突き止め，「魚類の発音メカニズムは，摂餌メカニズムの外適応（exaptation）である」という仮説を提出した[8]．外適応とは，前適応とも呼ばれ，進化的に獲得された形質が，別の目的に利用される現象をいう．魚類の鳴音コミュニケーションの進化は，今後の課題と思われる． 〔宗宮弘明〕

文献
[1] J. W. Bradbury and S. L. Vehrencamp, *Principle of Animal Communication* (Sinauer, Sunderland, 1998).
[2] K. P. Maruska *et al.*, *J. Exp. Biol.*, **210**, 3990-4004 (2007).
[3] A. N. Rice and P. S. Lobel, *Rev. Fish Biol. Fish.*, **51**, 433-444 (2003).
[4] E. Parmentier *et al.*, *Science*, **316**, 1006 (2007).
[5] M. L. Tobias *et al.*, *Behaviour*, **148**, 519-549 (2011).
[6] M.C.P. Amorim *et al.*, In: *Sound Communication in Fishes*, F. Ladich ed. (Springer, Wien, 2015), pp. 1-33.
[7] F. Ladich ed, *Sound Communication in Fishes* (Springer, Wien, 2015).
[8] E. Parmentier and M. L. Fine, In: *Vertebrate Sound Production and Acoustic Communication*, R. A. Suthers *et al.*, Eds. (Springer, Switzerlamd 2016), pp. 19-49.

7-16 側線器官の働きと形づくりの仕組み

側線器官は聴覚器と相同である

側線器官 (lateral line organ) は，魚類と水棲両生類がもつ水の動きを感知するシステムである[1]．体表に多数分布する感覚器（感丘，neuromast）と，それらに投射する側線神経からなる（図1A）．感丘は数十〜数百個の有毛細胞 (hair cell) とそれを取り囲む支持細胞 (support cell) によって構成される（図1B）．有毛細胞の形態と神経支配は，聴覚器や平衡器とよく似ており，情報伝達の仕組みも同じである．すなわち，感覚毛にある機械刺激受容体が水の動きによって膜電位の変化を引き起こし，その情報が感覚神経によって中枢に伝えられる．

本項目では，ゼブラフィッシュの研究を中心に，魚類の側線器官の形態形成と働きについて述べる．有毛細胞の仕組みや，電気受容器については他項（▶7-6 および 9-22）を参照のこと．

感丘の有毛細胞は外界の水と接している

聴覚器や平衡器の有毛細胞がリンパ液に取り囲まれているのに対し，感丘の有毛細胞は環境の水と接している．したがって，感覚毛は周囲の水の動きに直接反応する．体表面に存在する遊離感丘 (superficial neuromast) と，頭骨や鱗（皮骨）の中空の管に存在する管器感丘 (canal neuromast) がある（図1B, C）．前者が水の流れ（速度）を，後者が餌などによる水の振動（加速度）を検出している[1, 2]．管器感丘を持つ鱗を，側線鱗 (lateral line scale) と呼ぶ．ゼブラフィッシュでは胸鰭の基部（図1Eの矢印の領域）に2〜5枚の側線鱗があるが，透明であるため肉眼では観察できない．また，メダカのように側線鱗をもたない魚種もいる．

感丘は体中に分布し増加し続ける

聴覚器と平衡器が脳幹と隣接するのに対し，感丘は尾鰭を含む体全体に分布している（図1D, E）．感丘が極めて特殊な点は，魚の成長とともにその数が増加することである．ゼブラフィッシュの場合，孵化直後に片側約30個だったものが，成魚では数百個に達する（図1D, E）．また，感丘の増加に伴って神経軸索も再構築される．さらに，感丘は高い再生能力をもち，失われた有毛細胞は支持細胞の増殖と分化によって常に補われている．

側線原基の移動と感丘の形成

感丘の発生メカニズムは，ゼブラフィッシュ体幹部の後部側線神経 (posterior lateral line) を用いて詳細に調べられている[2, 3]．感丘と側線神経細胞は，耳胞の近くに形成される側線プラコードに由来する．側線プラコードの一部が側線原基 (lateral line primordium) となり，細胞集団として表皮直下を尾部へ移動する（図2A）．側線原器は移動途中に細胞の塊を次々と置き去りにし，これらの細胞塊が表皮組織に取り込まれて分化し成熟した感丘となる．また，一部の感丘は表皮に囲まれたまま移動して特定の位置に定位する．さらに，感丘同士が特殊な幹細胞によってつながっているものがあ

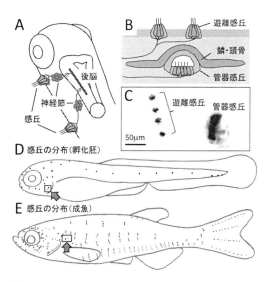

図1　A：側線器官の模式図．B：皮膚の断面図．C：ゼブラフィッシュ成魚の体幹部（Eの矢印の領域）における遊離感丘クラスターと管器感丘（有毛細胞を染色）．D, E：ゼブラフィッシュ孵化胚と成魚における感丘の分布パターン（感丘の位置を点で示す）．遊離感丘は一定の大きさを保ちながら増加するのに対し，管器感丘は皮膚の中に埋没し魚の成長とともに大きくなる（有毛細胞の数が増える）．

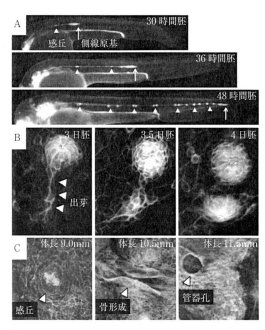

図2 A: 側線原基の移動（矢印）と感丘形成（矢頭）. B: 出芽による新しい感丘の形成. 図1Dの矢印の領域を示す. C: 管器の形成過程. 図1Eの矢印の領域では，骨リモデリングによって鱗が変形し，感丘を取り囲んで中空の管を形成する．

り，この幹細胞からつくられる感丘もある[2]．

出芽による感丘クラスターの形成

魚が成長する過程で，遊離感丘は少数の細胞を出芽（budding）し，遊走した細胞が特定の場所に移動・増殖して新しい感丘をつくり出す（図2B）．感丘は出芽を何度も繰り返し，等間隔に並ぶ感丘クラスターを形成する（図1C）．個々の感丘は有毛細胞から分泌される因子によって，恒常的に一定の大きさに保たれている[4]．

骨リモデリングによる管器の形成

管器感丘は頭骨や鱗の形態形成に伴って，皮膚に埋没する（図2C）．この形態変化は，骨形成と骨吸収を伴う骨リモデリングによって制御されている[4]．管器感丘は出芽をせず，体の成長とともに大きくなり有毛細胞の数が増え続ける（図1C）．つまり遊離感丘と管器感丘では，異なる成長戦略（数が増える vs 大きくなる）をとっており，機能の違い（速度 vs 加速度）を反映していると考えられる[4]．

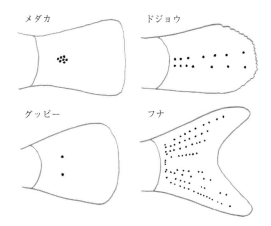

図3 魚類の尾鰭における感丘分布の違い

魚種によって異なる側線パターン

感丘の分布パターンは魚種によって決まっており，驚くほど多様である（図3）．この多様性はこれまで述べてきた発生メカニズムの組み合わせによって生み出されている[5]．側線パターンの違いは魚の生態，つまり生息環境や泳ぎ方と相関がある．例えば，洞窟に住むブラインドケーブ・カラシンは全身を覆いつくす数千個の遊離感丘をもち，暗闇に適応していると考えられている．一方で，感丘の分布は様々な発生的制約を受けている．例えば頭骨では，骨の形態形成が感丘の分布パターンを制御している[4]．したがって，すべての側線パターンが適応的とはいえず，むしろパターンとは無関係に，神経回路によって適応的な行動を生み出している可能性がある[5]．体中に分布する多数の感丘からの情報が，中枢においてどのように統合・処理されているのかは，今後の大きな課題である．

〔和田浩則〕

文献
[1] S. Dijkgraaf, *Biol. Rev.*, 38, 51-105 (1963).
[2] A. Ghysen and C. Dambly-Chaudière, *Genes Dev.*, 21, 2118-2130 (2007).
[3] A. B. Chitnis, D. D. Nogare and M. Matsuda, *Dev. Neurobiol.*, 72, 234-255 (2012).
[4] H. Wada and K. Kawakami, *Dev. Growth Differ.*, 57, 169-178 (2015).
[5] A. Ghysen and C. Dambly-Chaudière, *Int. J. Dev. Biol.*, 60, 77-84 (2016).

7-17 側線感覚による行動

側線は魚類と両生類に見られる水流センサーで全身の体表に分布し，我々哺乳類にはない．なかなか我々の感覚からは想像し難いが，最も近い感覚は，目を閉じたときに風の向きがわかるとか，暗闇で人の気配を感じるなど，体毛や圧センサーによって全身から伝達されてくる感覚と思われる．聴覚に比べ，側線感覚の研究がそれほど進んでいないのは，このようにマイナーな感覚系であることとともに，水流の物理学が音の物理学に比べて複雑であるためかもしれない．水流は水分子の集団の動きであり，局所的に渦流や勾配ができやすい．そのような局所的な動態変化がどこでいつ発生するのか，的確に予想をすることは不可能に近い．しかし，水中や空中を飛行する多くの動物種はそうした「流れ」の中で生き残るため，センサーや行動を進化させた．こうした「流れ」とセンサーの研究は電算機の飛躍的な進歩もあって，流体力学シミュレーションを用いながら研究することが可能になってきた．流体力学と感覚生物学，神経科学，行動学の統合が，ようやく側線でも実現可能になりつつある．さて，側線センサーの構造や発生起源について，詳しくは ▶ 7-16 にゆずるとして，本項では側線感覚による4つの行動：走流性（rheotaxis），非視覚刺激による空間記憶，食餌（foraging），群泳（schooling）についての知見を述べる．

走流性

多くの魚は上流に体を向ける性質をもつ．それによって，一定の場所に体を保持することができ，また，流れてくる餌も比較的簡単に捕まえることができる．この走流性が側線によって担われていることは，古くは複数の魚類を用いた側線の削除実験によって示された[1]．一方で，近年，精度の高い均質流（laminar flow）の中で走流性実験を行ったところ，側線の関与は

図1　表層魚（上）と洞窟魚（下）（口絵13）

マイナーであると結論された．ところが，最も新しい報告では，均質でなく，流速勾配のあるジェット流を用いると，側線に依存した強い走流性が示され，走流性における側線の役割に知見が深まった[2]．自然環境では流速に勾配があるほうが一般的であるため，今後はこうした複雑で詳細な水の動きと側線の関係を，電算機シミュレーションと流速可視化法，神経可視化法を併用することにより解き明かしていくことが期待される．

非視覚刺激による空間認知，空間記憶

洞窟魚は特に盲目で遊泳することから，30年以上前から側線感覚のモデルとして用いられている．空間把握に関しては，流体力学シミュレーションと側線阻害実験から，障害物や壁に洞窟魚の体が近付くとそれに応じて局所で水圧/水流が高くなり，この水圧勾配を側線が感知し，空間把握を行っていることが示唆された（hydrodynamic imaging）[3]．また，空間記憶に関しては，de Perera らがドーナツ型の水槽を用いて，ランドマークの配置を変えることなどにより，洞窟魚が，ランドマークの「順序」によって空間記憶していることを示した[4]．この順序型の空間記憶がどのように形成されているのか，祖先型である視覚依存型の空間記憶からどのように側線依存型空間記憶を進化させたのか，非常に興味深い．

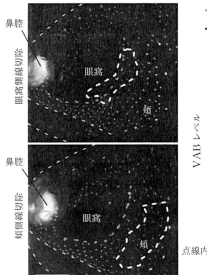
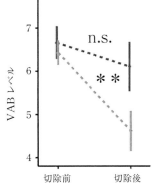

図2 洞窟魚の眼窩側線ユニットはVABセンサー

点線内：切除された側線ユニット

捕食

　側線は餌を感知することにも使われている．この傾向は濁った沼に棲む魚や夜行性のものに多い．Coombsらは淡水のカサゴ目の魚を用い，オペラント報酬条件づけにてこの魚がどういった振動周波数に反応するか調べたところ，およそ50 Hzの振動刺激によく反応し，振動子に近寄ってきた．10〜50 Hzの周波数は水面でもがいている昆虫/甲殻類，または魚が泳いだ後に残していく渦流に多く含まれる[3]．また，これらの周波数は側線が得意とする範囲でもある（内耳は>100 Hz）．側線をもとにした捕食行動は洞窟魚でも精力的に調べられている．メキシコ産テトラは2つのフォームからなる種である．1つは洞窟に棲む盲目の洞窟魚（cavefish）であり，もう1つは河川に棲む目のある表層魚（surface fish）である（図1）．洞窟魚は表層魚の3倍の数の側線ユニットがあり（図2），眼窩の側線を介した捕食行動が著しく進化している．VAB（vibration attraction behavior）と名付けられたこの行動は，暗闇など視覚情報がない状態で捕食に有利なことが示されており，眼窩の側線ユニットを切除するとVABが有意に減少すること（図2）から，側線依存的な行動であることが示された[5]．今後は中枢神経系での情報統合のされかた，および，流体力学的実験から，なぜ一部の側線クラスター（眼窩）が主にVABを制御しているのか，解明されることが期待される．

群泳

　捕食される動物たちは群れをつくることが多い．古典的には，側線は群泳形成に積極的にかかわっているとされたが，視覚情報がメインで，側線感覚は補助的という結果も多い[6, 7]．どうやら種によって視覚と側線の依存度合いが変わるようである．

　このように，側線感覚は環境の把握に主要な役割を果たしており，流体力学的手法の進歩により今後の展望が楽しみな分野である．

〔吉澤匡人〕

文献
[1] J. C. Montgomery, C. F. Baker and A. G. Carton, *Nature*, **389**, 960-963 (1997).
[2] M. Kulpa, J. Bak-Coleman and S. Coombs, *J. Exp. Biol.*, **218**(10), 1603-12 (2015).
[3] S. Coombs, H. Bleckmann, R. R. Fay and A. N. Popper, *The Lateral Line System*. (Springer, New York, 2014).
[4] T. B. de Perera, *Anim. Behav.*, **68**, 291-295 (2004).
[5] M. Yoshizawa, *Biology and Evolution of the Mexican Cavefish*, A. C. Keene, M. Yoshizawa, S. E. McGauch, Eds. (Elsevier Inc., Amsterdam, 2016), pp. 247-263.
[6] K. Faucher, E. Parmentier, C. Becco, N. Vandewalle and P. Vandewalle, *Anim. Behav.*, **79**, 679-687 (2010).
[7] J. E. Kowalko et al., *Curr. Biol.*, **23**, 1874-1883 (2013).

第 8 章

昆虫類ほか

8-1 昆虫の発音

8-2 昆虫の音と振動の受容器

8-3 鳴く虫と文化

8-4 音響測定法と行動実験法

8-5 中枢の働き

8-6 中枢による発音の制御

8-7 音源定位

8-8 音と振動に対する行動と神経による制御

8-9 機械感覚子

8-10 機械受容体の仕組み

8-11 振動コミュニケーション

8-12 超音波コミュニケーション

8-13 ショウジョウバエの音コミュニケーション

8-14 テナガショウジョウバエの交尾と音

8-15 ミツバチの音コミュニケーション

8-16 カメムシの振動コミュニケーション

8-17 ベニツチカメムシの給餌振動

8-18 クロスジツマグロヨコバイの振動コミュニケーション

8-19 アリとチョウの共生

8-20 カブトムシのだましの振動

8-21 線虫の振動受容

8-22 甲虫の摩擦音

8-23 イモゾウムシの発音の変異

8-24 コオロギの音コミュニケーションと種分化

8-25 セミの発音

8-26 音や振動がかかわる孵化

8-27 感覚情報の統合利用

8-28 音と振動によるコミュニケーションと多種感覚情報

8-29 振動による害虫防除

8-30 超音波による害虫防除

8-31 シロアリの振動と音による防除

8-32 カの音響トラップ

8-33 植物と動物の音や振動による相互作用

8-34 植物の機械感覚

8-35 植物のアコースティック・エミッション

8-1 昆虫の発音

音によるコミュニケーションは，節足動物と脊椎動物で発達してきた[1]．空気を伝わる音や固体を伝わる振動は，昆虫をはじめ，クモやダニ，甲殻類など，様々な分類群において利用されている．またその起源は古く，約1.6億年前にキリギリスの一種が6 kHzの単調な音でコミュニケーションを行っていたことが化石の解析より示されている[2]．昆虫の音や振動を用いたコミュニケーションは，交尾や同性内の競争（▶8-11,14,16,18,23~25 参照），異種間の防衛や，親子間，社会性にかかわるもの（▶8-12,15,17,19,20,22,26 参照）などがあげられる．これらのうち，音によるコミュニケーションは全体の約15%程度で，74%以上は振動による[3]．その他に，音と振動の両方，水中の音によるコミュニケーションを行うものがある．以下，昆虫の多様な発音と振動発生の仕組みとコミュニケーションについて解説する．

発音の仕組み

音は，空気の疎密が変化する波であり，これにより変化する圧力を音圧という[1]．一方，空気の疎密を表す粒子の動きを粒子速度という．昆虫の音コミュニケーションでは，遠距離は減衰しにくい音圧が，近距離では減衰しやすい粒子速度が用いられる．遠距離のコミュニケーション時の発音は，①摩擦，②振動膜，③打撃，または④空気放出による．わずか1gに満たない昆虫が，数十m先まで届く音をどのようにして発しているのだろうか．一方，近距離のコミュニケーション時の発音は翅による⑤はばたきであり，下記に詳しく述べる．

①摩擦は昆虫の発音の典型例である．昆虫の体表は硬い外骨格で覆われているため，摩擦器官として発達したものをもっている．成虫だけでなく，体表が硬くない幼虫でも摩擦は知られている．例えば，スズムシは，右前翅の内側にあるヤスリのような構造（鑢状器）と，左前翅それに接触する構造（摩擦片）があり（図1），これらを毎秒60回ほど擦り合わせる．さらに，翅の一部分が共鳴して，音を効率的に拡散している．これにより，リーン，リーンという4.5 kHzが優位周波数となる音がヒトにも聞こえる．一方，コオロギやキリギリスも翅の鑢状器と摩擦片を摩擦するが，それらの数や翅の形などが異なる．またキリギリスの発する音の周波数は高いことが多く，熱帯林に生息する種では120 kHzを超えるものが知られている．上記の種以外にも，摩擦器官は，ガや甲虫，アリなど幅広い分類群で存在し，その位置も胸部，肢，翅，腹部と様々である．例としてアワノメイガのオスでは，翅の基部にある鱗粉と胸部の鱗粉を摩擦させ，超音波を発してメスに求愛する（▶8-12 参照）．

②振動膜（tymbal）は，摩擦に次いでよくみられ，高い音圧を発する．これは，ビードロのガラスの薄い膜による音が出る仕組みに似ている．セミやカメムシなどで多くみられる．セミの場合，オスの腹部の側面内部にドーム型の振動膜が左右一対あり，この膜が発達した筋肉により凹凸と動く（図1）．振動膜の共振によって，例えば4 kHzなどの種で異なる音が発生するが，特に凹むときに高い音圧となる．これらの音は，振動膜の周辺にある気嚢や鼓膜など腹部全体によって増幅され，鼓膜を通じて音が拡散

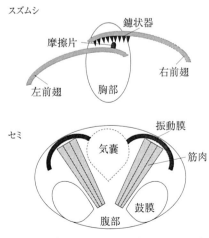

図1 スズムシ（背面側の翅の断面）とセミの発音器官（腹部横断面）の模式図

される（**図1**）．その他，ガではコハチノスツヅリガが翅の基部と連動する肩板に，ハスモンヨトウが胸部の側面に振動膜をもち，交尾のために40 kHz以上の超音波を発する（▶8-12参照）．

その他，③打撃は，体の一部を打ち付けて発音する．例えば，ヤガの一種は，両翅の背側にカスタネット状の特殊化した構造をはばたいて打ちつける．このような特殊な構造をもたずに，大顎の打撃によって発音するバッタなどもいる．また，④空気放出は，笛と同じ仕組みの発音である．例えばマダガスカルゴキブリやスズメガの幼虫は腹部の気門から，メンガタスズメの成虫は咽頭から空気を放出して，発音する．これらの発音は防衛などに使われることが多い．

⑤近距離のコミュニケーションにおいて，ハエやハチは，翅のはばたきにより発生する粒子速度を用いる．胸部の発達した飛翔用の筋肉を用いて，毎秒100～600回ほどはばたく．発生する粒子速度は，減衰が大きいため，通常1 cm以内の距離しか相手に伝わらない．例えばショウジョウバエのオスは，はばたいてメスに求愛する．またミツバチは花蜜の場所を同巣の他個体に伝えるために，歩きながらはばたくダンスを行う（▶8-15参照）．

振動発生の仕組み

振動は，固体（基質）を伝わる波であり，基質の形状や密度などの物理特性の影響を大きく受ける．数kHz未満の振動を用いて，昆虫は植物の茎や葉などの基質の上でコミュニケーションを行う．振動の発生は，①打撃，②揺すり，③振動膜，または④摩擦による．

①打撃はタッピングやドラミングともいわれ，発音と同様，体の一部を打ちつける行動である．例えばシロアリでは頭部を木材などに打ちつけて，他個体に振動信号を伝えて警戒させる（▶8-31参照）．またカブトムシの蛹は，胸部背面を土でできた蛹室に打ちつけて，土を伝わる振動により周辺の幼虫の接近を妨げる（▶8-20参照）．徘徊性のコモリグモも腹部を植物などに打撃して，振動を発して求愛する[4]．またヒラタヒメバチという寄生バチは，触角の

植物への打撃による振動を用いて，宿主であるガの蛹を探索する．

②振動発生で多く見られるのは，腹部や胸部などの体を揺すって，その振動を肢から基質へ伝える，揺すり行動（tremulation）である．毎秒10～100回ほど体を揺するが，発生する周波数や振幅は，昆虫の体重や基質の物理特性に依存する．例えばシロアリ（▶8-31参照）やクサカゲロウなどは，同巣内や雌雄間のコミュニケーションのために行うが，その振動の振幅は小さい．一方，南米産のキリギリスは，発音に加えて，植物が大きく揺れるほどの大振幅の振動を利用している．この振動コミュニケーションは，虫食性コウモリが発音するキリギリスを捕食することに対抗した結果，進化させてきたと考えられている[5]．

また，③振動膜や④摩擦器官などの特殊な構造を用いて，振動を発生させる種もいる．例として，ヨコバイやキジラミという小型のカメムシ目昆虫は振動膜をもつが，その周辺には気嚢がない．これらは植物体上で振動によって雌雄間のコミュニケーションを広範囲にわたり行っている（▶8-29参照）．また，アリと共生関係にあるシジミチョウ幼虫は摩擦器官によって，女王アリの振動を模倣して発し，アリから餌をもらう（▶8-19参照）．

以上，昆虫の発音および振動発生は多様であり，生息環境に適したコミュニケーションや相互作用を行っている．周波数や振幅，時間など様々な音や振動の特性を取得するために，異なる受容器（▶8-2参照）を獲得できたことが，発音と振動発生をさらに進化させた．

〔高梨琢磨〕

文　献

[1] M. D. Greenfield, *Signalers and Receivers*, (Oxford University Press, Oxford, 2002), 414pp.

[2] J. J. Gu, F. Montealegre-Z, D. Robert, M. S. Engel, G. X. Qiao and D. Ren, *Proc. Natl. Acad. Sci. USA*, **109**, 3868-3873 (2012).

[3] R. B. Cocroft and R. L. Rodríguez, *BioScience*, **55**, 323-334 (2005).

[4] P. S. M. Hill, *Vibrational Communication in Animals* (Harvard University Press, Cambridge, 2008), 261p.

[5] J. J. Belwood and G.K. Morris, *Science*, **238**, 64-67 (1987).

8-2

昆虫の音と振動の受容器

　昆虫は，空気を伝わる音や固体を伝わる振動を検知する．弦音器官という昆虫において特殊化した感覚器が音や振動を受容し，これはコミュニケーションや捕食回避など生存にとって必須の役割を果たす[1, 2]．弦音器官は昆虫の体の様々な部位にあり，複数回にわたり進化してきた．具体的には，鼓膜器官やジョンストン器官などの音受容器，そして膝下器官，腿節内弦音器官などの振動受容器があり（図1），ここではそれらの構造と機能を進化に着目して解説する．

音受容器：鼓膜器官とジョンストン器官

　音は，空気の疎密が変化する縦波であり，これにより変化する圧力を音圧という[2]．一方，空気の疎密を表す粒子（分子より大きい仮想的なもの）の動きを粒子速度という．昆虫のコミュニケーションにおいて，音圧は減衰しにくいため遠距離にて，粒子速度は減衰しやすいため近距離にて用いられる．前者は鼓膜器官が，後者はジョンストン器官などが受容する．

　脊椎動物と同様，昆虫の鼓膜器官は音圧を受容する．その構造は，①薄い鼓膜と，②鼓膜で隔てられた気嚢や気管，そして③感覚細胞（感覚ニューロン）を含む弦音器官からなる[1, 2]．この感覚細胞は付着細胞を介して鼓膜につながっている．このため感覚細胞は鼓膜の振動によって刺激されるが，鼓膜の外側だけでなく，気嚢のある内側からの振動も受容する．これは音源の方向を検知するのに適している．例えばコオロギでは，左右の前肢にある鼓膜（図1a）が，気管を通じて連結しているため，音圧のわずかな差異によって鳴音の方向を検知する（▶8-7参照）．また鼓膜器官は種によって異なるものの，約300 Hz～150 kHzの範囲の周波数を受容し[2]，感覚細胞は1～2000個までと分類群により様々である．

　鼓膜器官の位置は，コオロギやキリギリスでは前肢（図1a），バッタやカマキリでは胸部（図1b），チョウやクサカゲロウは翅（図1c），ハンミョウでは胸部（図1d），またガのうち，ヤガは胸部（図1b），ツトガは腹部（図1e），スズメガは口器（図1f），と分類群で大きく異なっている．このような多様化が起こった理由の1つは，ひずみを検知する弦音器官（自己受容器）にある．この弦音器官が，体表面や節間膜に多く存在し，表皮を特化させた鼓膜器官へと進化しやすかった．また他の理由として，捕食者であるコウモリによる強い淘汰圧がある．夜行性であるガはコウモリがエコロケーションのために発する超音波を鼓膜器官により検知し，回避できる（▶8-12, 9-14参照）．この鼓膜器官の獲得が前適応となって，超音波を用いるコミュニケーションが様々なガにおいて進化した（▶8-12参照）．一方コオロギやキリギリスの鼓膜器官は，音響コミュニケーションのために獲得されたのちに，コウモリの超音波を検知するようになった．

　触角の基部にあるジョンストン器官（図1）は，ほとんどの昆虫でみられ，粒子速度を受容する[1, 2]．例えばハエの触角には羽毛状のアリスタという付属物があり，それによる触角の回転をジョンストン器官の感覚細胞が検知する．一方，オスのカのジョンストン器官は，羽毛状の触角の先端に生じる7 nmほどのわずかな動きを検知する．また感覚細胞の数は3万個にものぼる．この高感度な器官によって，ショ

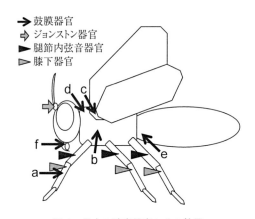

図1　昆虫の弦音器官とその位置
鼓膜器官（a-e）の例については本文を参照．

ウジョウバエやカでは，自種の翅音による粒子速度を近距離で検知できる（▶8-13参照）．これらの触角は，興味深いことに自律的に振動することによって，翅音の周波数に対する感度を上げている．またミツバチのジョンストン器官は，ダンスによって他個体のはばたきから生じる粒子速度を検知する（▶8-15参照）．その他の昆虫において，重力の検知や平衡感覚にも関係することも知られている．

他の音受容器として，毛のようなクチクラの構造物中に感覚細胞が収納された毛状（糸状）感覚子がある（▶8-9参照）[1, 2]．この感覚子はガの幼虫において捕食者のハチの翅音，つまり粒子速度を検知する．他の例として，コオロギの腹部末端にある多数の毛状感覚子は気流を受容し，捕食者の方向を察知して回避する．

振動受容器：腿節内弦音器官と膝下器官

振動は，固体（基質）を伝わる縦波や横波などであり，固体の形状や密度の影響を大きく受ける．植物の茎や葉を伝わる振動は，減衰が少なく，昆虫にとって利用しやすい[2]．

昆虫では，肢の弦音器官が約5 kHzまでの振動を受容する[1]．具体的には，モモにあたる腿節の腿節内弦音器官や，スネにあたる脛節の膝下器官が知られている（図1）．マツノマダラカミキリの腿節内弦音器官の場合，約70個の感覚細胞が付着細胞を介してクチクラにより硬化した楽器の弦のような内突起に連結している[3]（図2）．そして内突起は，脛節の関節回転軸につながっており，植物などの基質からの振動を肢の先端から内突起を通じて受容している．また2個の感覚細胞の樹状突起が，有桿体細胞を貫いてキャップという構造に伸びている（図2）．他の昆虫では，内突起はコオロギなどでも存在するが，カメムシにはなく，短い束となった付着細胞が関節回転軸につながっている．なお腿節内弦音器官は，振動受容器のほか，関節の動きや歩行などを検知する自己受容器としての役割ももつ[4]．

次に膝下器官は，腿節内弦音器官と異なり，振動受容器に特化している．膝下器官では内突

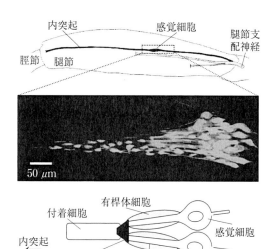

図2 マツノマダラカミキリの腿節内弦音器官[1]と細胞の模式図[3]

起がなく，多数の付着細胞が気管につながっている．チャバネアオカメムシの膝下器官の感覚細胞は少数であり，腿節内弦音器官と神経を通じて連絡している．膝下器官と腿節内弦音器官は，一次中枢である胸部神経節の特定領域に投射しており，そこからさらに高次の中枢である脳に情報が伝わり，運動を制御する（▶8-8参照）．

最後に，弦音器官の進化について紹介する．コオロギと系統的に近い，シロアリやゴキブリは膝下器官をもつが，鼓膜器官はもたない．しかし，シロアリやゴキブリ，コオロギにおいて，脛節の弦音器官（鼓膜器官と膝下器官）の感覚細胞や気管の構造には連続的な変化がみられる[5]．このため，振動受容器から音受容器への進化が弦音器官で起こってきたと考えられる．このように音受容や振動受容の機能が発達しやすいため，昆虫において音響コミュニケーションや発音（▶8-2参照）が多様化した．

〔高梨琢磨〕

文 献
[1] J. Yack, *Microsc. Res. Tech.*, 63, 315-337 (2004).
[2] M. D. Greenfield, *Signalers and Receivers* (Oxford Univ. Press, Oxford, 2002) 414p.
[3] T. Takanashi, M. Fukaya, K. Nakamuta, N. Skals and H. Nishino, *Zool. Lett.*, 2, 18 (2016).
[4] H, Nishino, H. Mukai and T. Takanashi, *Cell Tissue Res.*, 366, 549-572 (2016).
[5] S. R. Shaw, *J. Exp. Biol.*, 193, 13-47 (1994).

8-3

鳴く虫と文化

鳴く虫文化と日本の風土

　日本では，セミしぐれや秋の鳴く虫は，昔から俳句や和歌にも詠みこまれ，文学にも登場する夏や秋の季節の風物詩としてとらえられ，どちらかというと好感度が高いが，欧米では昔から騒音の一種（ノイズ）として扱われることが多いという[1]．これは，我が国が小さな島国なのに南北に長く，亜寒帯から亜熱帯までの生態系を擁し，複雑な地形と温和な気候に支えられて，鳴く虫の多様性が非常に高いことに起因していると考えられる．日本産のセミは36種，鳴き声が聞こえるコオロギ類が約70種，キリギリス類が約65種，ヒナバッタ類が3種と合計170種を超える．鳴く環境もセミ類は樹木や樹林であるが，コオロギやキリギリス類は，森林，草原，湿地，河川敷，堤防，水辺，水田や畑，庭などと多様である．一方，虫の鳴き声を愛でる文化は，仏教の殺生を禁ずる教えや中国の文化の影響を受け，身近な生き物を慈しむ日本人の民族性に育まれてきたのではないだろうか．

鳴く虫と文学，芸術

　万葉集には，「岩走る滝もとどろに鳴く蝉の声をし聞けば都し思ほゆ　大石蓑麻呂」ほかセミの歌がいくつか見られる．また，俳句では，有名な芭蕉の「閑さや岩にしみ入蝉の声」ほか，多くの有名な俳人の句が色々な時代に詠まれている[2]．また，万葉集にコオロギ類を詠んだ歌が7首あり，この時代に既に鳴く虫の声を愉しんでいたようである．平安時代には，殿上人が鳴く虫を集めて宮中に献上する「虫撰（むしえらみ）」という行事が行われ，それがのちに虫の声を比べる「虫合（むしあわせ）」や，虫の歌を詠んで競う「歌合（うたあわせ）」になったといわれる．献上する容器は，細く裂いた竹や金網などを使った籠や檜製の容れ物で，飾り物な

どが付いた芸術的なものだったようである[3].
　和歌や俳句だけでなく，鳴く虫は他の文学作品にもよく登場する．有名なイソップ寓話集には「アリとキリギリス」が載っているが，もとは「アリとセミ」だったのが，イギリスで翻訳されたときに，キリギリスに変えられたいきさつがある．その他，詩や博物誌，童話や小説などにも多くの鳴く虫が掲載されている．鳴く虫が音楽に取り入れられているのは，マツムシやスズムシ，ウマオイやクツワムシが歌詞に出てくる有名な小学唱歌「虫の声」があるが，交響曲や管弦楽，歌曲などにもコオロギ類の鳴き声が扱われており，能の「松虫」などもある[4].
　鳴く虫は絵画や彫刻，工芸品にも多く登場する．江戸時代後期から多くの図譜が出されて，昆虫の精密な絵が多く描かれている．円山応挙の『昆虫写生帖』にはコオロギ，クツワムシ，セミなどが描かれている．伊藤若冲の『水辺群虫図』にも鳴く虫類が描かれている．衣服や家具に使われる家紋には，「丸に対い蝉」（むかいぜみ，羽を広げた2匹の蝉が向かい合っている）がある[5]．故宮博物院には有名な白菜とキリギリスのヒスイ細工「翠玉白菜」が収蔵されている．その他，日本や中国，世界の各地には竹製，木製，陶製などグッズやオブジェがある．

飼育技術と内外の虫売り

　虫の鳴き声を身近で永く愉しむためには，容れ物や飼育容器が必要になってくる．それらは竹ひごや竹筒，草の茎や麦わら，ひょうたんなどを使った素朴なものから，金属や陶器など，装飾が施された精密なものまである．形態も籠や箱，桐綴（カンタンやクサヒバリなど小形のコオロギ類用，**図1**），壺など様々なものが使われてきた．これらのものは，後世まで残ることも多く，鳴く虫の文化の歴史を物語ってくれる．また，街中では趣味で鳴く虫を買い求める人も多く，天秤棒に虫かごをぶら下げたり，装飾を施した屋台にキリギリスやコオロギ類を満載してやってくる「虫売り」のスタイルも生み出し，その土地や時代で全盛を誇った[3].
　17世紀中頃から後半にかけて，京，大坂に

虫売りが現れ，庶民が鳴く虫を飼い始める．京では虫聞きも始まった．野で虫を採る時は「虫吹」(竹筒の片方に紗布を張り，虫にかぶせて中へ追い込み，籠や袋に吹き込んで入れる道具)が使われた．対象は主にマツムシやスズムシだったようである．しかし，1687年に綱吉の「生類憐れみの令」が出され，キリギリス，スズムシ，マツムシの飼育を禁止するお触れも出て，しばらく鳴く虫の文化は陰を潜める．しかし，18世紀中頃になると，江戸の文化が上方の文化をしのぎ，独自に発展する時期にいたる．虫聞きが盛んに行われ，虫売りも盛んになる．はじめは虫は野で採集したものが売られていたが，その後養殖の技術が進歩し，大量に補給できるようになった．また，当初は天秤棒にかついで小規模に売られていたが，その後固定式の屋台で売られるように進化していった．その後，19世紀中頃からの色々な著作に，大坂や神戸の虫売りの屋台の様子が描かれている．市松模様の屋根の下に釣り行灯があり，虫の名前が書かれ，その下には虫籠が配置されていた[3]．

中国では，虫売りの歴史は古く，唐の時代にはセミが売られ，人々はそれを買って鳴き声を聞いたり競わせたりして楽しんだ．コオロギ類やキリギリス類も盛んに売られ，この文化は現在も続いている．しかし，中国の鳴く虫文化の真髄は「闘蟋」(とうしつ)(コオロギを戦わせる遊び)である．ツヅレサセコオロギのオスを戦わせるゲームで，飼育法や強くするテクニックなどのマニュアルも出ている．闘蟋は台湾，インドネシア，日本(山口県と三重県)にもあり，使われ

ていたコオロギの種類も違った[3]．

欧米では鳴く虫の鳴き声を鑑賞したり，飼育したりすることはあまりないと先に述べたが，古代ギリシャの時代にはコオロギやキリギリス類を虫籠に入れて鳴き声を楽しんだようである．また，ドイツでは18世紀から19世紀にかけての長い間，木製の「コオロギの家」や紙製の「ヤブキリの家」で飼っていた．そのほか，イタリアやスペイン，アフリカのある地方やフィリピンなどでも鳴く虫を飼う風習があった[3]．

鳴く虫と文化

近年，1980年代に入ってから，このように鳴く虫の鳴き声を鑑賞したり，鳴く虫を飼って愉しむことは，文化昆虫学(Cultural entomology)の一分野としてとらえられている．文化昆虫学はアメリカのホーグによって提唱され，昆虫が人の生活よりも精神生活によりかかわっている点を強調している[6]．したがって，人を愉しませる鳴く虫の文化は，学際的な学問ではあるが，自然科学よりも人文科学的な要素が強い．いずれにしても，鳴く虫の文化は，気持ちにも経済的にもゆとりがあり，平和な社会でしか存在できず，伝統の継承には社会的基盤が重要である．

最近我が国では鳴く虫の観察会は行われているものの，家庭で飼育されるのはほとんどスズムシだけで，鳴き声を楽しむ人も減ってきた．虫の容器も，プラスチック製の籠やガラス水槽などが主体である．鳴く虫の文化を守るためにも，往年の盛況を復活させたいものである．

〔宮武頼夫〕

図1 桐綛(小形コオロギ用，加納康嗣製作)

文 献

[1] 宮武頼夫，昆虫の発音によるコミュニケーション(北隆館，東京，2011)，p.11．
[2] 中尾舜一，セミの自然誌(中央公論社，東京，1990)，pp. 2-6．
[3] 加納康嗣，文化昆虫学事始め 三橋 淳，小西正泰 編(創森社，東京，2014)，pp. 122-148．
[4] 柏田雄三，文化昆虫学事始め 三橋 淳，小西正泰 編(創森社，東京，2014)，pp. 207-239．
[5] 三橋 淳，文化昆虫学事始め 三橋 淳，小西正泰 編(創森社，東京，2014)，pp. 66-77．
[6] 三橋 淳，小西正泰 編，文化昆虫学事始め(創森社，東京，2014)，pp. 1-3．

8-4

音響測定法と行動実験法

昆虫は様々な音や振動を利用する．測定機器によって取得される信号は，空気を伝わる音では音圧や粒子速度，固体を伝わる振動では加速度というようにまったく異なる（▶8-2参照）．さらにこれらの周波数の範囲は低周波から超音波にわたり，昆虫種による違いが大きい（▶8-1参照）．これらの測定法ならびに音や振動を用いた行動実験法を，機器類や研究例をあげて紹介する．

音・振動測定法

音・振動の測定機器（センサー，アンプ，A/D変換器，PC）と行動実験用の装置（スピーカー・加振器，アンプ，D/A変換器，PC）を図1に示す．音や振動は，それぞれのセンサーから電圧信号を増幅するアンプを通じて入力される．ここでデータロガー等のA/D変換器により，アナログ信号をデジタル信号に変換する．近年，データロガーはPCベースのものが多く普及している．データ転送のサンプル速度に注意し，目的とする周波数の2倍以上高速になるようにする．また周波数や時間の解析は，生物音響専用のソフトウェア（例：Avisoft SASLab Pro, BatSound）（▶5-26参照）や，汎用のフリーソフトにて行える．以下，空気の疎密が変化する波である音のうち，圧力である①音圧と，粒子の動きである，②粒子速度，そして固体を伝わる波である振動のうち，③加速度（速度の変化量）と，④速度（距離の変化量）を対象とする各センサーを説明する．

①昆虫において音圧の測定には通常，小型のコンデンサ（静電型）マイクロフォンが用いられる[1]．コンデンサマイクロフォンの表面にある金属の薄膜が電極となり，音圧によって変化する電極の静電容量（コンデンサ）を電圧として計測している．音圧の単位はパスカル（Pa）となり，20μPaを基準とした対数の音圧レベ

ル（単位：dB SPL）が一般的に用いられる．コンデンサマイクロフォンの口径は，1インチから1/8インチまであり，1/4インチ以下は感度が低くなるが，100 kHzを超える超音波域も測定できる．コンデンサマイクロフォンから測定対象物へは一定の距離を置く．可聴域が中心の場合，測定環境中のノイズの影響が大きいので，無響室での測定のほうが適している．一方，超音波の場合は簡易な防音箱でも十分である．アワノメイガの超音波の測定例は後述する[1]（▶8-12参照）．

②ハエやハチなどの昆虫のはばたき等により発生する粒子速度の計測には，近年開発された音響粒子速度センサー（Microflown Technologies社）が適している．これは微小な2本の白金線を通過する空気粒子の抵抗の変化量を，粒子速度（単位：m/s）として測定する．指向性が高いため，センサーの直行方向しか計測できない．計測例として，テナガショウジョウバエのオスの配偶行動時の音がある（▶8-14参照）．オスのはばたきによる規則的なパルスに加えて，メスの腹部を肢で擦る振幅の大きい音も粒子速度として記録されている．

③昆虫の振動の計測には，加速度計（加速度ピックアップ）とレーザドップラー振動計が最も利用される[2]．加速度計は基質に直接接触し，その加速度（単位：m/s^2）を測定する．圧電素子を用いた堅牢な構造となっており，屋内外での計測に適している．感度は大きさに相関するが，基質の質量に対して加速度計が十分軽い必要がある．また加速度計と基質はネジや強い両面テープ等を用いて強固に接触させる．実例として，ラミーカミキリが，カラムシという草本植物の葉の上を歩行したり，着地する際の振動を超小型の加速度計により測定している[3]．

④次にレーザドップラー振動計は，基質から反射されたレーザ光のドップラー効果（▶1-14参照）によって，基質の振動である速度（単位：m/s）を測定する．非接触で測定できるため，基質の影響を受けにくいのが特長である．通常，ガラスビーズを含んだ反射テープ等を用いる．

300 | 8章　昆虫類ほか

得られる振動の単位に関して，加速度，速度そして変位（単位：m）は，微分・積分によって相互に数値変換ができる．またノイズ低減のために，除振台の使用が必須である．レーザスポット径はμmレベルのため，微小な生物試料の測定も可能である．実例として2次元のレーザドップラー振動計によるキリギリスの一種の鼓膜の解析をあげる．この鼓膜と周囲の表皮が動く方向は異なり，鼓膜が内向きに動くとき，周囲の表皮は外向きに動いている（▶ 8-7参照）．

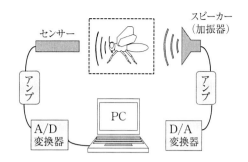

図1　音・振動の測定と行動実験の装置

行動実験法

音や振動の機能を評価するために，昆虫の行動反応を観察する実験が重要となる．特にプレイバック試験と呼ばれる，昆虫の音や振動の再現は，昆虫の化学物質など他の感覚情報と比較して，行いやすい．また昆虫の発音器や受容器を操作することもできる．例えばアワノメイガにおいて，オスの超音波によって交尾が促進されるかどうかを証明するために，発音器である体表の鱗粉をワセリンで被覆し，録音した超音波を同じ音圧でスピーカーから与えている（図1）[1]．すると，この処理をした個体は，無処理の場合と同等の高い交尾率になる．またメスの受容器である鼓膜を破壊すると，交尾率が減少する．

行動実験において，PC上の音や振動のwavファイル等のデジタル信号は，USB接続のデータ収集装置（例：National Instruments社）や信号発生器等のD/A変換器によってアナログ信号に変換される（図1）[2]．ソフトウェアは，前術の生物音響専用ソフトや，技術的に高度なプログラムベースのものがある（▶ 5-26参照）．音や振動を出力する際，周波数や振幅が正確に再現されているかを評価する必要がある．以下，①音の出力に用いられるスピーカーと，②振動に用いられる加振器について述べる．

①一般的なスピーカーは，フレミング左手の法則に基づいてボイスコイルに流れる電流によってスピーカーのコーン紙が振動し，音を出力する（図1）．通常のスピーカーの周波数帯域は可聴域程度であるが，超音波域まで出力できるものもある（例：Avisoft Bioacoutics社）．超音波を出力する場合，D/A変換器のサンプル速度が十分に高速である必要がある．

②振動の出力には加振器を用いることが多く，これはスピーカーと同じくボイスコイルをもつがコーン紙がない状態といえる．通常，加振器は10 kHz程度まで対応しており，昆虫が検知する振動はそれ以下であるため問題はない．加振器に，直接昆虫の寄主植物を固定したり，金属棒等を経由して振動を与えることができる．例えばラミーカミキリでは，加振器から20 Hzから1 kHzの振動刺激を鉄板などの人工物に与えて，驚愕反応やフリーズ反応の閾値を加速度として計測している[3]．この閾値は，前述した植物上で他個体の歩行や着地により発生する振動の振幅よりも低いため，他個体を検知できると考えられる[3]．

いままでに述べた音響測定や行動実験は，機器類の進歩により，初学者に行いやすくなっている．鳴く虫を愛でる独特の文化をもつ我が国（▶ 8-3参照）において，昆虫の音や振動に関する生物音響学的研究が今後さらに発展すると期待される．

〔高梨琢磨〕

文　献

[1] R. Nakano, N. Skals, T. Takanashi, A. Surlykke, T. Koike, K. Yoshida, H. Maruyama, S. Tatsuki and Y. Ishikawa, *Proc. Natl. Acad. Sci. USA*, **105**, 11812-11817 (2008).

[2] R. B. Cocroft and R. L. Rodríguez, *BioScience*, **55**, 323-334 (2005).

[3] R. Tsubaki, N. Hosoda, H. Kitajima and T. Takanashi, *Zool. Sci.*, **31**, 789-794 (2014).

8-5 中枢の働き

　多くの動物は捕食者の察知や配偶相手の探索に聴覚を用いている．聴覚信号の意味を動物が理解するためには，音の高さや時間パターンといった情報を正確に解読しなければならない．このような聴覚情報処理の多くは，脳をはじめとする中枢神経系で行われる．本項では，聴覚神経回路の研究が古くから行われてきたコオロギと，近年研究の発展が目覚ましいショウジョウバエの聴覚系に関する知見を中心に，聴覚情報処理にかかわる中枢神経系の働きを紹介する．

鼓膜器官からの中枢投射

　コオロギやキリギリスの前肢やバッタの体側部には鼓膜器官と呼ばれる聴覚器官が存在する．コオロギの鼓膜器官は 2～100 kHz にわたる広い周波数帯域に感受性をもつ．鼓膜上には約 60 個の聴覚受容細胞が近位部から遠位部にかけて配列し，遠位部の受容細胞ほど高周波に至適周波数（best frequency：BF）を示す[1]．しかし BF の分布は均一ではなく，受容細胞群のうち約 8 割は 4～6 kHz に，残りの 2 割がより高周波域に BF をもつ[2]．聴覚受容細胞は同側の前胸神経節半球内の聴覚神経叢に軸索投射するが，投射領域は 2 つに大別される．低周波に BF をもつ受容細胞の 1/3 と高周波に BF をもつ細胞群の軸索は神経節の頭尾軸の正中線近くに投射し，聴覚介在神経細胞と興奮性の単シナプス結合を形成する．残り 2/3 の低周波感受性受容細胞の軸索は神経節の側方側に終末する．

　鼓膜器官で受容された聴覚信号は，前胸神経節内の少数の同定された聴覚性介在神経細胞によって処理される．これまでに，脳に軸索を投射する上行性神経細胞 ascending neuron 1 (AN1) と AN2，局所介在神経細胞であるオメガニューロン 1 (omega neuron 1：ON1)（▶8-6, 7 参照）と ON2 のほか，中胸・後胸神経節に軸索投射する下行性神経細胞，および上行性軸索と下行性軸索を有する投射神経細胞がそれぞれ複数同定されており，いずれも左右対称に一対存在する[1]．中でも AN1，AN2 および ON1 は聴覚情報処理において主要な役割を果たすと考えられている．そこで，以下ではこれらの介在神経細胞について概説する．

　AN1，AN2 は細胞体と反対側，ON1 は細胞体と同側の前胸神経節半球に樹状突起を広げ，樹状突起同側の受容細胞から直接興奮性シナプス入力を受ける．これら 3 つの細胞は 2 種類の聴覚行動の基盤となっている．オスコオロギは前翅を用いて 4～5 kHz を搬送波周波数とする誘引歌（呼び鳴き）を発し，メスはその音源に近づこうとする正の走性（音源定位）を示す[1]．AN1 は誘引歌の搬送波周波数域に BF をもち，樹状突起同側に対してより高い感受性を示す．音源定位中のコオロギにおいて，細胞内電流注入により片側の AN1 の活動を抑制すると，歩行方向が大きく変化することから，AN1 が音源定位に必要な空間情報を脳へ伝送することがわかる[3]．もう 1 つの聴覚行動は，超音波に対する回避運動である．飛行中のコオロギに 12～100 kHz の高周波音を与えると，音源と反対方向に腹部を屈曲させる[4]．これは捕食者であるコウモリの発する探索音波に対する逃避行動だと考えられている．AN2 は 10 kHz より高周波に BF をもち，さらに片側の AN2 を興奮させると腹部を反対側に屈曲させることから，超音波に対する回避行動を引き

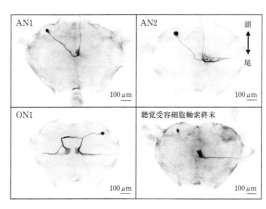

図 1　コオロギ前胸神経節内の聴覚神経細胞

起こす情報を脳に伝えていると考えられている。ON1は5kHz付近にBFをもつが，AN1やAN2よりも広い周波数帯域に感受性を示す[1]．また，ON1は細胞体と反対側のAN2，ON1に対して抑制性のシナプス出力をもつ（AN1にも抑制性出力をもつという間接的な結果も報告されている）．ON1もAN2と同様，樹状突起同側により高い感受性を示すため，同側からの音刺激に対して反対側のAN2の活動を抑制し，結果として応答の左右差を増大させる働きをもつ[1]．音源定位でも超音波回避運動でも，音源方位は左右のAN1またはAN2の応答の差として検出されるが，前胸神経節内回路は，より正確な音源方位を検出し，音源に対する定位を可能にする機能を担っているらしい．

ジョンストン器官からの中枢投射

ショウジョウバエ，ミツバチ，カ，ユスリカといった昆虫は，触角を聴覚器として用いる[5]（▶8-13参照）．空気の振動（粒子速度）が触角の先端部を揺らし，その振動情報が触角第2節にあるジョンストン器官に伝わる．器官内部にはジョンストン神経細胞と呼ばれる聴覚受容細胞が並び，触角の揺れに起因する張力を検知する．

キイロショウジョウバエのジョンストン神経細胞は片側約480個あり，それらの軸索は，脳の「触角機械感覚中枢」と呼ばれる領域に投射する．この一次中枢領域は空間的に異なる5つの領域（領域Aから領域E）に分類され，それぞれ対応する5種類のジョンストン神経細胞サブグループ（A細胞群からE細胞群）からの投射を受ける．これら5種類のサブグループのうち，A，B，D細胞群の3種類が聴覚受容細胞を形成する．これら3種類の細胞群は周波数特性が異なる．A細胞は高周波数（100Hz以上），B細胞は低周波数（100Hz以下），D細胞群は中域周波数（200Hz付近）に最も強く応答する．これらの細胞群が投射する脳領域である領域A，領域B，領域Dはそれぞれ，高周波数領域，低周波数領域，中域周波数領域を形成しているのである．

一次聴覚中枢から直接情報を受け取る二次聴覚神経細胞群は，これまでに少なくとも44種類みつかっている．それらの主な投射先として，wedgeやPVLPと呼ばれる脳領域の他，食道下神経節や胸部神経節が同定されている[6]．

さらに高次の聴覚神経細胞群として，求愛歌の音刺激を受けてオスの求愛行動を引き起こす聴覚神経回路が解明されている．この神経回路において，音情報は二次神経細胞AMMC-B1（別名aPN1），三次神経細胞vPN1を経て，求愛コマンド様神経細胞であるpC1へと伝わる．これらの神経細胞群は，高次の神経細胞ほど，種に固有の求愛歌の音パターンにより選択的に応答することから，求愛歌の音情報を抽出する連続フィルターとして機能すると考えられる[7]．

カやミツバチも，触角第2節にあるジョンストン神経細胞が音受容を担う．ネッタイシマカのオスでは片側1万5000個，ミツバチでは720個のジョンストン神経細胞をもつ．カのジョンストン神経細胞は「触角機械感覚中枢」のほか，触角葉の一部である「ジョンストン器官中枢」と呼ばれる領域にも投射する[8]．また，ミツバチについても，聴覚神経細胞の投射様式の解明が進んでいる（▶8-15参照）．

〔染谷真琴・小川宏人・上川内あづさ〕

文　献

[1] F. Huber, T. E. Moore and W. Loher eds., *Cricket Behavior and Neurobiology*. (Cornell University Press, Ithaka, New York, 1989).

[2] K. Imaizumi, G. S. Pollack, *J. Neurosci*, **19**(4), 1508-1516 (1999).

[3] K. Schildberger, M. Hörner, *J. Comp. Physiol. A.*, **163**, 621-631 (1988).

[4] G. Marsat and G. S. Pollack, *Front. Neurosci.*, **6**, 95 (2012).

[5] A. Kamikouchi and Y. Ishikawa, "Hearing in Drosophila," in *Insect Hearing*, G. S. Pollack, A. C. Mason, A. N. Popper and R. R. Fay, Eds. (Springer-Verlag, New York, 2016), pp. 239-262.

[6] E. Matsuo, H. Seki, T. Asai, T. Morimoto, H. Miyakawa, K. Ito and A. Kamikouchi, *J. Comp. Neurol.*, **524**, 1099-1164 (2016).

[7] C. Zhou, R. Franconville, A. G. Vaughan, C. C. Robinett, V. Jayaraman and B. S. Baker, *eLife*, **4**, doi: 10.7554/eLife.08477 (2015).

[8] R. Ignell, T. Dekker, M. Ghaninia and B. S. Hansson, *J. Comp. Neurol.*, **493**, 207-240 (2005).

8-6
中枢による発音の制御

行動中，動物は自己の運動をモニターしていなければ適切に行動することが難しくなる．例えば，我々の目では外界の光情報は網膜の視細胞で受容されて結像し，視覚情報を得る．物体が動くと，像が網膜上を移動する．一方で，静止した物体を見ながら眼球（頭）を動かしても網膜上を移動する．自らの運動をモニターしていなければ，物体が動いたのか，静止物が動いたようにみえたのかを区別できず，結果適切な行動ができなくなってしまう．通常，行動中の動物は，自身の体が動くことによって生じる感覚刺激を受ける．このような感覚情報を，静止状態で外部環境から受ける感覚情報と区別して再帰性感覚情報（再求心性感覚情報，reafferent sensory information）という．再帰性感覚情報は行動中，絶えず末梢の感覚系を刺激しているので，感覚神経系の感度の鈍化や外部環境からの感覚刺激と再帰性の感覚刺激との混同によって，不適切な行動を行う可能性がある．しかし，実際にはそのようなことは起こらない．神経系の特性が運動中にも中枢神経系による遠心性の神経制御を受けて適切に調節されているからである（図1）．遠心性神経制御は脳の運動関連領域からの運動司令の遠心性コピー（efference copy）や随伴発射（corollary discharge）などによって行われる．近年，遠心性コピーは運動司令のほぼ完全なコピーであるものを指すのに対し，随伴発射の対象はもっと広範囲で神経系のあらゆる階層の遠心性制御に対して用いられている．

遠心性の神経制御機構は昆虫にもあり，ここではフタホシコオロギの発音行動に着目して，随伴発射による神経制御を紹介する．

コオロギの発音行動と聴覚系

コオロギのオスは左右の前翅を開閉しながら互いに擦り合わせて音を出して配偶相手となるメスを呼び寄せる（呼び鳴き，誘引歌，calling song）．呼び鳴きは，350〜400 ms 毎に繰り返されるチャープからなる．1つのチャープは16〜20 ms で，3つから5つのシラブルで形成されている．脳の司令ニューロンからの司令信号が中胸神経節の中枢パターン発生器（central pattern generator：CPG）を駆動し，発音行動が起こる[1]．司令ニューロンの入力領域にアセチルコリンを局所投与すると発音行動が引き起こされる．

コオロギの聴覚器官は前脚の脛節にある鼓膜である．求心性聴覚ニューロンは，鼓膜から音情報を受け取り前胸神経節に終末し，オメガニューロン（ON1）と呼ばれる介在神経に情報が伝達される．ON1 は広帯域の音に反応するが呼び鳴きの周波数（4.5 kHz）の音に最も感度が高い．

コオロギの発音行動時の随伴発射

呼び鳴き中に鼓膜は大音量の音にさらされて

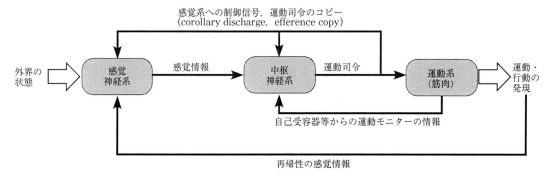

図1　行動中に生じる主な運動関連情報の流れ

いるので聴感覚の感度低下が予想される．しかし，呼び鳴き中，コオロギ聴覚の感度は維持されていることが生理学的に示されている[2]．音刺激に対する神経発火中，呼び鳴きの翅の動きが起こるとON1では神経発火が抑制され，求心性聴覚ニューロンでは1次求心性線維脱分極（primary afferent depolarization：PAD）が観察される．これらのことは，コオロギ聴覚系において随伴発射による感度の調節が行われていることを示唆する．

呼び鳴き中のコオロギを用いた細胞内記録法で随伴発射を介在するニューロン（corollary discharge interneuron：CDI）が同定された[3]．CDIは細胞体を中胸神経節にもち，脳から最終腹部神経節まで中枢神経系全体をカバーする巨大なニューロンである．入力部である樹状突起はCPGのある中胸神経節にあり，脳，食道下神経節，胸部神経節，腹部神経節すべてで神経終末して情報を出力している．

CDIは呼び鳴きシラブル中の翅の閉じる動きすなわち音の発生時にバースト状に神経発火するが，呼び鳴きの周波数の音には神経応答を示さないので，自身の発した音に反応しているわけではない．飛翔中には神経発火しないことから，単純に翅が動けば発火するというわけでもない．電流注入でCDIの活動を変化させても発音行動の誘発・停止は起こらないので，中枢パターン発生器を構成する要素でもない．

CDIは呼び鳴き中のコオロギ聴覚経路を抑制する．コオロギの静止時，ON1は呼び鳴きの周波数の音の刺激に対して神経発火するがCDIが発火するとON1の発火は強く抑制される．CDIを電気刺激するとCDIの神経発火から3.5 msの遅延でON1に1.6 mVの抑制性シナプス電位が観察される．また，CDIの発火を抑制すると音刺激に対してON1はチャープ中でも神経発火するようになる．一方，CDIの神経発火1発で求心性聴覚ニューロンには2 mV程度のPADが発生する．つまりON1と求心性聴覚ニューロンの神経活動は，呼び鳴きの翅の動きのかわりにCDIへの電気刺激でも再現できる．

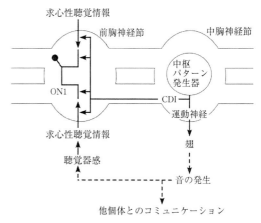

図2 呼び鳴き中のコオロギ聴覚系における随伴発射
（[4]を改変）

静止状態のコオロギに，80 dB SPLの連続音（連続チャープ音）を与えるとON1は各チャープに対してバースト状に神経発火するが，事前に100 dB SPL（通常の呼び鳴きの音圧）の連続チャープ音刺激を与えておくと，80 dB SPLの音に対してON1はわずかに発火する程度にまで応答が減少する．しかし，100 dB SPL刺激中に，CDIからの随伴発射を模してON1の神経発火を抑制しておくとその後の80 dB SPL刺激に対するON1のバースト状の神経発火が再度見られるようになる．このことは，呼び鳴き中に随伴発射によって神経活動が抑制されることで，ON1の感度の鈍化が防止されて（つまり感度が維持されて）いることを意味している．

いまのところ，CDI以外に呼び鳴き中のコオロギ聴覚経路を抑制するニューロンは見つかっていない．CDIによって，コオロギ聴覚系は自ら発した音で感度を消失させることなく，外部環境の音を検出することができるのである．

〔岡田龍一〕

文　献
[1] B. Hedwig, *J. Neurophysiol.*, **83**, 712-722 (2000).
[2] J. M. A. Poulet, *J. Comp. Physiol. A*, **191**, 979-986 (2005).
[3] J. M. A. Poulet and B. Hedwig, *Science*, **311**, 518-522 (2006).
[4] J. M. A. Poulet and B. Hedwig, *Trend Neruosci.*, **30**, 14-21 (2006).

8-7 音源定位

鼓膜器官をもつ昆虫は，音響情報を用いて①同種配偶相手（主にオス）のもとへの定位，および②捕食者（主に食虫コウモリ）の回避を行う．何らかの情報を頼りに積極的に移動することを定位と呼ぶが，種内での音響コミュニケーションを介して音源に定位する昆虫では，音響シグナルの認知が同種との交尾に必須である．交尾をしても子を残せない別種へ誤って定位することは，体力だけでなく交尾機会の損失となる．また，捕食者からの音響シグナルを検出し，安全な方向へ事前に移動することで，効率よく捕食を回避する．

鳴く虫であるコオロギ類やキリギリス類では，音源の位置と方向を検知可能な鼓膜器官と中枢神経系（脳など）における音情報の特殊な処理を進化の過程で獲得した．一方，空気の粒子速度（気流）を検出するカの触角やゴキブリの尾葉など毛状の感覚器官は，検出に好適な角度が構造的に決まっている[1]．そのため，中枢での情報処理は音源定位に特化しているわけではない．

昆虫の音源定位メカニズム

音源定位に関する物理的な課題は，昆虫の小型の鼓膜器官の機械特性に起因するところが大きい．動物と同様に一対の鼓膜器官を利用した昆虫の音源定位には，音響情報の左右からの入力差によって達成される．体サイズが小さいことは，鼓膜器官の左右間の距離が小さいことを意味する．したがって，音の届く左右の"音圧差"と"時間差"が極めて小さくなり，動物とは異なる特殊なメカニズムが音源定位に必要となる．

左右の鼓膜のどちらかだけに音の振動エネルギーが作用する場合，鼓膜器官は純粋な圧力の検出装置として機能する．シグナルに用いる音の1波長（音速を340 m/sとすると，1 Hzの1

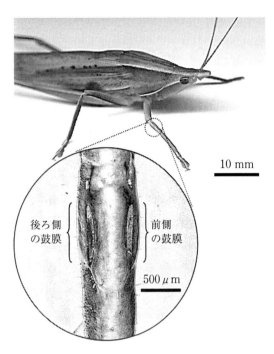

図1 クビキリギス（バッタ目キリギリス科）の鼓膜器官

波長は340 m，100 kHzでは3.4 mmとなる）と比較して昆虫の体サイズが大きい場合，胴体および翅が障壁となり，音源と反対側に位置する一方の鼓膜器官に到達する音の圧力は減少する．例えば大型のシタバ類（旧ヤガ科，現トモエガ科）の場合，コウモリの発する超音波パルスに対する左右の耳の音圧差は最大で40 dBにもなる[2]．圧力差を検出する場合，音は左右の鼓膜の両方，さらには鼓膜の内側にも作用している．バッタ類の鼓膜器官は鼓膜の内側と外側とで圧力差と位相のずれを生み出すことで，体サイズの割に優れた音源の方向検知能力をもつ[3]．前肢の脛節の前後に鼓膜器官をもつキリギリス類において，同種の配偶相手への音源定位に必要な，左右の鼓膜への音圧差の最小値は1～2 dBである（**図1**）[4]．この値は，対象となる昆虫から2つの音源が同じ距離にあった場合，角度の差が6°以上で達成される．

ヤドリバエの高精度な音源定位

鳴き音を頼りにコオロギに幼虫を寄生する北米産ヤドリバエの一種 *Ormia ochracea* は音源

の方向検知に極めて長けており，支点の柔軟なシーソー状の鼓膜器官をもつ（図2）[5]．鼓膜の左右間の距離は 500 μm ほどしかないため，コオロギの鳴き音が真横から到達する際の左右の鼓膜間における時間差は理論値でわずか 1.5 μs にも満たない．それでも，左右の鼓膜はクチクラ質の蝶番構造でつながっており，コオロギの鳴き音の周波数に合わせて左右の鼓膜の角度が非線形に連動して変化する．このようにして，左右の鼓膜が受容する音の時間差は，実際の 1.5 μs 弱から 50〜60 μs にまで増幅される．

昆虫の体サイズおよび左右の鼓膜間の距離によって異なるが，物理的には数 μs の時間差を検出可能である[6]．この微小な時間差は，神経系で直接識別されていない．聴神経の活動電位の潜時（神経が応答するまでの遅延時間）は，音響刺激の音圧と負の相関を示す．すなわち，大きい音に対する神経応答は速くて数も多く，小さい音には遅くて少ない．このようにして，左右の神経系における応答の時間差は，物理的な数 μs から 1000 倍以上の 5〜6 ms に達する．

上記を考慮すると，左右の鼓膜器官において，音響刺激の届く音圧差と時間差が複合的に作用して音源定位に至ることはいうまでもない．さらには，左右の聴神経の相互作用および介在神経も関与している．例えばキリギリス類では，聴神経が最初に出力する介在神経として一対のオメガニューロンが知られている．この介在神経の応答は，同じ側の聴神経からの入力によって興奮する一方で，反対側の聴神経からの入力によって抑制される．この特性が，左右に届く 1 dB の音圧差を含む情報をさらに上流（脳側）の中枢神経系へ伝えることで，音源の位置の捕捉を可能にしている．ヤドリバエに話を戻すと，メスは正面にある音源に対して 0.41°の正確さで定位できる．これは，前述の左右の鼓膜間における機械的なカップリングに加え，キリギリスやコオロギとは異なる神経系での情報処理が寄与する．角度差 0.41°は，左右の鼓膜に届く音響刺激の時間差で言うとおよそ 50 ns でしかない．鼓膜の物理特性により，時間差は 2 μs

図2　ヤドリバエの一種（ハエ目ヤドリバエ科）の鼓膜器官
（成虫画像：Andrew C. Mason 氏，鼓膜画像：Ronald R. Hoy 氏提供）

程度まで増幅するが，オメガニューロンで見られるようなメカニズムでは 2 μs の時間差は検出できない．ヤドリバエのおよそ 100 個ある聴神経は自発放電をほとんどしない．さらに大部分の聴神経は，音響刺激に対してわずか 95 μs の小さい誤差で，パルスの長さによらず 1 回の活動電位を発生する．これに潜時と音圧との負の相関特性を併せもつことで，左右の聴神経の上流に位置する中枢神経系は，50 ns の時間差を最終的に 600 μs の差として認知する[7]．

〔中野　亮〕

文献

[1] D. D. Yager, *Microsc. Res. Techniq.*, **47**, 380-400 (1999).
[2] R. S. Payne, K. D. Roeder and J. Wallman, *J. Exp. Biol.*, **44**, 17-31 (1966).
[3] J. Schul, M. Holderied, D. von Helversen and O. von Helversen, *J. Exp. Biol.*, **202**, 121-133 (1999).
[4] J. Rheinlaender, J. X. Shen and H. Römer, *J. Comp. Physiol. A.*, **192**, 389-397 (2005).
[5] A. C. Mason, M. L. Oshinsky and R. R. Hoy, *Nature*, **410**, 686-690 (2001).
[6] H. Römer, *J. Comp. Physiol. A.*, **2**, 87-97 (2014).
[7] M. L. Oshinsky and R. R. Hoy, *J. Neurosci.*, **22**, 7254-7263 (2002).

8-8
音と振動に対する行動と神経による制御

　昆虫は遠方の仲間や交尾相手とのコミュニケーションに音や振動を用いる旧口動物唯一の動物群である. 食うか食われるかの世界に生きる昆虫には刺激に対してしばしば二者択一の即断がせまられる. 例えば, 同種や捕食対象の出す音や振動に対しては定位, これ以外の刺激は無視するか回避する必要がある.

定位行動

　まず, 昆虫の種内コミュニケーションでは周波数と振動(音)パルスの発生パターンの組み合わせが種特異的シグナルとして利用される[1]. これらの条件を満たす音や振動に対しては積極的に定位する反応, すなわち正の音源定位が起こる. この行動は自然界にあふれる雑音の中から特定のカテゴリーに合う刺激を弁別する能力, すなわち, 行動心理学におけるカテゴリー知覚や選択的注意を昆虫が有することを示している(表1)[1]. 昆虫の音源定位の詳細な解説については他項目(▶8-7)を参照されたい.

驚愕反応

　種特異的な音や振動の周波数は他種との混信回避のために狭い帯域に設定されており, これ以外の周波数帯の音や振動は自分以外の生物の接近を示す忌避的なシグナルとなる(表1). 例えば, 体の大きな動物が接近すると100 Hz以下の基質振動が生じるが, これは強い忌避的な反応を引き起こす. また, 飛翔昆虫の多くは捕食者であるコウモリがエコーロケーション(反響定位)に用いる超音波パルス(30〜100 kHz)に対する逃避を二次的に進化させている. これらの行動は動物が様々な侵害刺激に対して起こす防衛行動に似ており, 包括的に「驚愕反応」と定義される[1]. 具体的には①準備反応, ②刺激源からの逃避(負の音源定位), ③フリーズ反応(freezing), 擬死, からなる.

　まず, 準備反応は極めて速い潜時(10〜25 ms, 表1)で起こる反射的な反応である. これは主動筋と拮抗筋(たとえば, 屈筋と伸筋, 図1参照)の共収縮によって説明され, しばしば回避動作に入る前のぴくっとする反応に相当する. 我々も背後から不意に大声を出されたらびくっと肩や肢がすくむが, このとき同様の共収縮が起きている[2]. この共収縮は筋肉を硬化させ, 最初の攻撃による損傷を最小限に抑える機能がある[2]. バッタが100 Hzの基質振動に対して起こす準備反応は25 msの潜時で起こる肢の脛節屈筋と伸筋の共収縮である[6]. これは後に続くキックやジャンプの際に筋肉中にエネルギーをためるための予備動作としても重要である[3].

回避反応

　ガやコオロギ, カマキリなどでは飛翔中にコウモリの接近を模倣した弱めの超音波(40〜70 dB)に対して音源の反対方向に飛翔進路を変更する回避反応が生じる. これは実際にコウモリからの捕食を回避するのに有効であることが知られている[1]. この反応はごく少数の超音波受容性の聴感覚細胞(シャチホコガでは1個)によって介在される. 潜時は速く(25〜45 ms, 表1), コオロギでは1個の介在ニューロンの電気刺激によって回避反応が解発されることが知られており, 最も単純な定型的行動の1つとみなされている[1].

擬死反応

　一方, 予期しないタイミングで強い刺激が与えられた場合は捕食者がすぐ傍に接近していることを意味する. この危機的状況で昆虫がくり出す最後の手段が凍りつき(freezing)や擬死である. 一般的に数秒で終わるものがフリーズ反応[4], 数分に及ぶものが擬死と定義される[5]. ガやクサカゲロウは強い超音波(90 dB以上)に対して突然の飛翔停止を起こし(潜時:40 ms), 地面に向かってダイブするが[4], これも擬死行動の一種といえる. 捕食者の眼前で動

308 | 8章　昆虫類ほか

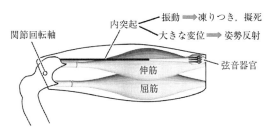

図1 弦音器官によって介在される行動反応
関節の屈曲により弦音器官の弦は末梢側に，伸展により基部側に引っ張られることで，異なる感覚細胞が刺激される．これにより逆方向に関節の位置を戻そうとする姿勢反射が起こる．弦を伝わる振動に対しては凍りつきや擬死が起こる．

かなくなる擬死は適応的でないようにみえるが，両生類やは虫類，鳥類などの捕食者の攻撃行動を誘発しないため，危険をやりすごす上で有利に働く．

擬死の神経機構

凍りつきや擬死はいずれも進化的に古いタイプの自己受容器である弦音器官（▶8-2参照）によって介在される[4, 5]．弦音器官は付属肢や体節内の骨格筋の近傍にあり，複数の感覚細胞が弦のように細く固い内突起を通じて関節の回転軸に付着した構造をもつ[8]．個々の感覚細胞は関節の位置や方向，振動を弦の変位や張力を通じて間接的にモニターし，骨格筋の収縮を適正に調節することで，姿勢制御に寄与する（図1）[5]．擬死をトリガーする鍵刺激はこの弦を伝わる低周波振動である．昆虫は拘束時にもしばしば擬死を示すが，これは関節が固定された状態でそこから逃れようと起こす等尺性の筋収縮（筋肉の両端が固定された状態での収縮）に伴い，弦に低周波振動が伝わることで起こる（図1）[5]．一方で，昆虫が静止しているときに外部から与えられた振動によっても弦が震えるため，同様の擬死が生じる（図1）[4]．

これらの知見から，筋肉への負荷を軽減するための抵抗抑止機能が擬死の起源であるが，弦音器官の特殊化（聴覚器や振動受容器の発達）とともに遠距離音や振動に対していち早く起こす擬死が有効な防衛戦略として機能するようになったと推定される．このスキームは脊椎動物において姿勢制御に寄与する平衡器官から聴覚器官が発達してきた経緯に似ている．工事現場の大きな音にびくっとするとき，低周波音で不快な気分になるとき，捕食者におびえる必要のないヒトにも動物共通の危機回避プログラムが刷り込まれていることを実感せずにはいられない．

〔西野浩史〕

文献
[1] R. Hoy, *Annu. Rev. Neurosci.*, **12**, 355-375 (1989).
[2] J. S. Yaomans, P.W. Frankland, *Brain Res. Rev.*, **21**, 301-314 (1996).
[3] T. Friedel, *J. Exp. Biol.*, **202**, 2151-2159 (1999).
[4] T. Takanashi, M. Fukaya, K. Nakamuta, N. Skals, H. Nishino, *Zool. Lett.*, **2**, 18 (2016).
[5] H. Nishino, M. Sakai and L. H. Field, *J. Comp. Physiol A.*, **185**, 143-155 (1999).

表1 昆虫の振動・音刺激に対する行動反応

行動心理学上の定義	行動の定義	刺激源	適刺激	反応潜時	進化的起源
カテゴリー知覚，選択的注意	正の音源定位	同種もしくは被捕食者（宿主）の出す音	種特異的な振動周波数，パルス発生パターン	300 ms〜数秒	古い
驚愕反応	準備反応，凍りつき，擬死	捕食者	100 Hz 以下の基質振動	10〜25 ms	非常に古い
	負の音源定位	コウモリ	超音波	25〜45 ms	新しい

8-9

機械感覚子

　昆虫の聴覚器は多様であり，種によって異なる．コオロギやセミの成虫は，ヒトの耳に相当する音を受容する鼓膜器官をもつ[1]．ショウジョウバエは，鼓膜器官をもたず，触角で音を検知している[2]．

　一方，ガの幼虫等は，体表に点在する機械感覚子で音を検知できることが知られている[3]．この機械感覚子は音だけでなく，気流や風をも検知する機械感覚受容器の一種であり，様々な昆虫を対象に気流受容の研究が行われてきた．機械感覚子は，外部受容器（剛毛・毛状感覚子と鐘状感覚子）と内部受容器（弦音器官）（▶8-2参照）に分類されるが，本項は主に外部受容器について解説する．

感覚子共通の特徴

　昆虫は，触角や口器，体表面などに毛のような感覚子（sensillum）とよばれる感覚器官をもつ．この感覚子は，成虫にも幼虫にも存在している．

　感覚子は，①味覚や嗅覚などの化学感覚，②接触や温度・湿度，そして聴覚などの機械感覚を受容するものの大きく２つに分けられる．通常，嗅覚や味覚の感覚子は情報化学物質（リガンド）を受容するため，表面に孔が存在するが，機械感覚子には孔は存在しない．

　感覚子の中には１本の感覚子で味覚受容と機械受容のように異なる感覚受容を行えるものも存在する．昆虫の幼虫の音受容の研究は，ヤガの一部で，機械感覚子が，気流や風をも検知する機械受容器であることが確認され，行動・生理学的研究が進んでいる[3]．

　感覚子は共通の特徴をいくつか備えており，クチクラタンパク質で硬化した外装（クチクラ装置）からなり，その中に感覚細胞の樹状突起をもつ．樹状突起の頭頂部からは感覚繊毛が伸びている．

　細胞表面から突き出た繊維状の運動性小器官のうち細く短く多数生えているものを繊毛というが，これらは微小管（microtubule）とモータータンパク質で構成されている．繊毛の屈曲は周辺微小管とダイニンというモータータンパク質の相互作用で起こる．ATPがダイニンによって加水分解されるとそのエネルギーで微小管は互いにすべりあうが，実際は一端が固定されているために屈曲する．繊毛は通常，中心に２本の微小管対，および周囲に９対の繊維があり，これを９×２＋２（９＋２構造）である．しかし，機械感覚子の感覚繊毛は，９対の周辺微小管をもつが中心微小管をもたない９×２＋０（９＋０構造）という特有の構造となっている．

　感覚子の中にある感覚細胞は，刺激を受容し中枢への情報伝達を担うが，感覚細胞の数は感覚子によって異なっている．

機械感覚子の構造と機能

　機械感覚子は，クチクラ装置の形状の違いから，a) 剛毛状（bristle type），b) 糸状（filiform type），c) 鐘状（campaniform type），d) 弦音器官に分類される．

　a) 剛毛状の感覚子は，最も一般的な機械感覚子であり，長さが数十 μm から２mm，直径1.5 μm から50 μm 程度のクチクラ装置をもつ．感覚細胞は１つだけで，樹状突起の感覚繊毛は非常に短い．この感覚子は，主に直接的な接触刺激を受容する．成虫でも幼虫でも体表面に多数存在する種が多い．ハエやゴキブリにおいては触角に存在する機械感覚子の研究が進んでいる．クチクラ装置の内部は弾力性のある構造をしており感覚子の基部であるソケットとつながっている．外部からの力が加わるとこの部分が，てこの作用により曲がり，このひずみを感覚細胞が受容する[4]．

　b) 糸状の感覚子は，クチクラ装置や感覚細胞，樹状突起の感覚繊毛等，剛毛状の感覚子の形状と似ている．しかし糸状感覚子は剛毛状感覚子に比べて直径が小さい，つまり細いことが特徴である（図1）．また，その表面はなめらかである．この感覚子は，かすかな気流や低周波

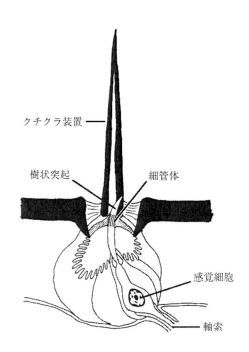

図1 糸状の機械感覚子の模式図（[4]を改変）

の音などを検知することができる[5, 6]．コオロギやゴキブリは腹部末端部に一対の尾葉とよばれる気流受容器をもつ．この尾葉は数百から数千の糸状感覚子で覆われている．またクモは毛状感覚子をもち，昆虫の動きにより生じる気流を受容し，捕食することも知られている．

c）鐘状感覚子は，毛状のクチクラ装置をもたないため，感覚子のようにはみえない．この感覚子のクチクラ装置はドーム状になっており，その下の薄板の層があり，その部分に樹状突起の感覚繊毛の先端が入り込んでいる．この部分は若干扁平になっており，細管体（tubular body）と呼ばれる構造に分化している．細管体は，電子密度の高い顆粒状の基質の中に微小管が埋め込まれた構造になっており，鐘状感覚子以外にも剛毛感覚子や毛状感覚子にも存在する．コオロギやゴキブリの触角などに存在し，感覚子のクチクラ壁に力が加わってひずみが生じると細管体を長軸方向から押し付けることになり，機械的な刺激は，この部分で電気信号に変換され，感覚細胞が興奮する．

d）上記の3種類以外に外部からまったく見えない機械感覚子がある．例としてワモンゴキブリ等の触角に存在し，有桿感覚子とも呼ばれ，弦音器官を構成している（▶8-8参照）．これらの感覚子は1個から3個の感覚細胞をもっており，ひずみや振動，音，風，重力を検知する．

気流や音を受容する毛状感覚子

昆虫にとって機械感覚子は，捕食者回避に役立っていると考えられている．例えば，ヨトウガの幼虫は，捕食者のアシナガバチの翅音（粒子速度）を検知し，歩行の停止または落下により回避する[3, 6]．また別の実験では捕食者ではないがミツバチの翅音によってシロイチモンジヨトウの幼虫の摂食が減少することも示している．他の例として，コオロギの腹部末端にある多数の毛状感覚子は気流を受容し，捕食者の方向を察知して回避する[7]．これらの行動は機械感覚子だけでなく，化学感覚子も使用していることもあり，協働することも多い．

ハチ等の翅音を感知しているのは，先に述べた3タイプの機械感覚子の中の糸状の機械感覚子である．糸状感覚子には感覚細胞が1つだけあり，樹状突起の感覚繊毛は非常に短い．感覚子が風や気流などの刺激を受けると，そこからの粘性力を受けて傾く．このとき，感覚子の軸の動きと，基部にある感覚細胞の揺れは逆方向に動き，そこに存在する感覚繊毛の先端が刺激され，感覚細胞が機械的なひずみを受けて活動電位を発生し中枢へと情報を伝達する．

昆虫はこのように機械感覚子を使って気流や音などを検知し，仲間を認識したり，捕食者を回避したりして，適応的な行動を起こしている．

〔土原和子〕

文　献

[1] J. Yack, *Microsc. Res. Tech.*, **63**, 315-337 (2004).
[2] D. Yager, *Microsc. Res. Tech.*, **47**, 380-400 (1999).
[3] H. Markl and J. Tautz, *J. Comp. Physiol.* **99**, 79-87 (1975).
[4] T. Keil, *Microsc. Res. Tech.*, **39**, 506-531 (1997).
[5] T. Shimozawa and M. Kanou, *J. Comp. Physiol. A.*, **155**, 485-493 (1984).
[6] J. Tautz, *J. Comp. Physiol. A.*, **118**, 13-31 (1977).
[7] J. Tautz and M. Rostás, *Curr. Biol.*, **18**, R1125-1126 (2008).

8-10 機械受容体の仕組み

　昆虫も我々哺乳類と同じように音をきくための聴覚器官が存在する．気流や音，接触などの機械刺激は，機械感覚器の中の受容細胞が，空気の振動等を電気信号に変換している．これらの機械刺激は，機械受容体であるイオンチャネル(mechanoreceptor channel)が開くことによって，受容される．現在のところ，無脊椎動物で分子レベルでの研究が進んでいるのは，モデル生物であるショウジョウバエと線虫である[1]．

機械受容チャネル

　ショウジョウバエ成虫の音受容は，ジョンストン器官で行われる．その受容にかかわっているのが，transient receptor potential (TRP) チャネルと呼ばれるイオンチャネル群である．TRPチャネルはショウジョウバエ *TRP* 遺伝子として同定され[2]，多くの機能的多様性をもつイオンチャネルファミリーを形成している．その中でも特に TRP チャネルの生理的役割として"センサー"(図1)，"トランスデューサー"，"足場"が重要である．

　TRP イオンチャネルの中で TRPN ファミリーに属する，no mechanoreceptor potencial C (nompC, これは，TRPN1 イオンチャネルとしても知られている) は，ショウジョウバエの成虫だけでなく，幼虫そして線虫においても機械受容にかかわるチャネルとして介在している．

　ショウジョウバエのジョンストン器官に発現している音受容にかかわる遺伝子群の中で，nompC 以外に，2つのイオンチャネルがかかわっていることがわかっている．それは，TRP vanilloid チャネルに属する Nanchung (Nan) と Inactive (Iav) である．これらのチャネルの機能は変異体を用いた実験で明らかになった[3]．これらの実験で，nompC の遺伝子変異体では，触角の自律的な振動は起こらず，非線形的な振動の増幅も消失する．しかし，Nan や Iav の遺伝子変異体では自律振動は増大し，振動振幅の強度も増大する．これらの結果から，nompC は触角の自律的な振動および振動振幅の増幅に必要であり，Nan や Iav は過剰な振動振幅の増幅を抑制すると考えられる．これらの TRP チャネル群が協働することにより，ショウジョウバエの音受容の感度は制御されている[4]．

幼虫の機械受容体

　昆虫の幼虫は，捕食の危険にさらされているため，捕食者が発する機械情報を受容し，それを避けるための機構をもっている．機械感覚子のチャネルを含む分子機構の研究が進んでいるのはショウジョウバエの幼虫である．

　ショウジョウバエの幼虫は，接触刺激(触角)に関しては機械感覚子が，振動に関しては弦音器官で検知している．そして，音・振動は体表下にある弦音器官のニューロンが応答する．

　ショウジョウバエの幼虫において，音に応答する神経細胞を，カルシウムイメージングを用いて同定した[5]．弦音器官の神経細胞では，500 Hz において，顕著に増加が認められた．特に樹状突起の先端や，軸索の第1節においてカルシウムの増加が認められた．

　ショウジョウバエの幼虫の弦音器官においては，成虫と同様の3つの TRP チャネル(nompC, Nan, Iav)以外に，TRPA チャネルの painless, dmPIEZO が知られている．これらは，侵害受容(痛覚)において，チャネルの1つとして同定された．しかし，音受容における役割については明らかになっていない．

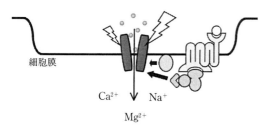

図1　TRP チャネルの模式図([8]を改変)

線虫の機械受容体

　線虫類にも，TRPN1 イオンチャネルは存在する（TRP-4 と呼ばれている）．このチャネルは，8 個のドーパミン作動性ニューロンと 6 個の接触（触覚）性のニューロンに発現が認められた[5]．線虫においては，食物を探す際の運動を緩慢にする際，これらの神経群が，"basal slowing response" といわれるゆっくりとした応答を成立させている．ショウジョウバエの幼虫の TRPN1 の変異体における実験からも，変異体は活発ではあるが，運動が緩慢であり，線虫同様，自己受容に影響する結果がでている．このように線虫のイオンチャネルは昆虫と共通の機械受容の機構をもち合わせている．

分子機構

　ショウジョウバエの研究において，音を含む機械受容において，成虫においても幼虫においても機械受容チャネルである 3 つの TRP イオンチャネル（NompC, Nan, Iav）が寄与していることがわかった[4, 5]．また，Nan と Iav は，2 量体のヘテロ複合体を形成して感覚細胞に局在していることもわかり，成虫・幼虫ともにチャネルなどの音受容のいくつかは，類似した分子機構をとっている．

　これらのイオンチャネルのトラスダクションチャネルを同定するために変異系統を使用した実験が行われている．nan, iav の変異系統では，感覚細胞群の音に依存する神経の応答は消失する．一方，感覚細胞の nompC の変異系統では，音に依存する神経応答は完全には消失しない．このことから，Nan/Iav がトランダクションチャネルの有力候補と考えられていた．しかし，nan, iav 変異系統においても音量に依存した触角の自律振動のフィードバックによる増幅が存在することが確認された[3, 4]．これらの結果から，Nan, Iav は音受容のシグナルトランスダクションの中間位置に存在すると考えられる．

　この TRP チャネルの変異系統を用いた実験は，ショウジョウバエの幼虫においても，弦音器官の神経において応答とカルシウムイメージングが行われている[4]．成虫同様に，nompC

の変異系統では，音に依存する神経応答は完全には消失しない．いずれにせよ，イオンチャネルのトラスダクションチャネルの同定には至っていない．

　これらの機械受容チャネルは，脊椎動物にも存在し，研究がすすめられている（▶9-7 参照）．脊椎動物の聴覚器内の有毛細胞においても，TRP チャネルの遺伝子が音の受容に関与すると考えられている．このように，昆虫類や線虫類は，脊椎動物と分子系統的に相当離れているにもかかわらず，遺伝子群が保存されている部分がある．ショウジョウバエの聴覚器は物理的においても脊椎動物と類似している．脊椎動物の有毛細胞のチャネルは，刺激を受容する部位に伸縮性のある構造（gating spring）をもっており，その構造にかかる張力によりトランスダクションチャネルが直接開口する，いわゆる "gating spring モデル" で説明されている[7]．

　このモデルによると各チャネルは gating spring と呼ばれるバネと結合しており，系全体の剛性は，すべての gating spring の剛性と，聴覚器そのものの構造から想定される剛性の総和で決まる．チャネルの開口と同時に gating spring の剛性が緩み，それによって系全体の剛性が弱まる．音や気流，振動などの機械受容において，イオンチャネル群が不可欠であることがショウジョウバエで明らかにされている．また，脊椎動物においても TRP チャネルの存在が示されている．しかし，これらの音受容体が機械受容チャネルの分子実体であることの証明はされておらず，今後の研究課題として残されている．　　　　　　　　　　　　　　〔土原和子〕

文　献

[1] I. Rachel *et al.*, *Neuron*, **67**, 349-351 (2010).
[2] C. Montell *et al.*, *Neuron*, **1**, 1313-1323 (1989).
[3] M.C. Göpfert *et al.*, *Nat. Neurosci.*, **9**, 999-1000 (2006).
[4] E. Matsuo and A. Kamikouchi, *J. Comp. Physiol. A.*, **199**(4), 253-262 (2013).
[5] W. Zhang *et al.*, *Proc. Natl. Acad. Sci. USA.*, **110**, 13612-13617 (2013).
[6] M. B. Goodman, Mechanosensation, In *WormBook*, 10.1895/wormbook.1.62.1, http://www.wormbook.org.
[7] J. T. Albert *et al.*, *fly.*, **1**, 238-241 (2007).
[8] 沼田朋大, 森 泰生ら, 生化學, **81**, 962-983 (2009).

8-11 振動コミュニケーション

体サイズと発音のしかた

多くの昆虫は音や振動を生活や繁殖に使う．例外は無翅昆虫5目と，翅が退化したガロアムシ，カカトアルキ，ハサミムシ，ノミ，シラミや，翅が弱いカゲロウやネジレバネ，翅の動きがスローなトンボ，ナナフシ，カマキリの計14目に限られる[1]．鳴く虫で知られるセミやコオロギ類は，翅の摩擦や振動膜による音を出す．障壁がなければ音は時間的，空間的に視覚や嗅覚よりも効率的に受信者に特定される．しかし，音がもたらす位置情報は，外敵に早く広く伝わる危険もある．多くの鳴けない昆虫は，体サイズが小さく，発音装置をもたないが，そのトレードオフとして別の適応的な信号伝達をする[2]．1つは，コウチュウ目の超音波帯域に及ぶ摩擦音（図3A）]やチョウ目のクリック音である．これらは残響や反射を起こさず，伝達の距離や時間を短くし，場所を制限するために送信者の特定を妨げる．他の1つは，葉や茎（基質）を介した振動で，伝達速度が遅く，周波数の低い複合波であるが，送信者と受信者の関係を適応的に成立させる[3]．基質を介した振動を利用する昆虫は，発音する昆虫の全科の74％と見積もられ[1]，その多くはこの20年の間に明らかにされた．

小さい昆虫の受容器

鳴く虫は遠距離（far field）で低い周波数の音を作成し，圧勾配の鼓膜器を使う．小さな昆虫は高い周波数の音しかつくれず，早く減衰するから遠距離の送信ができない．そのかわりに，基質から伝わる振動受容器か，あるいは狭い範囲（near field）の媒質（空気や水）の粒子速度に反応する高感度の変位受容器をもっている．小さい昆虫は音圧受容の鼓膜器によらない感覚器官，すなわち，①繊細な触角による媒質の変位を受容するジョンストン器官，②膝下器官，腿節内弦音器官，③体表の剛毛状，毛状，鐘状の圧力，張力，歪みなどを検出するクチクラ装置，④体腔内の歪みを検出する弦音器官，の変位受容によって近距離の外部情報を感受する．③の例として，多くの高等ハエ類は中脚基節に小突起がある（図1）．振動感覚子として葉や茎に静止した状態でその先端が脚節を介して振動を感知する[4]．

小さな昆虫の交信の方法

サイズの小さな昆虫は音の位相のずれや強さの差異の識別に弱いが，近領域では鋭い方向感覚をもっている．これは，振動や歪みの情報を受容する構造をもつことによる．弾性係数が低い構造の小さな昆虫は，音や振動を狭い範囲で効果的に発信する．その感覚器官は音や振動の性質に対応して解発される．信号の作成は大きく3つに分けられる[5]．

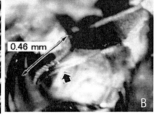

図1 中肢の小突器（⇑）
A：ニホンオオヨシノメバエ，B：ヒロズキンバエ．

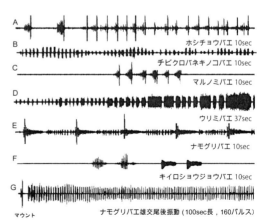

図2 ハエ類の近領域の雄翅振動による交尾音（A-F）と基質振動（G）（朝倉書店web付録より視聴可）

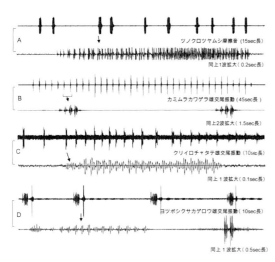

図3 境界振動による各種昆虫の信号
(朝倉書店 web 付録)

①直接的接触振動: リズミカルに変化する接触圧によって直接刺激する方法．触角や翅，脚を使ってメスの体に接触する．カメムシ目，コウチュウ目，ハエ目，ハチ目などの仲間に，オスの定型的な接触が配偶行動に見られる[6]．マウント時，あるいは交尾後もメスの背上で振動を送る例がハエ目のミバエ科(図2D)，キモグリバエ科，ハモグリバエ科に観察される[7]．これは，交尾前のメスへの接触や，競争者の排除，メスの動きの制圧，精子輸送に関係したものと考えられ，基質を介して検出される[4]．

②近領域の媒質の運動: 翅によるリズミカルな動きが周囲の空気や水の変動する質量の移動を生み出す．近距離から粒子速度を置換する感覚器(触角など)によって知覚される．狭い範囲では音源が近いほど媒質の粒子の変位が大となるために，圧力よりも変位を増大させる方が有利である[8]．ハエ目やハチ目では多くの科で，メスを追いつつ翅を振るわせるオスの行動が知られる(図2A-F)．翅の除去が交尾成功に支障があるとされ，翅振動と性フェロモン送付との関係もあげられる．コバチ類やショウジョウバエ科によく知られているが，チョウバエ科，ノミバエ科，ミバエ科，ハモグリバエ科などで，オスがメスを追尾しつつ翅を振動させる行動が配偶行動によるメス刺激行動として報告がある[4,7,9]．

③境界振動(boundary vibrations): 小さな昆虫は空気の疎密波を交信の手段とするには物理的に困難があり，超音波の高い音を使うか，あるいは基質を介した振動を利用する．ドラミング，タッピング，ノッキング，パーカッションと呼ばれ，葉や茎などをゆすり，あるいは体の一部を打ち当てて振動を出す．境界の媒質を通して基質の表面に沿った縦波として伝達される．リズミカルな打撃や強制振動が基質を介して受信者を刺激する．複雑な周波数構成の曲げ波が基質に沿って伝搬すると，単純なうねり振動よりも波の進行速度が早くなり，異なる周波数成分が異なる速度で伝達され，広帯域のパルス波が拡散するので，群速度(合成振動が固まりに進行して速度が通常の波の2倍となる)として効果的に伝搬される[3]．振動の作成方法によって以下に分けられる．

(A) 基質を直接的に叩く方法(drumming)

原始的な基質の打撃振動で，多くのカワゲラ目に典型的で，アミメカゲロウ目，シロアリ目の兵蟻，チャタテムシ目，シバンムシ科，アリ科などにも知られる[10-12]．打ち当てる体の一部(口器や腹板の下面)に特殊な構造があることもある．カワゲラ目では腹板のプレートや毛束で基質を叩き，あるいは擦り，メスへの種特異的な信号刺激となる[7](図3B)．他の1つは，体全体や腹端を揺り動かす方法で，特別の構造をしていない．ハチ目のコガネコバチ科やフタフシアリ亜科の種はオスが腹部を振動させ，地面を頭部で叩いて他個体に特定の行動を引き起こす．後者では兵蟻のタッピングは職蟻を集合させる信号とされる．バッタ目で鳴かないカマドウマ科やコロギス科は後脚でタッピングして雌雄の交信を行う[12]．チャタテムシ類は体の一部を何かの基質に打ち当て，速い連続的，規則的な音を出すとの報告は多くあるが，録音に成功した報告は少ない[13]．クリイロチャタテの波形は打撃音ではなく，400 Hzほどの周期的に胸部を律動するパルス群で構成されている(図3C)．

(B) 基質を間接的に揺する方法(tremulation)

基質に体部を直接当てずに基質に強制振動を

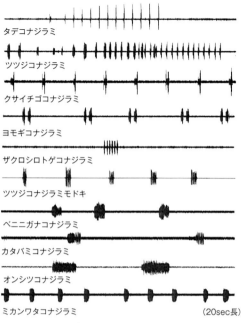

図4 コナジラミ科の種特異的な雄交尾信号
（朝倉書店 web 付録）

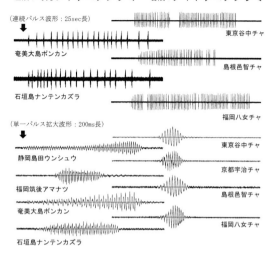

図5 トゲコナジラミ属の酷似害虫2種の雄交尾信号による識別（朝倉書店 web 付録）

与える方法である．体の一部に特化した表面構造はない．コオロギ上科のカネタタキ科やマツムシ科には，体全体や腹部を激しく震わせて基質に振動を与える発音が観察できる．脚だけでなく付属肢の一部が基質に接している場合もある．アミメカゲロウ目のクサカゲロウ科の腹部振動による雌雄の交信は詳しく研究されている[14]．振動は胸部の飛翔筋の律動のときに，同時に翅の停止筋で翅の動きを封じて，エネルギーが脚を介して基質に伝わる．あるいは，背縦走筋の動きで腹部を上下させて基質をゆらす．図3Dの波形では，1波を拡大すると前の基質の振動と後ろの腹端で基質を叩く2相の波形をなしている．よく知られた振動はカメムシ目のカメムシ亜目（▶8-16参照）と，ヨコバイ亜目である[9, 15-17]．胸部や腹部の筋肉を動かし，その振動を寄主植物の茎や葉に伝えて交尾信号を出す．同様の振動はコナジラミ科に腹部振動による交信として明らかにされ[4, 7, 18, 19]，近縁な害虫種の分類識別となっている（図4）．ハエ目のなかで翅の振動でなく，ハモグリバエ科やキモグリバエ科の多くの属で，胸部飛翔筋の律動による基質振動が明らかになった

[4, 7]．葉の膜振動は，定位する葉の特定性（ハエ類では表面，コナジラミ類では裏面）と，雌雄のデュエットの存在が，配偶時の効率的な遭遇をもたらす．複合波は匂いのような離散的信号でなく，音源の定位に優れている[3]．

振動の研究の新しい展開

基質振動は遠距離の伝達特性が低いにもかかわらず，植物の葉や茎を介してこの20年間に多くの分類群に広く認められるようになった[1, 9-10, 12, 15, 20]．特に宿主植物との関係が深いウンカ・ヨコバイ類，コナジラミ類や，ハエ類（ショウジョウバエ，ハモグリバエ，キモグリバエ）に成果が見られる．クモ類や水生昆虫，ミツバチなどの分類群にも基質振動による交信が明らかにされ，雌雄の認知や採餌，社会関係，逃避などの行動決定に音や匂いや色彩と同じく振動がマルチモーダルの情報処理にかかわる事実が判明してきた[12, 19]．国内の昆虫分類群では農業害虫としてウンカ・ヨコバイ類[17]やカメムシ類[21]の振動信号が先行的に明らかにされてきた．最近では交尾信号を識別困難な近縁害虫種の識別（図5）や系統再構成（図6）[22, 23]．生態，形態，遺伝子解析を

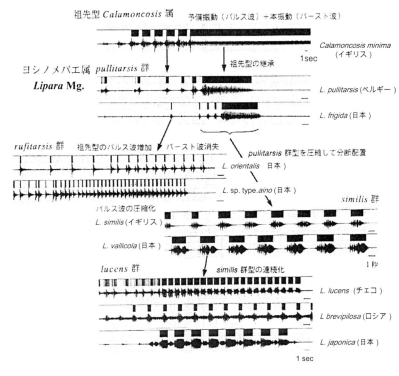

図 6 世界のヨシノメバエ属種群の雄交尾信号による分岐推定図（[23]に加筆，朝倉書店 web 付録）

含めたバイオタイプや種の考察に採用されている[24, 25]．さらに，雌雄の交信が振動によることから，その通信系を人為的に阻害することで交尾を抑制し，害虫の密度抑制を目指す取り組みもある[26]（▶8-29 参照）．〔上宮健吉〕

文 献

[1] R. B. Cocroft and R. L. Rodriguez, *BioScience*, **55**, 323-334 (2005).
[2] A. W. Ewing, *Arthropod Bioacoustics* (Cornell University Press, New York, 1989), 260p.
[3] A. Michelsen et al., *Behav. Ecol. Socio-biol.*, **11**, 269-281 (1982).
[4] S. Drosopoulous and M. F. Claridge eds., *Insect Sounds and Communication* (CRC Taylor & Francis, Florida, 2006), 532p.
[5] K. Kalmring and N. Elsner eds., *Acoustic and Vibrational Communication in Insects* (Paul Parey Berlin, 1985), 230p.
[6] H. Markl, In *Neuroethology and Behavioral Physiology* (Springer, Berlin, 1983), pp. 332-353.
[7] 宮武頼夫 編, 昆虫の発音によるコミュニケーション (北隆館, 東京, 2011), 285p.
[8] H. C. Bennet-Clark, *Nature*, **234**, 255-259 (1971).
[9] M. F. Claridge, *Ann. Rev. Entomol.*, **30**, 297-317 (1985).
[10] P. S. M. Hill, *Vibrational Communication in Animals* (Harvard Univ. Press, Massachusetts, 2008), 261p.
[11] R. G. Busnel ed., *Acoustic Behaviour of Animals* (Elsevier, Amsterdam, 1963), 933p.
[12] M. Virant-Doberlet and A. Cokl, *Neotrop. Entomol.* **33** (2), 1-18 (2004).
[13] 上宮健吉, 環境昆虫学 (東京大学出版会, 東京, 1999), pp. 495-509.
[14] C. S. Henry, *Ann. Entomol. Soc. Am.*, **72**, 68-79 (1979).
[15] R. B. Cocroft et al., *Studying Vibrational Communication* (Springer, Berlin, 2014), 462p.
[16] M. Gogala et al., *J. Comp. Physiol.*, **94**, 25-31 (1974).
[17] T. Ichikawa and S. Ishii, *j. Appl. Entomol. Zool.*, **9**, 196-198 (1974).
[18] K. Kanmiya, *J. Appl. Entomol. Zool.*, **31**, 255-262 (1996).
[19] P. S. M. Hill, *Naturwissenschaften*, **96**, 1355-1371 (2009).
[20] A. Cokl and M. Virant-Doberlet, *Ann. Rev. Entomol.*, **48**, 29-50 (2003).
[21] M. Kon et al., *J. Ethol.* **6**, 91-98 (1988).
[22] K. Kanmiya, *J. Ethol.* **8**, 105-120 (1990).
[23] 上宮健吉, ハエ学 (東海大学出版会, 神奈川, 2001), pp.215-243.
[24] 上宮健吉, 昆虫と自然, **45**, 12-15 (2010).
[25] K. Kanmiya et al., *Zootaxa*, **2797**, 25-44 (2011).
[26] J. Polajnar et al., *Advances in Insect Control and Resistance Management* (Springer, Berlin, 2016), pp. 165-190.

8-12 超音波コミュニケーション

ヒトには聞くことのできない超音波（周波数20 kHz以上の音）をシグナルとしてコミュニケーションに用いることが実証されている昆虫類の例数は多くなく，分類群はガ類に偏る．ガ類の場合，捕食者であるコウモリが餌となる昆虫の探索，接近，捕食に利用する超音波を手掛かりに，捕食されるのを回避する．したがって，超音波を感受できる聴覚の獲得以降に，種内での超音波コミュニケーションをごく最近になって進化させたと推測されている[1]．発音器官は同一科内においても種によって異なる場合が多いことから，発音行動は種ごとに独立に進化したはずである．超音波シグナルには，概して以下に示す機能が確認されている．①オス同士のなわばりを誇示するもの，②いわゆる鳴く虫と同様に，オスが遠くからメスを誘引するもの，③求愛時にメスの近傍で発音し，交尾の成功の可否にかかわるもの，の3つである[2]．

超音波シグナルの機能

①なわばり争いに用いられる超音波シグナルは，オーストラリアに分布するヤガ類の*Hecatesia*属で知られている．オスは左右の翅をカスタネットのように打ち付け，18～30 kHzの音を発する（周波数は種によって異なり，可聴音の場合もある）．同様の行動はメイガ類のハチノスツヅリガとフタテンツヅリガの近縁種でも知られているが，超音波シグナルの詳細な機能は不明である．発音メカニズムは後述するコハチノスツヅリガと同一である．一部のチョウ（カスリタテハ類）のオスもなわばりを誇示する際に発音するが，この場合はヒトでも検知できる可聴音を発する．

②メスを誘引する超音波シグナルはチョウ目において稀有な配偶システムであり，メイガ類のコハチノスツヅリガなどで研究が進んでいる．前翅と中胸の接続部を覆う肩板と呼ばれる

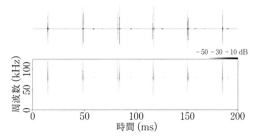

図1 ウスグロツヅリガ（チョウ目メイガ科）のオスがティンバル（振動膜）により発しメスを誘引する超音波クリック

器官上にあるティンバル（振動膜）という筋の入った膜で発音する．翅のはばたきと連動してティンバル表面の膨張と縮む力が筋に振動エネルギーの蓄積と解放を引き起こし，クリック状の超音波を生じさせる（図1）[1]．コハチノスツヅリガではオスがレックを形成し，性フェロモンとともに超音波を発することでメスを誘引し，交尾に至る．そのほか，ヤガ類，コブガ類，ツトガ類の一部でもオスが単独で高い音圧の超音波を発することが観察されており，メスを中～長距離から誘引しているものと考えられている．しかしながら，交尾における超音波の機能は解明されていない．

③オスがメスとの交接を試みる際に発する求愛超音波については，近年になって多くの分類群で報告が増えつつある[2]．少なくともヤガ類，ヒトリガ類，シャクガ類，メイガ類，ツトガ類などで確認されており，耳をもつガ類では普遍的な現象である可能性がある．これらの種では，性フェロモンを放出するメスにオスが誘引されたのち，メスの至近距離で超音波を発する．ヒトリガ類は，メスがオスの求愛超音波を配偶者の合図として利用しており，交尾の成功に大きく貢献する[3]．後胸の左右にあるティンバルから求愛超音波を発するヒトリガ類はコウモリからの攻撃に対してメスも発音することから，どちらの機能が先に進化したのかは議論の中にある．また，交尾に至るまでに雌雄間でデュエットする種もおり，少なくともヒトリガ類（コケガ類を含む）はコウモリが捕食時に利用するエコーロケーション音と配偶相手が交尾

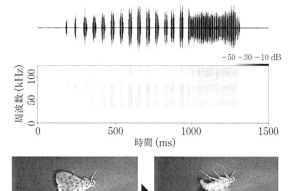

図2 モモノゴマダラノメイガ（チョウ目ツトガ科）のオスが発する超音波クリック（上図）と後半部の長いバースト状の超音波により誘起するメスの交尾受入れ姿勢（下図）

時に発する超音波を聞き分けているのは間違いない．メイガ類のハチノスツヅリガにおいてもオスの求愛超音波は交尾において同様の機能をもつ．

求愛超音波と音圧

ヤガ類，ツトガ類におけるオスの求愛超音波は音圧の低いものが多く（1 cm の距離で～70 dB SPL），交尾の成功に不可欠ではない場合が多い．求愛超音波のパルス構造は，同所的に分布するコウモリがエコーロケーションに用いる超音波パルスと共通性があり，メスは両者の音を区別せず忌避的に振る舞う．すなわち，性フェロモンを放出してオスを待つメスは，オスの求愛超音波をコウモリの超音波とみなしてフリーズする．コウモリが周囲を飛び回っている際，積極的に動くとコウモリから狙われるため，超音波を受容してフリーズする行動反応は適応的である．したがって，オスは静止するメスと交尾器の結合を何度も試みることが可能となり，結果として交尾の成功率が上がる．また，一般に求愛超音波の音圧が低いことで，同種のオスとコウモリから盗聴される可能性を抑えているものと考えられる．

ツトガ類のモモノゴマダラノメイガの発音の場合は複合的な系となる．中胸の左右にあるティンバルを用い，オスがコウモリ様の超音波パルス（平均パルス長 26 ms）に続き，極端に長い 200 ms 以上のバースト状の超音波を高い音圧で発する[2]．前半の短い超音波パルスは周りのライバルとなりうる他のオスによる接近を阻害し，後半の長い超音波はメスに交尾の特異的な受入れ姿勢を誘起する（図2）．このとき，前半部の短いパルスは，ガ類を好んで捕食するキクガシラコウモリの発する超音波パルスととても似ており，どちらの音もオスの飛翔をよく阻害することを付け加えておく．

キリギリスの超音波

そのほか，新熱帯区（南米）の熱帯雨林に生息するキリギリス類がコミュニケーションで用いる音の周波数は実に多様であるが，超音波を用いるものとしては，例えばオスが 115～148 kHz の超音波を発する新しい属 *Supersonus* の3種が2014年に報告されている[4]．彼らの超音波は音圧も高く，音源から 15 cm の距離で100～115 dB SPL となる．発音メカニズムは一般的なキリギリスやコオロギ類と同じく左右の翅の摩擦による．しかしながら，*Supersonus* 属を含めた超音波を発するキリギリス類の発音器官である翅は，体長の割に極めて小さく，0.5 mm^2 未満の面積しかない． 〔中野 亮〕

文 献
[1] W. E. Conner, *J. Exp. Biol.*, 202, 1711-1723 (1999).
[2] R. Nakano, T. Takanashi and A. Surlykke, *J. Comp. Physiol. A.*, 201, 111-121 (2015).
[3] R. Nakano, T. Takanashi, A. Surlykke, N. Skals and Y. Ishikawa. *Sci. Rep.*, 3:2003 (2013).
[4] F. A. Sarria-S, G. K. Morris, J. F. C. Windmill, J. Jackson and F. Montealegre-Z, *Plos One*, 9, e98708 (2014).

8-13 ショウジョウバエの音響コミュニケーション

ショウジョウバエのオスは求愛中に羽音を発してメスにアピールする．「求愛歌（courtship song）」と呼ばれるこの羽音は，1962年にShoreyによって発見されて以来，100種以上のショウジョウバエでみつかってきた[1]．求愛歌はそれぞれ種に固有な音パターンをもつ．ここでは，古くから実験動物として様々な研究分野で用いられているキイロショウジョウバエの知見を中心に，ショウジョウバエにおける音響コミュニケーションを紹介する．

求愛歌

キイロショウジョウバエのオスは「サインソング（sine song）」「パルスソング（pulse song）」と呼ばれる2種類の歌を用いてメスに求愛する[2]（図1）．サインソングは周波数が130〜185 Hz程度の連続した純音様の羽音，パルスソングはパルス間隔が平均35 ms，パルス内周波数が150〜200 Hz程度のパルス音である．一般的には，パルスソングの音量（粒子速度）はサインソングよりも大きく，これら2つの歌は一回の求愛行動の間，交互に何度も発せられる．

求愛歌は，胸部に存在する，翅の動きを制御する筋肉によって生み出される．サインソング，パルスソングはそれぞれ，hg1，ps1，と呼ばれる別々の筋肉により生み出されることが知られており，hg1はオスで顕著に肥大化している一方，ps1のサイズには性差は見られない．

パルスソングを模した人工パルス音は，雌雄の交尾成立を促進する．特に同種のパルス間隔をもつパルス音は交尾成立を促進する効果が高く，また，オス自身の求愛行動もよく活性化させる．このことから，パルスソングのパルス間隔が，種固有のシグナルとして重要な意味をもつと考えられている．サインソングの効果はこれまでよくわかっていなかったが，近年メスの交尾受容を促進することが示唆された[3]．

キイロショウジョウバエから約540万年前に分岐したとされる姉妹種オナジショウジョウバエやモーリシャスショウジョウバエ，セーシェルショウジョウバエは時間パターンの異なる求愛歌を発する[2, 4]（図1）．オナジショウジョウバエ，モーリシャスショウジョウバエ，セーシェルショウジョウバエのパルスソングのパルス間隔は，それぞれ平均55 ms，45 ms，85 ms程度である．またオナジショウジョウバエとモーリシャスショウジョウバエのサインソングの周波数はそれぞれ175 Hz，185 Hz程度であり，セーシェルショウジョウバエはサインソングをもたない．

その他の音響コミュニケーション

キイロショウジョウバエは求愛歌以外の音も発する．メスはオスの求愛を拒否する際に，しばしば拒否信号と呼ばれる羽音を発する．またオスは，オス同士の闘争時に，攻撃音と呼ば

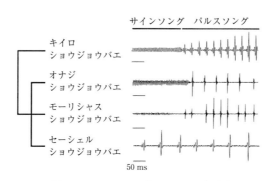

図1 キイロショウジョウバエの求愛歌

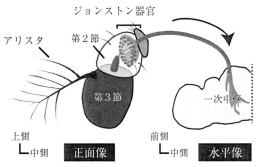

図2 ショウジョウバエの聴覚器（[7]より改変）

る羽音を発する．これらの羽音はともにパルス音であるが，その持続時間やパルス間隔は，求愛歌のパルスソングのおよそ倍である．

聴覚器（ジョンストン器官）

ショウジョウバエは触角で音を受容する（図2）．音エネルギーの粒子速度成分は，触角の先端部に存在する羽毛状の構造「アリスタ（触角端刺，arista）」を振動させる．アリスタの振動は触角第3節を介して，触角第2節の内部にある機械感覚器官「ジョンストン器官」に伝わる．この振動から生じる張力がジョンストン器官内部にあるジョンストン神経細胞を興奮させ，その情報が脳に運ばれ音として検知される．音の粒子速度は減衰が早いため，ショウジョウバエの音響コミュニケーションは，ごく近接した距離でのみ成立すると考えられる．実際，オスはメスのごく近傍，一般的には5 mm未満の範囲に近づき，求愛歌を発する．5 mmの距離で求愛歌により生じる粒子速度のレベルは，およそ秒速0.2 mmと推定されている．

ジョンストン器官は，風や重力を検知する機能も持つ．風や重力によってアリスタが一定方向に傾くような刺激も，音刺激と同様にジョンストン神経細胞を興奮させるのである．しかし，風や重力によって興奮する細胞群は音（粒子速度）によって興奮する細胞群と異なるため（後述），音は，風や重力と区別して認識される．

ジョンストン器官内には約480個のジョンストン神経細胞が存在する[5]．これらの軸索は直接脳へ投射し，下流の神経細胞に情報を伝える．ジョンストン神経細胞はその投射領域によって5種類のサブグループ（AからE細胞群）に分類され，グループごとにそれぞれ異なる応答特性をもつ[6]．この中で，音に対して応答するのは，A細胞群，B細胞群，D細胞群である．特に，A細胞群は比較的高音（100 Hz以上）に，B細胞群は比較的低音（100 Hz以下）に，D細胞群は200 Hz付近の音によく応答する[7]．C細胞群とE細胞群は風や重力に強く応答し，一定強度の音への応答は弱い．なお，ジョンストン器官の形態や応答性において，目立った性差は見られない．

〔石川由希・上川内あづさ〕

文献

[1] H. H. Shorey, *Science*, **137**, 677‒678 (1962).
[2] A. Kamikouchi and Y. Ishikawa, "Hearing in Drosophila," in *Insect Hearing*, G. S. Pollack, A. C. Mason, A. N. Popper and R. R. Fay Eds., (Springer‒Verlag, New York, 2016), Chap. **10**, pp. 240‒242.
[3] T. R. Shirangi, D. L. Stern and J. W. Truman, *Cell Reports*, **5**, 678‒686 (2013).
[4] K. Tamura, S. Subramanian and S. Kumar, *Mol. Biol. Evol.*, **21**, 36‒44 (2004).
[5] A. Kamikouchi, T. Shimada and K. Ito, *J. Comp. Neurol.*, **499**, 317‒356 (2006).
[6] A. Kamikouchi, H. K. Inagaki, T. Effertz, O. Hendrich, A. Fiala, M.C. Göpfert and K. Ito, *Nature*, **458**, 165‒171 (2009).
[7] E. Matsuo, D. Yamada, Y. Ishikawa, T Asai, H. Ishimoto and A. Kamikouchi, *Front. Physiol.*, **5**, 179 (2014).

8-14
テナガショウジョウバエの交尾と音

ショウジョウバエ属は1000種以上を含む巨大な分類群で，キイロショウジョウバエ以外にも様々な種が研究材料として用いられてきた．特に行動生態学の分野では，それぞれの種に固有の配偶行動に着目した研究が盛んに行われている．

テナガショウジョウバエはキイロショウジョウバエに比較的近縁でありながら，ショウジョウバエとしては極めて風変わりな形態をもっている．まず，一般的なショウジョウバエとは異なりテナガショウジョウバエはオスのほうがメスよりも体サイズが大きい（図1）．これはオス間の闘争に選択圧がかかっていることを示唆しており，実際に近縁種と比べてテナガショウジョウバエのオスは高い闘争性を示す．また成虫の形態に著しい性的二型があり，特にオスの前脚は極端に肥大・着色している．このような例は他のショウジョウバエにはまったく見られないもので，テナガショウジョウバエに特有の生態学的な事情とそれに基づく性選択により進化したのではないかと考えられる[1]．

ユニークな求愛行動

その要因の1つとして有力な候補が脚の振動（leg vibration）による求愛行動である（図2）．キイロショウジョウバエと同様に，テナガショウジョウバエのオスも翅の振動（wing vibration）によってメスに求愛を行うが，どうやらこの種においてはその効果はほとんどないようだ．ときには数十分にわたって求愛を続けるが，それでも交尾に至らないケースがよく観察される．すなわち，テナガショウジョウバエのメスはかなり交尾受容性の低い，オスにとっては厳しい相手なのである．そこでオスが繰り出す技がleg vibrationで，wing vibrationの状態からいきなりメスの正面にすばやく回り込み，長い前脚でメスの腹部を上から激しく叩きつける．その持続時間は長くても数秒だが，leg vibrationにはメスの交尾受容性を高めるのに絶大な効果があり，それまでは交尾を拒否していたメスもleg vibrationの後では高い確率で交尾を受け入れる．leg vibrationを効果的に行うにはメスの前方からでも腹部まで届く長い前脚が必要であり，この点でテナガショウジョウバエの形態的特徴と深く結びついている．実際，類似の行動は他のショウジョウバエではまったく報告されていない．前述したようにテナガショウジョウバエのメスは交尾受容性が低いため，それに対するオス側の対抗策として長い前脚とleg vibrationが進化したのかもしれない．

横取り行動の発見

このように必殺技ともいえるleg vibrationであるが，重大な弱点があることが明らかになった．雌雄1ペアずつを隔離状態で観察しているときにはわからなかったのだが，たくさん

図1　テナガショウジョウバエのオス（右）とメス（左）

図2 leg vibration の様子（口絵14）

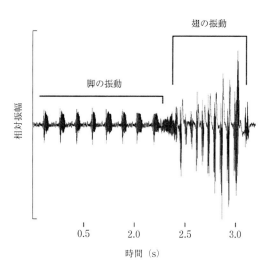

図3 leg vibration により生じる音

の個体を飼育している容器をみていて，あるオスが leg vibration をした途端に，wing vibration の間は素知らぬ顔をしていた周囲のオスが狂ったように殺到し，メスを奪おうとする現象を発見した．leg vibration 中はメスの背後ががら空きになるため，このような横取り行為には極めて無防備である．また前述の通り，leg vibration 直後のメスは交尾受容性が高まっているので横取りを試みるには絶好のターゲットである．実際にかなりの頻度でメスの横取りに成功することも確認できた．このように自ら求愛することなく他のオスの求愛投資を搾取するやり口は代替交尾戦術と呼ばれる．テナガショウジョウバエのオスが好戦的なのは，代替交尾戦術を取る周囲のオスを追い払うためである可能性がある．あるいは，闘争で敗れたオスがそれでも交尾機会を得ようとする代替戦術が横取り行動なのかもしれない．

手がかりは音？

横取りオスは leg vibration の何を感知しているのだろうか．leg vibration への反応は距離とともに減衰し4 cm 程度で消失すること，leg vibration 時には wing vibration よりも大きな音が発生していることなどから，音が手掛かりになっているのではないかと考えられた．実際に触角やアリスタを切除した個体は leg vibration への反応を示さなくなったため，leg vibration の音が横取り行動の引き金になっていることが強く示唆された[2]．ただし，leg vibration の音を聴かせるだけでは横取り行動を誘起できないため，視覚その他の刺激によるコンテクストが必要だと考えられる．

このように興味深い生態をもつテナガショウジョウバエであるが，その性質に種内変異が存在することも明らかになっており，闘争性や求愛行動[3]，高温耐性[4]などに系統間差が存在する．これらに対して遺伝学的な解析を行うことができ[5]，進化生態学の研究材料として高いポテンシャルをもっている．　〔松尾隆嗣〕

文　献

[1] S. Setoguchi, H. Takamori, T. Aotsuka, Y. Ishikawa, T. Matsuo, *J. Ethol.*, **32**, 91-102 (2014).
[2] S. Setoguchi, A. Kudo, T. Takanashi, Y. Ishikawa, T. Matsuo, *Proc. R. Soc. B.*, **282**, 20151377 (2015).
[3] A. Kudo, H. Takamori, H.Watabe, Y. Ishikawa, T. Matsuo, *Entomol. Sci.*, **18**, 221-229 (2015).
[4] Y. Hitoshi, Y. Ishikawa, T. Matsuo, *Appl. Entomol. Zool.*, **51**, 515-520 (2016).
[5] Y. Hitoshi, Y. Ishikawa, T. Matsuo, *Zool. Sci.*, **33**, 455-460 (2016).

8-15 ミツバチの音コミュニケーション

ヒトは声帯を震わせることで様々な周波数の音を発する．さらに言語野の高次機能により，様々な音を自然言語のルールに従い組み合わせることにより，複雑なコミュニケーションを可能にした．一方，一部の昆虫は翅を発音器官として音を発し，コミュニケーションをすることが知られている．秋に鳴くコオロギなどはその代表例であるが，彼らは種特有の時間パターンで仲間を呼び，ときには求愛をする．彼らの音は，一種のモールス信号に例えられるように，その音の時間パターンで仲間とコミュニケーションを行う．

ミツバチの音受信

春から秋にかけて，セイヨウミツバチは巣外で採餌を行い，様々な花から蜜や花粉を集める．帰巣後ミツバチは尻振りダンスと呼ばれる特有の行動で巣仲間に蜜源へのベクトル情報を伝える．数10 cmからなる巣板では，多いときで10匹ものダンサーが尻振りダンスを踊り，それぞれに蜜源の場所を聞き出そうと，複数匹のミツバチが群がる．尻振りダンスの間，ダンサーは一定の頻度で腹部を左右に振動させ，それとともにある一定の頻度で羽ばたく．マイクを尻振りダンサーの近くに近づけ，はばたき音を取得すると一定の頻度の音が記録できるが，ミツバチは鼓膜をもたないため，音圧を検出できない．しかし，尻振りダンサーの周りのミツバチは，頭部の触角を尻振りダンサーに向け，追従を繰り返す．これら追従蜂は，音源の近接場にしか到達しない空気振動（粒子速度）を触角で検出することができる．棍棒状の触角が共鳴により振動すると，その基部にある張力受容器の一種であるジョンストン器官が刺激されることで，音振動の時間パターンを神経信号に変換することができるのである．限られた巣内では，伝達範囲が広い音圧よりも，近接場にしか到達しない空気振動のほうが，同時並列的に異なるコミュニケーションをするためには有効なのであろう．

尻振りダンスは，はばたきを伴う尻振り歩行と左右のリターンランからなる（図1A）．フリッシュ[1]は，ミツバチが尻振りダンスによって蜜源への距離と方向を仲間に伝えること，すなわち方角は尻振り走行時の体軸方向に（図1A），距離は尻振りの継続時間に（図1A, B）符号化されていることを発見し，ノーベル医学生理学賞を受賞した．また彼は尻振りの間にはばたきによって生じた一連の短いパルス音の継続

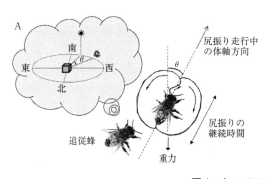 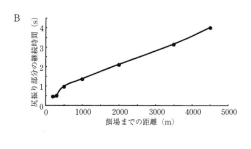

図1 ミツバチの尻振りダンス
A：採餌飛行から帰巣したハチ（右のハチ）は，図のような"8の字ダンス"で仲間に蜜源の場所情報を伝える（巣板が垂直の場合）．8の字ダンスは直進歩行と左右のリターンからなり，直進歩行の部分で腹部を左右に振りながら羽ばたくため，"尻振りダンス"とも呼ばれる．図の例で追従バチ（左のハチ）は巣内で，重力と反対方向を太陽の方向に読み替え，西にθ°の方向に行った所に蜜源があると解読する．B：尻振り部分の継続時間と蜜源までの距離の関係（[1]の表13のデータより筆者が作成）

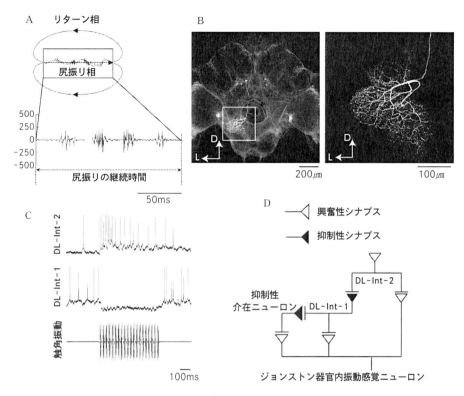

図2 尻振りの継続時間をどのように検出するのか？
A：尻振り相では断続的なはばたきによるパルス状振動が生じている．B：脳内の振動感受性ニューロンDL-Int-1の形態（左は全体像，右は全体像内の四角で囲った領域で，樹状突起を示す）．Dは背側，Lは側方．Cは尻振りダンスと同じ振動刺激を触角に与えた時の振動感受性ニューロンの応答．振動刺激の間，DL-Int-1は神経活動が抑制され，DL-Int-2は興奮する．Dは尻振り時間を符号化する神経回路（[2]を改変）．

時間（図2A）が，蜜源への距離に相関が高いことを示した．個々のパルス音の振動数は約265 Hz，腹部の尻振りの頻度は12〜15 Hzである．これらのダンサーの運動により，ダンサーの腹部の後側でははばたきによる空気振動に加え，空気噴射が生じている．この空気噴射は腹部の後端から体軸後方に噴射し，尾端で最も風速が高く，腹部から離れるに従って30 cm/s（翅先端付近）から4 cm/s（5 cm離れた付近）へ徐々に減少する．ダンス中には，ダンサーに追従するハチがダンサーの尾端に回りこむ行動をすることから，追従バチははばたきによる空気振動とこの空気噴射から蜜源の場所情報を得ていると考えられている．

追従蜂は，音からどのように距離情報を読み取るのか？

上述したように追従蜂は，尻振りダンサーの尻振り時間を計測することで蜜源への距離を解読する．尻振り相では断続的なはばたきによるパルス状振動が生じている（図2A）．この振動を受容する脳内の振動感受性ニューロンが調べられており，尻振りダンスと同じ振動刺激を触角に与えた時，DL-Int-1（図2B）は振動刺激の間，神経活動が抑制され，DL-Int-2は興奮する（図2C）．これらのニューロンの形態，振動応答とそれに基づく計算機シミュレーションから，尻振り時間を符号化する神経回路が推定されている（[3] Fig. 2D）．

〔藍　浩之〕

文　献
[1] K. von Frisch (ed.), *The Dance Language and Orientation of Bees* (Belknap Press of Harvard University Press, Cambridge, 1967), pp. 57-235.
[2] Ai *et al.*, *Front. Psychol.* 9, Article 1517 (2018).
[3] Ai *et al.*, *J. Neurosci.* 37(44), 10624-10635 (2017).

8-16

カメムシの振動コミュニケーション

様々なカメムシで行われている振動交信

カメムシの交信手段としてよく知られているのはフェロモンであるが，実は，振動や鳴音も広く使われている．おおまかには，飛翔を必要とするような長距離の交信にはフェロモンのような化学的な信号，植物体上などの近距離の交信では，振動や視覚などの物理的な信号が主に用いられると考えられている．

カメムシ亜目のうち，5科（カメムシ科，サシガメ科，ツチカメムシ科，コオイムシ科，アメンボ科）で基質や水面の振動が，1科（ミズムシ科）で水中の音声が交信の手段として使われる[1]．これらの振動や音声は，オスの求愛行動や雌雄間の交信に用いられることが多い．交尾相手を探す際，まず，雌雄が振動を発し，お互いの存在や位置を確認する．そして，振動の強さなどによってお互いの位置を確認しながら接近し，見たり触れたりできる距離まで近づくと，さらに頻繁な振動のやりとりや，触角で相手を叩いたり，歩き回ったりなどの行動が加わり，最終的にメスがオスを受け入れれば交尾に至る．マツモムシ科やアメンボ科では，水面を伝わる振動を利用して餌となる生物を探すこともある．カメムシは振動をキャッチすることで，交尾相手や競争相手のような同種の存在ばかりでなく，天敵の存在を認識することもできる[2]．他に興味深い例として，ツチカメムシ科のフタボシツチカメムシやベニツチカメムシは，母親が巣をつくり，卵の世話をするが，産卵後1週間ほど経って孵化時期が近くなると，母親が卵塊に振動を与え，一斉孵化が起こる．（▶8-26参照）

振動の発生と受容

カメムシ類の振動交信は，スロベニアのチョークル（Čokl）らの研究グループによって精力的な研究がすすめられており，研究成果が多数報告されている．発音（振動発生）の仕方には，脚を打ち鳴らす，腹部を震わせる，全身を細かく揺らす，融合した背板（振動膜）などを筋肉の収縮で震わせる，というのがある．これらの方法により発生する振動信号は100〜150 Hzあたりにピークをもつ，低くてやや狭い範囲の周波数の振動である．このような振動は植物体を伝わるのに適しているし，減衰もしにくいため，植物体上での比較的長距離の交信を可能にしている．また，複数の方法を同時に行って広帯域の振動を発生させることもある．

葉や枝などの植物体（基質）を通じて，他の個体から発せられた振動をキャッチするのは弦音器官である．カメムシ類で主に働くのは，脚の腿節にある「腿節内弦音器官」や，脛節基部にある「膝下器官」である．カメムシ類の発する振動の特性や機能がよく研究されているのに対し，振動を受容するほうの腿節内弦音器官の構造についてはほとんど研究例がなかった．しかし，最近，神経解剖学的なアプローチが試みられている．チャバネアオカメムシの腿節内弦音器官は内突起がなく，少数の感覚細胞が結合組織を介して関節につながっている．弦音器官の中枢神経における投射部位の構造は他の昆虫類のものと類似しており，比較的保存されているといえる．一方で，弦音器官の神経細胞の数や位置は大きく改変されている[3]．

カメムシ各種の振動交信

ミナミアオカメムシは世界的な害虫種であり，振動交信についてもよく研究されている．イネや野菜類など様々な作物を加害する害虫であり，熱帯地域から世界各地へと分布を拡大している．本種は長距離のコーリング，短距離での求愛，同性と対抗したり，異性を拒否したりするときに振動交信を行っている（図1）[4]．求愛の振動（歌）には，方言とも呼べるような地域変異があることが報告されている．スロベニアとオーストラリアの個体群に，それぞれの雌雄の求愛の振動を他方の雌雄に聞かせたところ，スロベニアのメスはオーストラリアのオスの呼びかけの振動に反応せず，逆に，オースト

---

326 | 8章　昆虫類ほか

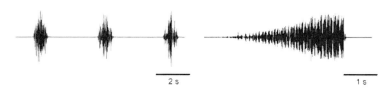

図1　ミナミアオカメムシの求愛の振動信号[4]
左：メスのコーリング，右：オスの求愛．

ラリアのオスはスロベニアのメスの呼びかけに反応しなかった．別の研究では，スロベニア，イタリア，フロリダ，ブラジルの個体群を用いて，雌雄の求愛の振動を他の個体群に聞かせたところ，同じ地域の異性に対するのと同じ反応を示した．しかし，これらの個体群の求愛の振動は，基本的な構成は似ているものの，個体群によっては変異があることや，周波数の分布やパルスの長さに少しずつ差があった．なお，振動だけでなく，フェロモン成分の構成比が地域間で異なることもある．

日本では，ミナミアオカメムシと近縁のアオクサカメムシの振動交信が詳しく研究されている．温暖化に伴ってミナミアオカメムシが分布を拡大したことで，在来のアオクサカメムシの分布域と分布が重なり，種間交尾が確認されるに至り，両種の交尾行動が比較された．交尾行動そのものは両種でおおむね同様で，実験条件下でも種間交尾は高い頻度で観察された．一方，雌雄の発する振動も解析された（高精度マイクを用い，音声として記録された）．音声（振動）は，アオクサカメムシでは雌雄とも 30〜240 Hz の周波数で，雌雄とも3種類ずつあることが確認された．一方，ミナミアオカメムシでは，オスで4種類，メスで2種類の，30〜220 Hz の周波数の音声が確認され，両種の音声は，周波数の範囲においてはほぼ一致したものの，音声のパターン（長さや間隔などの時間）は異なっていた．つまり，両種は，交尾の際，それぞれの種独自の振動パターンでもって交信しているにもかかわらず，種の識別が完全にはできていないことになる．これは，両種はこれまで出会う機会がなく，厳密に種を区別する機構が発達し

なかったためと考えられている．

東アジア原産で，世界各地に侵入して果樹類やマメ科作物などの害虫として問題になっているクサギカメムシも研究が進められている．オスは自発的に振動を発し，メスが応えることによってメスの探索を開始する．オスの振動のパターンは2種類，メスのパターンは3種類あり，交尾に至るまでの各段階でそれらの振動が発せられる．ピーク周波数が 50〜80 Hz 程度と低い（他種ではおおむね 100〜150 Hz）ことや，オスが出す振動パターンの1つが30秒程度と非常に長いことが特徴的である．また，本種は，越冬時に家屋等に集合するため不快害虫ともされるが，集合時にオスの振動が寄与している可能性も示唆されている．

カメムシ類の振動交信に関する研究は，北米やヨーロッパを中心に進んでいるが，近年は南米や日本でも，様々なカメムシ種に関する振動交信やそれに伴う行動が明らかになってきている．また，振動受容のメカニズムについても解明がすすんでいる．今後，カメムシ類の興味深い振動交信の実態や機構，意義がさらに解明されるだろう．応用面においても，振動交信には殺虫剤に見られるような抵抗性は発達しにくいと考えられ，交信阻害や忌避などの防除対策技術に活かすことができるだろう．〔上地奈美〕

文　献

[1] M. D. Greenfield, *Signalers and Receivers - Mechanisms and Evolution of Arthropod Communication* (Oxford University Press, New York, 2002).
[2] A. Čokl, and M. Virant-Doberlet, *Annu. Rev. Entomol.*, **48**, 29-50 (2003).
[3] H. Nishino, H. Mukai and T. Takanashi, *Cell and Tissue Research*, **366**, 549-572 (2016).
[4] A. Čokl, *J. Insect Physiol.*, **54**, 1113-1124 (2008).

8-17

ベニツチカメムシの給餌振動

昆虫において、産卵後も親が子の世話をする行動は亜社会性と呼ばれ、真社会性への進化の第1段階であると考えられている。亜社会性の進化は「家族」を出現させ、個体の適応度に家族内相互作用が強く影響するようになった。そしてそれは、家族内コミュニケーションの進化につながっただろうと想像される。しかしその家族内コミュニケーションの実態や機能を明らかにした研究は少ない。

本項では、亜社会性昆虫の家族内コミュニケーションの中でも、特に給餌にかかわる信号利用を初めて明らかにした研究として、ベニツチカメムシの給餌振動の研究を紹介する[1]。

ベニツチカメムシは九州の里山に生息する美しい昆虫である。越冬休眠から覚めたメスは4～5月に交尾し、寄主木ボロボロノキの未熟な実を吸汁して卵巣を発育させた後、樹下の落葉の下に巣をつくり産卵する。そのとき孵化幼虫の最初の餌として栄養卵を卵塊に付加する。その後メスは卵塊を警護し、幼虫が孵化すると寄主木の熟果を何度も運んで給餌する。孵化後10～12日で3～4齢になった幼虫は徐々に巣から離れて独立していく。

佐賀大学農学部の動物行動生態学研究室では、本種の家族の協力と対立に関する様々な研究を行ってきた。毎年5月下旬には、卵塊警護中のメス（50～100匹）を野外から採集し、室内実験に使う。メスは、個体毎にプラスチックカップ（直径約10 cm、深さ約0.5 cm）で飼育され、様々な実験条件下で保育行動が観察される。実験の途中、共同研究者である弘中満太郎が巣カップの中からかすかなブザー音が聞こえることに気がついた。これが給餌振動の最初の発見である。音は、巣カップを耳に接触するほど近づけるとやっと聞こえるぐらいの微かなものであった。野外で気付くことはまったくなかったが、静かな実験室内での飼育がこの振動

に気付かせてくれた。この音が聞こえるときのメスをみると、腹部背面と翅の間に隙間をつくり、腹部を細かく振るわせることから、確かにメスが音を発しているようであった。これまでのところ、本種では空気音を受信する感覚器官は確認されていないが、脚には基質振動を感知する弦音器官があることがわかっているので[2]、この音は基質振動として機能しているだろうと推察された。この振動の発見により、本種の保育行動の研究は、しばらくこの振動の解明に比重を移すことになった。

いつ鳴くのか？

行動と振動の関係を知るために、接触型マイクロフォンが巣カップの底に設置され、また巣の上部にコンデンサマイクロフォンが設置されてメスの行動観察とともに振動が記録された。これまでに100例以上のメスが記録された結果、熟果の給餌行動と振動の発生は完全に一致していることがわかった。メスは外から熟果を運んで巣に入るときにだけ鳴き始め、その後、断続的に鳴きながら、土や枯葉、枯枝、ひげ根などを含む巣の基質内を移動し、やがて幼虫集団と出会うと熟果を落とし、完全に鳴き止んだ。このことから振動は巣内で幼虫達と出会うために必要な何らかの信号であろうと推察された。

振動の測定と振動特性

当初、振動を測定するために実験室で用いた方法はプラスチック製の巣カップの底につけた接触型マイクロフォンを用いたものであった。しかしプラスチックを通して伝わる振動は変質してしまう可能性があるので、もっと「生」の振動を測定する必要があった。そこで風の穏やかな日に、野外の巣で自然に生じる振動が測定された。測定では、建築資材であるスチール製のL型アングルの一片を巣の下に挿入し、他方の先端を地上に出し、その地上部分に接触型マイクロフォンを貼付けた。そしてメスが巣に戻って給餌行動を始めるのに合わせて振動が測定された。振動はデジタルレコーダー（TASCAM HD-P2）に記録された。

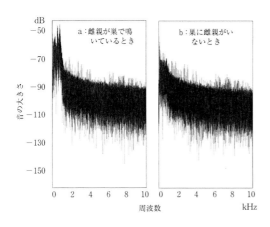

図1 給餌振動のパワースペクトル

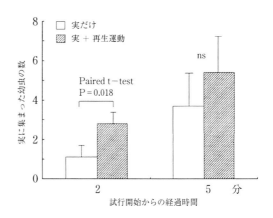

図2 熟果と給餌振動の幼虫を集める効果

振動は開始から完全に終了するまでの間にいくつかの振動バウト（約2〜130秒）をもつことがわかった．そしてバウト内にも振幅の大きな部分が断続的に現れ，それらが可聴音にもなっているようである．振動の特性を知るためにFFT分析が行われ，そのパワースペクトルが図1に示されている．メスが巣で鳴いているときと巣にないときの結果を比較すると，明らかに振動成分は1kHz以下の低周波振動であることがわかる．ツチカメムシは，腹部背板の振動膜（ティンバル）より発せられる低周波振動を基質振動信号として利用することが知られている．よって本種においても，メスの腹部背面の振動を伴い，かつ低周波振動である給餌振動は，基質振動信号であると推察される．

振動の機能

メスは何のために振動を発するのだろうか．これまでの状況証拠から，「振動は巣の奥に隠れている幼虫達に対して餌に集まれと伝える信号である」という仮説が考えられた．この仮説を検証するために，簡単な操作実験が行われた．3令幼虫をもつ29家族からメスが除かれ，そのうち15家族にある日に1回だけ熟果が与えられ，次の日に熟果と再生振動が与えられた．そして幼虫が熟果へ集まる様子が観察された．餌と再生振動の条件の順序の効果を消すために残りの14家族には，逆の順番でこれらの条件が与えられた．熟果は，巣をカバーする枯葉を除いた後の基質上部に置かれ，再生振動は，接触型スピーカーにつないだスチール製延長端子の他方の端に熟果を接触させ，その熟果を通して巣材に伝わるようにされた．図2は，実験開始から2分後と5分後に熟果に集まった幼虫の数を示している．この図から，熟果と再生振動を与えたほうが熟果への幼虫の集合が早く起こることがわかる．これによって，振動には熟果と一緒のとき幼虫を早く呼び集める効果があることが示された．しかし，振動自身が幼虫を呼び集めているわけではなさそうである．というのも振動単独の条件で同じ実験をやってもスチール端子に幼虫が集まる傾向は顕著ではないからである．熟果が必要な理由は，おそらく熟果の匂いが熟果へ向かう動機付けと定位付けをするためだろう．では給餌振動の本当の機能は何であろうか．現在期待しているのは「"巣に入ってきたのは捕食者ではなく，自分たちのメス親である"ことを伝える信号である」という仮説である．この仮説を検証する研究はいまも続いている．

〔野間口眞太郎〕

文献

[1] S. Nomakuchi, T. Yanagi, N. Baba, A. Takahira, M. Hironaka and L. Filippi, *J. Zool.*, 288, 50-56 (2012).
[2] A. Čokl, C. Nardi, J. M. S. Bento, E, Hirose and A. R. Panizzi, *Physiol. Entomol.*, 31, 371-381 (2006).

8-18 クロスジツマグロヨコバイの振動コミュニケーション

クロスジツマグロヨコバイ(図1,以下クロスジ)は,前翅に黒い筋があり,その先端部分(端=ツマ)が黒いこと,そして稲の茎などにとまった後,茎の周囲を思わぬ横方向に這って動く.この横這いがヨコバイの和名を与えている.英語では small cicada と呼ばれセミ cicada に比べて小さく体容積は1/200にも満たない.しかし,腹部にセミに似た発音器官をもち情報を伝える.セミの発音器官はその構造から大きな鳴き声を発して配偶者を呼ぶことができる.しかし,ツノゼミそしてヨコバイ,ウンカなどの求愛シグナルを聴くことは,特別な機会に恵まれない限りそれはない.セミの発音器官で生成された音は空気中に伝わり伝達されるが,ヨコバイなどでは,発音器官の振動が肢を通じて基質振動として配偶者に伝わり,コミュニケーションに使われる[1].この振動によるコミュニケーションが配偶行動において確認されたのは,トビイロウンカを用いた Ichikawa と Ishii の研究による[2].また同様にツノゼミでも採用されていて,同翅亜目頸吻群で一般的なコミュニケーションの方法である.クロスジの配偶行動も既に観察されていて,プレイバック実験によって,オスの求愛シグナルがメスの交尾鍵刺激として働くことが明らかにされている.オスのコーリングシグナルはトリルとバズからなり(図2),これらが一体のものとしてメスに受容されることが必要であることと,トリルの情報がメスにとってより重要で,バズの寄与は小さいことが Inoue により示唆されている[3].このような小型の昆虫がどのようにオスとメスの間で情報を交換しているかは興味深いものがある.ここでは多くの動物が示す広告するオスと選択するメスの特性に着目して配偶過程で発せられるシグナルと,オスとメスの行動を詳細に調べたので紹介する.

オスとメスの振動シグナルと役目

多くの昆虫ではオスだけが広告のためにシグナルを発し,メスはもっぱら選択者として振る舞うことが多いが,クロスジではメスもオスの行動に呼応してシグナルを返す.まず初めに,メスが呼応しないでオスが単独で広告する際のシグナルの時間的変化を,振動シグナルを構成するチャープとバズの変化から調べた.

羽化後3日から5日目,7日目,14日目のオスのチャープの長さの平均値にはほとんど変化はなく,バズの長さに顕著な変化が見られた(図2).オスの日齢が進むとバズの長さが短くなる,すなわち,加齢に伴って短くなるようだ.バズの長さが短くなることは広告の派手さが減少することを意味する.複数のオスからのシグナルを聞いたメスは情報量の多い派手な広告の発信者である若いオスを選ぶと推測された.オスのシグナルは齢に依存せず安定的なものと齢に依存して変化するものより構成されることが

図1 クロスジツマグロヨコバイのオス

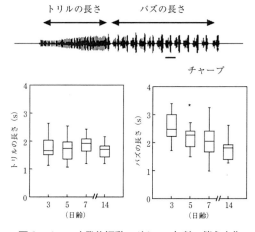

図2 オスの自発的振動シグナルの加齢に伴う変化

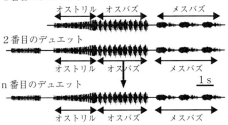

図3 雌雄のデュエットの変化

わかる．

オスは広告相手のメスがいる場合には，メスとどのようにかかわりメスとシグナルを交換するのであろうか．

オスがコーリングを開始したときのトリル数は1回であった．それに呼応するようにメスは数回のメスのトリルを返した．これに引き続き2回目あるいは3回目のデュエットを継続したときにはオスはトリル数を2回へと増やした．そして一頻りのデュエットを続けた（図3）．デュエットが終わり，ひき続きデュエットが再開された場合にも，両者は同様の情報交換を行った．一頻りのデュエットが5回繰り返されたこの例では，一頻りのデュエットの回数が後になるほどオスはバズを構成するチャープ数を次第に増やした．1回目と5回目の一頻りのデュエットでバズの長さ（＝チャープ数）に明らかな差が見られた．このようなオスのトリル数の2あるいは3回への増加とバズを構成するチャープ数の増加傾向はほかの多くのペアーでも観察され，メスとデュエットの交換を維持できたオスはバズのチャープ数を増やしメスへシグナルを返し，メスに交尾を促したと考えられる．オスは，同じ植物上にとまっているメスの応答に対して，トリルを増し，また，バズを構成するチャープ数をも増すことで，メスに交尾を促そうと振る舞っているように思われた[4]．

オスとメスのシグナル交換の絶妙な調整と交尾成功

クロスジの配偶行動は，オスの自発的コーリングシグナルが基質振動として伝わることから始まり，メスが応答してデュエットが続く．その後，メスがオスの求愛に応じて交尾する．トリルの長さはオスの齢（3日齢～14日齢）と独立で，自発的コーリングシグナルを発しているオスにメスが応答し始めると，オスはトリル数を2回へと増やしてさらにバズを続け，この際には専らオスがシグナルを増大させる．しかしデュエットをしばらく続けるには，メスからの応答が確実に返される必要がある．オスのコーリングシグナルの情報量はメスの応答のシグナルの情報量に比べ遥かに多く，メスとデュエットを交わし続ける機会を維持して，そのメスと交尾するのであろう．

クロスジツマグロヨコバイオスのコーリングシグナルを構成するトリルとバズは，配偶行動の鍵刺激としてもつ機能以上に複雑である．その複雑さは，コーリングの際のオスの齢と関連をもち，デュエットの際のメスとのシグナルの調整や強さは両者の性衝動に依存して変化する．これらの変化が，メスのオスに対する交尾応答の強さと関連する．このシグナルの複雑な交換の過程は，オスのメスへの広告とメスの配偶者選択，すなわち性選択によって維持されていると考えられる．ヨコバイ類オスのメス探索は，寄主植物上で求愛歌を発しメスの応答を待つことから始まる．応答がなければ別の植物へ飛び立ちメスを探す．オスは直接視覚などで相手を探すことはできない．自らが止まった植物上で，自らの齢を反映したシグナルを発する．メスから応答があった場合にだけメスとシグナルを調整して，メスに選ばれるに相応しいシグナルを発して初めて交尾の機会を得る．この様に，クロスジのオスとメスが相互に絶妙な振動シグナルを発しあって交尾に至るようになったと，理解できる．

〔福井昌夫〕

文献

[1] S. Drosopoulos and M. F. Claridge ed., *Insect Sounds and Communicateon* (CRC Press, Boca Raton, 2006).
[2] T. Ichikawa and S. Ishii, *Appl. Entomol. Zool.*, 9, 196-198 (1973).
[3] H. Inoue, *Appl. Entomol. Zool.*, 17, 253-262 (1982).
[4] 福井昌夫，中尾慎一，日本音響学会聴覚研究会資料，H-2005-38, 35(4), (2005).

8-19

アリとチョウの共生

アリ（ハチ目アリ科）は，ハチやシロアリと並んで，代表的な社会性昆虫であり，血縁関係に基づく排他的な社会を構築している．この強固な社会性によって，一家族のアリの個体数はしばしば膨大な数に達する．現在，外来生物の侵入は汎世界的な問題となっているが，侵略的外来生物のワースト100種をあげたリストにおいて，最大の種数が掲載されているグループがアリだということは，アリの社会性の強さを表す象徴的な事例ではないだろうか．

そうしたアリたちの巣内には，巨大な資源が存在する．それは，働きアリにより蓄えられた食料であり，アリの巣から排出されるゴミ（しばしば働きアリの死体も含まれる）であり，そしてアリの卵や幼虫および蛹である．こうした資源を狙って，アリの社会に侵入する生物は多様な分類群から発見されており，好蟻性生物，あるいは蟻客と総称される．

好蟻性生物の中で，古くから耳目を惹きつけてきたグループはチョウの仲間であろう．チョウの中でも身体が小さいことから，シジミチョウの名を冠するグループは世界で6000種以上から構成されるが，この膨大な種数に分化するに至った最大の成功要因がアリとの共生（本項における共生には，相利共生から寄生までの各段階を含める）であると考えられている[1]．事実，生態が判明しているシジミチョウのうち，3/4はアリと何らかのかかわりをもつ．そうしたシジミチョウの中でも，特定の宿主アリの巣内への侵入に成功したグループとしてゴマシジミ属のチョウは特に名を馳せている．このゴマシジミ属のチョウが，宿主アリの発する振動を盗用することによって，クシケアリ属のアリの巣内への侵入を効率的に成し遂げていることが近年明らかにされてきた．そこで本項では，このゴマシジミ属のチョウの音響・振動擬態を端緒に，アリとチョウの共生を概説する．

ゴマシジミ属のチョウは宿主の女王アリの振動を盗用する

まずは，ゴマシジミ属の中で最も研究が進められている，レベリゴマシジミの生態を紹介する．ヨーロッパに分布するこのチョウは，先に述べたようにアリの巣内で幼虫期を過ごす．働きアリはこのチョウの幼虫に，自分たちの幼虫に対してと同様に，口移しで餌を与える．興味深いことに，アリはこのチョウの幼虫を自分たちの幼虫よりも大切に扱う．例えば，スコップなどによってアリの巣を破壊すると，働きアリが安全な場所に真っ先に運ぶのは，自分たちの幼虫ではなく，このチョウの幼虫である．さらには，冬期などに巣内の餌が尽きると，宿主アリは自分たちの幼虫を餌として食べてしまうが，そんな環境下でも，チョウの幼虫の世話は続けるのである．このチョウとアリの関係において，チョウがアリの幼虫の匂いである化学物質を擬態することによって巣に侵入していることは比較的古くからわかってきた．一方，化学物質の擬態のみでは先に述べたような優先的な扱いを巣内で受けることは説明できない．この謎を音響・振動という新しい観点から解明したのがBarberoらである[2]．実は，このチョウの幼虫と蛹は，宿主アリの女王アリが自らの庇護を求めて発する振動に類似した音を発することができる．発せられた音を振動として感知した働きアリは，このチョウの幼虫や蛹を女王アリと同様，大切に庇護する．他方，女王アリは，自らに類似した振動を発するチョウの幼虫や蛹に敵対的に振る舞うことが判明した．その後の研究から，こうした女王アリ特異的な振動の盗用は，ゴマシジミ属のチョウが宿主アリの巣内において共通に利用する戦略だということが明らかにされている．

シジミチョウは普遍的に発音器官をもつ

実はシジミチョウによる発音は，ゴマシジミ属に留まらず，普遍的に観察しうるものであることが1980年代の後半から既に明らかにされている．シジミチョウおよび，近縁のシジミタテハの仲間の蛹の腹部の節間膜には細かな棘を

332 | 8章 昆虫類ほか

発音器官としてもち，擦り合わせて発音する．幼虫では発音器官の所在が定かでない種も多いが，特に終令幼虫になると多くの種が発音する．シジミチョウの多くはアリの巣に入ることなく幼生期を過ごすが，多くの種の幼虫・蛹ではアリが常に付きまとう姿が観察される．これらのアリは，捕食者や寄生者からシジミチョウを護衛していると考えられ，アリへの報酬としてシジミチョウの幼虫は蜜腺から蜜を分泌する．一方で蜜の分泌はシジミチョウの栄養を消費するため，それを補う戦略はシジミチョウにとって重要である．オーストラリアに分布するエバゴラスヒスイシジミでは，蛹や幼虫が，蜜とともにに発音を利用してアリを集める[3]．蛹や幼虫の発音は，アリがくると頻度を増す．蛹では発音頻度と集まるアリの数が正の相関を示し，人為的に発音を阻害すると，集まるアリの数は減少する．幼虫では蛹に類似した音のほか，2種類の発音が確認され，より高度な音響利用を用いている可能性をもつ．シジミチョウの発音を阻害すると集まるアリの数が減少する事例は，他のシジミチョウやシジミタテハでも多く報告されており，こうした発音利用が特殊化してゴマシジミ属で観察される音響擬態につながったと推測される．

アリの振動による情報伝達

　ここまでシジミチョウ側の視点から，音を利用したアリとの共生を解説してきたが，そもそもアリは音をどのように利用しているのだろうか．地中生活者であるアリ類は視覚の機能が一部退化し，化学物質を主な情報伝達の手段として用いている．また，アリは空気を介する音を聞くことができず，足元の基質から伝わる振動を感知すると考えられている．アリが音を出すことはヨーロッパでは古く19世紀末から知られてきたものの，振動を用いた情報伝達に関する知見は未だ断片的である．そこで最後に，いままで知られているアリの発音と機能についての知見をまとめておく．

　まず，アリの発音として最も普及しているのは，腹部などを足元の基質に叩き付けるドラミングによる発音であり，アリの亜科を問わず広く観察される．こうした振動は警報としての効果をとりわけ強くもつと考えられている．

　一方で，特定の発音器官を進化させたアリも多く存在する．これらのアリでは腹部の基部背面にヤスリ状の摩擦器をもち，アリ特有の前方の体節である後腹柄節のツメ状の構造物と擦り合わせることで音を発する．クシケアリ属のアリも，こうした発音器官を用いて音を出す．発音器官の獲得により，発音による情報伝達は高度化し，動員・救難・信号強化・交配などの情報伝達に利用されることが知られている．南米に住むハキリアリ属のアリは，その名の通り植物の葉を切り，それを栄養源としてキノコを栽培するが，良質の葉を見つけた場合には摩擦音を発し，仲間を動員する．一方，砂に埋もれた個体は，仲間への救難を求める摩擦音を発する．また，他の複数の属のアリにおいても，良質の食べ物を見つけた個体は摩擦音を発する．ただし，この摩擦音単体では他の働きアリへの動員効果を欠くが，動員効果をもつ化学物質とともにに摩擦音が発せられると，化学物質単体より迅速に働きアリを呼び集める信号強化効果がある．最後に交配だが，アリは一般に空中で女王アリとオスアリが交配し，交尾後に地上に降りる．シュウカクアリ属のアリでは，既に十分な精子を得た女王アリは，その情報をオスアリに伝えて過剰な交尾を避けるために摩擦音を用いる．他方，ハダカアリ属の一種では，同種を認識して交尾する一連の流れの中にオスアリの摩擦音の確認が含まれている．このように，アリは多様な情報伝達に音を振動として利用しており，高度な情報社会を築くのに貢献していると考えられている．　　　　　　　　〔坂本洋典〕

文　献

[1] N. E. Pierce, M. F. Braby, A. Heath, D. J. Lohman, J. Mathew, D. B. Rand and M. A. Travassos, *Annu. Rev. Entomol.*, **47**, 733-771 (2002).

[2] F. Barbero, J. A. Thomas, S. Bonelli, E. Balletto and K. Schönrogge, *Science*, **323**, 782-785 (2009).

[3] M. A. Travassos and N. E. Pierce, *Anim. Behav.*, **60**, 13-26 (2000).

8-20
カブトムシのだましの振動

カブトムシの生活史

　カブトムシの幼虫は腐葉土や腐食の進んだ広葉樹の材を餌とする．1年1世代を繰り返し，生活史のほとんどの期間（8月〜翌年6月までの約10カ月間）を幼虫として過ごす．幼虫は有機物の堆積した樹洞などから見つかることもあるが，多くの場合，人によってつくられた腐葉土や堆肥などを生活の場としている．母親が狭い範囲に多くの卵を産むことや，幼虫同士が個体間相互作用により引き付けあうことが原因となり，幼虫は野外の生息場所において強い集中分布を示す[1, 2]．幼虫は6月ごろに，蛹室と呼ばれる，蛹になるための楕円形の部屋を地中深さ20〜30cmほどのところにつくる．幼虫は約10日の前蛹期間を経て蛹になる．蛹室は，腐葉土と自身の柔らかい糞を固めてつくられるが，あまり頑丈でない．蛹室は同種の幼虫に囲まれているため，先にできた蛹室は周囲を動き回る幼虫によって壊されてしまう可能性がある．蛹室を壊されてしまった場合，内部の前蛹や蛹は脱皮に失敗するなどして死亡する[3]．

蛹の発する忌避的な振動

　幼虫が蛹室に接近したとき，前蛹や蛹は蛹室内で腹部を回転させ，背面を蛹室の壁面に打ち付けることで振動を発する．この振動は500 Hz以下の低周波成分を多く含み，約1.5秒間隔の規則的な3〜7のパルスから構成される（図1）．この振動は，飼育している容器に耳を当てれば，ヒトにも十分感知できるレベルである．小島らは，蛹の振動を空の蛹室の近くで実験的に再生し，蛹室が幼虫に壊されるかを調べた[3]．その結果，振動を再生しないときに比べて，振動を再生すると，蛹室が壊される確率が大きく低下することが明らかとなった．つまり，蛹の振動は幼虫を忌避するための信号として機能しているといえる．

　幼虫は蛹の振動を感知すると8〜15分間ピタリと動きを停止させる[4]．このような行動はフリーズ反応とよばれており，多くの動物に共通して見られる，捕食者から身を守るための適応戦略である．また，カブトムシの幼虫は蛹の振動だけでなく，モグラが採餌中に発する振動に対してもフリーズ反応を示すことがわかっている[5]．実際にモグラの発する振動は，カブトムシの蛹の振動と，パターンや周波数が似ている．これらのことから，カブトムシの幼虫が蛹の振動に対して示す反応は，モグラなどの捕食者に対する戦略としてのフリーズ反応を起源としている可能性がある．言い換えると，蛹は幼虫の対捕食者戦略に便乗して，幼虫の動きを抑制するような振動信号を進化させたかもしれない．

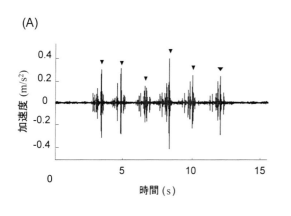 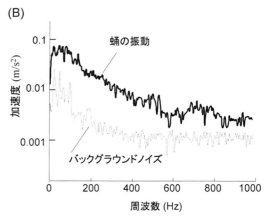

図1　カブトムシの蛹が発する振動のオシログラム (A) と周波数 (B)
蛹の背面が蛹室の壁に打ち付けられることで，(A) に矢頭で示された周期的なパルスが発生する．

図 2 コガネムシ科の 3 亜科の系統関係と蛹の振動
フリーズ反応の有無
①は蛹が振動を獲得した時点，②は幼虫が振動への忌避
反応を獲得した時点を示す．

だましの振動の進化

小島らはこの仮説を検証するために種間比較を行った[4]．カブトムシ亜科を含むコガネムシ科において，蛹が振動を発するものは少ない．例えば，コガネムシ科のハナムグリ亜科は，カブトムシ亜科とよく似た生態をしているにもかかわらず，蛹がまったく振動を発することがない．ハナムグリ亜科の蛹は，カブトムシ亜科とは異なり，堅固な土繭で覆われているため，振動によって身を守る必要がないと考えられる．また，同じくコガネムシ科に属するスジコガネ亜科では，蛹はほとんど振動を発しない．さらに，スジコガネ亜科は幼虫が単独生活するため，幼虫 - 蛹間の相互作用も野外ではほとんど起こらないと考えられる．カブトムシの幼虫に対して行ったように，スジコガネ亜科，ハナムグリ亜科の複数種の幼虫に対してカブトムシの蛹の振動を与えた結果，すべての種の幼虫がカブトムシの幼虫と同程度の長さ（約 10 分間）フリーズ反応を示した．

カブトムシ亜科，ハナムグリ亜科，スジコガネ亜科の 3 亜科の系統関係は**図 2** のようになっている．この中でカブトムシ亜科の蛹のみが振動を発することを考えると，蛹の振動は矢印①で示した時点で獲得された可能性が高い．また，振動に対する幼虫のフリーズ反応が 3 亜科に共通していたことから，この形質は少なくとも 3 亜科の祖先が既に獲得しており（**図 2** の矢印②），天敵から逃れるうえで有利になるなどの理由から，それぞれの亜科が分化したあとも維持されてきた可能性が高い．つまり，カブトムシの蛹は，もともと幼虫に備わっていた，振動に対してフリーズするという性質に便乗して，振動信号を進化させたと考えられる．

動物の一般的なコミュニケーションでは，受信者と発信者の双方が利益を得られる．それに対しカブトムシの幼虫は，蛹の振動を受信しフリーズ反応しても自身にとっての利益とはならない．むしろ，自らの行動が制限されることなどで，少なからず不利益を被るだろう．つまり，この両者のコミュニケーションでは，蛹のみが幼虫をだますことで利益を得ると考えられる．幼虫は蛹の振動信号を無視するほうが有利であるため，このコミュニケーションは進化的に不安定なように思われる．しかし，蛹の振動を無視することは，天敵の情報を無視するリスクを増加させるため，そのような性質は進化しづらいと考えられる．

〔小島 渉〕

文 献

[1] W. Kojima, Y. Ishikawa and T. Takanashi, *Naturwissenschaften*, **101**, 687-695 (2014).
[2] W. Kojima, *PLos One.*, **10**, e0141733 (2015).
[3] W. Kojima, T. Takanashi and Y. Ishikawa, *Behav. Ecol. Sociobiol.*, **66**, 171-179 (2012).
[4] W. Kojima, Y. Ishikawa and T. Takanashi, *Biol. Lett.*, **8**, 517-520 (2012).
[5] W. Kojima, Y. Ishikawa and T. Takanashi, *Commun. Integr. Biol.*, **5**, 262-264 (2012).

8-21 線虫の振動受容

線虫は線形動物門に属する動物である．大半の線虫種はシンプルな円筒形をしており，体長は数mm程度であるが，数百μmから数mに及ぶものまで様々な種が存在する．食性も多岐にわたり，動物や植物に寄生するもの，糸状菌や細菌を食べるものなど様々である．また，生息場所は，寒帯から熱帯の全気候，高山から深海にまで及ぶ．このように多様な線虫は，振動に対しての反応や振動受容機構も様々であると予想される．しかしながら，体サイズの小ささゆえ観察がしにくく，線虫の振動受容に関連する知見はごく一部の種に限られている．

線虫は眼をもたないため，利用できる外部情報は，主に化学物質と光以外の物理的刺激である．このうち化学物質は，餌の有無，同種間の密度感知，雌雄の判別などに利用される．物理的刺激は，周辺環境の認識などに利用されるが，その中でも振動は外敵（捕食者）の感知，自身よりも大きな餌（寄生性線虫における宿主など）の感知などに利用される．

宿主探索における振動刺激の利用

現在，線虫における既知種の約25%は寄生性線虫である．寄生性線虫は，自身の体よりもはるかに大きな生物を寄生宿主として利用する．寄生性線虫の大半は，宿主体内に侵入した後，養分を摂取し，宿主の体内もしくは体外で卵を産み，次世代の卵や幼虫が新たな宿主に侵入する生活史をもっている．寄生性線虫の幼虫は新たな宿主に侵入する際，受動的もしくは能動的に宿主に侵入しなければならない．寄生性線虫が能動的に宿主に侵入する場合，宿主が発生させる振動は，宿主の有無を知らせる重要なシグナルとなる．一例として，人間に寄生するズビニ鉤虫やアメリカ鉤虫の感染幼虫は，宿主を探索する際に宿主が発する振動を1つの情報として利用し，宿主に近づき，宿主の体表から体内へと侵入することが知られている[1]．

捕食者回避のための機械刺激の利用

土壌中に生息する *Caenorhabditis elegans*（図1）は，体長約1mmの細菌食性の線虫である．*C. elegans* は，全細胞系譜，全ゲノムなどの情報が整備され，モデル生物となっている．また，機械受容（振動・接触等）関連を含む多数の変異体がストックセンター（Caenorhabditis Genetics Center）に保存されており，振動受容

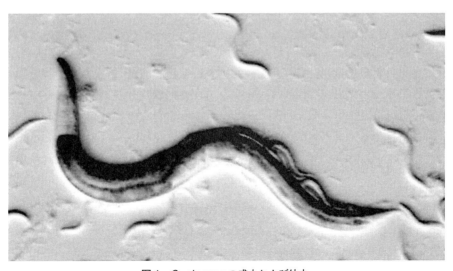

図1 *C. elegans* の成虫および幼虫

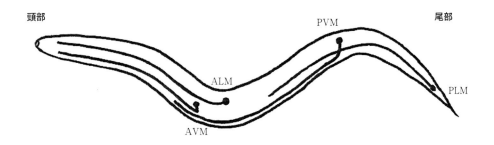

図2 *C. elegans* の感覚神経の概略（[2]を改変）

の研究においても最も研究されている線虫である．*C. elegans* に人間のまつ毛等の細く弾力のあるもので接触刺激を与えると，接触刺激を受けた部位と逆の方向に素早く移動する．例えば，頭部に刺激を与えた場合は後退，尾部に刺激を与えた場合は前進する．この反応は，線虫を捕食するダニや線虫を捕食する線虫（捕食性線虫）からの回避行動であると考えられている．

C. elegans の場合，振動刺激は接触刺激と同じ機構で処理される．*C. elegans* が振動に晒された場合，頭部と尾部を含む体全体が同時に接触刺激を受けた状態となり，素早い前進，後退，もしくは静止といった反応を示す．接触刺激に反応を示さない変異体は，振動刺激に対しても反応を示さない[2]．

C. elegans の振動に対する反応を観察できるのが，プレートタッピングである．*C. elegans* は，通常，プラスチックシャーレに寒天と栄養素と緩衝液を混合した培地で大腸菌を餌に飼育される．このプラスチックシャーレを外部から指先（爪）ではじく（タッピングする）と，*C. elegans* の振動への反応を観察できる．

線虫の機械受容神経

C. elegans における機械受容機構は，神経細胞レベルで明らかにされている．*C. elegans* に振動・接触刺激を与えた場合，刺激は体表直下のチャネル TRPN を介して感覚神経（体前部は ALM：anterior lateral microtuble cell と AVM：anterior ventral microtuble cell，体後部は PVM：posterior ventral microtuble cell と PLM：posterior lateral microtuble cell，図2）により受容され，入力神経と運動神経を介して処理された後，信号が筋肉に作用し，最終的に振動・接触に対する運動となる[2]．また，強い振動・接触刺激は，上記とは異なる感覚神経（PVD）を介して受容される[3]．

これまで線虫における振動受容の研究は一部の種に限られていたが，実験機器や映像解析技術の発展に伴い，他の線虫種にも広がりつつある．また，近年，振動刺激を利用した線虫の連合学習の研究など，複合的な研究も行われており，今後線虫の振動受容の研究はより多面的に発展していくと予想される．

〔田中龍聖〕

文　献

[1] W. Haas, B. Haberl, Syafruddin, I. Idris, D. Kallert, S. Kersten and P. Stiegeler, *Parasitol. Res.*, 95, 30-39 (2005).
[2] J. Pirri and M. Alkema, *Curr. Opin. Neurobiol.*, 22, 187-193 (2012).
[3] M. Krieg, A. Dunn and M. Goodman, *Bioessays.*, 37, 335-344 (2015).

8-22 甲虫の摩擦音

19世紀中頃から20世紀にかけて，ダーウィンを始め多くの研究者が，甲虫の摩擦音および摩擦器官について総説を著している．摩擦器官はこれまでのところ，30科の甲虫で知られている．すべての摩擦器官は2つのパーツが相互に擦り合うという共通の構造をもっている．通常は多数の微細で平行な隆起からなる鑢状器（pars stridens）と鑢状器の隆起を横切って動く尖った爪状の摩擦器官（plectrum）から構成されている．しかしながら，しばしばこの両構造ともヤスリ状であり，どちらがどちらか区別がつかない場合も多い．その場合はより明瞭なヤスリ状構造を鑢状器と呼ぶことが多い（図1）．甲虫では少なくとも成虫で14タイプ，幼虫で3タイプ，蛹で1タイプの摩擦器官が知られている[1]（表1）．センチコガネ科[2]のように，1つの動きで2種類の器官が発音することもあり，摩擦器官の数の特定は難しい．

摩擦音は特に配偶行動において広く用いられている（オオキノコムシ科[3]，ナガキクイムシ科[4]，キクイムシ科[5]など）．センチコガネ科[6]では，種特異的な配偶者認知システムとして働き，生殖隔離に役立っている．栽培シイタケの害虫でもあるニホンオオキノコとセモンホソオオキノコのオス成虫が頭頂－前胸器官をこすって発音する交尾前チャープ（交尾前にメスをなだめる音）はこれら同属の近縁種間で異なる（図2）．

また，摩擦音は防御行動においても役立っている（オサムシ科，ハムシ科，ゾウムシ科）．さらに捕食者に対する音響擬態の可能性を示唆する研究者もいる．例えば，Crowcroft は *Cychrus*（オサムシ科）の鳴き声がトガリネズミに対し強力な忌避効果を有することを記載し[7]，Lane and Rothschild は，物理的ストレスを受けたシデムシの一種（*Necrophorus*）の鳴き声が，マルハナバチの羽音に似ていることを示唆した[8]．

いくつかの分類群において，単一の器官が，配偶行動，威嚇，防御，集合など様々な機能を担う異なった音を出すことが知られている（カミキリムシ科，シデムシ科，ガムシ科，センチコガネ科，キクイムシ科，コガネムシ科，オオキノコムシ科[3]）．例えば，オオキノコムシ類オス成虫の頭頂―前胸器官は，交尾前チャープの他，メス成虫あるいは餌をめぐる闘争の際に威嚇チャープを発音する（図2）．

シデムシ科とクロツヤムシ科では摩擦音が社会的・亜社会的（特に成虫幼虫間誘引）行動に関与していることも知られている．〔大谷英児〕

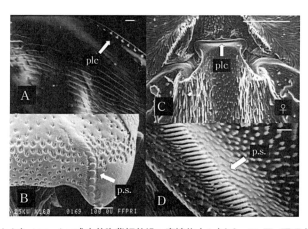

図1　A：ニホンホソオオキノコ，オス成虫前胸背板前縁の摩擦片（plc）[9]．B：同，頭頂（右側）の鑢状器（p.s.）．
C：カシノナガキクイムシ，メス成虫腹部背板の摩擦片（plc.）[4]．D：同，鞘翅裏面先端部の鑢状器（p.s.）．
スケールは A, D が 10 μm，B, C が 100 μm．

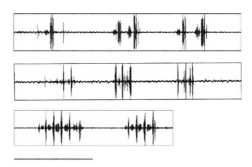

1秒

図2 上：ニホンホソオオキノコの交尾前チャープ，
中：セモンホソオオキノコの交尾前チャープ，
下：ニホンホソオオキノコの威嚇チャープ．

表1 甲虫の摩擦発音器官のタイプ（[1]を改変）

ステージ	鑢状器の場所	タイプ	報告のあった科（亜科）
成虫	頭部	頭頂－前胸型	ケシキスイムシ科，オオキノコムシ科，コメツキモドキ科，テントウムシダマシ科，ハムシ科
		咽喉板－前胸型	シバンムシ科，ゴミムシダマシ科，ハムシ科，キクイムシ科
	胸部	前胸腹板－中胸板型	コフキコガネ亜科
		前胸背板－腿節型	ナガシンクイムシ科
		中胸背板－前胸背板型	カミキリムシ科
	腹部	腹部－腿節型	ハナムグリ亜科，ナガドロムシ科
		腹部－鞘翅型	オサムシ科，ガムシ科，シデムシ科，コガネムシ科，ゴミムシダマシ科，ハムシ科，ゾウムシ科
		腹部－後翅型	クロツヤムシ科，センチコガネ科
	脚	基節－後胸腹板型	センチコガネ科，カミキリムシ科
		腿節型	オサムシ科，スジコガネ亜科
	翅	鞘翅－腹部型	マルガムシ亜科，コブスジコガネ科，コガネムシ科，ゾウムシ科，キクイムシ科，ナガキクイムシ科
		鞘翅－腿節型	オサムシ科，ハンミョウ科，クワガタムシ科，コガネムシ科，ゴミムシダマシ科，カミキリムシ科
		後翅－鞘翅型	ゲンゴロウ科，オオキノコムシ科，テントウムシダマシ科
		後翅－腹部型	コガネムシ科
幼虫		小腮－大腮型	ハナムグリ亜科，カブトムシ亜科，コフキコガネ亜科，スジコガネ亜科
		中基節－後脚型	クロツヤムシ科，センチコガネ科
		後転節－中基節型	クワガタムシ科
蛹		背節片のジントラップ	カブトムシ亜科

文献

[1] A. Wessel, *Insect Sounds and Communication*, S. Drosopoulos and M. F. Claridge Eds. (Taylor & Francis, Boca Raton, 2006) pp. 397-403.
[2] A. Winking-Nikolay, *Z. Tierpsychol.*, 37, 515-541 (1975).
[3] E. Ohya, *Entomol. Sci.*, 4, 287-290 (2001).
[4] E. Ohya and H. Kinuura, *Appl. Entomol. Zool.*, 36, 317-321 (2001).
[5] D. S. Pureswaran and J. H. Borden, *J. Insect Behav.*, 16(6), 765-782 (2003).
[6] J. Kasper and P. Hirschberger, *J. Natural History*, 39, 91-99 (2005).
[7] P. Crowcroft, *The Life of the Shrew* (Max Reinhardt, London, 1957).
[8] C. Lane and M. Rothschild, *Proc. R. Entomol. Soc. Lond. A.*, 40, 156-158 (1965).
[9] E. Ohya, *Appl. Entomol. Zool.*, 31, 321-325 (1996).

8-23
イモゾウムシの発音の変異

農業害虫イモゾウムシの発音器官と種内変異

イモゾウムシは西インド諸島が原産とされ、日本では奄美大島以南の南西諸島および小笠原諸島に侵入・定着している[1]．南西諸島では1947年に沖縄島の勝連半島で発見されて以来、およそ50年で奄美諸島にまで分布を拡げた．沖縄県では1994年から、かつてウリミバエで成功した不妊虫放飼（insect sterile technique）による本種の防除を進めている[2]．また本種の移動特性や大量飼育法に関する優れた基礎研究も実施されてきた[3, 4]．まずは本種の発音器官について紹介し、次に発音パターンに見られる種内変異について言及する．

イモゾウムシの発音器官

イモゾウムシは雌雄ともに発音することが知られている．本種の鑢状器（stridulatory file）は鞘翅の腹部後側に付随している（**図1**）．

一方で、鑢状器の溝にあたる摩擦片（plectrum）がどのような器官なのかについてはいくつかの議論がある．これまでの観察から、腹板背面に生えるバチ状剛毛、また腹部末端部の棘状剛毛が摩擦片として働くとする主張もある一方[6, 7]、腹部末端部に存在する一対の円形小突起（plectrum tubercles）が摩擦片である可能性がいまのところ最有力である[8]．今後は操作実験を実施することで、発音器官を確定させなければならない．

イモゾウムシの発音にみられる種内変異

本種は擬死行動をとっているときに外部刺激を受けるなどすると、雌雄ともにストレス音を発することが知られている．さらにオスでは、求愛時にも長めの音を発する[5]．発音することでオス自身の交尾成功を高める、また外敵からの攻撃に対して威嚇効果を生み出すことに発音が役立っているのかもしれないが、適応的意義については一切不明である．またイモゾウムシの特徴として、翅をもっているにもかかわらず飛翔することができない．そのため異なる島に分布する地域集団の間には、人為的なゾウムシのもち込みがない限り、遺伝的交流はまず生じないと推察される．また求愛に音が利用されるならば、性選択や遺伝的浮動などにより発音特性を決定づける遺伝的基盤に地域集団間で違いが生じているかもしれない．こうした可能性を探るべく、本種が生息する地域から生きた個体を採集し、室内で数世代累代飼育した後、発音特性を地域集団間で比較した．

まず周波数特性の違いを比較するため、録音したゾウムシのストレス音を高速フーリエ変換により優位周波数を地域集団ごとに算出した．

ここからは、雌雄間に有意な周波数の差違は見出せなかったが、地域間では有意な違いがあった（**図2**）．平均優位周波数をみると、与那国は徳之島、沖縄本島よりも高い傾向があった[9]．

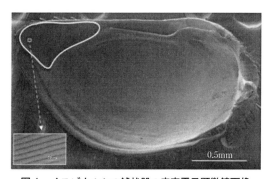

図1　イモゾウムシの鑢状器の走査電子顕微鏡画像

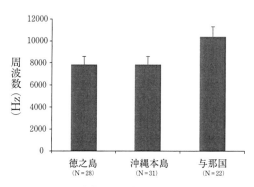

図2　各集団の順位周波数の平均値
（エラーバーは標準誤差，Nは解析個体数をそれぞれ示す）

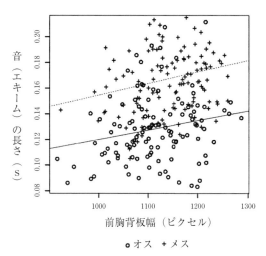

図3 前胸背板幅（＝体の大きさの指標）と音（エキーム）の長さの関係
直線はオス，破線はメスの回帰直線を示す．

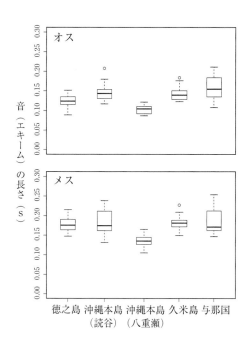

図4 各集団の音の長さに関する箱ひげ図

次に体の大きさと音の時間成分との関係をみてみたい．見た目では体の大きさに雌雄差を見出すことはできないが，前胸背板を写真撮影して幅を比較すると，メスのほうがオスよりも有意に大きかった[9]．次に前胸背板の幅と音（ここではエキーム）の長さとの関係を調べてみると，体の大きさに比例して，発せられる音のフレーズの長さが長くなる傾向があった[9]．しかしながら，最小自乗法による回帰直線を雌雄別に引いた際の傾きに有意な違いは見出されず，回帰直線の切片のみに極めて有意な雌雄差が見出された[9]．

最後に，音の長さが地域間でどのように異なっているかを比較した（図4）．雌雄ともに，地域間の差違は顕著で，同じ沖縄本島の集団であっても，読谷と八重瀬の間には大きな差違があったことから，集団間の地理的距離と音の差違との間に関連性はなさそうである．また音の長短の地域差は雌雄で類似していることもみて取れる[9]．

こうしたイモゾウムシの発音変異にはどのような適応的意義があるのだろうか？ 他種の昆虫では，発音のタイミング，音の継続時間，周波数成分といった特徴が求愛の可否に影響を及ぼすことがわかっており，本種においても求愛行動と音の関連性をより深く探る必要があるだろう．発音の適応的意義を知ることで，例えば音を利用した交信攪乱を引き起こし，繁殖阻害に結びつけるといった新たな物理的防除のアイディアが生まれてくるかもしれない．

〔立田晴記〕

文 献

[1] K. V. Raman and E. H. Alleyne, *Sweet Potato Pest Management: A Global Perspective* (Westview Press, Colorado, 1991), pp. 263-281.
[2] 安里清景, 国頭農報, 8, 5-11 (1950).
[3] 熊野了州, 応動昆, 58, 217-236 (2014).
[4] T. Kuriwada, N. Kumano, K. Shiromoto and D. Haraguchi, *Fla. Entomol.*, 92, 221-228 (2009).
[5] K. Yasuda and M. Tokuzato, *Appl. Entomol. 2001.*, 34, 443-447 (1999).
[6] 安田慶次, 宮良安正, 九病虫研会報, 38, 89-91 (1992).
[7] K. Riede and P. E. Stüben, *SNUDEBILLER* 1 (CD-Rom): CURCULIO-Institut: D-Mönchengladbach., pp. 307-317 (2000).
[8] C. H. C. Lyal and T. King, *J. Nat. His.*, 30, 703-773 (1996).
[9] 立田晴記, 植物防疫, 66, 310-315 (2012).

8-24

コオロギの音コミュニケーションと種分化

コオロギの鳴音は，種特異的であり，種認識に重要な役割を果たすと考えられる．ここでは，日本産エンマコオロギ属を対象として行った鳴音の音声解析と行動実験の結果を通して，近縁種間での交配前隔離の場面においてコオロギの鳴音が果たす役割について解説する．

日本に分布するエンマコオロギ属

日本列島上には，エンマコオロギ属コオロギが4種，自然分布している．エゾエンマコオロギ，エンマコオロギ，タイワンエンマコオロギ，ムニンエンマコオロギの4種である．これらのうち，ムニンエンマコオロギを除く3種は，おのおの，日本列島上で広い分布域をもち，2種間で分布が重複する地域がある．（図1）

エゾエンマコオロギ，エンマコオロギ，タイワンエンマコオロギの3種（以下，エゾ，エンマ，タイワンと略す）については，交雑可能性に関する研究があり，3種は，遺伝子型に違いがあり，交雑可能ではあるものの，交雑個体は発育不全などを生じ，世代をつなぐことは難しいことがわかっている[1, 2]．

コオロギの鳴き声と配偶行動

コオロギでは，オスのみが鳴き声を発する．また，オスが発する鳴き声にも複数のレパートリーがあるが，最も頻繁に発せられるのは，呼び鳴き（calling song）である．配偶行動の中で，メスは，オスの呼び鳴きを頼りにオスに接近，メスが接近してくると，オスは，鳴き声を呼び鳴きから求愛鳴き（courtship song）に変化させ，メスがオスの背中に乗る形で配偶に至る．図1に3種（エゾ，エンマ，タイワン）の呼び鳴きの波形図および，日本列島上の分布を示す．

音声解析とプレイバック実験

コオロギの鳴き声を構成する一塊の音をチャープと呼ぶ．コオロギの鳴き声は，チャープが無音区間をはさんで連続するものであり，また，チャープは複数のパルスから構成される．

コオロギの鳴き声は，近縁種同士では，音質やリズムに類似した特徴が現れる．エンマコオロギ属では，チャープを構成するパルス長が長く，複数のパルスから構成される1チャープの長さも他属のコオロギと比べて長くなるという特徴がみられる．

類似した特徴をもつエンマコオロギ属3種の鳴き声であるが，異なる特徴も併せもつ．呼び鳴きを解析すると，周波数特性については，タイワンだけが他2種との間に有意な差がみられ，チャープ長については，エンマだけが他2種との間に有意差がみられるなど，パラメータによって，種間関係が異なる．そこで，複数のパラメータを総合的に判断するために多変量解析を行った結果，エゾとタイワンの呼び鳴きが類似すると判断された．エゾとタイワンの呼び鳴きは，周波数特性には有意な違いがあるが，チャープ長やパルス繰り返し率などの時間特性に共通点が多い．

音声解析の結果，特徴が似ていると判断されたエゾとタイワンの呼び鳴きであるが，配偶の場面で，実際に呼び鳴きに反応するのは，メスのコオロギである．メスにとって，これら3種の呼び鳴きはどのように認識されているのであろうか．

その点を探るために，メスに対する音声プレイバック実験を行った．その結果，メスにとっても，エゾとタイワンの呼び鳴きは，似たものと判断されていること，エンマの呼び鳴きについては，確実に弁別されていることが示された[3]．

エゾとタイワンの間では，呼び鳴きの特徴が似ており，メスによる判別が不確実である．しかしながら，2種では分布域が重ならないため，支障はないと考えられる．一方，エゾおよびタイワンと分布が一部重複するエンマでは，オスの呼び鳴きは，エゾおよびタイワンと顕著に異

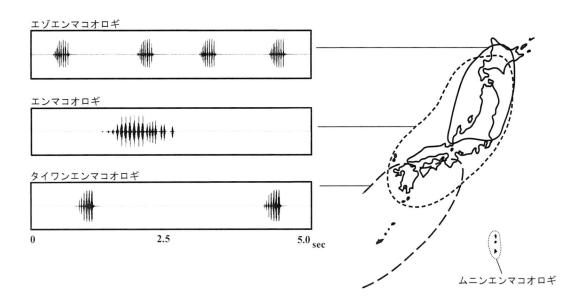

図1 日本列島上に自然分布するエンマコオロギ属4種の日本列島上における分布図と，広い分布域をもつ3種の呼び鳴き（calling song）の波形図（5秒間）

なる特徴を備え，エンマのメスは，エゾおよびタイワンの呼び鳴きから自種の呼び鳴きを弁別できる結果が得られており，交配前隔離としての呼び鳴きの有効性が示された．

鳴き声と種分化

近縁種間での鳴き声の違いについて，鳴き声の違いが交配前隔離を招き，種分化が生じた結果だと考察される場合がある．形態では非常に似ており同一種とされているものの中で，鳴き声が異なるグループを詳しく調べた結果，別種であると判明する，隠蔽種の発見では，鳴き声の異なりが先導する種分化が生じたと考えられることもある．

ここで取り上げたエンマコオロギ属3種の系統関係に関しては，エゾの分岐が最も古いと考えられている．エゾと似ているタイワンの呼び鳴きは，祖先形質的な特徴をもち続けているのかもかもしれない．それら2種とは異なるエンマの呼び鳴きは，どの段階で派生したものであるかはわかっていない．ある時代に，エンマが他2種から地理的に隔離され，呼び鳴きに違いが生じ，分布を再び接する状況になった後，何らかの配偶上のコストがあり，交雑回避の効果

のある呼び鳴きの違いがさらに大きくなったと考えることも可能である．しかし，これらのエンマコオロギ属3種が日本列島上に限らず中国大陸などにも分布することや[4]，3種間の遺伝的な違いも考慮すると，種分化の舞台を日本列島上と考えるよりも，もともと異なる呼び鳴きをもっていたエンマが，南方から分布を広げてきたときに，日本列島上で，エゾとタイワンの間に分布することができたとも考察可能である．

近年，本来はオーストラリアに分布しているコモダスエンマコオロギが，日本列島の一部地域に分布していることが報告されている[4]．今後，移入コモダスエンマコオロギの動向を追跡することで，呼び鳴きの配偶前隔離における有効性，呼び鳴きが関わる種分化を探る研究に新たな知見が加わることが期待される．

〔角（本田）恵理〕

文 献
[1] F. Ohmachi and S. Masaki, *Evolution*, 18, 405-416 (1964).
[2] S. Masaki and F. Ohmachi, *Kontyu*, 35, 83-105 (1967).
[3] E. Honda-Sumi, *Anim. Behav.*, 69, 881-889 (2005).
[4] 日本直翅類学会編，バッタ・コオロギ・キリギリス大図鑑（北海道大学出版会，北海道，2006), pp. 459-460.

8-25

セミの発音

　セミにとって発音は配偶行動において重要な役割を担っている．そのメカニズムは十分に解明されているとは言えないが，ここでは現在知られいているセミの発音に関する話題をいくつか紹介したいと思う．

セミの鳴音の音声分析

　セミの鳴音の音声解析を行うときには，音声波形（オシログラム），周波数分布，パルスを調べることが多いようである．セミは配偶行動において音を媒介としているので，発音時に確実に同種のメスに音が届くことは極めて重要である．発音の時間帯をずらすことも対策の1つであるが，特に同所的に似た鳴音の近縁種がいる場合は鳴音に識別可能な仕掛けが用意されていることも多い．例えば，日本産のエゾゼミ属のセミは，人の耳には似て聞こえる鳴音であるが，音声分析をすると周波数分布やパルスに違いがみられることが知られている[1, 2]．また，エゾゼミ属に比べれば同所的に複数の種が生息することの少ないニイニイゼミ属のセミや，台湾と日本のクサゼミ類についても，耳で聞き分けることは難しいが音声分析すると違いがみられる[3, 4]．逆に，国内に生息するツクツクボウシ属のセミはエゾゼミ属やニイニイゼミ属に比較すると，近縁種間の鳴き声の違いが（クロイワツクツクとオガサワラゼミの関係を除いて）大きく，興味深い．このような近縁種間の鳴音の違いを調べることは，種分化・進化の上でも重要であると思われる．

個体数原理

　個体数の増減・多少が，セミの発音開始や終了時間に影響を及ぼすことを筆者は「個体数原理」と呼んでいる．要するに気象条件などの環境が安定していれば，個体相互の関係を仮定しなくても，個体数が多くなると集団の発音開始が早まり，終了が遅くなる確率が高くなるということで，数学的に次のように説明することができる[5, 6]．すなわち，個体数 n の集団の個々のセミの鳴き出す時刻を $X_1, X_2, \cdots, X_n$ で表し，これらは区間 $[a, b]$ に値をとる同じ確率分布に従う独立な確率変数とすると，集団全体の鳴き出す時刻は最小値 $\min\{X_1, X_2, \cdots, X_n\}$ で表現することができる．このとき，個体数 n が大きくなったときの $\min\{X_1, X_2, \cdots, X_n\}$ の分布が，次第に元々の確率変数 $X_1, X_2, \cdots, X_n$ の値域の最小値 a に集中していくことを示すことができる．すなわち，個体数が増えると集団全体の鳴き出す時刻が早くなる確率が大きくなるのである．次に，$X_1, X_2, \cdots, X_n$ を個々のセミの鳴き終わる時刻とし，最小値のかわりに最大値 $\max\{X_1, X_2, \cdots, X_n\}$ を考えることで，同様の議論からこの最大値の分布が次第に確率変数 $X_1, X_2, \cdots, X_n$ の値域の最大値 b に集中していくことが示せ，個体数が増えると集団全体の鳴き終わる時刻は遅くなる確率が大きくなることがわかる．朝に鳴く習性のあるクマゼミやヒグラシの鳴き出す時刻のシーズン中の変化を観察すると，シーズン開始から鳴き出す時刻は次第に早くなり，個体数がピークを越えると再び遅くなる現象が観察されるが，これは個体数原理を用いて説明することができる[6, 7]．図1に，実際に観察されたヒグラシの鳴き始め，鳴き終わりの時刻の変化を示す．

　[7]では，ヒグラシの鳴き始めの時刻と気温との関係も調べられている．ある一定値よりも気温が低い朝は，ヒグラシの鳴き始めの時刻が遅れることが観察される（図1中↑印）．これは気温が低いという，主に外温性であるヒグラシにとっての悪条件が発音を遅らせたと考えられるが，観察結果によって，気温が上がってから発音を開始したわけではないことがわかる．発音開始を遅らせても「低温」という問題が解決していないにもかかわらず時刻を遅らせて鳴き出すのはなぜなのか．これも個体数原理で説明することができる．すなわち，低温下でも鳴くことができるセミは実際に生息するオスの個体数に比較して当然少ないわけで，これはみか

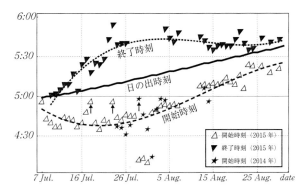

図1 ヒグラシの朝の発音開始，終了時刻の変動（近似は2015年のデータに対する3次曲線）（[7]を一部改変）

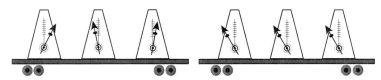

図2 自由に動く台上のメトロノーム[6]
左：初期状態；右：同期状態．

け上個体数が減ったことに相当する．したがって個体数原理によって鳴き出す時刻が遅れるのである．

鳴き声の同期

左右に自由に動く台の上に置かれている，ほぼ同じテンポに設定された複数のメトロノームが，初期状態によらず次第に同期していく現象が知られている（図2）．

この物理現象（結合振動子）に類似した現象として，ある種のホタルで不規則に点滅していた発光が，次第に同期していく現象が報告されている．また，複数個体のアマガエルの鳴き声の同期現象について，数理的な説明も試みられている[8]．さらに，配偶行動に関連して集団内における性比との関係も指摘されている[9]．しかし，同期の理由については捕食者との関係も無視できないと思われる．すなわち，鳴くことは配偶行動という点では有利に働くものの，一方で捕食者に自分の存在を自ら知らせることになるわけで，そのことに対する対策も必要になる．大集団をつくって鳴くこともその1つであるが，同期することも防御の手段になると考えられる．チッチゼミの鳴き声はパルス的な鳴き声で，抑揚がなく，リズムを刻むだけの鳴き声なので，近隣の同種のセミの鳴音と容易に混じり合い，特に（同相）同期をしている場合は音源を探り当てることが非常に難しいと感じることがある．さらに同期中に不規則に一拍休符を入れることがあるが，その瞬間に音像が飛ぶように感じられて，いっそう音源の位置の特定を困難にしているように思われる．また，朝鮮半島から中国大陸に生息するコマゼミの鳴音が次第に（同相）同期し，そのうちに周辺のすべてのセミが一斉に同じリズムを刻む現象が観察される．

〔税所康正〕

文献

[1] 林 正美，税所康正，改訂版 日本産セミ科図鑑，1CD（誠文堂新光社，東京，2015），p. 224.
[2] E. Ohya, *An. Acad. Bras. Cienc.*, **76**(2), 441-444 (2004).
[3] 上宮健吉，中尾舜一，*Cicada*, **17**(4), 59-74 (2003).
[4] 税所康正，*Cicada*, **21**(2), 50 (2014).
[5] 税所康正，*Cicada*, **18**(4), 58-61 (2006).
[6] 税所康正，昆虫と自然，**50**(10), 9-12 (2015).
[7] 税所康正，*Cicada*, **23**(1), 14-18 (2016).
[8] 合原一幸，京都大学数理解析研究所講究録，**1751**, 102-108 (2011).
[9] I. Aihara, *Phys. Rev.*, **E 80**, 011918 (2009).

8–26

音や振動がかかわる孵化

音や振動などの機械刺激は，ときに動物の孵化にかかわることもある．近年，胚（卵の中の子）が状況に応じて孵化のタイミングを変える「可塑的な孵化機構」に注目が集まるなか，音や振動の孵化への関与が多様な分類群で報告されている（**表 1**[10]）[1]．音や振動は，どのような状況で孵化にかかわるのであろうか．そして，卵殻などのカプセルに覆われた状態で，運動器官や感覚器官が未熟な胚は，どのようにこれらの刺激を利用しているのであろうか．本項では，まず音や振動により生じる動物の孵化についていくつかの例を紹介し，次にそれらの機械刺激を孵化における機能という視点から弁別し，今後の研究の展望を述べる．

音や振動による可塑的な孵化

音や振動が孵化に影響を与える例は，脊椎動物から無脊椎動物まで広い分類群で報告されている．古くは，ウズラなど家禽を対象にした胚発生を促進する方法として着目され，人工振動による孵化促進の効果が検証された[2]．その後，振動が発生や孵化に影響を与えるプロセスやその適応的意義にまで視点が拡張され，新たな対象や手法を用いた幅広いアプローチによる多様な研究が展開されてきた．

なかでも，捕食回避のための胚の顕著な孵化応答は注目を集めている．Warkentin らは，樹上に産卵されたアカメアマガエルの胚が，捕食者であるヘビの攻撃を受けると孵化を早めるこ

とを報告した（**図 1a**）[3]．ある段階まで成長した胚は，捕食者の接近に伴う振動を検知すると，次々に孵化をして樹下の水溜りに落下する．このとき，胚は風や雨などの無関係な機械振動に反応することはなく，ヘビが発する振動パターンにのみ応じて孵化をする．カエルやイモリなどいくつかの種では，こうした可塑的な孵化機構が報告され，そのなかで音や振動の担う役割も明らかにされつつある[4]．また，無脊椎動物においても，水際に生みつけられたカの卵が，波があたるときの振動により孵化が促進されることが報告されている[5]．さらに近年では，バッタやカメムシの卵が隣接するきょうだい卵の振動により，孵化が促進されることも知られる[6, 7]．

このように，捕食者や波などの外環境由来の機械刺激が孵化を誘導する場合とは別に，卵を1つの箇所にまとめて産むような種では，胚同士が互いの音や振動を手がかりに孵化をすることが知られる．カメなどの爬虫類では，隣の胚が発する鳴き声や心拍のリズムが同期することで，一斉に孵化をする[8]．このような同期孵化現象は，捕食者への希釈効果をもち，孵化したばかりの個体の捕食圧を減らす，と考えられている．

さらに，親が胚を世話する社会性の発達した種では，親が振動を与えて孵化を促進する例も知られる．カニの仲間では，メス親が腹部に抱えた卵塊を激しくポンピングすることで孵化が誘導される．Forward と Lohmann は，ミナトオウギガニにおいて，シェイカーを用いた人工振動により胚が自発的に卵殻を溶かす孵化酵素を分泌することを初めて示した[9]．また，メス親が数十個からなるボール状の卵塊を保護す

表 1　音や振動がかかわる孵化（[10]第1表，第2表を改変したもの）

音がかかわる孵化		
きょうだいの音声	ワニ目，カメ目	同期孵化を誘導
振動がかかわる孵化		
水流	ハエ目，トンボ目	孵化促進
捕食者の振動	カエル目，ウミウシ類	孵化促進
きょうだいの振動	バッタ目，カメムシ目	同期孵化を誘導
親の振動	エビ目，カメムシ目	同期孵化を誘導

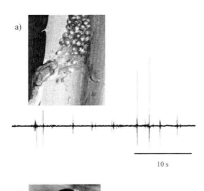

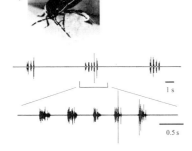

図1 a) アカメアマガエルの孵化を誘導するヘビの振動（写真と波形はWarkentin氏より提供），b) フタボシツチカメムシの孵化を誘導するメス親の振動の相対振幅（口絵15）

るフタボシツチカメムシやベニツチカメムシでは，孵化直前にメス親が卵塊を抱えながら揺する行動が確認されている（図1b）．孵化直前の卵塊をメス親からとりあげると孵化はばらつく．一方，ハンドモーターを用いてメス親の振動を模倣した人工振動を与えると，顕著な同期孵化がみられることから，メス親の発する振動が胚の同期孵化を促進することが明らかになった[8]．個体間相互作用のなかで孵化に関与する音や振動は，コミュニケーションを成立させるシグナルとしての役割が大きく，複雑かつ明瞭なパターンを示す場合が多い（図1b）．

このように動物の胚は，自身をとりまく多様な外環境のなかで音や基質振動を利用し，孵化タイミングを可塑的に変更しているといえる．

孵化における音や振動の機能

ここで，音や振動がどのように孵化に関与しているのか考えてみよう．実は，これまでの研究では，機械刺激が実際に孵化にどのように働きかけ，どのようなプロセスを経て孵化に至るのか，厳密には明らかにされていない．音や振動の孵化への関与について，"機能"という視点から2つに弁別できると考えられる[10]．

1つには，物理的に卵カプセルを破砕するような"補助の機能"である．鳥類や昆虫の胚の多くは，頭頂部に卵歯と呼ばれる突起状の構造をもつ[11]．このような物理的構造が振動によりカプセルと強い摩擦を起こし，孵化が生じる可能性がある．もう1つには，機械刺激が胚に直接働きかけ，胚の自発的な孵化を促す"調節の機能"である．発生後期には，音や振動を受容するための感覚受容器および情報処理に必要な神経システムが構築される．この段階の胚では，音や振動は外環境の情報を含んだシグナルとして利用され，適切な孵化タイミングを胚自身が決定することが可能である，と考えられる．上述した2つの可能性を詳細に弁別していくことで，音や振動が関与する動物の孵化システムの理解はより深められることであろう．

動物の胚は，一見卵カプセルという障壁に覆われながらも，我々が想像するよりもはるかに敏感に周囲の音や振動を受容し，ときには周囲の生物と相互作用しながら可塑的な孵化を可能にしている．動物における孵化システムについて多様な情報が整理され蓄積されつつあるいま，胚にとっての音や振動の意義に目を向けることで，新たな研究の発展が期待される．

〔向井裕美〕

文献

[1] K. M. Warkentin, *Integr. Comp. Biol.*, 51, 14-25 (2011).
[2] M. A. Vince, *Anim. Behav.*, 14, 389-394 (1966).
[3] K. M. Warkentin, *Anim. Behav.*, 70, 59-71 (2005).
[4] K. M. Warkentin, *Integr. Comp. Biol.*, 51, 111-127 (2011).
[5] D. M. Roberts, *Med. Vet. Entomol.*, 15, 215-218 (2001).
[6] S. Tanaka, H. Sakamoto, T. Hata and R. Sugahara, *J. Insect. Physiol.*, 107, 125-135 (2018).
[7] J. Endo, J. Takanashi, H. Mukai and H. Numata, *Curr. Biol.*, 29, 143-148 (2019).
[8] R-J. Spencer and F. J. Janzen, *Integr. Comp. Biol.*, 51, 100-110 (2011).
[9] R. B. Forward and K. J. Lohmann, *Biol. Bull.*, 165, 154-166 (1983).
[10] 向井裕美, 応動昆, 60, 67-75 (2016).
[11] J. Gómez-Gutiérrez, *J. Plankton. Res.*, 24, 1265-1276 (2002).

8-27

感覚情報の統合利用

　大脳皮質が発達した動物のみならず中枢神経系の規模が極小な昆虫・クモ等も複数の感覚情報を同時に利用する（▶8-28参照）．様々な研究分野で扱われる事象であるが，本項では特定行動を遂行する際の情報の統合利用の意義を考える．

感覚情報の種類による制約と情報利用

　感覚情報は，その担体により性質や制約に違いがある．複数の情報を併用することにより欠点を補完することができる[1, 2]．

　聴覚情報 すなわち空気・水を媒体とする振動は，物理的障壁を回り込んで伝わる．また残存時間が短く，タイミング情報として優れる．

　一方，振動情報（基質振動情報，振動感覚器で受容）は通常は媒体である固体を介して伝わる．

　嗅覚情報は，障壁を超えて伝わるが，到達距離や方向は気流・水流に依存することから方向を示す情報として利用しにくい場合が多い．発生が止まれば拡散し次第に薄まる．

　視覚情報は，光に依存し物理的遮断に弱い．瞬時に届き瞬時に消える（ただし色彩・文様等のON-OFFは情報発信者の行動による）．

　一方，接触化学情報（味覚など），接触物理情報の作用距離は極めて小さく，通常は受容する際に受容感覚器との接触を要する．このほか温度感覚，（機械感覚が担う）風圧，重力方向などもある．

統合利用される感覚種の組み合わせ

　位置情報として優れるが，光条件に依存し遮断に弱い視覚情報と，障害物を超え全方向に拡散する嗅覚情報や聴覚情報は特性・欠点が補完しあう組み合わせといえる．

　ガや甲虫のオスはフェロモンを感知してメスに接近した後，メスに視覚定位する[3, 4]．音源定位でも同様に視覚の介在が見られる．例えばキリギリスの一種のメスはオスの求愛歌に定位するが，もし歌が途切れても，オスを視認できれば視覚定位により接近，交尾に至る[5]．なお嗅覚・聴覚による定位により移動中の個体が視覚情報によって速度や姿勢を制御する事例は，様々な種で報告されている[6, 7]．

　視覚と（固体）振動の組み合わせはクモでよく研究されている[8]．例えばハエトリグモの一種のオスは前脚を掲げ上下に振る，前後に飛ぶなどの激しい求愛ディスプレイを行うが，メスのオス受け入れには視覚要因に加え，オスの発する振動が重要である[9]．昆虫においても，カミキリムシの成虫が接近する他個体を視認して触角を動かす行動が，振動刺激によって強化されるなど[10, 11]，視覚—振動感覚の統合利用がみられる．

　また遠隔感覚情報（聴覚・嗅覚・視覚）と，接触感覚情報（接触物理・化学感覚）は，後者の作用距離を前者が補う組み合わせである．このほか，統合利用される感覚種には様々な組み合わせでの事例がある[1]．単一の感覚情報への行動反応にみえても，未検討の他の感覚情報が関与している場合があり注意が必要である．

情報の意味・文脈

　一般に種内情報交渉で用いられる信号情報は種・性特異性が高いもの，また特定行動を引き

表1　主な感覚情報の性質[1]

	聴覚	嗅覚	視覚
媒体	空気・水	気流・水流	環境光
到達範囲	大	大	中
伝達速度	大	小	大
減衰・消失	速い	遅い	速い
障害物回避性	良い	良い	悪い
局在性	中	小～大	大
発信方向の調節	可	難	可
複雑さ	大	小	大
エネルギーコスト	大	小	小
捕食・寄生リスク	中	低	高

起こすために不可欠（主要因）であるものが多い．しかし，そのような信号情報に加えて，非特異的な情報，または単独では機能しない協力要因（synergist）を同時に利用することにはメリットがある[2]．

ケラの一種はオスの求愛歌によってメスがオスに飛翔定位するが，着地場所は，視覚情報で決定する[12]．このオスの歌は種・性特異性が高い要因であるが，着地の視覚目標には種・性特異的な情報を用いているわけではない．実験ではメスは地面上の黒いエリアに着地する．この時点でメスはオスの姿形をみているわけではない．

嗅覚定位の場合にも類例がある．リュウキュウクロコガネのオスはフェロモン存在下でメスを視覚的に認識し着地するが，着地を誘導するのは「低明度の物体」であり，これは特異性が高い条件とはいえない[11]．

一方，情報発信者のほうは情報を複数用いることにより視覚的には目立たずにすむため，特異的で強力な信号情報（フェロモン・求愛歌など）を発信していないときには，捕食者に視認される危険性も小さくなるであろう[13]．このように特異性や，受容感覚器が異なる複数情報を同種個体間の情報交渉のために利用することには，エネルギーの節約や捕食・規制リスクの低減などの利点があり得る．

同種個体間の情報交渉とは異なり，捕食者・寄生者の認識，寄主の認識などでは，発信者の発する信号情報ではなく，特異性が低い，あるいは単独では行動解発活性の低い情報要因を利用する例が多い．決定的ではない要因も複数重なることで情報としての確からしさが増す[1, 2]．

異なる情報源や感覚の組み合わせによって情報が機能する場合，複数情報が文脈（context）を成している，または1つの情報が文脈に依存（depend）しているということもできる．

感覚器の性能と情報統合

感覚器の感度，解像度は情報利用を制約する．

昆虫やクモなどの感覚は優れており，精密な音源定位が可能な種，理論的に最高の感度・解像度を備えた光感覚器，嗅覚感覚器をもつ種がある[14, 15]．しかし高性能の感覚器を形成するコストは大きく，また感度が高いほどノイズ比も高くなる．一方では昆虫も，その形や構造は異なるものの哺乳類等と同様，情報統合が可能な中枢神経系をもつことが明らかになっている[16]．あらゆる環境に対応すべく全ての感覚器官を高度に発達させることも，高性能な一種の感覚器官のみに頼ることも現実的ではない．生活史・環境に応じ選択的に感覚を進化させ，情報を統合利用することが合理的であろう．

多種感覚情報の利用システムは工学的課題でもある．情報の物理的特性，環境対応，センサー，解析・統合制御系などの要素は，生物の場合とほぼ並列であり，生物の情報利用の特性を知る上でも参考になる．　　　　　　　〔深谷　緑〕

文　献

[1] M. C. Larsson and G. Svensson, *Methods in Insect Sensory Neuroscience*, T. A. Christensen ed. (CRC, Boca Raton, Florida, 2005), pp. 27-58.

[2] 深谷　緑，昆虫科学が拓く未来，藤崎憲治，西田律夫，佐久間正幸 編（京都大学学術出版会，京都，2009），pp. 389-422.

[3] H. H. Shorey and L. K. Gaston, *Ann. the Entomol. Soc. Am.*, **63**, 829-832（1970）.

[4] M. Fukaya and S. Wakamura *et al.*, *Appl. Entomol. Zool.* **41**, 99-104（2006）.

[5] W. J. Bailey and E. I. Ager *et al.*, *Physiol. Entomol.*, **28**, 209-214（2003）.

[6] A. Mafra-Neto and R. T. Cardé, *Nature*, **369**, 142-144（1994）.

[7] N. J. Vickers and J. A. Roberts *et al*, *Behav. Ecol. Sociobiol.*, **67**, 1471-1482（2013）.

[8] G.W. Uetz *et al*, *Anim. Behav.*, **78**, 299-305（2009）.

[9] D. O. Elias and E. A. Hebets *et al.*, *Anim. Behav.*, **69**, 931-938（2005）.

[10] 高梨琢磨，深谷　緑，昆虫の発音によるコミュニケーション，宮武頼夫 編（北隆館，東京，2011），pp. 52-63.

[11] G. Beugnon, *Flo. Entomol.*, **64**, 463-468（1981）.

[12] M. Fukaya and N. Arakaki *et al.*, *Chemoecology*, **14**, 225-228（2004）.

[13] J.A.Roberts *et al.*, *Behav. Ecol.*, **18**, 236-240（2007）.

[14] 藤　義博，昆虫ミメティックス（NTS，東京，2008），pp. 338-346.

[15] K. Schildberger, 昆虫ミメティックス（NTS，東京，2008），pp. 244-251.

[16] 伊藤　啓，昆虫ミメティックス（NTS，東京，2008），pp. 111-134.

8-28
音と振動によるコミュニケーションと多種感覚情報

　動物は，多彩な感覚（聴覚，振動感覚，視覚，触覚，温覚，嗅覚，味覚など）によって，環境や対象を知覚する．ときには，いくつかの感覚を段階的あるいは同時並列的に併用することで，効率的かつ効果的な情報利用を可能にしている[1]（▶8-27参照）．このような多種感覚情報の利用は，ある種に限られた限定的な能力ではなく，むしろ脊椎動物から無脊椎動物までの幅広い分類群においてみられる普遍的な現象である．ここでは，音や基質振動などの音響シグナルを介した感覚情報とそれ以外の感覚情報とのかかわりを紹介し，それらがどのように関連しながら動物のコミュニケーションをなり立たせているのか考えてみたい．

感覚の切替え

　動物のコミュニケーションにおける多種感覚情報利用は，一つには，複雑かつ変動的な環境において安定した情報伝達を可能にする手段として獲得されたと考えられる．空気や基質を媒体として伝播する振動は，伝達過程で様々な妨害（ノイズ）が生じやすい[2]．すなわち，他の感覚シグナルを備えておくことで，環境が大きく変化してしまったときにも代替的に他の感覚に切替え，補償的にコミュニケーションを遂行することができる．例えば，海上で音響交信するザトウクジラは，風による雑音が大きくなると視覚シグナルに頼って仲間の位置を特定する[3]．都会の騒音の中で暮らすハイイロリスは，静かな森林環境に生息する同種が音響シグナルにより仲間とコミュニケーションをする一方で，視覚シグナルにより強く依存したコミュニケーションをする[4]．

　また，もっと小さな生き物にとっては，環境の変化はより深刻であろう．脚部の装飾を使ったディスプレイと，体の一部を摩擦させることによる基質振動により，オスがメスに求愛することで知られるクモの仲間では，暗い場所では視覚から振動感覚への感覚の切替えが行われる．逆に，振動が伝達しにくい基質上では，振動感覚から視覚への感覚の切替えが行われる[5, 6]．このような"感覚シフト"と呼ばれる現象により，音響シグナルは他の感覚シグナルに補償され，また他の感覚シグナルを補償しながら，円滑なコミュニケーションを成立させている．

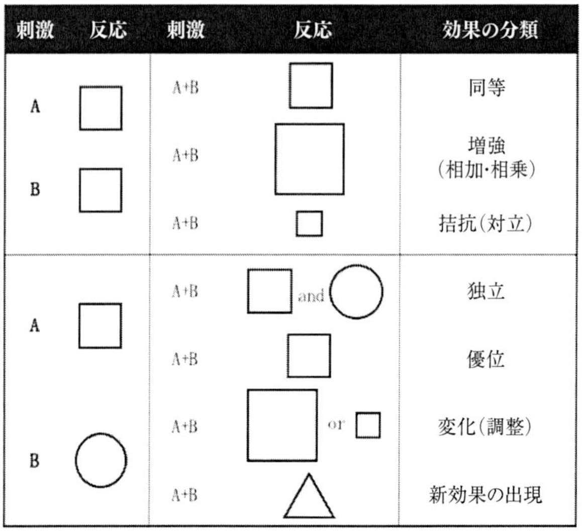

刺激	反応	刺激	反応	効果の分類
A	□	A+B	□	同等
B	□	A+B	□	増強 （相加・相乗）
		A+B	□	拮抗（対立）
A	□	A+B	□ and ○	独立
		A+B	□	優位
B	○	A+B	□ or □	変化（調整）
		A+B	△	新効果の出現

図1　多種感覚情報の組み合わせ方による行動応答の分類（[1]を改変）

各種感覚間の相互作用や干渉

感覚の切替えとは異なり，多種感覚情報が同時並列的に利用される状況では，各種感覚間において相互作用や干渉が生じることがある．Partan and Marler によると，異なる2つの感覚間の相互作用の効果は，大きく4つに弁別される（**図1**）[1]．それぞれ独立して効果を示す場合もあるが，効果の増強や減衰，あるいはまったく新しい効果の出現など，複雑な相互作用がみられる．

これらの感覚間相互作用は，動物の音響コミュニケーションにも大きな影響を及ぼす．捕食回避のための情報サンプリングでは，視覚や聴覚を同時に利用することで，より効率的に捕食回避を行うことがいくつかの動物では報告されている[4, 7]．前述したコモリグモの仲間では，視覚シグナルと振動シグナルが同時に受容された場合，振動シグナルの効果が高められる一方，視覚シグナルは機能しない．ただし，振動シグナルが存在しない状況では，メスはオスのディスプレイに強く惹きつけられるようになる[8]．

また，動物のコミュニケーションでは，それぞれまったく異なる意義をもつシグナルが混在し対立的な状況が生じることもある．ハスモンヨトウのオスは，捕食者であるコウモリの超音波を聞くと通常歩行を停止するが，同時にメスの匂いが提示された条件では，超音波をほぼ無視し匂い源へと向かって定位してしまう[9]．このように，各種感覚間では対立する感覚情報が干渉し合い，シグナル伝達に支障をきたす場合もある．

多種感覚情報利用システムの構築

ここまで，多種感覚情報利用における感覚の切り替えや同時利用の例を紹介してきたが，音響感覚は視覚と併用されることが多いことに気がつく．この理由は，1つには，音響感覚や視覚が有する特徴によるものかもしれない．音や基質振動が担う音響感覚や，光や色の波長が担う視覚においては，大まかにはある特定の波をシグナルとして扱う，という点で類似している．これらの感覚シグナルは，脳内の極めて近い領域で処理され情報統合されるため，神経レベルにおいても相互作用や干渉が生じていることが，ヒトやハエを対象にした研究で近年明らかになってきている[10, 11]．感覚の性質の類似性は，ある片方の感覚の発達とともに他方の発達をもたらすと予想され，こうした発達上の制約からも新たな感覚情報利用システムが創出される可能性がある．今後，視覚だけでなく，嗅覚や味覚などの化学感覚などその他の感覚との関連性も明らかになっていくことで，音響感覚が担う役割が見えてくるにちがいない．

動物のコミュニケーションは複雑であるがゆえに興味深い．複数の感覚が，いつどのようにして使われるか（時間的・条件的視点），どのような効果をもたらすか（機能的視点），というそれぞれの視点からの弁別に加え，そのシステムやメカニズムまでも明らかにしていくことで，我々は動物の驚くべき感覚制御能力を知り，動物の音響コミュニケーションの真の理解にまた一歩近づけることであろう．　　〔向井裕美〕

文　献

[1] S. R. Partan and P. Marler, *Science*, **283**, 1272–1273 (1999).
[2] P. S. Hill, *Naturwissenschaften*, **96**, 1355–1371 (2009).
[3] R. A. Dunlop, D. H. Cato and M. J. Noad, *Proc. Roy. Soc. B.*, **277**, 2521–2529 (2010).
[4] S. R. Partan, A. G. Fulmer, M. A. M. Gounard and J. E. Redmond, *Curr. Zool.*, **56**, 313–326 (2010).
[5] P. W. Taylor, J. A. Roberts and G. W. Uetz, *J. Ethol.*, **23**, 71–75 (2005).
[6] S. D. Gordon and G. W. Uetz, *Anim, Behav.*, **81**, 367–375 (2011).
[7] M. E. Smith and M. C. Belk, *Behav. Ecol. Sociol.*, **51**, 101–107 (2001).
[8] S. J. Scheffer, G. W. Uetz and G. E. Stratton, *Behav. Ecol. Sociol.*, **38**, 17–23 (1996).
[9] N. Skals, P.Amderson, M. Kanneworff, C. Löfstedt and A. Surlykke, *J. Exp. Biol.*, **208**, 595–601 (2005).
[10] M. H. Giard and F. Peronnet, *J. Cog. Neur.*, **11**, 473–490 (1999).
[11] M. A. Frye, *Curr. Op. Neur.*, **20**, 347–352 (2010).

8-29
振動による害虫防除

昆虫は基質を伝わる振動に感受性があり，様々な行動を起こす．振動を用いた個体間のコミュニケーションを植物の上で行ったり，捕食者からの振動を感知して逃げたりもする．振動によるコミュニケーションは多数の分類群において行われている．これらの振動による行動や感受性のメカニズムについての知見は蓄積されつつある（▶8-11,16,18,20,26参照）．また，国内において害虫は2900種にものぼり，それらの防除は化学農薬に依存している．害虫における振動の感受性を応用して，害虫の行動を制御する防除は可能であるが，そのような研究が始まったばかりである．昨今，化学農薬に頼らない害虫防除技術の開発が求められており，振動を用いた防除はそのニーズに応えるものである．ここでは，振動を用いた害虫防除の研究例と展望を紹介する．

振動コミュニケーションの阻害

カメムシ目と呼ばれる分類群は，カメムシをはじめウンカ，ヨコバイ，キジラミやコナジラミといった農作物の害虫を多く含む．これらは，植物上で振動コミュニケーションを行い，オスとメスが相互に振動を交わすことによって，オスがメスを探索し，交尾にいたる（▶8-16参照）．市川俊英と石井象二郎は，イネの害虫であるウンカの振動コミュニケーションを世界に先駆けて発見した[1]．体長4 mmほどのヒメトビウンカのメスが腹部から発する振動は，そのメスがいるイネだけでなく接触する隣のイネにも伝わる．このためオスはその振動によってメスを探索することができる．

近年，欧米では振動コミュニケーションを阻害することによって，害虫防除の技術開発を目的とした試験が進められており，2例を紹介する．最初の例となる，ミカンキジラミは国内外に分布し，カンキツを枯死させる病原体を媒介する害虫である．本種のオスが振動の1秒程度の短いパルスを発すると，それに反応してメスが振動のパルスを発する．メスの振動の周波数である200 Hzとその倍音からなる模倣振動のパルスによって，メスの振動をマスクし，オスの探索を抑制させることを目的とした試験を行った[2]．具体的には，オスの振動が発する直後のタイミングに，人工振動をカンキツ苗木に取り付けた圧電素子による小型ブザーから発生させる．この実験系により，温室内に放されたミカンキジラミの交尾率は56％から12％と減少し，メスの模倣振動によってコミュニケーションが阻害されることが示された[2]．

次に，ワイン用のブドウの病気を媒介するヨコバイの一種を対象としたイタリアでの試験例を紹介する．本種は，雌雄間の振動コミュニケーションに加えて，オスがライバルを妨害する振動を発する．オスのコミュニケーションと妨害のための振動は，ともに300 Hz未満の周波数であるが，前者は規則的な短いパルスからなり，後者は不規則であり，異なっている（図1）．この妨害のためのオスの模倣振動により，雌雄間のコミュニケーションを阻害できるかどうかを調べた[2]．具体的には，複数のブドウ樹をつなげる金属のワイヤーを通じて，高振幅の人工振動を電磁式の加振器から与える．そしてヨコバイの雌雄を袋がけしたブドウの葉に放して，振動による阻害効果を評価する．その結果，振動が十分に伝播する範囲（9.4 m以下）では，80％以上の高い交尾率が数％以下となり，妨

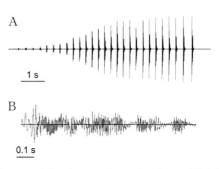

図1 ヨコバイのオスのコミュニケーション(A)と妨害(B)のための振動の波形（[3]のFig. S1ABを転載）

害のためのオスの模倣振動によるコミュニケーションの阻害が確認された[3].

ミカンキジラミとヨコバイの両種において，振動によりコミュニケーションを阻害する防除の可能性が示されたが，実用化はこれからであり，装置や使用法等の改良が望まれる．今後，カメムシ目に限らず，振動コミュニケーションを行う他の害虫への適用が期待される．

振動による行動阻害

振動コミュニケーションの有無にかかわらず，昆虫は振動に感受性がある．このため，振動によって特定の行動を阻害したり，忌避させる防除が可能である．筆者らの研究グループは，マツの病気（マツ材線虫病，いわゆる松枯れ）を媒介するマツノマダラカミキリ（口絵15）を対象にした研究を行っている[4, 5]．この病気は，国内外で猛威をふるっており，日本での被害量は年間で木造家屋2万戸分に相当する．マツノマダラカミキリは振動コミュニケーションを行わないものの，振動に対して様々な行動反応を示す．例えば，静止している成虫に振動を与えると，触角や脚などの体の一部を瞬時に動かす驚愕反応を示す[4]．この反応は1kHz以下の振動に対して感度よく起こる．また，歩行中の成虫に100Hzの振動を与えると，フリーズ反応（凍りつき）を起こして，歩行を停止する．一方，静止している成虫は，振動によって歩行を開始することもある．これらの反応は，捕食者から回避などの準備行動（▶8-8,20参照）である．さらに，高振幅の振動を与えると，様々な行動を阻害する．マツノマダラカミキリは摂食によって病原体がマツに感染するが，振動によって摂食が阻害されることを見出している．

マツに振動を発生させる装置には，超磁歪素子を用いる[5]．これは，既存の電磁式や圧電素子よりも耐性が強い上に，高出力である．超磁歪素子とは，磁界の変化によってひずみを生じる希土類金属−鉄系の合金であり，これにコイルを巻いてマツに振動を発生させる．これにより，害虫の産卵や摂食，定着などの行動を阻

図2　振動を用いた行動制御による害虫防除

害したり，忌避させることができる（図2）．これらの行動制御に十分な振幅を，この装置1台からマツ樹1本に与えることができる．また，この方法では，慣れを防ぐために，休止時間を含めた振動を与えている．この装置を用いた実験より，この超磁歪素子を用いた装置によって，マツノマダラカミキリの定着が阻害されることを確認している．

振動を用いた害虫防除技術は，化学農薬に頼らない環境低負荷型である．また，昆虫は振動に感受性があるため，幅広い害虫が対象となり，汎用性が高い．このため，農林業の害虫だけでなく，シロアリ（▶8-31参照）などの家屋害虫，衛生害虫，園芸害虫なども対象となる．昆虫の振動に関する知見が蓄積されて，振動に関する技術が発達したいまこそ，本防除技術を実用化する契機となりうる．

〔高梨琢磨〕

文 献

[1] T. Ichikawa and S. Ishii, *Appl. Entomol. Zool.*, **9**, 196–198 (1974).
[2] S. Lujo, E. Hartman, K. Norton, E. A. Pregmon, B. B. Rohde and R. W. Mankin., *J. Econ. Entomol.*, **109**, 2373–2379 (2016).
[3] A. Eriksson, G. Anfora, A. Lucchi, F. Lanzo, M. Virant-Doberlet and V. Mazzoni, *Plos One*., **7**, e32954 (2012).
[4] T. Takanashi, M. Fukaya, K. Nakamuta, N. Skals and H. Nishino, *Zool. Lett.*, **2**, 18 (2016).
[5] T. Takanashi, N. Uechi and H. Tatsuta, *Appl. Entomol. Zool.*, **54**, 25–28 (2019).

8-30
超音波による害虫防除

チョウ目のガの多くは超音波を感知する器官をもっている．これは天敵であるコウモリの発する超音波を感知するために進化したものであり，超音波を感知すると逃避行動を示すことが知られている[1]（▶8-2, 12, 9-14参照）．ここでは，この習性を利用した圃場における害虫防除の試みと可能性についてのべる．

ヤガ類防除について

果樹のヤガ類は成虫が果樹園に飛来して加害するアケビコノハ，アカエグリバ，ヒメエグリバ等ヤガ科の害虫の総称であり，幼虫期は周辺の雑木林でアケビ等のつる性植物を食草として生育し，成虫が収穫直前の果樹園に夜間飛来して果実を吸汁加害する．幼虫期や成虫期のほとんどを果樹園外で過ごすため，発生源をコントロールすることが極めて難しく薬剤防除も困難である．ヤガ類の防除には防蛾灯や防虫ネットが利用されているが，効果や設置労力などの点で問題も多い．そこで，新しい防除法として超音波の利用が注目されている．超音波を利用するコウモリ類は世界に約800種といわれており，その用いる超音波パルスは種によって大きく異なり，周波数が一定のCF型と周波数を数十kHzの帯域にわたりスイープするFM型に分類される．さらに用いる周波数，パルスパターンなども多様である[2]．このため，超音波を害虫防除に利用するにあたって特定のコウモリが用いるパルスを真似ることは必ずしも得策とはいえない．そこで，ヤガ類の反応に最適な超音波を検討し，周波数40 kHz，持続時間5～10 ms，頻度約25 Hzのパルスが得られた[3]．また，同じ超音波刺激を連続して与えると音圧を大きくしないと反応しなくなるという，いわゆる慣れの現象がみられるが，持続時間の短パルスと長いパルスを組み合わせたパターンでは慣れの発生がみられないことが明らかとなった[4]．これらの成果と素子の特性を考慮して制作した超音波発振装置をモモ園周囲の高さ2 mに3.5 m間隔に16個設置し，4個を1グループとして順に切り替えて発振させたところ，ヤガ類の飛来数は最大1/30に（図1），被害果率は対照区の被害果率が90％以内のときには約1/20まで削減することに成功（図2）[5]しており，超音波の防除効果は十分実用レベルに達しているといえる．ただし，圃場で利用する超音波発信装置にはいくつかの課題が残されている．発振素子としてはランジュバン型や磁歪フェライト型発振素子に適当な振動板を付加することで高音圧が得られるが，耐久性や耐候性，コストの低減などを含めて今後装置の改良が必要である．

その他のチョウ目害虫防除について

野菜など多くの作物を加害するハスモンヨトウについてもダイズ畑における防除試験が試みられ一定の効果が得られている[6, 7]．その他のチョウ目害虫ではモモノゴマダラノメイガ，アワノメイガ，ナシヒメシンクイ，ヨトウガ，ナシケンモン，マイマイガ，ムラサキアツバなど多くの害虫で超音波に対する感受性が確認されている（▶8-12参照）．なお，果樹のヤガ類以外のチョウ目害虫は幼虫が食害するため，作物の生育期間が長い果樹や果菜類などでは侵入率が低くても圃場内で世代交代し後代の個体数

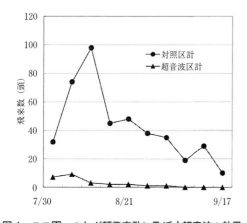

図1　モモ園へのヤガ類飛来数に及ぼす超音波の効果
果実200果当たりの飛来数．

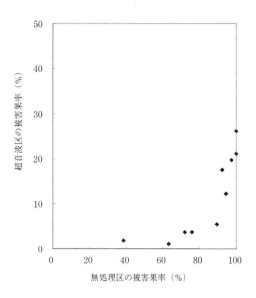

図2　超音波区と対照区の被害果率の関係

が増加する可能性があり，長期にわたる効果の検討が必要である．また，害虫の天敵昆虫に対する超音波の影響についての報告はほとんどなく，超音波による防除の実用化にあたって検討すべき課題である．

超音波による害虫防除の可能性

　チョウ目以外にもバッタ目のコオロギ科，キリギリス科，バッタ科，アミメカゲロウ目のクサカゲロウ科，カメムシ目のカスミカメムシ科などで超音波に感受性を示す昆虫が報告されている．カのオスも音を感知する器官をもっているが，これはメスの羽音（400 Hz 前後）を感知するためのもので可聴域は狭く超音波には反応しないといわれている[8]．筆者もケージ内で飼育されたハマダラカを用いて超音波パルスに対する反応を調べたが，その行動に変化はみられなかった（未発表）．

　農業生産における害虫防除は化学農薬の開発と大量使用によって発展し世界の食糧増産に大いに貢献してきた．しかし，農薬による環境や野生生物，健康への影響が指摘され農薬に依存しない防除技術が近年注目されている．超音波は人の可聴域外であり，発振器から離れるしたがって音圧が急速に減衰するため環境に対する負荷もほとんどないと考えられる．この分野に関する研究は緒についたばかりであるが，多くの害虫に対して応用の可能性が示唆されており今後の研究と実用化が期待される．〔小池　明〕

文　献

[1] K. D. Roeder, *Anim. Behav.*, **10**, 300-304 (1962).
[2] 松村澄子，コウモリの生活戦略序論（東海大学出版会，1988）.
[3] 渡辺雅夫，日本動物学会中国四国支部発表要旨, **2**, 14 (2010).
[4] 渡辺雅夫，柴山理恵，下条雅子，日本動物学会中国四国支部発表要旨, **6**, (2008).
[5] 小池 明，植物防疫，**62**(10), 549-552 (2008).
[6] 兼田武典，日本応用動物昆虫学会大会講演要旨, **56**, 55 (2012).
[7] 重久眞至，江波義成，水上智道，田中庸之，吉田隆延，関西病虫研報，**56**, 117-118 (2014).
[8] 池庄司敏明，蚊（東京大学出版会，東京，1993），pp. 97-123.

8-31 シロアリの振動と音による防除

シロアリはアリやミツバチなどと同様,女王・王といった生殖階級を中心とした高度な社会を営む昆虫として知られる.シロアリ社会においては,その90％以上を占める職蟻が採餌や若齢個体の保育,他階級への給餌,蟻道や巣の構築等の役割を担い,5～10％程度を占める兵蟻が巣や仲間の防衛を行う.

シロアリは高度な社会を維持するため,このように階級によって異なる様々な役割を有することから,個体間で常にコミュニケーションを取る必要がある.例えば職蟻は,採餌の際に道しるべフェロモンを腹板腺から分泌して,その跡を辿って巣仲間が餌～巣を往来できるようにしている.兵蟻は巣が壊れたり,外敵に襲われた際に防御物質を分泌し,巣仲間に対して警報フェロモンとして機能させている.このような化学物質を使ったケミカル・コミュニケーションを行う一方で,シロアリでは自身の体を前後に震わせたり(tremulation＝ゆすり行動),基質に頭部を打ち付けたり(tapping＝頭突き行動,タッピング)して生じる近傍の空気や基質の微小な振動を利用して,巣仲間に危険などの情報を伝達するフィジカル・コミュニケーションも知られている(図1).

振動コミュニケーション[1]

シロアリの種類や階級別のゆすり行動やタッピングを詳細に調べるため,各種シロアリを入れた容器を叩くことで外的刺激を与え,刺激直後から観察される高速度カメラで各行動を記録・解析した.その結果,ゆすり行動は3対の脚が付いている胸部を中心に,体軸方向前後に往復する動きをすること,タッピングは,頭部と胸部が連動して地面に対してほぼ垂直方向に上下運動を起こすことがわかった.次に各行動について,時間経過とともに,頭部が前後もしくは上下に動く距離(変位)を,記録画像をも

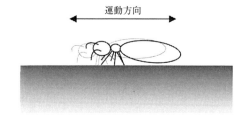
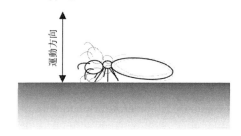

図1 シロアリの振動行動

とに運動解析ソフトウェアを用いて解析した.

ネバダオオシロアリ職蟻は,ゆすり行動では10～25 Hzの振動を0.7秒行い,これを1秒間隔で繰り返した.タッピングでは,ゆすり行動と同様,15～20 Hzの振動を繰り返した.頭部の最大変位量はタッピングの方がゆすり行動の約5倍大きく,タッピングの方がシロアリが消費するエネルギーが大きいことが示唆された.変位量はタッピングでは行動開始直後は小さく,その後最大値を示したあと小さくなるが,ゆすり行動では行動開始直後に大きく,その後小さくなった.このことからタッピングとゆすり行動で他個体へ送る「信号」が異なることがわかった.変位量は職蟻より兵蟻のほうが大きいが,振動パターンや周波数には両者に明瞭な違いは認められなかった.

ゆすり行動で種間比較すると,イエシロアリ職蟻は15～20 Hzの振動を2.2秒行い,これを繰り返し(イエシロアリ職蟻の体長は約5 mmであることから,最大変位量は体長の約1/10と算出される),最大10 mm/sの速さで体を動かすことが明らかになった.ヤマトシロアリ職蟻では振動周波数はイエシロアリ職蟻と

同程度であったが，最大変位量がイエシロアリ職蟻の約 0.5 mm に対して，ヤマトシロアリ職蟻は約 0.1 mm であった．このようにシロアリの種類により，ゆすり行動における典型的な振動パターンが大きく異なることが明らかとなった．

振動を使った防除方法 [2]

シロアリは日本をはじめ特に人口密度の高い温帯〜亜熱帯では，木造建築物の大害虫として恐れられている．通常，建築物におけるシロアリ防除には合成薬剤が使われるが，居住者・利用者を含む環境影響を考慮して，薬剤をなるべく使わない防除法の確立が望まれている．

上述の通り，シロアリは自ら発生させた種固有の振動パターンで空気や基質を震わせ，他個体とコミュニケーションを取る．いい換えれば，シロアリは発生するわずかな振動を感じ取ることが可能な，極めて敏感な振動受容感覚を有しているといえる[3]．そこで建築物においてシロアリの食害を防ぎたい部位に，局所的に振動を生じさせることにより，シロアリの行動を攪乱[2]もしくは一定箇所への誘導を生じさせる防除法を考案した．具体的には超磁歪素子を用いて局所的に 1 kHz の振動を与え，シロアリに「危険」を感じさせて振動発生源から遠ざけるというものである．シロアリを特定の場所へ誘導できれば，薬剤使用量や範囲を限定できる．なお，一般的に「生物」は外部刺激への慣れ，適応を行う．本技術の実用化のためには，振動刺激の間隔や強度をランダムに与えるなど，様々な工夫が必要と考える．

シロアリ検出器

効率よいシロアリ防除のためには，シロアリの食害箇所を感度よく検出する技術も必要である．現在流通しているシロアリ被害検出装置としては，装置から電磁波の送受信を行い，シロアリ等対象物の移動に伴う送受信波の位相差を検出することでシロアリを探索する Termatrac® (Termatrac 社) や，摂食時の木材の微小な破壊により生じる弾性波を検出するアコースティッ

図 2　非接触式シロアリ検出装置

ク・エミッション (AE) 検出装置 (▶ 8-35 参照) などがあげられる．しかし従来の AE 検出装置ではシロアリの被害が予想される部材等に AE センサーを固定する必要があるため，準備に時間が必要であり，使用範囲に制限もある．

そこで，非接触式のシロアリ検出装置が試作された[4, 5]．本装置は高感度マイクロフォンを基部に装着した高指向性マイク (パラボラ型集音器) と，シロアリの木材摂食時に発生する AE 波 20 〜 80 kHz のうち，卓越周波数 40 〜 50 kHz を特異的に感知し，その AE 信号を増幅して検出する装置本体とからなる[4, 5] (図 2)．実験室的には 1 m 離れた場所から，木材内部にいるシロアリの食害箇所を検出できるものである．実際は屋外を含め，シロアリ被害現場にはシロアリ食害音以外に，例えば落ち葉や草花を踏みしめる音や水音，衣擦れの音など多くの「雑音」に当該装置が反応してしまう．実用化にはこのような「雑音」に反応しないように改良する必要がある．　〔大村和香子〕

文　献

[1] W. Ohmura, T. Takanashi and Y. Suzuki, *Sociobiology*, 54, 269-274 (2009).
[2] 高梨琢磨, 大村和香子, 大谷英児, 久保島吉貴, 森輝夫, 小池卓二, 西野浩史, 振動により害虫を防除する方法, 特許第 5867813 号.
[3] P. E. Howse, *J. Insect. Physiol.*, 10, 409-424 (1964).
[4] 髙橋弘幸, 三浦俊治, 田代秀夫, 大村和香子, 原田真樹, 久下幹雄, 第 30 回日本木材保存協会年次大会要旨集, 30, 42-43 (2014).
[5] 大村和香子, 原田真樹, 神原広平, 環動昆, 26(1), 11-16 (2015).

8-32

力の音響トラップ

　世界にはカによって媒介される感染症が数多く存在し，猛威を振るっている．例えば，ハマダラカ属が媒介するマラリアやヌマカ属が媒介するフィラリア症は熱帯を中心に数億人の患者と死亡者を出している．日本国内でも近年，約70年ぶりに国内感染し流行したデング熱や国内に侵入する可能性のあるジカ熱，ウエストナイル熱（脳炎），チクングニア熱といったカ媒介性の感染症が注目されている．いずれの感染症も国内に生息するヒトスジシマカが媒介可能である．

　一方，湖や都市河川などで人為的な影響による生息環境の変化で大量発生したユスリカの死骸が分解して，虫体成分が空中を浮遊するため喘息などのアレルギーを引き起こす事例がある．

　このような感染症を媒介するカやアレルギーの抗原になるユスリカはいずれもハエ目の昆虫で，配偶行動の過程でメスの羽音にオスが誘引される．これらの昆虫の羽音を利用した防除の研究は，羽音の分析などを通して比較的最近になって行われるようになった．

羽音と羽音周波数

　羽音の波形は同種でも，性差や日齢差，はばたくときの羽以外の部位から発する夾雑音の重なりなどが原因で多少の個体差はあるが，基本的には正弦波に近似している[1]．

　カの羽音基本周波数は属あるいは種による違いがみられる．その平均周波数は，イエカ属のコガタアカイエカではオスが 570 Hz，メスが 320 Hz である．ヤブカ属のヒトスジシマカではオスが 772 Hz，メスが 524 Hz，ネッタイシマカではオスが 730 Hz，メスが 507 Hz で，雌雄ともコガタアカイエカより高い周波数である．ハマダラカ属では，分析された 6 種のオスが 680 〜 790 Hz の範囲に，メスが 455 〜 539 Hz の範囲で，ヤブカ属とほぼ同じ周波数

である．一方，ヌマカ属のアシマダラヌマカではオスが約 500 Hz，メスが約 350 Hz で，前 3 属に比べて低い周波数である．雌雄で比べると 4 属ともオスの羽音基本周波数はメスの 1.3 〜 1.8 倍で，常にオスのほうが高い周波数である[2]．

　都市河川で春から初冬にかけて発生するセスジユスリカでは，オスの羽音基本周波数は常にメスの 1.3 〜 1.7 倍である．また，羽音基本周波数は気温の影響を受けて変化する．すなわち気温 1℃の上昇，あるいは下降で，周波数はオスで約 20 Hz，メスで約 10 Hz 高く，あるいは低くなる[2]．すなわち，季節によって周波数は異なる．そして，オスのほうが気温の影響を大きく受ける．なお，同じハエ目昆虫のブユ 2 種（ツメトゲブユとキアシツメトゲブユ）で調べられた同日齢の雌雄の羽音基本周波数の比率は，ほぼ 1 で，カやユスリカと異なり，雌雄は同じ羽音周波数を発している[3]．

　カやユスリカの羽化後の羽音基本周波数の変化は，雌雄とも羽化当日にやや低いが，羽化後 1 〜 2 日の間に上昇し，その後はほぼ一定の周波数になり，安定する．カでは，交尾（受精）や吸血による体重の増加，抱卵，産卵による体重の減少などメスに特有の生理状態によってオスの誘引に影響を及ぼすようなメスの羽音基本周波数が変化することは認められていない．一方，羽の大きさは羽音周波数に影響を及ぼす．翅長の長い種や系統では周波数が低く，翅長の短い種や系統では周波数が高くなり，翅長と羽音基本周波数の間に負の相関関係が認められる[2]．

オスの可聴時間帯と群飛

　カやユスリカの聴覚器官は触角とその基部にあるジョンストン器官である．オスはメスに比べてジョンストン器官が発達している．また，触角を構成する各鞭節の節目から生えている細毛はオスでは長くて密生し，メスでは短くて乏しく，オスの 1/10 ほどである．カやユスリカの多くの種でオスの細毛は主に朝の薄明時と夕方の薄暮時のわずかな時間帯にだけ起立し，羽毛状に開き，同種のメスの羽音（空気の振動）を感受しやすいようになる．この時間帯に多数

358 ｜ 8章　昆虫類ほか

のオスが特定の場所の空間に集まり飛翔する．すなわち，群飛（いわゆる蚊柱）を形成する．このとき，同種のメスが接近するとオスは飛翔中のメスの羽音を感受して，メスに誘引され，交尾するという配偶行動をとる．細毛を介してメスの羽音がオスのジョンストン器官に伝えられる．この時間帯が可聴時間帯である．その他の時間帯ではオスは細毛を閉じており，メスの羽音を感知することができない．すなわち，カやユスリカの多くの種のオスは音（メスの羽音や人工的なその擬似音）に鋭敏に応答する時間帯がある反面，その時間帯を外れると音に無応答である．なお，ネッタイシマカやアカイエカのオスは常に細毛が起立しており，同種のメスの羽音を常に感受し，誘引されて交尾する[4]．

音響トラップによるカとユスリカのオスの大量誘引捕獲とオスの応答の特徴

メスの羽音基本周波数に近似した人工的な正弦音を発する円筒型音響トラップを用いて，オスを大量誘引捕獲する野外実験がイエカ属やヌマカ属，ヤブカ属のカの数種とユスリカの4種で行われている[2, 4, 5]．ユスリカの野外実験では，音響トラップに最も多くのオスが応答して誘引される音響周波数（最適応答周波数）と気温との間に極めて高い正の相関関係が認められる．セスジユスリカとミヤコナガレユスリカでは気温1℃の変化に伴い，オスの最適応答周波数は約10 Hz変動する．一方，セスジユスリカのメスの羽音基本周波数は気温との間に正の相関関係が認められ，気温1℃の変化に伴って約10 Hz変動することから，セスジユスリカのオスは気温の影響を受けて絶えず変動するメスの羽音周波数に常に的確に同調して，メスの羽音に応答・誘引される聴覚能力を有している[2]．

音の有効距離

円筒型音響トラップ（直径約9 cm，長さ約70 cm）を用いたミヤコナガレユスリカの飛翔パターンの急激な変化から測定した捕獲に有効な音圧と距離は，90 dBで音を発したとき，音トラップの円筒口から水平方向に約60 cm，垂直方向

に約40 cmであり，これより内側にいるオスは音源に向って誘引されていると推測される．

音響トラップの色や光の併用と捕獲効果

カでは，黒色のボードスピーカーのトラップでヒトスジシマカとコガタアカイエカのオスを効果的に誘引捕獲できた[6]．一方，ユスリカでは，無色透明の円筒型音トラップでミヤコナガレユスリカのオスが最も多く誘引捕獲され，有色より優っていた．黒色は最も劣っていた[2]．

オオユスリカを対象にした音響トラップによるオスの誘引捕獲では，音単独より，音にブラックライト（波長300～590 nm）を併用すると捕獲数は飛躍的に増加した[7]．

害虫防除に向けて

非常に多くの種類の昆虫が音を発していて，種内，種間，あるいは天敵などの間で様々なコミュニケーションに利用していることが明らかになってきている．カは感染症の病原体を媒介し，ユスリカは喘息などのアレルギーの抗原になっている．カやユスリカの防除を化学的防除に頼るだけでなく，配偶行動の過程で重要な役割を果たしている羽音を利用できれば，環境への負荷の少ない防除法や発生消長のモニタリング，そのほかの応用が期待できる．そのためには，その特性や長所と短所を把握することが不可欠である．そして，カやユスリカの羽音，あるいは音に対する行動やコミュニケーションのさらに詳しい解明が重要である． 〔小川賢一〕

文　献

[1] 鷲塚 靖，日本応用動物昆虫学会誌, **18**, 99-105 (1974).
[2] 小川賢一，環境昆虫学―行動・生理・化学生態―，日高敏隆，松本義明 監修（東京大学出版会，東京，1999），pp.518-533.
[3] K. Ogawa, K. Saito and H. Sato, *Med. Entomol. Zool.*, **47**, 155-157 (1996).
[4] 小川賢一，昆虫生理生態学―昆虫特異的現象の解明―，河野義明，田付貞洋 編著（朝倉書店，東京，2007）pp. 174-179.
[5] K. Hirabayashi and K. Ogawa, *Med. Entomol. Zool.*, **51**, 235-242 (2000).
[6] T. Ikeshoji and K. Ogawa, *Jpn. J. Sanit. Zool.*, **39**, 119-123 (1988).
[7] K. Hirabayashi and K. Ogawa, *Entomol. Exp. Appl.*, **92**, 233-238 (1999).

8-33
植物と動物の音や振動による相互作用

　植物が振動や音を受容し，形態や生理機能を変化させることは，実は古くから知られていた事実である．例えば，植物の培養細胞であるカルスは，特定の振動を与えて育てられた場合，成長速度が増加するが，他の振動を与えられて育てられた場合は，逆に成長が抑制される場合がある．このような振動に対する応答は，植物が厳しい自然環境を生き抜く中で獲得してきたものと想像できる．

　植物は，様々な生物とのかかわりの中で生活している．特に近年，動物との相互作用において，振動が重要な役割を果たす例が報告されている．

　Appel らは，モデル植物として知られるシロイヌナズナが，モンシロチョウの幼虫による葉の摂食を，振動を通じて認識していることを明らかにした[1]．シロイヌナズナは，モンシロチョウ幼虫に摂食されると，化学防御物質を生産する誘導防衛反応を起こす．モンシロチョウ幼虫が，葉を齧る際に生じる振動を人工的につくり出し，シロイヌナズナの葉に与えると，アントシアニンの合成が誘導されることが明らかになった．この反応は，風による振動や他の昆虫（ツノゼミ）由来の振動では引き起こされず，葉を齧るタイプの昆虫による摂食振動に対してのみ発動することも明らかになっている（図1）．このような振動を介した植食者の認識は，多くの植物種で獲得されている可能性が高い．

　その一方で，植物が昆虫を捕食する際にも振動が巧みに利用されていることが明らかにされた．食虫植物であるウツボカズラの一種は，雨の振動を利用して獲物の捕獲効率を上げている[2]．昆虫を蜜でツボ入り口付近に誘引し，葉で受けた雨の振動を捕虫嚢全体へ伝えることにより，捕虫嚢へ落下させる．

　昆虫と植物の音や振動を介した相互作用は，上記のような捕食-被食関係に留まらない．植物は，動物とは異なり一度定着してしまうと移動することができない固着性生物である．したがって，その移動分散のほぼすべてを花粉や種子による分散に頼っており，その多くを担っているのが送粉動物や種子散布動物である．例えば，温帯では78％，熱帯では94％もの被子植物が花粉媒介を動物に依存しているといわれている．この動物と植物の送粉共生関係においても，音や振動を介した相互作用が重要な役割を果たしている．

　例えば，アザミの花粉は送粉昆虫が花に訪れた際に生じる振動により，葯から放出される．ナス科の花もまた，マルハナバチ類が発する振動により葯から花粉を放出することで知られ

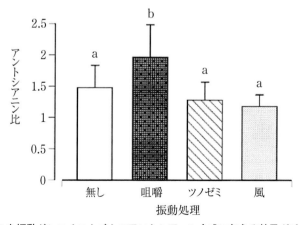

図1　様々な振動がシロイヌナズナのアントシアニン合成に与える効果（[1]を一部改変）
アントシアニン比：コントロールに対するアントシアニン濃度の比率．エラーバーは，95％CIを示す．アルファベットの違いは，統計的な有意差を示す．

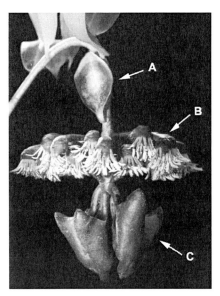

図2 音響反射によりコウモリを誘引する *Marcgravia evenia* の花 [5]
A：音響反射に特化した皿状葉, B：花, C：蜜を蓄えている壺状構造.

る[3]. また, マツヨイグサ属の一種は, ポリネータの羽音に応じて花蜜の分泌量を増やす[4]. このような送粉者由来の振動による花粉の放出は, より効率的な送粉を達成していると考えられている.

南米に生育するつる性植物は, 送粉をコウモリに依存している（図2）. 夜行性であるコウモリは, 視覚よりも音波を利用したエコーロケーションに依存して餌を探すので, このつる性植物は, 花の真上にコウモリが発する音波を反射するための特殊な"皿葉"を備え付けている. 3Dプリンタを利用して, 通常の葉と皿葉を作成して餌の蜜と一緒にセットし, コウモリの蜜探査効率を調べた. その結果, 通常の葉を設置した場合は, 何も設置しなかった場合と比べて, 蜜探索時間にほとんど差は見られなかったが, 皿葉を設置すると, 40〜50％も短縮された[2]. 葉による音響反射は, このつる性植物の送粉においてなくてはならない存在なのである.

植物と共生者との音や振動を介したコミュニケーションは, 他の共生系にもみられる. 東南アジアのウツボカズラは, 捕虫嚢をコウモリの巣として提供し, 捕虫嚢内に堆積したコウモリの排泄物から窒素成分を吸収する. 本種の捕虫嚢の入り口部分は, コウモリの音波を反響しやすい構造になっており, 茂みの中でコウモリが捕虫嚢を発見しやすくなっている[6].

以上のように, 音や振動を介した動物と植物の相互作用は, 被食―捕食系や送粉共生系など様々な相互作用の中で重要な役割を果たしていることが明らかになりつつある. 上記の例の多くは, 植物が動物の発する音や振動を利用するものであるが, 植物もまた多様な音や振動を発しており（▶8-35参照）, 動物もそれを利用する. このような事実にもかかわらず, 音や振動といった視点から動物と植物の相互作用の解明に取り組んでいる研究は, 非常に限定的である. 振動解析技術が集積されつつあるいま, さらなる発展が期待される. 〔山尾 僚〕

文献
[1] H. M. Appel and R. B. Cocroft, *Oecologia.*, **175**(4), 1257-1266 (2014).
[2] M. G. Schöner, R. Simon and C. R. Schöner, *Curr. Opin. Plant Biol.*, **32**, 88-95 (2016).
[3] S. A. Corbet, H. Chapman and N. Saville, *Funct. Ecol.*, **2**(2), 147-155 (1988).
[4] M. Veits *et al.*, *Ecol. Lett.*, **22**(9), 1483-1492 (2019).
[5] R. Simon *et al.*, *Science*, **333**, 631-633 (2011).
[6] M. G. Schöner, C. R. Schöner, R. Simon, T. U. Grafe, S. J. Puechmaille, L. L. Ji and G. Kerth, *Curr. Biol.*, **25**(14), 1911-1916 (2015).

8-34
植物の機械感覚

　機械感覚とは，接触，伸展，浸透圧，重力などの機械刺激を感じる能力である．植物が機械感覚をもつことは普段あまり意識されないが，実際には優れた機械感覚をもっている．その典型例として，オジギソウとハエトリソウの接触後の素早い反応をあげることができる．しかし，大多数の植物に手で触っても何の反応もみられないので，植物には機械感覚が備わっていると認識されることはほとんどない．

　植物にとって，機械感覚は成長と生存に極めて重要である．個体レベルでは，重力に抗して幹や花茎が上に伸びること，木の枝が自重に抗して横に伸びること，一方向からの継続的な風にしたがって幹と枝が風下に伸びること（図1），などはすべて機械刺激への反応の結果である．この図では，木は風に倒された結果斜め横になったのではなく，一方向からの風を機械刺激として感受し，倒されないように風下に向かって伸びたのである．この反応は，オジギソウのような速い反応ではないが，植物体が一方向の強風が吹く環境で生き延びるための反応である．

　個体レベルの研究の歴史は長い．例えば，顕微鏡で細胞を最初に観察したことで有名なロバート・フック（R. Hooke）は1665年にオジギソウの接触刺激応答を記述している[1]．また，チャールズ・ダーウィン（C. Darwin）は1880年にオジギソウも含め様々な植物の接触刺激応答を記述している[2]．

　一方，細胞レベルでは，細胞自身の活動に伴う伸長，分裂，膨圧変化などの内的刺激を機械刺激として感受する．さらに，細胞は接触，風，重力などの作用で生じた細胞膜と細胞壁の歪み，伸展などを外的刺激として感受する．細胞はこのような内的および外的な機械刺激を受けると，細胞膜と細胞壁の歪みの方向と強さに応じて，細胞の伸長方向を変えたり，体積を変えたり，あるいは細胞壁の硬さを変えたりして，結果的に組織レベル，個体レベルとして目にみえる形で反応を完了する．

機械刺激の感受機構

　機械刺激を受けた直後，細胞に何が起こるのかを細胞レベルと分子レベルで研究を行った結果，感受直後に細胞内 Ca^{2+} 濃度が急激かつ一過的に上昇すること，多様な遺伝子群のセットが発現誘導されること，機械受容チャネルが開口することが明らかにされた．

　細胞内 Ca^{2+} 濃度の上昇　Ca^{2+} を結合すると発光するタンパク質（イクオリン，aequorin）のcDNAを発現するトランスジェニック・タバコの芽生えに針金で触ると，瞬時に一過的な発光がみられることが1991年に報告された．これは，接触刺激後瞬時に細胞内 Ca^{2+} 濃度が一過的に上昇することを意味する．別の実験により，根において，この上昇は刺激場所から周りの細胞に伝播することも示されている．また，シロイヌナズナの花茎を曲げたとき，伸びた側の細胞で細胞内 Ca^{2+} 濃度が上昇するが，圧縮された側の細胞ではその上昇は起こらない．

　重力方向を変えても細胞内 Ca^{2+} 濃度が一過的に上昇する．ただし，その上昇はダブルピークを示す．最初のピークは植物体を逆さまになるよう動かした機械刺激によるものであり，2番目のピークは重力刺激によるものである．

　遺伝子発現誘導　トランスクリプトーム解析の結果，接触刺激後に発現が誘導される遺伝子

図1　一方向からの強い風が吹く海岸近くに生えた木の機械刺激応答（口絵17）

群が見つかっている．シロイヌナズナの場合，接触刺激後 30 分以内にゲノムの 2.5 ％に相当する約 600 の遺伝子が 2 倍以上上昇するという報告がある[3]．これらがコードしているタンパク質は多岐にわたっており，転写因子，代謝系酵素，タンパク質キナーゼ，細胞壁関連タンパク質ともに，多種類のカルモデュリンおよびカルモデュリン様タンパク質などの Ca^{2+} 結合タンパク質が含まれている．重力刺激後でも，多岐にわたる遺伝子群が誘導され，その中に Ca^{2+} 結合タンパク質が含まれるという傾向が報告されている．

これらの結果から，機械刺激の受容機構の 1 つには，Ca^{2+} シグナルが重要であることが示唆され，そのシグナルを発生させるイオンチャネルとして Ca^{2+} 透過性機械受容チャネルが関与していると考えられる．

植物の機械受容チャネル　現在知られている植物の機械受容チャネルは 4 種類ある．

① MCA1 と MCA2　この機械受容チャネルの遺伝子は，酵母の Ca^{2+} チャネルのサブユニットである Mid1 の突然変異株の条件致死性を相補する cDNA のスクリーニングから単離された．以下に述べる他の機械受容チャネルと異なり，MCA1 と MCA2 タンパク質は 1 回膜貫通型のタンパク質であり，4 量体でチャネルをつくる．両者とも低浸透圧刺激後の Ca^{2+} 流入に関与することが示されている．また，シロイヌナズナの MCA1 チャネルは，根が土の硬さを認識して貫入するか避けるかの判断に関与することが示唆されている[4]．チャネル構造の解析が進んでいる唯一の植物機械受容チャネルである．

② MSL　このチャネルは大腸菌の機械受容チャネルである MscS に似た（MscS-like の）一次構造をもつ遺伝子として同定された．シロイヌナズナには 10 種類の MSL がある（MSL1 -MSL10）．MSL1 はミトコンドリア膜に存在し，ミトコンドリアの膜電位を低下させることに働く．MSL2 と MSL3 は葉緑体膜に局在し，葉緑体を低浸透圧から守ることに働く[5]．MSL8 は細胞膜と細胞内膜系に局在し，花粉が水分を吸うときの低浸透圧ショックからも守ることに働く．MSL9 と MSL10 は細胞膜に局在している．一次構造の比較から，原核生物の MscS が維管束植物まで引き継がれる進化の過程で，MSL の局在部位と役割に多様性が付与されたと推測できる．

③ OSCA1　植物に高浸透圧刺激を加えると細胞内 Ca^{2+} 濃度が上昇する．OSCA1 はこの条件で細胞内 Ca^{2+} 濃度が上昇しない突然変異株から同定された．

④ Piezo　動物で発見された接触感受にかかわるこのチャネルの遺伝子が植物のゲノムにも存在するが，まだ研究報告はない．

膜局在性受容体様キナーゼ　この種のキナーゼは，細胞膜を 1 回貫通することにより，細胞外部位で細胞壁成分に結合し，細胞内部位でタンパク質キナーゼ活性をもち，機械刺激をそれぞれ受容・伝達する．このグループには CrRLK1L ファミリーと WAK2 が知られている．これらは多機能であるが，機械刺激に関しては，傷や病原菌による刺激を感受して生体防御に関与する．

以上の機械受容チャネル群と膜局在性受容体様キナーゼ群は機械刺激受容後の最初期段階で働く．その後の Ca^{2+} シグナルの発生と膜電位の変化，Ca^{2+} 結合タンパク質の活性化，タンパク質群のリン酸化，新たな遺伝子群の発現が段階的に起こる．そして，その後の目視できるほどの植物体の応答は通常何日も経ってから現れる．この長い期間に何が生じているかを明らかにすることは今後の課題である．　〔飯田秀利〕

文　献

[1]　R. Hooke, *Micrographia, or, Some Physiological Description of Minute Bodies Made by Magnifying Glasses: With Observations and Inquiries Thereupon* (J. Martyn and J. Allestry, London, 1665).

[2]　C. Darwin, *The Power of Movement in Plants* (John Murray, London, 1880).

[3]　D. Lee, D. H. Polisensky and J. Braam, *New Phytologist*, **165**, 429–444 (2005).

[4]　Y. Nakagawa *et al.*, *Proc. Natl. Acad. Sci. USA.*, **104**, 3639–3644 (2007).

[5]　G. B. Monshausen and E. S. Haswell, *J. Exp. Bot.*, **64**, 4663–4680 (2013).

8-35 植物のアコースティック・エミッション

地震や破壊などの突発的な事象により発生する振動（弾性波）をアコースティック・エミッション（acoustic emission：AE）と呼ぶ．発生源の事象によりAEの周波数は大きく異なるが，構造物の破壊などでは，可聴域から超音波領域のAE（超音波AE）が多く発生する．そして工業分野では，特に超音波領域のAEを検出することで，部材の破壊形態の解明や，状態監視などに応用されている．植物においても超音波AEが発生することは50年ほど前から知られており，植物AEを測定して，植物生理と超音波AEとの関連を調べる研究が数多く行われてきた．さらに，植物AEを作物栽培に利用する研究も報告されている．ここでは，植物AEにかかわる植物生理現象と植物AEの利用についての研究例を紹介する．

植物のキャビテーション

植物は日中に光合成を行うため，主に葉面にある気孔を開き二酸化炭素を取り入れる．その際の代償として，体内の水分が蒸発して失われることを蒸散と呼ぶ．蒸散により植物体内の水ポテンシャルは負に低下して，植物は根から葉へ水分を引き上げている．つまり，注射器のピストンを引き上げるように，植物の水の輸送経路である木部に満たされた水は負の圧力を生じている．その結果，図1に示すように木部では空気の泡が発生して急速膨張するキャビテーションと呼ばれる現象が発生する[1]．キャビテーションにより木部要素内は空気で満たされ塞栓（エンボリズム）となる．しかし，植物はキャビテーション発生後，周囲の水は負の圧力を受けているのにもかかわらず，塞栓状態になった木部要素に水を再充塡して，エンボリズムを修復する（リフィリング）ことが知られている．

このような木部におけるキャビテーションとリフィリングは，cryo-SEM や NMR，X 線など

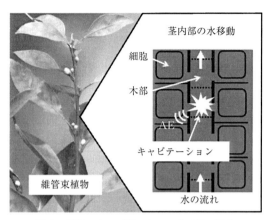

図1 植物のキャビテーションとAEの発生

による観察から樹木において多数生じることが明らかとなっている[2]．発生メカニズムについては微小な気泡が何らかの原因で発生し，それが引き金になってキャビテーションを引き起こすと考えられている．しかし，微小な気泡の生成過程については木部の細孔から空気核が取り込まれるなどいくつかの説がある．リフィリングのメカニズムについても不明な点が多いが，隣接する細胞から水が再充塡される説などがある．

植物AEの発生と検出

木部でキャビテーションが発生すると気泡の急速膨張に伴いAEも発生する．発生するAEの周波数はキャビテーションの大きさ（すなわちキャビテーションが発生する木部要素の大きさ）によるが，樹木では可聴域から1 MHz近くまでの超音波領域まで広く分布したAEが検出される．植物AEの検出は，樹木において50年ほど前から行われており，可聴域の場合はマイクロフォンを用い，超音波領域の場合は圧電素子を用いたAEセンサーで検出できる．AEセンサーは鉄鋼などの工業材料の破壊の検出などに用いられているが，植物の組織は工業材料と比較して超音波が減衰しやすいため，1つのセンサーでAEを検出できる範囲は数 mm程度に限られる．また，近年加速度センサーやエレクトレットセンサーなどの低コストのセンサーを用いても植物AEを検出可能

図2 トマト茎部へのAEセンサーの取付け

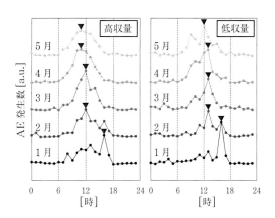

図3 トマト茎部のAE発生数の時刻変化

なことが明らかになってきた[3]．例えば加速度センサーの場合，超音波領域に鋭い共振周波数を有するセンサーを図2に示すように茎に強固に固定すれば，トマトなどの草本植物の茎部におけるキャビテーションが検出できる．しかし，この場合センサーの共振を利用してAEを検出しているため，植物AEの周波数成分を知ることはできない．いずれのセンサーであっても植物AEは非常に微弱な信号であるため，測定系の信号処理とノイズ除去がAE検出精度に大きく影響する．

植物AEの利用

樹木などの木本植物においては，幹部での植物AEの測定により，樹木の通水阻害率や乾燥に対する脆弱性曲線 (vulnerability curve：VC) を推定する研究が行われてきた．その結果，AE発生頻度は脆弱性曲線と関係があることがわかっているが，センサーの取付け状態によるAE検出数のばらつきやノイズの影響などが無視できないため，樹木の乾燥状態を評価する主要な手法とはなっていない．

一方，草本植物においては主にトマト茎部でのAE測定が行われてきた．そして，恒温室のような制御された環境下では，水やり前後のAE発生頻度の変化率（AE発生比）が，植物の乾燥ストレスを反映しており，ミニトマトにおいてAE発生比と果実の収量および糖度に強い相関があることが明らかとなっている．

また，施設園芸においても植物AEを測定して栽培制御に応用しようする研究も行われている．例えば，ハウス栽培トマトにおいてAE測定を長期間行った場合の測定例を図3に示す．通常，蒸散量が最大になる時刻にAEが活発に発生すると考えられるため，最も日照が得られる正午付近にAEの発生数のピークが現れると予想される．しかし，実際には季節によりAE発生数のピークは異なっており，冬から夏にかけて，最もAEが発生する時間が早まっていく．さらに，収量の異なる株ではAE発生数のピーク時間にずれが生じている．これは，一例に過ぎず，品種，気候，栽培方法などによりAEの発生挙動は大きく変化する．しかし，AEは植物生理現象であるキャビテーションの発生を検出しており一種の生体情報であることから，AE発生挙動は植物の環境変化に対する応答を示している可能性がある．すなわち，植物AEの発生挙動と，温度，湿度，日照，二酸化炭素濃度などの環境因子の変動との相関を明らかにしていけば，植物の生育状態をリアルタイムに明らかにできる可能性があり，作物栽培における生産効率の向上に寄与できるのではないかと期待される．　〔蔭山健介〕

文献

[1] M. T. Tyree and M. H. Zimmermann, *Xylem Structure and the Ascent of Sap* (Springer, Berlin, 2002), chapter 4.
[2] C. R. Brodersen and A. J. McElrone, *Front. Plant Sci.*, 24, https://doi.org/10.3389/fpls.2013.00108 (2013).
[3] K. Kageyama, B. A. H. Iman, K. Kimura and T. Sakai, *Advanced Experimental Mechanics*, 1, 214-218 (2016).

第 9 章

比較アプローチ

9-1 発声器官の比較

9-2 聴覚域（オージオグラム）の比較

9-3 外耳の形状と位置の多様性

9-4 音声帯域の違いによる中耳の構造的な違い

9-5 蝸牛の構造：渦巻き型か否か

9-6 鼓膜と中耳の多様性（脊椎動物）

9-7 音をとらえる機械受容チャネル

9-8 聴覚器官の発生と進化

9-9 大脳皮質の多様性：聴覚野の違い

9-10 比較の視点からの音源定位

9-11 健常者と盲人の音情報処理の違い

9-12 盲人のエコーロケーション

9-13 コウモリとイルカのエコーロケーション

9-14 昆虫とコウモリの相互作用

9-15 昆虫と動物の聴覚器の収斂進化

9-16 ヒトの感性と昆虫の発音

9-17 動物の絶対音感

9-18 鳴禽の歌とヒト言語

9-19 鳥の発声学習と音楽・リズム

9-20 発声学習の収斂進化のあり得るシナリオ

9-21 電気魚の発電

9-22 魚の電気感覚

9-23 電気コミュニケーション

9-24 バイオミメティクス

9−1

発声器官の比較

多くの陸上生物および硬骨魚類では，個体間のコミュニケーションや音の反射を利用した空間認識や獲物の捕捉に活用しており，多様な発声器官が発達してきた．

昆虫における発音器官

昆虫は最も早くから陸上生活を開始した生物の1つであり，音によるコミュニケーションがとられている．音の発生方式はユーイング（A. W. Ewing）により大きく5つに区分されている．

振動（vibration）：腹部や羽の振動によるもの．

打撃（percussion）：体の一部同士，もしくは腹部の先端をものにぶつけることによるもの．

摩擦（stridulation）：体の2か所をこすり合わせて音を発生させることによるもの．

クリック（click）：体の一部を動かすことでクチクラ（cuticle）の一部を変形させることで発生させるもの．

空気放出（air expulsion）：空気（多くは呼気）の排出により発生させるもの．

以上の5つである[1, 2]．したがって，多くの昆虫では腹部や翅，振動膜（tymbal）が発声器官として使用されている．（▶8−1参照）

硬骨魚類における発声器

脊椎動物の中では硬骨魚類およびここから進化したとされる両生類・爬虫類・鳥類・哺乳類はいずれも発声器官をもつ．硬骨魚類はこれらの中でも発声器官の多様性が大きいが，発声方法には大きく2つのパターンがあり，浮囊からの空気の排出を利用して音の発生させるものと胸びれないし胸部の筋や腱を動かして音を発生させるものがある．このほかにも，咽頭をこすり合わせることや肛門からのガス排出の音を用いるものもあるとされる[3]．

両生類における発声器

陸上生活を開始した両生類・爬虫類・鳥類・哺乳類は喉頭をもち，呼気を用いて発声を行っている．構造がよく解明されているカエル類の喉頭は，ヒトを含む哺乳類と同様に輪状軟骨・披裂軟骨・声帯からなる喉頭を有しているが，声帯は筋肉を有さない線維組織で構成される vocal cord であり，1組の開大筋と3組の収縮筋により運動が調節される．披裂軟骨は哺乳類と比較し大きい．声帯が近接し気道が狭窄した状態で呼気を送ることで発声が行われる．この声帯の口腔側の頬部に連続して vocal sac があり，口を閉じた状態で発声が可能である．この器官は vocal sac と肺の間で呼気吸気を反復することで頻繁かつより少ないエネルギーで発声が可能である．これ以外の両生類では，クリック（カチカチいう音）を発することが知られている[4-6]．

爬虫類における発声器

爬虫類では，カメ・ヘビ・トカゲ・ワニのそれぞれで発声器官が研究されているが，ヘビはほかの爬虫類とは異なる発声器の形態および発声方法がとられており，喉頭の構造のうち輪状軟骨・披裂軟骨は有するが声帯を欠いており速い呼気による hissing による発声が行われている[7, 8]．このほか，鱗皮の摩擦音やガラガラヘビに見られる尾からの音も使用されている．これ以外の爬虫類では線維性の声帯である vocal cord をもち，hissing とクリックでの発声するものがほとんどであるが，ヤモリだけは調和音を発することができる[9]．

鳥類における発声器

鳥類はほかの動物種に比べてはるかに複雑な発声が可能である．多くの陸上脊椎動物と同様に喉頭をもつが輪状軟骨・披裂軟骨はある一方，声帯は欠いている．かわりに喉頭より下方の気管分岐部に鳴管（syrinx）の構造があり（ペンギンなど一部の種では気管支内），lateral labium（LL）やmedial labium（ML）が声帯と呼気に対して振動し音声の発生源となっている．この口側に

368 │ 9章　比較アプローチ

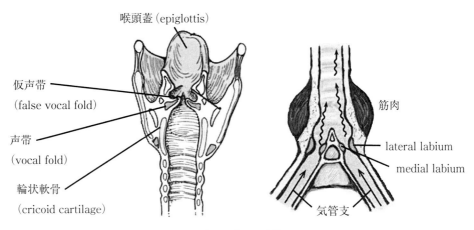

図1 喉頭と鳴管

長い気管が続き，これと喉頭・oropharyngeal-esophagial cavity (OEC) の構造が共鳴腔となっており，高い共鳴周波数での発声が可能となっている（図1）．

哺乳類における発声器

複雑な発声が可能なヒトでの発声の研究が多くなされているが，ほかの哺乳類の発声器および発声方法も基本的には同一であり，呼気により声帯を振動させて音を発生し，口腔咽頭と鼻腔での共鳴を経て発声する．声帯は内部に筋を有し vocal fold と称される．深部の筋層の浅層に3層の固有層をもちその表面が上皮に覆われている．呼気の流れに伴って声帯内側面の下方から上方（口側）に進行波が生じ，これが声帯上面で外方に広がっていくというパターンが1周期ごとに繰り返される．これに伴い呼気の流れのエネルギーが，振動のエネルギーにかわることで音が発生すると考えられている．声の基本周波数（声帯の振動周期により決まる）は大きな哺乳類になるほど低下し，フォルマント周波数の間隔（声の周波数のピーク部分の間隔）も小さくなる．これらと体重はそれぞれを対数表示すると反比例する[10]．

〔原田竜彦〕

文献

[1] A.W. Ewing, *Arthropod Bioacoustics: Neurobiology and Behaviour* (Comstock Publishing Associates, New York, 1989).

[2] S. Drosopoulos and M.F. Claridge eds., *Insect Sounds and Communication: Physiology, Behaviour, Ecology, and Evolution* (CRC Taylor & Francis Group, 2005), pp. 3-10.

[3] E. Permentier and M. L. Fine, "Fish sound production: Insights", R. A. Suthers, T. W. Fitch, R.R. Fay, A.N. Popper Eds., *Vertebrate Sound Production and Acoustic Communication* (Springer International Publishing, Swizerland, 2016), pp. 19-49.

[4] M. J. Largen *et al.*, *Monitore. Zoologico. Italiano. Supplemento.*, **4**, 185-205 (1972).

[5] G. R. Throw and H. J. Gould, *Herpetologica*, **33**, 234-237 (1977).

[6] W. E. Duellman and L. Trueb, *Biology of Amphibians* (John Hopkins University Press, Baltimore, 1986).

[7] C. Gans and P. F. A. Maderson, *Am. Zool.*, **13**, 1195-1203 (1973).

[8] B. A. Young, *Q. Rev. Biolo*, **78**, 303-325 (2003).

[9] T. J. Hibbitts, M. J. Whiting and D. M. Stuart-Fox, *Behav. Ecol. Sociobiol.*, **61**, 1169-1176 (2007).

[10] A. M. Tayloa *et al.*, *Vertebrate Sound Production and Acoustic Communication*, R. A. Suthers, W. T. Fitch, R. R. Fay and A. N. Popper Eds. (Springer International Publishing, Switzerland, 2016), pp. 224-254.

9-2 聴覚域（オージオグラム）の比較

聴覚域とオージオグラム

聞こえる周波数の範囲を聴覚域（あるいは可聴域）という．ヒトの聴覚域は 20 Hz～20 kHz とされている．2つあるのは，個人および年齢により可聴域が異なるため，平均的な可聴域として便宜的に設定されているからである．聞こえる音の最小音圧（閾値）は周波数ごとに異なり，閾値を周波数に対して描いた曲線をオージオグラム（聴力曲線）という．この曲線よりも上側の領域の音が聞こえることを示している．ヒトでは，2～4 kHz 付近の音が最もよく聞こえる．これは外耳道（約 2.5 cm）および中耳伝音機構（鼓膜と耳小骨）による音の共振特性により音が増幅されることによる．ヒトの最も低い閾値（平均）は 20 μPa 付近にあり，この値を基準とする音圧の単位を音圧レベル（dB SPL）で示す．

各種の動物の聴覚域

聴覚域は動物により異なる．図1に各種の動物のオージオグラムを示す．ヒトが聞こえない高い周波数の音（超音波，ultrasound，ultrasonic，16 kHz あるいは 20 kHz 以上）はラット，マウス，コウモリなどの小動物や，イヌやネコなどの中型動物，さらにイルカやクジラなどの大型動物も聞くことができる．コウモリは 120 kHz [1]，イルカは 180 kHz [2]，ラットは 76 kHz [3]，マウスは 100 kHz [4]，イヌは 46 kHz [5]，ネコは 91 kHz [6] の音を聞くことができる．

超音波を聞く動物

超音波を聞くことができる動物の多くは超音波を発声することができるが，動物により発生音の周波数は異なる．コウモリ，イルカ，クジラはエコーロケーション（反響定位，こだま定位）に超音波を用いる．コウモリが発声する超音波は 30～150 kHz におよぶ．ラットは 20～22 kHz や 50 kHz の声を，マウスは 50～80 kHz の声を出し，これらをコミュニケーションに用いている．イルカは 110～130 kHz のクリック音（パルス状の短い音）をエコーロケーションに用いている．ネコは超音波で鳴くことがあるともいわれているが，確認されていない．イヌやネコの訓練に用いられてきた犬笛は 16～22 kHz の音を出すことができ，ヒトには聞こえない音による指示ができる．

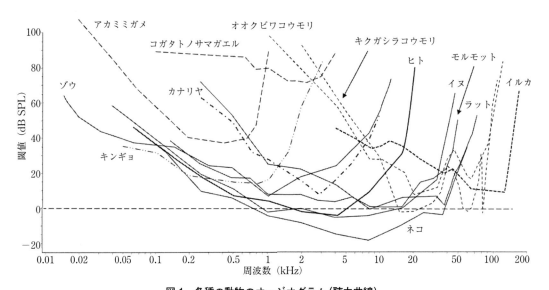

図1 各種の動物のオージオグラム（聴力曲線）
グラフは [15] から引用し，再プロットした．

超低周波を聞く動物

一方，ゾウやクジラはヒトが聞くことができない低周波音（超低周波音，infrasound, infrasonic, 16 Hz あるいは 20 Hz 以下）を聞く．低周波音は遠くまで伝わるため，遠くにいる仲間とのコミュニケーションに用いられる．ゾウは 16 Hz（64 dB SPL）の音を聞くことができ[7]，10 Hz 前後の超低周波を用いて 10 km 先の仲間とコミュニケーションする．ヒゲクジラの一種であるシロナガスクジラは 12 ～ 25 Hz，ナガスクジラは 20 Hz の中心周波数をもつ超低周波の声を発している．

鳥類の聴覚域

鳥類の聴覚域は 100 Hz ～ 10 kHz で，最良閾値は 1 ～ 3 kHz のとき −20 ～ 10 dB SPL である．聴覚域はヒトより狭いが，最良閾値の周波数と音圧の値はヒトに近い．鳥の鳴き声の周波数分布とヒトの音声の周波数分布が近い範囲にあり，これらの周波数の音をコミュニケーションに使うことに対応する．カナリヤは 250 Hz ～ 9 kHz の音を聞き，最良閾値は 3 kHz のとき 8 dB SPL である[8]．メンフクロウは 12 kHz まで聞く[9]．南アメリカにいるアブラヨタカと東南アジアにいるアナツバメが広帯域パルスを発声してエコーロケーションを行うが[10]，超音波は聞いていない．

爬虫類，両生類，魚類の聴覚域

アカミミガメは 20 Hz ～ 1 kHz の音を聞いている[11]．最良閾値は 400 Hz, 40 dB SPL 付近で，感度はあまりよくない．カエルは 100 Hz ～ 5 kHz の音を聞き，最良閾値は 1 ～ 2 kHz のとき 20 ～ 70 dB SPL である．コガタトノサマガエルの最良閾値は 2.1 kHz のとき 71 dB SPL で，かなり大きな音でないと聞こえない[12]．魚類の聴覚域は 20 Hz ～ 3 kHz で，種類により 600 Hz 以下の音しか聞こえないもの（タラなど）もいる．キンギョは 50 Hz ～ 3 kHz の音

を聞き，最良閾値は 500 Hz のとき 24 dB SPL である[13]．

聴覚域の変化

聴覚域は発達や加齢あるいは傷害により変化する．ヒトでは 20 歳頃の聴力が最も良く，聴覚域も広い．その後は加齢により，聴覚域全体にわたり聴力が低下していく．聴力の低下は，低音側が緩やかで，高温側が著しい．年齢ごとの聴力の研究によると[14]，聴力は，2 kHz は 50 歳で 10 dB，70 歳で 20 dB，8 kHz は 50 歳で 20 dB，60 歳で 30 dB，70 歳で 55 dB 低下する[15]．30 dB 以上聴力が低下すると難聴が自覚される．このため加齢により特に高音が聞きとりづらくなる．高音側の聴覚域の減少は，100 Hz/ 年といわれている．これを利用して，モスキート音と呼ばれる高周波音（17 kHz）を出す機器を設置して広場に若者がたむろすることを防ぐ試みがある． 〔堀川順生〕

文 献

[1] J. Dalland, *Science*, **150**, 1185-1186 (1965).
[2] E. Sh. Ayapet'yants and A. I. Konstantinov, *Echolocation in Nature* (two volumes) (An English translation of the National Technical Information Service, Springfield, 1974), VA, JPRS 63328-1 and -2.
[3] J. B. Kelly and B. Masterton, *J. Comp. Physiol. Psychol.*, **91**, 930-936 (1977).
[4] G. Ehret, *Naturwissenschaften*, **11**, 506 (1974).
[5] H. E. Heffner, *Behav. Neurosci.*, **55**, 84-89 (1983).
[6] R. S. Heffner and H. E. Heffner, *Hear. Res.*, **19**, 85-88 (1985).
[7] R. S. Heffner and H. E. Heffner, *J. Comp. Psychol.*, **96**, 926-944 (1982).
[8] R. J. Dooling and J. A. Mulligan and J. D. Miller, *J. Acoust, Soc. Amer.*, **50**, 700-709 (1971).
[9] M. Konishi, *Amer. Sci.*, **61**, 414-424 (1973).
[10] J. D. Pye. R.-G. Busnel and J. F. Fish Eds., *Animal Sonar Systems* (Plenum Press, New York, 1980), pp.309-353.
[11] W. C. Patterson, *J. Aud. Res.*, **6**, 453-464 (1966).
[12] J. Brzoska, *Behav. Processes*, **5**, 113-141 (1980).
[13] D. W. Jacobs and W. N. Tavolga, *Anim. Behav.*, **15**, 324-335 (1967).
[14] 木村淑志, 日本耳鼻咽喉科学会会報, **75**, 170-190(1972).
[15] R. R. Fay, *Hearing in Vertebrates: A Psychophsics Databook*, (Hefferman Press Inc., Worcester, 1988).

9-3 外耳の形状と位置の多様性

外耳は耳介と外耳道からなり，大抵の場合どの哺乳類でも似た基本的構造を有している．しかし，その形状と位置には種によって差異がみられる．ここでは，哺乳類の主な種における外耳の形状と位置の多様性について解説する．

哺乳類の外耳形状

多くの哺乳類は耳介を有している．ヒトの耳介は図1に示すように凹凸の構造をもつが，ほかの哺乳類においても何らかの凹凸の構造を有する場合が多い．図2にネコの耳介の写真を示す．

図1に示すようにヒトの耳介はその内部に山や谷となる部位を有しており，全体として複雑な形状を有している．一方，図2および図3に示すネコやコウモリ（キクガシラコウモリ）の耳介においても特に外耳道入口の近傍では山や谷が見られる．

ヒトの場合，耳甲介艇や舟状窩といった耳介の細部構造によって両耳入力に対して周波数および音波の到来方向に依存した音響的なフィルタリングが生じ，これが音像定位の重要な手がかりとなっている．ほかの哺乳類においても程度の差はあれども同様の構造がみられることから，何らかの音響的なフィルタリングが生じていると考えられるが，ヒト以外の哺乳類がそれらの情報を音像定位の手がかりとして利用しているかどうか，また，どのように利用しているのか，については種によって異なると考えられる．また，同じ哺乳類でもイルカには耳介は存在しない．なお，ヒトの耳介の各部位が聴覚入力に対する音響的なフィルタリングにおいてどのように寄与しているかについては様々な研究により，明らかにされつつある[1, 2]．

哺乳類の外耳位置

図4に，ネコ，キツネザル，チンパンジー，ヒトの外耳位置を示す．

ネコなどの霊長類以外の哺乳類や霊長類のうちでもキツネザルなどを含む原猿類の場合は，耳介は頭頂部寄りに位置する．一方，原猿類以外の霊長類である真猿類では，チンパンジーやヒトに代表されるように，耳介は側頭部に位置

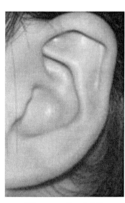
図1 ヒトの耳介

図2 ネコの耳介（口絵18左）

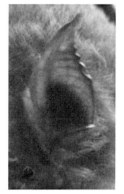
図3 コウモリの耳介（口絵18右）
（写真提供：同志社大学・藤岡慧明研究員）

ネコ

キツネザル

チンパンジー

ヒト

図4 ネコ，キツネザル，チンパンジー，ヒトの耳介位置

する．内耳の蝸牛から連なる聴神経が大脳の底部につながるため，耳介の位置は大脳底部の高さと関連があるとされている．したがって，大脳が大きく発達したヒトのほうが耳介はより低い位置に存在する．このように，耳介の位置は種によって異なり，また，ヒトの場合，ネコやキツネザルと比べて，頭部と比較した場合の耳介の相対的なサイズは小さい．

頭部の大きさと両耳間距離

哺乳類では，両耳間の距離と可聴域の上限周波数に相関がみられることが知られており，一般的に両耳間の距離が小さいほど可聴域の上限周波数は高くなる．例えば，ヒトの可聴域は 20 Hz～20 kHz であるのに対して，イヌの可聴域は 200 Hz～50 kHz であり，コウモリの可聴域の上限は 120 kHz にも達する．

両耳間の距離は両耳聴による音像定位にも影響を与える．図 5 は，ヒト，ネコ，キツネザルの両耳間距離と音波の波長の関係を示したものである．

両耳聴による音像定位の手がかりとして両耳間位相差（interaural phase difference：IPD），両耳間時間差（interaural time difference：ITD），両耳間強度差（interaural level difference：ILD）が知られている．IPD は両耳間距離が 1 波長を超えない場合にその情報を利用することが可能である．したがって，頭部が小さい，すなわち，両耳間距離が小さい種ではより波長が短い高帯域において IPD の情報を利用することができるが，頭部の大きい種では，IPD の情報を利用可能な周波数は波長の長い低帯域に限定される．一方，両耳間距離が小さい種では，両耳間距離が大きい種と比較して ITD と ILD の値が小さいためこれらの手がかりの検出は難しくなる．

また，図 4 に示したように，霊長類以外および原猿類の場合には耳介が頭頂部寄りに位置しており，頭部が音源と反対側の耳に達する音波を減衰させるヘッドシャドー効果が小さいため ILD の値も小さい．一方，耳介が側頭部に位置する種では特に音波の回折成分が少なくなる高域において ILD の値が大きい．

以上の理由により，ヒトやヒトに近い真猿類の耳介位置はそれ以外の哺乳類と比較して ITD や ILD の利用に適したものとなっており，音像定位において有利に働いていると考えられる．一方，耳介が頭頂部寄りに位置する種では，外耳を動かすことが可能な場合が多い（動耳）．これらの種では，上述のようにヘッドシャドー効果が少ないこと，大きな耳介による集音機能，動耳によって耳介の開口部を音源の方向に向けることが可能であること，から，両耳いずれにおいても全方向からの音波の到来を敏感に察知するという点においてヒトなどの種よりも有利であると考えられる．

まとめ

以上のように，哺乳類の外耳形状および位置には多様性が存在し，そのことが，種によって異なる可聴域や音像定位能力といった聴覚知覚に影響を与えており，また，結果として，音を介した外界の認識や音を利用した個体間のコミュニケーションの方略にも影響を与えていると考えられる．　〔大谷　真〕

文献

[1] M. Otani *et al.*, "Systematic behavior of resonance mode in pinna cavity", *Proc. Inter-Noise 2011*, 8 pages, Osaka, Japan, (2011).
[2] H. Takemoto *et al.*, *J. Acoust. Soc. Am.*, **132**(6), 3832-3841 (2012).

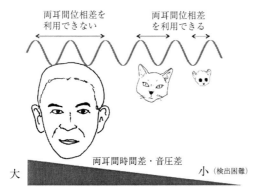

図 5　両耳間距離と両耳間位相差・時間差

9-4 音声帯域の違いによる中耳の構造的な違い

脊椎動物における中耳の相違

中耳は脊椎動物の陸上化に伴い、空気中の音響を内耳液の振動に変換するために発生した器官である。陸上化に先立ち硬骨魚類においても浮力を適正に保つために内耳構造が浮嚢に近接化する構造となっており、陸上動物の中耳と内耳に近い構造となっている。両生類では陸上化に伴い薄い鼓膜と含気した中耳構造が現れ、鼓膜の振動を内耳に伝導する耳小骨も形成されたが、両生類の耳小骨は単一の骨である。また、中耳も伸縮できる構造で、咽頭から空気が送り込まれたときに広がる仕組みとなっている。

爬虫類と鳥類においては、単一の耳小骨（columella、コルメラ）に加えて、extra-columellaと呼ばれる鼓膜と耳小骨の構造物がある。この構造は鼓膜の中央と耳小骨の間でてこの動きをすることで（図1右）、鼓膜の振動を2～3倍にして耳小骨に伝えることができる[1-3]。爬虫類と鳥類の内耳には聴覚に特化した乳頭と基底版が形成されており、これに対応して多くの爬虫類と鳥類では耳小骨の付着部のほかにヒトと同様の正円窓もあり、耳小骨の振動を効率よく内耳内部に伝えることに役立っている。ただし、カメとヘビでは正円窓は形成されていない。

哺乳類においては、ヒトと同様にツチ骨（malleus）・キヌタ骨（indus）・アブミ骨（stapes）の3つから耳小骨が構成されているが、爬虫類のextra-columettaを含む2つの耳小骨が進化したものではなく、爬虫類の初期において顎骨からツチ骨・キヌタ骨が分化し3つの耳小骨になったものと考えられている[4, 5]。耳小骨の形態の違いを比較すると、両生類では単一の耳小骨で耳小骨が接しているところの鼓膜の振動が内耳に伝導され、爬虫類と鳥類ではextra-columellaが振幅の大きい鼓膜中央部の振動をもう1つの耳小骨であるcolumellaに伝達、哺乳類では鼓膜中央部の振動がツチ骨とキヌタ骨の関節部を支点とする動きでキヌタ骨先端部（長脚）の振動となって、アブミ骨を介して内耳に伝達される（図1左）。

可聴域と中耳構造

音響刺激に対して、哺乳類では10～20 kHz程度までアブミ骨が振動するのに対し、爬虫類や鳥類・両生類のcolumellaでは5～6 kHz程度までの振動しか記録できないとされている[6-8]。この相違について、Manleyは鼓膜とcolumellaの接合部の方が哺乳類に比べてより可動性が大きいために低域通過特性をもつことが、哺乳類以外で高音域の振動が低下する理由としてあげている[6]。extra-columellaを含めた2つの耳小骨の構造に比べて、哺乳類の3つの耳小骨の構造それ自体が高音域の音の聴取に適しているのかについては明らかではない。

哺乳類の中ではその大きさにより中耳構造に

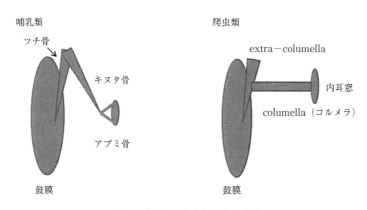

図1 哺乳類と爬虫類の中耳構造

違いがみられ，小型の哺乳類（コウモリやネズミ，有袋類など）は micro-type とされ小型の耳小骨と鼓骨は骨ないし固い靱帯により強く結合しているのに対して，大型の哺乳類（ヒト，チンチラ，モルモットなど）は free-standing とされ，ツチ骨・キヌタ骨はやわらかい靱帯のみで支えられている．また両者の中間の大きさの哺乳類は，micro-type と free-standing の中間の構造をもち intermediate の耳小骨構造と分類されている[9]．micro-type は 10 kHz 以上の音を良好に聴取する一方，2 kHz 以下の音には感受性が小さい．一方，free-standing では 500 Hz 以下までの聴取できる一方，20 kHz 以上の音には感受性が低い[10]．

音声周波数帯域と中耳構造

哺乳類においては，体重が増加するほど声の基本周波数が低下する傾向があり，中耳構造についても体重の増加とともに上記の micro-type から free-standing への変化のほか構造自体が大きくなることで内耳へ効率よく伝達する周波数は低下する．このように発声器と聴覚器双方の周波数がともに変化していくことで同一種間での音声コミュニケーションがとりやすくなっていると考えられる．一方，哺乳類以外では中耳の構造の違いから哺乳類に比べ低周波数

領域の音のみが聴取されるため，鳥類を除けば低周波音やクリックを主体とする音声コミュニケーションがとられていると考えられてきた．しかし，爬虫類でもヤモリは調和音の発声が可能で 15 kHz 以上の周波数成分まで発声音には含まれていることや聴覚においても高域は 14 kHz まで聴取可能であることが明らかになっており，哺乳類の中耳構造でなければ高音でのコミュニケーションができないわけではないと近年では考えられてきている．〔原田竜彦〕

文　献

[1] E. P. Gaudin, *Acta. Oto-Laryngologica.*, **65**, 316-326 (1968).
[2] E. G. Weber, *The Reptile Ear* (Princeton University Press, Princeton, N. J. 1978).
[3] A. W. Gummer *et al.*, *Hearing Research*, **39**, 1-13 (1989).
[4] E. F. Allin and J. A. Hopson, *The Evolutionary Biology of Hearing*, D. B. Webster, A. N. Popper, R. R. Fey Eds. (Springer-Verlag, New York, 1992), pp. 587-614.
[5] T. H. Rich *et al.*, *Science*, **307**, 910-914 (2005).
[6] G. A. Manley, *J. of Comp. Physiol.*, **81**, 251-258 (1972).
[7] J. C. Saunders and B. M. Johnstone, *Acta. Oto-Laryngolo.*, **73**, 353-361 (1972).
[8] A. W. Gummer *et al.*, *Hea. Res.*, **39**, 15-25 (1989).
[9] G. Fleischer, *Adv. Anat. Embryol. Cell Biol.*, **55**, 1-70 (1978).
[10] J. J. Rosowski. *The Evolutionary Biology of Hearing*, D. B. Webster, A. N. Popper and R. R. Fey Eds. (Springer-Verlag, New York, 1992), pp. 615-631.

9-5 蝸牛の構造：渦巻き型か否か

　脊椎動物の内耳は，体の回転やバランスを感知する平衡覚部と聴こえを司る聴覚部からなる．平衡覚部はどの動物においてもほとんど同じ形であるのに対し，聴覚部は動物種による違いが大きい．この差異は，聴覚部が進化の過程において徐々に獲得されてきたものであることを連想させる．なお，どちらの組織も刺激を受容する感覚細胞は，魚類の側線器と同じ有毛細胞である．

　平衡覚部は三半規管，球形嚢，卵形嚢，壺嚢（ラゲナ）から構成される．特に球形嚢，卵形嚢，壺嚢には耳石と呼ばれる小さな石が載った感覚斑があるため，これらを総称して耳石器とも呼ばれる．脊椎動物の進化における壺嚢の形態変化は，蝸牛の成り立ちの理解に重要である．魚類では，壺嚢は球形嚢と広範囲にわたってつながっており，ここが音の受容器となっている．両生類になると，壺嚢の一部が局所的に膨隆した基底陥凹が出現する．この壺嚢と基底陥凹，卵形嚢の一部が両生類の音の受容器である．鳥類では，基底陥凹はさらに長くなり，壺嚢とともに伸長する．この長くなった基底陥凹と壺嚢をまとめて蝸牛管と呼ぶ．哺乳類に至ると，壺嚢は消失するとともに，基底陥凹はさらに長く伸び，先端が渦巻き状になる（図1）[1]．

　渦巻き型の蝸牛の構造は哺乳類から見られるようになる．進化の過程で蝸牛管を長く，また体積を大きくする必要があり，鳥類まで直線状であった聴覚部を渦巻き型にすることで対処したと推察される．渦巻き型となった最も古典的な説明の1つは，長くなった蝸牛管を狭い頭蓋骨に収めるため，といったものである．また，渦巻き型は中心からの距離がほぼ同じであるために，聴神経が蝸牛全体を支配するのに好都合であったという説明もある．

　一般に，哺乳類の可聴周波数帯域（可聴域）は鳥類や爬虫類に比べて低音・高音両方に広く

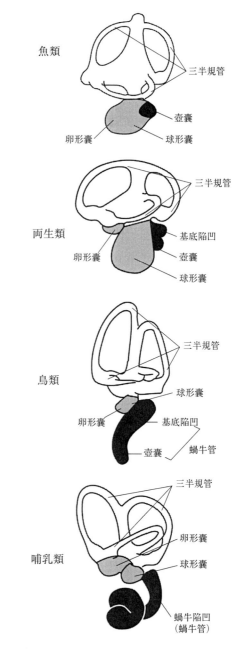

図1　脊椎動物の内耳の構造

なるため，哺乳類特有の形態学的特徴と動物の可聴域との関係は，古くから多くの考察がなされてきた．表1は，主な哺乳類の可聴域と蝸牛の形態を示したものである．哺乳類の動物種における渦巻きの数の平均は2.6〜2.7とされている．以前より渦巻きの数は可聴域の広さと相関があることが指摘されてきた[2]．モルモットなどの齧歯類では渦巻きの数が多く，可聴域

表1　哺乳類の可聴周波数帯域と蝸牛の形態 [4-7]　＊：基底回転と頂回転の半径の比

動物種	可聴域 (Hz)	可聴域 (octave)	渦巻き数	長さ (mm)	体積 (mm³)	曲率 (半径率＊)
サル	125 ～ 4 万 2000	8.4	3.1	18.7	16.4	5.5
アフリカゾウ	17 ～ 1 万 2000	9.5	2.3	35.8	322.7	8.8
ヒト	20 ～ 2 万	10.0	2.8	33.5	51.4	8.2
アザラシ	75 ～ 2 万	8.1	1.8	33.5	266.6	－
マナティー	15 ～ 3 万 2000	11.1	1.8	30.7	342.2	－
ウシ	17 ～ 3 万 5000	11.0	2.2	25.7	122.6	8.9
モルモット	47 ～ 5 万	10.1	4.2	19.5	16.6	7.2
ブラウンバット	2600 ～ 10 万	5.3	2.1	8.0	2.9	－
シロイルカ	40 ～ 10 万 8000	11.4	2.0	35.4	157.9	4.3

もほかの動物種に比べ比較的広い．しかし，超音波を利用するイルカやマナティー，コウモリでは，むしろ渦巻き数は少なく，この相関はなり立たない．

　むしろ，進化は渦巻きの数よりも，蝸牛の長さや体積を大きくすることを主目的としたと考えると，より関係が理解しやすい．上方に空間的な制限がある場合には，基部を広く延長することで対処し，結果的に渦巻きの数は増えず，逆に側方に制限がある場合には高く延長することで渦巻き数が多くなる．実は蝸牛の形は，基部の広いものから，コーン型の高い渦巻きをもつものまで，実に様々であるが，これは，このような空間的制限によってもたらされたのではないかと考えられる[4]．

　実際に蝸牛が長いかまたは体積が大きいほど，可聴域が広くかつより低音を聞くことが可能となっている傾向が確認できる（表1）．この組織学的なメカニズムは次のように解釈できる．異なる波長の音が蝸牛に入力すると，内部に備わる基底板と呼ばれる振動膜に異なる波長の進行波が生じる．波長が長い音（低い音）の受容には，同様に長い波長をもつ進行波を用いねばならず，そのため長い蝸牛はより低音の受容に適している．さらに，基底板には，有毛細胞が備わっているため，長い蝸牛ほど多くの有毛細胞が収容できる．この有毛細胞数の増加は，周波数分解能がよくかつ可聴域の広い聴覚の獲得に有利に働く．一説では，この蝸牛の長さの

延長は，渦巻きの下からではなく頂上部において進化し，低音を感受する領域を増やしたとも理解されている．

　近年，この渦巻きの湾曲が蝸牛外側壁に音の振動エネルギーを集中させることで,頂上部(低音部)の感度を増幅することが理論科学的研究から予測されている [3, 4]．従来の変数である渦巻き数ではなく，湾曲がもつ曲率と可聴低音域の関係に着目すれば，よりゆるやかな湾曲をもつ動物ほど低い音を聞き取ることができるという（表1）．ただし，生物界には理論的な解釈を超える例外や蝸牛の仕組みの詳細が十分に解明されていない動物種も未だ数多く散見される．今後も動物種を超える帰納的アプローチとともにに，動物種独自の進化を解明する演繹的アプローチの両面から研究が進められていくと思われる．　　　　　〔任　書晃・日比野　浩〕

文　献
[1] 岩堀修明, 図解・感覚器の進化 原始動物からヒトへ水中から陸上へ (講談社, 東京, 2011), pp. 163-185.
[2] C. D. West, *J. Acoust. Soc. Am.*, 77(3), 1091-1101, (1985).
[3] D. Manouski *et al.*, *Phys. Rev. Lett.*, 96, 088701 (2006).
[4] D. Manouski *et al.*, *Proc. Natl. Acad. Sci. USA.*, 105, 6162-6166 (2008).
[5] T. Wannaprasert and N. Jeffery, *Trop. Nat. Hist.*, 15(1), 41-54 (2015).
[6] V. O. Klishin *et al.*, *Aquatic Mammals*, 26(3), 212-228 (2000).
[7] J. C. Gaspard III *et al.*, *J. Exp. Biol.*, 215, 1442-1447 (2012).

9-6 鼓膜と中耳の多様性（脊椎動物）

水棲動物は，骨を介して周囲の水の振動を内耳へと伝達し（骨伝導），環境音を感知する．一方，陸棲動物では，環境音である空気の振動はその体表面においてほとんど反射してしまうため，その振動を内耳に伝える特殊な機構が必要である．この特殊な機構が鼓膜と中耳である．したがって，進化の過程において生物に鼓膜と中耳が形成されるのは，活動環境が水棲から陸棲へと変化する両生類以降である．

中耳の発生

脊椎動物では，発生において咽頭部に支柱状に突出した「鰓弓」が形成される．鰓弓は，頭頸部を構成する多彩な構造物へと分化する．水棲動物（エラ呼吸動物）では，鰓弓間の溝が鰓裂を形成し，将来のエラ（鰓）となる（図1）．一方，陸棲動物（肺呼吸動物）では，この鰓裂は呼吸孔（第1外鰓孔）を残して退化する．残った呼吸孔の外表面に鰓弓からの膜が張ることで鼓膜となり，呼吸孔の内腔が中耳，さらに咽頭へとつながる部分が耳管に変化したと考えられている（図2）[1]．

哺乳類では，正常状態において耳管は狭小化し，気圧の変化に伴い開口する．これに対し，哺乳類以外の陸棲生物では，耳管は常時開口しており，中耳腔と咽頭が交通しているとされているが，ある種のカエルでは，耳管を閉鎖させて高音を増幅しているとの報告もある[2]．中耳腔には耳小骨という小さな骨が収められており，鼓膜の振動を内耳へと伝える役割を果たす．この耳小骨も鼓膜同様，鰓弓を起源とする．両生類，爬虫類，鳥類の耳小骨は耳小柱（コルメラ）と呼ばれる1個の骨となっているが，哺乳類では鼓膜側からツチ骨，キヌタ骨，アブミ骨の3つの骨から構成される（図3）（▶6-1参照）．

鼓膜の形態と耳小骨

鼓膜や耳小骨は，ともにに鰓弓を由来とする組織であるが，それぞれの形態は脊椎動物間で変化に富んでいる．まず，両生類ではカエルを代表とする無尾類から鼓膜が出現し，その形状

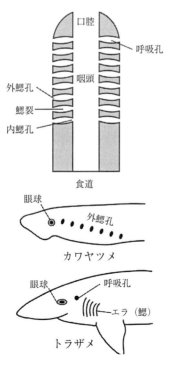

図1 エラ呼吸動物の呼吸孔と鼓膜

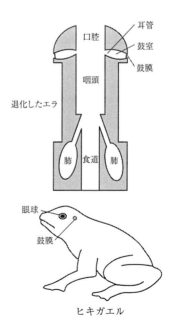

図2 肺呼吸動物の呼吸孔と鼓膜

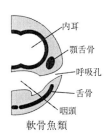
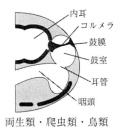
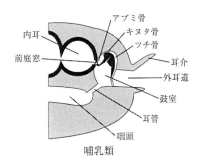

図3　鼓膜と中耳の発生と形成

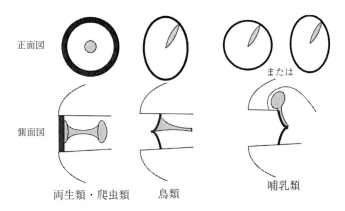

図4　鼓膜の形状と陥凹

はほぼ正円形かつ同一平面状にあり，放射状の鼓膜線維の走行をみるという共通点を有する．さらに，鼓膜中心付近の半径約1/3の円形部分は周辺部に比べて厚みがある．また，コルメラは鼓膜の中心にその先端が付着している．爬虫類では，カメ類とトカゲ類の一部にのみ鼓膜が存在する．形状がほぼ円形であることは両生類と同様であるが，放射状の線維構造は存在せず，また，鼓膜の大部分はコルメラの先端が平板化した軟骨によって覆われていることが両生類と異なる．鳥類では，両生類や爬虫類と異なり鼓膜は著しく薄く，また形も楕円形に近い．中心部と周辺部による厚みの差もなく，ほぼ一様である．しかも，鼓膜の中心は外耳道に向かって漏斗状に突出している．この突出した鼓膜の中央からやや上方にコルメラが付着する．哺乳類の鼓膜の形は，ウサギ，リスなどの齧歯目は円形，イヌやネコなどのネコ目（食肉目）は楕円形であり，鳥類同様薄く一様である．鼓膜の中心は，鳥類とは逆に中耳腔に向かって突出しており，鼓膜の中心からやや上方にかけてツチ骨が付着している（図3）[3]．

中耳腔の大きさを比較すると，両生類の中耳腔では単胞性の鼓室をもつが，コルメラが入るために必要な最低限の空間しか存在しない．爬虫類では，この鼓室が両生類に比べて大きく，特にカメ類の中耳腔には，鼓室につながる副腔が発生している．この副腔は鳥類では蜂巣状，さらに哺乳類では，動物種により単胞性の骨胞をもつものと多胞性蜂巣をもつものに分類される．鼓室の大きさは，生物の成長に伴って変化はほとんどないが，副腔は大きさが変化する[4]．

耳小骨の重さについても，差が認められる．両生類と爬虫類のコルメラは鼓膜の面積に比較してやや重い．一方，鳥類のコルメラは最も軽い．また，哺乳類の耳小骨は体が小さい動物ほど細く軽くなる[5]．

〔任　書晃〕

文　献
[1]　岩堀修明, *Otol. Jpn.*, 23, 51-54 (2013).
[2]　M. Gridi-Papp *et al.*, *Proc. Natl. Acad. Sci. USA.*, 105, 11014-11019 (2008).
[3]　大和田一郎, 日耳鼻会報, 62, 28-43 (1959).
[4]　福田　修, 日耳鼻会報, 62, 1845-1862 (1959).
[5]　福田　修, 日耳鼻会報, 62, 1966-1979 (1959).

9-7

音をとらえる機械受容チャネル

構成要素と生理学的性質

音を聞くためには，感覚器官の聴覚受容細胞が空気や水の振動を電気的な信号に変換する必要がある．この機械電気変換（mechano-electrical transduction；または単に機械受容，mechanotransduction）は，機械刺激により開口するイオンチャネル（機械受容チャネル）によって担われる．

有毛細胞の機械受容チャネルの生理学的性質は，脊椎動物の内耳や有毛細胞を取り出した標本を用いて，不動毛を1-100 nm変位させたときに有毛細胞内に生じるイオン流（機械受容電流）を電気生理学的に測定する方法により1970年代から詳しく調べられてきた[1, 2]．有毛細胞の不動毛の先端には，ティップリンク（tip link）と呼ばれる紐状の構造が電子顕微鏡で観察される．tip linkはタンパク質（Cadherin 23とProtocadherin 15）から構成され，隣接する不動毛と結ばれている[3]．音が内耳に伝わり不動毛がわずかに変位すると，tip linkが不動毛を引っ張り，機械受容チャネルを開口させると考えられている（**図1**）

機械受容チャネルは陽イオン透過性であり，なかでもCa^{2+}の透過性が高い．また，コリンなどの有機陽イオンも透過する．細胞外のCa^{2+}濃度が高いほど機械受容電流量は減少し，これはCa^{2+}がチャネルの開口部に留まることでイオンの通過が妨げられるためと説明される．生理的条件下では内リンパのCa^{2+}濃度は0.02 mMと低いため，高濃度のK^+が流入しやすくなっている．電流の流れやすさを表す単一チャネルコンダクタンスは約100 pSであり，ほかの電位依存性チャネルや神経伝達物質受容体チャネルと比べて大きな値を示す．機械受容電流は，利尿薬アミロライドやアミノグリコシド系抗生物質によって阻害される．これらの分子はチャネル開口部を塞ぐと考えられ，様々な

大きさの分子の阻害効果から，機械受容チャネルの開口部は1.2 nmより大きいと見積もられている[4]．

不動毛の一定の変位刺激に対して機械受容電流量は時間変化を示す．つまり，電流は刺激の開始時から1 ms以下の早さで一過的に増加したのち，継続的に一定の変位刺激が与えられていたとしても時間経過に伴って減少する．この性質は順応と呼ばれ，5 ms以下の時間幅で起こる早い順応と，数十ms以上の遅い順応の少なくとも2種類が知られており，いずれも細胞内のCa^{2+}に依存する．遅い順応は，ミオシンモータータンパク質がアクチン細胞骨格上を移動して機械受容チャネルへの張力を緩めることで起こると考えられている．

柔軟なガラス針で外力を与えて不動毛の変位を調べると，外力と変位の関係は非線形性を示し，機械受容チャネルを阻害すると線形となる．これはチャネル開口時にバネのような弾性をもつ機構が働くためと説明され，微弱な振動を増幅して検出する機構と考えられている[5]．

1つの有毛細胞につき50〜200個の機械受容チャネルが存在すると見積もられている．Ca^{2+}と結合すると蛍光強度が変化する分子を用いて機械受容の際に有毛細胞内に流入するCa^{2+}を画像化する手法により，蝸牛有毛細胞では長さの異なる3列の不動毛のうち，最も長い不動毛の列には機械受容チャネルは存在せず，2列の短い不動毛の先端部のうちtip link下端部に機械受容チャネルが1つか2つずつ存在すると推測されている[6]．

機械受容チャネルの分子実体の候補

ショウジョウバエのジョンストン器官における音受容には一過性受容器電位（transient receptor potential, TRP）チャネルと呼ばれるイオンチャネル群が関わる[7]（▶8-10参照）．中でもTRPNファミリーに属するno mechanoreceptor potential C（NompC），TRPVファミリーに属するnanchungとinactiveが寄与すると考えられている[8]．

脊椎動物の内耳有毛細胞の機械受容チャネル

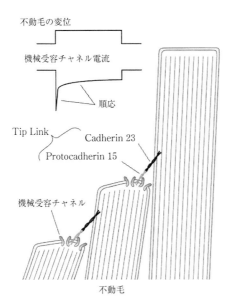

図1 内耳有毛細胞の機械受容機構の模式図

の分子実体については，TRPチャネルを含めて候補が挙げられてきたが，それらのほとんどについては，その後の研究で機械受容チャネルであることを示す決定的な証拠が得られていない[9, 10]．通常の機械受容に必須ではないものの，皮膚圧力を受容する機械受容チャネルとして知られるPiezo 2タンパク質が有毛細胞に発現することも報告されている[11]．

ヒトおよびマウスの難聴責任遺伝子の解析から同定されたtransmembrane channel-like 1 (*TMC1*)および*TMC2*は，機械受容チャネルの最有力候補として注目されている[12, 13]．*TMC1*遺伝子の変異は難聴を引き起こす．*TMC1*と*TMC2*両遺伝子を欠失させたマウスは，有毛細胞のtip linkや聴毛の形態に顕著な異常をもたらすことなく機械受容電流が消失する[14]．両遺伝子は，内耳有毛細胞が機械受容能を獲得する時期に一致して発現し，タンパク質は不動毛の先端に局在するほか，機械受容に必要なCadherin 23やProtocadherin 15等と結合し機械受容チャネル複合体を形成すると考えられている[15]．

有毛細胞に発現する*TMC1*および*TMC2*の組み合わせや遺伝子の点変異が，機械受容電流量や流れるイオンの種類を左右することは，これらが機械受容チャネルとして働くことを示唆している．*TMC1*は10回膜貫通領域をもつ膜タンパク質をコードすると予想され，2量体のイオンチャネルを形成すると報告された[16]．これらを手がかりにして，機械受容チャネル複合体の構成因子や作動機構が解明されると期待される．

〔谷本昌志〕

文献

[1] A. Hudspeth and D. Corey, *Proc. Natl. Acad. Sci. USA.*, **74**(6), 2407-2411 (1977).
[2] R. Fettiplace and K. X. Kim, *Physiol. Rev.*, **94**(3), 951-986 (2014).
[3] P. Kazmierczak et al., *Nature*, **449**(7158), 87-91 (2007).
[4] H. E. Farris et al., *J. Physiol.*, **558**(Pt 3), 769-792 (2004).
[5] J. Howard and A. J. Hudspeth, *Neuron*, **1**(3), 189-199 (1988).
[6] M. Beurg et al., *Nat. Neurosci.*, **12**(5), 553-558 (2009).
[7] M. J. Kernan, *Pflugers. Arch.*, **454**(5), 703-720 (2007).
[8] E. Matsuo and A. Kamikouchi, *J. Comp. Physiol. A Neuroethol. Sens. Neural. Behav. Physiol.*, **199**(4), 253-262 (2013).
[9] X. Wu et al., *PLoS One*, **11**(5), e0155577 (2016).
[10] A. P. Christensen and D. P. Corey, *Nat. Rev. Neurosci.*, **8**(7), 510-521 (2007).
[11] D. P. Corey and J. R. Holt, *J. Neurosci.*, **36**(43), 10921-10926 (2016).
[12] Z. Wu and U. Muller, *J. Neurosci.*, **36**(43), 10927-10934 (2016).
[13] Y. Kawashima et al., *J. Clin. Invest.*, **121**(12), 4796-4809 (2011).
[14] Z. Wu et al., *Nat. Neurosci.*, **20**(1), 24-33. doi:10.1038/nn.4449 (2016).
[15] R. Maeda, et al., *Proc. Natl. Acad. Sci. U S A*, **111**(35), 12907-12912 (2014).
[16] B. Pan et al., *Neuron*, **99**, 736-753 (2018).

9-8 聴覚器官の発生と進化

聴覚器官の発生

脊椎動物の聴覚器官の発生には外・中・内胚葉のすべてが関与する（図1）．内耳原基である耳胞は菱脳の両側の表皮外胚葉の陥入によって形成され，のちに半規管と蝸牛管を由来する．神経管背側部より生じた神経堤細胞は胚の腹側に移動して咽頭弓を形成し，哺乳類では第1咽頭弓からツチ骨とキヌタ骨が，第2咽頭弓からアブミ骨（底以外の頭・脚部）および耳介軟骨の大半が形成される．また頭部の中胚葉はアブミ骨底および耳殻の大半を形成する．鼓膜は第1，第2咽頭弓の境界で，表皮外胚葉上皮である外耳道が陥入し，咽頭内胚葉上皮である第1咽頭嚢との間に耳小骨を挟み込んで形成される膜構造である．

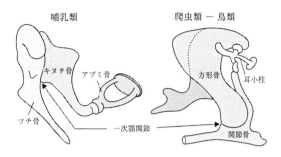

図2 哺乳類（ヒト右耳を顔面側からみたもの）と爬虫類（ワニ胚の左側面）の中耳

羊膜類中耳の形態進化

哺乳類の中耳には3つの耳小骨が形成されるが，ほかの羊膜類（爬虫類や鳥類）の中耳には哺乳類のアブミ骨に相同な耳小柱のみが存在する（図2）．解剖学者のCasseriusが1600年頃に羊膜類における耳小骨の数の相違を指摘して以降，その進化について多くの比較形態学者が議論を重ねた．Reichertはブタ胎児を解剖することにより，哺乳類のツチ骨とキヌタ骨は爬虫類－鳥類の顎関節を構成する関節骨と方形骨に相同であるとした[1]．またGauppは様々な動物の頭蓋を丹念に調べ，ツチ骨－キヌタ骨，関節骨－方形骨間の関節をともに本来の顎関節という意味で一次顎関節と呼んだ（図2）[2]．そののちの様々な議論を経て[3]，現在ではこのReichert-Gaupp説が一般に認められている．哺乳類系統の化石記録より，一次顎関節とその近傍の骨要素が次第に縮小（一部は消失）して中耳に取り込まれて耳小骨になり，歯を由来する歯骨が拡大し，唯一の下顎骨要素となって側頭骨との間で二次的に顎関節を形成したことがわかる（図3）．

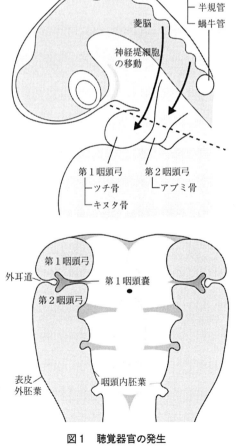

図1 聴覚器官の発生
ヒトの咽頭胚（上）と点線における水平断面図（下）．

中耳の進化発生学

比較形態学・古生物学的解析によって哺乳類と爬虫類－鳥類系統における中耳の形態進化過程が明らかにされてきたが，いつ，どのような契機により羊膜類で異なる数の骨要素を有する

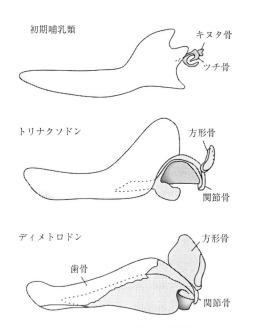

図3 哺乳類系統における下顎の形態進化（[4]を改変）

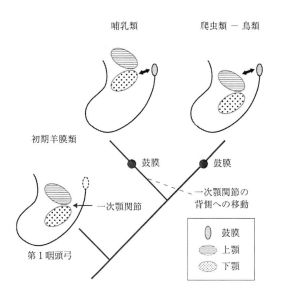

図4 羊膜類の中耳の形態進化を引き起こした第1咽頭弓における発生学的変化（[5]を改変）

2種類の中耳形態が進化したのかについては依然として解明されていなかった．しかし近年，哺乳類，爬虫類－鳥類のモデルとしてマウスとニワトリを用いた進化発生学的解析が行われた[5]．Endothelinl 1シグナル伝達は神経堤細胞で働き，脊椎動物の下顎の形態アイデンティティを決定する[6]．マウスとニワトリの胚発生時にEndothelinl 1シグナル伝達を抑制すると，両者とも下顎の形態が上顎様の形態に置き換わる．この時，マウスにおいては鼓膜が消失，ニワトリにおいては鼓膜が重複することから，哺乳類の鼓膜は下顎（腹側成分）の一部として，爬虫類－鳥類の鼓膜は上顎（背側成分）の一部として形成されることが明らかになった．このことは，哺乳類系統と爬虫類－鳥類系統の共通祖先では鼓膜を伴う中耳が進化しておらず，それぞれの系統において独自の発生メカニズムで獲得されたことを強く示唆する（図4）．マウスでは第1咽頭弓が，ニワトリでは第2咽頭弓が鼓膜形成に中心的な役割を果たすと考えられることからも，鼓膜が両系統で独立に進化したことが支持される[7]．

また，マウスやニワトリを含む脊椎動物胚において，鼓膜と一次顎関節が形成される位置を比較した結果，哺乳類系統では一次顎関節の発生位置が背側に移動し，Endothelinl 1シグナル

伝達に依存する下顎と鼓膜の発生が互いに関与するようになったと考えられた（図4）．以上の研究結果より，次のような進化のシナリオが考えられる．哺乳類の祖先では，胚発生時における一次顎関節の発生位置のわずかな変化によって下顎に鼓膜を形成した（図4）．鼓膜とかかわりをもった一次顎関節を含む下顎の一部の骨要素（図3の灰色部分）は次第に縮小（または消失）することで音伝導効率のよい聴覚器官へと進化を遂げ，全体として下顎を含む大規模な骨格の再編成が起こった（図3）．興味深いことに，この変化は咀嚼機能の変化に伴う代謝効率の向上，内温性や体毛の獲得といった哺乳類のほかの獲得形質の進化とも関連している．一方で，爬虫類－鳥類では一次顎関節の発生位置を変化させずに上顎に鼓膜を形成し，下顎の再編成は起こらなかった（図4）．

〔武智正樹〕

文 献
[1] K. B. Reichert, *Arch. Anat. Physiol. Wissensch. Med.*, 120-222 (1837).
[2] E. Gaupp, *Arch. Anat. Physiol. Suppl.*, 1-416 (1912).
[3] M. Takechi and S. Kuratani, *J. Exp. Zool. Mol. Dev. Evol.*, 314B, 417-433 (2010).
[4] E. F. Allin, *J. Morphol.*, 147, 403-437 (1975).
[5] T. Kitazawa *et al.*, *Nat. Commun.*, 6, 6853 (2015).
[6] H. Ozeki, Y. Kurihara, K. Tonami, S. Watatani and H. Kurihara, *Mech. Dev.*, 121, 387-395 (2004).
[7] T. Furutera *et al.*, *Development*, 144, 3315-3324 (2017).

9-9

大脳皮質の多様性：聴覚野の違い

大脳の進化発生学的区分

　大脳皮質は中枢神経の原基である神経管がその前方部において外側方向へ拡大したものである．一般的に述べて環境適応性に応じてその拡大の様式と分化の程度が異なり，動物種独自の構造と機能をみる．したがって大脳皮質多様性を述べる際には多くの種を比較し，また現存しない種に原型を求めることから，1つの用語が多義的にまた異なる用語が同一の意味に使われることもある．ここでは始めに用語の定義を兼ね最も進化を遂げた哺乳類脳のおおまかな構成を記載する．

　脊椎動物の神経管は胎生4週頃にその長軸に沿って前方より前脳（procencephalon），中脳（mesencephalon），菱脳（rhombencephalon）を形成する．これらを合わせて一般には，脳（brain），また菱脳の後方にある脊髄を入れると中枢神経と呼ぶ．これらのうち，前脳は進化の過程で著しく分化し，個体発生においても顕著な変化を示し，胎生5～6週には終脳（telencephalon）と間脳（diencephalon）に分かれる．また菱脳は後脳と髄脳に分かれる．外側に膨れた終脳は大脳半球とほぼ同義で，発生学的に表層の外套（pallium）と内部の外套下部（subpallium）を含む．また間脳は主に視床と視床下部から成る．古典的形態学では外套は大脳皮質（cerebral cortex）とほぼ同義で，系統発生的に新しい等皮質（isocortex），古い不等皮質（allocortex）およびその移行型である中間皮質（mesocortexまたはperiallocortex）の3型に分類される．等皮質は新皮質（neocortex）と同義である．不等皮質は系統発生的に最も古い古皮質（paleocortex）とそれより新しい旧皮質（archicortex）とを含み（注；両皮質の名称に研究者間で混同が認められる），前者からは嗅球と嗅皮質，後者からは海馬等が由来する[1]．しかし古い皮質から新しい皮質が進化したかのよう

な印象を与える系統発生的な分類にかわり，現在では分子マーカー発現に基づいた区分がなされている．この分類によると前障（claustrum）や扁桃体（amygdala）の一部も外套に由来すると考えられる．一方外套下部は大脳基底核（basal ganglia），扁桃体の一部，嗅結節（olfactory tuberculum）などの起源となる．異なる動物種でこれら皮質がどのような対応関係にあるかに関して議論がなされている[2, 3]．さらには分子発現に基づいた最近の外套と皮質形成の関係は古典的分類より複雑であり，現在多くの研究がなされている．

脊椎動物の大脳の違い

　大脳皮質（以下皮質）は層構造を特徴とし，したがって異なる脊椎動物間でみられる皮質の多様性は，そのサイズの違いに加え，層構造自体の複雑さおよび異なる層構造をもつ領域間の相対的割合に主に由来することになる[2]．進化発生的には魚類や両生類の脳では皮質は痕跡的と考えられ大部分が間脳以下の脳幹であり，爬虫類とその進化型である鳥類になって3層構造を示す不等皮質を獲得する[4]．しかし哺乳類と比べると皮質の占める割合は少ない．鳥類の皮質は哺乳類にみられる顕著な6層構造をもたないが，哺乳類に匹敵する適応的な行動を行う．古典的には鳥類のこのような機能は外套下部に由来する大脳基底核が担っていると考えられていた．しかし結合関係の詳細な研究等から，背側脳室隆起部にある細胞塊が哺乳類の新皮質にみられるような入出力関係を保持し，哺乳類の新皮質に特徴的な分子発現を示すことから，この細胞塊が皮質に特徴的な適応的行動を担っていると考えられている．このトリの脳構造は哺乳類で外套が新皮質へと進化した道筋とは異なる進化形態とされ，外套相同の構造とみなされている[4, 5]．さらにはトリ脳の頭頂部にある終脳wulstという部位が3層構造を示し，視覚入力を受け一次視覚野の相同構造と考えられている[6]．またその後端部は旧皮質に相当すると考えられている[3]．

384 | 9章　比較アプローチ

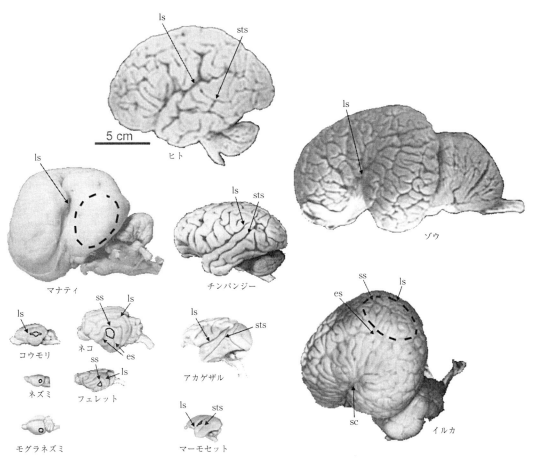

図1 哺乳類における脳の外観の多様性([20]から改変)

大脳皮質表面に一次聴覚皮質を黒線で囲ってある．境界が確定していない場合には破線で示す．霊長類の一次聴覚野は外側溝の中にあるため(図2参照)示していない．ゾウの一次聴覚野は描いてない．スケールは統一してある．ls: 外側溝, ss: 上シルヴィウス溝, es: 外シルヴィウス溝, sts: 上側頭溝, SC: シルヴィウス溝

哺乳類の大脳皮質の多様性

哺乳類の皮質はその大きさ，構成の複雑さ，溝パターンなどに著しい種差をみる(**図1**)．層構造に注目すると皮質の大部分を新皮質が占有し6層(一部5層)構造をとるが，爬虫類に特徴的な3層構造は皮質の不等皮質(嗅皮質と海馬)として残存する．また移行部分(mesocortex, periallocortex)は3から5層構造を示す[7]．哺乳類は生息域が地中，洞窟，陸上，淡水・海水中，空中と多様化しさらには行動様式も複雑化した．それに呼応して新皮質が著しく発達し多様な行動の分化・統合のために前頭葉，頭頂葉，側頭葉，後頭葉の区別が生じたと推定される．したがってそれらの相対的な割合の相違が種間で認められる．さらには生育環境に適応する際どの外界信号(例えば音や光)に強く依存するかによって，感覚性領野の広さや構造の複雑さに種間の多様性がみられる．典型的な例としてほとんど光の到達しない地中生活を行うモグラネズミ(齧歯類)や薄明かりの下で超音波を用い外界認識し飛行する小コウモリがある．モグラネズミでは視覚にかかわる中枢神経系が退縮している[8, 9]．後頭葉の皮質視覚野に相当する領野へは中脳の下丘中心核(聴覚系)から間脳視床の外側膝状体(視覚系)を経由し情報が送られていて，細胞は聴覚刺激によく応答する[10]．パーネルケナシコウモリ(ヒゲコウモリ)では周波数検知にあたる一次聴覚野において超音波(60 kHz)表現領野が拡大し，また側頭葉内には自ら発した超音波音とその反響

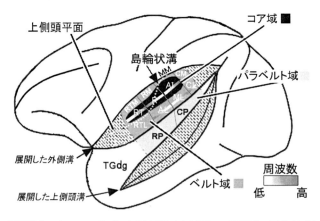

図2 線維結合パターンに基づいた霊長類アカゲザルの聴覚野の区分（[2]を改変）
コア域，ベルト域，パラベルト域の順により高次になる．外側溝と上側頭溝は押し広げてあり，外側溝の床面に相当する平面（上側頭平面）上で，コア域最後部に一次聴覚野（AI）はある．コア域とベルト域では正弦波を用いて周波数選択性が容易に決まり，その勾配を模式的に示す．TGdg：側頭極背側部顆粒皮質域．そのほかの区分名は英語名が一般的である．

音の相互関係等をコードする領野が数か所みい出され，ほかの哺乳類とは著しく異なる構成をする[11]．

哺乳類皮質に見られる溝の多様性

哺乳類においては多くの種が皮質に溝（sulcus）を形成することによりその表面積を進化の過程で拡大させ，出産における頭蓋骨容量の制限を回避した．この溝の形成度合いに関して種間に著名な相違をみる（図1）[12]．ラットやマウスを含む齧歯類脳は溝をもたない皮質（lissencephalic cortex）を代表し，ヒトを含む霊長類脳は複雑なパターンをなす溝をもつ皮質（gyrencehalic cortex）を代表する．しかし霊長類のマーモセットの大脳半球には外側溝，鳥距溝，浅い上側頭溝を除いて顕著な溝はない．海生哺乳類のマナティーは大脳半球を前後に2分する著しく陥没した外側溝（外側窩）と対照的に，その表面には明瞭な溝は認められない[12]．一方，体重あたりの脳重量比がヒトに近いイルカ（クジラ目）の皮質はヒトより多くの溝があり著しく広い表面積をもつが，皮質は全般に薄くまた神経細胞の分布密度も低い[13]．

一般的に溝のパターンに関しては同一種個体間でも著しく異なり[12]，ネコの聴覚皮質を例にみても，周波数地図（tonotopy）と溝パターンの関係に明らかな個体差を認める[14]．この

ようなサイズや溝パターンという巨視的な多様性は胚発生過程での神経幹細胞の増殖パターンの違いに起因すると想定されている[15]．すなわち脳室下帯（subventricular zone：SVZ）における細胞分裂の度合いが低い（薄いSVZ）部位は将来溝となり，厚いSVZをもつ領域は将来回になる．これらの例は部分的にではあるが皮質の多様性がどのような要因に起因するかを示唆する．

哺乳類皮質領域の相違

特定の皮質領野に注目すると，皮質の厚さ，構成細胞の数，シナプス数などが種間で著しく異なる[16]．また同一個体の異なる皮質領野でもこれらは異なり，前述のイルカに関してみると，皮質面積の広範さと対照的に一次視覚野や一次体性感覚野では灰白質（細胞が層を成す表層部位）の厚さが比較的薄く（1.5〜1.8 mm），一方，一次聴覚野は超音波を用いたコミュニケーションを行うためにほかより厚い（2.0 mm）[17]．また聴覚野を含む左右の新皮質の大部分を結合する脳梁（corpus callosum）が単孔類や有袋類では欠損する．

聴覚皮質の階層構造の相違

大脳皮質は記憶，認知，情動に基づく複雑な行動に深くかかわる部位であり，さらにはヒト

では言語処理を担っている．ヒトの聴覚皮質は言語・音楽の音響的側面の処理にかかわっていると考えられるがまだ十分に解明されていない．その処理機構に関連しまずサルにおいて聴覚皮質の区分が提案され（**図2**），それら区分特異的な処理機構が探索されている．サルの聴覚皮質は音処理の初期段階であるコア域とそこから入力を受ける高次のベルト域を区分し，徐々に鳴き声等に優位に応答するニューロンが増加する階層的な処理が行われている．その際，音色や音の意味の識別（音のwhat pathway）と音源の空間内での位置同定（音のwhere pathway）が異なる皮質内投射路で並列して処理されると考えられている．この並列する経路はベルト域で分離し，聴覚皮質からそれぞれ側頭葉前方・前頭葉腹外側部と頭頂葉・前頭葉背外側部へ向かうと提案されている[18]．多くの哺乳類聴覚野でも同様の構成をしていると想定されている[19]．さらに霊長類の聴覚皮質にはベルト域の外側にパラベルト域を認めるが，霊長類を除く哺乳類ではパラベルト域の同定は十分になされていない．したがって各階層固有の処理と精緻さが種間で著しく異なる可能性は高く，そのような相違を可能にする局所回路が種間で異なることが想定される．

皮質構成細胞の多様性

脳の進化は，感覚・運動の特殊性，その複雑さ・精緻さの程度，そして環境に適応した認知機能の発達度によく反映される．これらは皮質の種特異的なまた領野特異的な神経ネットワークの多様性に基づき，ひいてはその構成要素である細胞の多様性に帰すと考えられる[22, 24]．皮質は原則，興奮性ないし抑制性の2種の範疇に分類される神経細胞および非神経性のグリア細胞からなる器官である．これらの細胞はそれらの前駆細胞の起源が終脳内で異なり，古典的な形態学的手法で（特に種々の突起の形や分布様式に基づき）区分できる．これら多様な細胞種は個体発生における転写因子の発現タイミングによりその分化が決定され，また最終分裂後に発現される機能遺伝子の種類ついて異

なることが，齧歯類において分子生物学的に解明された[23, 24]．同様のシナリオで聴覚皮質の種特異的な分化，音情報処理に特化した神経ネットワークの形成，他感覚野との相違が今後解明されていくと考えられる．　　〔小島久幸〕

文献

[1] O.D. Creutzfeldt, "Cortex Cerebri: Performance, structural and functional organization of the cortex". *The Allocotex and Limbic System* (Oxford Scholarship Online, 2012).

[2] R. G. Northcutt and J. H. Kaas, *Trends. Neurosci.*, **18**, 373-379 (1995).

[3] E. D. Jarvis *et al.*, *Nat. Rev. Neurosci.*, **6**, 151-159 (2005).

[4] R. Nieuwenhuys, *Anat. Embryol.*, **190**, 307-337 (1994).

[5] H. J. Karten, *Philos. Trans. R. Soc. Lond.*, *B, Biol. Sci.*, **370**, 2015.0060. doi：10.1098 (2015).

[6] A. Reiner *et al.*, *J. Comp. Neurol.*, **473**, 377-414 (2004).

[7] E. I. Moser, Y. Roudi, M. P. Witter, C. Kentros, T. Bonhoeffer and M-B. Moser, *Nat. Rev. Neurosci.*, **15**, 466-481 (2014).

[8] H. M. Cooper, M. Herbin and E. Nevo, *J. Comp. Neurol.*, **328**, 313-350 (1993).

[9] Z. Molnár, J. H. Kaas, J. A. de Carlos, R. F. Hevner, E. Lein and P. Němec, *Brain, Behav. Evol.*, **83**, 126-139 (2014).

[10] Z. Wollberg, R. Rodo, R. S. Sadka, *Behavior and Neurodynamics for Auditory Communication*, J. Kanwal and G. Ehret Eds. (Cambridge university press, New York, 2006), pp. 36-56.

[11] N. Suga, W. E. O'Neill, K. Kujirai and T. Manabe, *J. Neurophysiol.*, **49**, 1573-1626 (1983).

[12] W. Welker, *Cerebral Cortex Vol.8B*, E.G. Jones and A. Peters Eds. (Plenum Press, New York and London, 1990), pp.3-136.

[13] P. R. Hof, R. Chanis and L. Marino, *Anat. Rec. A*, **287**, 1142-1152 (2005).

[14] M. M. Merzenich, P. L. Knight, G. L. Roth, *Brain. Res.*, **63**, 343-346 (1973).

[15] A. Kriegstein, S. Noctor, V. Martínez-Cerdeño, *Nat. Rev. Neurosci.*, **7**, 883-890 (2006).

[16] J. Defelipe, *Front Neuroanat*, **5**, 29 (2011).

[17] R. Furutani, *J. Anat.*, **213**, 241-248 (2008).

[18] J. P. Rauschecker and B. Tian, *Proc. Natl. Acad. Sci. USA.*, **97**(22), 11800-11806 (2000).

[19] T. A. Hackett, *Hear. Res.*, **271**, 133-146 (2011).

[20] W. Welker, J. I. Johnson, A. Noe, Comparative mammalian brain collections, http://www.brainmuseum.org/

[21] 福島 誠, 小島久幸, *Brain and Nerve*, **68**(11), 1371-1378 (2016).

[22] E. Klingler, *eNeuro*, **4**, 0193-16 (2016).

[23] B.G. Rash and E.A. Grove, *Curr. Opin. Neurobiol.*, **16**, 26-34 (2006).

[24] S. Ladato and P. Arlotta, *Annu. Rev. Cell Dev. Biol.*, **31**, 699-722 (2015).

9-10 比較の視点からの音源定位

音源定位の能力

音の聞こえてくる方向の知覚,すなわち音源定位は,危険の察知・回避や,獲物の捕獲などの際に重要である.動物の音源定位能力を調べるためには,隣り合うスピーカーのどちらから音が出たかを当てることができるように動物を訓練する.十分な訓練ののち,スピーカーの位置や音の周波数などの条件を変えながら,動物が区別できる音源間の隔たりを測定する.このとき,区別可能な最小の角度を最小弁別角度(minimum audible angle:MAA)という.

これまでに調べられた哺乳類の中では,ヒトやゾウの音源定位能力が優れている(図1).一方,実験動物として広く使われているラット(ドブネズミ)やマウス(ハツカネズミ)の最小弁別角度は大きい.鳥類においては,フクロウやタカなどに代表される猛禽類の音源定位能力が高い.

音源定位の手がかり

音源定位においては一般に,両耳間強度差(interaural level difference:ILD),および,両耳間時間差(interaural time difference:ITD)が大きな役割を果たす.頭のサイズや形状が,頭部伝達関数(head related transfer function:HRTF)の決定要因となるため,音源定位にとって重要である.大きな頭をもつ動物の方が,利用可能なITD/ILDの範囲が広い.

関連項目でも述べられている通り(▶2-23参照),2〜3 kHz程度までの低周波音に対してはITDが,それ以上の高周波音に対してはILDが,それぞれ音源定位の主要な手がかりとなる.動物によって可聴域が異なることもあり,ITDとILDのいずれを音源定位に用いるかについては動物種ごとに異なっている.ヒト・ネコ・スナネズミ・メンフクロウなどはITDとILDの両方を使って音源定位を行う.一方,高周波音に特化したマウスやラットではITD

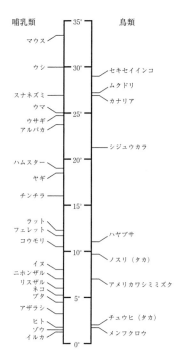

図1 様々な哺乳類[1]および鳥類[2, 3]における音源定位の精度(最小弁別角度)

コウモリは複数の種の代表的な値.行動実験では同じ種でも個体差が比較的大きく現れるため,図中の値や動物間の優劣は,大まかな目安であると理解することが必要.

情報を使わず,ILD情報にのみ頼っていることが知られている.なお,コウモリのいくつかの種は,5〜6 kHzという高周波に対しても,ITD情報を使って音源定位ができる.

強度差検出の脳内機構

哺乳類の聴性脳幹(auditory brainstem)には,ILDを検出するための神経回路が存在する.外側上オリーブ核(lateral superior olivary nucleus:LSO)の神経細胞は,同側の蝸牛神経核((cochlear nucleus(nuclei):CN))からは興奮性入力を,対側からは台形体(trapezoid body)を通じて抑制性入力を受ける.この入力構成によって,同側と対側の音の大きさの差(すなわちILD)に応じて,LSO細胞の活動電位の頻度(発火率)が変化する.鳥類では,外側毛帯(lateral lemniscus)と呼ばれる部位に類似の機能をもった神経細胞が存在し,ILDに応じて発火率が変化する.神経細胞の出力は脳幹から中脳へと送られ,音源位置の知覚に利用される.

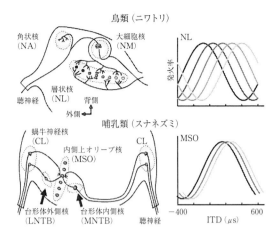

図2 鳥類および哺乳類のITD検出神経回路（左）と両聴細胞の出力（右）[4]

時間差検出の脳内機構

鳥類の聴性脳幹には，いわゆるジェフレス型の音源定位神経回路が存在する（ジェフレスモデルに関しては，▶5-4参照）．聴神経からの入力を受けた大細胞核（nucleus magnocellularis：NM）の神経細胞が，左右の層状核（nucleus laminaris：NL）の両聴細胞へと軸索を投射する（図2）．この軸索は遅延線（delay line）を形成し，NL細胞はその位置に応じて，異なるタイミングでシナプス入力を受け取ることになる．両耳に届いた音の時間差（すなわちITD）が遅延線によって適切に補償された時，左右のNMからNLへのシナプス入力が同期する．この時，同期検出器（coincidence detector）として働くNL細胞の発火率が最大となる．すなわち，音源位置に対応するITD情報が，最大発火率を示すNL細胞の位置へと変換される．

哺乳類に同様のITD検出機構が存在するのかどうかは議論がある[4, 5]．内側上オリーブ核（medial superior olivary nucleus：MSO）の両聴細胞は，両側の蝸牛神経核から興奮性入力を受け，ITD依存的な発火数変化を示す（図2）．スナネズミを使った神経生理実験によると，MSO細胞のITD応答曲線は，ほぼ一定の位置にピークを示す．つまり，鳥類でみられたような最適ITDと細胞位置の対応がみられない．

むしろ，ITDの情報はMSO細胞集団の平均発火率に反映されているのではないかと提案されている．左右に存在するMSOが対称的なITD依存性を示すので，これを2チャネル（two channel）モデルという．一方，ネコにおける神経解剖学実験では，遅延線に似た構造がみつかっており，哺乳類の間に統一的なITD検出機構があるのかどうかは不明である．台形体を通じた抑制性入力の影響についても異なる見解が並存する[5, 6]．

爬虫類・両生類の音源定位

爬虫類や両生類では，これまでに行われた行動実験の数が限られているため，音源定位について不明な点が多い．カエルの音源定位精度は，種によって数度（°）から数十度まで開きがある[7]．ワニの脳幹には鳥類と類似した神経回路が存在し，ITDに反応する細胞がみつかっている．

トカゲやカエルは，頭部内に空間があり，左右の鼓膜の振動が相互に影響を及ぼす（これをinternally coupled earと呼ぶ[8]）．ヤモリを使った実験によると，鼓膜の振動の大きさだけでなく，それに伴う聴神経の発火率も，音源の位置やITDに応じて変化する．ITD依存的な聴神経の出力が，脳内情報処理にどう使われているかは，まだわかっていない．

なお，魚類および節足動物に関しては，音源定位のメカニズムが哺乳類や鳥類と根本的に異なっている（▶7-9，8-7参照）． 〔芦田 剛〕

文献

[1] R. S. Heffner, G. Koay and H. E. Heffner, *J. Acoust. Soc. Am.*, **135**(2), 778-788 (2014).
[2] A. Feinkohl and G. M. Klump, *J. Comp. Physiol. A.*, **199**, 127-138 (2013).
[3] G. M. Klump, *Comparative Hearing: Birds and Reptiles*, R. J. Dooling *et al.*, Eds. (Springer-Verlag, New York, 2000), pp. 249-307.
[4] G. Ashida and C. E. Carr, *Curr. Opin. Neurobiol.*, **21**, 745-751 (2011).
[5] B. Grothe, M. Pecka and D. McAlpine, *Physiol. Rev.*, **90**, 983-1012 (2010).
[6] T. P. Franken *et al.*, *Nature Neurosci.*, **18**(3), 444-452 (2015).
[7] M. A. Bee and J. Christensen-Dalsgaard, *Biol. Cybern.*, **110**, 271-290 (2016).
[8] J. L. van Hemmen *et al.*, *Biol. Cybern.*, **110**, 237-246 (2016).

9-11
健常者と盲人の音情報処理の違い

盲人の行動を観察していると，非常に音に敏感であり，健常者よりも優れた聴覚を有しているのではないかと考えさせられる場面が多い．事実，"障害物知覚"のように，健常者が日常経験しない，音を発しない物体の存在を音で知覚する能力を有する盲人も多い（▶9-12参照）．しかし，視覚に障害を負ったことが原因で，聴覚が"生理学的に"発達し，音に対する感度が健常者より向上するなどということは常識的に考え難い．盲人と健常者にもし聴覚特性に違いがあるのであれば，それは脳の可塑性による後天的な"学習"の効果と考えるべきである．すなわち，視覚に障害を負うことによって，日常生活の中で聴覚などの残存感覚に依存する割合が高くなり，これが理由で健常者が通常聞き落としている音の使い方・聞き方を"学習"する機会が増え，障害物知覚のような健常者には通常見られない優れた能力を習得するというメカニズムである．

以下に，盲人と健常者の音情報処理の違いについて調べた研究を紹介する．

心理物理学的比較[1]

"聴力"については，生理学的に差があるはずがなく，実際に盲人と健常者を比較した先行研究でも，盲人の聴力がよいという結果は得られていない．

"聴覚弁別"についても同様である．音の高さの弁別について比較した先行研究では，盲人と健常者の間に有意な差はなく，むしろ音楽経験の有無や，外出する機会が多いか少ないかなど，学習機会の違いによって差がみられた．

"音の大きさの弁別"については，一部の研究で盲人の方が優れているという結果が報告されているが，これは障害物知覚などにみられる反射音の利用経験が影響していると考察されている．

"リズムや音色の弁別"についても，盲人が健常者より優れていることを示す実験結果は得られておらず，やはり音楽経験の有無が優劣を決定する要因として大きい．

"語音聴力"については，盲人が健常者より有意に優れていることを示す研究報告と，有意差がないことを示す研究報告の両方が存在しており，現在明確な結論を出すことは容易ではない．

"音に対する反応時間"についても，有意に優れている／いないの両方の研究報告が存在しており，心理物理学的な手法ではやはり結論を出せない．一方，電気生理学的な研究として，誘発電位法によって潜時を求める研究では，盲人が健常者より有意に潜時が短いという研究結果が得られており，また音に対する慣れについて皮膚電気反射を指標とした研究ではやはり盲人のほうが有意に慣れの傾向が強いことを示す結果が得られている．このことから，盲人における神経モデルの発達の可能性は否定できない（後述の脳科学的比較参照）．

"声の認知"については，知人の発話を聞いて発話者を同定する実験を行った結果，盲人のうち先天盲者，早期失明者が最も成績がよく，後期失明者は健常者よりも成績が悪かった．視覚に障害があるからといって成績がよいわけではなく，話者の同定に音声を用いる経験の多さが優劣を決めている．

"音の記憶力"については，ピアノ音や音声を記憶させる実験では，やはり先天盲者，早期失明者（ピアノ音の場合はさらに音楽経験者）が最も成績がよく，音に対する学習経験が優劣に大きく影響することがわかる．なお，"記憶の保持力"については，盲人と健常者には有意差がないことが報告されている．

"音源定位"については，Ashmeadら[2]によると，2つの説がある．1つは視覚経験の少ない早期失明者は健常者に比べて音源定位能力が劣るとする"欠陥モデル（deficit model）"，もう1つは，視覚を失ったことによりむしろ健常者より優れているという"補償モデル（compensation model）"である．前者は，音

390 │ 9章 比較アプローチ

源定位能力獲得のための学習過程における視覚フィードバックの重要性を根拠としており，後者は視覚以外の感覚が視覚障害を補うという仮説に基づいている．先行研究をみる限り，双方の説を支持する研究者がそれぞれその説を裏付ける実験結果を報告しており，どちらか一方だけを積極的に支持する根拠はない．中にはLessardら[3]のように，先天盲者の一部に音源定位に優れた群が存在することを報告した例もあるが，そのメカニズムは明確ではなく，いまのところどちらの説を支持するものでもない．

　概して心理物理学的な研究報告をまとめると，盲人と健常者の聴覚特性には差があるとはいえず，障害物知覚のように"学習"に依存する能力については，その学習経験に従って優劣が現れるのみである．

脳科学的比較[4]

　近年，脳計測技術の発達に伴い，盲人と健常者の脳活動の違いを調べる脳科学的な研究が行われるようになってきた．特に，視覚を失った盲人において，脳の視覚野がどうなっているのかが大きな関心事項となっている．

　いくつかの研究において，聴覚事象により，盲人の視覚野が活性化することが明らかとなってきている．

　言語的な処理については，名詞単語を聴取した際に，視覚野に活性化がみられたという報告があり，これは聴取のみならず，点字の単語を触読した際も同様の活性が見られる．このことから，盲人においては，視覚野は言語処理に関連している可能性があることがわかる．

　また非言語音についても同様に，視覚野が過活性化することを示す研究報告がある．

　Alhoら[5]は，両耳に提示した音のうち片耳の音に注意を向けた場合の事象関連電位（ERP）を測定し，健常者よりも頭皮の後方に活性が分布していることを報告した．これは，後頭部（つまり視覚野）が活性化していることを示唆している．

　Kujalaら[6]は，一連の音のうち高さが変化した音の数を数える課題について脳磁図（MEG）を計測し，やはり視覚野が活性化していることを報告している．

　Weeksら[7]は，音源の方向を判断する課題について盲人の脳の活動を，陽電子断層撮影（PET）を用いて計測し，同じく視覚野が活性化していることを報告している．

　Ludwigら[8]は，障害物知覚を有する盲人の脳の活動を，機能的磁気共鳴画像（fMRI）を用いて計測し，障害物知覚の際に鳥距皮質（一次視覚野の中心）が活性化していることを報告している．

　概して脳科学的な研究報告をまとめると，健常者が視覚情報処理に使用している脳の視覚野を，盲人は聴覚情報処理など視覚以外の残存感覚情報処理に利用している可能性が高く，脳の可塑性による適応的変化が起こっていると言える．この変化は，盲人が聴覚的経験を学習し，障害物知覚などの高度な聴覚情報処理を習得することを手助けしていると推測できる．

〔力丸　裕・関　喜一〕

文　献

[1] 佐藤泰正，視覚障害心理学（学芸図書，東京，1987），pp. 41-45.
[2] D. H. Ashmead *et al.*, *Perception*, **27**, 105-122 (1998).
[3] N. Lessard *et al.*, *Nature*, **395**, 278-280 (1998).
[4] 金子 健，国立特別支援教育総合研究所研究紀要，**37**, 71-84 (2010).
[5] K. Alho *et al.*, *Electroencephalogr. Clin. Neurophysiol.*, **86**, 418-427 (1993).
[6] T. Kujala *et al.*, *Neurosci. Lett.*, **183**, 143-146 (1995).
[7] R. Weeks *et al.*, *J. Neurosci.*, **2**, 2664-72 (2000).
[8] W. Ludwig *et al.*, *European J. Neurosci.*, **41**, 533-545 (2015).

9-12

盲人のエコーロケーション

壁や柱のような音を発していない物体の存在を音によって検出する能力は，多くの盲人が経験的に有しており，"障害物知覚(obstacle perception, obstacle sense)"などと呼ばれている．

この能力は，"非発音体(以下単に「物体」と表記)の存在を聴覚によって知覚し定位する能力"と定義づけることができる．物体は，例え自分では音を発しなくても，音場の中に存在すれば，音の伝わり方を変化させる(以下これを"音場の変化"と呼ぶ)．この音場の変化を聴覚によって捕えることにより，物体を検出することが可能となる．

この能力は往々にして，コウモリやイルカのエコーロケーションに似ていることから，"ヒューマンエコーロケーション(human echolocation)"などと呼ばれることがある．ただし，障害物知覚はコウモリやイルカのように必ずしも自分で発した音の反射音を使用しているわけではなく，周囲の環境音を使用している場合も多く，そのメカニズムは異なるものと考えるべきである．

この能力は，物体の存在と，それによって起こる音の聞こえ方の変化の対応関係を学習することにより習得できる．盲人の聴覚が必ずしも健常者の聴覚より優れているわけではないことに留意されたい(▶9-11参照)．あくまで学習によって習得される能力であるから，中途失明者でも獲得が可能であり，視覚障害リハビリテーションにおける訓練要素の1つとなっている．

研究の歴史[1]

現在"障害物知覚"と呼ばれている環境認知能力の存在は古くから知られており，1749年に書かれた『盲人書簡("Letter on the Blind" Diderot 著)』の中にも，盲人のもつこの不思議な能力のことが記されている．

障害物知覚のメカニズムに関しては，盲人の内観報告等から2つの仮説に整理された．第1の説は"皮膚感覚説"である．何人かの盲人は障害物があることを顔面，額，頭頂部等で"圧迫感を感じる"ことにより知覚すると主張した．第2の説は"聴覚説"である．これは障害物の存在が聞こえるという経験に基づいている．

障害物知覚の科学的研究は1904年にヘラー(Heller, T.)によって開始された．Heller は障害物知覚の手がかりが皮膚感覚にあるのか聴覚なのかを確かめるために，被験者に布を被らせて皮膚感覚を遮断した状態と，耳栓等で聴覚を遮断した状態を設定して実験を行った．その結果，聴覚的な手がかりが重要な要因であることを発見した．

1944～1950年にかけて，コーネル大学のSupa および Cotzin ら[2, 3]は，反射音を用いた障害物知覚のメカニズムの解明に取り組んだ．

また，1963～1964年にかけて，Wright[4]，Welch[5]，および Kehler[6]は，障害物知覚の要因となる聴覚刺激に関して，障害物からの"反射音"のほかに，障害物による遮音効果等によってつくられる"音の影(sound shadow)"の2つが重要な要素となる可能性を指摘した．

その後も多くの研究者によってメカニズムの詳細な解明研究が行われ，現在では，関ら[7]が障害物知覚のメカニズムに基づいた音響学的訓練システムを実用化するにまで至っている．

メカニズム[8]

過去の研究を整理すると，障害物知覚は，手がかりとなる音場によって，環境音を用いる場合と自発音(足音や白杖の音など)を用いる場合の2種類に分類できる(図1)．

環境音を用いる障害物知覚の物理的メカニズムは，物体に対し聴取者と同側から到来する環境音の反射，および反対側から到来する環境音の遮音(透過・回折損失)である．心理的メカニズムは，①遮音による音像の消失，②先行音効果による反射音像の消失，③カラーレーションによる音質の変化　の3つに大きく分けられる．

①遮音による音像の消失

物体に対し聴取者と反対側から到来する環境

392 │ 9章　比較アプローチ

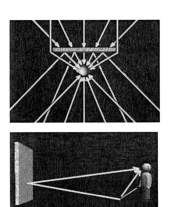

図1 障害物知覚の種類
環境音の反射や遮音を用いる場合（上）と，自発音の反射を用いる場合（下）があり，コウモリやイルカのエコーロケーションとはメカニズムが異なる．

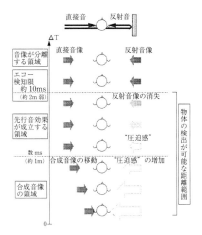

図2 "先行音効果"による反射音像の消失を用いた障害物知覚

音は聴取者に到達する過程で透過・回折を経るので音圧レベルが減少する．物体から遠距離では回折損失はわずかであるが，接近するに従い回折による損失は増加し音圧レベルが減少するので，音の大きさが小さくなり音像も徐々に消失するので物体の存在を知ることができる．

②"先行音効果"による反射音像の消失（図2）
反射音の遅延時間が数十msより大きい場合（すなわち物体が数m離れている場合）には，反射音源方向（物体の方向）には直接音像と分離された反射音像を生じる．この状態では，物体の方向に生じている音像が，反射音像なのか，それとも物体が存在しない場合に到来する環境音の音像なのかの区別がつきにくく，一般に物体の検出にはつながらない．しかし，遅延時間が数十msより小さい場合，ヒトの聴覚では反射音像を知覚しなくなる．この現象を"先行音効果（precedence effect）"という．さらに遅延時間が小さくなると，直接音源方向に生じていた音像が頭部に接近する．このような反射音像の消失，および合成音像の移動により，物体の存在，およびその距離を知ることができる．なお音像の消失に伴い，"圧迫感"を反射音源方向の顔表面に生じることがある．

③カラーレーションによる音質の変化
直接音と反射音は位相干渉を起こし，音質が変化する．この現象を"カラーレーション（coloration）"という．カラーレーションにより生じたピッチは，遅延時間および距離と反比例し，1対1の対応関係にあるため，物体の距離を知る手がかりとなりうる．ただしカラーレーションは，環境音の周波数帯域が狭いと生じにくくなるため，上記①②に比べると実環境中での聴取は難しい場合がある．

自発音を用いる障害物知覚の物理的要因は，自発音の反射である．物体反射面から約6（〜15m）以上離れている場合には，反射音は直接音と分離した音像として知覚される．この距離では，反射音の音像の位置を手がかりに反射面の位置を知ることができる．距離が短い場合には，先行音効果により，反射音像は消失する．この音像の消失が，物体が近距離に存在することを知る手がかりとなる．〔**力丸 裕・関 喜一**〕

文 献

[1] 佐藤泰正, 視覚障害心理学（学芸図書, 東京, 1987）, pp. 41-45.
[2] M. Supa, M. Cotzin, and K. M. Dallenbach, *Amer. J. Psychol.*, **57**, 133-183（1944）.
[3] M. Cotzin and K. M. Dallenbach, *Amer. J. Psychol.*, **63**, 485-515（1950）.
[4] H. N. Wright, *Proceedings of the International Congress on Technology and Blindness*, Vol. Ⅱ,（The American Foundation for the Blind, New York, 1963）, pp. 149-157.
[5] J. R. Welch, *The Research Bulletin* No.4（American Foundation for the Blind, New York, 1964）, pp. 1-13.
[6] I. Kohler, *The Research Bulletin* No.4（American Foundation for the Blind, New York, 1964）, pp. 14-53.
[7] Y. Seki and T. Sato, *IEEE Transactions on Neural Systems and Rehabilitation Engineering*, **19**, 95-104（2011）.
[8] 関 喜一, 音響学会誌, **65**, 148-153（2009）.

9–13 コウモリとイルカのエコーロケーション

コウモリとイルカのエコーロケーションを比較すると，それぞれの生活史を反映した興味深い共通点と相違点が浮き彫りになる．

共 通 点

コウモリもイルカも，餌生物が見えにくい環境に生息している．夜間に小さな昆虫を捕食するコウモリや，見通しの効かない水中で魚やイカを捕えるイルカは，ともに視覚に頼らない音響探知能力を進化させてきた．

双方とも，餌生物からの反射効率のよい周波数帯域を利用している．食べる対象は昆虫と魚と異なり，音速も空中と水中で5倍異なるが，餌生物の音響反射体，すなわち昆虫であれば外骨格，魚であれば鰾（うきぶくろ）の大きさにあわせた波長となるよう，送信周波数を選んでいる．

コウモリはFM音のみを発するFMコウモリと，CF音とFM音の両方を発するCF-FMコウモリに分けられる．音の持続時間は数ミリ秒から百ミリ秒程度である．CF音は林の中など多くの散乱体がある環境で遠くまで届く利点がある．実際，CF-FMコウモリは林の中を好んでいる．イルカが探索に用いる音は数十マイクロ秒程度のパルス幅の音で，クリックスと呼ばれる．イルカもコウモリも餌生物から反射を得られる周波数で，餌の定位を行っている．

送信信号に指向特性がある点も共通している．指向特性は周波数に依存し，コウモリの探索音は広い指向特性を，イルカは狭い指向特性をもっている．したがって，イルカは正面を集中的にエコーで知覚しているが，コウモリは周りの状況も同時に知覚している可能性がある．実際，コウモリは，注目している対象だけでなくその次に捕獲を試みる対象にも注意を向けていることが最近になってわかっている[1]．

混信回避のため，物体からの反射音が戻ってきてから次の音波を発することもよく似ている．このため，物体に接近する際にパルス間隔を徐々に短くするアプローチフェイズという独特の発音行動が認められる．もっとも，コウモリにおいては前の反射音の受信前に次の音波を発することも報告されている．遠距離の対象物に関しては，イルカも同様に短いパルス間隔を採用することがある．

パルス音を発することも両者の共通点である．コウモリの場合は周波数変調を行うFM音と一定周波数のCF音も用いる．パルス音を用いることにより，ある瞬間の対象物体の相対方位や距離を知ることができる．コウモリもイルカも餌生物を一尾ずつ捕えて食べるため，餌生物の音響的な個体分離は重要な能力であろう．対照的なのはヒゲクジラである．イルカと同じ鯨類に属していながら，これまでエコーロケーション能力を有するという確証は得られていない．ザトウクジラやシロナガスクジラといったヒゲクジラは，餌となる小さな魚やエビの集団を海水ごと口に含み，ひげ板で漉しとって食べるため，餌生物の個体認知が不要である．もっとも，餌生物の分布状況を知るために低周波鳴音による遠距離エコーロケーション能力を有しているという仮説は捨てきれない．

餌生物がエコーロケーション音を探知できれば，事前に回避して捕食される可能性が低くなり，生残率が上がる．コウモリに捕食されるガは超音波を聴くことが可能な聴覚を有しており，超音波の照射を受けてはばたきを止めるなどの回避行動をとることが知られている（▶9-14参照）．海中でもシャドというニシンダマシの仲間には超音波聴覚が確認されている[2]．この魚は，イルカのエコーロケーション音の周波数である100 kHzを超える周波数の音波も検知できる．ただし，超音波照射による回避行動や，その聴覚による生残率への寄与について，直接検証されているわけではない．

相 違 点

CFコウモリは反射音のドップラー・シフトを用いて相対速度を認知している[3]．ドップラー・シフトした反射音の周波数が最も感度の

よい帯域（auditory fovea）に収まるように，送信周波数を調整することをドップラー・シフト補償という．ドップラー・シフト補償を計測するために，ブランコにコウモリを乗せる方法が用いられてきた．前振れは通常の飛行に相当し，反射音の周波数は上昇し，コウモリはドップラー・シフト補償を実行する．しかし，後振れでは反射音の周波数が低周波数側にシフトし，コウモリはパルスの周波数を一定に保ち反射音のドップラー・シフトを無視する．生物らしい調節である．なお，受信系ではなく送信系での調節を行っている点はイルカと似ている．イルカやFMコウモリは，遠距離物体に対して音源音圧レベルを上昇させる．周波数ではなく音圧レベルだが，調節しやすいのはコウモリもイルカも送信系のようだ．

一方，イルカのエコーロケーション音は波数にして数回から十数回程度であり，精密なドップラー・シフトを計測できるだけの長さがない．コウモリのように特別に感度がよい受信周波数帯域も報告されていない．イルカは，ときに何百という多くのパルス音を短い間隔で絶え間なく発している．1つ1つのパルス音による定位情報の差分をとれば，対象物体の動きがわかるはずだ．イルカは時間分割されたデジタル的な情報を得ており，コウモリは比較的長い時間の情報を集積したアナログ的な情報を得ているように見える．

未解明点

イルカ類はホイッスルという低周波連続音を発し，個体や個体群の識別のためのコミュニケーション音として用いている．一方コウモリは，エコーロケーションに用いている音声を母子間のコミュニケーションにも用いており，多数の個体が営巣する洞窟でも帰巣は容易である．ただし，イルカ類にも超音波パルス音しか発しないネズミイルカ類がおり，これに属するスナメリやネズミイルカなどはエコーロケーション音をコミュニケーションにも使用している可能性が高い．音声の音響的な特徴とその機能は1対1で明瞭に対応しているものではなく，1つの音声が2つ以上の機能をあわせもっていることがうかがえる．

音源定位の神経生理学的なメカニズムの解明は本事典の別項（▶ 3-12, 8, 12 参照）で扱われているように圧倒的にコウモリが進んでいる．すでに1990年代までに既述の音響認知能力を司る脳内の地図が明らかになっている[4]．一方，イルカの場合は動物倫理的な障害により，神経回路の実験的な計測がほとんどなされていない．

一方，エコーロケーションによる対象物体の判別実験についてはイルカ類で多く行われてきた．もっぱら軍事的な水中探査需要に支えられてきた経緯があるが，物体の形状や厚みや材質などの判別パフォーマンスはよくわかっている．エコーロケーション能力の評価においては，イルカが判別結果を報告するように訓練可能であることが大きな利点である．

飼育下あるいは野外の限られた範囲での精密な実験ができる点で，コウモリは優れている．マイクロフォンアレイを用いて，コウモリのエコーロケーション信号のビームの軸方位やタイミングを調べることで，例えば対象物体だけでなく側方にも注意を向けている様子が観察される．

両者とも音響バイオロギング手法を用いた自由飛行あるいは遊泳中のエコーロケーションの運用方法の計測も進んでいる．特にイルカは体が大きいため，完全な野外での自由遊泳中におけるエコーロケーション行動が明らかになっている（▶ 4-17 参照）．

〔力丸　裕・赤松友成・松尾行雄〕

文　献

[1] E. Fujioka, I. Aihara, M. Sumiya, K. Aihara and S. Hiryu, *Proc. Natl. Acad. Sci. USA*, **113**, 4848-4852 (2016).

[2] D. A. Mann, Z. Lu and A. N. Popper, *Nature*, **389**, 341 (1997).

[3] S. Hiryu, E. C. Mora and H. Riquimaroux, *Bat Bioacoustics* (Springer, New York, 2016), pp. 239-263.

[4] H. Riquimaroux, S. J. Gaioni and N. Suga, *Science*, **251**, 565-568 (1991).

9-14
昆虫とコウモリの相互作用

多くの昆虫は耳をもち，捕食者であるコウモリが発する超音波を忌避する[1]．昆虫は3億年前に地球に誕生しており，超音波を利用するコウモリの出現は約5千万年前と比較的最近である[2]．昆虫の聴覚器官は少なくとも20回は独立に進化した感覚器官であり，7つ以上の目（バッタ目など）ではコウモリ出現以前から既に聴覚を保持し，種内で音響コミュニケーションをしていた．現在，コウモリの超音波に対して忌避行動を示す昆虫は，チョウ目，バッタ目，カマキリ目，アミメカゲロウ目（クサカゲロウ，ウスバカゲロウなど），コウチュウ目（ハンミョウ，コガネムシ類），ハエ目（ヤドリバエ類）で知られている．一般に昆虫の聴覚器官は鼓膜，その内側にある気嚢もしくは気管，および聴神経で構成される[3]．

およそ700種の小コウモリの食性は昆虫食であり，エコーロケーションにおいて20～100 kHzの周波数帯の超音波を発して餌となる昆虫類を探索，捕食する．超音波を用いたソナーは，エコーを発生させるために出力する音の周波数が高くなるほど解像度は高くなる一方で，大気中に減衰する度合いが大きくなる．したがって，コウモリのバイオソナーに関しても，コウモリが発する音の周波数が高くなるほど検出距離は短くなる．例えば，口元から10 cmの距離で110 dB SPL (re. 20μPa) となる20 kHzの音を発するコウモリが5 m以上離れた昆虫を検出できるのに対し，同じ音圧で100 kHzの音を発するコウモリは2.4 m以上離れた昆虫を検出できない．昆虫はコウモリからの捕食を免れるため，コウモリがエコーロケーションに用いる超音波を捕食者の存在を表す合図として活用してきた．これに対抗し，コウモリ側も昆虫が聞き取りにくい周波数帯の音を発する，捕食戦略を変えるなど，昆虫とコウモリの軍拡競争は現在も進行中である．

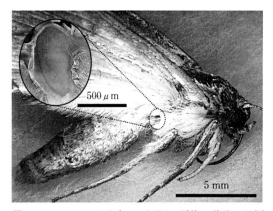

図1 ハスモンヨトウ（チョウ目ヤガ科）の後胸の両側に位置する鼓膜器官

昆虫の対コウモリ戦略

コウモリ出現以前から前肢の脛節に鼓膜器官をもつコオロギ，キリギリス類の聴覚は，種内での音響コミュニケーションに用いる音の周波数に最も感度が高い．これらの昆虫は，コウモリの出現以降，捕食圧に応じて超音波に対して明確な忌避反応を示すようになった．同所的に分布するコウモリの利用する超音波域（およそ15～60 kHz）に特異的に応答する介在神経が胸部神経節の中に発達しており，飛翔しているコオロギ，キリギリス類に超音波を提示すると，音から離れる動きや飛翔を停止する[4]．腹部の体側に鼓膜器官をもつトノサマバッタ類にも超音波に応答する介在神経が知られており，超音波に対する忌避行動を駆動する．コオロギなどの鳴く虫に寄生するヤドリバエ類は，元来寄主の音を検出するために前胸腹側に特殊なシーソー様構造の鼓膜器官を発達させている．超音波を聞くことも可能で，忌避することが知られている．

ガ類は分類群（上科）によって耳の位置が異なる．一例ではあるが，ヤガ類は後胸（後翅の付け根付近），シャクガ，メイガ類は腹部第一節，スズメガ類は口器，夜行性のチョウであるシャクガモドキ類は前翅基部に聴覚器官を有する（図1）．このような相違は，ガ類が最近になって耳を獲得したことを裏付ける．また，一般にガ類の聴覚器官は1～4個の聴細胞しか含んでおらず，生物の中でもシンプルな構造である．

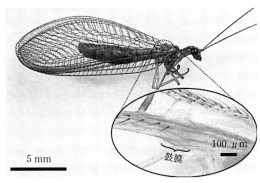

図2 ヤマトクサカゲロウ（アミメカゲロウ目クサカゲロウ科）の前翅基部に位置する鼓膜器官（円内の拡大図は裏側から見たもの）

聴細胞が1本の束になって鼓膜に接しているため，音の周波数の高低は識別できない．おおむね20〜60 kHzの超音波に高い感受性を示し，超音波を忌避する．クサカゲロウ類の鼓膜器官は前翅の翅脈に埋め込まれており，40〜60 kHzの超音波に感度よく反応する（図2）．コウモリの超音波を受容すると，飛翔中に落下する反応を見せる．カマキリ類（カマキリ科）は胸部腹側の正中線上に2つ（中胸・後胸）の鼓膜器官をもち，25〜50 kHz，種によっては100 kHz以上の超音波に高い感受性を示す．飛翔しているカマキリ類は，コオロギ類と同様に超音波に対して忌避行動を引き起こす．コウチュウ目のうち，ハンミョウ類は腹部第一節の左右の体側に鼓膜器官をもち，約30 kHzの超音波に対する感度が最も高い．コガネムシ類の一種の鼓膜器官は頸部にあり，45 kHzの超音波に高い感受性をもつ．これらのコウチュウ目も，超音波を検知すると離れる方向に飛翔する，歩行を停止するなど，コウモリからの捕食を回避する行動を示す．

　昆虫の超音波を受容する聴覚は，コウモリからの捕食圧から解放されると退化する場合がある．コウモリが分布しない地域に移入した種や，昼間に活動する種，コウモリが活動しない冬季のみに活動する種では，超音波に対する神経応答の漸次的な低下がみられる．一方で，ヤママユガ類は現在も耳をもたないが，後翅末端に発達した尾状突起がコウモリからの捕食を回避するのに有効（コウモリが尾状突起をガの胴体と誤って噛みつく）なことが知られている[2]．

さらなる攻防

　チョウ目のヒトリガ類は，接近してくるコウモリに向けて超音波を自ら発音する種が多い．これは，有毒種であることをコウモリにアピールする警告音として機能し，さらにこの警告音と似た音を擬態として発する無毒種もいる．連続的に発音する種では，コウモリのバイオソナーを積極的に妨害（ジャミング）し，捕食されるのを回避することも知られている．また，コウモリから盗聴されるのを防ぐため，一部のキリギリス類は交尾行動で発音する頻度を極端に落とす，音に加えて振動をシグナルとして利用する種が，ガ類では交尾時の発音の音圧を低くしている種が報告されている[5]．

　昆虫によるコウモリ対策の一方で，アカコウモリ類の中には昆虫が検知しにくいほど周波数の低い20 kHz以下の音を，チチブコウモリ類の中には周波数の極めて高い200 kHz以上の超音波を利用する種がいる．そのほか，音圧の低い超音波を発し，餌となる昆虫に気付かれにくくする採餌戦略を選択的に用いるホオヒゲコウモリ類もいる．また，昆虫が動く際に生じるノイズを頼りに捕食するコウモリも知られている[6]．

〔中野　亮〕

文献

[1] L. A. Miller and A. Surlykke, *BioSci.*, **51**, 570-581 (2001).
[2] J. R. Barber, B. C. Leavell, A. L. Keener, J. W. Breinholt, B. A. Chadwell, C. J. W. McClure, G. M. Hill and A. Y. Kawahara, *Proc. Natl Acad. Sci. USA*, **112**, 2812-2816 (2015).
[3] J. E. Yack, *Microsc. Res. Techniq.*, **63**, 315-337 (2004).
[4] G. S. Pollack, *J. Comp. Physiol. A.*, **201**, 99-109 (2015).
[5] J. J. Belwood and G. K. Morris, *Science*, **238**, 64-67 (1987).
[6] G. Jones and E. C. Teeling, *Trend. Ecol. Evol.*, **21**, 149-156 (2006).

9-15
昆虫と動物の聴覚器の収斂進化

陸生昆虫と脊椎動物は系統的には大きく離れた動物群であるが，どちらも同じ物理世界の中で音を用いたコミュニケーションを発達させている．音受容は空気分子の疎密波を機械的な変位に変換して検出する過程であるので，脊椎動物も昆虫も変位によって直接開口するシンプルな機械受容チャネル（TRPチャネル）をシグナル伝達に用いている．チャネルの開口とともに感覚細胞内への陽イオン流入が起こることで，電気信号が生じ，この情報が中枢へ伝達される（▶8-10, 9-7参照）．つまり，シグナル伝達だけに着目すれば，同じくTRPチャネルを介する接触受容に似ている[1]．機械受容は原生動物すら備えている原始的な感覚であるから，多くの機能分子は共通の祖先から引き継いだものである．網羅的遺伝子解析からはマウスとショウジョウバエの聴感覚細胞で発現している遺伝子の約8割が共通の祖先由来であるという報告がある[2]．

それでは，機械感覚の中で聴覚を聴覚たらしめる要因は何であろうか．聴覚が発達するには①微弱な空気分子の疎密波（音圧）を感覚細胞の入力部位（樹状突起）への機械変位に変換する，すなわち刺激の増幅ができること，②疎密波の繰り返し頻度，すなわち周波数を弁別できる必要がある．これらの要件を満たすためには感音経路よりもむしろ伝音経路の修飾が重要となる．

図1　ウェタの鼓膜器官（矢印）（口絵19）

動物共通の3つの音処理プロセス

昆虫は外骨格，脊椎動物は内骨格という異なる体構造をもちつつも同じ要件を満たすため，驚くほど似た仕組みを進化させている．

まずはヒトの聴覚器の伝音経路をみてみよう．これは3つの段階的なプロセスからなる．すなわち，①鼓膜の振動による音波の検出，②3つの耳小骨の接触面積を徐々に小さくし，テコ比を上げていくことによる音圧増幅，③蝸牛管内の流体（リンパ液）移動による周波数弁別，である（**表1，図2A**）．聴覚器の役割についての詳細な解説については▶2-2, 2-11～13を参照されたい．

近年のキリギリス科の研究からは昆虫の小さな聴覚器の中にもこれらと厳密に対応するプロセスが存在することが明らかになってきた（**表1**）[3]．ここではニュージーランドに生息しているキリギリス（ウェタ）の前肢にある鼓膜器官を例にとってみよう（**図1**）[4]．ウェタは後肢を腹部にこすり合わせて発音し，種内交信を行う[5]．ウェタの鼓膜器官では3つの構造が精緻に組み合わさってできている（**図2B，C**）[4]．まず，①体表面のクチクラ（外皮）が薄くなってできた鼓膜，②鼓膜を裏打ちするように張りついている気管，そして③気管の上に整然と配列した感覚細胞群である．気管は文字通り，昆虫が外部の空気を体内に取り込むための中空の管で，外皮をつくるキチン質が1～10μm程度に薄くなったものである．感覚細胞はリンパ液で満たされており，薄い膜を通じて周囲の体液環境と隔てられている[3]．

音の検出

最初の音検出では脊椎動物と同様に膜が音波を機械的変位に変換するインターフェースとして機能する．ウェタの鼓膜は脛節基部の前側と後ろ側に2枚ある．鼓膜の厚みはいずれも約50μmで，周囲のクチクラよりも薄いため，音波を大きな振幅の機械変位へと変換できる（**図2B，Cの灰矢印**）[6]．前後2枚の鼓膜間の距離は1mmしかないため，ウェタが交信に用いる2～3kHzの周波数の音では同一の波長内

表1　昆虫の鼓膜器官と哺乳類の聴覚器に共通する3つの基本プロセス

	音波の検出	音圧増幅	周波数弁別
昆虫	鼓膜の共振	気管とクチクラの組み合わせによるてこの作用	流体中の進行波
哺乳動物	鼓膜の共振	耳小骨によるてこの作用	流体中の進行波

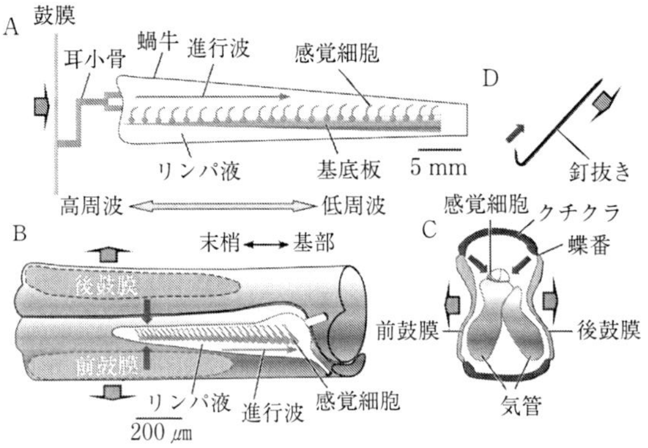

図2　ヒトと昆虫の音受容
A：ヒトの伝音経路の模式図. 蝸牛は引き延ばした状態. B, C：キリギリス（ウェタ）鼓膜器官の伝音経路の模式図. D：音圧増幅に寄与するてこの原理.

（11～17 cm/波長）に収まる[5]．よって，2枚の鼓膜は同位相で共振を起こすことになる[5]．

音圧増幅

　次の音圧増幅の過程では，昆虫はクチクラ装置にもうひと手間工夫を凝らす．鼓膜と機械的なリンクをもつ蝶番の部分がてこの支点の役割を果たすことで，鼓膜の大きな振幅の機械的変位を小さな振幅の強い圧力へと変換する[3, 5]．すなわち，音の疎波のタイミングで気管が拡張すると鼓膜が外側に押し出され，前後の蝶番の領域にピンポイントの強い圧力が加わることになる（**図2B, C の黒矢印**）．この過程は釘抜きの作用を思い浮かべるとよいだろう．釘抜きの持ち手から支点の間は長く，支点から先端までは短くできているので，弱い力でも先端には強い圧力が生じ，釘を容易に引き抜くことができる（**図2D**，持ち手の作用方向と支点の先の作用方向が逆になっていることに注意）．

周波数弁別のしくみ

　最後は周波数弁別である．これには圧力を流体の移動に変換する過程が不可欠となる．圧力によって感覚細胞の周囲を満たすリンパ液が末梢側から基部側へと絞り出され，この流れによって感覚細胞の樹状突起が機械的に歪まされ，前述のチャネルが開口する．フォン・ベケシー（von Békésy）の進行波説に従うと，流体移動によって最大の変位が生じる場所は周波数依存的に決まっており，低周波ほどより遠方の基底膜を振動させる．すなわち，前肢の末梢側の感覚細胞が高周波（超音波を含む）に，基部側の感覚細胞が低周波に応じることになる（**図2B，口絵20**）．この点はヒトの聴覚器において低周波の音ほど流体が遠方に到達し，蝸牛管の奥に配列している感覚細胞を刺激することと同じである（**図2A**）．

　以上，昆虫と哺乳類の伝音経路にみられる収斂進化について解説してきた．昆虫の聴覚器は哺乳類より数億年早く誕生し，長い進化の過程で洗練されてきた世界最小のナノ変位センサーである．哺乳類よりもはるかに短い進行波（数百 μm のオーダー）でいかにして正確かつ広範囲にわたる周波数弁別が可能なのか，今後の研究が待たれる．　　　　　　〔西野浩史〕

文　献

[1] D. F. Eberl and G. Boekhoff-Falk, *Int. J. Dev. Biol.*, **51**, 679-687 (2007).
[2] P. R. Senthilan, D. Piepenbrock, G. Ovezmyradov, B. Nadrowski, S. Bechstedt, S. Pauls, M. A. Winkler, W. Möbius, J. Howard and M. C. Göpfert, *Cell*, **150**, 1042-1045 (2012).
[3] F. Montealegre-Z, T. Jonsson, K. A. Robson-Brown, M. Postles and D. Robert, *Science*, **338**, 968-971 (2012).
[4] H. Nishino and L. H. Field, *J. Comp. Neurol.*, **464**, 327-342 (2003).
[5] K. Lomas, F. Montealegre-Z, S. Parsons, L. H. Field and D. Robert, *J. Exp. Biol.*, **214**, 778-785 (2011).

9-16 ヒトの感性と昆虫の発音

我々人間は，主に音声言語によってコミュニケーションし，その言語や発音は地域によって異なるなどの多様性をもつ．しかしながら，多様な言語をもつのは人間だけではない．コオロギやキリギリス（バッタ目）やセミ（カメムシ目）などは種ごとに異なる鳴き声をもち，求愛や競争など様々な場面でコミュニケーションのために用いられている．これまで昆虫の発音の解析は，生物学的観点から研究されてきたが，近年，ヒトの感性との関係という観点からも注目されている．

日本人は，虫の音に親しみ，心地よさや癒しを感じてきた．とりわけ初夏から秋の夜長に聞こえるコオロギなどの鳴き声は秋の季語として扱われており，古くは万葉集にも登場している．また現在でも，コオロギやキリギリスは唱歌に登場するなど，季節の変化とともに人々に親しまれている．では，どのような虫の発音がヒトの感性を刺激するのだろうか．本項では，ヒトが虫の発音に感じる感性や，虫の発音のゆらぎ，および虫の発音を聞いた時の生理的反応について紹介する．こうした虫の音と感性との関係について調べることは，生物学的，あるいは感性工学的な知見を得るだけではなく，自然や昆虫に親しむという日本の文化を考える上でも興味深い．

虫の発音に対する感性評価

コオロギ科3種（エンマコオロギ，スズムシ，カンタン）とキリギリス科2種（ヤマヤブキリ，ハタケノウマオイ）の発音を図1に示す（▶8-24参照）．エンマコオロギ，スズムシの発音は音の強弱やリズムがあるが，カンタンとキリギリス科2種は単調かつ連続な発音であった．これらの発音を刺激音としてSD法を用いた感性調査を行ったところ，エンマコオロギとスズムシの発音は「美しい」や「風情がある」などの項目で評価が高かった（図2）．一方，カンタンやキリギリス科2種の発音は，エンマコオロギ・スズムシよりも評価が低かった．これはカンタンなどの特徴である連続した単調な発音が被験者に騒音的な印象をもたらしたためと考えられる．

ヒトの感性と虫の発音には，これまで虫の発音を聞いた経験や頻度が深く関係することが示唆されている．日本人を対象に，コオロギ科の虫の発音を聞いたときに想起したイメージについて自由記述でアンケートを実施したところ，虫の発音の種類によらず秋や夜などの季節感や田舎や月夜などの自然の情景を想起させることが示された．一方，日本の虫の発音に馴染みのない欧米人は，コオロギ科の昆虫の発音によって騒音を想起するなど，虫の発音に対する評価は低かった[1]．おそらく，刺激となる虫の発音を聞いた経験の有無，あるいは聞いていたときの感情・状況が，虫の発音によって想起する事柄に影響するものと考えられる．

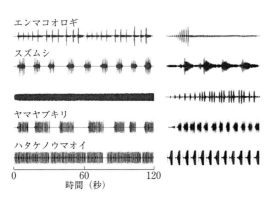

図1 コオロギ科3種とキリギリス科2種の発音（[3]を改変）

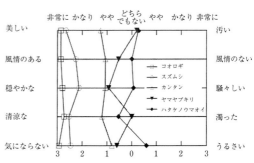

図2 コオロギ科3種とキリギリス科2種の発音に対する感性評価（[3]を改変）

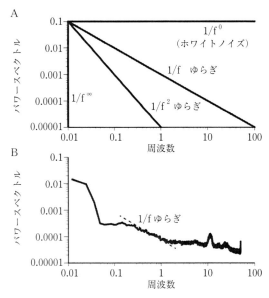

図3 1/f^n ゆらぎのモデル（A）とコオロギの発音のゆらぎ（B）（[3]を改変）

虫の発音と1/fゆらぎおよび生理的反応

現在，音楽の心地よさを表す指標として，クラシックなどにおける1/fゆらぎやα波の増加などが用いられる．ここでは，虫の発音の心地よさを評価する指標として，発音の1/fゆらぎと虫の発音を刺激音とした時のα波の出現について紹介する．

1/fゆらぎとは，小川のせせらぎや潮騒など，自然界に多く存在するリズムである[2]．人間にとって心地よいといわれる変動現象に多く見られるため心地よさの一因であるといわれ，音楽など芸術分野や医療の分野でも研究が進められている．図3Aは1/f^{n}ゆらぎのモデルを示し，ここではnの値が大きくなるほど変動の規則性が高くなることを意味する．1/fゆらぎは，ホワイトノイズのようにまったくのランダムではなく，幾分，規則性のある変動であるといえる．図3Bは，エンマコオロギの発音のゆらぎを解析した結果を示す．図から，0.2〜1.1 Hzの範囲で1/fゆらぎが見られた．こうした1/fゆらぎの周波数成分は，ほかのコオロギ科の発音においても同様に検出されている[3]．

次に，虫の発音を聞いた時の生理的反応である脳波の変動について紹介する．脳波とは，脳神経細胞の活動電位を記録したものであり，δ波やθ波，α波，β波など，それぞれの成分の変動により意識状態の水準をよく反映するとされる．特にα波は落ちついた音楽を聞いたときに出現するため，心地よさを表す指標となりうる．虫の発音を聞いたときの脳波を測定した結果，50％以上の被験者で聴覚にかかわる側頭葉および感情や思考にかかわる前頭葉でα波の割合が増加した[4]．一方，視覚にかかわる後頭葉などではα波の発生について変化はなかった．以上のことから，虫の発音には脳の聴覚や感情を司る部位を刺激してα波を誘発する効果があると考えられる．

音響はヒトの感性に影響する重要な刺激である．現在，音楽や自然の音を取り入れた音楽療法やリラクゼーションが研究されている[5]．コオロギ科の発音は，心地よさの指標である1/fゆらぎの変動成分をもち，かつ脳波にα波の発生を誘発し，かつ日本人の感性調査でも評価は高かった．今後，コオロギ科の発音も自然の音響を活用した音楽療法の一助になることが期待される．

〔穂積 訓〕

文献

[1] 安藤 昭，赤谷隆一，土木学会論文集 D, 63, 233-241 (2007).
[2] R. F. Voss and J. Clarke, *J. Acourst. Soc. Am.*, 63, 258-263 (1978).
[3] 穂積 訓，稲垣照美，渡部 濃，日本感性工学会研究論文集, 7, 119-126 (2007).
[4] 穂積 訓，稲垣照美，福田幸輔，日本感性工学会研究論文集, 8, 1137-1144 (2009)
[5] 木村 滋，冨野弘之，日本赤十字秋田短期大学紀要, 10, 9-22 (2006).

9-17
動物の絶対音感

ヒトの絶対音感は西洋音階に基づいて定められた音高に言語ラベルをあてはめたものであり，音階のようなものが存在していないであろう自然界にその定義を適用することはできない．したがって，先行研究においては，西洋音階に基づくような絶対音感(absolute pitch)を「音楽的絶対音感(musical AP)」とし，西洋音階とは独立にピッチを記憶あるいは同定する絶対音感を「普遍的絶対音感(general AP)」と呼んで区別し，検証が行われている[1]．

また，動物に言語ラベルを用いた絶対音感テストを実施することは困難であることから，動物を対象とした研究では，行動実験による検証が行われている[1-6]．

いずれの先行研究の結果からも，絶対音感がヒト特有の能力ではないことが明らかになっている．

鳴禽類の絶対音感

動物の絶対音感に関して，最も多く研究対象とされているのは，鳴禽類(songbird)である．

例えば，キンカチョウとヒト(音楽的絶対音感非保持者)の普遍的絶対音感を比較した場合，キンカチョウのほうがヒトより成績がよいことが明らかになっている[1]．具体的に述べると，刺激は純音であり，周波数のバリエーションは980〜5660 Hzの間を120 Hz刻みで等分した40種類であった．また，図1に示す通り，これら40種類の周波数は，隣接する5つの周波数ごとにまとめられ，8つの帯域(例えば，最も低い帯域のグループは980, 1100, 1220, 1340, 1460 Hz)に分けられた．キンカチョウにはオペラント条件づけが行われ，8つの帯域のうち低いほうから1, 3, 5, 7番目(あるいは2, 4, 6, 8番目)にあたる4帯域に含まれる周波数に対して正の強化(＋)，残りの4帯域に含まれる周波数に対して負の強化(−)が行われた．10日間のトレーニング後，キンカチョウは85％を上回る弁別率を示した．つまり，「正の強化」が行われた帯域の音が鳴った場合によく給餌装置に近づいた．一方，ヒトは約55％の弁別率であった．

加えて，Weismanらは，ノドジロシトドおよびセキセイインコを対象とした実験でも同様の検証を行っている．その結果，弁別率に多少の差はあるもののキンカチョウと同様に絶対音感的な弁別が可能であることを明らかにした[1]．このほか，ホシムクドリを対象とした複数の先行研究においても，絶対音感に基づく弁別が行われていることを示唆する結果が得られている[2]．

これらの結果は，絶対音感がヒト特有の能力，あるいはヒト特有の脳の情報処理機構に依存してもたらされている能力ではないことを示しているであろう．

図1 各刺激に対するオペラント条件づけ(最も低い帯域に対して「正の強化」が行われた場合の例)

哺乳類の絶対音感

哺乳類の絶対音感に関する先行研究の数は非常に少ないが，ラットやフサオマキザル[4]，ニホンザル[5]，インドアラコウモリ[6]を対象とした実験が行われている．これらの実験においては，複数音からなる音系列が上行したか下行したかという弁別や，音系列に含まれる音間（音程）を広く／狭く変化させた音列における上行と下行の区別についても検証が行われた．インドアラコウモリに関しては，超音波帯域での検証が行われた．

その結果，ラットは人間によく似た成績を示すことが明らかになった．つまり，絶対音感的な音高弁別は不得意であることが示された．

一方で，フサオマキザル，ニホンザル，インドアラコウモリは，鳴禽類と同様に絶対音感的な音高弁別能力に優れていることが示された．

加えて，相対音感的な弁別を行うこともできるが，ヒトに比べるとその適用範囲は限られているようである．

具体的には次の通りである．鳴禽類およびサルやコウモリといった哺乳類は，音系列の上行／下行の弁別も容易に可能であるし，それらの音系列に含まれる音程が広いか狭いかにかかわらず上行／下行の区別を行うことができた．しかしながら，学習に用いられた周波数帯域外の音系列や，学習した音系列よりオクターブ高い／低い帯域の音系列を用いた場合には，途端に上行／下行の弁別が困難になった．

つまり，音高の遷移パターンの違いを弁別することは可能であったが，それらを学習した周波数帯域外に汎化させることは困難であり，相対的な音高弁別は不得意であることが示された．

人間はあえて絶対音感を選ばなかった？

人間の場合，たとえ幼児であっても様々な周波数帯域における同じ旋律の類似性を容易に判断することができる[7]．つまり，相対音感に優れているということは，音高の遷移パターン

を周波数帯域に拠ることなく容易に汎化できることを示しており，音楽ともかかわりの深い能力であると考えられる[8]．また，この能力のおかげで，人間は男声や女声といった声の高さの違いにかかわらず，声の抑揚を容易に理解することができる．鳴禽類あるいはサルやコウモリといった哺乳類のように，オクターブの違いが上行か下行かの弁別能力に影響を及ぼしてしまうようであれば，わざわざ帯域ごとに音系列を学習する必要に迫られてしまう．人間が絶対音感に比べて相対音感を優先させる背景には，複雑な音高の変化を活用した音による情報伝達，すなわち音声コミュニケーションを軸とする知覚の進化が関係しているかもしれない．

また，いずれの鳴禽類および哺乳類についても，絶対的あるいは相対的といったどちらか一方の手がかりのみに基づいて音高判断を行っているわけではなく，それぞれの動物が両方の手がかりを異なるバランスで活用して音高や音系列を弁別していると考えられる．どのような背景から，それぞれの動物がそれぞれの戦略を選択したのか，その過程については，今後さらに検証が必要な研究課題である．　　〔饗庭絵里子〕

文　献

[1] R. G. Weisman, M. G. Njegovan, M. T. Williams, J. S. Cohen and C. B. Sturdy, *Behav. Proces.*, **66**, 289-307 (2004).

[2] S. H. Hulse, A. H. Takeuchi, and R. F. Braaten, *Music Percept.*, **10**, 151-184 (1992).

[3] A. D. Patel, *Music, Language, and the Brain* (Oxford University Press, New York, 2010), pp. 395-400.

[4] M. R. D'Amato and D. P. Salmon, *Anim. Learn. Behav.*, **12**, 184-194 (1984).

[5] W. C. Stebbins and D. B. Moody, *Comparative Hearing: Mammals*, R. R. Fay and A. N. Popper Eds. (Springer, New York, 1994), pp. 97-133.

[6] S. Schmidt, A. Preisler and H. Sedlmeier, *Advances in Hearing Research: Proceedings of the* 10th *international symposium on hearing*, G. A. Manley, G. M. Klump, C. Köppl, H. Fastl and H. Oeckinghaus Eds. 467-476 (World Scientific, Singapore, 1995), pp. 467-476.

[7] S. E. Trehub, D. Bull and L. A. Thorpe, *Child Dev.*, **55**, 821-830 (1984).

[8] J. McDermott and M. Hauser, *Music Perception: An Interdisciplinary Journal* 23, 29-59 (2005).

9-18

鳴禽の歌とヒト言語

鳴禽の歌とヒトの発話の発達には，相通ずるところがある．鳴禽の歌の科学の草分けとして知られる Marler は，歌の発達の観察からそのように指摘した[1]．以来，ヒト言語との比較はこの分野のトピックの1つを占めている[2, 3]．ここでは，どのような共通点・相違点があるかを概観したのち，ヒトという生物がなぜことばをもつに至ったのかについて，鳴禽のコミュニケーション音声の研究がどのような示唆をもたらすかを述べる．

共通点

歌も発話も，有限個の音要素がある一定の規則のもとに連なっている．歌を学ぶヒナと発話を学ぶ赤ちゃんに共通する課題は，聴覚発声変換，つまり耳にした音を自分で声にすることである．この過程には，聞いた音の記憶に自分の声を聴覚フィードバックを頼りに近づけていく，探索の段階がある．この段階の発声は，歌ともことばとも呼べない，不明瞭な音の羅列である．そののち，歌やことばに含まれる音要素がはっきりと現れてくるものの，音要素の配列に不確実性のある段階がくる．キンカチョウとジュウシマツの幼鳥，ヒト乳児を対象とした研究では，2つの音要素の組み合わせ方が1つずつ獲得されていくことも，共通点として示された[4]．

この世界は様々な音に溢れているにもかかわらず，その中から鳴禽は歌を学び，ヒトはことばを学ぶ．ここでは生得的なバイアスと，養育者をはじめとする周囲とのかかわりが鍵を握っている．例えば，ヌマウタスズメは生まれつき自種の歌と他種の歌を区別することが，歌の再生に対する心拍数の変化から判明している．キンカチョウは師匠の姿が見え，互いに声でコミュニケーションがとれる条件で，そうでない条件よりも師匠の歌の学習が促進される．ヒト

の新生児も，発話でない音声に比べて発話に対して選好性を示す[5]．この選好性が胎内の経験によらないことは，胎内を模して音声から高周波帯域を除くと，上のような区別が消失したことから支持される[6]．ヒトは生後6〜12か月の間に母語に必要ない音素の弁別を失う（日本語話者なら /r/ と /l/ など）．しかし，生後9か月の乳児を対象にした実験では，生身の教師が教えるとそのような音素の弁別を取り戻すことが判明した．そして音声やビデオのみのレッスンでは，このような効果は見られない[7]．また，ヒトには養育者が赤ちゃんに向けて行う独特な話し方（child directed speech：CDS）がある．CDS にはことばの発達を補助する機能があるが，これに相当すると考えられるものが，最近キンカチョウで報告された[8]．

神経基盤の比較

行動・発達面の類似性は，神経基盤の類似性に裏打ちされているだろうか．鳴禽類と哺乳類の脳の構造にみられる相同性は確認されており，運動制御の強化学習に携わる大脳基底核−視床−皮質ループもおおむね類似している．鳴禽の歌神経系の迂回投射系はこれに含まれる．発声学習を運動学習の一種と捉えれば，この側面の神経基盤の類似性は担保されているとみてよいだろう．ただ，現状ヒト乳児の研究は大脳皮質の活動に焦点をあてたものに偏っており[9]，発達途上の大脳基底核や視床を含めた直接の比較は難しい．

発声学習にとって特に重要な意味をもつのは，運動野と呼吸発声中枢に接続があることである．これにより呼吸と発声の意図的な制御が可能になる．加えて，その運動野に投射する運動前野と，高次聴覚野との接続もあげておきたい．ヒト乳児では喃語が始まる時期にこの接続が生じる[9]．鳴禽ではキンカチョウを用いた実験で，運動前野が手本の歌の記憶に必要であることが示されている[10]．ところで，言語処理に小脳がかかわることが知られる一方，歌における小脳の機能についてはこれまでほとんど言及がなかった．しかしこのほど，小脳から視

床を介して大脳基底核に機能的な入力があることが見つかった[11]. キンカチョウの幼鳥において小脳のある領域を破壊すると，音要素の長さの学習が妨げられた. この結果は，哺乳類において小脳が運動のタイミングの制御にかかわることと矛盾しない. なお，成鳥に対しては有意な影響はなかった.

相違点

鳴禽の歌は求愛となわばり防衛に特化した信号で，主として発信者についての情報（どの種に属するか，動機づけの程度など）を受信者に伝える. しかしながら，世界の中にある事物やできことを伝える（参照性）わけではない. ヒトの言語では，文は単語に，単語は音素に分解できる（二重分節性）. 音素・単語の並べ方によっては異なる意味の単語・文にもなるし，意味不明な単語・文にもなる. 参照性と二重分節性は，鳴禽の歌には見受けられない，ヒト言語の特徴である. Marler の言を借りれば，鳴禽の歌は「音韻符号化（phonocoding）」であって「語彙符号化（lexicoding）」ではない[12].

要するに，鳴禽の歌とヒト言語の類似性は発声学習を核としている. 鳴禽の歌とヒト言語の双方に方言，つまり遺伝によらない地理的差異があることはその帰結の１つである. ただ，発声学習がヒト言語にとって本質的かどうかには議論の余地がある. 現に，発声学習能力をヒト言語とは異質な信号に供している生物が存在するのだから. さらにいえば，手話はヒト言語の一形態だが，発声学習には依拠しない.

今後の展望

では鳴禽のコミュニケーション音声の研究は，ヒト言語の起源を探究するにあたって，どのような手がかりを与えるだろうか. ヒト言語との違い，またヒト言語における発声学習の位置付けについて留意は必要だが，少なくとも，発声学習の起源について検証可能な仮説を提供する. スズメ目は鳴禽類と亜鳴禽類に大別でき，後者は発声学習をしないとされている. ただし一部の種は発声学習をすることが報告されてお

り，これらの配偶システムはレック型か一夫多妻制で，配偶者をめぐるオス間の競争が強い. このことから発声学習が進化する要因として，性淘汰が考えられる[13]. この説をとるならば，メスは原則として発声学習をしないことが予想されるが，実はメスが発声学習をする種は少なくない[14]. 他方，歌ほど複雑ではないが，雌雄問わず，コンタクトコールを模倣や収斂によって共有する事例が報告されている. 社会的潤滑油として機能するこういったコールが，発声学習の先駆けとなった可能性もある[15]. もしこの現象がヒトに近い系統でも確認されたならば，霊長類の中でヒトのみが発声学習能力をもつという進化の溝を，いくぶん埋めることができるかもしれない.

タイムマシンがあればこそ，過去をさかのぼることは不可能なので，ヒトの言語の起源について問うても，本当のところは誰にもわからないかもしれない. それでも，集積した手がかりから，こうではないかという物語をつくることはできる. その物語はきっと，鳴禽の歌の研究を無視できないはずだ. 〔水原誠子〕

文　献

[1] P. Marler, *Amer. Sci.*, **58**(6), 669-673 (1970).

[2] A. J. Doupe and P. K. Kuhl, *Annu. Rev. Neurosci.*, **22**(1), 567-631 (1999).

[3] J. J. Bolhuis and M. Everaert Eds. *Birdsong, Speech, and Language: Exploring the Evolution of Mind and Brain* (MIT press, Cambridge, 2013).

[4] D. Lipkind *et al.*, *Nature*, **498**(7452), 104-108 (2013).

[5] A. Vouloumanos and J. F. Werker, *Dev. Sci.*, **10**(2), 159-164 (2007).

[6] A. Vouloumanos and J. F. Werker, *Dev. Sci.*, **10**(2), 169 (2007).

[7] P. K. Kuhl, F. M. Tsao and H. M. Liu, *Proc. Natl. Acad. Sci. USA.*, **100**(15), 9096-9101 (2003).

[8] Y. Chen, L. E. Matheson and J. T. Sakata, *Proc. Natl. Acad. Sci. USA.*, **113**(24), 6641-6646 (2016).

[9] M. A. Skeide and A. D. Friederici, *Nat. Rev. Neurosci.*, **17**(5), 323-332 (2016).

[10] T. F. Roberts *et al.*, *Nat. Neurosci*, **15**(10), 1454-1459 (2012).

[11] L. Pidoux *et al.*, *Elife*, **7**, e32167 (2018).

[12] P. Marler, *The Origins of Music* N. L. Wallin, *et al.* Eds. (MIT press, Cambridge, 2000), pp. 31-48.

[13] D. Kroodsma, *Nature's Music: The Science of Birdsong*, P. Marler and H. Slabbekoom Eds. 〔Academic Press, New York, 2004〕, pp.108-131.

[14] K. J, Odom *et al.*, *Nat. Commun.*, **5** (2014) : 3379.

[15] K. B. Sewall, A. M. Young and T. F. Wright, *Anim. Behav.*, **120**, 163-172 (2016).

9-19

鳥の発声学習と音楽・リズム

ヒトはリズムに合わせてダンスを踊る．行進曲が流れていると，リズムに抗おうとしても，脚の動きがリズムに引き込まれることもある．このようなリズムへの同調はヒトにおいては通文化的なものであると考えられる．

ヒト以外の動物についてもこのようなことは生じるだろうか．多くの動物は，歩行，飛翔，水泳などの際にリズミカルに動く．その仕組みの1つとして，感覚フィードバックを必要としない中枢パターン生成器（central pattern generator：CPG）がある．歩行の際に一定のリズムで生じる脚の交互の運動は，脊椎動物においては脳ではなく脊髄にあるCPGによって制御されている．

ある種の動物においては，個体間の相互作用の過程で，パターン化されたリズミカルな体の動きが見られることや，一定間隔で音声が産出されることなどもある．これは視覚や聴覚からの感覚フィードバックをある程度必要とするものの，生得的に決定されている定型的行動であり，固定された運動パターンからなるものである．

一方で，ヒトは外部から与えられる任意のリズムに同調して任意の身体部位を動かすことができる．そのためには感覚情報と筋肉の運動指令のタイミングに高度な同調が求められる．そのような能力の基盤はCPGのような単純なものではないだろう．

音楽の拍に合わせて踊る動物

長い間，ヒト以外の動物にそのような能力があるという報告はなかった．しかし，2009年にオウムの一種であるキバタンが音楽の拍に合わせて自発的に踊り，また，その拍のテンポを変えるとそれに合わせて踊りのテンポも変わるという報告がなされた［1］．一方で，YouTubeなどをみると音楽に合わせて踊るとされる動物

の動画がたくさん見つかる．そのことからすれば，この発見にとりわけ意義は見出せないように思える．しかし，それら動画に登場する動物は本当にリズムに合わせて踊っているのだろうか．この点を実際に確かめた研究がある．それによると動画の分析の結果，動物が音楽に乗って体を動かしている動画は実際にはとても少ないことがわかった．しかし，一部の動物については音楽に合わせて運動している可能性が示された．そして，それらの動物はみな「発声学習」能力をもつ動物であった［2］．さて，発声学習とはより一般的な表現では「声まね」のことである．つまり，聴覚経験に基づいて生得的なもの以外の新たな音声を発声パターンとして獲得する能力のことである．オウムはヒトの言葉を真似るが，オウム目のトリの多くは，ヒト以外の動物の中では最も優れた発声学習能力をもっている．鳥類においては程度の違いはあるもののキュウカンチョウを含む鳴禽類，ハチドリの仲間にもこの能力があることが知られている．哺乳類ではヒト以外に，鯨類，その他一部海生哺乳類，ゾウ，一部の小型コウモリにもこの能力がある．では，この発声学習能力とリズムに合わせて体を動かす能力には何か関連があるのだろうか．

発声学習とリズム同調仮説

ところで，行動生態学的には，ヒトを含む動物が（生物の進化の過程で存在しなかったような音楽の）リズムに合わせて体を動かすことの進化的・適応的理由を説明するのは難しい．

そこで，2006年には「リズム同調と発声学習」という仮説が提唱された［3］．発声学習には，聴覚として入力される感覚情報を処理し，発声器官を動かす運動指令に変換することがかかわっている．発声器官と四肢という違いはあるもの，この「感覚情報の運動指令への変換」が音楽のリズムに合わせてダンスを踊ることと密接な関係があることは容易に想像できるだろう．そこで，この仮説においては，リズム同調能力は発声学習能力の副産物として獲得された，と説明される．これにより，進化的に説明

図1　音楽の拍に合わせて体を動かす能力が示されたオウムの一種キバタン

の難しい,任意の拍への同調行動の神経心理基盤の起源を説明しようとしたわけである.この仮説に関連する研究として,発声学習能力をもつセキセイインコを用いた研究がある.この研究では,エサ報酬を用いてトリを訓練し,光と音からなる一種のメトロノームにあわせてキーをつつく課題を行わせた.そして,トリのつつきタイミングを分析したところ,音と光の提示の開始時点付近に集まる傾向が見られた.これはインコがメトロノームを追いかけてつついていたのではなく,リズムに同調してつついていたことを示し,先の仮説を支持するものとなった[4].

そののちの関連する研究

一方でこの仮説に対して否定的な立場の研究者もいる.例えば,1頭のアシカが見事にリズムに同調して首を振ることを示した論文が発表された[5].その論文によれば,アシカは発声学習能力をもたず,実験の結果は仮説の反証例となっているとしている(一方で近縁のアザラシは発声学習能力を有するため,この主張を妥当ではないとする立場もある).また,近年,発声学習能力をもたないチンパンジーにおいて限定的ながらリズムと同調した運動が観察されること[6],あるいはリズムに対する運動の引き込みが観察されること[7]などが報告されており,これらに基づいてヒトのリズムへの同調運動の進化は発声学習能力と切り離して考えるべきとする主張もある.

いずれにせよ,すべての研究者を納得させる結論はいまだ得られていない.この問題については,さらなる研究の進展が期待される.

〔関　義正〕

文　献

[1]　A.D. Patel *et al.*, *Curr. Biol.*, **19**(10), 827-830（2009）.
[2]　A. Schachner *et al.*, *Curr. Biol.*, **19**(10), 831-836（2009）.
[3]　A. D. Patel, *Music Percept.*, **24**(1), 99-104（2006）.
[4]　A. Hasegawa *et al.*, *Sci. Rep.*, **1**,（2011）.
[5]　P. Cook *et al.*, *J. Comp. Psychol.*, **127**(4), 412-427（2013）.
[6]　Y. Hattori *et al.*, *Sci. Rep.*, **3**, 1566（2013）.
[7]　Y. Hattori *et al.*, *PloS one.*, 10.7（2015）: e0130682.

9-20
発声学習の収斂進化のあり得るシナリオ

「発声学習」は vocal learning の和訳だが、その意味するところは研究者により多少異なる場合がある。本項目では様々な動物種について考えるため、まずこの点を整理する。

鳴禽類やオウム目のトリの研究者においては、発声学習は、聴覚経験に基づいて、後天的に新たな発声パターンを獲得することを意味する。「おはよう」という音を聞かされたオウムやキュウカンチョウが、「おはよう」と発声することができるようになる、というイメージである。

一方で、この意味での発声学習を vocal production learning と呼び、そのほかの「発声学習」つまり生得的な発声パターンを文脈に応じて使い分けることを学ぶこと (vocal usage learning)、ほかの個体の発声に対する適切な応答の仕方を学ぶこと (vocal comprehension learning) と区別する研究者もいる [1]。しかし、本項目では「発声学習」を鳴禽類などの研究者が用いるのと同様の vocal production learning の意味で用いる。

発声学習能力のある動物

研究者の間で発声学習能力を有すると共通に認識されている動物種はそれほど多くない。哺乳類においてはヒト、ゾウ、クジラの仲間、アザラシ、コウモリの一部がこの能力をもつとされる。なお、霊長類においてはヒト以外の動物にこの能力があるとは認められていない。有名な例として、Viki と名付けられたチンパンジーに対して幼い頃から長期間にわたり英語の発話を教える試みがなされたが、失敗に終わったというものがある [2]。しばしば、ヒト以外の霊長類がヒトの言語音を発することができないのは、発声器官の構造上の制約のためである、という主張がなされてきた。しかし、その説はアカゲザルを用いた最近の研究によって否定され

た。報告によれば、サルの発声器官の構造自体は多様な音を出すことに対応できるということである [3]。さて、鳥類が声まねすることはよく知られているが、実際には鳥類においては、スズメ目（鳴禽類）、オウム目、ハチドリの仲間だけが発声学習能力をもつ。以上のように、限られた動物種だけが発声学習能力をもつことは進化的にどのように説明されるのだろうか。

1つの説明は、これら生物種の共通先祖がこの能力を獲得し、そののち、現在までこの能力を維持し続けた動物種以外の動物からはこの能力が失われたというものである。もう1つの説明は、これらの動物種が独立に発声学習能力を獲得した、つまり、似た能力が別々に進化した、というものである [4]。さて、イルカとサメは似たような姿をしているが、前者は哺乳類で後者は魚類である。このように系統発生的に遠く離れた生物である2つの種類の生物が同じような環境に適応した結果、似た形質をもつようになることを収斂進化という。つまり、2つ目の説明は発声学習能力の収斂進化と言い換えることができる。近年の分子生物学的な分類によると、発声学習能力をもつスズメ目とオウム目については進化の系統樹において隣接した関係にあるものの、ハチドリについてはこれらから遠く離れているため、発声学習能力は独立に進化したものと考えられている [5]。系統樹を考えるなら、哺乳類についても発声学習能力は独立に進化した、つまり、収斂進化の結果獲得されたとするのが妥当である。では、これら動物の間に発声に関連して何か共通点があるだろうか。コウモリとイルカについてはエコーロケーション、海生哺乳類の一部とスズメ目の鳥類については求愛ディスプレイがあげられる [6]。また、オウム目の鳥類とイルカの共通点として、個体あるいはグループの識別記号としての発声もあげられる。

とはいえ、発声学習能力の基盤となり得たそれらの動物に共通の何らかの生理的構造を仮定できないだろうか。その候補になるのが、呼吸制御メカニズムである。ヒトの発話は細かい呼吸制御を要するが、スズメ目のトリ同様、ヒト

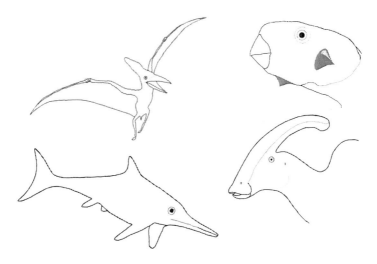

図1 左上から右回りにプテラノドン，シッタコサウルス，パラサウロロフス，イクチオサウルス

にはこの制御にかかわる大脳皮質から延髄への直接神経投射がある．また，水に潜る哺乳類にとって呼吸の制御が重要であることはいうまでもない．ゾウも鼻で水を吸う・吹くなどするために呼吸の制御はうまいだろう．また，飛行生物がより効率の優れた呼吸法を獲得するという推測ももっともらしい．あくまで仮定ではあるものの，こういった背景があった上で[4]，分類群・種ごとの生態学的要因が発声学習を促進したというのもあり得る仮説だろう．

恐竜の発声学習？

さて，2億年近く続いた中生代には，恐竜などの大型爬虫類において極めて多様な適応放散が生じた．それらの中には水に潜るもの，飛行するもの，特殊な形状の頭部をもつものも現れた．水棲爬虫類のイクチオサウルスはイルカと非常によく似ており，飛行爬虫類のプテラノドンはコウモリと似たところがある．パラサウロロフスの頭骨にはとさかのようなものがあるが，その中は鼻腔とつながる長い空洞構造で音を反響させることができ，ゆえにこれを発声と関連づける仮説がある．シッタコサウルスの名前の由来はオウム＋トカゲであり，その名の通り頭部はオウム目のトリによく似ている．その化石からあごの動かし方を推定し，現生のオウムと比較する研究も発表されている[6]．

発声学習を裏付ける証拠は化石としては残りにくい．しかし，2億年もの時間と現在の生物とよく似た形質をもたらす収斂進化を考えるなら，かつての大型爬虫類も発声学習能力をもっていたとするロマンチックな仮説も立てられる．化石をもとに，現生生物と比較することで恐竜の聴覚を探る研究などもあることから[7]，技術的な進歩次第で，そのような仮説も検証できるかもしれない．

〔関 義正〕

文 献

[1] C. Yamaguchi and A. Izumi, *The Origins of Language* (Springer Japan, Tokyo, 2008), pp. 75-84.
[2] K. J. Hayes and C. Hayes. *Proc. Am. Philos. Soc.*, **95**, 105-109 (1951).
[3] W. T. Fitch *et al.*, *Sci. Adv.*, **2**, e1600723 (2016).
[4] K. Okanoya and B. Merker. *Emergence of Communication and Language* (Springer, London, 2007), pp. 421-434.
[5] J. Gordon and P. L. Tyack, *Marine Mammals* (Springer, New York, 2002), pp. 139-196.
[6] P. C. Sereno *et al.*, *Proc. Royal. Soc. Lond.*, B, **277** (1679), 199-209 (2010).
[7] S. A. Walsh *et al.*, *Proc. Royal. Soc. Lond.*, B, **276** (1660), 1355-1360 (2009).

9-21 電気魚の発電

神経細胞の活動電位など，生物の生理学的現象には，しばしば電気が関与する．細胞の膜電位はたかだか±100 mV 程度の範囲にとどまるが，電気魚と呼ばれる魚の一群は，種によっては最大数百 V もの電圧をつくり出して体外に強い電場を発生して，行動に利用する．

電気魚の種類

電気魚は，発電の強度によって強電気魚と弱電気魚に分類される（図1）．そのうち，数十 V から数百 V もの，ヒトを感電させるほどの強力な発電を行う強電気魚は，古代エジプト時代の文献にも記載されているほど，古くから知られている[2]．強発電を餌の捕食や敵からの防御に用いる．そのような電気魚は，淡水産のデンキナマズ科とデンキウナギ（1属1種），海水産のシビレエイ目とミシマオコゼ科に，合計約100種が知られている．

電気魚のうち，強発電をする種は全体の1/4ほどにすぎない．残りのほとんどの種は，数 V 程度の弱い発電しか行わない，弱電気魚である．弱電気魚の存在は，20世紀中頃になっ

てようやく見出された[2]．以来，弱電気魚の探索が精力的に行われ，現在までに，デンキウナギ目（デンキウナギは本目中で唯一，強発電も行う），モルミリ目，ガンギエイ目にそれぞれ200種以上，ナマズ目サカサナマズ科にも数種が報告されている．弱電気発電は，鋭敏な電気感覚と組み合わせて能動的に行う電気定位（本項）と，ほかの弱電気魚との間のコミュニケーションに用いられる（▶9-23 参照）．

弱電気魚は，放電パターンによりさらに2タイプに分類される．1つは，100 Hz～1 kHz オーダーの連続的な波状発電を行うウェーブ型，もう1つは，持続時間数 ms 程度の電気パルスを断続的に発生するパルス型である．弱電気発電の行動学や，それに関する神経情報処理は，デンキウナギ目とモルミリ目において，よく研究されている．この2系統は，真骨魚類の系統上最も遠く離れた動物群であるにもかかわらず（▶9-22, 図1），ともにウェーブ型とパルス型の種を含み，さらに，それぞれの放電型の間で発電行動や神経アルゴリズムに多くの共通点がみい出されており，収斂進化の好例といえる．

電気器官

発電能力を担う電気器官は，ほとんどの電気魚では体幹部か尾部にある．電気器官は，脊椎動物系統で何度も独立して獲得されている（▶9-22, 図1）．その基本的な動作原理は，強電気魚であっても，弱電気魚であっても，すべての系統において共通している[3]．電気器官は，筋細胞が分化して収縮能力を失った電気細胞が，電気的に多数直列接続されて形づくられている．これらが電気運動ニューロンから入力を受けて一斉にに活動することで，電気器官の両端に大きな電圧が発生し，体外に電場が形成される．ただし例外的に，デンキウナギ目のアプテロノートゥス科では，ほかの電気魚と同様の筋由来の電気器官が，神経軸索由来のものへと，発達中に切り替わる[4]．

能動的電気定位

デンキウナギ目とモルミリ目の弱電気魚は，

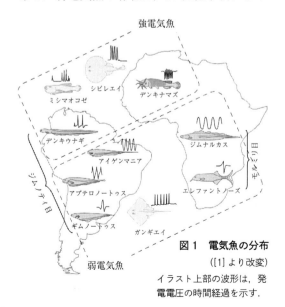

図1 電気魚の分布
（[1] より改変）
イラスト上部の波形は，発電電圧の時間経過を示す．

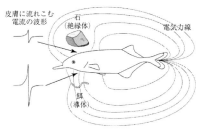

図2 尾の電気器官からつくられる，弱電気魚周辺の電場の様子（[5]より改変）

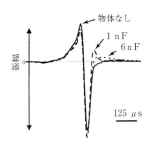

図3 異なる電気容量の物体の存在下で，電気受容器近傍で記録される発電波形（[6]より改変）

しばしば夜行性で，さらに視界の悪い濁った水域に生息しているため，彼らにとって視覚はあまり役に立たない．彼らはそのような環境でも，体の周囲につくり出した電場が物体によって歪められる（図2）ことを検出して，物体の位置や形，そのほかの電気的性質を認識できる．この行動を，受動的電気定位（▶9-22参照）に対して，能動的電気定位と呼ぶ．

能動的電気定位において，物体はどのように知覚されるのだろうか？ 魚の体表には，自らの作りだした電場によって電流が流れ込んでおり，その電流は皮膚下にある電気受容器で検出される．この際働く受容器は，高周波数のウェーブ型発電や，高周波成分を含むパルス型発電を検出できる，結節型である（▶9-22参照）．ここで，魚の近くに石のような絶縁体があると，電流はその物体を透過しにくいため，物体の背後の皮膚では流入電流量が減少する．一方，餌となるミミズのような導体は，周囲の淡水よりも電流を通しやすい．このため，導体の背後の皮膚は，周囲よりも大きな電流が流れ込む"ホットスポット"となる．すなわち，能動的電気定位とは，「電気器官で放った"光"が，物体に遮られて皮膚に投映される"影絵"を知覚する

表1 物体の位置や形，電気的性質と電気感覚との対応

物体に関する情報	電気感覚による測定項目
位置	"像"の位置
距離	"像"のコントラスト（高コントラスト：近い 低コントラスト：遠い）
大きさ	距離＋"像"の幅
電気抵抗	"像"の"輝度"ピーク＋距離＋大きさ
電気容量	発電波形の歪み＋距離＋大きさ

ような行動」であると例えられる．

物体の電気的性質のうち，電気抵抗成分を"影絵の明るさ"に例えるならば，電気容量（コンデンサ）成分は"影絵の色"と例えられる．電気定位の対象となる生物は導体であるが，植物の葉の表面や動物の皮膚は非導電性であるため，電気容量が発生する．この電気容量は，電気受容器が受け取る電流波形の時間遅れをもたらす（図3）．弱電気魚はこれらの情報を統合して，物体に関する様々な情報を得ることができる（表1）[5]．

ここで驚くべきことに，電気容量成分で歪む波形の時間遅れは，せいぜい0.1〜10 μs程度にしかならない．にもかかわらず，弱電気魚はそのわずかな波形の歪みを検出できる．音源定位に用いられる両耳間時間差（▶5-4参照）に比肩する，このようなμs単位の時間差を精密に読み取る神経メカニズムが，モルミリ目のジムナルカスでは後脳に，デンキウナギ目のアイゲンマニアでは中脳に，それぞれ見出されている[7]．

〔小橋常彦〕

文献

[1] M. E. Nelson, *Current Biology*, **21**(14), 528-529 (2011).
[2] S. Finger and M. Piccolino, *The Shocking History of Electric Fishes* (Oxford University Press, New York, 2011).
[3] 菅原美子, 比較生理生化学, **13**(1), 34-47 (1996).
[4] F. Kirshbaum, *Naturwissenschaften*, **70**(4), 205-207 (1983).
[5] G. von der Emde, *J. Comp. Physiol. A.*, **192**, 601-612 (2006).
[6] G. von der Emde and H. Bleckmann, *J. Comp. Physiol. A.*, **181**, 511-524 (1997).
[7] M. Kawasaki, *Electroreception* (Springer, New York, 2005), Chap.7, pp. 154-194.

9-22
魚の電気感覚

　水棲脊椎動物にしばしば見られる，環境中の弱い電場を感じ取る電気感覚は，個体から離れた位置の情報を，聴覚に匹敵する高い時間精度で得ることができる．電気感覚は，我々ヒトにとっては特殊な感覚であるが，聴覚神経情報処理と共通の問題を多く含んでいる．なかでも，信号の時間情報を計算する神経機構が，異なる系統や異なる感覚モダリティーの間で，どのように進化したかを推察する比較研究が活発に行われている．

　電気感覚は，電気伝導率の低い空気中で生活する陸上脊椎動物にはほとんど見出されないが，脊椎動物系統全体の中では祖先的な形質で，無顎類（ヤツメウナギ）や軟骨魚類（サメやエイなど），両生類（サンショウウオ目）まで幅広く見出される（図1）．系統進化上，この形質は真骨魚でいったん消失したが，一部の骨鰾類（ナマズ目，デンキウナギ目）とアロワナ目の3目で独立して再獲得された．哺乳類でも，単孔目（カモノハシやハリモグラ）とある種のイルカ（ギアナコビトイルカ）が電気感覚をもつことが知られている．本項では特に魚類の電気感覚にて述べる．

電気感覚の行動学

　電気感覚の行動学的意義とは何であろうか？　まず，水中の電場を検出して周辺状況を察知する，受動的電気受容があげられる．この様式の電気受容では，砂の中に隠れた餌となる動物の微弱な筋電位を検出する「受動的電気定位」行動や，自らが地磁気中を移動することで発生した電場の方向から方角を検出する「ナビゲーション」行動があげられる[2]．

　ここで注目すべきは，自然環境中の電場は非常に弱いことである．特に海洋では，一様電場の強度は一般に $0.5\,\mu V/cm$ にも満たず，動物の動きによって生じる電場変動の強度も，それと同程度かそれ以下にしかならない．しかし，電気感覚を備えた動物は，例えば海産のイボガンギエイが，$10\,nV/cm$ の電場強度変化にも行動応答を示す[3] ように，さらに微弱な電場にも応答することができる．我々が日常生活でようやく知覚する代表的な電気現象である，静電気放電には，kV/cm 単位の強度の電場が伴うことからも，その感覚の鋭敏さが想像できるだろう（参考：カーペット上を歩いて生じる静電気で $5\,kV/cm$ 以下，晴天時の地表面で $1.3\,V/cm$ [4]）．

　電気受容は受動的な様式にとどまらない．電気感覚をもつ魚類の中には，数Vから数百Vといった発電を行う，電気魚と呼ばれる種が存在する．デンキウナギに代表されるこれらの魚は，その発電によって積極的にからだの周囲に強い電場を発生させ，その波形の歪みから周辺環境を察知する「能動的電気定位」を行う（▶9-21 参照）．また，発電能力を，電気定位のみならず，発電波形の時間情報に基づいたコミュニケーションに利用する電気魚も知られている（▶9-23 参照）．

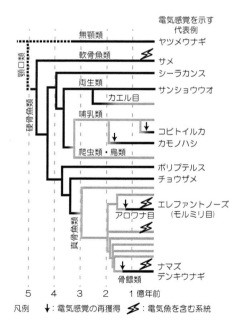

図1　脊椎動物系統における電気感覚と発電能力の分布
　　　　（[1] より改変）
系統樹の線色は，それぞれの枝における電気感覚を示す種の有（黒）無（灰）または不明（黒破線）を示す．

電気受容器

電気信号の受容は，電気受容細胞と呼ばれる特殊な感覚細胞を含む，電気受容器によって担われる[2,5]．魚の電気受容器は体表面に分布しており，体幹の側線器に沿う領域と頭部で特に密度が高い．

魚の電気受容器は，形態学的・機能的に，アンプラ型（ampullary）と結節型（tuberous）という2種類に大別される（図2）．アンプラ型受容器は，皮膚下にあり受容細胞を含む感覚上皮と，そこから体表に向かって伸びて開口する管状構造を特徴としている．電気感覚をもつ魚類と両生類は，無顎類を除いてすべてこの型の受容器を有しており，主に受動的電気受容に利用される．電気受容器の応答特性は，電気感覚刺激によって誘発された受容器電位や，求心性繊維の活動から調べられる．そのようにして決定されたアンプラ型受容器の感度特性は，最大応答周波数がDC-50 Hz程度と低く，一様電場や餌の動きに由来する電場変動の早さによく合致する．無顎類のヤツメウナギでは，アンプラ型受容器のかわりに，終末芽（end buds）と呼ばれる，成体体表に現れる微絨毛をもつ感覚細胞が，弱電場に応答する[6]．

一方，結節型受容器は，アンプラ型のような管状の開口部はもたず，感覚上皮は体表側を上皮細胞で塞がれた内腔に面している．このタイプの受容器は，電気魚である2つの硬骨魚系統，すなわち中南米のデンキウナギ目とアフリカのモルミリ目にしか存在しない．電気刺激に対する応答特性もアンプラ型とは異なり，高周波交流成分（50 Hz～10 kHz）に強く応答する．この周波数特性は，高周波（50 Hz～1.5 kHz）の交流連続波発電や，短く断続的なパルス放電を行うこれらの電気魚が，自分自身やほかの電気魚の発電波形を分析するために適している．

デンキウナギ目とモルミリ目いずれの系統でも，結節型受容器は，電気刺激に対する応答様式からさらに2種類に分類できる．1つは，位相検出型あるいは時間検出型と呼ばれ，電気刺激波形の位相にロックして，求心性繊維が1から数発のスパイクを発生する．もう1つは，振

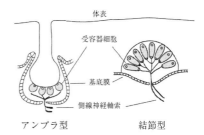

図2 電気受容器の形態（[7] より改変）

幅検出型または強度検出型と呼ばれ，刺激波形の振幅は求心性繊維のスパイク頻度に変換される．これらの特徴は，能動的電気定位（▶9-21参照）や電気コミュニケーション（▶9-23参照）において重要な役割を果たす．

電気感覚の中枢経路

魚類の電気受容器は側線神経に支配されているため，電気感覚系は電気感覚側線系とも呼ばれる．これに対して，いわゆる側線系（▶7-16,17参照）は，機械感覚側線系と呼ぶ．電気・機械感覚側線系と聴覚系は，受容器形態，神経支配や中枢経路，発生学的特徴などに多くの類似点がみられるため，聴側線系（octavolateralis system）と総称される[8]．

電気受容器，機械感覚側線器および内耳からの一次求心繊維は，延髄の小脳様構造と呼ばれる，ほぼあらゆる魚類と両生類に見出される，小脳と似た細胞構築をもつ領域に終末する．小脳様構造の詳細な細胞構築と機能は，デンキウナギ目とモルミリ目で，特によく調べられている．

〔小橋常彦〕

文献

[1] S. Lavoué, M. Miya, M.E. Arnegard, J.P. Sullivan, C.D. Hopkins and M. Nishida, *PLoS ONE*, **7**(5), e36287 (2012).
[2] T. H. Bullock, C. D. Hopkins, A. N. Popper and R. R. Fay Eds., *Electroreception* (Springer, New York, 2005).
[3] A. J. Kalmijn, *Nature*, **212**, 1232-1233 (1966).
[4] World Health Organization, *Environmental Health Criteria.*, **232** (2006).
[5] 菅原美子, 比較生理生化学, **13**(3), 219-234 (1996).
[6] M. C. Ronan and D. Bodznick, *J. Comp. Physiol. A*, **158**, 9-15 (1986).
[7] C. D. Hopkins, *Encyclopedia of Neuroscience*. vol.3, (Academic Press, Oxford, 2009), pp. 813-831.
[8] J. Montgomery et al., *Aud. Neurosci.*, **1**, 207-231 (1995).

9-23 電気コミュニケーション

アフリカのモルミリ目と南米のデンキウナギ目の弱電気魚は，自己発電のフィードバックを利用した能動的電気定位（▶9-21参照）をするほか，個体識別，なわばり主張，威嚇，求愛などの情報を個体間で送受信しあう電気コミュニケーションをする．電気コミュニケーションでの電気信号は非伝播性の静電場であるため，音声コミュニケーションで問題となる伝播による時間情報の劣化がなく，極めて正確な時間情報を担うことができる．数百〜数千 Hz の電気信号波形のピーク位置や極性反転位置などの正確なタイミング情報を，μs 単位の精度で送受信することが知られている．このため，時間情報を精密に計算する神経機構の研究が，電気コミュニケーションの電気感覚経路を用いて盛んに行われている．

パルス型電気魚のコミュニケーション

パルス型発電をするパルス種が示す電気コミュニケーション様式と，その感覚情報処理メカニズムは，モルミリ目モルミリド科を用いてよく調べられている[1]．

モルミリド科は，パルス列を構成する個々の発電パルス波形（パルス幅）が，種や性（図1），さらには発達段階で異なり，受信者は波形の違いを個体識別に利用する．個々のパルスの波形が個体のアイデンティティを表すのに対し，パルス間隔の時系列パターンは，威嚇や求愛など，異なる社会状況に対応する（図2）．

電気コミュニケーション信号に対するモルミリド科の時間弁別能力は，パルスの波形に関しては μs 単位，発電パターンに関しては 1 ms 単位の精度をもつ．モルミリド科の電気魚は，このような高精度の時間計算を実現する専用の感覚経路をもつ．この経路は，関与する電気受容器の名称から，クノレン器官経路と呼ばれる（図3，黒矢印）[3]．

クノレン器官は，モルミリド科に2種類ある結節型受容器（▶9-22参照）の1つで，時間検出型である．実は，クノレン器官自体は，自己の発電とほかの魚の発電の両方に対して応答する．しかし，その信号が入力する後脳一次電気感覚中枢の活動は，自己の発電司令信号の遠心性コピー信号（随伴発射）によって抑制される．その結果，クノレン器官経路の上位の神経細胞は，他魚の発電には応答するが，自分の発電には応答しない電気コミュニケーションに特化した感覚経路となる．

クノレン器官経路上で，後脳で中継された信号の次の到達先は，中脳の最側核（EL）と呼ばれる領域で，高等脊椎動物における音声中枢の1つである下丘の一部に相当する．ELの吻側領域（ELa）のニューロンはパルスの幅に対して選択的な応答を示す．パルス幅の計算には，フクロウの音源定位経路（▶5-4参照）でみられるような，軸索長による信号伝達の時間遅延が利用されている[4]．

一方，パルス時系列（パルス間隔）に関する分析は EL の尾側領域（ELp）が担う．ELp の

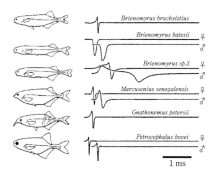

図1 モルミリ目モルミリド科の発電波形は，種間多様性や性的二型を示す（[2]より改変）

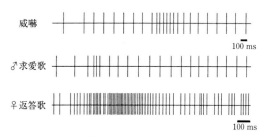

図2 モルミリド科が異なる行動文脈中に示す，定型的発電パターン

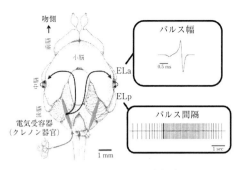

図3 クノレン器官経路

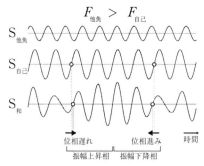

図4 ウェーブ型発電の混信

発電周波数（F）の近い自己の信号（$S_{自己}$）と他魚の信号（$S_{他魚}$）発電が混信すると（$S_{和}$），うなりが発生する[6]．図は，$F_{他魚} > F_{自己}$の場合を示すが，$F_{他魚} < F_{自己}$の場合は，位相の遅れ進みの関係が反転する．

ニューロンの多くは，特定のパルス間隔に対してのみ応答する．パルス間隔選択性の生成には，シナプス入力のタイミングや短期シナプス可塑性，細胞膜の興奮性などのサブ・細胞レベルの神経回路機構がかかわっている[1]．

ウェーブ型電気魚のコミュニケーション

ウェーブ型発電をするウェーブ種では，発電周波数をゆっくりとあるいは急激に変化させたり，発電自体を断続的に停止するなどしてコミュニケーションを行う．中でも，行動を担う情報処理が，感覚系への信号入力から行動出力に至るまでほぼ完全に理解されているのが，混信回避行動（jamming avoidance response：JAR）である[3, 5]．近くにいる2尾の電気魚が同時に発電すると，電気受容器は，自己と他魚の発電波形が混合したものを受信してしまう．パルス種では，発電タイミングをずらすことでこのような混信を回避できるが，連続放電するウェーブ種では，発電波形が常時干渉してしまう．この影響は2匹の発電周波数が近いほど重大で，混信により発生する低周波の"うなり"に伴う振幅と位相の変調（図4）によって，電気定位が著しく阻害される．

そこでウェーブ種は，自分の発電周波数が他魚より高いときはより高周波へ，自分の発電周波数が相手より低いときはより低周波へと，数秒から数十秒かけてゆっくりと自己の発電周波数を変化させ，相手の魚との発電周波数の差を大きくする．その結果，"うなり"の周波数が上昇し，電気定位能力が維持される．

JARにおける，発電周波数の上昇か下降かの判断には，「混信信号（図4, $S_{和}$）の振幅上昇・下降相と，位相の遅れ・進みの関係が，自己と他魚のどちらの発電周波数が高いかによって反転する」ことが利用される．振幅と位相の時間変化は，約数百 msの周期で起こり，そのタイミングはそれぞれ独立した電気受容器で捉えられ何段かの中枢ニューロンで処理されたのち，神経バースト活動の形で中脳の振幅型ニューロンと位相型ニューロンに別々に提示される．さらに，中脳にはこれらのニューロンのバースト活動の時間パターンを読み出すニューロンがあり，JARにおける，周波数上昇か下降かの判断に寄与すると考えられる．

混信回避行動は，真骨魚の中では最も遠く離れた系統である（▶9-22, 図1）デンキウナギ目とモルミリ目のそれぞれのウェーブ種にみられる．両者とも振幅変調と位相変調の時間パターンに依存した同じタイプの混信回避行動をするが，脳内機構には違いがある[6]．

〔小橋常彦・川崎雅司〕

文献

[1] C.A. Baker, T. Kohashi A.M. Lyons-Warren, X. Ma and B. A. Carlson, *J. Exp. Biol.*, 216, 2365-2379 (2013).
[2] J. Alves-Gomes and C. D. Hopkins, *Brain Behav. Evol.*, 49, 324-351 (1997).
[3] M. Kawasaki, *Electroreception* (Springer, New York, 2005), Chap.7, pp. 154-194.
[4] M. A. Xu-Friedman and C.D. Hopkins, *J. Exp. Biol.*, 202, 1311-1318 (1999).
[5] 川崎雅司，弱電気魚の混信回避行動：神経機構とその進化，行動とコミュニケーション，岡良隆，蟻川謙太郎編（培風館，東京，2007），Chap.4, pp 99-133.
[6] 川崎雅司，"電気魚"，https://bsd.neuroinf.jp/wiki/ 電気魚

9-24 バイオミメティクス

バイオミメティクス（Biomimetics）とは，生物の構造や生物がもつ機能を工学的に応用する学問分野である．ミメティクスのmimeとは「模倣する」という意味で，昨今「自然に学ぶものづくり」として国内外で注目されており，わが国では生物模倣技術や生物規範工学として知られている[1]．

バイオミメティクスの歴史は1940年代の種子から着想を得た面状ファスナー（マジックテープ）の実用化に始まり，コウモリのソナー機構や昆虫を模倣したロボットなどを対象として1970年代以降，欧米を中心に発展し続けている．近年，ハスの葉の表面構造を模倣した撥水素材などに代表される材料系のバイオミメティクスも盛んになっている．生物の構造や機能についての原理を抽象化，具体化することで，環境への負荷が低い，持続可能性のある技術体系が期待できるところに，バイオミメティクスの特長がある．ここでは，生物音響学にかかわるバイオミメティクスの研究例をいくつか紹介する．

生物ソナーと人工ソナー

コウモリやイルカはエコーロケーション（反響定位）と呼ばれる生物ソナーを用いて，対象物を探知する能力を有している（▶3-2, 9-13参照）．例えば，コウモリの一種であるアブラコウモリは数msで100 kHz～40 kHzに周波数を広帯域に変調させるパルスを発する．これにより，暗闇の中でも飛行することができ，昆虫などの餌をエコーから知覚し，効率的に捕獲することができる．

一方，イルカは100 μs程度という極めて短く，かつ周波数の幅の広い（広帯域）超音波のパルスを発し，エコーから障害物や餌である魚の検知を行っている（▶4-3, 9-13参照）．空気と水では媒体としての物理的特性が大きく異なり，水中ではより伝達速度が速く，減衰が小さいため，音響的対象範囲が数百mに及ぶこともある．

このイルカの優れた能力を魚群探知システムに応用する人工ソナーの研究が進められている．従来の魚群探知機は，特定周波数のみの超音波を用いており，時間分解能の問題から，エコーを個体ごとに区別できなかった．広帯域信号を用いることで，個体ごとに分離してエコーを探知できるようになり（図1），複数の受信部でエコーを探知することで，3次元位置定位を行い，魚の動きを推定できることが示されている[2]．本技術は海洋生態系研究において有用であり，今後持続可能な漁業にも貢献しうる．

聴覚器とセンサー

生物の聴覚器などの受容器は，既存の人工センサーには見られない卓越した特徴をもつ．コ

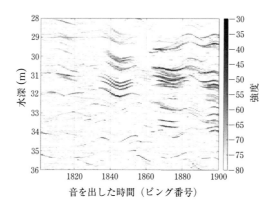

図1　イルカ型ソナーによる魚群の個体識別の例

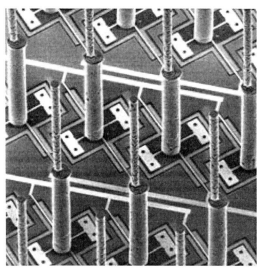

図2 昆虫の感覚子モデルの走査電子顕微鏡画像([4]より一部転載)
感覚子の底面直径：50μm.

ウモリの耳介は，種によって様々な形状をしており，また音源に向かって動かすことができるため(▶3-4参照)．超音波を集音するバッフル(仕切り板)として機能していると考えられている[3]．これらについても，バイオミメティクスの実用化に向けて研究が進んでいる．

キクガシラコウモリの耳介をゴムで作成し，溝や切れ目などの形状，および全体の曲がり具合と，耳介が受容する超音波の特性との関係を解析した結果，耳介の形状と曲がり具合の両方によって，音響特性が規定されることがわかっている[3]．従来の技術ではマイクロフォンアレイ(3つ以上のマイクロフォンを組み合わせたシステム)を用いないとできないソナーによる3次元位置定位を，コウモリは一対の耳だけで効率的に集音し，知覚している可能性がある．

また，昆虫の受容器は，コウモリと比較して微小であり，構造などの原理の違いによって，音や振動，気流等の情報を受容する．現在，音源定位に優れたヤドリバエなどの鼓膜器官をモデルとした小型センサーの開発が進められている．

コオロギの腹部末端に多数生えている毛状感覚子(長さ数百μm)は，ひずみによって気流を感知する(▶8-9参照)．この感覚子をMEMS (micro electro mechanical systems)技術により再現したところ，同一の感覚子モデル(図2)がアレイとして複数存在することによって気流を検出しやすくしていることが示された[4]．今後も生物の様々な受容器をモデルとした，新しい原理によるセンサーの開発研究に焦点が当てられる．

音響情報と害虫防除

昆虫の中には，捕食者の音響情報を検知して危険を回避するものがいる．例えば，コウモリの出す超音波を検知すると急旋回するガ(▶9-14参照)や，土中のモグラの振動を検知すると動きを止めるカブトムシの幼虫(▶8-20参照)などである．これらの性質を利用して，農作物から害虫を遠ざける害虫防除のための応用研究が行われている[5]．超音波の実用例では，モモの果樹園の上部にコウモリのパルスを模倣した超音波をスピーカーより発信し，超音波のバリケードをつくることで，ガの侵入を防止することに成功している(▶8-30参照)．また，振動の例として，樹木を加害するカミキリムシなどを回避させる振動やその発生装置に関する技術開発が進められている(▶8-29参照)．様々な昆虫が振動や超音波の受容器をもつことから，多くの害虫種に振動や超音波を用いた防除技術が適用される．これらの技術は，環境低負荷型であり，化学農薬の代替となるため今後の発展が期待される． 〔高梨琢磨・松尾行雄〕

文 献

[1] 下村政嗣, 生物模倣技術と新材料・新製品開発への応用 (技術情報協会, 東京, 2014), pp. 695-702.
[2] 松尾行雄, 生物模倣技術と新材料・新製品開発への応用 (技術情報協会, 東京, 2014), pp. 187-194.
[3] M. Pannala, S. Z. Meymand and R. Müller, *Bioinspir. Biomim.*, 8, 026008 (2013).
[4] J. Casas, C. Liu and G. J. M. Krijnen, *Encyclopedia of Nanotechnology* (Springer, Netherlands, 2012), pp. 264-276.
[5] T. Takanashi, N. Uechi and H. Tatsuta, *Appl. Entomol. Zool.* 54, 21-29 (2019).

事項索引

■ア

アイゲンマニア　411
アイソレーションコール　126,
　161
アイナメ　285
アオカナヘビ　237
アオガラ　202, 220
アオクサカメムシ　327
アカエグリバ　354
アカゲザル　85, 226
アカボウクジラ　164
アカボウクジラ科　162
アカボウクジラ類　164
アカマタ　237
アカメアマガエル　346
アクティブ音響手法　284
アクティブゾーン　268
アケビコノハ　354
アコースティック・エミッショ
　ン　364
アゴヒゲアザラシ　172
アザミ　360
アジアゾウ　102
アジ科　280
アシナシイモリ　237
脚の振動　322
アシマダラヌマカ　358
亜社会性　328
アセチルコリン　264
アダプテーション　69
圧力波　258
アナンキョクオットセイ　172
アプテロノートゥス科　410
アブミ（鐙）骨　52, 374
アブミ骨筋　64
アブミ骨筋反射　64
アブミ骨輪状靱帯　64
アブラコウモリ　114, 116,
　131, 134, 136, 140, 416
アフリカキバラハコヨコクビガ
　メ　237
アフリカゾウ　102

アフリカツメガエル　237, 240,
　244, 251
アフリカマナティー　170
アプローチフェイズ　148, 394
アマガエル　345
アマゾンカワイルカ　147, 150,
　161
アマゾンマナティー　170
アマツバメ目　224
亜鳴禽類　182, 207
アメリカ鉤虫　336
アメリカコガラ　202, 213
アメリカワシミミズク　188
アリ　295, 332
アリスタ　321
アレックス　228
アロワナ目　412
アワノメイガ　354
アンティリアンマナティー
　170
アンプ　300

イエシロアリ　356
イオノサイト　267
イオンチャネル　312
イサキ科　280
イサキ類　287
イシイルカ　144
イシダイ科　280
イシモチ　278
イスカ　210
イセエビ　282
位相　415
位相同期　37, 186, 264
一次顎関節　382
一次視覚野　386
一次体性感覚野　386
一次聴覚皮質　124
一次聴覚野　33, 76, 184, 385
一過性応答　72
一過性受容器電位　269
一過性受容器電位チャネル
　380

一斉孵化　326
偽りの警戒声　213
遺伝子発現　190
遺伝子発現誘導　362
遺伝性難聴　82, 84
遺伝的浮動　340
異同概念　228
胃内容物　164
イヌ　373
イベリアサンバガエル　251
イボイモリ　237
イボガンギエイ　412
イモゾウムシ　340
医療応用　3
イルカ　3, 144, 148, 372, 386,
　416
イワシャコ　182
イワヒバリ　216
因子分析　45
咽頭歯　280
インパルス応答　25, 68
インピーダンス整合　52
インピーダンスマッチング
　120
インプリンティング　199
隠蔽種　343
韻律情報　44

ウェストインディアンマナティー
　170
ウェーバー器官　271
ウェーバー法　80
ウェルニッケ野　78, 225
ウオクイコウモリ　116, 131
迂回投射系　196, 224
鰾　258, 261, 271, 278, 280,
　284
ウグイス　180, 182, 199, 202
ウシガエル　238
ウスイロイルカ　151
渦巻き　376
ウズラ　182
歌　100, 166, 208, 230, 404

歌学習　190, 192, 220
歌神経系　196, 224, 230
ウタスズメ　188, 192, 220
歌タイプレパートリーサイズ　220
歌鳥　180
歌発達　192
ウツボカズラ　361
ウツボカズラの一種　360
うなり　94
ウマオイの一種　348
ウンカ　352
運動神経細胞　241
運動神経リズム　242
運動性言語中枢　79
運動性構音障害　31

曳航型ハイドロフォン　284
曳航式　174
栄養卵　328
エコー　124, 134, 138, 154
餌乞い（ねだり）声　219
餌請い信号　230
エコー音圧補償　128
エコー振幅補償　115, 133, 135
エコーロケーション　112, 114, 116, 121, 122, 124, 126, 128, 130, 134, 136, 138, 140, 144, 148, 152, 154, 158, 160, 162, 173, 308, 361, 370, 408
エコーロケーション音　126
エジプトルーセットオオコウモリ　117, 131
エゾエンマコオロギ　342
エゾゼミ属　344
エナガ　232
餌ねだり声　215
エバゴラスヒスイシジミ　333
1/f ゆらぎ　401
遠隔感覚　348
円形小突起　340
遠心神経　264
遠心性　121
遠心性コピー　304
エンボリズム　364
エンマコオロギ　342, 400

横管　267
横断的研究　209
応答　331
応答音　251
オウム　2
オウムガイの仲間　162
オウム目　224, 230
オオギハクジラ属　164
オオクビワコウモリ　116, 118, 129, 131
オオコウモリ亜目　126
オオニベ　279
オオブラウンハウスコウモリ　131
オオマサシオコウモリ　131
オオマサシオコウモリ　131
オガサワラゼミ　344
オカメインコ　188
オキゴンドウ　147, 159
オキナワイシカワガエル　245
オキナワヤモリ　237
オクターブ　28
オージオグラム　98, 188, 370
オシログラム　344
オスカー　269
音　294, 296, 300, 360, 417
　　――の圧力　275
　　――の影　392
　　――の強度差　23
　　――の3要素　70
　　――の時間差　23
　　――の高さ　44
　　――の高さ知覚　71
　　――の速さ　6
　　――の方向知覚　22
　　――の粒子運動　274
音エネルギーの積分　70
音受容器　296
音受容体　313
オナジショウジョウバエ　320
オヒキコウモリ　113
オペラント型学習　97
オペラント条件づけ　188, 222, 402
オポッサム　109
オメガニューロン　302
オリーブ蝸牛束　57, 67
音圧　137, 258, 275, 294, 296, 300
音圧成分　270

音圧利得　53
音圧レベル　34
音楽　97
音楽的絶対音感　402
音感　156
音響インピーダンス　16, 52, 145, 270
音響インピーダンス密度　16
音響擬態　332
音響脂肪　146
音響情報　2
音響トラップ　358
音響粒子速度センサー　300
音魚の種類数　276
音源　4, 44
音源定位　66, 77, 157, 274, 285, 302, 306, 308, 390
音源定位能力　170
音源フィルター理論　44, 254
音高弁別　403
音叉法　80
音声学習　218
音声間隔　129
音声交換　105
音声コミュニケーション　102
音声順応仮説　204
音声処理　90
音声伝達環境　203
音声認識　48
音声波形　344
音声模倣　103
音節　42
音素　42, 45
音像定位　372
音速　270
音波　18

■カ

カ　296, 303, 358
ガ　417
外耳　32, 50, 194, 372
外耳小柱　237
外耳道　50
快情動　223
解除音　240, 244, 250
回折　20
階層化能力　41
階層性　79
階層的な思考　41

外側核　22, 66, 108
外側膝状体　109, 385
外側上オリーブ核　23, 388
外側束　67
外側毛帯　265, 388
外側毛帯背側核後部　187
害虫防除　352, 354, 417
外適応　287
外套　384
外套下部　384
概念　44
海馬　87, 106
外胚葉　382
蓋板　121
蓋膜　239
外有毛細胞　33, 56, 121
カエル　57
カエルクイコウモリ　245
下顎窓　146
化学農薬　352
下丘　22, 66, 76, 109
下丘外側核　187
下丘中心核　66, 75, 187, 385
蝸牛　3, 32, 54, 56, 121, 124, 258, 376
蝸牛管　56, 376
蝸牛神経核　66, 76, 108, 184, 388
蝸牛神経核背側核　74
蝸牛電位　146
学習　95, 173
拡張突起　282
カクテルパーティ効果　26, 115
カグラコウモリ　127
カサゴ　277
カサゴ目の魚　291
カジカ　277
カシノナガキクイムシ　338
加振器　301, 352
仮性 AP(absolute pitch)　38
加速度　300
加速度計　300
可塑性　96, 197
可聴域　370, 373
可聴周波数　9
可聴周波数帯域　376
可聴帯域　35, 98
カッコウ　218

活動電位　186
ガーディナーセイシェルガエル　238
カテゴリー　44
カテゴリー知覚　308
蝸電図検査　81
カナリア　180, 182, 188, 190, 196, 200, 220
カニクイザル　85
鐘状感覚子　311
カブトムシ　334, 417
カーペンターフロッグ　251
ガマアンコウ　287
ガマアンコウ科　264
ガマアンコウ類　276, 287
カマキリ　277, 96
カミキリムシ　417
カメムシ　294, 297, 352
カメムシ亜目　316
カメムシ類　326
カモノハシ　56, 412
カラーレーション　393
カリフォルニアアシカ　173
渦流　290
カルシウムイメージング　272
加齢性難聴　85
カワイルカ科　162
カワハギ科　280
感音難聴　33, 84
感覚　2
感覚運動学習期　180
感覚学習期　180
感覚細胞　296, 399
感覚子　310
感覚上皮　266
感覚制御　351
感覚性言語中枢　79
感覚毛　258
感覚毛能動運動　59
ガンギエイ目　410
管器感丘　288
感丘　288
環境低負荷型　353
ガンジスカワイルカ　150
干渉　17, 350
慣性　4
感性強化　222
慣性力　60
関節骨　382

カンタン　400
間脳　384
ガンマトン・フィルター　68
カンムリウズラ　182

キイロショウジョウバエ　303, 320
キイロバナナガエル　245
基音　8
ギー音　161
機械感覚　362
機械感覚子　310
機械刺激　362
機械受容　380
機械受容チャネル　268, 362, 398
機械電気変換　380
キガタヒメマイコドリ　206
気管　398
気管支　254
ギギ　277
鰭脚類　172
キクガシラコウモリ　114, 124, 131, 132, 372, 417
記号　44
擬死　308, 340
基質振動　314, 316, 330
キジラミ　295, 352
寄生性線虫　336
擬態　220
キタトックリクジラ　165
キタメジロハエトリ　182
キツネザル　372
基底陥凹　376
基底乳頭　195, 238, 249
基底板　54
基底板進行波　58
基底膜　33, 60, 83
気導　60
気導補聴器　88
危難音　112, 244, 250, 252
キヌタ（砧）骨　52, 374
気囊　294
機能的磁気共鳴画像　391
キバタン　406
忌避行動　396
忌避信号　219
基本周波数　8, 36, 170
キマダラアマガエル　245

キモグリバエ科　316
逆再生音声　45
逆2乗の法則　14
逆相同期現象　246
キャビテーション　364
求愛　172, 220, 250, 341, 408
求愛音　251, 286
求愛歌　320
求愛行動　320, 322
　　――を伴わない歌　223
求愛声　106, 218
求愛ディスプレイ　206
求愛鳴き　342
吸音　14
嗅覚情報　348
丘間核の背内側核　182
キュウカンチョウ　224
球形嚢　57, 238, 258, 260, 262, 264, 275
球形嚢斑　262
求心神経　264
求心性　121
求心性聴覚ニューロン　305
救難声　107
旧皮質　384
キュビエブキオトカゲ　236
境界振動　315
驚愕反応　308, 353
狭義の言語能力　40
共振　18
強電気魚　410
共同繁殖　232
強度差　274
恐怖条件づけ　97
胸部神経節　305
共鳴　18
協力要因　349
協和音　27
漁業　416
局部時間反転音声　45
魚群探知機　416
拒否信号　320
魚類　2, 278
キリギリス　296, 302
　　――の一種　294
キリギリス科　398
桐縅　298
気流　310, 417
近縁種　203

キンカチョウ　100, 181, 185, 188, 190, 192, 196, 200, 208, 220, 227, 402, 404
キンギョ　56, 223, 264, 268, 271, 272
筋振動型発音器　277
ギンダラ　164

クアック　168
空間記憶　290
空気振動　324
空気放出　294, 368
空中行動　151
クサカゲロウ　295, 296
クサギカメムシ　327
クサゼミ類　344
鎖細胞　266
クジラ　3
クチクラ装置　310, 314
屈折　20
グッピー　289
クノレン器官経路　414
クボミミニオイガエル　236, 244, 248
クマゼミ　344
クラカケアザラシ　173
クラゲイカ　164
グラスウール　15
クラスレベルの個体認知　210
クラック音　281
クラッタリング　206
クリック　368, 370
クリック音　240, 244, 314
クリックス　144, 152, 154, 158, 162, 176
クロイワツクツク　344
クロオウチュウ　213
クロオオアブラコウモリ　140
クロスジツマグロヨコバイ　330
群泳　290
軍拡競争共進化　218

警戒音（声）　104, 106, 207, 212
系統再構成　316
血管条　121
欠陥モデル　390
結合振動子　345
「結晶化（固定化）」した歌

180
ケラの一種　349
弦音器官　296, 309, 311, 314
言語　3, 33, 44, 404
言語性幻聴　92
言語野　78
検出距離　287
減衰　14
減衰傾度　28
減衰率　28
検知閾　22
幻聴　92
顕著性ネットワーク　87

コア　67, 76
コア域　387
コイヌガオフルーツコウモリ　117
高域通過フィルター　28
コウウチョウ　219
構音　30
口蓋ヒダ　254
口蓋弁　254
後期失明者　390
好蟻性生物　332
広義な言語能力　40
攻撃音　320
広告音　240, 244, 246, 253, 286
広告するオス　330
交差反発錯覚　47
光周性　233
高周波音音声　102
高周波狭帯域クリックス　162
交信　341
後髄板内核　67
広帯域クリックス　162
甲虫　338
高調波　12
コウテイペンギン　210
後天性難聴　84
喉頭　368
喉頭筋　240
喉頭原音　113
後頭神経　277
行動阻害　353
コウノトリ　206
交配前隔離　342
交尾　295

交尾信号　316
交尾前チャープ　338
後腹核　108
後部側線神経　288
興奮性シナプス電位　264
興奮性反応　73
興奮パターン　37
コウモリ　2, 112, 136, 296,
　361, 416
コウモリ亜目（小翼手亜目，小
　コウモリ）　112, 114, 126
コオロギ　296, 302, 306, 311,
　417
語音聴力　390
語音聴力検査　80
コガネムシ類　397
ゴキブリ　310
呼吸孔　378
呼吸制御　408
呼吸同調　150
コークィコヤスガエル　239,
　244
小コウモリ　114, 134, 385
コシジロキンパラ　180, 191
鼓室　52, 108
コーダ　163
個体識別　196, 414
個体数原理　344
個体特性　170
個体認知　210
こだま定位　114, 121, 124,
　370
コーチヒルヤモリ　236
骨形成タンパク質　266
骨導　60
骨導補聴器　61, 89
骨鰾類　258, 271
骨部摩擦型発音器　277
コトドリ　220
コトヒキ　276
コトヒキガエル　251
コナジラミ科　316
小西正一　2
壺嚢　194, 238, 258, 260, 262,
　275, 376
壺嚢斑　262
古皮質　384
コヒージョンコール　161
コビトイルカ　150

コビレゴンドウ　159
コブハクジラ　165
鼓膜　50, 52, 108, 378, 398
鼓膜器官　296, 302, 398
鼓膜張筋　64
ゴマシジミ属　332
コマゼミ　345
コマッコウ科　162
ゴマフイカ科　164
コミュニケーション　2, 150,
　158, 172, 228, 294, 296,
　352
コミュニケーション音　126
コミュニケーションコール
　112
コモダスエンマコオロギ　343
コモリグモ　295
コモンマーモセット　77
固有音響インピーダンス　16
固有振動数　18
コヨシキリ　220
コーラス　246
コリンエステラーゼ　264
コーリングシグナル　331
コール　180, 182, 230
コール学習　230
コルチ器　56, 121
コルメラ　378
婚外子　219
混合難聴　84
混信回避行動　415
コンタクトコール　105, 210,
　221, 230
コンタクトスイム　150
昆虫　2, 294, 296, 300, 352,
　398
コンデンサスピーカー　7
コンデンサマイクロフォン
　300

■サ
細管体　311
再帰性感覚情報　304
鰓弓　378
採餌　136, 164
最終期　128
最小可聴強度　147
最小可聴値　9
最小弁別角度　198, 388

最大可聴周波数　147
最大周波数　286
最適応答周波数　359
最適重みづけ仮説　47
最適周波数　68
最適遅延　125
サイトメガロウイルス　82
細胞内 Ca^{2+} 濃度　362
最良視野　156
鰓裂　378
サインソング　320
サウンドスケープ　9
サウンドスペクトログラム　2,
　11
さえずり　200, 202, 218, 230,
　233
さえずり学習　233
サギフエ　281
雑音　8, 9
雑音駆動音声　44
ザトウクジラ　166, 394
サドガエル　245
蛹の振動　334
サバンナモンキー　104, 212
サブソング　180
サヨナキドリ　204
サル　386
サンショウウオ　236
サンショウウオ目　412
参照音声ライブラリー　141
参照周波数　128
残存聴力活用型人工内耳　91
三半規管　260

子音　30, 42
ジェフレスモデル　187, 389
ジェフレス，ロイド　187
シェル　67
耳音響放射　62, 81
耳介　50, 108, 372, 417
視覚　146, 291
耳殻　50
視覚情報　348
視覚定位　348
自覚的聴力検査　80
視覚の動物　156
視覚野　391
耳管　52
時間エンベロープ　10

事項索引　423

時間差　274
時間軸　12
時間・周波数応答特性　73
時間情報　37
時間選択性　122
時間パターン　324
時間微細構造　44
シグアイディー法　161
軸索　186
シグネチャー　170
シグネチャーホイッスル　158,
　　160, 163
シクリッド科　272, 280
シクリッド類　277
刺激性制御　226
自己受容器　297
歯骨　238
耳骨　147
耳砂　262
支持細胞　288
シジミチョウ　295, 332
シジュウカラ　198, 202, 205,
　　208, 212, 220
視床　76, 87, 404
糸状感覚子　310
事象関連電位　391
耳小骨　50, 52, 120, 374
耳小骨筋反射　64, 120
耳小柱　194, 237, 378
視床網様核　67
耳石　260
耳石器官　54, 258, 260, 262,
　　264, 274
持続時間　170
持続性応答　70, 72
シソル科　281
視聴覚情報統合　46
膝下器官　296, 326
膝上核　67
質量　4
至適周波数　302
地鳴き　180, 182, 230
シナプス後肥厚　268
シナプティックボディ　268
自発耳音響放射　62
耳肥厚板　266
シビレエイ目　410
視蓋　187
自閉症スペクトラム障害　92

耳胞　266, 382
脂肪嚢　144
ジムナルカス　411
耳鳴　86, 92, 94, 97
社会交渉　192
社会的分離　107
弱電気魚　410, 414
遮断周波数　28
シャチ　147, 158
ジャミング　397
ジャンプ　151
周期波　8
周期複合波　8
ジュウシマツ　100, 180, 190,
　　192, 196, 198, 200, 208,
　　232, 404
縦断的研究　209
終脳　384
終脳背側野内側部　265
周波数　121
周波数感度　34
周波数軸　12
周波数帯域　395
周波数地図　96, 386
周波数定常　116, 124
周波数定常成分　114
周波数特性　94
周波数ビン　13
周波数分布　344
周波数変調　116, 124
周波数変調音　77, 106
周波数変調成分　114
重力　297
収斂進化　408
種間交尾　327
ジュゴン　168
樹状突起　297
ジュズカケバト　182
出芽　289
種同定　140
受動的音響探査　174
受動的電気定位　412
種認識　342
種認知　203
種分化　202, 342
受容野　69
純音応答　73
純音　8
純音聴力検査　80

順化　97, 198
順応　97, 380
上オリーブ外側核　74
上オリーブ核　66, 76, 108
上オリーブ内側核　74
障害物知覚　392
上丘　75, 109
条件詮索反応聴力検査　80
条件付づけ　226
上行性神経細胞　302
ショウジョウコウカンチョウ
　　233
ショウジョウバエ　295, 296,
　　302, 313, 320
小囊　262, 264, 271
小胞　261
小胞グルタミン酸トランスポー
　　ター3　269
情報統合　351
情報発信者　349
情報マスキング　26
食餌　290
食性　164
食地位　164
植物　2
触角機械感覚中枢　303
触角端刺　321
ジョンストン器官　296, 303,
　　312, 314, 321, 324, 358
ジョンストン神経細胞　321
シラブル　183, 220
シラブルレパートリーサイズ
　　220
自律神経応答　270
尻振りダンス　324
尻振りの継続時間　325
シロアリ　297, 356
シロイチモンジヨトウ　311
シロイヌナズナ　360, 362
シロイルカ　147, 161
シロナガスクジラ　166, 394
進化　295, 297
神経節細胞　156
神経堤細胞　382
神経メカニズム　240
信号検出理論　189
信号情報　348
人工中耳　88
人工内耳　33, 88, 90

人工内耳適応基準　91
進行波　399
真性 AP(absolute pitch)　38
心的外傷後ストレス障害　92
振動　294, 296, 300, 326, 336,
　　352, 360, 368, 417
振動コミュニケーション　314,
　　352, 356
振動受容器　296, 314
振動発生　295
振動膜　294, 318, 329, 368
新皮質　384
侵略コール　244

ズアオアトリ　203
随意制御　40
随伴発射　304, 305
スキンクヤモリ属　252
スケトウダラ　277, 278
スジコガネ亜科　335
スズムシ　400
スズメ　180, 182, 199
スズメガ　295, 296
スズメダイ科　271, 280
スズメダイの一種　287
スズメダイの仲間　286
スズメダイ類　276, 286
スズメ目鳴禽類　224, 230
頭突き行動　356
ストリオーラ　264
ストレス　87
ストレス音　340
ストローオオコウモリ　117
スナメリ　148, 395
スパランツァーニ　2
スピーカー　301, 417
スピーチプロセッサ　90
ズビニ鉤虫　336
スペクトル情報　75
スペクトル特性　10
スベヒレアシトカゲ属　236,
　　253
スマ　271
刷り込み学習　199, 214
スロートリル　240

セイウチ　172
セイキチョウ　217
正弦波　8

脆弱性曲線　365
生殖隔離　202
生殖隔離機構　218
精神疾患　92
性ステロイドホルモン　182
声帯　368
生態音響学　2
性的刷り込み　214
性的二型　322
声道　30, 254
性淘汰(性選択)　199, 200,
　　202, 220, 230, 322, 331,
　　340
生物音響学　2
(一般社団法人)生物音響学会
　　2
生物ソナー　3
性分化　240
声紋　48
セイヨウミツバチ　324
脊髄神経　277
セキセイインコ　188, 210, 220,
　　224, 226, 230, 402
セクシーシラブル　200
セーシェルショウジョウバエ
　　320
セッカ　221
接近期　128
摂食　353
接触感覚　348
接触行動　150
接触刺激　310
節足動物　294
絶対音感　38, 402
セッパリイルカ属　162
ゼテクフキヤヒキガエル　238
ゼニガタアザラシ　173
ゼブラフィッシュ　266, 269,
　　271, 272, 288
セミ　294
セミクジラ科　166
セモンホソオオキノコ　338
セロトニン　242
線維芽細胞増殖因子　266
全埋め込み型人工内耳　91
前駆体　41
先行音効果　393
センサー　300, 312, 416
線条体　269

線条体外　269
潜水行動　164
潜水時間　165
選択するメス　330
選択的注意　308
線虫　312, 336
線虫類　313
前庭　54
先天性難聴　84
先天盲　390
前脳　384
前肥厚板外胚葉　266
前腹核　108

槽　269
ゾウ　3
走音性　287
騒音性難聴　85
早期失明者　390
遭遇コール　244
層構造　384
相互作用　350
相互相関関数　25
層状核　23, 74, 186, 389
早成性　214
相対音感　403
相反性抑制回路　273
送粉共生関係　360
走流性　290
側線　236, 275, 290, 413
側線器官　288
側線原基　288
側線神経　288
側線鱗　288
速度　300
外側毛帯核　66
ソナー　136, 416
ソノグラム　48
ソープ　2
ソマトスタチン陽性ニューロン
　　97
ソング　166, 180

■タ

帯域雑音応答　70
帯域阻止フィルター　28
帯域通過フィルター　28
帯域幅　28
第 1 咽頭弓　382

第1咽頭嚢　382
第1外鰓孔　378
タイ科　280
台形体　388
台形体内側核　66
大細胞核　186, 389
胎児の聴力　82
代謝率　164
第12神経核鳴管部　182
対象判別能力　149
体色パターン　151
体性神経刺激　87
タイセイヨウダラ　276
タイセイヨウマダライルカ　151
腱節内弦音器官　296, 326
対側 NLL(nuclei of lateral lemniscus) 腹側核　66
代替交尾戦術　323
対托卵防衛戦略　218
大腸菌　337
第2咽頭弓　382
大脳一次聴覚野　72
大脳基底核　384, 404
大脳皮質　384
大脳皮質聴覚野　66
大脳辺縁系ネットワーク　87
第8脳神経下行核　264
タイヘイヨウコーラスアマガエル　239
タイミング　196
タイムエキスパンション方式　141
タイ類　280
タイワンエンマコオロギ　342
ダーウィン, チャールズ　362
他覚的聴力検査　81
他感覚情報　95
卓越周波数　278
打撃　294, 368
多種感覚情報　349, 350
畳み込み演算　25
タツノオトシゴ　281
タッピング　295, 356
ダブルフラッシュ錯覚　46
タマオヤモリ属　252
だましの振動　334
多様性　3, 385
タラ　276

単位インパルス　25
単音　8
単音型　285
単孔目　412
探索期　128
炭酸カルシウム　262
弾性　4
短有毛細胞　195

遅延線　186, 389
地中動物　99
チッチゼミ　345
チビウデナガガエル　244
チビヤモリ属　252
チャクマヒヒ　211
チャネルロドプシン 2, 91
チャバネアオカメムシ　326
チャープ　168, 342
チャープスクイーク　168
注意欠陥・多動性障害　92
中間核　66
中間皮質　384
中耳　32, 50, 120, 194, 374, 378
中耳炎　84
中耳骨胞　120
中心周波数　28
中枢パターン発生器（生成器）　304, 406
中脳　187, 384
中脳 MLd (nucleus mesencephalicus lateralis, pars dorsalis)　184
中脳水道灰白質　106
中胚葉　382
チョウ　296
超音波　7, 248, 300, 318, 354, 364, 370, 396, 417
超音波回避運動　302
超音波コミュニケーション　318
聴覚　2, 54, 146
聴覚域　370
聴覚閾値　34
聴覚下行路　265
聴覚過敏　92
聴覚器　416
聴覚器官　194
聴覚空間マップ　187

聴覚・言語ネットワーク　87
聴覚ジェネラリスト　259, 263
聴覚受容細胞　303
聴覚情景分析　129
聴覚情報　348
聴覚神経系　184
聴覚スペシャリスト　258, 263
聴覚性脳幹応答　270
聴覚皮質　125, 386
聴覚フィードバック　196, 204
聴覚フィルター　83
聴覚野　76
聴器　264
聴空間地図　75
聴砂　262
超磁歪素子　353
聴神経　56, 68, 186
聴神経線維　66
聴性行動反応聴力検査　80
聴性中心窩　129
聴性定常反応検査　81
聴性脳幹　186, 388
聴性脳幹反応　98, 189
聴性脳幹反応検査　81
超低周波音　371
調波複合音　8, 36
聴野　34
長有毛細胞　195
聴力曲線　188, 370
聴力レベル　35
鳥類　2
直接制御系　196, 224
直接的接触振動　315
チョムスキー　40
地理的変異　202
チンパンジー　223, 372

通過期　128
痛覚閾値　35
通囊　262
つがい形成　216
ツキヒメハエトリ　182
ツクツクボウシ属　344
ツチガエル　245
ツチクジラ　165
ツチクジラ属　164
ツチ骨　52, 374
ツチスドリ　216
ツツドリ　218

ツトガ　296
ツノシマクジラ　166
角状核　24, 186
壺　57
ツメイカ科　164
強さ　121

低閾値型カリウムチャネル　272
低域通過フィルター　28
低酸素症　82
低周波　300
　　──の音　310
低周波音　371
低周波音声　102
ディスクリートコール　159
ディスタンスコール　232
ディストレスコール　112
ティップリンク　268, 380
定点式　174
ティンバル　318, 329
テカギイカ科　164
摘出脳　242
デグー　106
テクトリアル・サレット　239
テザー細胞　262
テナガザル　100
テナガショウジョウバエ　322
デフォルトモードネットワーク　87
デュエット　216, 316, 331
テラソカグラコウモリ　114, 132, 134
テリルリハ　230
デルタ　266
テレマイク　132, 134, 177
テレメトリー式小型軽量マイクロフォンシステム　132
伝音聴力　120
伝音難聴　33, 84
電気魚　412
デンキウナギ　410
デンキウナギ目　410, 412, 414
電気感覚　412
電気器官　410
電気コミュニケーション　414
電気受容器　411, 413
電気定位　410, 415

デンキナマズ科　410
デンスボディ　268
伝達関数　118
テンニンチョウ類　218
電場電位　275

等価矩形帯域幅　83
同期　345
同期検出　187, 389
同期現象　246
トウキョウダルマガエル　244
道具　206
洞窟魚　291
統合失調症　92
動耳　373
同時検出ニューロン　74
闘蟋　299
同所的種分化　218
逃走行動　276
盗聴　213, 236
同調行動　150
逃避行動　270
等皮質　384
頭部インパルス応答　25
頭部伝達関数　51, 75, 186, 388
動毛　121, 268
トゥンガラガエル　245
特異性　349
特性インピーダンス　16
特徴周波数　69, 96, 184
特徴遅延　74
トゲマウス　99
都市騒音　204
ドジョウ　289
トックリクジラ属　164
トッケイヤモリ　253
突発性難聴　85
ドップラー・シフト（効果）　21, 124, 128, 394
ドップラー・シフト補償　115, 124, 128, 132, 135, 395
トノトピー　39, 66, 96
トノトピシティ　239
ドーパミン　264
トビイロウンカ　330
トビイロホオヒゲコウモリ　116, 131
ドラミング　206, 295

トランジショナルセル　267
トリル　168
トリル音　244
トルコナキヤモリ　236
トーン・クロマ　36
トーン・ハイト　36

■ナ
内耳　32, 54, 121, 194, 260, 266
内耳奇形　84
内耳側線遠心性投射ニューロン　265
内側核　66, 108
内側膝状体　66, 109
内側上オリーブ核　23, 389
内側束　67
内側部　67
ナイチンゲール　204
内突起　297
内胚葉　382
内有毛細胞　33, 56, 66, 121
内リンパ　56
内リンパ電位　121
ナガスクジラ　166
ナシケンモン　354
ナシヒメシンクイ　354
ナス科の花　360
ナマズの一種　277
ナマズ目　280, 410, 412
ナミチスイコウモリ　116, 131
なわばり　172, 200
なわばり音　244, 251
なわばり防衛　220
軟骨魚類　412
軟骨伝導　61

ニイニイゼミ属　344
ニオイガエル属　249
二元論　9
二次聴覚核　265
ニベ科魚類　284
ニベ類　276, 287
ニホンアマガエル　237, 245, 246
ニホンオオキノコ　338
ニホンザル　403
ニホンヒキガエル　245
ニホンヤモリ　253

ニワトリ 182
認知能力 228

ヌマウタスズメ 188, 192, 208, 404

音色 10
音色知覚 71
ネコ 56, 72, 77, 372, 386
ネズミイルカ 144, 147, 154, 395
ネズミイルカ科 162
ネッタイシマカのオス 303
ネバダオオシロアリ 356

ノイズ 9, 12, 197
ノイズ・キャンセリング 17
脳 95
脳磁図 391
脳室下帯 386
能動的電気定位 411, 414
脳波 401
脳梁 386
ノッチ 266
ノドグロルリアメリカムシクイ 202
ノドジロシトド 402
年齢 208
ノルアドレナリン 183
ノレンコウモリ 124

■ハ
胚（卵の中の子） 346
ハイイロガン 214
バイオタイプ 316
バイオトレモロジー 2
バイオミメティクス 3, 416
バイオロギング 165, 176
倍音 8, 27, 252
倍音成分 36
配偶行動 331, 344, 358
配偶者選択 253, 286
媒質 4, 18
背側核 66, 108
背側注意ネットワーク 87
背側部 67
背面粘液嚢・発音唇複合体 162
ハウザー 40

ハエ 295, 296
ハエトリグモの一種 348
羽音周波数 358
バーク 168
ハクジラ 144
ハゴロモガラス 199, 220
ハシブトガラス 210
場所情報 37
バーストパルス 152, 158
ハスモンヨトウ 354
ハゼ 287
ハゼ類 277, 287
パーソナルスペース 151
ハタケノウマオイ 400
ハタホオジロ 202
ハタ類 276
パターン発生器 242
ハチ 295, 297
ハチドリ 206
ハチドリ類 224
波長 6
発音 294
　——の機能 276
　——のメカニズム 276
発音器官 145, 276, 330, 332
発音魚 276
発音筋 278, 280
　——の神経支配 277
発音行動 304
パッシブ音響手法 284
発声 30, 240
発声学習 3, 180, 185, 220, 230, 232, 404, 406, 408
発声器官 30
発声条件づけ 226
発声制御系神経回路 224
発声ビーム 129
発声メカニズム 167
バッタ 296, 302
発達栄養仮説 201
発達期 96
発達ストレス仮説 201
発話 404
ハト 222
ハナゴンドウ 151
ハナムグリ亜科 335
翅の振動 322
パーネルケナシコウモリ 114, 116, 124, 131, 132

羽ばたき（はばたき） 294, 325
ハモグリバエ科 316
ハーモニー 107
ハーモニクス音 170
ハーモニック構造 71
速さ 6
パラサウロロフス 255
パラベルト 76
パラベルト域 387
ハリモグラ 56, 412
パルス 112, 116, 130, 278, 344
パルス音 162, 325
パルス間隔 414
パルスソング 320
パルス放射方向 137
パワー 14
半円堤中心核 264
反回性抑制回路 272
半規管 54
反響音 124
反響定位 112, 124, 173, 370
繁殖音 287
繁殖行動 276, 286
繁殖コール 244
繁殖成功 201
晩成性 214
ハンディキャップ理論 100
ハンドウイルカ 147, 150, 154, 158, 161
反発行動 276, 286
反復パルス音 252
ハンミョウ 296

ヒイラギ 281
比音響インピーダンス 16
ピーク周波数 170
ビクトリアツチチビガエル 245
ヒグラシ 344
ヒゲクジラ 144, 166
ヒゲコウモリ 114, 116, 124, 131, 132, 134, 385
飛行軌跡 136
皮質 404
皮質下行性 123
飛翔筋 316
歪成分 69
歪成分耳音響放射 62, 81

非線形増幅　58
ピータークチビルコウモリ　131
ピッチ　10, 36, 38, 77, 222
ピッチ・クロマ　38
ヒト　54, 94, 372, 386
非発声音　206
皮膚感覚説　392
ヒメエグリバ　354
ヒューマンエコーロケーション　392
ヒョウアザラシ　172
ヒョウガエル　238
標準体長　287
表層魚　291
ヒヨドリ　202
ヒラタヒメバチ　295
ピラニア　276
ヒルヤモリ属　252
鰭　280
ヒレナガゴンドウ　151

ファイル　282
ファーストトリル　240
ファーストトリルニューロン　243
不安障害　92
フィッチ　40
フィーディング・コール　100
フィーディング・バズ　136
フィードバック　31
フィルター　28, 44, 83
フィルタリング　372
フウハヤセガエル　2, 236, 248
フウハヤセガエル属　249
フェーズロック　69
フォルマント　48, 95
フォン・フリッシュ　258, 274, 325
孵化　346
不確定性原理　28
不協和音　27
フグ科　280
復元力　4
複合音　8, 10
複合音声　104
腹側核　66
複素フーリエ級数　13

フグ類　280
フクロウ　186
フクロウ目　186
腹話術効果　46
腹話術残効　46
符号化　70
フサオマキザル　403
ブタオザル　85
フタホシコオロギ　304
フタボシツチカメムシ　326, 346
フック, ロバート　362
物理的防除　341
不等皮質　384
不動毛　121, 268
フナ　289
不妊虫放飼　340
普遍的絶対音感　402
ブラインドケーブ・カラシン　289
ブラウンアノール　236
プラスティックソング　180
フーリエ級数　12
フーリエ変換　13, 340
フリーズ反応　308, 334, 353
フルスペクトラム方式　141
ブルックナキヤモリ　252
プレイバック　104, 198, 301
プレクトラム　282
プレスチン　58
プレスチンタンパク　162
フレネル　20
ブローカ　78
ブローカ野　78, 224
フロリダマナティー　170
文化昆虫学　299
分岐推定図　317
ブンチョウ　100, 180, 182, 192, 208, 222
分離　107

平均聴力レベル　84
平衡位置　4
平衡覚　54
ペイン, キャサリン　102
ベクトル　325
ベーケーシ　62
ベケシー, フォン　399
ヘッジホッグ　108

別純音聴力閾値　35
ヘッドシャドー効果　373
ペッパーバーグ　228
ヘテロダイン方式　141
ベニツチカメムシ　326, 328
ヘラー　392
ヘラオヤモリ属　253
ベラ科　280
ヘラコウモリ類　131
ベルーガ　161
ベルト　76
ベルト域　387
ヘルムホルツ　27
ヘルムホルツ共鳴器　19
変位　4
変位受容器　314
変調周波数　43
変調スペクトル　43
扁桃体　87, 107
扁平石　262
弁別　222

ホイッスル　144, 152, 160, 162
ホイヘンス　20
ホイヘンス＝フレネルの原理　20
母音　30, 42
ボイング　167
妨害　397
包括適応度　219
防御行動　276
方形骨　238, 382
方言　173, 202, 405
傍鼓膜器官　194
ボウシインコ　224
防除対策　327
膨大部稜　268
放免コール　244
包絡　44
ホエヤモリ　253
ホオグロヤモリ　253
ボーカルメンブレン　112
母子間コミュニケーション　172
星状石　262
ホシムクドリ　188, 208, 220, 222, 402
補償　350

補償モデル　390
捕食　290
捕食回避　296
捕食-被食関係　360
補足運動野　31
補聴器　88
ホッキョククジラ　166
ボートのプロペラ音　170
哺乳類　2
ホルモン　183

■マ

マイクロ・キャビテーション　7
マイクロフォンアレイ　136, 138, 417
マイクロフォン電位　275
マイコドリ　206
マイマイガ　354
マイルカ科　162
マインドワンダリング　87
マウス　99, 100, 102, 386
マウスナー細胞　264, 272
マガーク効果　46
マガーク残効　46
膜貫通チャネル様タンパク質　269
膜局在性受容体様キナーゼ　363
マクラネグレクタ　267, 260
摩擦　294, 368
摩擦音　314, 338
摩擦片　294, 338, 340
マスキング　26
マターナルコール　106
マダライモリ　236
マダラカンムリカッコウ　219
マツカサウオ　277
マッコウクジラ　164
マッコウクジラ科　162
マッピング　285
マトウダイ　276
マナティー　386
マネシツグミ　199, 220
マーモセット　386
マルハナバチ類　360
マルミミゾウ　102

ミーアキャット　211

ミカドヤモリ属　253
ミシシッピアカミミガメ　237
ミシマオコゼ科　410
ミスマッチネガティビティー　93
溝　386
　　——をもたない皮質　386
溝パターン　385
ミッシングファンダメンタル　36, 77, 94
密度抑制　317
ミツバチ　295, 297, 303, 324
ミナトオウギガニ　346
ミナミアオカメカメムシ　326
ミナミハタンポ　277
ミナミハンドウイルカ　150
ミナミヤモリ　252
ミミズトカゲ　236
耳鳴り　86, 92, 94, 97
ミヤマシトド　202, 205
ミンククジラ　166

無顎類　412
虫合　298
虫売り　298
虫撰　298
無条件刺激　226
無条件反応　226
ムニンエンマコオロギ　342
ムネアカゴジュウカラ　213
ムラサキアツバ　354

鳴音コミュニケーション　286
鳴音の周波数　278
鳴音の特徴　170
鳴管　224, 254, 368
鳴禽類　3, 180, 182, 190, 222, 232, 402
鳴嚢　244, 246, 250
メキシコアマガエル属　245
メキシコインコ　230
メジロ　180, 202
メジロハエトリ　182
メダカ　288
メトロノーム　345
メル・スケール　36
メロン　145
メンフクロウ　2, 57, 186, 188

毛状感覚子　297, 310, 417
盲人　390, 392
網様体脊髄路ニューロン　272
網様体脊髄路ニューロン群　273
モグラ　99, 108, 334
モグラネズミ　385
モダリティ適切性仮説　47
モデル／ライバル法　228
モニタリング　284
モモノゴマダラノメイガ　354
モーラ　42
モーリシャスショウジョウバエ　320
モルミリド科　414
モルミリ目　410, 413, 414
モールラット　108
モンガラカワハギ科　280
モンシロチョウ　360

■ヤ

ヤガ　2, 295, 296
ヤガ類　354
薬剤性難聴　85
ヤシオウム　206
ヤセヒキガエル属　237
ヤドリバエ　306, 417
ヤドリバエの一種　306
ヤナギムシクイ　203
ヤマガラ　202
ヤマトシロアリ　356
ヤマビーバー　108
ヤマヤブキリ　400
ヤモリ下目　252

優位周波数　287, 340
優位脳　78
誘引歌　304
有桿感覚子　311
遊戯聴力検査　81
雄性ホルモン　240
誘発耳音響放射　62
有毛細胞　54, 66, 186, 195, 238, 261, 264, 266, 274, 288
遊離感丘　288
揺すり　295
ユスリカ　303, 358
揺すり行動　295

ゆすり行動　356
ユビナガコウモリ　127

要求声　215
ヨウスコウスナメリ　151
幼体　170
陽電子断層撮影　391
ヨウム　228
抑うつ障害　92
抑制性反応　73
ヨコバイ　295, 352
ヨコバイ亜目　316
ヨコバイの一種　352
ヨトウガ　311, 354
呼び鳴き　304, 342
選り好み　208
ヨーロッパコマドリ　205

■ラ

ライスナー膜　56
ラウドネス　10
ラゲナ　238, 262, 376
らせん神経節　56
ラット　386
ラビング　150
ラプラタカワイルカ科　162
卵円蓋　237
卵形嚢　238, 258, 260, 262
卵形嚢斑　262
ランジュバン　7
離散フーリエ変換　13

リズム　197
リズム同調　406
リハビリテーション　33
リーフイヤードマウス　99
リフィリング　364
リーブストッケイヤモリ　253
リボン　268
リュウキュウクロコガネ　349
粒子運動　258
粒子運動成分　270
粒子速度　294, 296, 300, 314
流体　290
両耳間位相差　373
両耳間音圧差　66
両耳間強度差　74, 186, 373, 388
両耳間時間差　66, 74, 186, 373, 388, 411
両耳人工内耳装用　91
両生爬虫類　2
両生類乳頭　238, 249
両側オリーブ周囲核群　66
両側上傍オリーブ核　66
両聴細胞　186
菱脳　384
臨界期　96
リンギング　28
リンネ法　80

ルリオーストラリアムシクイ　215
ルリガシラセイキチョウ　217

霊長類　386
レーガン　2
礫石　262
レーザドップラー振動計　300
レチウス　2
レパートリーサイズ　220
レベリゴマシジミ　332
連続型の鳴音　285

鑢状器　294, 338, 340
ロールオフ率　28
ローレンツ　214
ロンバード効果　31, 204

■ワ

ワタリガラス　211
湾曲部位　282

■欧文・数字

α 波　401

A1　72, 76
absolute pitch：AP　38, 398
acousonde　176
acoustic adaptation hypothesis　204
acoustic emission：AE　364
action potential　186
active zone　268
A/D 変換器　300
advertisement call　240, 244, 246, 286
afferent fiber　121
African Grey Parrot　228
age-limited learner　220
agonistic behavior　276, 286
AI　124
air expulsion　368
alarm call　106, 212
Alex　228
allocortex　384
amphibian papilla　249
anterior forebrain pathway　224
anterior forebrain pathway：AFP　196
anteroventral cochlear nucleus：AVCN　108
anxiety disorder　92
approach phase　128
archicortex　384
arista　321
articulation　30
ascending neuron 1：AN1　302
asteriscus　262
A-tag　176
attention-deficit hyperactivity disorder：ADHD　92
audibility curves　188
audio-visual integration　46
auditory brainstem　186, 388
auditory brainstem response：ABR　81, 98, 189
auditory cortex：AC　66
auditory fovea　395

auditory hallucination 92
auditory nerve 186
auditory nerve fiber：ANF
　66
auditory or acoustic fovea
　129
auditory scene analysis 129
auditory space map 187
auditory steady-state
　response：ASSR 81
auditory verbal hallucination：
　AVH 92
autism spectrum disorder：
　ASD 92
Avisoft-SASLab 229
axon 186

B-probe 176
basal ganglia 384
basal slowing response 313
basilar papilla 195, 249
Bat Detector 140
beat 27
Beat 94
begging 215
behavioral-observation
　audiometry：BOA 80
best delay：BD 125
best frequency：BF 68, 302
Bioacoustics 2
Biomimetics 416
Biotremology 2
blue-capped cordon-bleu 217
boing 167
bone morphogenetic protein.
　BMP 266
boundary vibrations 315
bristle type 310
Broca, Paul 78
Broca's area 78
budding 289
bulla 120

C-start 272
C 型逃避 272
Ca²⁺ 結合タンパク質 363
Ca²⁺ 透過性機械受容チャネル
　363
call 180, 230

calling song 304, 342
campaniform type 310
canal neuromast 288
Carpenter frog 251
Casserius 382
caudal medial mesopallium：
　CMM 184
caudal medial nidopallium
　184
cavefish 291
central nucleus of inferior
　colliculus：ICC 66, 75,
　187
central pattern generator：
　CPG 304, 406
cerebral cortex 384
CF(constant frequency) 114
CF/CF ニューロン 125
CF-FM 音 124
CF-FM コウモリ 112, 114,
　128, 132, 135, 394
CF 音 121, 130, 394
CF コウモリ 130, 394
characteristic delay 74
characteristic frequency：CF
　69, 184
child directed speech：CDS
　404
Chomsky 40
ChR2 91
cistern 269
click 368
clicks 176
close-ended learner 201, 220
cochlea 56
cochlear nucleus(nuclei)：CN
　66, 184, 388
cohesion call 161
coincidence detection 187
coincidence detector 74, 389
CoLo 細胞 273
coloration 393
columella 194, 374
communication call 112
compensation model 391
conditioned orientation
　response audiometry：
　COR 80
conditioning 226

consonant 30
constant frequency：CF 116,
　124, 130
contact swimming 150
continuous frequency 121
Coo コール 182
Core 回路 224
corollary discharge 304
corollary discharge
　interneuron：CDI 305
corpus callosum 386
corti 器 121
coupling prior 47
courtship call 251
courtship song 106, 320, 342
courtship sound 286
creaking call 161
crista 268
crow 182
CrRLK1L ファミリー 363
crystallized song 180
Cultural entomology 299

D/A 変換器 300
DAF 効果 31
Darwin, C. 362
dB re 1μbar 270
dB re 1μPa 270
dB SPL 370
deficit model 390
delay line 186, 389
delayed auditory feedback 31
delta 266
dense body 268
depressive disorder 92
detection distance 287
diencephalon 384
discrete Fourier transform：
　DFT 13
distortion product otoacoustic
　emission：DPOAE 62,
　81
distress call 112, 244, 250,
　252
DMN 87
dominant frequency 278, 287
Doppler-shift compensation
　124, 128, 132
Doppler-shifted CF area 124

dorsal 67

dorsal bursae 144

dorsal cochlear nucleus：DCN 66, 74, 108

dorsal NLL：DNLL 66

drumming 315

drumming muscle 278

DSCF 野 124

D-tag 176

dysarthria 31

ear dust 262

eavesdropping 213

echolocation 112, 114, 121, 126

Ecoacoustics 2

efference copy 304

efferent fiber 121

egr-1 249

electrocochleography：ECoG 81

electromotility 58

endolymphatic potential 121

Endothelinl 1 シグナル伝達 383

equivalent rectangular bandwidth：ERB 83

exaptation 287

external nucleus of the inferior colliculus：ICx 187

extra-columella 374

extra striola 269

F0 応答特性 71

Fairmaire 340

false alarm call 213

feeding buzz 136

feeding call 100

Felis catus 72

FFT 分析 329

fibroblast growth factor：FGF 266

field of best vision 156

filiform type 310

filter 28

final phase 128

Fitch 40

flipper rubbing behavior 150

FM (frequency modulation) 114

FM-CF コウモリ 130

FM 音 77, 106, 121, 130, 394

FM コウモリ 112, 114, 128, 130, 132, 135, 394

FM スイープ 107

fMRI 391

food begging call 230

foraging 290

FOXP2 231

free-standing 375

freezing 308

frequency modulation：FM 116, 121, 124, 130

Fresnel, Augustin Jean 20

functionally referential signal 212

fundamental frequency 36

gating spring 313

Gaupp 382

general AP(absolute pitch) 402

Ghazanfar 41

grunt 279, 285

hair cell：HC 66, 186, 288

harmonic complex 36

harmonic component 36

Hauser 40

Hawaiian sergeant damselfish 286

head-related impulse response：HRIR 25

head related transfer function：HRTF 51, 75, 186, 388

hearing generalist 259, 263

hearing specialist 258, 263

Heller, T. 392

Helmholtz, H. L. F. 27

high vocal center shelf 184

hissing 368

Hooke, R. 362

hum 279

human echolocation 392

Huygens, Christiaan 20

HVC 近傍 184

hydrodynamic imaging 290

hyperacusis 92

ICx 22

Inactive：Iav 312

indus 374

inferior colliculus：IC 66

informational masking 26

infrasonic 371

infrasound, 371

inner hair cell：IHC 56, 66

insect sterile technique 340

inter pulse interval：IPI 129

interaural intensity difference：IID 23

interaural level difference：ILD 74, 186, 373, 388

interaural phase difference：IPD 373

interaural time difference：ITD 23, 74, 186, 373, 388

intermediate NLL：INLL 66

internally coupled ear 389

ionocyte 267

isocortex 384

isolation call 161

jamming avoidance response：JAR 415

Jeffress, Lloyd 187

Jeffress モデル 74

Kah コール 182, 210

Kaleidoscope 229

Kemp 62

kinocilium 121, 268

knock 285

lagena 57, 194, 260, 262

lagenar macula 262

Langevin, Paul 7

lapillus 262

larynx 369

lateral geniculate body：LG 109

lateral labium：LL 368

lateral lemniscus 388

lateral line organ 288

lateral line primordium 288

lateral line scale 288

lateral OC：LOC 67

lateral superior olivary
nucleus：LSO, lateral SO
23, 66, 388

lateral superior olive：LSO
74, 108

leg vibration 322

lissencephalic cortex 386

Listen to the Deep Ocean
Environment：LIDO 175

Lombard 効果 31, 204

Lorenz, K. Z. 214

loudness 121

macula neglecta 260, 267

malleus 374

Marler 404

maternal call 106

MATLAB 229

Mauthner cells 272

MCA1 363

MCA2 363

McGurk aftereffect 46

McGurk effect 46

mechanoelectrical transduction
380

mechanoreceptor channel
312

mechanotransduction 380

medial geniculate body：MG
66, 109

medial labium：ML 368

medial nucleus of the trapezoid
body：MNTB 66

medial OC：MOC 67

medial SO：MSO 66

medial superior olivary
nucleus：MSO 23, 389

medial superior olive：MSO
74, 108

medial：MGM 67

medioventral PO：MVPO 67

mesencephalon 384

mesocortex 384

MG(medial geniculate body) 腹
側部 67

micro electro mechanical
systems：MEMS 417

micro-type 375

midbrain 187

minimum audible angle：
MAA 388

minimum resolved angle：
MRA 198

mismatch negativity：MMN
93

missing fundamental 36, 94

MLDB(monkey lips/dorsal
bursae) 仮説 144

modality appropriateness 47

model-rival method 228

mole rat 108

motor pathway 196, 224

MSL 363

multiple chirp call 253

musical AP(absolute pitch)
402

Nanchung：Nan 312

narrow-band high-frequency：
NBHF 162

NCM(caudal medial
nidopallium) 184

neocortex 384

neuromast 288

NMDA 受容体 243

no mechanoreceptor potencial
C：nompC(NompC) 312,
380

noise 9

non-otophysan hearing
specialists 271

non-vocal sound 206

notch 266

nuclei of the lateral lemniscus：
NLL 66

nucleus angularis：NA 24,
186

nucleus laminaris：NL 23,
74, 186, 389

nucleus magnocellularis：NM
186, 389

nucleus mesencephalicus
lateralis, pars dorsalis：
MLD 184

nucleus ovoidalis 184

nucleus ventralis lamnisci

lateralis pars posterior 24

obstacle perception 392

obstacle sense 392

occipital nerve 277

octave 28

olivocochlear bundle：OC
57, 67

omega neuron 302

open-ended learner 220

optic tectum：OT 187

optimal integration 47

oropharyngeal-esophagial
cavity：OEC 368

OSCA1 363

otic placode 266

otoacoustic emission：OAE
81

otoconia 262

otocyst/otic vesicle 266

otophysan 271

outer hair cell：OHC 56

Ov (nucleus ovoidalis) 184

palatal fold 254

palatal valve 254

paleocortex 384

pallium 384

paratympanic organ 194

pars stridens 338

particle motion 258

pass phase 128

passive acoustic monitoring：
PAM 174

Payne, Katherine 102

peak frequency 286

Pepperberg, Irene M. 228

percussion 368

periolivary nuclei：PO 66

phase lock 186, 264

phonotaxis 287

Piezo 363

pitch 36, 38, 121

plastic song 180

play audiometry 81

plectrum 338, 340

plectrum tubercles 340

PO(periolivary nuclei) 腹内側
核 67

POP 音　151

posterior intralaminar nucleus：PIN　67

posterior lateral line　288

posterior part of the dorsal nucleus of the lateral lemniscus：LLDp　187

posterorventral cochlear nucleus：PVCN　108

postsynaptic density：PSD　268

posttraumatic stress disorder：PTSD　92

precedence effect　393

precursor　41

preplacodal ectoderm　266

pressure wave　258

primary afferent depolarization：PAD　305

primary auditory cortex：A1　76, 184

procencephalon　384

pulse　112

pulse song　320

pure-tone audiometry　80

Raven　229

reafferent sensory information　304

reciprocal call　251

red-cheeked cordon-bleu　217

reference frequency　128

Regan, I.　2

Reichert　382

Reichert-Gaupp 説　382

Reissner 膜　56

release call　240, 244, 250

reproductive behavior　276, 286

rest or search phase　128

reticular thalamic nucleus：RTN　67

Retzius, G.　2

rheotaxis　290

rhombencephalon　384

ribbon　268

Rinne test　80

roughness　27

saccular macula　262

saccule(sacculus)　57, 260, 262, 264, 271

sagitta　262

Saussure　44

schizophrenia　92

schooling　290

sensillum　310

sensory reinforcement　222

sexy syllable　200

Shell 回路　224, 231

short hair cell：SHC　195

SIGID(signature identification) 法　161

signal detection theory　189

sine song　320

small cicada　330

song　180, 230

song control system　196

songbird　180, 222, 402

sonic fish　276

sonic muscle　278

Sound Analysis Pro 2011 (SAP)　229

sound pressure level：SPL　34

sound shadow　392

Spallanzani, L.　2

speech audiometry　80

spontaneous otoacoustic emission：SOAE　62

standard length　287

stapes　374

stereocilia　121, 258, 268

stimulus control　226

stimulus frequency otoacoustic emission：SFOAE　62

stria vascularis　121

stridulation　368

stridulatory file　340

striola　269

subpallium　384

subsong　180

Subthreshold oscillation　243

subventricularzone：SVZ　386

sulcus　386

superficial neuromast　288

superior colliculus：SC　75

superior olivary complex：SOC　66

superior paraolivary nucleus：SPN　66

supple mentary motor area：SMA　31

support cell　288

suprageniculate nucleus　67

surface fish　291

swept-sine 信号　25

synaptic body　268

syrinx　368

tall hair cell：THC　195

tapping　356

tectorial membrane　121

tectorial sallet　239

telemike　134

telencephalon　384

territorial call　244, 251

tether cell　262, 266

the dorsomedial nucleus of the intercollicular complex：DM　182

The Society for Bioacoustics　2

Thorpe, W.　2

threshold of hearing　34

threshold of pain　35

Time-stretched-pulse：TSP　25

tinnitus　92

tip link　268, 380

tonotopy　386

tracheosyringeal hypoglossal nucleus：nXIIts　182

Tramitichromis 属　280

transient evoked otoacoustic emission：TEOAE　62

transient receptor potential：TRP　269, 312, 380

transitional cell　267

transmembrane channel-like protein 1：TMC1　269

transverse canal　267

trapezoid body　388

tremulation　295, 315, 356

TRP(transient receptor potential) チャネル　398

事項索引　435

tubular body 311
tuning fork test 80
tymbal 294, 368

ultrasonic 370
ultrasound 370
unconditioned response：UR
　226
unconditioned stimulus：US
　226
undirected song 223
utricle 260
utricular macula 262
utricule 262

ventral CN：VCN 66
ventral division：MGV 67
ventral NLL：VNLL 66
ventriloquism aftereffect 46
ventriloquism effect 46
vesicular glutamate transporter
　3：VGLUT3 269

vibratin 368
vibration attraction behavior：
　VAB 291
VLVp 核 24
vocal comprehension learning
　408
vocal conditioning 226
vocal cord 368
vocal fold 369
vocal learning 408
vocal membrane 112
vocal production learning 408
vocal sac 368
vocal usage learning 408
von Békésy, Georg 60, 62,
　399
von Frisch, Karl 258, 274
vowel 30
Vulnerability Curve：VC 365

Wada テスト 78
WAK 2 363

warning call 212
Weber test 80
weberian apparatus 271
Wernicke's area 78
what 経路 76
where 経路 76
whistle 107, 160
wing vibration 322

ZENK 185
Zip 型 245

1 次求心性線維脱分極 305
2 チャンネルモデル 389
2 半球チャンネル・モデル 74
3 層構造 384
5 層構造 385
6 層構造 384

学 名 索 引

Carpenter frog *Rana virgatipes* 251
Emei music frog *Babina daunchina* 251

アイナメ *Hexagrammos otakii* 285
アオアズマヤドリ *Ptilonorhynchus violaceus* 200
アオカナヘビ *Takydromus smaragdinus* 236
アオガラ *Parus caeruleus* 202, 220
アオクサカメムシ *Nezara antennata* 327
アカエグリバ *Oraesia excavata* 354
アカガエル科 Ranidae 244
アカゲザル *Macaca mulatta* 85, 226
アカボウクジラ *Ziphius cavirostris* 153, 164
アカボウクジラ科 Ziphiidae 162, 164
アカマタ *Dinodon semicarinatum* 237
アカミミガメ *Trachemys scripta* 371
アカメアマガエル *Agalychnis callidryas* 346
アケビノコノハ *Eudocima tyrannus* 354
アゴヒゲアザラシ *Erignathus barbatus* 172
アザミ属 *Cirsium* 360
アジアゾウ *Elephas maximus* 102
アシカ Otariinae 103, 407
アジ科 Carangidae 280
アシマダラヌマカ *Mansonia uniformis* 358
アナツバメ Collocaliin 371
アナンキョクオットセイ *Arctocephalus tropicalis* 172
アプテロノートゥス科 Apteronotidae 410
アブラコウモリ *Pipistrellus abramus* 114, 116, 131, 136, 140, 416
アブラヨタカ *Steatornis caripensis* 194, 369
アフリカキバラハコヨコクビガメ *Pelucios castanoides* 237
アフリカゾウ *Loxodonta africana* 102
アフリカツメガエル *Xenopus laevis* 237, 240, 244, 251
アフリカマナティー *Trichechus senegalensis* 170
アマガエル *Hyla japonica* 345
アマゾンカワイルカ *Inia geoffrensis* 150, 153, 161, 163
アマゾンマナティー *Trichechus inunguis* 170
アミメカゲロウ目 Neuroptera 315, 355
アメリカコガラ *Poecile atricapillus* 202, 213
アメリカ鉤虫 *Necator americanus* 336
アリ科 Formicidae 315
アロワナ目 Osteoglossiformes 412
アワノメイガ *Ostrinia furnacalis* 301, 354
アンティリアンマナティー *Trichechus manatus manatus* 170

イエシロアリ *Coptotermes formosanus* 356
イクチオサウルス *Ichthyosaurus* 409
イサキ科 Haemulidae 280, 287
イシイルカ *Phocoenoides dalli* 144, 146, 156
イシダイ科 Oplegnathidae 280
イスカ *Loxia curvirostra* 210

イセエビ *Panulirus japonicus* 282
イセエビ属 *Panulirus* 282
イヌ Canidae 370, 373
イベリアサンバガエル *Alytes cisternasii* 251
イボイモリ *Echinotriton andersoni* 237
イボガンギエイ *Raja clavata* 412
イモゾウムシ *Euscepes postfasciatus* 340
イロワケイルカ *Cephalorhynchus commersonii* 150, 153, 162
イワシ *Sardina pilchardus* 263
イワシャコ *Alectoris chukar* 182
イワヒバリ *Prunella collaris* 216

ウェストインディアンマナティー *Trichechus manatus* 170
ウオクイコウモリ *Noctilio leporinus* 116, 131
ウグイス *Horornis diphone* 180, 200, 202, 233
ウシガエル *Lithobates catesbeianus* 238
ウスイロイルカ *Sousa plumbea* 151
ウスバカゲロウ Myrmeleontidae 396
ウズラ *Coturnix japonica* 183, 346
ウタスズメ *Melospiza melodia* 192, 200, 220
ウツボカズラ *Nepenthes hemsleyana* 361
ウツボカズラの一種 *Nepenthes gracilis* 360
ウマオイ *Hexacentrus japonicus* 298

エジプトルーセットオオコウモリ *Rousettus aegyptiacus* 116, 117, 131
エゾエンマコオロギ *Teleogryllus yezoemma* 342
エゾゼミ属 *Lyristes* 344
エナガ *Aegithalos caudatus* 232
エンマコオロギ *Teleogryllus emma* 342, 400

オウムガイの仲間 Nautiloidea 162
オウム目 Psittaciformes 2, 224, 408
オオギハクジラ属 *Mesoplodon* 164
オオクビワコウモリ *Eptesicus fuscus* 116, 118, 129, 130
オオハナジロクザル *Cercopithecus nictitans* 104
オオブラウンハウスコウモリ *Scotophilus nigrita* 131
オオマサシオコウモリ *Saccopteryx bilineata* 131
オオヨシキリ *Acrocephalus arundinaceus* 200
オガサワラゼミ *Boninosuccinea ogasawarae* 344
オカメインコ *Nymphicus hollandicus* 188
オキゴンドウ *Pseudorca crassidens* 153, 159
オキナワヤモリ *Gekko* sp. 237
オサムシ科 Cychrus 338
オジギソウ *Mimosa pudica* 362
オスカー *Astronotus ocellatus* 269
オナジショウジョウバエ *Drosophila simulans* 320
オポッサム *Didelphis virginiana* 109

カ Culicidae 303, 355, 358
カイツブリ *Tachybaptus ruficollis* 215

学名索引 437

カカトアルキ（マントファスマ）　Mantophasmatidae　314
カグラコウモリの仲間　Hipposideros cupidus　131
カゲロウ　Ephemeroptera　314
カシノナガキクイムシ　Platypus quercivorus　338
カズハゴンドウ　Peponocephala electra　153
カスミカメムシ科　Miridae　355
カスリタテハ　Hamadryas amphinome　318
カタクチイワシ　Engraulis japonicus　258
カッコウ　Cuculus canorus　218
ガーディナーセイシェルガエル　Sechellophryne gardineri　238
カナリア　Serinus canaria　182, 188, 196, 220, 371
カニクイザル　Macaca fascicularis　85
カネタタキ　Ornebius kanetataki　316
カブトムシ　Trypoxylus dichotomus　334, 417
カブトムシ亜科　Dynastinae　335
ガマアンコウ科　Batrachoididae　261, 264, 276, 287
カマイルカ　Lagenorhynchus obliquidens　153, 163
カマキリ　Mantodea　296, 398, 314, 397
カマドウマ科　Rhaphidophoridae　315
カミキリムシ　Cerambycidae　338, 417
ガムシ科　Hydrophilidae　338
カメムシ目　Hemiptera　294, 315, 352, 355
カモノハシ　Ornithorhynchus anatinus　56, 412
カヤネズミ　Micromys minutus　102
ガラガラヘビ属　Crotalus　368
ガラパゴスフィンチ（ダーウィンフィンチ）　Geospiza fortis　214
カリフォルニアアシカ　Zalophus californianus　173
ガロアムシ　Grylloblattodea　314
カワイルカ科　Platanistidae　162
カワゲラ目　Plecoptera　315
カワハギ　Stephanolepis cirrhifer　263
カワハギ科　Monacanthidae　280
ガンギエイ　Raja clavata　410, 412
ガンジスカワイルカ　Platanista gangetica gangetica　150, 153
カンタン　Oecanthus longicauda　298, 400
カンムリウズラ　Callipepla californica　182

キアシツメトゲブユ　Simulium bidentatum　358
ギアナコビトイルカ　Sotalia guianensis　412
キイロショウジョウバエ　Drosophila melanogaster　320
キガタヒメマイコドリ　Machaeropterus deliciosus　206
キクガシラコウモリ　Rhinolophus ferrumequinum　116, 130, 132, 141, 319, 372, 417
キタトックリクジラ　Hyperoodon ampullatus　165
キタメジロハエトリ　Empidonax alnorum　182
キツネザル科　Lemuridae　372
キバタン　Cacatua galerita　407
キマダラアマガエル（ワキマクアマガエル）　Hyla ebraccata　245
キモグリバエ科　Chloropidae　315
キャンベルザル　Cercopithecus campbelli　104
キュウカンチョウ　Gracula religiosa　224, 226, 408
キュビエブキオトカゲ　Oplurus cuvieri cuvieri　236
キリギリス　Tettigonioidea　294, 296, 298, 302, 398
キリギリスの一種　Archaboilus musicus　294
　　　　Requena verticalis　348

キロショウジョウバエ　Drosophila melanogaster　303
キンカチョウ　Taeniopygia guttata　100, 181, 184, 188, 190, 192, 196, 208, 214, 220, 227, 402, 404
キンギョ　Carassius auratus　56, 258, 261, 263, 264, 268, 272, 371
ギンダラ　Anoplopoma fimbria　164
キンモグラ　Eremitalpa granti　108

クサカゲロウ　Chrysopidae　296, 308, 316, 355, 396
クサギカメムシ　Halyomorpha halys　327
クサヒバリ　Svistella bifasciata　298
クシケアリ属　Myrmica　333
クツワムシ　Mecopoda niponensis　298
クビキリギリス　Euconocephalus thunbergi　306
クボミニオイガエル　Odorrana tormota　236, 244, 248
クマゼミ　Cryptotympana facialis　344
クマノミ　Amphiprion clarkii　280
クラカケアザラシ　Histriophoca fasciata　173
クラゲイカ　Histioteuthis dofleini　164
グラミー　Osphronemidae　261
クリイロチャタテ　Ectopsocopsis cryptomeriae　315
クロイワツクツク　Meimuna kuroiwae　344
クロオウチュウ　Dicrurus adsimilis　213
クロオオアブラコウモリ　Hypsugo alaschanicus　140
クロスジツマグロヨコバイ　Nephotettix nigropictus　330
クロツヤムシ科　Passalidae　338

ケラの一種　Scapteriscus acletus　349

コイ　Cyprinus carpio　258, 261, 263, 264
コイヌガオフルーツコウモリ　Cynopterus brachyotis　116
コウウチョウ　Molothrus ater　193, 219
鉤虫　Ancylostoma duodenale　336
コウチュウ目　Coleoptera　314, 315, 397
コウテイペンギン　Aptenodytes forsteri　210
コウノトリ　Ciconia boyciana　206
コウモリ　Chiroptera　112, 128, 136, 361, 370, 373, 377, 392
コウモリ亜目　Microchiroptera　2, 114, 416
コオロギ　Grylloidea　2, 294, 296, 298, 310, 417
コオロギ　Gryllus rubens　306
コガタアカイエカ　Culex tritaeniorhynchus　358
コガタトノサマガエル　Rana lessonae　371
コガネコバチ科　Pteromalidae　315
コガネムシ科　Scarabaeidae　338
コガネムシ類の一種　Euetheola humilis　397
ゴキブリ　Blattellidae　311
コークィコヤスガエル　Eleutherodactylus coqui　238, 244
コシジロキンパラ　Lonchura striata　180, 191
コーチヒルヤモリ　Phelsuma kochi　236
骨鰾類　Ostariophysi　271
コトドリ　Menura novaehollandiae　220
コトヒキ　Terapon jarbua　276
コナジラミ科　Aleyrodidae　316
コハチノスツヅリガ　Achroia grisella　295, 318
コビレゴンドウ　Globicephala macrorhynchus　159
コブガ科　Nolidae　318
コブハクジラ　Mesoplodon densirostris　165
ゴマシジミ属　Maculinea　332
コマゼミ　Meimuna mongolica　343, 345

コマッコウ　*Kogia breviceps*　153
コマッコウ科　Kogiidae　162
ゴマフイカ科　Histioteuthidae　164
コモダスエンマコオロギ　*Teleogryllus commodus*　343
コヨシキリ　*Acrocephalus bistrigiceps*　220

サカサナマズ　*Synodontis nigriventris*　410
サギフエ　*Macroramphosus scolopax*　281
ザトウクジラ　*Megaptera novaeangliae*　166, 177, 394
サバ科　Scombridae　263
サバンナモンキー（ベルベットモンキー）　*Chlorocebus pygerythrus*　104, 105, 212
サヨナキドリ（ナイチンゲール）　*Luscinia megarhynchos*　204
サンショウウオ　Cryptobranchoidea　412
サンショクツバメ　*Petrochelidon pyrrhonota*　214

シクリッド科　Cichlidae　272, 280
シジミタテハ科　Riodinidae　332
シジミチョウ科　Lycaenidae　332
シジュウカラ　*Parus major*　220
シジュウカラ　*Parus minor*　198, 200, 202, 205, 208, 212
シソル科　Sisoridae　281
シッタコサウルス　*Psittacosaurus*　409
シデムシ科　Silphidae　338
シデムシの一種　*Necrophorus*　338
シバンムシ科　Anobiidae　315
シビレエイ目　Torpediniformes　410
ジムナルカス　Gymnarchidae　411
シャクガ　Geometridae　318, 396
シャクガモドキ　Hedylidae　396
シャチ　*Orcinus orca*　153, 158
シュウカクアリ属　*Pogonomyrmex*　333
ジュウシマツ　*Lonchura striata domestica*　180, 191, 192, 196, 198, 208, 214, 232, 404
ジュゴン　*Dugong dugon*　168
ショウジョウバエ　Drosophilidae　295, 303, 312, 320, 380
ショウドツバメ　*Riparia riparia*　214
シーラカンス　*Coelacanthiformes*　260
シラミ　*Anoplura*　314
シロアリ　Termitidae　295, 297, 315
シロイチモンジヨトウ　*Spodoptera exigua*　311
シロイヌナズナ　*Arabidopsis thaliana*　360, 362
シロイルカ（ベルーガ）　*Delphinapterus leucas*　103, 161, 163
シログチ（イシモチ）　*Pennahia argentata*　278
シロクロヤブチメドリ　*Turdoides bicolor*　213
シロナガスクジラ　*Balaenoptera musculus*　166, 176, 371, 394

ズアオアトリ　*Fringilla coelebs*　203
スキンクヤモリ属　*Teratoscincus*　252
スケトウダラ　*Theragra chalcogramma*　278
スジコガネ亜科　Rutelinae　335
スズキ目　Perciformes　274
スズムシ　*Meloimorpha japonica*　294, 298, 400
スズメ　*Passer montanus*　180
スズメガ　Sphingidae　296
スズメダイ科　Pomacentridae　271, 276, 280

スズメダイの一種　*Stegastes partitus*　287
ストローオオコウモリ　*Eldolon helvum*　116
スナネズミ　*Meriones unguiculatus*　388
スナメリ　*Neophocaena asiaeorientalis*　148, 153, 176
スベヒレアシトカゲ属　*Delma*　236, 253
スマ　*Euthynnus affinis*　271

セイウチ　*Odobenus rosmarus*　172
セイキチョウ　*Uraeginthus bengalus*　207, 216
セイヨウミツバチ　*Apis mellifera*　324
セーシェルショウジョウバエ　*Drosophila sechellia*　320
セキセイインコ　*Melopsittacus undulatus*　188, 210, 220, 224, 226, 230, 402, 407
セスジユスリカ　*Chironomus yoshimatsui*　358
セッカ　*Cisticola juncidis*　221
セッパリイルカ　*Cephalorhynchus hectori*　152, 162
ゼテクフキヤヒキガエル　*Atelopus zeteki*　238
ゼニガタアザラシ　*Phoca vitulina*　173
ゼブラフィッシュ　*Danio rerio*　258, 261, 262, 266, 269, 271, 272, 288
セミ　Cicadoidea　294, 298, 310
ホッキョククジラ　*Balaena mysticetus*　166
セモンホソオオキノコ　*Dacne picta*　338
センチコガネ科　Geotrupidae　338
線虫の一種　*Caenorhabditis elegans*　312, 336

ゾウ　Elephantidae　3, 371
ゾウムシ科　Curculionidae　338

タイ科　Sparidae　280
タイセイヨウダラ　*Gadus morhua*　274
タイセイヨウマダライルカ　*Stenella frontalis*　151
大腸菌　*Escherichia coli*　337
タイヘイヨウコーラスアマガエル　*Pseudacris regilla*　238
タイワンエンマコオロギ　*Teleogryllus taiwanemma*　342
タカ　Accipitridae　388
タツノオトシゴ　*Hippocampus*　281
タマオヤモリ属　*Nephrurus*　252
タラ　Gadidae　371
ダルマガエル　*Pelophylax porosus*　244

チッチゼミ　*Kosemia radiator*　345
チビウデナガガエル属　*Leptobrachella*　244
チビヤモリ属　*Sphaerodactylus*　252
チメドリ科　Timaliidae　213
チャクマヒヒ　*Papio ursinus*　211
チャタテムシ目　Psocoptera　315
チャバネアオカメムシ　*Plautia stali*　297
チョウバエ科　Psychodidae　315
チョウ目　Lepidoptera　314
チンチラ　*Chinchilla lanigera*　373
チンパンジー　*Pan troglodytes*　372, 407

ツキヒメハエトリ　*Sayornis phoebe*　182
ツクツクボウシ属　*Meimuna*　344
ツチクジラ　*Berardius bairdii*　165
ツチクジラ属　*Berardius*　164
ツツドリ　*Cuculus saturatus*　218
ツヅレサセコオロギ　*Velarifictorus micado*　299

学名索引 | *439*

ツトガ　Crambidae　296, 318
ツノシマクジラ　Balaenoptera omurai　166
ツメイカ科　Onychoteuthidae　164
ツメトゲブユ　Simulium ornatum　358
つる性植物の一種　Marcgravia evenia　361

テカギイカ科　Gonatidae　164
デグー　Octodon degus　106
テナガショウジョウバエ　Drosophila prolongata　300, 322
テラソカグラコウモリ　Hipposideros terasensis　114, 132, 134
デンキウナギ目　Gymnotiformes　410, 412, 414
デンキナマズ科　Malapteruridae　410
テンニンチョウ類　Vidua spp.　218

トガリネズミ目　Eulipotyphla　338
トゲマウス　Acomys　99
トックリクジラ属　Hyperoodon　164
トッケイヤモリ　Gekko gecko　253
トノサマバッタ　Locusta migratoria　396
トビイロホオヒゲコウモリ（ホオヒゲコウモリ）　Myotis lucifugus　116, 130
ドブネズミ　Rattus norvegicus　388
トモエガ科　Erebidae　306
トルコナキヤモリ　Hemidactylus turcicus　236

ナガキクイムシ科　Platypodidae　338
ナガスクジラ　Balaenoptera physalus　166, 371
ナシケンモン　Acronicta rumicis　354
ナシヒメシンクイ　Grapholita molesta　354
ナナフシ　Phasmatodea　314
ナマズ　Silurus asotus　258, 261, 263
ナマズ目　Siluriformes　281, 412
ナミチスイコウモリ　Desmodus rotundus　116, 130

ニイニイゼミ属　Platypleura　344
ニオイガエル属　Odorrana　249
ニジマス　Oncorhynchus mykiss　275
ニシン　Clupea pallasii　258, 263, 272
ニベ類　Sciaenidae　276, 287
ニホンアマガエル　Hyla japonica　236, 246
ニホンザル　Macaca fuscata　105, 403
ニホンヤモリ　Gekko japonicus　253
ニワトリ　Gallus gallus domesticus　182, 383

ヌマウタスズメ　Melospiza georgiana　192, 208, 221, 404
ヌマカ属の一種　Mansonia uniformis　358

ネコ　Felis catus　57, 72, 370, 373, 386, 389
ネジレバネ　Strepsiptera　314
ネズミ目　Rodentia　373
ネズミイルカ　Phocoena phocoena　144, 146, 153, 154
ネズミイルカ科　Phocoenidae　162
ネッタイシマカ　Aedes aegypti　303, 358
ネバダオオシロアリ　Zootermopsis nevadensis　356

ノドグロルリアメリカムシクイ　Setophaga caerulescens　202

ノドジロシトド　Zonotrichia albicollis　402
ノミ　Siphonaptera　314
ノミバエ科　Phoridae　315

ハイイロガン　Anser anser　214
ハイギョ　Dipnoi　260
ハエトリグモの一種　Habronattus dossenus　348
ハエトリソウ（ハエトリグサ）　Dionaea muscipula　362
ハエ目　Diptera　315
ハキリアリ属　Atta　333
ハゴロモガラス　Agelaius phoeniceus　199, 200, 220
ハサミムシ　Dermaptera　314
ハシブトガラス　Corvus macrorhynchos　210, 213
ハスモンヨトウ　Spodoptera litura　295, 351, 354, 396
ハゼ類　Gobioidei　287
ハダカアリ属　Cardiocondyla　333
ハタケノウマオイ　Hexacentrus unicolor　400
ハタホオジロ　Emberiza calandra　202
ハタ類　Serranidae　276
ハチドリ　Trochilidae　206, 408
ハチノスツヅリガ　Galleria mellonella　318
ハチ目　Hymenoptera　315
ハツカネズミ　Mus musculus　388
バッタ　Acridoidea　296, 315, 355
ハナゴンドウ　Grampus griseus　153
ハナムグリ亜科　Cetoniinae　335
パーネルケナシコウモリ（ヒゲコウモリ）　Pteronotus parnellii　114, 116, 124, 130, 132, 134, 385
ハマダラカ　Anopheles　355
ハムシ科　Chrysomelidae　338
ハモグリバエ科　Agromyzidae　315
ハヤセガエル　Huia cavitympanum　2
パラサウロロフス　Parasaurolophus　255, 409
ハリモグラ　Tachyglossus aculeatus　56, 412
ハンドウイルカ　Tursiops truncatus　150, 153, 154, 157, 158, 161, 163
ハンミョウ　Cicindelinae　296, 396

ヒイラギ　Nuchequula nuchalis　281
ヒグラシ　Tanna japonensis　344
ヒゲクジラ　Mysticeti　371, 394
ビータークチビルコウモリ　Mormoops megalophylla　130
ヒトスジシマカ　Aedes albopictus　358
ヒトリガ　Arctia caja　318, 397
ヒナバッタ　Chorthippus biguttulus　298
ヒメエグリバ　Oraesia emarginata　354
ピメロドゥス科　Pimelodidae　276
ヒョウアザラシ　Hydrurga leptonyx　172
ヒョウガエル　Rana pipierns　238
ヒラメ　Paralichthys olivaceus　263
ヒルヤモリ属　Phelsuma　252
ヒレナガゴンドウ　Globicephala melas　151

フウハヤセガエル　Huia cavitympanum　236, 248
フグ科　Tetraodontidae　275, 280
フクロウ目　Strigiformes　186, 388
フサオマキザル　Cebus apella　403
ブタオザル　Macaca nemestrina　85
フタテンツヅリガ　Aphomia sapozhnikovi　318

フタフシアリ亜科　Myrmicinae　315
フタホシコオロギ　*Gryllus bimaculatus*　304
フタボシツチカメムシ　*Adomerus rotundus*　326, 347
プテラノドン　*Pteranodon*　409
ブラウンアノール　*Anolis sagrei*　236
ブルックナキヤモリ　*Hemidactylus brookii*　252
フロリダマナティー　*Trichechus manatus latirostris*　170
ブンチョウ　*Lonchura oryzivora*　207, 222

ベニツチカメムシ　*Parastrachia japonensis*　326, 328, 347
ベラ科　Labridae　274, 280
ヘラオヤモリ属　*Uroplatus*　252
ヘラコウモリ類　Phyllostomidae　130

ボウシインコ　*Amazona*　224
ホエヤモリ　*Ptenopus garrulus*　253
ホオグロヤモリ　*Hemidactylus frenatus*　253
ホシムクドリ　*Sturnus vulgaris*　199, 220, 223, 402
ホタル　Lampyridae　345

マイコドリ科　Pipridae　206, 207
マイマイガ　*Lymantria dispar*　354
マイルカ　*Delphinus delphis*　153
マダライモリ　*Triturus marmoratus*　236
マダラカンムリカッコウ　*Clamator glandarius*　219
マッコウクジラ　*Physeter macrocephalus*　153, 163, 164
マッコウクジラ科　Physeteridae　162
マツノマダラカミキリ　*Monochamus alternatus*　297, 353
マツムシ　*Xenogryllus marmoratus*　298, 316
マツヨイグサ　*Oenothera*　361
マトウダイ　*Zeus faber*　276
マナティー　Trichechus　377, 386
マネシツグミ　*Mimus polyglottos*　199, 220
マーモセット　*Callithrix*　105
マルハナバチ　Bombus　338, 360
マルミミゾウ　*Loxodonta cyclotis*　102

ミーアキャット　*Suricata suricatta*　211, 213
ミカドヤモリ属　*Rhacodactylus*　252
ミカンキジラミ　*Diaphorina citri*　352
ミシシッピアカミミガメ　*Trachemys scripta elegans*　237
ミシマオコゼ科　Uranoscopidae　410
ミツバチ　Apis　295, 297, 303
ミナトオウギガニ　*Rhithropanopeus harrisii*　346
ミナミアオカメムシ　*Nezara viridula*　326, 327
ミナミヤモリ　*Gekko hokouensis*　252
ミバエ科　Tephritidae　315
ミヤマシトド　*Zonotrichia leucophrys*　200, 202, 205
ミンククジラ　*Balaenoptera acutorostrata*　166

ムニンエンマコオロギ　*Teleogryllus boninensis*　342
ムネアカゴジュウカラ　*Sitta canadensis*　213
ムラサキアツバ　*Diomea cremata*　354

メイガ　Pyralidae　318, 396
メジロ　*Zosterops japonicus*　180
メジロハエトリ　*Empidonax traillii*　182
メンフクロウ　*Tyto alba*　2, 57, 186, 188, 215, 371, 388

モグラ　Talpidae　99, 108, 334
モグラネズミ　*Myospalax*　385
モモノゴマダラノメイガ　*Conogethes punctiferalis*　319, 354
モーリシャスショウジョウバエ　*Drosophila mauritiana*　320
モルミリド科　Mormyridae　414
モルミリ目　Mormyroformes　410, 414
モルモット　Cavia porcellus　373, 376
モンガラカワハギ科　Balistidae　280
モンシロチョウ　*Pieris rapae*　360

ヤガ　Noctuoidea　2, 296, 318, 354, 396
ヤシオウム　*Probosciger aterrimus*　206
ヤセヒキガエル属　*Atelopus*　236
ヤツメウナギ　Petromyzontiformes　412
ヤドリバエの一種　*Ormia ochracea*　306
ヤナギムシクイ　*Phylloscopus trochiloides*　203
ヤマガラ　*Parus varius*　202
ヤマトクサカゲロウ　*Chrysoperla carnea*　397
ヤマトシロアリ　*Reticulitermes speratus*　356
ヤマヤブキリ　*Tettigonia yama*　400
ヤモリ下目　Gekkota　252, 368, 389

ユスリカ　Chironomidae　303, 358

ヨウム　*Psittacus erithacus*　228
ヨコバイの一種　*Scaphoideus titanus*　352
ヨトウガ　*Mamestra brassicae*　354
ヨーロッパコマドリ　*Erithacus rubecula*　205

ラプラタカワイルカ科　Pontoporiidae　162
ラミーカミキリ　*Paraglenea fortunei*　300

リスザル　*Saimiri*　105
リーフイヤードマウス　*Phyllotis*　99
リーブストッケイヤモリ　*Gekko reevesii*　253
リュウキュウクロコガネ　*Holotrichia loochooana*　349

ルリオーストラリアムシクイ　*Malurus cyaneus*　215, 216
ルリガシラセイキチョウ　*Uraeginthus cyanocephalus*　216

レベリゴマシジミ　*Maculinea rebeli*　332
レンジャクバト　*Ocyphaps lophotes*　207

ワタリガラス　*Corvus corax*　211

資　料　編

──掲載会社目次──
（五十音順）

株式会社 アクアサウンド ……………………………………………………… 1
エイド株式会社………………………………………………………………… 2
有限会社 テクニカル・サウンド ……………………………………………… 3
株式会社 フィジオテック ……………………………………………………… 4

株式会社アクアサウンド
aqua-sound.com

水中音響技術をベースにして海洋研究のニーズに応えます

自動水中音録音システム オーサムズシリーズ
AUSOMS series

Automatic Underwater Sound Monitoring System

録音装置・電源・水中マイクロホンを一体化した
水中音を自動的に録音する簡便な装置です

用途に合わせた様々なサイズや性能があります

AUSOMS-stereo
ステレオ録音

AUSOMS-mini
深度100mまで

AUSOMS-mini Black
深度1000mまで

AUSOMS-micro
超小型

AUSOMS-V5
音圧レベルの測定記録が可能
再現性や加工性に富んだ長時間の
ステレオ録音

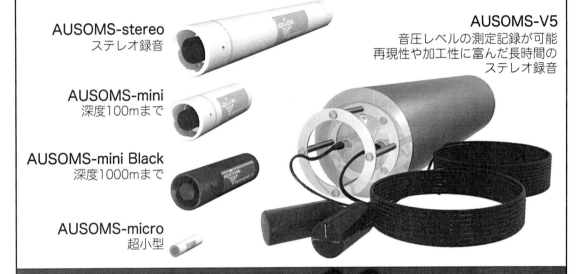

水中音ステレオモニター装置 Aquafeeler アクアフィーラー

ヘッドホンを接続するだけで臨場感あふれる水中音を
ステレオで簡単にモニターできます

水族館の展示効果を上げるツールとしても最適！

Hydrophon
高感度、平坦な周波数特性を持つ
水中マイクロフォン

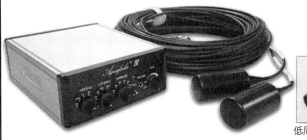

低周波帯域用

中周波帯域用

高周波帯域用

中周波帯域
水槽用

きこえ 気になりはじめたら

創業 45 年
長年培った実績と信頼で
安心で良質なサービスをご提供します

世界のトップブランドが勢ぞろい。
全店に認定補聴器技能者在籍、まずはご相談ください。

エイドの安心サポート

- 無料試聴・貸出
- 点検・修理対応
- ご自宅、職場への出張相談
- 補聴器装用効果の確認、調整
- 補聴器関連商品の販売

- 多様なニーズにあわせて豊富なラインナップからじっくり選択できます。
- QOL の向上を目指し専門のスタッフが最後までしっかり対応いたします。
- こども用補聴器や補聴援助機器の導入について豊富な経験があります。
- 障害者総合支援法にも対応しております。
- 補聴器相談医、近隣耳鼻咽喉科と連携しているので安心して補聴器相談できます。

お取り扱いメーカー

ReSound GN　PHONAK　WIDEX　oticon　signia　Starkey　NJH

 補聴器・聴覚用医用機器
エイド株式会社

エイド株式会社は東京・神奈川・静岡・宇部宮に 14 店舗
【小田原店】小田原市城山 1-15-5　中村ビル 102 号室
TEL 0465-20-3822

補聴器エイド　🔍　最寄店舗の確認はこちらから検索
www.aid-hochouki.com

一般社団法人 日本補聴器販売店協会 加盟

小田原駅西口より徒歩1分

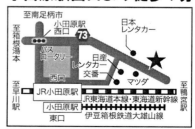

実験室・観察室など、幅広い分野の防音室の設計・施工

防音による新たな環境づくりのお手伝い
確実なデータ分析環境をご提供致します！

弊社は、遮音性能・室内残響性能をしっかりと設計し、
実験・観察に適した環境を施工致します。
防音専門業者ならではの提供が可能です。

モーションキャプチャーカメラ・アイカメラ・CCDカメラ
などに適した環境の設計や、目的に対して安心頂ける空間
を設計しご提供致します。

防音室・実験室・遮音など、音に関するご相談を随時承っております。
お気軽にお問合せ下さい。

TECHNICAL・sound

〒590-0526 大阪府泉南市男里 4-7-27　　　Email：info@t-sound.co.jp
TEL 072-480-1900・FAX 072-480-0052　URL：https://www.t-sound.co.jp/

Avisoft-UltraSoundGate

音声解析システム

超音波領域までの音をマイク＋アンプ＋スピーカで記録解析および再生するシステム

- マウス・ラット・マーモセット・コウモリ・クジラ・鳥・コオロギなど様々な動物種に対応
- スピーカを組み合わせることで超音波の再生が可能
- 現場での使用に適した頑丈でコンパクトな設計
- 最大12chまでの同時マルチチャンネル録音
- 最大サンプリングレート1000 kHz
- 外部トリガ同期用のデジタル入力

解析ソフト SASLab Pro

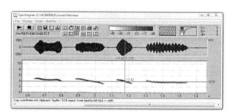

実験アプリケーション

- ■ コミュニケーション活動の研究
- ■ 快・不快の間接的な評価
- ■ 痛みの間接的な評価

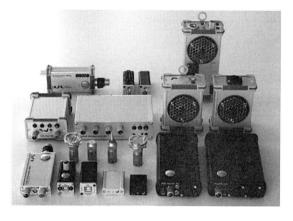

株式会社フィジオテック

〒101-0032　東京都千代田区岩本町1-6-3-4F

TEL：03-3864-2781　FAX：03-3864-2787

Email ： sales@physio-tech.co.jp

生き物と音の事典   定価はカバーに表示

2019 年 11 月 1 日　初版第 1 刷
2023 年 9 月 25 日　　　第 3 刷

編　集　　一般社団法人
　　　　　生 物 音 響 学 会

発行者　　朝 倉 誠 造

発行所　　株式
　　　　　会社 朝 倉 書 店

東京都新宿区新小川町6-29
郵 便 番 号　　162-8707
電　話　03（3260）0141
ＦＡＸ　03（3260）0180
https://www.asakura.co.jp

〈検印省略〉

ⓒ 2019〈無断複写・転載を禁ず〉 印刷・製本　デジタルパブリッシングサービス

ISBN 978-4-254-17167-9　C 3545　　　　　　Printed in Japan

JCOPY ＜出版者著作権管理機構 委託出版物＞

本書の無断複写は著作権法上での例外を除き禁じられています．複写される場合は，
そのつど事前に，出版者著作権管理機構（電話 03-5244-5088，FAX 03-5244-5089，
e-mail: info@jcopy.or.jp）の許諾を得てください．

好評の事典・辞典・ハンドブック

火山の事典（第2版）
下鶴大輔ほか 編
B5判 592頁

津波の事典
首藤伸夫ほか 編
A5判 368頁

気象ハンドブック（第3版）
新田 尚ほか 編
B5判 1032頁

恐竜イラスト百科事典
小畠郁生 監訳
A4判 260頁

古生物学事典（第2版）
日本古生物学会 編
B5判 584頁

地理情報技術ハンドブック
高阪宏行 著
A5判 512頁

地理情報科学事典
地理情報システム学会 編
A5判 548頁

微生物の事典
渡邉 信ほか 編
B5判 752頁

植物の百科事典
石井龍一ほか 編
B5判 560頁

生物の事典
石原勝敏ほか 編
B5判 560頁

環境緑化の事典
日本緑化工学会 編
B5判 496頁

環境化学の事典
指宿堯嗣ほか 編
A5判 468頁

野生動物保護の事典
野生生物保護学会 編
B5判 792頁

昆虫学大事典
三橋 淳 編
B5判 1220頁

植物栄養・肥料の事典
植物栄養・肥料の事典編集委員会 編
A5判 720頁

農芸化学の事典
鈴木昭憲ほか 編
B5判 904頁

木の大百科 ［解説編］・［写真編］
平井信二 著
B5判 1208頁

果実の事典
杉浦 明ほか 編
A5判 636頁

きのこハンドブック
衣川堅二郎ほか 編
A5判 472頁

森林の百科
鈴木和夫ほか 編
A5判 756頁

水産大百科事典
水産総合研究センター 編
B5判 808頁

価格・概要等は小社ホームページをご覧ください.